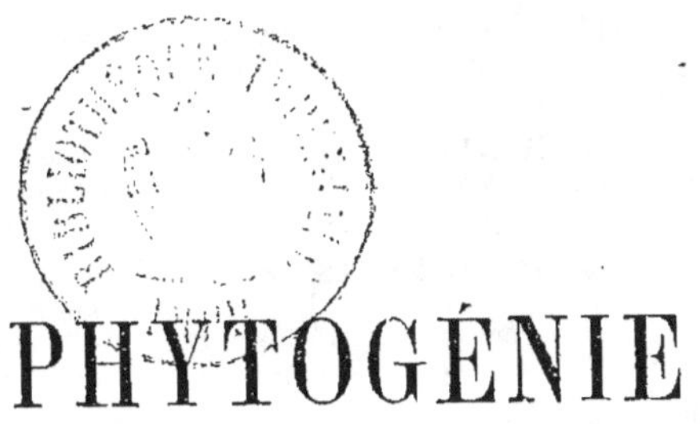

PHYTOGÉNIE

OU

THÉORIE MÉCANIQUE DE LA VÉGÉTATION

OUVRAGES DU MÊME AUTEUR

ESSAI DE PHYTOMORPHIE, ou Études des causes qui déterminent les principales formes végétales. T. Ier, grand in-8 de 644 pages et 16 planches en taille-douce .... 15 fr.

ÉTUDES COMPARÉES DES FEUILLES dans les trois grands embranchements végétaux, etc. (Tiré à part du tome II de l'*Essai de Phytomorphie*), grand in-8 de 156 pages et 13 planches en taille-douce .... 10 fr.

MONOGRAPHIE DES SANGSUES MÉDICINALES, contenant la description, l'éducation, la conservation, la reproduction, les maladies, l'emploi, le dégorgement et le commerce de ces annélides, suivie de l'hygiène des marais à sangsues. 1 vol. in-8, fig .... 6 fr.

MONOGRAPHIE DU TABAC, comprenant l'historique, les propriétés thérapeutiques, physiologiques et toxicologiques du tabac; la description des principales espèces; sa culture, sa préparation et l'origine de son usage; son analyse chimique, ses falsifications, sa distribution géographique, son commerce et la législation qui le concerne .... 5 fr.

ÉTUDES SUR LA SYMÉTRIE, considérée dans les trois règnes de la nature. Broch. in-8, avec 29 fig .... 2 fr. 50

FAITS pour servir à l'histoire générale de la fécondation chez les végétaux. Broch. in-8, fig .... 1 fr. 50

TRANSFORMATION de la gomme du Sénégal en sucre sous l'influence seule de l'eau, et THÉORIE CHIMIQUE DE LA MATURATION DES FRUITS. Broch. in-8. 75 c.

RECHERCHES sur la sensibilité comparative des divers réactifs employés concurremment avec l'amidon, pour déceler de minimes quantités d'iode dissous dans un liquide. Broch. in-8 .... 75 c.

Paris. — Typ. de PILLET fils aîné, rue des Grands-Augustins, 5.

PHYTOGÉNIE

OU

THÉORIE MÉCANIQUE DE LA VÉGÉTATION

PAR

CH. FERMOND

PHARMACIEN EN CHEF DE LA SALPÉTRIÈRE ;
MEMBRE DE LA SOCIÉTÉ BOTANIQUE DE FRANCE ;
VICE-PRÉSIDENT FONDATEUR DE LA SOCIÉTÉ D'ÉMULATION
POUR LES SCIENCES PHARMACEUTIQUES ;
MEMBRE DE L'INSTITUT POLYTECHNIQUE, DE LA SOCIÉTÉ LINNÉENNE DE SENS,
DE LA SOCIÉTÉ HAVRAISE D'ÉTUDES DIVERSES, ETC.

> La nature est donnée aux philosophes comme une grande énigme où chacun donne son sens, dont il fait son principe. Celui qui, par ce principe, rend raison plus clairement de plus de choses peut au moins se vanter d'avoir l'opinion la plus vraisemblable.
>
> La raison et l'expérience doivent être inséparables pour la découverte des choses naturelles.
>
> L'abbé D'AILLY.

PARIS

LIBRAIRIE MÉDICALE GERMER BAILLIÈRE,

rue de l'École-de-Médecine, 17.

LONDRES	NEW-YORK
Hippolyte Baillière, Regent street, 219.	Baillière brothers. 440, Broadway

MADRID, C. BAILLY-BAILLIÈRE, PLAZA DEL PRINCIPE ALFONSO, 16.

1867

TABLE DES MATIÈRES

Corrections et additions indispensables à faire pour comprendre le sens exact de quelques phrases de cet ouvrage............................ **v**

AVERTISSEMENT.. VII

AVANT-PROPOS... IX

CHAP. I. — Considérations générales sur les végétaux................. 1

    ART. 1. — De l'exastosie ou force qui préside à la séparation des divers organes végétaux.. 4

    ART. 2. — Des multiplications organiques............................ 9

        Chorises... 11

        Épipédochorises.. 13

        Cyclochorises.. 14

        Sphérochorises... 15

CHAP. II. — De la nutrition et de la formation des éléments constitutifs des végétaux.. 17

    ART. 1. — Matières solides, formation des tissus................... 19

    ART. 2. — Matières liquides, circulation.......................... 34

    ART. 3. — Matières gazeuses, respiration.......................... 38

CHAP. III. — Du phytogène.. 57

    Des formes, de la structure et des propriétés du phytogène. 57

CHAP. IV. — Considérations sur le nombre originel des éléments phytogéniques des bourgeons....................................... 74

    ART. 1. — Observations anatomiques................................ 74

    ART. 2. — Observations phytomorphiques............................ 79

    ART. 3. — Observations organogéniques............................. 88

CHAP. V. — Causes mécaniques qui déterminent les exastosies........ 94

CHAP. VI. — Théorie mécanique de l'évolution des phytogènes........ 109

    ART. 1. — Organes de l'appareil de la nutrition.................. 109

    SECTION I. — Organes appendiculaires............................. 109

    § 1. — Formation des organes appendiculaires.................... 110

    Ire DIVISION. — Considérations générales sur le mode d'arrangement originel des phytogènes commençant la feuille................................ 110

      I. — Feuilles phytogéniquement alternes..................... 121

      II. — Feuilles alternes par déplacement..................... 129

      III. — Feuilles opposées ou verticillées................... 132

    IIe DIVISION. — Étude du mode d'évolution des phytogènes pour arriver à constituer une feuille simple ou composée.................................. 140

I. — Feuilles peltées................................ 141
II. — Feuilles ordinaires........................... 144
III. — Genèse des organes appendiculaires............ 148
  1º Ordre d'apparition ou formation des éléments des
     organes appendiculaires...................... 148
    A. Génération longitudinale.................... 148
    B. Génération latérale........................ 150
  2º Évolution des organes appendiculaires.......... 155
IV. — Nature phytomorphique des organes appendicu-
    laires..................................... 161
§ 2. — Gaine et stipules............................ 167
§ 3. — Pétiole..................................... 174
Section ii. — Organes axiles. — Théorie de la formation des
    tiges ou axes végétaux..................... 177
§ 1. — Formation du corps solide de la tige........... 177
  1º Formation phytogénique du corps solide de l'axe
     végétal.................................... 177
  2º Évolution du corps solide de l'axe ou des méri-
     thalles.................................... 184
§ 2. — Formation de la cavité médullaire.............. 189
§ 3. — Genèse des phytogènes ou bourgeons destinés à for-
    mer les ramifications...................... 193
§ 4. — Accroissement des tiges ou axes................ 199
  1º Accroissement des tiges de Dicotylédones..... 200
  Organisation ou structure des tiges de Dicotylé-
    dones.................................... 219
  2º Accroissement des tiges des Monocotylédones.. 231
  3º Accroissement des tiges d'Acotylédones....... 240
  4º Accroissement des racines.................. 249
Art. 2. — Organes appendiculaires de l'appareil de la reproduction. 256
Section i. — Constitution phytogénique de la fleur.......... 258
Section ii. — Formation organophytogénique des diverses par-
    ties de la fleur.......................... 269
§ 1. — Organes accessoires de la fleur................ 269
    A. Réceptacle. — Torus. — Thalamus............ 269
    B. Calicule ou prinexanthophylle................ 279
    C. Calice ou exanthophylle..................... 284
    D. Corolle ou énanthophylle.................... 288
    E. Disque ou Métandrophylle................... 290
§ 2. — Organes essentiels de la fleur................. 293
    F. Androcée ou androphylle.................... 293
    Nature phytomorphique des étamines.......... 302
    a. Les étamines sont de nature appendiculaire... 303
    b. Les étamines sont de nature axile........... 305
    Du pollen................................... 311
    G. Gynécée, Pistil ou gynéconophylle............. 316
      I. — Ovaire............................ 316
        a. Ovaires supères................. 317
        b. Ovaires infères................. 320
      II. — Style............................ 334
      III. — Stigmate........................ 341
      IV. — Placentaire...................... 351
      V. — Ovule............................ 369
      VI. — Germe et embryon................. 390

Méthodes pour la recherche de l'origine du germe.. 405
A. Méthode philosophique..................... 405
B. Méthode expérimentale.................... 410
C. Méthode logique......................... 424
Résumé théorique de la formation de l'embryon végétal.................................... 435
§ 3. — Parthénogénie..................... 445
§ 4. — Croisement et hybridité............... 450
§ 5. — Atavisme........................ 461
Art. 3. — Épanouissement des bourgeons............ 466
§ 1. — Vernation ou préfoliaison........... 467
§ 2. — Estivation ou préfloraison........... 470
§ 3. — Théorie mécanique de l'épanouissement......... 475
Chap. VII. — Organes axiles et appendiculaires.............. 484
Art. 1. — Étude comparative des organes axiles et des organes appendiculaires................... 485
Art. 2.. — Similitude d'origine des organes axiles et appendiculaires. 516
Chap. VIII. — Des influences physiologiques............... 528
Art. 1. — Prédispositions organiques................. 528
Art. 2. — Défaut de simultanéité dans le développement des éléments organiques ou phytogènes................ 533
Art. 3. — Loi d'alternance..................... 539
Art. 4. — Arrêts provisoires d'accroissement............ 553
Art. 5. — Influences foliifiantes et florifiantes........... 558
Art. 6. — Chromatosie végétale................. 561
1º Couleurs bleues..................... 579
2º   — rouges..................... 584
3º   — jaunes..................... 591
4º   — blanches..................... 596
5º   — vertes..................... 602
Art. 7. — Osmosie végétale................... 609
Art. 8. — Chymosie végétale................... 624
Chap. IX. — Germination..................... 633
Chap. X. — Résumé aphoristique de Phytogénie............ 656
Explication raisonnée des figures................. 674
Table des noms de familles, de genres et d'espèces employées dans cet ouvrage..................... 681

FIN DE LA TABLE DES MATIÈRES.

CORRECTIONS ET ADDITIONS

INDISPENSABLES A FAIRE POUR COMPRENDRE LE SENS EXACT
DE QUELQUES PHRASES DE CET OUVRAGE.

Pages.	Lignes.	Au lieu de :	Lisez :
2	34	*Cardamina,*	*Cardamine.*
13	9	*barbara,*	*barbarum.*
15	11	*Campanula médium,*	*C. medium.*
19	1	tous,	toutes.

Au lieu de :

$$C^{12}H^{10}O^{10} + Az + 6CO = C^{18}H^9AzO^8 + HO + O^7,$$

Il faut lire :

$$C^{12}H^{10}O^{10} + Az + 6CO^2 = C^{18}H^9AzO^3 + HO + 130.$$

Pages.	Lignes.	Au lieu de :	Lisez :
55	21	7 équivalents,	13 équivalents.
85	20	*Pergula arvensis et spentandra,*	*Spergula arvensis et pentandra.*
86	14	*Lippia Catalpa,*	*Lippia, Catalpa.*
107	2	*Gliditschia,*	*Gleditschia.*
121	25	*Ulnus,*	*Ulmus.*
122	37	*Oxalis acetosa,*	*Rumex Acetosa.*
128	5	ville,	vrille.
145	22	*Jasminum vulgare,*	*J. officinale.*
208	15	*Sypho,*	*Sipho.*
224	14	de granulation d'une teinte,	de granulation, d'une teinte, etc.
244	18	*Hymenophillum,*	*Hymenophyllum.*
248	18	*OEleis,*	*Elœis.*
290	24	*perigyrium,*	*perigynium.*
332	2	*Nuphar lutea,*	*N. luteum.*
357	17 et 21	*Mesambryanthemum,*	*Mesembryanthemum.*
371	35	*mycropyle,*	*micropyle.*
396	16	de la vésicule,	du sac.
441	32	Chapitre X,	Chapitre IX.
455	2	*Ægylops,*	*Ægilops.*
505	36	*Bryona,*	*Bryonia.*
562	37	*intibus,*	*Intybus.*
571	18	*Lathyrus latifolium,*	*Lathyrus latifolius.*
588	30	*Cissus quinquefolius,*	*Ciss. quinquefolia.*
599	18	*Chrysanthemum vulgare,*	*C. Leucanthemum.*
615	11	Combinaison analogue à,	combinaison peut être analogue à celle de.
618	8	*Melilotus cerulœa,*	*M. cœrulea.*
628	2	*clave Herculis,*	*Clava Herculis.*

Les idées consignées dans le livre que nous publions aujourd'hui n'étant que la conséquence des faits ou des observations établies dans notre *Essai de phytomorphie*, nous avions formé le projet de ne le faire paraître qu'après la publication du second volume de cet ouvrage.

Cependant, nous avons dû céder aux conseils éclairés et bienveillants qui nous ont été donnés par plusieurs botanistes éminents de France et de l'étranger, lesquels, avec de grands encouragements, nous ont exprimé le regret que nous n'eussions point commencé par où nous avions l'intention de terminer notre tâche; c'est-à-dire par faire connaître notre *Théorie mécanique de la végétation*, puisque c'est le plus souvent sur cette théorie que nous nous appuyons pour donner l'explication des phénomènes consignés dans notre *Phytomorphie*.

Comprenant parfaitement toute la portée de ces observations, nous avons cru devoir les prendre en grande considération, et c'est pour cela que nous avons interverti l'ordre que nous nous étions d'abord proposé de suivre, en publiant notre *Phytogénie* avant la fin de notre *Phytomorphie*. Nous espérons que cette condescendance satisfera tout le monde et sera la meilleure preuve de l'intérêt que nous attachons aux conseils qui nous ont été donnés.

Nous profiterons de cette occasion pour remercier vivement les savants botanistes qui ont bien voulu nous exprimer leur sympathie pour notre œuvre en nous éclairant de leurs conseils, et nous les prions d'agréer l'expression de notre bien sincère reconnaissance.

CH. FERMOND.

AVANT-PROPOS

Dans notre Introduction à l'étude de la botanique (*Essai de Phytomorphie*, p. 18), nous avons dit que la *Phytogénie* était, à proprement parler, la science de la végétation, puisque, en étant la théorie générale, elle doit s'attacher à donner l'explication des phénomènes vitaux les mieux connus, et la raison qui fait que les divers éléments végétaux s'associent, se groupent de telle ou telle façon pour constituer les différents organes essentiels à la vie végétale, en même temps qu'elle cherche à établir les lois d'après lesquelles se fait l'évolution et la composition de ces organes. Nous avons aussi donné la définition des différentes branches dont se compose la vaste science botanique ; c'est pourquoi il nous paraît inutile de le répéter ici. Il nous a semblé plus nécessaire d'indiquer sommairement, et en manière d'exorde, les idées qui ont présidé à la création de notre livre et la marche que nous avons dû suivre pour le conduire à bonne fin.

1° Les idées principales qui nous ont déterminé à entreprendre une tâche aussi laborieuse, et souvent difficile, ont été d'abord celle de porter à la connaissance des savants botanistes une théorie générale que nous avons conçue, étudiée et longuement élaborée, dans la persuasion où nous étions qu'elle pourrait jeter dans la science des points de vue nouveaux, capables, peut-être, de lui faire faire quelques pas en avant. Ensuite celle de recueillir autant que possible les faits, les expériences, les observations épars dans une foule d'ouvrages ou de recueils périodiques, et de chercher à les grouper d'après leur ressemblance ou leur analogie, afin d'en tirer des conséquences utiles aux progrès de la botanique. Enfin, celle de faire un ouvrage qui, bien que très-imparfait, sans doute, puisse être à peu près au niveau de la science et servir à ceux qui veulent sérieusement aborder l'étude de la botanique, en leur présentant le résultat d'une foule de travaux nouveaux et très-importants qu'ils ne pouvaient rencontrer dans les ouvrages classiques.

D'un autre côté, quand on étudie ces ouvrages avec attention, on reconnaît bientôt qu'un certain ordre de faits sont délaissés pour ne faire mention que de ceux qui sont répétés dans presque tous ces ouvrages avec le même ordre, le même esprit et souvent dans les mêmes termes. On n'a presque jamais eu l'idée de sortir d'un certain cadre ; et la botanique, présentée ainsi, est souvent aride et ne remplit qu'imparfaitement le but que se sont proposé leurs auteurs. Si encore, après un très-grand travail d'étude appliquée, on pouvait être assuré que l'on possède la science botanique, c'est-à-dire la cause qui préside aux divers groupements des tissus dans la formation des organes végétaux, l'esprit pourrait être satisfait. Mais loin de là, car nous avons vu souvent des jeunes gens intelligents, travaillant avec ardeur, comprendre, sans doute, ce que les livres leur enseignaient ; mais nous n'en avons pas rencontré un seul dont l'esprit ne désirât des explications qui eussent dû ressortir de l'exposition de certains phénomènes naturels ou insolites laissés de côté par les auteurs. Remédier autant que possible à cet état de choses, tel a été pour nous le sujet d'une préoccupation constante, et c'est le but que nous nous sommes proposé dans notre *Phytomorphie* et notre *Phytogénie*. Aussi sommes-nous persuadé que si notre œuvre est incomplète ou mal exécutée, elle aura au moins un avantage : celui de présenter dans un ordre logique les faits et leurs conséquences.

2° La marche que nous avons suivie dans notre *Phytogénie* n'est en aucune façon celle qui est généralement adoptée, et cela se conçoit, puisque nous étions dirigé par une idée théorique nouvelle.

Après avoir pris un végétal entier et avoir fait connaître sommairement la distinction à faire entre les organes dont il est composé, nous avons cherché à donner une explication mécanique à la cause qui fait que ces organes se forment, se séparent les uns des autres, s'individualisent en prenant les caractères physiques qu'ils possèdent, cause que nous avons nommée *exastosie*. Nous croyons avoir démontré le mécanisme en vertu duquel les tissus les plus homogènes arrivent, par exastosie, à se scinder, et à former des groupes d'éléments ou d'organes plus ou moins composés, ayant une vie particulière, ou une vie en commun, d'où résultent des formes qui, bien que très-variées, dérivent néanmoins de quelques formes fondamentales. L'exastosie, cette force ou propriété des tissus vivants, n'ayant jamais été étudiée, nous avons dû en bien établir les effets, car c'est d'elle ou de son défaut que procèdent la plupart des phénomènes de la végétation.

C'est sur ces goupements divers que l'organogénie nous a dévoilés, sur la vie solitaire ou en commun de ces groupements, que nous avons fondé notre *Théorie mécanique de la végétation,* et en cela nous croyons être en parfait accord avec toutes les connaissances que nous ont fournies les études organogéniques faites surtout dans ces derniers temps.

Prendre un bourgeon naissant, suivre toutes les phases de son évolution, voir comment ces groupements se font, aller même au delà des phénomènes observables pour démontrer que telles ou telles formes ne peuvent provenir que de tel ou tel mode de groupement, voilà le but principal que nous nous sommes proposé, et nous croyons l'avoir assez souvent atteint. Pour cela, nous ne nous en sommes pas rapporté à nos seules observations, et nous avons dû, dans l'intérêt de la vérité et afin de donner plus d'autorité à nos idées, faire de nombreux emprunts aux travaux des organogénistes, et surtout au bel ouvrage d'*Organogénie comparée de la fleur*, dont Payer a enrichi la science, ouvrage splendidement exécuté, et dans les planches duquel il n'est pas une seule figure qui ne soit en accord avec la théorie phytogénique.

Indépendamment du soin que nous avons mis à rappeler, autant que le permettait le cadre de notre ouvrage, les travaux récents qui étaient capables d'appuyer notre théorie, et dans le but d'appeler de nouvelles recherches sur certaines questions ou d'y apporter quelque lumière, nous avons cru devoir étudier et traiter assez amplement celles qui nous ont paru très-controversables, ou celles qui ont été le sujet de manières de voir très-différentes, ou celles qui sont aujourd'hui l'objet des plus ardentes recherches. C'est pour cette raison que nous avons étudié avec soin et traité avec beaucoup d'extension la question de l'*accroissement des tiges*, celles de la *fécondation*, celle des *vrilles des Cucurbitacées*, celles des *couleurs végétales*, etc. Nous nous sommes particulièrement étendu sur l'organogénie des carpelles, dont aucun ouvrage classique ne parle suffisamment, quoique pourtant il ne soit plus possible aujourd'hui d'ignorer comment se forment les *ovaires supères* et les *ovaires infères*, comment se produisent les modifications si diverses que l'on y observe.

Dans un chapitre spécial, nous avons cherché à discuter la question si controversée de la nature de certains organes que les uns regardent comme de *nature axile*, et que les autres considèrent comme de *nature appendiculaire;* tandis qu'il est d'autres organes que certains auteurs regardent comme étant à la fois *axiles* par la base et *appendiculaires* par le sommet.

La question relative à la *formation de l'embryon* a été aussi pour nous le sujet d'une étude particulière. Étant de celles qui sont le plus obscures, nous avons voulu l'examiner sous toutes ses faces, et pour cela nous avons réuni les observations les plus claires et les plus significatives, les expériences les plus concluantes et les moins sujettes à erreur que nous ayons pu tirer des deux règnes, végétal et animal, et à l'aide de trois méthodes (philosophique, expérimentale et logique), nous avons été conduit à des conclusions diamétralement opposées à celles qui sont aujourd'hui instituées dans la science. Or, comme il arrive souvent que l'on est tenté de regarder comme résultant d'une sorte de parti pris de controverse les idées nouvelles entièrement contraires à celles qui sont admises, nous eussions été heureux d'accomplir notre tâche sans nous mettre en opposition avec la plupart des savants les plus autorisés; mais il nous a été impossible de faire cette concession, et nous devons déclarer ici que nous n'avons été mu que par le désir impérieux de rechercher la vérité et de n'exprimer que des idées émanant d'une conviction profonde.

Ce sont ces idées nouvelles, cette manière de voir différente de celle des savants, qui nous ont permis de donner une explication des phénomènes de l'*hybridation* ou plutôt du *croisement;* et, pour peu que l'on apporte dans ces études un esprit dégagé de toute prévention, nous ne doutons pas que l'on reconnaîtra dans notre théorie une suite logique de raisonnements qui, si elle ne conduit pas à l'exacte vérité, sera au moins celle qui satisfait le mieux l'esprit.

Dans notre opinion, les organes végétaux dérivant tous

d'un même élément botanique, le *phytogène*, afin de confirmer cette idée, nous avons dû établir un long parallèle entre
les deux principaux ordres d'organes : les axiles et les appendiculaires, et nous avons démontré qu'en effet, à part les
formes, il est bien difficile de ne pas reconnaître que ces
deux ordres d'organes se ressemblent sous un grand nombre
de points de vue, et que même ils peuvent se transformer
les uns en les autres, ce qui est la preuve de leur similaire
origine.

Lorsqu'il ne nous a pas été possible d'expliquer mécaniquement certains phénomènes de la végétation, nous avons
dû, pour ne rien avancer de trop absolu, admettre des *influences physiologiques* particulières dont jusqu'à ce jour il
serait difficile d'indiquer la cause première, mais dont les
effets sont assez marqués pour qu'il ne puisse s'élever aucun
doute sur leur existence. C'est à ces influences que nous
avons dû rapporter les *prédispositions organiques*, la *loi
d'alternance*, les *arrêts provisoires d'accroissement*, le *défaut de simultanéité dans l'évolution des phytogènes*, cependant nés ensemble ; la *cause qui fait les feuilles ou les fleurs*,
et la *formation des couleurs, des odeurs et des saveurs*.

Dans un dernier chapitre, nous avons dû résumer, sous
forme d'aphorismes, nos idées principales de phytogénie,
afin de rassembler dans un cadre très-restreint, et plus faciles à saisir dans leur ensemble, les principaux éléments
qui forment la base de notre théorie.

En somme, tout en apportant une théorie générale et
quelques vues nouvelles, on reconnaîtra aisément que nous
n'avons touché qu'aux points les plus obscurs de la science,
ou aux questions les moins étudiées, et nos lecteurs retrouveront dans notre livre, et sans altération, toutes les idées
qui sont le plus rationnellement admises.

Enfin, pour nous conformer au titre de notre ouvrage,
nous avons dû ne parler que des phénomènes les mieux en

rapport avec la théorie générale de la végétation , et supposer que ceux qui nous liront auront fait, au préalable, une
étude suffisante de la *Terminologie botanique*. C'est pourquoi
nous avons dû laisser de côté toute cette partie de la science
qui n'était pas absolument indispensable à la composition
de notre livre, n'ayant pas voulu compliquer d'une étude
souvent aride celle de la *phytogénie*, qui offre déjà assez de
difficultés pour ceux qui l'entreprendront pour la première
fois. Toutefois, espérons que l'on reconnaîtra que nous
avons fait tout notre possible pour le rendre clair et intelli-
gible, même pour les élèves qui n'auraient que les premières notions de botanique. L'avenir nous apprendra si
nous avons suffisamment réussi.

PHYTOGÉNIE

ou

THÉORIE MÉCANIQUE DE LA VÉGÉTATION

CHAPITRE PREMIER

CONSIDÉRATIONS GÉNÉRALES SUR LES VÉGÉTAUX.

Quand on examine un végétal dans son ensemble, on est généralement conduit à n'y voir qu'un seul individu, et l'on dit un Chêne, un Rosier, un Lilas, absolument comme on dit un homme, un chien, un cheval. Cependant, en analysant le végétal on lui trouve une tige principale, puis des branches, des rameaux, des ramuscules de plus en plus petits. Or, tout le monde sait que chacune de ces parties peut, par le *bouturage* ou le *marcottage*, donner lieu à autant de nouveaux individus qui, par les progrès de la végétation, arriveront à constituer des individus, Chêne, Rosier ou Lilas, tout à fait identiques à ceux qui ont fourni les parties formant actuellement les nouveaux individus. Conséquemment, chaque branche d'un arbre, d'un arbrisseau ou d'une plante quelconque représente au moins un individu : donc *une plante est* presque toujours *un assemblage de plusieurs individus se développant les uns sur les autres;* c'est ce qui a fait dire à l'immortel Hippocrate que « le jeune rameau est comme un petit arbre. »

Ce n'est pas tout : chaque branche, rameau ou ramuscule porte un plus ou moins grand nombre de feuilles, qui elles-mêmes se divisent et se subdivisent quelquefois en de nombreuses folioles ou foliolules, et à leur tour ces feuilles peuvent être le siége de végétations spéciales telles que de nouveaux individus en sont le résultat.

Chaque branche ou rameau, au moment où nous commençons à constater leur présence, se présentent à nous avec des organes bien distinctcs, c'est-à-dire que sans le secours de la loupe on peut y reconnaître des *écailles*, sortes de petites feuilles qui ne sont qu'ébauchées, puis au-dessous de ces écailles, d'autres petites feuilles déjà mieux formées et indiquant bien souvent la forme qu'elles conserveront après leur entier développement. Or, bien avant que ce bourgeon se montre pourvu des écailles ou petites feuilles dont nous venons de parler, il y a une époque plus ou moins éloignée où ce bourgeon n'existait que sous la forme d'une petite masse cellulaire parfaitement homogène ; mais comme on sait que cette petite masse de tissu cellulaire est l'origine du bourgeon, de la branche ou de l'individu, on peut dire que c'est l'individu même pris à sa naissance. Il est donc impossible de nier l'existence de cette petite masse de tissu cellulaire comme centre d'une vie particulière qui deviendra, plus tard, indépendante de la vie générale de la plante entière. C'est pour cela que nous lui avons donné le nom de *centre vital* ou *phytogène*, du grec φυτὸν, plante, et γεννάω, engendrer, d'où nous avons fait le mot *phytogénie*, qui sert de titre à notre livre.

Mais si l'existence d'une petite masse de tissu cellulaire capable de former, par son développement, un nouvel individu, constitue un centre vital ou phytogène, dans un bourgeon naissant, il est rationnel de penser que certaines feuilles qui peuvent reproduire des individus sont constituées aussi par des centres vitaux ou phytogènes qui, dans quelques cas, se réveilleront et se développeront en autant de nouveaux individus. Ainsi le *Bryophyllum calicinum*, le *Cardamina macrophylla*, le *Rochea falcata*, etc., sont des plantes dont les feuilles sont très-propres à démontrer la vérité de cette constitution.

On sait depuis longtemps, en effet, qu'une feuille de la première plante placée dans la terre humide ne tarde pas à former à chacun de ses angles rentrants un petit point (phytogène) qui peu à peu grossira et donnera lieu à un nouvel individu pourvu de ses feuilles et de ses racines. Il en est de même du *Rochea falcata*, qui depuis longtemps aussi est connu pour se multiplier aisément par ses feuilles, lesquelles, placées convenablement dans une terre légèrement humide, se couvrent de petits corps arrondis d'abord (phytogènes) qui passeront peu à peu à l'état de jeunes individus. Enfin nous avons reconnu, il y a déjà plusieurs années, que les feuilles du *Cardamine macrophylla* dont le pétiole est placé dans de l'eau ou dans de la terre humide présentent, au bout de quelque temps, à la base de leurs folioles, des petits points noirâtres (phytogènes) qui ne tardent pas à se développer en une petite plante munie de ses feuilles et de ses racines, et c'est même pour cette plante un excellent moyen de propagation. Il y a un grand nombre de feuilles qui présentent la même faculté de reproduire des individus et même des feuilles peu charnues, comme le sont celles du *Ranunculus bulbosus*, sur l'une desquelles Dutrochet a vu se former plusieurs petits centres vitaux ou bulbilles qui ont pu reproduire de nouveaux individus (1).

Si cette petite masse de tissu cellulaire homogène est capable de donner lieu à des organes appendiculaires qui se séparent du corps principal ou tige de la plante; si, plus tard, cette même tige donne lieu à d'autres phytogènes qui seront l'origine d'autres tiges portant d'autres organes appendiculaires ; si ces organes appendiculaires (feuilles) sont aussi capables de reproduire des individus, il est rationnel d'admettre que toutes ces parties sont constituées par une multitude de centres vitaux ou phytogènes, et que les feuilles elles-mêmes sont formées d'éléments semblables à ceux qui entrent dans la composition d'un bourgeon naissant; c'est-à-dire de tissu cellulaire capable quelquefois de se grouper à la manière de la petite masse cellulaire qui constitue le phytogène du bourgeon, pour former plus tard les individus que nous venons de signaler. C'est ce qui nous a conduit à considérer *toute masse sphérique cellulaire, quelle que soit sa position dans le végétal, comme un* phytogène *qui peut, selon les cir-*

(1) *Essai de Phytomorphie*, t. I, p. 451.

*constances, se développer en branche; c'est-à-dire en un nouvel
individu.*

Voilà les faits que tout le monde peut être à même d'observer;
et puisque ces phénomènes sont irrécusables, cherchons à déterminer la cause qui peut faire que ces bourgeons, feuilles, tiges,
branches, fleurs, etc., tendent à se séparer les uns des autres, tellement que chacun de ces organes arrivent à n'être plus unis les
uns avec les autres que par des points très-restreints et finissent
même souvent par se détacher peu à peu, spontanément, de l'ensemble sans déchirures et seulement par désarticulation; cherchons aussi à faire comprendre les raisons qui font que certains
organes affectent la forme cylindrique ou prismatique, tandis
que d'autres prennent une forme plane ou en cornet ou en
tube, etc., etc.

Pour arriver à comprendre comment ont lieu ces différentes
productions, ainsi que ces désarticulations, il nous faudra entrer
dans quelques détails de mécanique rationnelle la plus simple;
mais auparavant, nous devons faire connaître les principaux points
de vue sous lesquels se présentent les séparations qui déterminent
les formes si variées que prennent les parties végétales.

ARTICLE PREMIER. — *De l'Exastosie ou force qui préside
à la séparation des divers organes végétaux.*

Comme point de départ de nos études, nous avons cru devoir
choisir de préférence le *bourgeon naissant* développé sur des
axes vigoureux. Or, ce bourgeon naissant, examiné au microscope, se montre entièrement constitué par une multitude de petites cellules sensiblement semblables et intimement liées les
unes avec les autres, pl. I, *fig.* 5, A et B; mais bientôt cette petite masse de tissu cellulaire, après avoir suffisamment grossi, se
fend par le sommet, et cette fente se poursuit d'un seul côté pour
les feuilles alternes (monocotylédones) ou de 2 côtés opposés
pour les feuilles opposées, ou de 3, de 4, de 6 côtés pour les
feuilles verticillés, en même temps qu'une séparation se fait *concentriquement* entre les parties circulaires et la partie centrale.
Au centre de ces organes, en général peu développés et qui alors
prennent le nom d'*écailles*, se trouve une petite masse indivise

de tissu cellulaire (*phytogène central*) qui se comportera de la même façon en observant d'ordinaire la loi d'alternance dans la formation des nouvelles parties ; mais les organes qui se sépareront cette fois, mieux nourris ou protégés déjà par les premières écailles, acquerront un plus grand développement. La masse indivise centrale nouvelle (*nouveau phytogène central*) subira le même sort et donnera lieu à d'autres organes qui se développeront encore mieux, et ainsi de suite jusqu'à ce que l'on soit arrivé à reconnaître la figure de la feuille particulière à l'espèce sur laquelle on fait l'observation. Or, il arrive un moment où cette masse centrale (*phytogène central*), bien enveloppée par les organes appendiculaires déjà très-développés, est si petite que l'on ne sait plus distinguer le phénomène de séparation dont nous venons de parler, quoique pourtant cette séparation se continue encore ; c'est qu'alors, dès qu'elle se prononce, les organes appendiculaires naissants prennent aussitôt l'apparence de mamelons qui, par leur développement ultérieur, revêtiront la forme connue de l'organe appendiculaire de l'espèce que l'on analyse.

C'est à cette *force* ou *propriété*, qui oblige les parties à se séparer les unes des autres et dont, plus tard, nous ferons connaître le mécanisme, que nous avons cru devoir donner les noms d'*exastosie* ou *hécastosie* (du grec ἐξ, qui indique la séparation, et ἀστὸς, citoyen, ou de ἕχαστος, chaque individu), parce qu'en effet elle sépare, *individualise* pour ainsi dire plus ou moins profondément les diverses parties, si bien qu'elles ne sont plus liées les unes avec les autres que par des points très-restreints, comme on peut l'observer dans les feuilles et certains bourgeons, sur les tiges, et dans les pétales, les étamines, les carpelles et les graines, sur l'axe très-court qui les supporte.

Afin de se rendre bien compte des phénomènes dus à l'exastosie, il faut dès à présent distinguer trois formes de cette propriété générale, savoir :

1° Celle qui sépare *concentriquement* les parties autour de l'axe, telles que les feuilles, les bourgeons, les sépales, etc., et que nous appellerons *exastosie centripète*, parce qu'elle tend à marcher vers le centre de l'axe ;

2° L'exastosie qui sépare *circulairement* en une ou plusieurs les parties que l'exastosie centripète a déjà séparées du centre, de façon à constituer des organes plans, alternes, opposés ou verticillés ; nous la nommons *exastosie circulaire* ou *plane* : circulaire, parce qu'elle agit circulairement et parallèlement à l'axe ; plane, parce que c'est elle qui divise le limbe des feuilles, le plus ordinairement de figure plane.

Si l'on veut des exemples très-propres à bien faire comprendre ces deux formes de l'exastosie, on les trouvera dans les bourgeons connus sous le nom de *bulbes*. En effet, si l'on coupe transversalement un oignon de scille ou un oignon ordinaire (*Allium cepa*), on le trouvera constitué par une série de *tuniques* bien séparées, mais emboîtées les unes dans les autres : c'est l'*exastosie centripète* qui les a produites. Ici, pas la moindre trace d'exastosie circulaire.

Au contraire, dans quelques plantes comme les *Cereus*, les *Echinocactus*, les *Echinopsis*, etc., qui ne se composent pour ainsi dire que de côtes verticales unies entre elles par le corps même du végétal, il semble qu'il n'y ait qu'une *exastosie circulaire*, tandis que l'exastosie centripète est en *défaut*.

Dans une bulbe de Lis, l'exastosie circulaire est venue se joindre à l'exastosie centripète pour en former les *écailles* que tout le monde connaît.

Enfin, s'il arrivait qu'il y eût à la fois *défaut d'exastosie centripète* et *défaut d'exastosie circulaire*, on aurait un bulbe indivis connu sous le nom de *bulbe solide*, dont les *Gladiolus* fournissent d'excellents exemples.

3° La troisième forme de l'exastosie est celle qui fait que les parties qu'ont divisées les exastosies centripète et circulaire sont séparées les unes des autres par un tube cylindrique ou prismatique nommé *entre-nœud* ou *mérithalle*, parce qu'il est, en effet, placé entre les points d'où émergent les organes appendiculaires et où se trouvent des renflements que l'on nomme *nœuds-vitaux*. Si nous portons notre attention sur ces nœuds-vitaux, nous ne tardons pas à reconnaître que, bien souvent, selon les espèces où on les observe, ils sont le siége d'une articulation qui permet de détacher les mérithalles les uns des autres comme s'ils n'avaient été que collés ensemble. (*Equisetum*, *Vitis*, etc.). Pareillement, vers la fin de la saison, presque toutes les feuilles, les folioles mêmes des feuilles dites *composées*, se désarticulent de l'axe qui les porte et tombent d'elles-mêmes (*Robinia pseudo-Acacia*). Les pédoncules ne sont pas exempts de cette désarticulation spontanée quand les fleurs qu'ils portent ont rempli leurs fonctions (*Asparagus officinalis*, *Æsculus hippocastanum*, etc.). Enfin, c'est grâce à de semblables désarticulations spontanées que les carpelles et certains bourgeons (bulbilles) tombent, que certains carpelles (Lomentacés) se séparent par article et que les graines se sèment d'elles-mêmes.

En présence de ces faits irrécusables, il est donc bien établi que la petite masse de tissu cellulaire, unique et homogène dans le principe, n'a pas seulement subi des séparations *verticales*, *concentriques* et *latérales*, mais encore des séparations *transversales* que nous désignons sous le nom d'*exastosies transversales*.

Si maintenant nous observons qu'en agissant ainsi, ces trois formes de l'exastosie dirigent leur action suivant les 3 dimensions de l'étendue : longueur, largeur et profondeur ou épaisseur, nous reconnaîtrons que ces trois exastosies, en se produisant simultanément, ont précisément pour effet de délimiter et circonscrire d'autres petits amas de cellules ayant chacun une vie particulière dans la vie générale de l'individu (1), et leurs mouvements propres, dont la variabilité entraînera nécessairement des différences dans les parties produites. C'est la réunion de ces trois formes de l'exastosie, prises strictement à leur naissance, qui conduit logiquement à la nécessité de reconnaître dans les parties végétales des centres-vitaux, que pour plus de simplicité et surtout à cause de leurs propriétés, nous nommerons *phytogènes*.

Ainsi, pour nous résumer, nous reconnaissons que l'*exastosie* est la force ou propriété que présente le tissu cellulaire végétal, pendant la végétation, de se séparer pour former les organes axiles et appendiculaires, et nous venons de voir que les 3 formes de cette force, en agissant simultanément, avaient pour effet de délimiter et circonscrire des petits amas de cellules que nous avons nommés phytogènes. Un phytogène est donc, dans le principe, un petit amas *sphérique* de tissu cellulaire capable le plus souvent de se développer en axe et en organes appendiculaires. Pour

(1) *Essai de Phytomorphie*, t. I, chap. I.

comprendre ce phénomène, il faut concevoir qu'arrivé à un certain degré de développement, ce phytogène, par exastosie, se subdivise ou tend à se subdiviser en plusieurs autres phytogènes; et comme il faut une base à tout raisonnement ultérieur, nous admettons, ce que nous démontrerons plus loin, qu'il se forme *normalement* 12 phytogènes disposés sphériquement autour d'un 13° central. Pour distinguer ce *phytogène composé*, nous lui donnerons le nom de *protophytogène,* voulant indiquer, de cette façon, que son existence est antérieure à celle des phytogènes qui le composent. Disons de suite que lorsqu'un protophytogène se développe *normalement,* les phytogènes secondaires sont disposés ainsi qu'il suit : 3 inférieurs, i, qui entrent dans la composition des mérithalles ; 6 circulaires, c, et 3 supérieurs, s, placés sur le central et les 6 circulaires assemblés par couples (pl. II, *fig.* 11, A). Dans les Monocotylédones, les 6 circulaires, c, et les 3 supérieurs, s, entrent dans la composition du seul cotylédon ou de la seule feuille qui se forme à la fois, et il n'y a exastosie que d'un seul côté, par où sort le produit de l'évolution du phytogène central, devenu à son tour protophytogène. Dans les Dicotylédones (*types*), il y a trois exastosies circulaires et formation de 3 cotylédons ou de 3 feuilles, par l'assemblage et le développement de 2 des phytogènes circulaires et 1 des phytogènes supérieurs ; ces 3 organes appendiculaires se réduisent souvent à 2 opposés, et c'est ce qui constitue l'état *normal* de la plupart des Dicotylédones (à feuilles opposées). On voit donc que les *phytogènes simples* concourent à la formation des organes appendiculaires, tandis que les *protophytogènes* concourent à la formation des organes axiles ; mais en même temps on reconnaît que ce sont les phytogènes circulaires ou périphériques d'un protophytogène qui, se disposant suivant un plan, forment les *organes appendiculaires;* tandis que ce sont les phytogènes inférieurs, groupés en triangle, qui forment l'*organe axile* ou *mérithalle,* et c'est la succession de ces formations qui arrive à constituer la *tige* proprement dite. Nous reviendrons d'ailleurs sur cette importante question de la génèse des organes végétaux.

Quand un phytogène se développe normalement, il commence par passer à l'état de protophytogène et forme bientôt un mérithalle et une ou plusieurs feuilles; le phytogène central devient à son tour protophytogène et produit un second mérithalle qui se superpose au premier, en même temps ou'une ou plusieurs feuilles de seconde formation se développent. Le nouveau phytogène central accomplit la même série de phénomènes, et la tige s'allonge ainsi successivement jusqu'au moment où, épuisée, elle ne donne plus qu'un phytogène central capable de se transformer en fleur ou en inflorescence après s'être composé comme nous le dirons par la suite; composition tout à fait analogue à celle qui a fait le mérithalle et les feuilles.

Mais nous avons dit que les phytogènes étaient *sphériques*, et nous savons que 3 sphères disposées en triangle se placent toujours de manière à comprendre entre elles un espace triangulaire vide (pl. II, *fig.* 8, C) ; et comme les phytogènes se forment dans une masse de tissu cellulaire dont toutes les cellules se touchent, il s'ensuit que dans le groupement des cellules pour former les phytogènes il y a toujours des espaces ou intervalles pleins de cellules, lesquelles cellules pourront, à un moment donné, devenir le siége d'un centre vital ou phytogène qui, après être passé à l'état de protophytogène, se développera en branche ; c'est-à-dire en un axe portant ses organes appendiculaires, absolument comme le bourgeon naissant qui nous a servi d'exemple. C'est à cet intervalle plein de cellules que nous avons donné le nom de *méat interphytogénique*, et ce sont les phytogènes qui se développent dans ces méats interphytogéniques, qui, *normalement*, plus tard, quand un certain nombre de mérithalles se sont superposés, apparaissent à l'aisselle des feuilles et forment les bourgeons ou les nouvelles individualités, en accomplissant la série des phénomènes que nous venons d'exposer.

ARTICLE II. — Des Multiplications organiques.

Le plus souvent, les mérithalles se succèdent sans phénomènes extraordinaires, produisant autour d'eux des feuilles et des bourgeons, puis des fleurs. Dans ce cas, si l'on vient à couper transversalement l'axe ou tige, on y trouve un seul canal médullaire généralement *arrondi*. Les exastosies sont *normales*.

Il peut arriver que ce phytogène ne s'étant pas encore constitué à l'état de bourgeon ou de protophytogène, se comporte dans son développement de façon à produire des phénomènes *anormaux*. Ainsi, souvent ce phytogène, avant de se composer à la manière d'un protophytogène, commence par se diviser en 2 phytogènes, et alors chacun de ces phytogènes se transforme en protophytogène. Dans ce cas, ces deux protophytogènes se développeront simultanément, et au lieu de former un seul axe, ils en formeront deux qui, le plus souvent, marcheront parallèlement dans leur évolution. C'est à ce phénomène que l'on a donné le nom de *dédoublement*, lequel présente trois modifications appréciables.

1° Si l'exastosie centripète (séparation des 2 protophytogènes) est complète, les 2 axes seront séparés; ainsi isolés, ils se comporteront d'une manière normale, et chacun d'eux, par conséquent, offrira dans sa coupe transversale un canal médullaire *arrondi*.

2° Mais il se peut que l'exastosie centripète se prononce beaucoup moins et qu'elle se traduise à l'extérieur par un aplatissement de l'axe et par une rainure longitudinale plus ou moins profonde sur une seule ou sur les deux faces de cet axe. Dans cette circonstance, si l'on coupe l'axe transversalement, on remarquera qu'il s'est formé deux canaux médullaires dont l'ensemble simule sur la section transversale un *huit de chiffre*, canaux d'autant plus distincts que les sillons étaient plus profonds, ce qui accuse un état exastosique plus avancé.

3° Enfin, si l'exastosie centripète est encore moins prononcée que dans l'exemple précédent, quoique manifeste encore, le phénomène ne se traduira plus que par l'aplatissement de l'axe et par un bourgeon lui-même aplati comme l'axe et dans le même sens. La section transversale d'une semblable tige ne montre plus deux canaux médullaires, mais un seul, qui a alors une forme *elliptique*. Cet état particulier est un commencement de la monstruosité que les physiologistes appellent *fascie* ou *tige fasciée*. Tous ces phénomènes indiquent des *excès d'exastosie centripète* ou des *multiplications*, puisqu'au lieu d'un élément on est forcé d'en reconnaître deux.

Par contre, il y a une autre série d'anomalies que nous désignerons sous le nom de *défauts d'exastosie*, et dans laquelle viennent se ranger tous les phénomènes connus sous le nom de *soudures*, expression que nous ne saurions adopter aujourd'hui, parce que d'abord elle ne concorde plus avec celles que nous employons pour exprimer tous les phénomènes de l'exastosie, et parce qu'ensuite tous les bons esprits peuvent reconnaître qu'elle donne une fausse idée de la nature de ce genre de phénomène, puisque, pour qu'il y ait eu soudure, il aurait fallu que les parties eussent été séparées auparavant. Or, nous savons bien que, dans le principe, tout était intimement lié dans la petite masse de tissu cellulaire constituant le phytogène. D'ailleurs, nous aurons occasion de faire connaître des phénomènes où il y a de *véritables soudures* qu'il faut nécessairement distinguer des défauts d'exastosie dont il est question ici.

Les nouvelles études que nous avons entreprises sur le développement des bourgeons nous ont conduit à ranger sous le nom de *chorises* des phénomènes identiques, ne différant les uns des autres que par l'état plus ou moins complet du phénomène ou par le nombre des éléments surajoutés, ou par la disposition de ces éléments; d'où la division suivante :

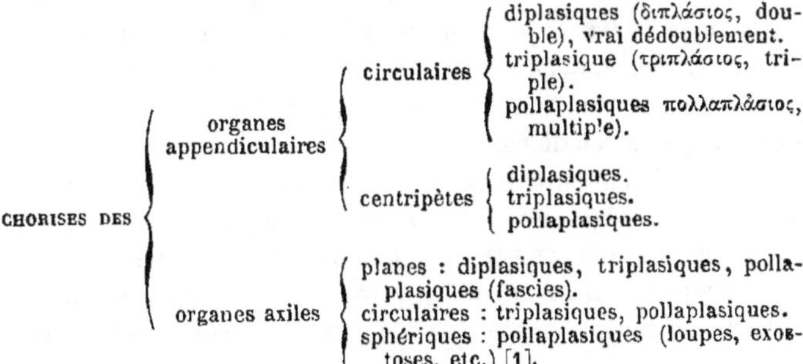

Ceci posé, voici ce que l'on peut observer dans l'étude des chorises des axes, que seules nous examinerons ici. Avant de se constituer à l'état de protophytogène, un phytogène peut prendre les différentes formes de multiplications suivantes :

1° Il peut subir une première division en 2, 3 ou successivement plusieurs phytogènes formant, plus tard, autant de protophytogènes *accolés suivant un plan,* et qui seront l'origine des *fascies* (2).

(1) *Essai de Phytomorphie,* t. I, p. 207.
(2) *Ibid.,* p. 275.

2° Dans sa première division, il se peut que 3 centres vitaux ou phytogènes se forment en se disposant en triangle, et chacun d'eux devenant protophytogène, il en résulte une tige triple. Quelquefois, après s'être divisé à la manière d'un protophytogène normal, chacun des phytogènes circulaires peut devenir protophytogène à son tour, et avant de former les organes appendiculaires ; alors il en résulte autant de protophytogènes ou axes *accolés suivant un cercle*, et qui seront l'origine d'une série d'anomalies que nous avons fait connaître. Dans ce cas, ordinairement le phytogène central avorte, et la tige reste creuse. Quelquefois même chaque phytogène circulaire, avant de passer à l'état de protophytogène, peut subir l'influence de la diplasie ou de la triplasie, ou peut-être même de la pollaplasie. Ces divers états constituent alors l'équivalent d'une fascie qui au lieu d'être *plane* est *circulaire* (1).

3° Enfin, il arrive fréquemment que le phytogène étant devenu protophytogène, chacun des phytogènes secondaires périphériques devient lui-même protophytogène, donnant alors des phytogènes tertiaires périphériques qui deviennent eux-mêmes protophytogènes, et ainsi de suite, *tous accolés suivant une portion de sphère* sans donner d'organes appendiculaires, mais augmentant peu à peu de volume et formant aussi l'équivalent d'une fascie qui n'est plus *ni plane, ni circulaire*, mais qui est *sphérique* ou *en partie sphérique* (2). Voilà pourquoi nous avons cru devoir distinguer ces chorises par les dénominations suivantes :

1° Epipédochorises (ἐπίπεδος, plan). C'est la fascie des auteurs.

2° Cyclochorises (χύχλος, cercle). Cette chorise n'est décrite nulle part.

3° Sphérochorises (σφαιρα, sphère). C'est l'exostose ou loupe des auteurs.

Ces dénominations ont l'avantage d'indiquer nettement la nature du phénomène et de présenter un lien commun que n'ont pas entre elles les dénominations admises jusqu'à ce jour.

(1) *Essai de Phytomorphie*, t. I, p. 312.
(2) *Ibid*, p. 324.

Épipédochorises.

Dans cette série d'anomalies on peut distinguer :

Les DIPLASIQUES. Ce sont les plus simples. Elles se composent de deux axes accolés qui finissent fréquemment par se séparer en formant alors un vrai dédoublement (très-fréquent dans les Vignes, les *Solanum*, les Capucines, les cerisiers, etc.);

Les TRIPLASIQUES, très-fréquentes aussi chez les plantes à végétation luxuriante, telles que le *Tropœolum majus*, le *Lycium barbara*, le *Prunus cerasus*, etc.;

Les POLLAPLASIQUES, plus rares, quoique fréquentes encore. Ce sont elles que les auteurs ont coutume de désigner sous le nom de *fascies*. Nous en avons figuré quelques-unes (1) et décrit un grand nombre (2).

Dans ce phénomène tératologique, l'axe, de cylindrique qu'il doit être ou qu'il était dans le principe, prend un tel développement dans un seul sens, qu'il s'aplatit et affecte une forme plus ou moins *semi-foliacée*. Quelquefois même ces fascies ont bien plutôt l'apparence de feuilles (*Ruscus*, *Xylophylla*, etc.) que certaines feuilles véritables (*Rumia microcarpa*). Toutefois, on a établi entre l'axe fascié et la feuille les distinctions suivantes : 1° il est le plus souvent couvert de feuilles et de bourgeons singulièrement disposés et indiquant d'une manière évidente la fusion de plusieurs spires ; 2° les nervures, ou plutôt les faisceaux fibro-vasculaires, sont à peu près parallèles ou même convergents ou divergents seulement au sommet, mais ils restent presque simples et ne s'épanouissent pas comme les nervures dans le limbe des feuilles (3) ; 3° à ces caractères nous ajouterons celui qui résulte d'un développement inégal de toutes les parties élémentaires et caulinaires qui constituent la *fascie anomale*, inégalité qui fait que cette fascie est le plus souvent dépourvue de la symétrie par rapport à une ligne qui caractérise les feuilles, mais que l'on retrouve parfaite dans les *fascies normales* des *Ruscus* et *Xylophylla*. Nous reviendrons plus loin sur cette cause de sy-

(1) *Essai de Phytomorphie*, pl. IX et X, *fig.* 55, 55 *bis*, 56, 57, 58, 61.
(2) *Ibid.*, p. 298.
(3) D. C. *Org. vég.*, t. II, p. 195.

métrie en parlant de la formation des organes appendiculaires de l'appareil de la nutrition.

Cyclochorises.

Dans cette nouvelle série d'anomalies on ne peut distinguer que deux sortes de compositions, savoir : les *triplasiques* et les *pollaplasiques*. En général les axes sont cylindriques ; ils ont un gros volume relatif, mais aussi une hauteur moins grande ; ils sont le plus souvent creux, sillonnés longitudinalement et à mérithalles courts. Leurs feuilles et leurs fleurs sont souvent groupées plusieurs ensemble et parfois unies dans une plus ou moins grande partie de leur étendue. Quelquefois ces Cyclochorises se résolvent en autant d'axes qu'il en entrait dans leur composition.

CYCLOCHORISE TRIPLASIQUE. — La plus simple de ces anomalies est la triplasique, attendu que la diplasique ne pourrait avoir lieu qu'en affectant une forme plane et rentrerait conséquemment dans l'épipédochorise. Cette cyclochorise est fréquente dans le *Hyacinthus orientalis*, et c'est à elle que l'on doit cette remarquable multiplicité de fleurs que donne la Jacinthe dite de *Hollande*, puisque la Jacinthe normale n'en porte d'ordinaire qu'une dizaine.

On trouve la preuve de l'existence de cette cyclochorise dans les considérations suivantes : 1° Souvent l'axe est terminé par 3 fleurs disposées en triangle et dans un état de développement sensiblement égal ; 2° souvent aussi l'extrémité de l'axe est divisée en 3 parties distinctes portant des fleurs ; 3° quelquefois l'exastosie s'est fait sentir jusqu'à la base des 3 axes, et alors, au lieu d'une hampe, on en trouve 3 disposées en triangle ; 4° enfin, d'autres fois, par exastosie, un seul se détache des deux autres, lesquels forment alors une épipédochorise diplasique présentant une face interne devant laquelle se trouve exactement placé l'axe qui s'en est séparé.

CYCLOCHORISE POLLAPLASIQUE. — Cette anomalie s'est présentée à notre observation dans le *Pisum sativum*, var. de Knight. Sa tige, normale à sa base, se renfle peu à peu au point d'acquérir un volume considérable portant alors 18 à 20 sillons longitudinaux parcourus par des fibres qui donnent aux sillons un aspect strié (1). L'axe est cylindrique, complétement creux, à mérithalles courts relativement ; les feuilles partent 2, 3 ou 4 ensemble d'un même point, et les pétioles unis parfois entre eux forment une fascie qui se divise à son sommet. A l'aisselle de ces pétioles fasciés terminés par des folioles et des vrilles ordinaires, se trouvent 2, 3 ou 4 bourgeons floraux quelquefois fasciés eux-mêmes, mais portant des fleurs et des légumes normaux.

Nous avons retrouvé des caractères analogues dans des axes d'*Œnothera biennis*, de *Lampsana communis*, d'*Althœa rosea*, de *Campanula medium*, de *Delphinium ajacis*, de *Brassica oleracea*, etc.

L'étude de ces anomalies nous a permis de reconnaître une cyclochorise dans l'inflorescence des *Ficus* et des *Mithridatea*, laquelle cyclochorise s'est montrée profondément divisée dans une inflorescence anomale du *Didiscus cœruleus*.

Sphérochorises.

Cette anomalie ne peut être que pollaplasique ; c'est elle qui constitue ce que les auteurs ont nommé *loupe* ou *exostose* ; mais la manière dont elle se recouvre quelquefois de bourgeons, comme on peut le voir dans celles du Tilleul, par exemple (2), est une preuve en faveur de notre manière d'envisager le phénomène. Quelquefois la plupart de ces bourgeons, subissant l'influence de l'exastosie complète, se développent séparément en autant de petites branches et constituent ce que les auteurs ont nommé *polycladie* ; mais il est aisé de reconnaître que le phénomène est le même dans les deux cas, et ce n'est que l'exastosie qui en fait la différence.

Cette anomalie nous semble se retrouver normalement 1° à l'état indivis : dans les axes des *Melocactus, Echinocactus, Echinopsis*, etc. ; 2° à l'état de partitions : dans les inflorescences en tête du Platane, du Mûrier à papier ; dans les sertules des *Allium* ; les ombelles, les calathides et les capitules. Il ne nous

(1) *Essai de Phytomorphie*, pl. X, *fig.* 67.
(2) *Ibid.*, t. I, pl. X, *fig.* 68 *a*.

semble donc nullement exagéré d'avancer que l'on pourrait établir la série suivante :

1° Sphérochorises des axes (Exostoses, Cactées globuleuses, etc.).

2° — des inflorescences et des fleurs (capitules, sertules, ombelles, inflorescence en tête du Platane, du Mûrier à papier, etc.).

3° — des pétales (*Calystegia pubescens*, *Kerria japonica*, etc.).

4° — des étamines (Ricins).

5° — des carpelles (Fraises et certains fruits de Renonculacées).

6° — des semences (fruits globuleux à placentation centrale, comme les Primulacées, par exemple).

Maintenant que nous avons fait connaître les effets de l'exastosie, il semble que nous devrions parler de la forme, de la structure et des propriétés diverses du phytogène, puis des causes mécaniques qui déterminent les exastosies, mais comme la formation du phytogène et les phénomènes exastosiques qui résultent de son développement ne sont que la conséquence de la nutrition, nous croyons devoir faire précéder ces études de celles qui concernent ce grand acte de la vie des végétaux.

CHAPITRE II

DE LA NUTRITION ET DE LA FORMATION DES ÉLÉMENTS
CONSTITUTIFS DES VÉGÉTAUX.

Par nutrition on entend la fonction par laquelle les végétaux
puisent à l'extérieur les éléments inorganiques liquides ou gazeux qu'ils unissent, décomposent ou modifient de manière à ce
qu'ils puissent servir au développement des parties ou à la formation des organes qui les constituent.

Cette fonction est compliquée de plusieurs actes, savoir :
1° l'*absorption* ou faculté qu'ont les végétaux d'introduire dans
leur économie les matières destinées à les nourrir ; 2° la *circulation*, mouvement des fluides à l'aide desquels ces matières nutritives sont répandues dans toutes les parties végétales ; 3° la *respiration*, propriété qu'ils possèdent d'absorber l'air et l'acide
carbonique, de les mettre en contact avec la séve pour la convertir en fluide nutritif et d'exhaler le gaz oxygène devenu inutile ; 4° la *transpiration* ou faculté par laquelle ils perdent l'eau
en excès qu'ils contiennent ; 5° l'*assimilation*, phénomène par
lequel, en vertu de la vie, ils s'approprient les aliments élaborés
et transformés en matériaux ou principes essentiels de leur constitution ; 6° l'*excrétion*, acte par le moyen duquel ils éliminent
certaines substances formées par la nutrition, et qui leur sont
devenues complétement inutiles. L'*accroissement* des organes
n'est plus qu'une conséquence de la nutrition, mais particulièrement de l'assimilation. Les principaux organes de la nutrition
sont les racines et les feuilles : les premières étant essentielle-

ment les organes de l'absorption ; les feuilles, essentiellement ceux de la respiration.

Tous les végétaux sont formés d'éléments *inorganiques* en petit nombre qui, combinés de diverses manières et dans des proportions très-différentes, constituent les éléments *organiques* des végétaux. Les éléments inorganiques indispensables à la constitution organique des végétaux sont : le carbone, l'hydrogène et l'oxygène. On peut donc concevoir des végétaux tout entiers formés par ces trois éléments seuls, mais il est rare qu'un quatrième élément, l'azote, ne vienne pas se joindre aux trois autres pour constituer les éléments organiques des végétaux.

Les éléments constitutifs ou organiques des végétaux sont de deux ordres : les premiers sont indispensables à l'existence ou à la formation de la trame végétale. Nous leur donnons le nom de *principes immédiats* végétaux, qui sont de deux sortes : les uns, *essentiels* ou *primordiaux*, et les autres *secondaires*. Les *principes immédiats essentiels ou primordiaux* sont la *cellulose* ou tissu membraneux constituant la partie enveloppante des cellules ou des vaisseaux, et peut-être la *sclérogène* ou partie qui se dépose d'une manière régulière dans l'intérieur des cellules ou des vaisseaux. Ils sont des *principes essentiels*, parce que l'on peut concevoir un végétal uniquement constitué par ces deux corps et qu'ils sont véritablement le *principe* de toute création végétale. Les *principes immédiats secondaires* sont ceux qui, contenus dans la plante, sont souvent utilisés par elle pour former les principes essentiels et continuer ainsi le développement ou l'évolution du végétal ; tels sont : la *fécule*, la *lichénine*, l'*inuline*, l'*albumine*, la *caséine*, la *légumine*, etc.

Les autres éléments constitutifs des végétaux qui ne sont pas indispensables à l'existence ou à la formation de la trame végétale sont les *produits immédiats*, nommés ainsi parce qu'ils paraissent être tout formés dans le végétal, tels sont : les *Acides*, les *Alcaloïdes*, les *Résines*, les *Baumes*, les *Essences*, la *Cire*, les *matières grasses*, etc.

L'analyse la plus simple nous fait connaître que tout végétal se montre formé de *matières solides* qui en forment le squelette, de *matières liquides* interposées ou contenues dans les matières solides, et de *matières gazeuses* à l'état libre ou dissoutes dans

les matières liquides et qui, tous, concourent à ce grand phénomène de la vie que l'on nomme la *nutrition,* dans les végétaux.

ARTICLE PREMIER. — *Matières solides.* — *Formation des tissus.*

A. MATIÈRES SOLIDES. — Les matières solides purement végétales affectent la forme de *cellules* ou *utricules* sphériques,
ovoïdes, polyédriques ou constituant des tubes plus ou moins
allongés et dans l'intérieur desquels se trouvent des liquides de
nature variable ; elles forment aussi des vaisseaux, sortes de
tubes très-allongés, libres ou anastomosés entre eux. Ces cellules
ou ces vaisseaux sont constitués par une membrane simple, incolore et transparente dans le principe, mais souvent cette membrane s'épaissit par des dépôts solides, successifs, qui se superposent régulièrement de la circonférence au centre, qui en augmentent ainsi considérablement l'épaisseur et auxquels on a donné
le nom de *sclérogène.*

La membrane est formée par une matière particulière composée uniquement de carbone, d'hydrogène et d'oxygène ; elle a
été étudiée par M. Payen, qui lui a donné le nom de *cellulose* et
qui la considère comme isomère avec la fécule et la dextrine. En
effet, elle ne contient pas d'azote, se dissout dans l'acide sulfurique, se gonfle dans une solution de potasse caustique, et, dans
cet état de désagrégation, bleuit par l'iode, comme la fécule.

Quant à la matière qui se dépose, ou sclérogène, elle est très-
riche en carbone, ne contient pas d'azote et présente quatre modifications isomériques selon les bois où elle se forme et que
M. Payen, qui l'a bien étudiée, a désignées par les noms de *lignose, lignone, lignin* et *ligniréose.* Ces modifications se distinguent entre elles par des solubilités différentes dans l'eau, l'alcool, l'éther et les alcalis.

On donne le nom de *parenchyme* aux tissus qui résultent de
l'union des cellules entre elles. Quelques auteurs ne désignent
ainsi que les tissus cellulaires serrés où les utricules ont une
forme polyédrique ; ils nomment alors *mérenchyme* le tissu cellulaire lâche et constitué par des cellules sphériques ou ovoïdes.
On donne, au contraire, le nom de *prosenchyme* au tissu formé
par les cellules allongées, celles qui constituent le bois proprement dit.

Indépendamment des matières solides que nous venons de faire connaître, il en est d'autres qui méritent d'être indiquées, en raison du rôle qu'elles jouent dans les phénomènes de la végétation; telles sont le *nucleus*, la *chlorophylle*, la fécule et les matières minérales qui se déposent souvent sous forme de *cristaux*. Ces matières sont ordinairement un résultat de la végétation et sont contenues dans les cellules ou utricules.

Nucleus, *noyau* ou *cytoblaste.* — C'est un corps de forme lenticulaire ou sous-globuleux, contenu dans les jeunes utricules, placé au milieu du protoplasma ou appliqué contre un point des parois de la cellule. Selon M. Schleiden, le nucleus existe dans toutes les jeunes cellules et serait formé de corpuscules très-petits (*nucléoles*), qui ne seraient autre que des cellules rudimentaires. M. Schleiden a donné au nucleus le nom de *cytoblaste* à cause de la propriété qu'il lui attribue dans la multiplication des cellules ; mais cette opinion n'est pas partagée par tous les anatomistes. Ce corps ne se forme dans la cellule que lorsque celle-ci a déjà acquis un certain développement, car M. Unger assure qu'il n'existe pas dans les très-jeunes cellules (1).

Chlorophylle. — On a donné ce nom à la *matière verte des végétaux;* c'est en effet elle qui se rencontre dans beaucoup de cellules et qui leur donne la couleur verte qui se laisse voir au microscope à travers les parois incolores et transparentes de l'utricule. C'est à sa présence que les feuilles doivent la couleur verte que nous sommes habitués à leur voir. Selon M. Mobl, la chlorophylle se trouve dans les végétaux sous 2 formes distinctes, savoir : 1° *en granules* ou *petits grains*, et 2° en *masse informe* ou *gélatineuse* (2) ; mais c'est à M. Frémy que l'on doit les meilleures études sur la nature de la chlorophylle. Ce savant a reconnu que cette substance était formée de deux principes colorants : l'un bleu, qu'il nomme *phyllocyanine*, et l'autre jaune, qu'il désigne sous le nom de *phylloxanthine*. Il a pu isoler ces deux substances de la manière suivante et en se fondant sur ce que la chlorophylle, sous l'influence des alcalis, se décolore et reprend sa couleur par l'action des acides. Or, en agitant de la chloro-

(1) *Ann. sc. nat.*, t. XVII, p. 232.
(2) *Ibid.*, t. IX, p. 150.

phylle ainsi décolorée dans un mélange d'éther et d'acide chlorhydrique, il s'est aussitôt fait un départ des 2 couleurs qui composent la couleur verte de la chlorophylle : la jaune, qui est restée dissoute dans l'éther, tandis que la bleue est demeurée en dissolution dans l'acide chlorhydrique.

Fécules. — La fécule est une substance extrèmement répandue dans un grand nombre de parties végétales : tubercules, racines, tiges, feuilles, fruits, semences, etc. Elle est toujours sous la forme de granules de forme et de grosseur très-variables, incolores, transparents et paraissant libres de toute adhérence avec la paroi interne des cellules. La fécule est un des principes importants de la nutrition des végétaux, car d'indissoluble qu'elle est, sous l'influence de la *diastase* elle se transforme en *dextrine* ou en *sucre* (*glycose* ou *sucre de canne*), qui sont très-solubles dans l'eau.

Les expériences que nous avons entreprises sur les Fécules nous ont démontré que les fécules sont loin d'être toutes identiques. Comme nous ne pouvons rapporter ici tous les résultats des expériences que nous avons faites, nous nous bornerons à les indiquer sommairement. Nous reconnaissons deux variétés distinctes de fécules, savoir : celles qui par le *tri-iodure de potassium* prennent une *belle couleur bleue*, et celles qui par le même réactif ne prennent qu'une *couleur violacée*. On reconnaît parfaitement ces différences de la manière suivante. On choisit une série de petits tubes, autant que possible de même diamètre, dans chacun desquels on verse 20 centimètres cubes d'eau distillée. Après avoir fait choix de fécules bien pures, prises dans différents végétaux, on les dessèche à 100°, de façon à les rendre toutes à un même degré de dessiccation. Alors on en pèse 5 centigrammes de chaque, que l'on verse séparément dans chaque tube contenant l'eau distillée ; on y ajoute une seule goutte de tri-iodure de potassium (iode, 1 gramme ; iodure de potassium, 4 grammes ; eau distillée, 100 grammes), et on agite les tubes, que l'on met les uns à côté des autres pour juger, *par comparaison*, les couleurs produites. On voit aussitôt se manifester nonseulement les 2 couleurs dont nous avons parlé, mais encore des intensités tellement différentes qu'il nous a été possible de distinguer ainsi la plupart des fécules entre elles, du moins celles que nous avions entre les mains. Voici la liste des principales fécules que nous avons examinées par cette méthode ; nous les plaçons à la suite les unes des autres dans l'ordre décroissant de l'intensité des couleurs produites.

1° *Coloration bleue.* — Sagou, tapioka, lentille, riz, fécule (de pommes de terre) jeune, adulte, haricots, etc.

2° *Coloration violette.* — Amidon, arrow-root, pois, orge avoine, salep, etc.

Indépendamment de ces propriétés, il en est d'autres qui ne sont pas moins importantes et qui résultent de la plus ou moins prompte décoloration de l'iodure produit. On aurait pu croire que cette décoloration devait être en rapport avec l'intensité de la couleur obtenue, mais il n'en est pas ainsi, car le sagou, par exemple, qui nous a donné la coloration bleue la plus intense, quoique très-voisine de celle produite par le tapioka, forme un iodure qui se décolore beaucoup plus tôt que l'iodure produit par le tapioka. En général, les fécules à coloration violacée forment des iodures qui se décolorent beaucoup plus promptement que les fécules à coloration bleue.

Comme la couleur violette est un mélange de couleurs bleu et rouge, et que la dextrine, dans les mêmes conditions, donne une couleur rouge, nous soupçonnons les fécules à coloration violacée d'être un état intermédiaire entre la dextrine et les fécules à coloration bleue.

Cristaux. — Les cellules végétales contiennent souvent aussi des cristaux de nature inorganique et de formes très-variables, mais ordinairement parfaitement régulières. Isolés ou groupés en masses plus ou moins volumineuses, ils sont cubiques, rhomboédriques, octaédriques ou prismatiques, et sont généralement composés de carbonate ou d'oxalate de chaux. Leur groupement se fait de deux manières : ou ils rayonnent d'un centre commun, ou bien ils sont parallèlement disposés les uns à côté des autres. Dans le premier cas, ils forment une sorte de noyau sphérique ou ovoïde hérissé de pointes ; et dans le second, ils prennent l'apparence d'un faisceau de fines aiguilles auxquelles on a donné le nom de *raphides*. Si l'on observe que la présence des cristaux exclut généralement les granules organiques, on sera tenté de regarder la cellule particulière qui les contient comme un organe de sécrétion ou d'élimination. M. Payen a parfaitement reconnu que ces cristaux sont produits et contenus dans un appareil particulier et bien organisé. C'est une grande utricule dilatée d'un point des parois de laquelle part un cordon composé de cellules très-petites et terminé par une masse de tissu cellulaire très-fin, et pour ainsi dire à l'état naissant. C'est dans l'intérieur de chacune de ces petites cellules que se dépose et cristallise la matière inorganique, qui se trouve ainsi exactement recouverte par la membrane très-ténue qui constituait la cellule.

B. Formation des tissus. — Nous aurions à distinguer la formation de 3 tissus, savoir : le *tissu cellulaire* ou *utriculaire*, le *tissu fibreux* et le *tissu vasculaire*; mais comme le tissu fibreux n'est formé que de cellules allongées dont le mode de formation est analogue aux utricules, nous n'aurons à nous occuper que de la formation de celles-ci et de la formation des vaisseaux.

a. Mode de formation du tissu cellulaire. — La multiplication et la formation des cellules peuvent se faire de 3 manières différentes que nous devons faire connaître en détail.

1° Formation par segmentation. — Souvent, comme on peut le voir dans les végétaux les plus simples (Conferves, *Chara*), on reconnaît facilement que les cellules allongées qui les forment, arrivées à un certain point de leur développement, présentent un ou plusieurs étranglements transversaux, formant à l'intérieur une saillie qui s'avance de plus en plus vers le centre, et finit par donner lieu à une cloison complète qui se dédouble; il en résulte 2 ou plusieurs cellules qui plus tard subiront le même mode de division et multiplieront ainsi les cellules qui doivent composer le végétal. Selon M. Unger, quelquefois la cellule, sans former d'étranglements, donnerait lieu à de nouvelles membranes qui s'avanceraient dans l'intérieur de la cellule même, et formeraient autant de cavités qui deviendraient l'origine d'autant de cellules. Dans les *Chara*, la cloison, au lieu de se former transversalement, se produit longitudinalement, d'où il suit que les cellules sont collatérales et non superposées. Il est très-probable que ce mode de multiplication se retrouve dans les végétaux plus élevés.

2° Formation intra-utriculaire. — Souvent encore la multiplication des cellules se fait dans l'intérieur d'un utricule primitif. Ou bien des parois de cet utricule partent des cloisons qui marchent vers le centre de la cellule, et divisent ainsi la cavité en plusieurs contenant chacune une certaine quantité de matière granuleuse. Un peu plus tard, chaque masse de granules se recouvre d'une enveloppe propre formant ainsi autant de cellules particulières enfermées dans une enveloppe générale, à moins, ce qui arrive souvent, qu'elles ne deviennent indépendantes par la résorption de la membrane de l'utricule-mère. Mais plus souvent, les cellules sont tout d'abord libres dans la cavité de l'utricule-mère, qui alors encore persiste ou est résorbée.

Nous devons faire connaître une théorie très-ingénieuse de M. Schleiden sur la formation intra-utriculaire et qui se trouve développée dans son mémoire sur la *Phytogénésie* (1). Selon cet habile observateur, les jeunes cellules contiennent dans leur intérieur un corps globuleux ou lenticulaire nommé *nucleus* ou *noyau*, et auquel M. Schleiden donne le nom de *Cytoblaste*, parce que, selon lui, il sert à la multiplication des cellules. Ce Cytoblaste est un agrégat formé par un certain nombre de cellules naissantes désignées sous le nom de *nucléoles*. Si, en effet, on suit le développement de la grande cellule qui doit former le sac embryonnaire ou la vésicule qui renferme l'embryon et dans laquelle doivent se former de nouveaux utricules, on reconnaît que ces organes se remplissent d'abord d'une matière mucilagineuse ou *fluide générateur*, sorte de *cambium* très-délicat, dans lequel bientôt on voit apparaître des granulations qui en troublent la transparence. Peu après, il se produit des granules isolés et plus gros autour desquels se montrent les cytoblastes, qui forment comme une sorte de coagulation granuleuse. Dès que ces cytoblastes sont arrivés à un certain degré de développement, selon M. Schleiden, il s'en sépare une vésicule fine et transparente qui se montre d'abord comme un segment de sphère très-aplati, dont le cytoblaste forme le côté plane, tandis que le côté convexe, qui est la jeune cellule, ressemble assez au verre qui est appliqué sur une montre. Peu à peu la jeune cellule se dilate et sa consistance devient plus grande ; ses parois sont alors formées par une sorte de gelée, excepté le cytoblaste, qui fait encore partie de

_____

(1) *Ann. sc. nat.*, t. XII, p. 242.

la paroi. Bientôt la cellule grandit si bien et si vite que le cytoblaste n'apparaît plus que comme un petit corps qui serait enclavé dans un point des parois de la cellule, et peu à peu, très-
souvent, il finit même par être entièrement résorbé. Cette théorie,
à son point de départ, est à peu près celle qu'avaient admise
Treviranus et Turpin, lesquels regardaient les granules contenus
dans les cellules comme des cellules naissantes; mais le mode
de développement est un résultat d'observation particulière à
M. Schleiden. Ajoutons que ce mode de formation a été appliqué par Swann aux tissus animaux, et que les physiologistes l'ont
presque tous adopté; cependant MM. Unger et Mohl, ainsi que
Ach. Richard, ne l'admettent pas.

3° FORMATION EXTRA-UTRICULAIRE. — Tous les tissus sont im-
prégnés ou baignent dans une certaine quantité de fluide nutritif
ou générateur (*Cambium* de Duhamel). Ainsi, il y en a non-seulement dans l'intérieur des utricules, mais encore dans tous les espaces vides compris entre eux, et que l'on a nommés *espaces* ou
méats intercellulaires. Selon le professeur Kieser et surtout de
Mirbel, ce liquide commence par former des granulations, il augmente de consistance et finit par s'organiser en cellules nouvelles.
De Mirbel, qui a suivi le développement successif des utricules
ainsi formés, dit que dans les points où ils doivent se produire,
on voit apparaître peu à peu des mamelons gélatineux et arrondis : c'est le *Cambium à l'état globuleux*, premier degré d'organisation du fluide nutritif. Chacun de ces petits mamelons, très-
transparents à l'origine, présente bientôt une petite tache légèrement opaque ; c'est qu'alors une cavité s'est formée dans leur
intérieur et a constitué le Cambium à l'état *cellulo-globuleux;*
c'est le second degré de transformation du fluide nutritif. Peu à
peu la cavité intérieure se dilate, les parois s'amincissent et les
nouvelles cellules finissent enfin par offrir les caractères des cellules de plus ancienne formation (1).

La formation, chaque année, d'une couche d'aubier et d'une
couche de liber entre l'écorce et le bois dans les dicotylédones,
est une preuve manifeste de ce mode de formation extra-utriculaire par le Cambium organisé.

(1) *Nouv. notes sur le Cambium, Mém. de l'Inst.,* t. XVIII.

Cette théorie, qui a été combattue par la plupart des anatomistes, particulièrement par MM. Mohl et Unger, reçoit un degré de vraisemblance de plus par nos observations sur la production de l'*Inuline*.

On sait que cette substance, très-analogue à l'amidon, dont elle ne paraît être qu'un état isomérique, ne se précipite que peu à peu des sucs qui la contiennent. En effet, pour l'obtenir, on râpe les tubercules (Dahlia, Topinambours, etc.), on en extrait le suc et on l'abandonne à lui-même. Au bout de quelques temps, l'inuline se précipite sous forme d'une poudre très-ténue. Or, dès que le suc est obtenu, il présente une certaine transparence qui disparaît au bout de quelques heures; il devient de plus en plus opaque, et au bout de 3 ou 4 jours, pour le suc de tubercules blancs de Dahlia, il est complètement blanc, mais l'inuline, très-divisée, y est encore en suspension. Si on filtre le suc aussitôt après son extraction, la liqueur passe colorée, mais transparente, et il reste sur le filtre une matière grisâtre, impalpable, comme onctueuse au toucher, et qui n'est que de l'*inuline imparfaitement organisée*. Le liquide filtré a laissé déposer, au bout de 24 heures, une poudre fine blanche qui, examinée au microscope, s'est montrée sous la forme de très-petits grains sous-arrondis, réguliers, très-analogues à ceux de l'amidon, et offrant à leur centre une petite cavité accusée par un point très-éclairé. Or, en examinant le liquide transparent de temps en temps, nous avons reconnu que peu à peu il se trouble et présente alors au microscope des globules très-déliés et opaques ; un peu plus tard ces globules étaient un peu plus gros ; quelque temps après ces globules s'éclaircissaient à leur centre, et enfin, 24 heures après, ils avaient pris les caractères que nous venons d'assigner à la poudre blanche, et qui n'était autre que de l'*inuline organisée*.

4° FORMATION PAR BOURGEONNEMENT. — De Mirbel a encore décrit un mode de formation *extra-utriculaire* que l'on pourrait comparer à une sorte de *bourgeonnement*, et qu'il a observé pendant le développement du *Marchantia*. En faisant germer sur une lame de verre humide et dans du sable très-fin des sporules de cette plante, qui ne sont autres que des cellules pleines de fluide générateur contenant des globules jaunes, il les a vus se gonfler, devenir sphérique, et leurs globules prendre une teinte verte. Bientôt, par un point de sa périphérie, il a vu s'allonger un petit tube clos à son extrémité, et qui n'a pas tardé à se renfler en une nouvelle cellule. Celle-ci, à son tour, émet un petit tube qui se renfle en une autre cellule et ainsi de suite, et comme le nombre des cellules va croissant et que chaque cellule devient le centre d'une formation, il en résulte bientôt une masse qui peu à peu prend l'apparence foliacée que doit conserver la plante adulte.

b. Mode de formation du tissu vasculaire. — Une jeune plante, un bourgeon ou un organe à *l'état naissant* se montre toujours formé par une petite masse de tissu cellulaire à laquelle nous avons donné le nom de *phytogène* pour les raisons que nous donnerons plus loin. A un certain point de leur développement, ces petites masses de tissu cellulaire commencent à montrer des vaisseaux qui vont grandissant avec la plante, le bourgeon ou l'organe. Les recherches anatomiques de Treviranus, et surtout celles de Mirbel sur le *Marchantia polymorpha* et sur les racines du Dattier, ont démontré que les vaisseaux n'étaient autres que des cellules superposées dont les cloisons horizontales séparant les utricules avaient complétement disparu par résorption.

D'après les dernières observations de ce célèbre académicien sur les racines du Dattier (1), les utricules de la partie centrale formeraient des séries longitudinales et s'accroîtraient en longueur et en largeur. Il a vu se développer dans leur intérieur une sorte de mucilage organisé ou de tissu cellulaire naissant. Pendant quelque temps ces utricules n'ont pas paru changer d'aspect, mais tout à coup leurs parties supérieure et inférieure ont disparu sans en laisser aucune trace; alors les cavités des grandes utricules, séparées par des diaphragmes, ont communiqué entre elles, et il en est résulté un grand tube continu, dont la paroi s'est peu à peu dilatée et a pris successivement les caractères propres aux vaisseaux. Pendant ce temps, on voyait apparaître soit des ponctuations ou des lignes transversales plus transparentes, soit une ligne courbe unique disposée en hélice, soit un réseau formant des mailles irrégulières, et, dans ces divers cas, constituant des vaisseaux *ponctués, rayés, réticulés,* ou des *trachées.*

(1) *Compt. rend. Acad. sc.,* 28 août 1837.

La transformation des utricules en vaisseaux est très-rapide, mais en observant les organes à divers états de leur formation, on peut reconnaître les utricules qui doivent former les vaisseaux, à leur forme allongée et leur disposition en rangées longitudinales.

Il résulte de cet examen que tous les tissus végétaux ont pour origine une cellule, et on peut les concevoir tous isolés et indépendants les uns des autres. Cependant, ils présentent entre eux une adhérence manifeste qui a fait croire longtemps que les cellules étaient unies entre elles et ne se trouvaient séparées que par une membrane unique. Il est aujourd'hui prouvé que toutes les cellules ont leur membrane propre, que leurs cavités sont séparées par une double membrane, et que par une ébullition dans l'acide azotique on parvient à isoler les vaisseaux ou les cellules ayant chacun leur enveloppe particulière. On doit à M. Mohl des idées sur cette question qui ont été généralement adoptées. Il pense qu'entre les cellules il s'épanche une sorte de colle, différente d'elles par sa nature, qui les lie et qu'il nomme *matière intercellulaire*. Il se fonde sur ce que, dans certains végétaux inférieurs, comme les Varechs, les utricules dont la plante est composée sont très-espacés les uns des autres et sont unis entre eux par cette matière intercellulaire, bien que souvent les intervalles existant entre les cellules soient très-considérables ; or, dans certains végétaux, ces intervalles diminuent beaucoup, et dans les végétaux plus compliqués, comme les arbres, ces utricules se touchent, la matière qui les fait adhérer est réduite à une couche très-mince qui la rend imperceptible à la vue, sans que pour cela elle soit complètement absente.

De Mirbel a émis une opinion contraire. Selon lui, le tissu végétal commence par une sorte de mucilage qui, d'abord continu et plein, finit par se creuser d'un grand nombre de petites loges qui sont les cavités des cellules. Celles-ci seraient primitivement séparées par une paroi commune, qui pourrait rester telle, mais qui le plus souvent finirait par se dédoubler quelquefois dans tout son contour, quelquefois seulement en partie et d'abord vers les angles ; d'où résulterait une manière d'être contraire à l'opinion précédente, puisque les cellules toutes unies dans le principe tendraient à se décoller ou se séparer.

Il y a du vrai dans ces deux théories. En effet, le fluide générateur cambium est d'abord une matière mucilagineuse qui s'épaissit, puis s'organise; c'est-à-dire que peu à peu on voit apparaître dans sa masse des globules qui sont l'origine des cellules; celles-ci se creusent, grandissent et prennent bientôt l'apparence des cellules suivant l'opinion de Mirbel; mais chaque cellule est déjà munie de sa membrane propre, si bien que lorsqu'elles arrivent à se toucher, les membranes tendraient plutôt à se souder qu'à se dédoubler, et nous avons vu dans le mode de formation des vaisseaux qu'elles peuvent même être résorbées au point de contact. Or, comme ces cellules se forment dans un liquide mucilagineux qui ne s'organise pas entièrement, la partie non organisée et qui se trouve envelopper de toutes parts les organismes formés, est précisément la matière au moyen de laquelle ces petits organismes adhèrent les uns aux autres, et que M. Mohl a nommée intercellulaire. Dans les Nostochinées, particulièrement le *Palmella hyalina* (Agardh), qui croît dans les eaux douces, on peut aisément distinguer au microscope une membrane mince, d'une couleur verte, dans laquelle se trouvent enclavées des cellules diaphanes, globuleuses, distinctes les unes des autres, et que les *Agamistes* regardent comme des organes reproducteurs.

c. *Modes de communication des organes élémentaires.* — Si les cellules sont formées de membranes enceignant une cavité et par conséquent fermées de toutes parts, si les vaisseaux ne sont eux-mêmes produits que par des cellules unies en séries longitudinales, on peut se demander comment toutes ces cavités qui renferment des liquides et des gaz nutritifs peuvent communiquer entre elles, car il faut bien que ces deux agents puissent pénétrer dans leur cavité, sans cela les formations utriculaires dont nous venons de parler n'auraient pas lieu. C'est cette nécessité de communication et surtout les ponctuations et les raies que l'on avait observées sur les parois des utricules et des vaisseaux qui avaient longtemps fait croire que ces raies ou ponctuations constituaient de véritables ouvertures par lesquelles se faisait le passage des matières liquides ou gazeuses; mais l'opinion généralement admise aujourd'hui est que ces prétendues ouvertures n'existent pas et qu'elles sont formées d'une membrane parfaitement diaphane et incolore sur laquelle il ne s'est fait aucun dépôt de sclérogène, et ce n'est qu'accidentellement que ces ouvertures pourraient se produire.

Mais une des propriétés essentielles des membranes végétales ou animales, c'est leur perméabilité, propriété qui leur permet de laisser passer les gaz, les liquides et les solides en parfaite dissolution dans l'eau. Ces différents agents trouvent donc ainsi dans les raies ou les ponctuations une foule de petits canaux latéraux, fermés seulement par une membrane et par lesquels ils peuvent passer d'une cavité dans l'autre. Cette communication est le plus souvent facilitée par une correspondance parfaite entre les petits canaux latéraux de deux cellules voisines, d'où il résulte, par exemple, que deux ponctuations appartenant à 2 cellules différentes semblent n'en faire qu'une. De semblables rapports paraissent exister soit entre les vaisseaux entre eux, soit entre les vaisseaux et les cellules qui les entourent.

Si d'un groupe de vaisseaux disposés en faisceaux rectilignes quelques-uns se séparent pour se rendre latéralement soit dans un rameau, soit dans une feuille ou tout autre organe, il se fait un coude où la continuité des vaisseaux paraît interrompue ; mais les vaisseaux qui suivent cette nouvelle direction viennent s'accoler par leurs extrémités inférieures aux extrémités supérieures des vaisseaux qui formaient les faisceaux rectilignes primitifs ; puis, au point de contact, la partie membraneuse est résorbée, d'où résulte une perforation qui permet la libre communication entre le vaisseau primitif et le nouveau vaisseau. En un mot, il se passe un phénomène de résorption analogue à celui par lequel se forment les vaisseaux. Le vaisseau de la tige peut donc librement communiquer avec celui de la branche. Dans quelques cas, les embranchements vasculaires ont une autre origine et le tube se bifurque sans articulation : c'est ce que l'on voit quelquefois dans les trachées à double hélice qui se bifurquent de façon à donner deux trachées à hélice simple qui, au lieu de continuer comme auparavant à s'enrouler parallèlement, s'écartent en formant un écartement dont l'angle est variable. Il en est de même des laticifères, dont le caractère essentiel est de former des ramifications qui se continuent et souvent s'anastomosent de manière à constituer un réseau à mailles plus ou moins égales et régulières.

Dans leur jeunesse, les cellules destinées à former les vaisseaux autres que les laticifères sont toujours remplies de liquide, mais peu à peu ce liquide se condense en formant une matière (sclérogène) qui se dépose à leur face interne en couches plus ou moins épaisses, régulièrement superposées et intimement unies entre elles. Quand toute la matière est déposée, le vaisseau ne contient plus de liquide et est apte à remplir d'autres fonctions que les cellules, lesquelles fonctions sont très-vraisemblablement de servir de canaux aux gaz libres qui se répandent dans tout le végétal, absolument comme cela a lieu chez les insectes au moyen des trachées dont ils sont pourvus.

C. ABSORPTION. — Nous venons de voir que la membrane qui forme l'enveloppe des cellules était douée d'une perméabilité manifeste : c'est cette perméabilité qui peut servir à expliquer les phénomènes d'absorption par endosmose, sans lesquelles la nutrition ne saurait avoir lieu.

L'absorption peut avoir lieu par 3 causes physiques : 1° par *endosmose*; 2° par *capillarité* et 3° par *production du vide* dans les cavités.

1° *Endosmose* et *exosmose*. — On nomme ainsi des courants de direction contraire qui s'établissent entre deux liquides ou deux gaz de nature ou de densité différentes lorsqu'ils sont séparés par une membrane ou même une cloison mince très-poreuse. En général, la première dénomination est donnée au courant du liquide le moins dense vers le liquide le plus dense.

On a proposé plusieurs théories de l'endosmose, mais aucune ne satisfait l'esprit ; ainsi, 1° pour quelques-uns elle serait due à un courant électrique dirigé dans le même sens que l'endosmose ; 2° pour quelques autres elle est déterminée par la capillarité jointe à l'affinité des deux liquides ; 3° pour ceux-ci elle résulte d'une inégale viscosité ou densité des liquides ; 4° enfin, d'autres se contentent de l'expliquer par une plus ou moins grande perméabilité des membranes pour tel ou tel liquide. Il y a longtemps que nous avons formé une théorie de l'endosmose, laquelle ressort des études de mécanique moléculaire dont nous nous sommes longtemps occupé ; la voici résumée en peu de mots :

Toute membrane est formée de molécules organiques sphériques infiniment petites, placées à côté les unes des autres, toutes dans un même plan et unies entre elles par un simple effet de cohésion ; ce qui leur permet de se mouvoir, sans changer de place, d'un mouvement simple de rotation, lequel ne peut avoir lieu que lorsque la membrane est humide. Ces molécules étant sphériques, ne se touchent entre elles que par un point, et par conséquent elles laissent entre elles un *vide*, un *pore* par où peut se faire le passage des substances, et si ces molécules et ces pores ne sont pas visibles, même à l'aide du microscope, c'est que cet instrument est incapable d'amplifications suffisantes pour nous permettre de les constater.

Ceci posé, dès qu'un liquide plus dense se trouve enfermé dans une membrane et plongé dans un liquide moins dense, il se forme deux pressions en sens contraire : l'une due au liquide le plus dense et qui s'exerce de dedans en dehors, et l'autre due au moins dense et qui s'exerce de dehors en dedans. Dès lors, certaines molécules obéissent à l'action de dedans en dehors, et tournent par couples dans un sens favorable à la sortie du liquide ou à l'exosmose, tandis que ces mêmes molécules, par le même mouvement et formant couples avec les molécules qui les touchent aux points diamétralement opposés, établissent un mouvement contraire, favorable à la rentrée du liquide extérieur ou à l'endosmose ; mais comme le liquide intérieur ou *exosmotique* est plus dense, il ne peut passer par les pores qu'en très-petite quantité, pendant que le liquide extérieur ou *endosmotique*, plus fluide, n'éprouve presque aucune difficulté à passer par des pores de même dimension. Voilà pourquoi le liquide plus dense augmente, quand au contraire le liquide moins dense diminue. Pour se rendre un compte exact de ce mécanisme, on n'a qu'à se représenter trois roues engrenées mises en mouvement et entre lesquelles on ferait passer une lanière. Aussitôt on verrait l'une *descendre*, représentant le phénomène exosmotique, et l'autre *monter*, simulant le phénomène endosmotique.

Or, les cellules végétales contiennent dans leur intérieur un liquide mucilagineux d'une densité supérieure à celle du liquide qui les environne, particulièrement dans les racines ; il n'est donc pas étonnant que les phénomènes d'endosmose se produisent.

2° *Capillarité*. — La capillarité est le phénomène en vertu duquel un liquide *mouillant* s'élève, dans les tubes capillaires ou entre 2 parois très-rapprochées, bien au-dessus du niveau du liquide où ils sont plongés, alors qu'au contraire, un liquide qui *ne mouille pas* reste bien au-dessous de ce niveau. Or, dans les végétaux les cellules et les vaisseaux laissent entre eux des intervalles très-petits qui peuvent agir sur les liquides comme les tubes dont nous venons de parler, et par conséquent produire des phénomènes de capillarité.

3° *Production du vide.* — Tout le monde sait ce qu'on entend en physique par cette expression *produire le vide*. Il est donc inutile de chercher à en donner la définition et à faire connaître les expériences qui établissent son existence.

Le vide peut être produit dans les cavités végétales de deux manières : ou bien par l'évaporation ou l'exhalaison des liquides ou des gaz, ou bien par l'agrandissement des cellules ou autres cavités internes du végétal.

a. Le végétal est généralement muni d'un nombre plus ou moins grand de bourgeons. Aussitôt qu'ils commencent leur évolution, ils tirent de l'axe ou tige à laquelle ils adhèrent les éléments qui doivent les nourrir. En même temps des feuilles se montrent qui présentent une large surface à l'air et, criblées d'une multitude de pores, elles deviennent le siége d'une puissante évaporation. Or, tout ce qui sert à nourrir le jeune bourgeon et les feuilles, tout ce qui s'évapore par les feuilles, tend à produire de proche en proche, dans les cavités intercellulaires du végétal, des vides qui doivent être aussitôt comblés d'abord par la séve contenue dans les cavités les plus voisines et successivement par celle contenue dans les racines, et enfin par celle qui est contenue dans le milieu où plongent ces racines.

b. Mais en même temps que ces phénomènes extra-cellulaires se produisent, il se forme de nouvelles cellules qui, pleines d'abord, se creusent à l'intérieur d'une cavité qui va grandissant, et il se produit ainsi de nouveaux vides qui tendent à être remplis par les fluides dans lesquels sont plongées ces nouvelles cellules.

Ainsi les trois causes que nous venons d'énumérer contribuent à l'absorption, l'endosmose paraît présider à l'introduction, par les racines, des liquides contenus dans la terre, et en effet, les extrémités radiculaires se renouvelant sans cesse et étant formées de cellules toujours nouvelles dont l'ensemble constitue les *spongioles* de quelques auteurs, sont merveilleusement aptes à remplir cette fonction ; la capillarité sert à élever le liquide introduit dans le végétal par voie d'endosmose ; mais elle ne peut agir que d'une façon limitée. Voilà pourquoi, si l'on cherche à produire des boutures très-longues, la bouture ne forme de bourgeons que vers sa base aux points qui peuvent être baignés par le liquide introduit par endosmose et élevé jusqu'à un certain point par la capillarité. Mais dès qu'un bourgeon se forme, l'appel des sucs nutritifs à une certaine hauteur se fait plus particulièrement par les vides produits de proche en proche, ainsi que nous venons de le dire, et les liquides nutritifs, par ces vides, peuvent atteindre aux extrémités les plus élevées des plus grands arbres.

ARTICLE II. — *Matières liquides.* — *Circulation.*

Les matières liquides introduites dans l'économie végétale, par l'absorption, sont de deux sortes : les unes sont renfermées dans les vaisseaux et les cellules ; les autres, au contraire, sont extravasculaires ou cellulaires, si bien qu'alors, les vaisseaux et les cellules sont comme baignés, au moins pendant leur jeunesse, dans une quantité plus ou moins grande de liquide.

Examinons la nature de ces liquides et le mécanisme au moyen duquel ces liquides se promènent dans le végétal, mécanisme que l'on désigne sous le nom de *circulation.*

A. MATIÈRES LIQUIDES. — Parmi les liquides contenus dans les cellules ou les vaisseaux, on distingue particulièrement 1° le *protoplasma,* liquide muqueux, granuleux, azoté, entourant le *nucleus* et généralement placé au centre de la jeune cellule dont il occupe d'abord toute la capacité ; mais plus tard, d'autres liquides se forment dans la cellule, lesquels restent séparés du protoplasma par une membrane extrêmement fine que l'on a nommée *vésicule primordiale.* Ce protoplasma est parfois animé d'un mouvement *giratoire* ou de *rotation* qui a été découvert par Bonaventura Corti, de Modène, en 1775, et dans les *Chara, Hydrocharis Vallisneria,* etc., on peut constater que les courants se croisent, qu'ils vont d'une paroi à l'autre, remontent d'un côté, redescendent de l'autre en décrivant ainsi une sorte d'ellipse plus ou moins allongée et en rapport avec la longueur de la cellule.

C'est un mouvement analogue à celui de la *cyclose*, dont nous parlerons plus loin, et qui forme une véritable *circulation* intra-cellulaire. Depuis, on a reconnu qu'un mouvement analogue se produisait dans l'intérieur des cellules, surtout dans les tissus gorgés de séve et d'une croissance rapide, appartenant à des es-pèces végétales d'organisation plus élevées, telles que les Commé-linées et particulièrement dans le *Tradescantia virginica*.

2° Indépendamment du protoplasma, on distingue encore dans les cellules un liquide qui ne paraît être que de l'eau quelquefois incolore, mais souvent colorée par des matières dont on ne con-naît pas toujours la nature. Ce liquide est quelquefois troublé par du protoplasma divisé, d'autres fois par des matières solides, prin-cipalement la chlorophylle ou la fécule, mais souvent aussi le liquide transparent tient en dissolution du sucre, de la gomme, des acides, des sels, etc.

3° Parfois les cellules contiennent des liquides huileux qui pa-raissent être un produit de sécrétion des parois de la cellule même.

4° Enfin on rencontre encore dans certains végétaux des vais-seaux particuliers contenant un liquide plus ou moins épais, sou-vent opaque, de couleur et de composition fort variables, et aux-quels les botanistes ont donné le nom de *suc propre* ou *latex*, d'où le nom de *laticifères* donné à ces vaisseaux, connus aussi sous le nom de *vaisseaux propres*. C'est dans ces vaisseaux que M. Schultz, de Berlin, a pour la première fois observé le mouve-ment circulatoire qu'il a désigné sous le nom de *cyclose* et qui n'est pas tout à fait le même que le mouvement giratoire dont nous avons parlé plus haut. En effet, si l'on examine au micros-cope une jeune feuille très-mince du *Chelidonium majus* tenant encore à la plante, on reconnaît aisément le mouvement en rai-son de la couleur orangée du suc. On voit alors la matière granu-leuse du suc formant des petites trainées dont les unes se diri-gent dans un sens et les autres dans un autre, ou même en sens contraire des premières ; les unes isolées, les autres se rapprochant ou s'unissant et se confondant. Si le champ est suffisant, on voit que ces trainées se rattachent l'une à l'autre et forment ainsi un réseau qui est celui des laticifères. Ainsi, au lieu de se produire dans une cellule, la cyclose se produit dans les branches des vaisseaux, et en général, bien que le latex descende d'un embranchement pour remonter dans l'autre, il est vraisemblable que la direction de ce mouvement est plutôt descendante, puisque le mouvement général de la séve descendante à laquelle elles appartiennent a toujours lieu de haut en bas.

B. Circulation. — Bien que nous venions de décrire deux variétés du mouvement circulatoire des végétaux, cependant nous n'avons encore rien dit du plus important : nous voulons parler de la circulation générale. Comme elle ne peut avoir lieu qu'au moyen des liquides, on comprendra facilement pourquoi nous parlons de ce grand acte dans cet article.

Les liquides ne sont pas toujours contenus dans les vaisseaux ou dans les cellules, car il est de toute évidence que les méats intercellulaires en sont gorgés, surtout pendant l'époque de la végétation. C'est bien certainement là la vraie position de la séve ascendante et de la séve descendante, et nous ne sachions pas que l'on ait *réellement* trouvé des vaisseaux spécialement affectés soit à l'un, soit à l'autre de ces liquides.

1° *Séve ascendante.* — Le célèbre Duhamel a fait une expérience qui prouve que la séve monte, chez les dicotylédones, par les couches ligneuses de la tige, en se répandant dans toutes les directions, ce qui prouve qu'elle passe par les méats intercellulaires et nullement par des *vaisseaux lymphatiques* (tubes fibreux ou fausses trachées), ainsi qu'on le croit communément. Cette erreur vient de ce que, quand au printemps les tissus sont gorgés de séve, il est difficile que dans une dissection les vaisseaux vides ne se remplissent pas aussitôt de liquide par un effet de capillarité ; mais ce qui prouve le mieux que ce n'est que par les méats intercellulaires que se fait le transport de la séve ascendante, c'est, d'abord, que ces mêmes organes ne tardent pas à se vider et à n'être plus que des vaisseaux aériens, et ensuite, l'expérience si concluante de Duhamel. Si, en effet, à des hauteurs différentes, on pratique sur un jeune arbre des entailles pénétrant jusqu'à la moelle et disposées de telle façon, par une superposition convenable, que leur ensemble ne laisse pas une seule partie du contour qui n'ait été entamée, on détruit la communication directe entre les racines et le sommet de l'arbre, ce qui n'empêche pas cependant l'arbre de continuer à vivre et la séve d'arriver aux feuilles. Ainsi, cette sève ascendante a pour trajet les couches ligneuses de la tige, passe par les méats intercellulaires et est généralement formée de beaucoup d'eau tenant en dissolution de petites quantités d'albumine, de glutine, de sucre, de gomme et de quelques sels.

2° *Séve descendante.* — A mesure que la séve ascendante, partant de la racine, s'élève sur le végétal, elle dissout les matières formées par la nutrition et se rend aux feuilles où elle subit le travail nécessaire à sa transformation en un *fluide nutritif* qui n'est autre que la *séve descendante.* Celle-ci redescend des feuilles vers les racines en passant par les méats intercellulaires de l'écorce et offrant, par conséquent, une marche inverse à celle de la séve ascendante. C'est exactement ce qui se passe chez les animaux inférieurs et même les insectes, où la circulation ne se fait que par les lacunes, sortes de méats qui se trouvent entre les divers organes du corps ou entre les lamelles constituantes de ces organes (Milne Edwards).

C'est cette séve descendante qui doit fournir au végétal les éléments indispensables à sa nutrition et à son développement, soit en hauteur, soit en largeur, et c'est elle aussi qui, se trouvant en abondance entre l'aubier et l'écorce, prend le nom de *cambium* ou *fluide générateur,* s'organise et produit cette couche de tissu cellulaire naissant destiné à fournir une nouvelle couche d'aubier et un nouveau feuillet du liber. Dans ces derniers temps on a donné au Cambium en voie d'organisation les noms d'*endoderme* ou de *couche génératrice.* Enfin, c'est cette séve qui, à l'état liquide d'abord, gélatineux ensuite, s'organise de manière à constituer le phytogène ou bourgeon naissant, et c'est probablement lui encore que l'on retrouve, mais plus délicat, dans les granules polliniques, les membranes de l'ovule, enfin partout où il y a un tissu quelconque à former. En effet, le cambium existe dans toutes les parties du végétal, et on peut y découvrir des granules d'une substance protéique que l'iode colore en jaune, et qui peut-être même, selon l'opinion du professeur Kieser, ne sont autres que des cellules à l'état naissant qui se fixeraient et se développeraient selon l'un des modes de formation que nous avons fait connaître.

En admettant, comme nous venons de le faire, et c'est l'opinion de De Candolle et du professeur Kieser, que la séve circule particulièrement dans les méats intercellulaires et qu'ainsi elle se trouve baigner les tissus, on comprend bien mieux qu'en la supposant enfermée dans des cellules ou des vaisseaux d'où il faudrait qu'elle s'échappât, comment elle arrive à l'état fluide aux extrémités des bourgeons, où elle s'organise en cellules constituant le phytogène qui doit effectuer l'élongation de l'axe. D'ailleurs : 1° les très-jeunes plantes ne contiennent encore aucuns vaisseaux formés ; et 2° on voit souvent le tissu cellulaire du bourgeon être très-développé sans qu'il soit donné d'y découvrir aucune trace de vaisseaux ; ce n'est que beaucoup plus tard qu'on les voit se former dans la masse celluleuse du bourgeon, et conséquemment le fluide qui les a produits ne pouvait pas être contenu dans ces vaisseaux. Pour nous donc, le fluide nutritif des végétaux n'est pas, comme dans les animaux supérieurs, enfermé dans des vaisseaux. Cette raison nous ferait rejeter l'opinion que M. Schultz a avancée par suite de ses importantes recherches sur les sucs laiteux et les vaisseaux qui les contiennent, et qui tend à faire admettre que le *latex* ou *suc propre* des végétaux est assimilable au sang des animaux, et les laticifères aux vaisseaux sanguins, si déjà De Candolle n'avait, ce nous semble, donné d'excellentes raisons pour la combattre (1).

ARTICLE III. — *Matières gazeuses.* — *Respiration.*

A. MATIÈRES GAZEUSES. — Si l'on observe qu'il n'est pas de liquide aqueux qui, exposé au contact de l'air pendant un temps plus ou moins long, ne se charge d'une quantité plus ou moins grande de gaz, on comprendra que les liquides qui sont absorbés par les racines des plantes doivent en renfermer des quantités très-appréciables. D'un autre côté, il est impossible que, étant plongée au milieu d'une masse gazeuse comme l'atmosphère, le mouvement vital de la plante ne la force pas à absorber des portions de ce fluide, et c'est en effet ce qui a lieu. Mais par où et comment se fait cette absorption ? On peut dire que jusqu'à ce jour il n'a pas été fait d'expériences bien concluantes à ce sujet.

(1) D. C., *Physiologie vég.*, p. 272.

Cependant, en observant que les stomates communiquent avec des cavités particulières ou poches aériennes et les méats intercellulaires du tissu sous-jacent, et que c'est par ces méats que se fait la circulation, on serait tenté de penser que c'est par les stomates que doit se faire l'absorption des gaz atmosphériques. Toutefois, on a remarqué que pendant la nuit les stomates sont fermés et que pourtant les feuilles absorbent le gaz acide carbonique dissous dans la rosée; tandis que pendant le jour, lorsque les stomates sont ouverts, ces feuilles décomposent l'acide carbonique et en exhalent l'oxygène, d'où l'on peut admettre que les stomates n'ont d'autre usage que de verser dans l'atmosphère l'oxygène que la feuille a régénéré. D'un autre côté, De Candolle a parfaitement observé que les corolles qui manquent de stomates sont privées de la faculté de rendre de l'oxygène et probablement de décomposer l'acide carbonique. Ainsi, selon toute probabilité, les stomates remplissent le rôle que nous venons d'indiquer; mais n'ont-ils réellement que cette fonction? Certains auteurs, par leurs expériences et les conclusions qu'ils en tirent, considèrent les stomates comme pouvant absorber tous les gaz de l'atmosphère, ce qui peut très-bien être; mais alors même que ces organes ne serviraient pas à cet usage, il suffit que la feuille soit recouverte par une membrane humide pour que l'absorption des gaz pût se faire par voie d'endosmose, car il est généralement reconnu aujourd'hui que l'endosmose se produit de gaz à gaz comme de liquide à liquide, et même d'après nos expériences de liquide à gaz et de gaz à liquide.

Or, l'analyse de l'air a démontré qu'il était fondamentalement formé de 21 parties d'oxygène et de 79 parties d'azote. De plus, on y rencontre une petite quantité d'acide carbonique, 1 millième environ, quantité inappréciable en apparence, mais qui, par rapport à l'étendue de la couche atmosphérique qui enveloppe la terre, atteint des porportions considérables, puisque l'on a calculé que la quantité de carbone existant dans l'atmosphère à l'état d'acide carbonique était d'environ 1500 billions de kilogrammes, quantité qui excède celle du carbone que l'on peut supposer fixé dans tous les végétaux couvrant la surface du globe. On trouve encore dans l'air de l'eau à l'état de vapeur (oxygène et hydrogène), souvent des vapeurs ammoniacales où l'hydrogène se trouve combiné à l'azote et des quantités très-faibles d'hydrogène carboné ou *gaz des marais* (Boussingault). Il n'est donc pas douteux que la plante renferme des substances gazeuses dans son intérieur, et c'est, au reste, ce dont on sera bien convaincu quand nous aurons parlé des phénomènes de la respiration.

B. Respiration. — C'est principalement par les feuilles que les plantes semblent *respirer;* c'est au moins par elles que la séve est mise en contact avec les gaz atmosphériques pour être transformée en fluide nutritif, c'est pourquoi on les a regardées comme représentant les organes respiratoires des animaux.

Quand, ainsi que Bonnet l'a fait le premier (1), on plonge des feuilles sous l'eau et qu'on les place au soleil, on voit s'en dégager des bulles de gaz qui viennent crever à la surface du liquide, même lorsque l'eau a été bouillie et ne contient pas d'air. Ingenhousz a reconnu que ce dégagement de gaz cesse de se produire à l'obscurité, et Priestley s'assura que le gaz dégagé n'était autre que de l'oxygène. Enfin c'est Senebier qui, par des expériences concluantes, démontra que ce gaz oxygène était un produit de la décomposition de l'acide carbonique.

On a reconnu que non-seulement les feuilles, mais encore toutes les parties herbacées et vertes des plantes agissaient sur les gaz atmosphériques à la manière des feuilles, et que, selon les présomptions les plus grandes, l'air, après s'être introduit dans la feuille, est entraîné avec le fluide séveux, ou bien pénètre dans tout le végétal à l'aide des vaisseaux (trachées et fausses trachées), absolument comme on voit chez les insectes l'air pénétrer par les *stigmates* et se répandre dans toutes les parties du corps par les vaisseaux particuliers qui ont reçu le nom de *trachées*. Mais comme les plantes ne sont pas, ainsi que les animaux, douées de la faculté de locomotion et qu'ils ne peuvent, par conséquent, se déplacer pour aller chercher leur air respirable, qui est l'acide carbonique, la nature y a pourvu en multipliant considérablement les surface des organes respiratoires, comme on le voit par la multitude de feuilles que portent les plantes et par leur étendue souvent extraordinaire.

Suivant les expériences de Théodore de Saussure, la respira-

(1) *Us. feuill.*, p. 31.

ion des végétaux, qui se fait uniquement dans les parties vertes, consiste essentiellement dans l'absorption de l'acide carbonique, et sa décomposition, sous l'influence de la lumière solaire, en carbone qui se fixe dans la plante et en oxygène qui est rendu à l'atmosphère ; mais nous avons vu qu'Ingenhousz avait reconnu qu'à l'obscurité la décomposition n'avait plus lieu, et c'est en effet bien plutôt un phénomène inverse qui se produit. Entre la lumière solaire et l'obscurité il y a une vaste échelle de variabilité dans l'intensité de la lumière, et il importait d'en reconnaître l'action, puisqu'il arrive souvent que les plantes sont soumises à des degrés fort variés de l'intensité lumineuse. Or, MM. Garreau (1) et Ed. Robin (2) ont démontré par des expériences précises : 1° que la plante absorbait l'oxygène à la lumière diffuse ; 2° que, ainsi que l'avait déjà observé de Saussure, cet oxygène se combinait avec une portion de carbone de la plante pour former de l'acide carbonique ; 3° que la quantité d'acide carbonique expiré était bien inférieure à celle de l'oxygène absorbé ; 4° que la quantité d'acide carbonique formée était en raison inverse de l'intensité lumineuse.

En 1856, M. Duchartre a publié un travail sur la respiration végétale, et dont nous nous contenterons de donner ici les conclusions (3).

1° Le dégagement d'un gaz fortement oxygéné par les feuilles s'opère, pendant le jour, non-seulement à la lumière directe du soleil, mais encore derrière des écrans verticaux formés avec des tissus plus ou moins serrés et même à l'ombre portée par des murs ou sous un feuillage touffu ;

2° La quantité de gaz dégagée est proportionnelle à l'intensité de la lumière ; elle devient ainsi peu considérable à l'ombre ;

3° Le gaz dégagé dans cette dernière circonstance est souvent assez riche en oxygène pour rallumer et faire brûler, avec une flamme vive, une allumette simplement rouge de feu à son extrémité ;

4° Les plantes qui croissent habituellement à l'ombre paraissent

---

(1) *Ann. sc. nat.*, 3ᵉ série, t. V, p. 1.
(2) *Compt. rend. Acad. sc.*, 14 juillet 1851.
(3) *Ibid.*, t. XLII, p. 37.

être moins sensibles que les autres à la privation de la lumière directe;

5° Les Conifères se trouvent à peu près dans le même cas;

6° Il n'existe pas de relation fixe entre le nombre et la grandeur des stomates et les quantités de gaz dégagées au soleil par les plantes de diverses catégories;

7° Dans certains cas, comme pour les arbres qui ont un tissu sec et coriace, il y a rapport inverse entre le nombre considérable des stomates et la faiblesse du dégagement gazeux;

8° Outre les stomates, on doit regarder comme intervenant dans l'accomplissement des phénomènes respiratoires les cellules de l'épiderme. Cette dernière conclusion est tirée de ce fait que l'on voit sortir de ces cellules, plongées sous l'eau, une quantité très-appréciable et souvent même considérable du gaz, à la face supérieure des feuilles, qui ne sont pourvues de stomates qu'à leur surface inférieure;

9° Les feuilles jeunes et très-tendres ne dégagent pas d'oxigène; mais celles qui deviennent sèches et coriaces en dégagent même dans leur jeunesse, fait qui du reste semble pouvoir expliquer la consolidation rapide de leur tissu, dont il serait difficile de rendre compte autrement.

La respiration ne s'observe pas seulement chez les plantes qui vivent dans l'atmosphère, mais aussi chez les plantes aquatiques et même celles qui sont complétement submergées. C'est que, suivant M. Brongniart, les feuilles de ces plantes ont une organisation différente de celles des plantes aériennes. Ainsi, chez celles dont les feuilles s'étalent à la surface de l'eau, *Nymphœa*, etc., la face supérieure seule présente des stomates, tandis que la face inférieure en contact avec l'eau en est dépourvue. Les plantes dont les feuilles sont submergées, comme les *Potamogeton*, *Zanichellia*, etc., le parenchyme est uniquement recouvert par une cuticule ne présentant aucune trace d'ouverture ou de stomates. Néanmoins, la respiration peut encore se faire au moyen de l'air contenu dans l'eau, et dans ce cas, suivant l'heureuse comparaison de M. Brongniart, les végétaux respirent d'une façon qui n'est pas sans analogie avec celle que l'on observe chez les poissons et les autres animaux aquatiques. L'eau aérée baignant les tissus de la feuille privée d'épiderme, l'air se trouve ainsi en contact des organes contenant la séve en mouvement, il peut être absorbé, et par conséquent, en modifier la nature.

On doit à MM. Cloëz et Gratiolet une série d'expériences faites avec beaucoup de soin et desquelles il résulte :

1° Que la décomposition de l'acide carbonique par les parties vertes des plantes submergées ne s'effectue que sous l'influence de la lumière ;

2° Que dans l'obscurité il n'y a point d'acide carbonique produit, contrairement à ce qui se passe pour les plantes aériennes ;

3° Qu'une certaine température est nécessaire à la production du phénomène. Lorsque la température est ascendante, il ne commence pas au-dessous de 15°. Lorsque la température est descendante, il peut continuer au-dessous de cette température jusqu'à 10° au-dessus de 0 ;

4° Que les sels et l'air qui se trouvent avec l'acide carbonique en dissolution dans les eaux naturelles sont indispensables à la durée du phénomène ;

5° Que le gaz produit par la plante contient, outre l'oxygène, une certaine quantité d'azote. Cet azote provient, pour la plus grande partie, de la décomposition de la substance même de la plante ;

6° Que l'azote de l'air que l'eau tient en dissolution paraît destinée à réparer cette perte. Quoi qu'il en soit, sa présence est indispensable ;

7° Que l'ammoniaque et les sels ammoniacaux en dissolution dans l'eau, à la dose d'un dix-millième, amènent rapidement la mort des plantes aquatiques ;

8° Que l'absorption de l'acide carbonique se fait par la face supérieure des feuilles ;

9° Que l'oxygène provenant de la décomposition de cet acide passe dans les méats intercellulaires de la plante et marche constamment des feuilles vers les racines.

Ces expériences ont été faites sur des *Nayas, Potamogeton, Myriophyllum* et *Ceratophyllum*.

Enfin, M. Duchartre s'est assuré que les feuilles flottant à la surface de l'eau, sous l'influence de la lumière, dégagent un gaz très-oxygéné, non-seulement par leur face supérieure munie de stomates, mais aussi par leur face inférieure qui en est dépourvue, et qui est d'ordinaire en contact avec l'eau.

Le carbone se trouvant à l'état naissant en contact avec les éléments de l'eau (oxygène et hydrogène), s'y combine et donne lieu à une matière de composition ternaire dont la végétation nous montre de nombreux exemples, mais en particulier la *cellulose,* qui est pour ainsi dire la base de tous les organes végétaux. Faut-il admettre avec de Saussure que l'acide carbonique que les végétaux exhalent à l'obscurité est formé par l'oxygène et du carbone pris à la plante elle-même? ou, au contraire, croire, avec M. Dumas et quelques autres chimistes, que l'acide carbonique expiré par la plante dans l'obscurité n'est autre que celui que la plante a puisé dans le sol par ses racines? Dans cette hypothèse, le gaz carbonique traverserait sans décomposition le tissu de la plante comme une poussière à travers un crible.

C. ASSIMILATION. — L'assimilation a été définie par De Candolle : l'acte par lequel un être organisé s'approprie et transforme en sa propre substance des molécules inertes (1).

Mais le phénomène de l'assimilation est très-simple ou fort complexe, selon qu'on l'examine dans un végétal réduit à une cellule organique ou dans un végétal appartenant à la série des végétaux les plus élevés de l'échelle.

1° Si, en effet, nous considérons un *Protococcus,* nous ne le voyons formé uniquement que d'une membrane périphérique formée de cellulose, renfermant un liquide tenant en suspension des molécules vertes ou chlorophylle à laquelle Turpin avait donné le nom de *globuline.* Jusqu'à ce jour on n'a pu y découvrir, autre chose et, pour ce végétal, l'assimilation consiste à puiser dans l'eau ou l'humidité et l'air, le carbone, l'hydrogène, l'oxygène et l'azote qui le composent. Sous l'influence de la vie ou en vertu d'un mécanisme très-délicat dont il ne nous est pas donné de saisir l'action, ces éléments se combinent pour former la matière solide organisée qui le constitue, et cela d'une manière uniforme, toujours la même, qui donnera lieu aux mêmes formes douées des mêmes propriétés. C'est le mécanisme le plus simple de la création végétale.

(1) *Théorie élémentaire,* p. 403 (1813).

2° Dans les végétaux plus élevés on retrouve cette même organisation dans les cellules des parties vertes, mais le mécanisme se complique : des organes plus complexes, des produits plus variés se forment qui servent à établir de grandes distinctions entre ceux-ci et ceux-là. C'est pourquoi nous voyons d'abord apparaître des groupements de cellules dans quelques végétaux relativement inférieurs ; ensuite, dans des végétaux moins simples, des cellules allongées qui ont nécessairement d'autres fonctions que les cellules sphériques ; puis, des séries de cellules qui se transforment en vaisseaux destinés à d'autres fonctions, et ces vaisseaux eux-mêmes se modifient de plusieurs façons dans les végétaux plus élevés, de manière à compliquer la machine végétale et à donner aux divers produits formés des propriétés qui en font considérablement varier le nombre et la nature.

Mais parmi tous ces produits de forme et de propriétés si différentes, il en est plusieurs qui se rapprochent beaucoup les uns des autres, soit par une composition identique, bien que présentant encore des propriétés chimiques qui ne sont plus exactement les mêmes, soit par des transformations en un même corps ou en corps très-analogues et remplissant dans l'économie végétale les mêmes usages. D'autres, au contraire, sont très-différents dans leur composition élémentaire, soit que les proportions des mêmes éléments soient bien différentes, soit que dans leur composition élémentaire ils admettent un plus grand nombre d'éléments. Souvent aussi il arrive que la manière dont a lieu le groupement des molécules élémentaires suffit pour donner aux corps d'autres formes et d'autres propriétés. Au moyen de cet arrangement moléculaire, ou de quantités variables des mêmes éléments, ou de l'addition d'un élément de plus on arrive à concevoir la formation d'un très-grand nombre de corps, mais pouvant encore se grouper plusieurs ensemble par quelques grandes propriétés générales. Pour en juger, il nous suffira de citer quelques exemples, mais pour nous bien rendre compte des phénomènes de l'assimilation et de l'action mécanique du végétal, il ne faut pas confondre les *principes immédiats* avec les *produits immédiats*, deux classes de corps très-différents les uns des autres. Toutefois, nous conviendrons qu'il est souvent difficile de décider si certaines substances sont des principes immédiats ou des produits immédiats ; et c'est là sans doute la cause qu fait que quelques botanistes ont rangé sous la même dénomination des corps qui appartiennent bien évidemment à deux ordres distincts. C'est pourquoi nous attribuerons à nos définitions un sens un peu différent de celui que l'on donne d'ordinaire à celles qui ont été données.

a. Sous le nom de *principes immédiats* nous avons désigné les corps simples qui forment la base des végétaux, la mécanique végétale, et sans lesquels le végétal ne saurait être, ou ne saurait vivre. Suivant cette acception, le nombre des principes immédiats se trouve singulièrement réduit. Ainsi la *cellulose* seule serait le principe immédiat *essentiel* ou *primordial*, puisque nous pouvons concevoir un végétal uniquement composé de ce corps, et puisque ce n'est que plus tard que la *sclérogène* ou matière incrustante (*lignose, lignone, lignin* et *ligniréose*) se forme et se dépose ou s'interpose dans la cellulose pour constituer le ligneux. Cependant, comme cette matière semble l'accompagner presque toujours, il se peut qu'elle soit, comme la cellulose, un principe immédiat essentiel et qu'elle contribue pour une grande part au perfectionnement ou à la complication de l'appareil destiné à la production des autres corps dont nous aurons à parler.

De tout temps nous avons comparé ces petits appareils : cellules, vaisseaux isolés ou groupés, organes simples ou composés, comme autant de petites mécaniques destinées à la fabrication de tels ou tels produits, absolument comme nous voyons aujourd'hui des mécaniques, relativement grossières, construites en vue de donner la mesure du temps (chronomètre), ou de faire du papier, des rubans, etc. Dans les mécaniques grossières et pourtant si parfaites qu'il est donné à l'homme de construire, il lui est possible de s'expliquer l'usage des divers organes, parce qu'il en voit tous les mouvements, et il sait qu'en présentant à la mécanique les éléments palpables qui doivent composer le corps en vue duquel elle a été construite, on obtiendra toujours certainement le corps désiré ; il sait qu'en faisant varier ces éléments, pourvu qu'ils soient analogues, il obtiendra des produits variés, différents, mais composés de la même façon. Souvent la plus légère modification dans la mécanique peut être la cause de la formation d'un produit qui n'est plus comparable à celui de la machine non modifiée. En raison de la *matérialité*, pour ainsi dire, des organes de la mécanique, nous pouvons donc nous rendre compte dans ses détails de la manière dont les produits se forment et l'expliquer de la manière la plus exacte. Mais quand il s'agit d'organes aussi petits que ceux qui fonctionnent dans les végétaux pour produire les principes qui les composent ou les produits qui sont le résultat de leur action mécanique, il ne nous est plus donné de nous rendre un compte exact de la manière dont ces produits ont pris naissance, et cela, parce que l'infinie petitesse des molécules qui composent l'organe végétal, son homogénéité et souvent sa transparence, font que nous ne pouvons plus saisir, même à l'aide du microscope le plus parfait, les mouvements qui déterminent la formation des produits. Pour se convaincre qu'il en est bien ainsi, il suffit d'observer que nous pouvons saisir le mouvement de rotation sur place qui sera imprimé à un corps volumineux, non homogène, tandis que cela nous sera impossible si le corps est très-petit et parfaitement homogène. Nous ne voyons point se mouvoir les molécules d'un liquide très-limpide dès que sa surface nous paraît en repos ; mais des molécules légères qui en troublent la limpidité sont encore vues en mouvement bien longtemps après, qu'en apparence, sa surface est tombée au repos. Si nous voyons tourner la molette qui doit tordre le fil ou la ficelle, nous comprenons aussitôt comment, avec de la fibre végétale, on arrive à faire la corde et les câbles. Au contraire, celui qui, placé à l'extrémité d'une mécanique à papier, ne verrait sortir le papier que tout fait et s'enroulant sur un cylindre, sans voir les organes à l'aide desquels les matériaux du papier sont préparés, comprendrait difficilement comment la fibre végétale ou animale peut ainsi arriver à l'état de papier. De même nous, qui ne pouvons découvrir tous les ressorts, tous les mouvements de la mécanique végétale, nous ne pouvons saisir exactement le mécanisme en vertu duquel les éléments simples (carbone, hydrogène, oxygène, azote, etc.) peuvent s'unir pour produire les corps composés qui en sont le résultat. Dans les premiers, nous saisissons tous les mouvements de la mécanique, et, pour cette raison, nous donnons à l'appareil le nom de *machine* ou de *mécanique*, et, parce que nous n'apercevons plus les mouvements ou les ressorts cachés du mécanisme végétal, nous lui refusons ce nom et nous lui donnons celui de *vie*. Mais comme il est surabondamment prouvé que la science mécanique est aussi bien applicable aux molécules les plus délicates et les plus infiniment petites qu'aux corps les plus facilement visibles et palpables, nous ne voyons d'autres différences dans toutes ces actions qu'un seul et même principe : le *mouvement ;* qu'une seule appellation: le *mécanisme*. Avec cette différence, que le mouvement n'est pas *spontané* dans la machine fabriquée par l'homme et qu'il est maître de la faire marcher ou de l'arrêter, tandis que la mécanique végétale est douée d'un mouvement *spontané* que l'on n'est pas maître de créer de toutes pièces, mais que l'on peut à volonté ralentir ou accélérer par le froid ou la chaleur et l'humidité, et en la plaçant dans les conditions qui lui conviennent le moins ou qui sont le plus favorables à son action. C'est pour cette raison que nous avons défini la vie : « le mouvement spontané, régularisé ; le mouvement sous toutes ses formes et le mouvement dans le mouvement (1). » Or, qui oserait avancer que cette définition n'est pas applicable à tous les végétaux ?

Mais pour que la vie puisse se continuer dans le végétal simple composé uniquement de cellulose et de sclérogène, pour que de nouvelle cellulose et de nouvelle sclérogène puissent se former, il faut qu'il renferme en lui d'autres principes immédiats *secondaires* qui, sous l'influence du mécanisme vital, se transformeront en cellulose et en sclérogène. Ces nouveaux corps sont, d'une part, la *fécule ,* la *dextrine*, la *lichénine*, l'*arabine*, l'*inuline*, le *sucre*, le *glucose ;* et de l'autre, la *légumine*, l'*albumine ,* la *caséine*, la *glutine*, la *fibrine*. Les premiers constituant des principes immédiats ternaires composés de carbone, d'hydrogène et d'oxygène ; les derniers, des principes immédiats quaternaires formés de ces mêmes éléments, auxquels l'azote est venu s'associer.

Ainsi, le premier travail mécanique de la végétation se fait dans la cellule. Celle-ci n'est originellement composée que de carbone, d'hydrogène et d'oxygène, et est constituée par un tissu organisé, doué de mouvements spontanés, et formant, par conséquent, un petit appareil, sorte de petite mécanique dont les mouvements auront pour propriété de prendre au monde extérieur de

____

(1) *Essai de Phytomorphie*, t. I, p. 6.

l'oxygène et de l'hydrogène (sous forme d'eau, d'humidité ou de vapeurs) et du carbone (sous forme d'acide carbonique, d'hydrogène carboné ou de composés ulmiques), et de les combiner de manière a en former les principes immédiats secondaires (amidon, dextrine, sucre, etc.); puis, par un travail ultérieur d'assimilation, de transformer ces corps en cellulose et en sclérogène, qui, à leur tour, par leur organisation, rempliront le même rôle par rapport à de nouvelles quantités d'eau, d'acide carbonique, etc.

Mais selon la manière dont les molécules organiques de cellulose et de sclérogène seront groupées, la petite mécanique végétale (cellule) qui en résultera sera apte à admettre dans la composition du principe immédiat secondaire un quatrième élément : l'azote, pris directement dans l'air ou dans des composés ammoniacaux dont la base est formée d'hydrogène et d'azote, et, dans ce cas, de nouveaux principes (albumine, fibrine, etc.) prendront naissance.

b. Sous le nom de *produits immédiats*, nous désignons les produits végétaux que jusqu'à ce jour nous sommes autorisés à regarder plutôt comme des corps inutiles à la végétation, et qui une fois formés ne servent plus à l'alimentation végétale, ou, pour parler plus exactement, qui ne se décomposent plus pour être assimilés. Parmi ces corps nous citerons principalement : les *acides*, les *résines*, les *huiles essentielles*, le *caoutchouc*, les *alcalis végétaux*, les *sels*, etc.

A la vérité, il est certains éléments inorganiques qui entrent dans la constitution des végétaux et sans lesquels il paraît que ces végétaux ne sauraient exister : tels sont les phosphates pour les semences des Graminées; le soufre, pour beaucoup de Crucifères; la silice, pour les chaumes des Graminées, etc.; les bases alcalines (chaux, soude, potasse, magnésie, etc.) pour une foule de végétaux. Mais il est douteux que ces corps soient indispensables à la constitution de la plante, au moins pour la plupart. Ainsi, suivant Liebig, les terres alcalines pourraient se substituer l'une à l'autre, pourvu qu'elles soient *isomorphes*. De notre côté, nous avons constaté que toutes choses d'ailleurs égales, le Cresson (*Nasturtium officinale*) venu dans une eau croupie et chargée d'hydrogène sulfuré, était plus riche en soufre que le Cresson de fontaine venu dans une eau pure et courante; d'où l'on pourrait peut-être induire que si l'air et surtout les eaux ne contenaient pas de soufre, particulièrement à l'état de sulfate, ce ne serait pas une raison pour que le Cresson ne se produisît pas. Seulement ce végétal ne serait pas chargé de l'huile volatile et soufrée qui le caractérise. Nous avons aussi fait végéter de l'orge dans un grand pot contenant une terre composée de phosphate de chaux, de magnésie et de poudre de charbon de bois, et les pieds, quoique moins bien développés, parce qu'ils n'étaient pas dans de très-bonnes conditions, n'en ont pas moins fourni des tiges hautes de 75 centimètres environ. Les chaumes présentaient moins de rigidité que les pareils venus en terre ordinaire contenant de la silice, et leur incinération y a démontré une beaucoup plus faible proportion de silice. Il semblerait donc, d'une part, que la silice n'est pas tout à fait indispensable à l'existence de la plante, et de l'autre, que cette silice est une heureuse cause de rigidité sans laquelle ces hautes mais faibles tiges seraient sans cesse exposées à être versées au moindre vent.

Il y aurait donc, d'après cela, à considérer deux manières d'être des éléments inorganiques dans les végétaux : les uns, comme la silice, qui ne feraient que se déposer sans aucune combinaison ; les autres qui, sous l'influence de la vie, se combineraient pour former les produits immédiats. Mais pour faire comprendre aisément la formation de ces principes, nous allons en indiquer la composition d'une manière générale.

On peut classer les produits immédiats végétaux, d'après leur analyse élémentaire, en 4 classes principales ; savoir : 1º ceux qui sont formés de carbone, plus d'hydrogène et d'oxygène dans les proportions qui constituent l'eau ; 2º ceux qui sont formés de carbone, plus d'hydrogène et d'oxygène excédant les proportions de l'eau ; 3º ceux qui sont constitués par le carbone, plus d'oxygène et d'hydrogène en plus grande proportion que dans l'eau ; 4º enfin, ceux qui ont une composition analogue à la précédente et à laquelle l'azote vient s'ajouter. On pourrait symboliser la composition de ces diverses classes de la manière suivante, en faisant observer que les lettres ne représentent que des éléments à quantités variables et non des équivalents :

1° $C + HO$ ....(acides acétique, lactique, kinique, lécanorique, etc.);

2° $C + H < O$ ou $C + HO + O$ ....(acides oxalique, tartrique, citrique, malique, tannique, gallique, etc.);

3° $C + H > O$ ou $C + HO + H$ ....(acides benzoïque, cyanhydrique, etc.; résines, baumes, huiles essentielles, cire, caoutchouc, etc.; matières colorantes, mannite, glycyrrhizine, saponine, salicine, amygdaline, caféine, diastase, etc.);

4° $C + H > O + Az$ ou $C + HO + H + Az$. (quinine, cinchonine, aricine, morphine, codéine, narcotine, narcéine, strychnine, brucine, atropine, etc.)

D. Excrétions. — Si tous les corps que nous venons de classer ainsi sont inutiles à la constitution primordiale du végétal, et cela est, puisque dans les très-jeunes végétaux ou les très-jeunes organes ces corps ne sont pas encore formés, il ne faut donc plus les considérer comme des *principes*, mais bien comme des *produits immédiats*, et leur présence à la surface ou dans les cavités des végétaux ne peut plus être que le résultat d'une *élimination* spéciale, d'une *excrétion végétale*.

Puisque tous ces corps si différents ne sont plus que des modifications les uns des autres, puisque souvent cette modification ne porte plus que sur une simple différence dans l'arrangement moléculaire des corps, l'esprit saisit aisément la possibilité de ces transformations sans qu'il puisse concevoir aujourd'hui comment se font ces arrangements ou ces modifications. On croit avoir été loin quand on a trouvé certains corps, comme la *diastase*, qui, par une action spéciale, ont la propriété de transformer les corps; et parce que l'on n'a pas pu découvrir le mécanisme qui déterminait cette transformation, on s'est contenté de dire que c'était une force et de créer pour expliquer ce phénomène le mot *catalyse*, ou l'expression : *action de contact*. Mais personne n'ignore que derrière cette force il y a une action quelconque, un mouvement, un mécanisme qui détermine le phénomène.

Ce qu'il y a de certain, c'est que souvent le végétal, pour arriver à s'assimiler certaines substances, est obligé de former un corps particulier qui en favorise la dissolution, comme le fait la *diastase* quand elle agit sur la fécule, qui est un corps insoluble, et en cela nous voyons s'accomplir un phénomène analogue à celui qui se produit dans l'estomac des animaux, où certaines humeurs, certains sucs acides sont sécrétés pour favoriser la division et par suite l'assimilation des aliments qu'ils ingèrent.

Mais pour montrer combien cependant le mécanisme de l'assimilation doit être simple, il nous suffira de dire que la cellulose, principe immédiat essentiel ou primordial, a exactement la même composition élémentaire que la fécule, la dextrine, l'inuline, l'arabine et les divers sucres végétaux, en ajoutant à cette composition des quantités variables d'eau. C'est ce que montrent les formules suivantes :

$$
\begin{array}{lll}
\text{Cellulose} & = C^{12}H^{10}O^{10} & \left.\begin{array}{l} \\ \\ \end{array}\right\} \text{toutes les trois isomères.} \\
\text{Lichénine} & = C^{12}H^{10}O^{10} & \\
\text{Arabine} & = C^{12}H^{10}O^{10} & \\
\text{Fécule} & = C^{12}H^{10}O^{10} = C^{12}H^{9}O^{9} + HO & \left.\begin{array}{l} \\ \\ \end{array}\right\} \text{tous les trois isomères.} \\
\text{Dextrine} & = C^{12}H^{10}O^{10} = C^{12}H^{9}O^{9} + HO & \\
\text{Inuline} & = C^{12}H^{10}O^{10} = C^{12}H^{9}O^{9} + HO & \\
\text{Sucre de canne} & = C^{12}H^{10}O^{10} + HO = C^{12}H^{9}O^{9} + 2HO. & \\
\text{Glucose de fruits acides} & = C^{12}H^{10}O^{10} + 2HO = C^{12}H^{9}O^{9} + 3HO. & \\
\text{Sucre de champignons} & = C^{12}H^{10}O^{10} + 3HO = C^{12}H^{9}O^{9} + 4HO. & \\
\text{Sucre de fécule} & = C^{12}H^{10}O^{10} + 4HO = C^{12}H^{9}O^{9} + 5HO. &
\end{array}
$$

Cette série nous démontre que la cellulose, la lichénine et l'arabine séchées à 130°, sont une seule et même chose avec un groupement moléculaire différent ; que l'amidon, la dextrine et l'inuline sont de la cellulose dans laquelle une proportion d'hydrogène et une proportion d'oxygène sont combinées aux autres éléments, mais à l'état d'eau ; que le sucre de canne est de la cellulose plus 1 équivalent d'eau ; le glucose des fruits acides, de la cellulose plus 2 équivalents d'eau ; le sucre de champignons, de la cellulose plus 3 équivalents d'eau ; et le sucre de fécule, de la cellulose plus 4 équivalents d'eau. Elle nous démontre, en outre, que le sucre de canne est de la fécule plus 1 équivalent d'eau ; le glucose de fruits acides, de la fécule plus 2 équivalents d'eau ; le sucre des champignons, de la fécule plus 3 équivalents d'eau ; le sucre de fécule, de la fécule plus 4 équivalents d'eau. La vie ou le mécanisme végétal se borne donc à changer le groupement moléculaire des uns, ou à retrancher les éléments de l'eau aux autres pour les transformer facilement en cellulose, ou bien encore à ajouter ou retrancher de l'eau à une substance pour la transformer en une autre.

On a observé, en général, qu'une même famille, formée d'après un même plan, et dont les genres ou les espèces offrent des caractères spécifiques qui sont très-voisins, déterminent chez les animaux des actions physiologiques qui ne sont pas sans analogie. Ainsi, chez les Solanées, les espèces se font remarquer par un air de famille très-prononcé ; et les espèces contiennent presque toutes des substances qui les rendent toxiques, comme si une organisation similaire devait donner lieu à des produits analogues. Aussi voyons-nous plusieurs espèces de *Solanum* (*nigrum, dulcamara, mammosum, verbascifolium, tuberosum*) former un même principe immédiat : la *Solanine*, et les genres *Atropa* et *Datura* produire l'un, l'*atropine*; l'autre, la *daturine*, dont la formule est la même ($C^{34}H^{23}AzO^6$). Il est probable que d'autres alcalis retirés d'autres espèces de la même famille offriront une composition au moins très-analogue. Les divers *Cinchona* renferment aussi les mêmes alcaloïdes, la *quinine* et la *cinchonine*, qui ne sont que de légères modifications l'une de l'autre, puisque la quinine $C^{38}H^{24}Az^2O^4$ n'est que de la cinchonine à laquelle le mécanisme végétal a introduit 2 équivalents d'oxygène en plus, et il est d'autant plus probable que ces deux alcalis ne sont que des modifications l'un de l'autre, c'est qu'on les trouve tous les 2 réunis dans la même espèce, mais tantôt l'un, tantôt l'autre est en plus grande quantité, et quelquefois ils y sont en proportions sensiblement égales. Il en est de même de la *morphine* $= C^{34}H^{18}AzO^6,HO$, qui n'est que de la *codéine*, plus 1 équivalent d'hydrogène et 1 équivalent d'eau, moins 1 équivalent d'oxygène $= C^{34}H^{19}AzO^5,2HO$. Pareillement, si l'on observe que la *Brucine* anhydre $= C^{46}H^{26}Az^2O^8$, n'est autre que de la *Strychnine* $= C^{42}H^{22}Az^2O^4$, à laquelle le végétal a ajouté 4 équivalents d'eau et 4 équivalents de carbone, on ne sera plus étonné de rencontrer ces deux substances dans les espèces du même genre *Strychnos* (*nux vomica, Ignatia, colubrina* et *Tieute*), car les constitutions organiques ou mécaniques analogues doivent donner lieu à des produits analogues, et l'on a bien plutôt lieu de s'étonner que le genre *Strychnos* renferme des espèces innocentes comme le sont les *Strychnos pseudoquina*, d'Aug. Saint-Hilaire et *innocua* de Delile.

A la vérité, on rencontre des produits immédiats de même nom dans des végétaux de familles et de genres différents. Ainsi, la *Saponine* $= C^{26}H^{23}O^{16}$, se rencontre dans le *Quillaia saponaria* (Ro-

sacées), le *Gypsophylla struthium*, le *Saponaria officinalis* (Caryophyllées), et peut-être dans les racines de Jalap (Convolvulacées),
dans l'*Arnica montana* (Synanthérées), le *Polypodium vulgare*
(Fougères), si toutefois la substance que l'on en a retirée, et qui
a été nommée *saponine*, est bien identique avec la première. Mais
il n'est point impossible que des végétaux d'organisation très-
différente soient [pourvus de certains appareils semblables, et
donnant lieu, par conséquent, à des produits identiques. Les
cellules qui produisent la fécule ne sont pas toutes semblables,
quoique toutes les fécules offrent une même composition, mais
nous savons aussi que ces fécules ne sont pas elles-mêmes complétement identiques dans la forme et le volume de leurs grains,
et même dans la manière dont elles se comportent avec le tri-iodure de potassium (p. 21) ; il est donc possible que les sapo-
nines, qui offrent la même composition chimique, ne soient pas
toutes identiques dans la manière dont elles se comporteront avec
certains réactifs qu'il reste à trouver.

Quoi qu'il en soit, on voit que le mécanisme végétal en vertu
duquel ces produits immédiats se forment sont des plus simples,
puisque ces actions sont souvent comparables à celles qui sont
essentiellement du domaine de la chimie, lesquelles sont déterminées par de simples contacts, par l'application de la chaleur,
par des réactions qui ont pour but d'enlever ou d'ajouter aux
corps certains éléments, ou enfin par des substitutions pendant
lesquelles un élément se met à la place d'un autre dans un même
composé. Mais, comme ces actions chimiques ne sauraient elles-
mêmes se produire sans l'intervention de certains mouvements,
et que la mécanique est précisément la science des mouvements,
il est très-certain que les actions chimiques ne sont que des actions mécaniques, mais des actions s'exerçant sur des molécules
infiniment petites dont il ne nous est pas donné de saisir les
mouvements. Or, ce que la chaleur, action mécanique, peut faire
en chimie pour combiner ou dissocier les éléments, la vie, la lumière et la chaleur solaires peuvent, à plus forte raison, le faire
dans le végétal, qui se charge, lui, de choisir et de mettre en présence les éléments pris au monde extérieur pour les unir dans de
certaines proportions, et donner lieu à des corps que jusqu'à ce
jour la chimie a été impuissante à produire.

Il n'est donc pas difficile de concevoir comment les produits immédiats végétaux peuvent se former, et par suite se transformer les uns dans les autres à l'aide des simples indications que nous venons de donner ; mais aller au delà, dans le domaine de la mécanique, c'est aujourd'hui une chose complétement impossible. Ainsi, lorsque, dans une cellule, nous rencontrons du protoplasma dans lequel on peut apercevoir des matières granuleuses éparses ou formant un *nucleus* à l'état naissant, comme tout doit faire penser que la partie solide de ces granules ou de ce nucleus est constituée par de la cellulose, nous pourrions bien comprendre comment, sous l'action mécanique de la cellule et surtout de la lumière, certaines parties de cette cellulose à l'état naissant, en présence de l'azote et de l'acide carbonique, peut donner lieu à de la *chlorophylle* et à de l'*oxygène*, comme le montre l'équation suivante :

$$\underset{\text{Cellulose.}}{C^{12}H^{10}O^{10}} + \underset{\text{Azote.}}{Az} + \underset{\substack{\text{Acide} \\ \text{carbonique.}}}{6CO} = \underset{\text{Chlorophylle.}}{C^{18}H^{9}AzO^{8}} + \underset{\text{Eau.}}{HO} + \underset{\text{Oxygène.}}{O^{7}.}$$

Ainsi, sous l'influence de la lumière, la cellulose décomposerait l'acide carbonique en fixant 6 équivalents de carbone et 1 équivalent d'azote, formant 1 équivalent d'eau et dégageant 7 équivalents d'oxygène, et c'est en réalité ce qui paraît avoir lieu. Mais comment cette action de la lumière se produit-elle? quelle est la forme du mouvement qui produit ce phénomène ? est-ce un simple mouvement de rotation des molécules lumineuses ou un mouvement d'ondulation produisant une sorte de trépidation infiniment légère qui déterminerait cette réaction? C'est ce que nous ne savons pas aujourd'hui, et nous devons, faute de mieux, nous contenter d'en présenter le résultat, qui est déjà une explication relative suffisante.

Comme exemple de la simplicité des actions mécaniques qui déterminent ces formations, nous citerons l'arabine, qui, ainsi que nous l'avons fait connaître, peut, à la longue, par son simple contact avec l'eau, se transformer peu à peu en un *glycose particulier à la gomme*, et qui diffère du glycose ordinaire en ce que son pouvoir rotatoire ($+37,52$) n'est que les 2/3 environ du glycose ($+57,4$) et la moitié du sucre de canne ($+73,8$).

Maintenant, sous l'influence de la vie végétale, l'arabine non desséchée $= C^{12}H^{11}O^{11}$ peut se combiner beaucoup plus vite, d'abord, à une proportion d'eau, et former une première variété de sucre : le *sucre liquide*, dont la formule $= C^{12}H^{12}O^{12}$.

En effet :

$$C^{12}H^{11}O^{11} + HO = C^{12}H^{12}O^{12}.$$

puis, par les progrès de la transformation et surtout en présence des acides végétaux, ce sucre peut se combiner à deux nouvelles proportions d'eau et se transformer en glycose comme l'indique l'équation suivante :

$$C^{12}H^{12}O^{12} + 2HO = C^{12}H^{14}O^{14}.$$

Tout concourt à prouver que ces actions mécaniques végétales sont des plus simples. Ainsi, lorsque nous cherchons à nous expliquer la maturation des fruits, nous voyons que les jeunes fruits sont essentiellement formés de cellulose et de *pectose*, matière vraisemblablement isomère avec la pectine en laquelle elle est facilement transformée. Or, la pectine a pour formule $C^{64}H^{48}O^{64}$, et l'on pourrait admettre qu'au moment où le fruit va mûrir, elle absorbe directement une forte proportion d'oxygène, d'où résulte de l'arabine, de l'acide carbonique et de l'eau, suivant cette équation :

$$C^{64}H^{48}O^{64} + 16O = C^{12}H^{11}O^{11} + 16CO^2 + 4HO.$$

D'où il suit que les fruits, en mûrissant, expirent de l'acide carbonique et deviennent plus mous, puisqu'ils contiennent plus d'eau (1). Une fois l'arabine formée, nous venons de voir comment elle se transforme en sucre. Cette théorie est d'accord avec les faits, puisque verts, les jeunes fruits exhalent de l'oxygène à la lumière solaire; mais dès que le fruit *tourne*, la couleur verte disparaît, et sous l'influence de la lumière, ce n'est plus que de l'acide carbonique qu'il dégage, ainsi que le montre l'équation qui précède.

Nous pourrions considérablement multiplier ces exemples et arriver à faire comprendre comment, avec des corps élémentaires, le mécanisme végétal arrive à constituer tous les produits immédiats végétaux dont nous avons énuméré un certain nombre (p. 51).

(1) *Note sur la transformation de la gomme en sucre*, etc. Broch. in-8°. 1859.

CHAPITRE III

DU PHYTOGÈNE.

Jusqu'à présent nous n'avons donné qu'un aperçu général des formes, de la structure et des propriétés du phytogène. Il importe, avant d'aller plus loin, de l'étudier sous ces différents points de vue, car sans cela il nous serait impossible souvent de comprendre exactement certaines explications que nous aurons à donner par la suite, et comme la forme et les propriétés de ce corps dépendent de sa structure, nous n'établirons aucune division dans l'étude que nous allons en faire.

Des formes, de la structure et des propriétés du phytogène.

Par suite d'observations, de comparaisons et de déductions logiques, nous avons, à notre point de vue, défini la vie en général :

« *Le mouvement spontané et régularisé , le mouvement sous toutes les formes et le mouvement dans le mouvement* (1). »

Nous avons démontré aussi que l'individualisation organique naissait précisément de la circonscription et de la localisation du travail vital (2), de sorte qu'au moyen de ces deux données il va, ce nous semble, nous être possible de concevoir un ordre de phénomènes physiologiques ou plutôt organogéniques sur lesquels

---

(1) *De la vie en général.* (*Recueil des trav. soc. émul. sc. pharmac.* 1860, et *Essai de Phytomorphie,* t. I, p. 1.)

(2) *De l'individualité en général.* (*Recueil des trav. soc. émul. sc. pharmac.* 1860, et *Essai de Phytomorphie,* t. I, p. 33.)

on n'avait que des données assez vagues : nous voulons parler de la cause originelle qui fait le cotylédon unique, la feuille en général alterne, la fleur verticillée par 3, dans les Monocotylédones ; et le double cotylédon, les feuilles opposées, verticillées ou alternes par déplacement (mais que par le raisonnement on peut ramener à l'opposition ou au verticillisme par 3), et la fleur verticillée par 6 (type) dans les Dicotylédones.

Nous l'avons déjà dit, tout bourgeon à l'état naissant n'est évidemment qu'une petite masse de tissu cellulaire dont toutes les parties sont assez intimement unies ou liées entre elles. L'ensemble de ces parties représente par rapport au végétal entier une *vie particulière* douée de ses mouvements propres et pour ainsi dire indépendants de la vie générale de l'être qui lui a donné naissance. Mais à son tour le bourgeon considéré dans son individualisation possède une vie générale dans laquelle nous allons bientôt pouvoir découvrir des vies circonscrites, particulières et localisées dans les écailles, les feuilles, les bractées, sépales, pétales, etc., qu'il formera. Or, bien avant que ces parties se dessinent de manière à devenir perceptibles pour notre vue, même armée d'un microscope, ce travail de localisation des mouvements vitaux s'est prononcé de telle sorte que l'on peut considérer le tissu cellulaire qui doit former le bourgeon comme le centre d'une multitude de mouvements vitaux, origines des diverses individualités ou *exastoses* qui produiront, par la suite, les parties que nous venons d'énumérer.

Des études de mécanique moléculaire nous ont fait établir cette règle générale : *qu'un corps d'une étendue donnée, doué de mouvement et agissant sur des molécules infiniment petites, mobiles, ayant entre elles un ou plusieurs points de contact, y détermine des mouvements d'une étendue égale,* que nous exprimons sous le nom de *Principe des mouvements d'égales dimensions,* lequel est rendu évident par les vibrations des cordes et surtout par les sons communiqués aux instruments qui peuvent vibrer à l'unisson ou aux membranes tendues. Rappelons quelques expériences à l'appui de ce principe.

1° Quand une corde est mise en mouvement dans une partie seulement de sa longueur, elle détermine aussitôt des mouvements d'égales dimensions sur toute son étendue, *fig.* 1, A, B, C.

On peut voir en A, que la concamération a, est égale à la concamération inverse b et qu'il suffit de produire l'une pour qu'à
l'instant l'autre se prononce. En B, les concamérations a, b ; a', b',
sont aussi d'égales grandeurs, quoique plus petites, et il n'a fallu
que déterminer la formation de la concamération a, pour qu'aussitôt les 3 autres se soient formées. Il en est de même de celles
produites en C, où les concamérations plus petites, plus nombreuses, ont été obtenues en produisant simplement la première, a.

2° Si nous examinons les phénomènes qui se produisent dans
les tuyaux sonores embouchés par le milieu tels que nous les
avons faits et décrits autre part (1), nous reconnaissons que les
mouvements qui produisent l'onde, n, v, n, *fig*. 1, D, déterminent
la formation de 2 ondes d'égales dimensions de chaque côté d'elle,
de telle sorte que le tuyau étant ouvert à ses 2 extrémités v' les
2 ondes latérales sont accusées par des demi-ondes dont le ventre,
ainsi que l'a démontré Daniel Bernouilli, se trouve précisément
à chaque extrémité, et que, par la pensée, on peut compléter en
dehors du tuyau, *fig*. 1, E ; d'ailleurs, si avec un mouvement
plus rapide on détermine la formation d'une onde plus petite,
dans le même tuyau, n, v, n, *fig*. 1, F, on peut concevoir la formation de chaque côté d'ondes d'égales dimensions, n, v', n', car
si l'on fait une ouverture, o, au point correspondant au centre du
ventre v', on ne changera en aucune façon le ton de la note obtenue auparavant. A chaque extrémité ouverte du même tuyau, il
se formera une demi-onde comme précédemment qui, complétée
par la pensée en dehors du tuyau, aura les mêmes dimensions
que les autres. Pour rendre l'expérience facile à répéter et acquérir la certitude que les choses se passent bien comme nous le
disons, il suffit de placer de la poudre de lycopode dans une flûte
ouverte, en verre, et de la faire résonner en faisant varier les
harmoniques ; dans ce cas on voit la poudre de lycopode se placer
à des distances égales aux endroits mêmes des nœuds n, distances qui diminuent de plus en plus à mesure que les sons sont
plus élevés.

3° Les vibrations des disques, *fig*. 2, A et B démontrent aussi

(1) *Compt. rend. Acad. sç.*, juin 1844.

que tout mouvement vibratoire produit en *a*, à l'aide d'un archet
et en posant les doigts aux points n, n, déterminent aussitôt des
mouvements d'égales dimensions, a, b, ainsi que l'indiquent les
courbes pleines et ponctuées inscrites dans le cercle n, n... les
courbes pleines indiquant des concamérations en sens inverses de
celles qu'indiquent les courbes ponctuées.

4° Enfin il est aisé de voir que les sons produits à côté de membranes tendues saupoudrées de sable, qu'elles soient carrées,
fig. 3, A ou circulaires, *fig.* 3, B, produisent des figures égales
qui indiquent de la manière la plus évidente que les mouvements
communiqués ont une égale étendue. Donc on peut et l'on doit
admettre le *principe des mouvements d'égales dimensions.*

Maintenant, supposons une *force centrale centrifuge* agissant
sphériquement, il est évident que cette force ira en rayonnant,
mais en s'affaiblissant de plus en plus. Si cette force est uniforme,
dans tous les sens, elle agira autour d'elle d'une égale façon, et
les points où s'éteindront les divers rayonnements de cette force
seront à égale distance de son centre d'action ; par conséquent, si
l'on faisait passer une surface aux extrémités de tous ces points
où le mouvement est arrivé à *zéro*, on enceindrait un espace
sphérique dont tous les points, à partir du centre, ont été en mouvements décroissants jusqu'à cette surface que nous appellerons,
suivant le besoin et la partie que l'on aura en vue, *surface, ligne*
ou *point de repos.* Supposez que ce mouvement se produise dans
l'air, vous aurez l'*onde sphérique* qui produit le *son* ou plutôt le
bruit ; — supposez que ce mouvement se produise au sein d'une
masse de jeunes cellules, et vous aurez un *centre vital*, un *élément botanique* ou *phytogène*, parce que de ce phytogène pourra
naître, dans certaines conditions, un individu complet.

De ces données il résulte que si l'on conçoit dans une masse
de tissu cellulaire, qu'un point ou centre vital vient à se former
et à se circonscrire, aussitôt toutes les cellules prennent un arrangement tel que l'ensemble de ces cellules va se disposer suivant des centres égaux de mouvements vitaux, absolument comme
sous l'influence d'un archet ou d'un son ; une plaque ou une
membrane va prendre des mouvements multipliés mais égaux,
qui feront que du sable placé à leur surface formera bientôt des
figures toujours semblables et d'égales grandeurs (*fig.* 3, A et B).

Pour donner plus de clarté à ce point important de la question qui fait la base de nos idées phytogéniques, nous allons raisonner sur une coupe longitudinale et transversale d'un bourgeon naissant.

A. Soit donc *fig.* 5, A, la coupe transversale d'un bourgeon constitué uniquement par du tissu cellulaire, que nous savons être formé de cellules nombreuses, petites, sphériques et partout sensiblement semblables. Nous disons que cet assemblage de cellules, doué d'une vie générale dans son ensemble, ne tarde pas à présenter plusieurs points qui vont devenir le siége de centres vitaux ayant chacun un commencement de vie particulière, lesquels centres vitaux constitueront, plus tard, autant d'individualités. Il y a plus, c'est que chacune de ces individualités, considérées dans leur ensemble comme douée d'une vie générale, aura aussi des points ou centres vitaux tout à fait analogues, ainsi que nous l'indiquons *fig.* 4, constituant autant de vies partielles, lesquelles elles-mêmes pourront plus ou moins tard présenter les mêmes particularités. Mais de ce que le mouvement vital s'est prononcé dans une série sphérique de cellules occupant une certaine étendue dans le centre du bourgeon naissant, il s'ensuit que, en vertu du principe des mouvements d'égales dimensions, un mouvement égal *a été commandé* à toute la série qui enveloppe *circulairement* ou *périphériquement* le point vital central en mouvement, et pour que ce mouvement soit égal il faut de toute nécessité qu'il y ait 6 points ou centres vitaux circulaires P″ entourant un centre vital central semblable, *fig.* 4.

Or, comme il convient de dénommer ces divers centres vitaux afin de rendre le discours plus facile, nous donnons à chacun d'eux, pris isolément, le nom de *phytogène*, et nous avons vu, en parlant de l'exastosie (1), que les trois formes de cette propriété agissant dans les 3 dimensions de l'étendue avaient pour effet de limiter et circonscrire des mouvements vitaux qui n'étaient autres que ceux de nos phytogènes ou centres vitaux dont nous parlons ici.

Afin de mieux faire comprendre cette idée, nous avons représenté, *fig.* 4, la disposition théorique de chaque groupe de cel-

(1) Page 7.

lules constituant un centre vital ou phytogène, et en supposant tout le système P‴ entièrement constitué par des cellules égales aux plus petites cellules composant, elles, un phytogène égal à P′, lequel est lui-même formé de 7 centres vitaux égaux à P. Pour rendre l'idée plus facile à saisir, nous avons à dessein laissé en blanc tous les grands centres vitaux ou phytogènes P″ plus ou moins composés, et il suffit de comparer cette sorte de répartition des centres vitaux avec la répartition du sable suivant les lignes nodales de la membrane tendue et vibrante, *fig.* 3, B, pour être assuré que le principe des mouvements d'égales dimensions est bien applicable dans les deux cas.

Puisque nous avons reconnu que chacun des centres vitaux, pris dans son ensemble, est capable d'en former plusieurs autres plus petits, il s'ensuit que nous devrions reconnaître plusieurs ordres de phytogènes. Mais comme nous ne savons jamais au juste jusqu'à quel terme peut s'élever cette composition, il nous a semblé plus simple de n'employer que deux expressions pour distinguer ces phytogènes, savoir : celle de *phytogène* pour exprimer le centre vital le plus simple, qui est censé n'avoir eu encore aucun commencement de composition, et celle de *protophytogène* pour le centre vital qui est véritablement composé suivant l'un des modes de composition que nous aurons soin de faire connaître. Ainsi, supposons la masse cellulaire, *fig.* 5, A, comme elle n'est pas encore composée, elle constituera notre *phytogène* ; mais admettons que par la croissance cette masse se compose comme *fig.* 4, où P‴ forme P″ au nombre de 6 en entourant un 7ᵉ central, nous aurons un *protophytogène*, ainsi nommé parce qu'il sera le *premier* phytogène qui se sera composé par rapport à ceux qui se composeront par la suite. Par exemple, le phytogène central = P″ de ce protophytogène se composera à son tour et deviendra protophytogène par rapport au central = P′, et, à son tour, P′ pourra devenir protophytogène par rapport au central = P, et ainsi de suite ; et comme cette succession de compositions peut être en quelque sorte indéfinie dans certains végétaux, on voit qu'il est beaucoup plus simple de n'employer que ces deux dénominations, en ayant soin de tenir compte de leur relativité ascendante. On pourrait, pour les fleurs, dire protophytogène-calice, corolle, androcée ou gynécée ; mais ces distinctions, qui ne sont pas indispensables, n'en trouveraient pas d'équivalentes pour les inflorescences et pour les infrondescences où les protophytogènes peuvent se succéder indéfiniment. Cependant, dans le discours nous serons quelquefois obligé de nous servir de ces dénominations pour rendre notre pensée plus claire.

Il ne faudrait pas s'imaginer que nous eussions dans l'idée que tous ces phytogènes ou protophytogènes existent tout formés et emboîtés les uns dans les autres, et cela indéfiniment, car nous tomberions dans le système justement abandonné de l'emboîtement des germes. Nous disons seulement que lorsqu'un amas de cellules s'est constitué de façon à avoir la vie particulière qu'elle a dans le bourgeon naissant, c'est-à-dire le phytogène, le groupement ultérieur des cellules qui doit transformer le phytogène en protophytogène se fait alors et toujours dans l'ordre que nous venons d'indiquer.

Mais indépendamment de ces centres vitaux ou phytogènes plus ou moins composés, il faut remarquer que, ces phytogènes ne se touchant que par quelques points de leur périphérie, il y a des intervalles pleins de cellules formant d'autres points ou centres vitaux *latents* plus petits, qui pourront à leur tour, selon les circonstances, devenir *actifs*. 1° Par exemple, dans le protophytogène général P''', *fig*. 4, examiné dans sa coupe transversale, nous reconnaîtrons, indépendamment des 6 phytogènes circulaires P'' entourant un phytogène central d'égale dimension, que ces 7 phytogènes *sphériques* ne pouvant se toucher que par un point de leur périphérie, il resterait des espaces de forme triangulaire vides, s'ils n'étaient en réalité comblés par du tissu cellulaire qui pourra devenir, plus tard sinon déjà, le point où se réveillera une vie particulière, ou mieux, qui sera l'origine d'un nouveau phytogène. Or, rien ne s'oppose à ce que l'on considère cet espace comme occupé déjà par un phytogène d'un ordre inférieur à celui des 7 phytogènes principaux constituant le protophytogène P''', et rien n'empêche de raisonner sur chaque protophytogène d'un ordre inférieur exactement comme nous venons de le faire sur le protophytogène général P'''. Ainsi P'', dans sa coupe transversale, représentée au centre de la *fig*. 4, est formé de 6 phytogènes égaux à P' en entourant un septième, mais les phytogènes P' laissent aussi entre eux des intervalles pleins de tissu cellulaire et qui pourront devenir le siége d'autant de vies individuelles ou de plus petits phytogènes ; par conséquent, rien n'empêche d'admettre, en principe, que le phytogène existe déjà tout formé avec sa forme sphérique et les propriétés qui lui sont inhérentes. Nous en dirons autant du phytogène P′ par rapport au phytogène P, et ainsi de suite. C'est à ces petits phytogènes p, formés dans les intervalles triangulaires que laissent entre eux les phytogènes plus grands, que nous avons donné le nom de *phytogènes interphytogéniques*.

2° Puisque nous avons dit que les phytogènes étaient sphériques, on doit comprendre qu'un groupe sphérique de cellules ne saurait à lui seul remplir l'espace triangulaire dont nous avons parlé ; par conséquent, autour du phytogène interphytogénique, il reste encore d'autres intervalles plus petits, pleins de tissu cellulaire capable de s'individualiser et de former aussi des phytogènes plus petits qui vont en décroissant, à peu près comme ceux que nous avons représentés à côté de P′ $=$ a, en b,c,d, etc. C'est au moyen de cette constitution du phytogène général et surtout de l'existence des phytogènes interphytogéniques, que l'on peut expliquer la présence d'un très-grand nombre de bourgeons à l'aisselle des feuilles de certains végétaux (*Bambusa*).

3° Puisque nous venons de dire que les phytogènes P″ qui constituent le protophytogène général P‴, ne se touchaient que par un point de leur périphérie, il s'ensuit que, sur les bords de la tranche, il y aurait encore 6 espaces vides assez grands, et ces espaces, occupés par du tissu cellulaire, devraient à leur tour devenir le siége de mouvements vitaux particuliers, et, par conséquent, le tissu cellulaire constituer de plus petits phytogènes P′. Mais il est probable que la position tout exceptionnelle de ces phytogènes, si tant est qu'ils se constituent tels, ne leur permet pas de se développer de la même façon que les phytogènes interphytogéniques.

Le plus souvent, ce tissu cellulaire ou ces phytogènes, que nous pourrions nommer *extraphytogéniques*, entrent dans la composition de la tige, et concourent avec les 3 phytogènes inférieurs d'un protophytogène à la constitution des mérithalles et surtout des diverses parties constituantes de l'écorce ; mais s'individualisant tout à fait, il est vraisemblable que c'est à ces phytogènes extra-

phytogéniques que l'on doit la formation de certains poils et particulièrement des aiguillons. Enfin, peut-être est-ce à eux que l'on
doit la formation des lenticelles et des racines adventices.

B. Soit maintenant la coupe verticale d'un bourgeon naissant,
mais ayant déjà pris une forme plus ou moins conique. A un instant donné, l'étude microscopique ne laisse rien apercevoir autre
chose qu'un amas de cellules affectant la disposition représentée
fig. 5, B. Mais de ce que toutes ces cellules, un peu plus tard,
vont se séparer pour donner naissance à des parties distinctes,
feuilles ou bourgeons, il résulte qu'il faut admettre que ces
cellules vont constituer des mouvements séparés, distincts, au
point de former bientôt des organes divers, et, par conséquent,
que nous pouvons raisonner sur la tranche verticale comme nous
l'avons fait sur la tranche horizontale, avec certaines différences,
toutefois, que nous apprendrons à connaître.

Nous sommes ainsi autorisé à admettre, alors même qu'il n'y
aurait aucune apparence d'exastosie entre les cellules qui constituent la masse du bourgeon, qu'il y a déjà une sorte de départ
entre toutes les parties, déterminant des groupements analogues
à ceux que nous avons établis sur la tranche horizontale, et il faut
bien que cela soit, car nous appuyant sur le principe des mouvements d'égales dimensions, nous avons dit qu'un phytogène
composé d'un certain ordre était formé de 12 phytogènes d'un
ordre inférieur en entourant un 13e. Toujours en vertu du même
principe, ce qui se passe horizontalement doit aussi se produire
verticalement; par conséquent, tout doit faire admettre dans la
coupe verticale d'un bourgeon divers groupements formant les
phytogènes d'ordres différents, dont la *fig.* 5, *c*, peut aisément
donner une idée. Au reste, les différents phénomènes d'exastosie que nous avons étudiés (1) nous confirment dans l'idée que
nous venons d'émettre.

Enfin, puisque la cellule phytogénique est sphérique, que le
phytogène le plus simple qui résulte de la réunion de 12 cellules
autour d'un 13e est aussi sensiblement sphérique, nous admettons que tous les phytogènes sont généralement *sphériques*, quel
que soit l'ordre auquel ils appartiennent. Il en résulte alors que

____

(1) Page 6. et *Essai de Phytomorphie*, t. p. 95.

l'on peut appliquer les observations que nous avons faites sur les espaces vides horizontaux à tous les vides verticaux, de telle sorte qu'entre chaque groupe de 5 phytogènes d'un certain ordre, savoir : 3 en triangle, *fig.* 5, C, bbb, un, a, posé sur le triangle, et l'autre c, placé en dessous, il y a place pour plusieurs phytogènes d'ordres inférieurs, de plus en plus petits, jusqu'à ce que l'on soit arrivé à la cellule.

Ainsi, tous ces centres vitaux ou phytogènes sont un ordre de choses qui nous paraît parfaitement démontré, et puisque le bourgeon, qui n'est dans le principe qu'une masse de tissu cellulaire complétement uni et homogène, vient à donner par exastosie des feuilles, des folioles, des bractées, des axes, des sépales et autres parties de la fleur, et enfin des graines, qui sont bien, elles, des individualités incontestables, il faut donc que des vies particulières se forment dans une vie plus générale, et, par conséquent, il faut bien admettre comme point initial de toutes ces formations des groupements de cellules très-divers. Or, ce sont ces groupements initiaux que nous désignons sous le nom de *phytogènes*, dénomination parfaitement nette, et qui ne nous semble donner lieu à aucune espèce d'équivoque.

D'ailleurs, pour peu que l'on poursuive avec attention l'ensemble des idées que nous émettons ici, on verra que rien n'est plus facile à concevoir que la manière en quelque sorte mécanique dont se forment toutes les parties du végétal. Admettons donc l'existence du phytogène comme un fait démontré, ou si l'on veut comme un être de raison, et notre tâche sera alors facile à continuer.

Mais l'observation journalière des faits physiologiques fait reconnaître que la répétition de ces centres vitaux n'est pas toujours d'une égale intensité dans toutes les parties horizontales de la couche celluleuse du tissu cellulaire qui forme le bourgeon. Chez les uns, en effet, la répétition des centres vitaux ou phytogènes se continue presque indéfiniment au centre du bourgeon, alors que vers la périphérie la répétition de ces centres vitaux semble s'arrêter ou tout au moins suspendre leurs effets, et ce phénomène est surtout remarquable dans toutes les *évolutions centripètes,* comme on le voit dans les inflorescences *indéfinies,* par exemple, et ces sortes d'évolutions se retrouvent encore dans le

développement des autres parties quand on les considére dans
certains végétaux. Au contraire, assez souvent la répétition des
centres vitaux se continue plutôt vers la périphérie du bourgeon,
tandis que, vers le centre, la répétition de ces phytogènes s'arrête véritablement, comme on en a la preuve dans toutes les évolutions centrifuges, en particulier dans les inflorescences *définies*,
évolutions qui, elles aussi, peuvent affecter telles ou telles parties quand on les observe dans quelques végétaux.

Il y a même des cas où le phytogène, une fois formé, continue
son développement central sans se diviser, sans émettre d'éléments
latéraux; il ne fait absolument que s'allonger par sa partie supérieure, accomplissant ainsi une sorte d'évolution indéfinie. Les
vrilles, en général, en sont des exemples remarquables.

C'est à l'aide de ces divers modes de groupement des cellules
et de ces modifications d'évolution, que nous espérons donner, un
peu plus loin, la théorie mécanique de l'exastosie et, par suite,
celle de l'évolution des bourgeons.

Nous avons dit d'une manière générale que la forme du protophytogène devait être sphérique, puisque le plus simple étant
formé de 12 cellules sphériques, on avait sensiblement une forme
sphérique (1), et que, par conséquent, nous admettions que tous
les protophytogènes, même les plus composés, avaient aussi sensiblement la forme sphérique. Cela est soutenable lorsque le
protophytogène se compose de 12 phytogènes, et nous croyons
que cela se passe ainsi dans le protophytogène-infrondescence des
Dicotylédones ; nous verrons un peu plus loin les raisons qui sont
en faveur de cette opinion. Cependant, nous sommes porté à
croire que le protophytogène peut quelquefois se composer de
12 phytogènes surmontés d'un 13⁰ en entourant un 14⁰ central, et
que ce fait se passe particulièrement dans les protophytogènes-
infrondescence des Monocotylédones. Enfin, dans les protophytogènes-fleurs et même les protophytogènes de certaines inflorescences, nous avons quelques raisons de penser que la composition des phytogènes se borne à la production de 6 phytogènes
circulaires en entourant un 7⁰. Si, en effet, nous examinons les

_____

(1) On comprend parfaitement qu'il ne peut être ici question de la forme
rigoureusement géométrique.

bourgeons-fleurs et les bourgeons-scions, nous trouvons une différence assez considérable ; car tandis que les uns sont allongés, effilés même, les bourgeons scions, les autres sont arrondis ou même déprimés. C'est que dans ce cas, la composition du phytogène paraît s'être faite plutôt horizontalement, c'est-à-dire que 6 phytogènes circulaires *seuls* en entourant un 7ᵉ forment le protophytogène-fleur, et en décrivant le mode d'évolution des fleurs, nous serons forcé de reconnaître qu'il en est bien ainsi. Pareillement, il est tout à fait impossible de ne pas admettre que certains limbes de feuilles, particulièrement les *limbes peltés*, se sont formés par voie de composition, suivant un seul plan, comme nous avons cherché à le démontrer autre part (1); mais alors la composition serait souvent exagérée et ressemblerait plutôt à une multiplication par voie de génération latérale ou même horizonlale.

Parmi les bourgeons-scions ou bourgeons-infrondescence, on peut aisément remarquer que ceux des Graminées, parmi les Monocotylédones, quelque jeunes qu'on les prenne, sont toujours plus effilés que ceux des Dicotylédones, et que la forme des feuilles, liée à celle des bourgeons, paraît encore bien plus en rapport avec la composition des protophytogènes-infrondescence. Or, cette composition est telle que ce protophytogène qui, dans les Dicotylédones, serait de 12 phytogènes en entourant un 13ᵉ, se trouve ici augmenté d'un 14ᵉ phytogène terminant en cône le protophytogène, et c'est précisément de cette constitution que nous avons déduit les explications relatives à la formation des différentes parties composant la feuille entière et complète (2). Enfin, tandis que nous ne voyons presque jamais les feuilles de Monocotylédones s'opposer ou se verticiller ou se composer, et encore fort mal, comme dans les Palmiers ou les Aroïdées, ce qui tient d'une part, à la composition exceptionnelle du protophytogène-infrondescence, et de l'autre, à la tendance aux défauts d'exastosie circulaire, dans cette grande division ; au contraire, dans les Dicotylédones, nous voyons l'opposition ou le verticillisme des feuilles se généraliser, et leur com-

(1) *Essai de Phytomorphie*, t. II, p. 142.
(2) *Ibid.*, p. 139.

position devenir plus fréquente et surtout plus nette par suite
d'exastosie circulaire plutôt exagérée. Or, dans les Dicotylédones,
nous supposons que le protophytogène que nous regardons comme
le *type* de la composition des centres vitaux est, lui, parfaitement
composé de 12 phytogènes en entourant un 13ᵉ, et de cette composition résulteront les conséquences que nous ferons connaître
en parlant de la formation des organes appendiculaires de l'appareil de la nutrition.

Ainsi, pour nous résumer, nous reconnaissons trois modifications dans la composition d'un protophytogène, savoir : 1° le protophytogène-infrondescence des Dicotylédones, *plutôt arrondi*,
formé de 12 phytogènes périphériques en enveloppant un 13ᵉ central (type); 2° le protophytogène-infrondescence des Monocotylédones, *plus allongé*, formé de la même façon que celui des dicotylédones, mais surmonté d'un 13ᵉ phytogène périphérique,
fig. 5, C, a, pl. I; 3° le protophytogène-limbe, ou le protophytogène-fleur, *plutôt déprimé* et formé de 6 phytogènes circulaires
en entourant un 7ᵉ (*fig.* 8, B, pl. II).

Parmi les propriétés les plus caractéristiques des phytogènes, il
faut surtout signaler celle qu'ils possèdent de donner naissance à
des individus de même conformation que l'individu-mère. Ainsi,
sans parler des graines, des boutures, des marcottes, des bulbes
et bulbilles, qui tous, dans le principe, n'ont été qu'une petite
masse de tissu cellulaire ou phytogène, il y a véritablement des
formations insolites qui ne peuvent réellement être expliquées
que par la présence d'un *centre vital (Phytogène)* capable de
reproduire le végétal.

Pour cela il suffit de rappeler certaines métamorphoses pour
démontrer que tout a pour origine un ou plusieurs phytogènes.
Par exemple :

1° Nous avons dit (1) que la vrille des Cucurbitacées n'était
autre que l'un des phytogènes circulaires d'un protophytogène,
dont 3 entrent dans la composition originelle de la feuille inférieure, tandis que 2 seulement entrent dans la composition originelle d'une des feuilles supérieures pendant que le troisième
phytogène s'en détache pour vivre d'une vie indépendante et,

(1) *Essai de Phytomorphie*, t. I, p. 84.

comme telle, donner lieu à un organe axile ; c'est-à-dire à un tube plus ou moins cylindrique ou vrille, ce qu'il est très-facile d'observer sur les espèces à angles très-prononcés (*Luffa amara*), car on y voit nettement que 2 des faisceaux angulaires se rendent dans la feuille, tandis qu'un autre faisceau angulaire se rend dans la vrille.

Or, nous avons vu cette vrille, dans les *Cucurbita*, donner lieu, anormalement, à un véritable bourgeon-infrondescence, mais plus souvent à des vrilles formant 2 et 3 verticilles par 3 sur la vrille principale, et M. Naudin a constaté, dans le *Pâtisson*, que la vrille se développait en un long pétiole retournant à l'état foliacé et présentant à sa base un bourgeon rudimentaire et très-souvent un bourgeon-fleur. Ce savant a pu étudier sous ce rapport une espèce cultivée dans les jardins sous le nom de *Courge Polk*, et il a reconnu que cette espèce, au lieu de vrille, porte normalement une feuille bien conformée qu'il regarde avec raison comme la première et unique feuille d'un second bourgeon extra-axillaire, mais qui, dans la plupart des cas, avorte dès qu'il a donné naissance à une première feuille (1). Ainsi nous sommes parfaitement d'accord avec M. Naudin sur la nature de la vrille des cucurbitacées qui est réellement un axe, mais tandis que M. Naudin la regarde comme l'analogue des autres, c'est-à-dire, dans nos idées, qu'au lieu de provenir d'un phytogène interphytogénique elle provient d'un phytogène circulaire qui appartient à la feuille, mais qui peut se composer, devenir photophytogène et donner lieu, dans quelques cas rares, à un axe ordinaire qui, placé dans des circonstances favorables, reproduirait l'individu. Voilà pourquoi un des éléments de la feuille mérite aussi bien le nom de phytogène, que le bourgeon élémentaire.

D'un autre côté, nous avons signalé autre part (2) un certain nombre de feuilles qui étaient capables de donner lieu à plusieurs phytogènes susceptibles de développement au point de reproduire la plante ; d'où il résulte qu'il faut admettre 1° que le limbe de la feuille n'est lui-même que l'assemblage d'une multitude de phytogènes ; 2° qu'il n'est composé que d'axes, modifiés sans

____

(1) *Observations relatives à la nature des vrilles et à la structure de la fleur chez les Cucurbitacées*, Ann. sc. nat., 4ᵉ série, t. IV.

(2) *Essai de Phytomorphie*, t. I, p. 451.

doute, mais d'axes disposés suivant un plan ; car, sans cela, comment admettre que les phytogènes qui deviennent bulbilles, que ces bulbilles, qui sont de vrais bourgeons, puissent prendre naissance sur des organes appendiculaires, puisque l'on a admis en botanique qu'un bourgeon ne peut naître que d'un axe? Or, nous arrivons ainsi à une conséquence diamétralement opposée à celle qu'avait déduite de ses travaux notre illustre compatriote Gaudichaud, qui avait établi ce principe que « tout est appendiculaire dans les végétaux vasculaires. Il n'y a d'axifère ,que la moelle (1). » C'est qu'en effet, quelle que soit la lenteur avec laquelle ces idées pénétreront dans les esprits, on finira toujours par convenir que l'organe appendiculaire auquel on peut conserver encore ce nom, n'est cependant que la réunion d'une multitude d'axes, et cette conviction grandira à mesure que les observations sur les phytogènes ou bourgeons des feuilles seront plus nombreuses, et dès lors on arrivera à ne voir que des organes appendiculaires dans les axes fasciés florifères des *Xylophylla* et des *Ruscus*, auxquels on sera néanmoins forcé de reconnaître un état de composition phytogénique plus avancé que dans la feuille proprement dite.

2° Un autre ordre de raisonnement nous conduit à admettre encore que les organes appendiculaires ne sont, dans l'origine, que des phytogènes ou autres vitaux, capables de revêtir la forme axile. En effet, qu'est-ce que le pistil, si ce n'est un axe pourvu de ses organes appendiculaires (carpelles)? Or, on a vu 1° des étamines se transformer en pistils (*Papaver*), et s'il est prouvé que des étamines, qui ne sont que des organes appendiculaires, se transforment en pistils (organes axiles), on peut en dire autant des pétales et des sépales qui se transforment en étamines, et l'on sait aujourd'hui que ces transformations sont fréquentes (2); d'ailleurs Steinheil a fait connaître le fait du *Tulipa Gesneriana*, dont les divisions du périanthe étaient transformées en carpelles.

D'un autre côté, il y a longtemps déjà que nous avons signalé le fait du *Brassica Napus*, dont un certain nombre de fleurs s'étaient modifiées de cette façon que les étamines se trouvaient

(1) *Rech. génér. organogr. phys. organogèn. végét.* Paris, 1841, p. 44, note.

(2) *Essai de Phytomorphie,* t. II, Métamorphoses.

toutes transformées en autant de fleurs complètes parfaitement normales, et depuis lors nous avons pu faire une semblable observation sur le *Lythrum Salicaria*, avec cette différence que le gynécée était absent (1). Or, une fleur est un axe muni de ses organes appendiculaires ; par conséquent l'élément botanique qui a fourni l'étamine est un phytogène, puisqu'il a fourni un axe et que tout axe a pour origine un phytogène.

3° Sous un autre point de vue on arrive à la même conclusion. Ainsi l'étamine, qui est considérée comme un organe appendiculaire, émet dans l'intérieur de ses anthères des granules polliniques que quelques auteurs regardent comme le résultat d'une gemmation interne : chaque granule serait attaché à la paroi interne de l'anthère au moyen d'un *trophopollen* (Turpin*)*, si délié ou si fugace qu'il échapperait aux recherches microscopiques (2). Bien que les recherches de M. Ad. Brongniart l'aient conduit à pencher vers l'opinion que les globules du pollen ne sont pas, même dans leur jeunesse, attachés à la loge anthérique par un filet, cependant l'opinion contraire peut être soutenue et semble être appuyée par ce fait que l'on a trouvé dans certaines anthères des ovules qui n'étaient vraisemblablement que des granules polliniques transformés, lesquels ovules étaient pourvus de leurs funicules. On sait, en effet, que Seringe a trouvé des fleurs de *Cucurbita* dont les anthères portaient accidentellement des ovules. Reste à savoir si c'est le pollen qui s'est véritablement transformé en ovule. Quoique la question soit difficile à résoudre, cependant, si l'on observe que l'on a rencontré en dehors des loges carpelliennes, dans la cavité ou *fausse loge* située à la base du style, de véritables graines (*Brassica cheiranthos, Trianthema monogyna*), on ne pourra guère faire autrement que d'admettre que l'évolution d'un ovule provient, soit d'un grain de pollen, soit tout au moins d'une portion de son contenu, c'est-à-dire de la fovilla et de ses granules qui seraient arrivés là sous forme de boyau pollinique, et par conséquent que le pollen seul peut donner naissance à un ovule.

(1) *Note transform. verticil. flor. du Navet ordinaire, Compt. rend. Acad. sc.*, t. XXIII, p. 387, et *Monogr. du Tabac*, Paris, 1857, p. 127.

(2) En faisant quelques études sur le pollen, nous croyons avoir reconnu la présence d'un très-petit candicule à la base des granules polliniques de l'*Artemisia Absinthium*.

Dans tous les cas, la présence d'un ovule dans une anthère étant un fait *positif* plus puissant, en matière de théorie, qu'un fait *négatif*, il pourrait être raisonnable de regarder le pollen comme le résultat d'une gemmation, par conséquent comme une sorte de bourgeon qui, dans quelques cas se transformerait en axe ; car l'ovule étant très-certainement, comme nous le verrons, un axe muni de ses organes appendiculaires, on peut finalement dire que l'organe appendiculaire (étamine) a été capable de produire des bourgeons, et comme on n'admet pas en botanique que les bourgeons (axes) puissent émerger d'autres parties que des axes, on voit qu'on est fatalement amené à admettre que l'étamine serait un assemblage d'organes axiles, puisque l'on est forcé de reconnaître sa gemmiparité. Donc elle aurait pour origine un phytogène au moins.

Si nous sommes parvenu à nous faire bien comprendre et si nous ne nous abusons, nous croyons avoir établi d'une manière certaine l'existence des phytogènes ou centres vitaux, et d'une manière probable sa présence originelle dans la formation de tous les organes végétaux.

CHAPITRE IV

CONSIDÉRATIONS SUR LE NOMBRE ORIGINEL DES ÉLÉMENTS
PHYTOGÉNIQUES D'UN BOURGEON.

Nous avons vu, dans l'article qui précède, comment mécaniquement nous avions été conduit à admettre le principe des mouvements d'égales dimensions et comment, en vertu de ce principe,
on est obligé d'admettre que le centre d'ébranlement sphérique
communique un mouvement à 12 autres centres sphériques d'é-
gales dimensions disposés autour d'un 13e; il nous reste à étudier, sur la nature, les phénomènes qui peuvent appuyer cette
donnée de la mécanique rationnelle.

Cette étude peut être faite au point de vue anatomique, phytomorphique et organique. Nous en allons fournir ici quelques
exemples :

ARTICLE PREMIER. — *Observations anatomiques.*

Au point de vue anatomique, voici ce que l'observation fait
connaître :

1° Dans un embryon végétal, la tigelle comme toutes les autres
parties est entièrement formée de tissu cellulaire ; mais bientôt,
dans un temps plus ou moins éloigné, quelques cellules s'allongent en fibres ou s'organisent en vaisseaux qui se multiplient et se
groupent en faisceaux disposés en cercle au nombre de 6 (1). Un
peu plus tard, ces faisceaux augmentent en nombre suivant un

(1) Voyez la figure 86 donnée par Ad. de Jussieu dans son *Cours élémentaire de botanique*, p. 46.

multiple de 5 ou 6; mais pour certaines plantes herbacées le nombre des faisceaux s'arrête en général au nombre 6. Or, chacun de ces faisceaux fibro-vasculaires, qui est pour nous l'expression de tout développement d'un phytogène, nous fournit la preuve que dans le principe le phytogène simple s'est composé et a donné autant de faisceaux qu'il s'est formé circulairement de phytogènes.

C'est ce que l'on peut très-bien observer sur le *Clematis flammula*, l'*Acer pseudo-Platanus*, etc. Quelquefois ce nombre 6 des éléments d'un bourgeon se trouve traduit extérieurement par 6 angles longitudinaux que la tige porte comme on le voit dans la boule de neige (*Viburnum Opulus*), le sycomore (*Acer pseudo-Platanus*), etc.; d'autres fois, ce nombre 6 est indiqué par un canal médullaire hexagone (*Staphylea pinnata*, *Viburnum Opulus*, etc.); enfin quelquefois, comme dans le *Cornus mas*, la tige est exactement quadrangulaire, et dans ce cas le nombre 6 est dissimulé; mais si l'on fait une section transversale à la tige, aux points où se trouvent les coussinets des deux feuilles opposées, on reconnaît non-seulement que le canal médullaire présente 6 angles bien accusés, mais encore 6 faisceaux fibro-vasculaires extérieurs correspondants aux 6 angles du canal médullaire.

C'est que dans ce cas, les 2 faisceaux latéraux de chaque feuille s'écartent et vont de chaque côté se fondre, ainsi que les correspondants de la feuille opposée, avec les faisceaux moyens de chaque feuille inférieure, si bien que la tige est non-seulement quadrangulaire, mais encore que chaque feuille a sa partie moyenne correspondant à un des angles. Dans les Labiées, les fibres sont différemment distribuées, quoique la tige soit carrée; mais les feuilles sont placées sur les faces et non sur les angles. Or, on rencontre sur tous les mérithalles 8 faisceaux apparents au lieu de 6; c'est que les faisceaux latéraux verticalement placés dans la tige viennent se fondre avec les faisceaux latéraux des feuilles inférieures, ce qui fait 4 gros faisceaux angulaires alternant avec 4 plus petits faisceaux simples provenant des faisceaux moyens des 4 feuilles en croix (*Lamium album*, *purpureum*, etc.).

2° Un très-grand nombre de feuilles opposées sont d'une manière bien évidente le résultat de l'évolution des 6 phytogènes circulaires assemblés 3 par 3. En effet, si nous examinons les coussinets de certaines feuilles opposées (*Cornus mas*), nous les trouvons formés par 3 petites gibbosités longitudinales indiquant les 3 faisceaux fibro-vasculaires qui entrent dans la composition de la feuille et représentent, par conséquent, les 6 éléments que nous venons d'indiquer. Quelquefois ces gibbosités s'allongent et constituent de véritables nervures longitudinales sur le pétiole, et c'est ce que l'on peut aisément reconnaître sur les feuilles du *Clematis flammula*, du *Sambucus nigra*, etc., et comme chaque pétiole en porte 3 et que les feuilles sont opposées, nous retrouvons encore ici les traces de nos 6 phytogènes circulaires. D'autres fois, le pétiole ne semble pas porter les traces de l'existence des 3 phytogènes ou des 3 faisceaux fibro-vasculaires, mais si l'on examine la feuille on y trouve 3 nervures principales quasi-parallèles indiquant l'existence des 3 éléments de la feuille, ainsi qu'on peut le voir dans le *Saponaria officinalis*, et dans les *Laurus*, où ces nervures sont caractéristiques, surtout dans les *Laurus cinnamomum*, *Cassia*, *Camphora*, *Culilaban Malabathrum*, etc.

Nous avons déjà parlé (p. 69) de la feuille inférieure des Cucurbitacées, et nous avons dit qu'elles étaient formées par 3 faisceaux fibro-vasculaires qui venaient s'épanouir dans le limbe; mais on peut retrouver la même disposition dans les feuilles opposées du Chèvrefeuille, du Cornouiller, du Sycomore, de la Boule de neige, etc. Dans le Chèvrefeuille, les 3 faisceaux fibro-vasculaires sont très-visibles à la loupe sur la coupe transversale de l'extrême base de la jeune feuille; dans le Cornouiller nous avons vu que ces 3 faisceaux fibro-vasculaires étaient accusés par 3 petites gibbosités longitudinales du coussinet de la feuille, et dans la section transversale de la tige à la hauteur des coussinets, nous avons indiqué 6 faisceaux fibro-vasculaires dont 3 se rendent dans chacune des feuilles opposées. Mais dans l'Érable sycomore, dans la Boule de neige, etc., la simple inspection de la cicatrice de la feuille sur le coussinet suffit pour faire reconnaître l'existence des 3 faisceaux fibro-vasculaires se rendant dans la feuille; car on y voit nettement, et même sans le secours de la loupe, 3 ponctuations plus brunes répondant aux trois faisceaux précités, et comme les feuilles sont opposées, nous trouvons la preuve de l'existence originelle de 6 phytogènes circulaires.

Dans un excellent travail *sur la moelle de plantes ligneuses* (1),
M. Ach. Guillard, qui, à coup sûr, n'avait aucune connaissance
de notre théorie phytogénique, a eu non-seulement des idées à
peu près analogues aux nôtres, mais aussi a fait des observations
qui concordent parfaitement avec celles que nous venons d'exposer. En effet, 1° quand il parle des *cohortes foliales*, assemblages
de faisceaux fibro-vasculaires, il dit que « ce nom indique expres-
sément, sans rien exclure, leur relation essentielle, et, en outre,
rappelle vivement à l'esprit leur organisation formée principalement d'un grand nombre d'êtres similaires, coordonnés, enrégi-
mentés en quelque sorte et conspirant pour une action commune. » Comme on le voit, M. Guillard a étendu jusqu'aux feuilles l'idée générale que Dupont de Nemours s'était faite du végétal
quand il a écrit : « On est forcé de convenir qu'une plante est
une confédération d'êtres tous parents, tous intimement unis,
s'entr'aidant les uns les autres, travaillant tous au bien de la
société. » 2° D'un autre côté, M. Ach. Guillard, pour faire connaître les cohortes foliales, a choisi pour exemples les cas *où l'on
en voit 3 sortir du rameau pour former chaque feuille* : « C'est,
en effet, dit-il, l'organisation la plus commune. Voyez, à l'école
de Botanique du Muséum de Paris, les classes 17, 18, 31, 32
(excl. Forestiérées), 35, 36, 37 (excl. Vochysiées), 64, 65 (excl.
Moringées), 66, etc. » (Ad. Brongniart. Enum.). « Cette organisation, ajoute-t-il, affecte par préférence les familles chez lesquelles
l'alternance des feuilles est caractéristique, notamment dans deux
vastes groupes qui nous paraissent naturellement indiqués parmi
les dicotylés, et dont l'un comprendrait les familles à placenta
pariétaux (*ablamellaires*), l'autre, les Polypétales hypogynes à
ovaires cloisonnés (*collamellaires*). » Un peu plus loin, il dit encore : « Lorsque les feuilles sont opposées, celles qui viennent de
3 cohortes font le corps interne hexaèdre (Acérinées, Viburnées,
Cornées, Philadelphées). Si elles n'ont qu'une cohorte, il en ré-
. sulte une figure quadrangulaire qui varie selon la forme et l'am-
pleur de la cohorte. »

Comme on le voit, cet observateur a vu exactement de la même
manière que nous, mais il est probable qu'il n'a pas suffisam-

(1) *Ann. sc. nat.*, t. VIII, 1847.

ment analysé la direction des cohortes dans les feuilles opposées, au moins voyons-nous, par les exemples que nous venons de citer, en choisissant particulièrement les Labiées, qu'il est possible de reconnaître pour chaque feuille 3 faisceaux dont les latéraux se dirigeaient obliquement et allaient se fondre avec les 2 faisceaux latéraux voisins des feuilles inférieures. Ces exemples viennent donc à l'appui de la théorie que nous cherchons à développer.

Dans bien des circonstances les traces de ces 3 phytogènes originels disparaissent par l'augmentation des faisceaux que l'on peut observer sur la cicatrice de la feuille que porte le coussinet. Ainsi nous avons reconnu dans le *Sambucus nigra* l'indice de 3 phytogènes dans les 3 nervures du pétiole ; mais si nous examinons la cicatrice laissée par la feuille après sa chute, nous trouvons 5 ponctuations brunes au lieu de 3; mais il faut dire que dans cette espèce la feuille est composée, et que ce n'est qu'ultérieurement que les deux phytogènes additionnels se sont formés. On en peut dire autant des 5 ou 7 ponctuations que l'on observe sur la cicatrice laissée sur le coussinet par la feuille composée du *Staphylea pinnata*. Ces ponctuations nous ont paru, en général, indiquer le nombre des folioles composant la feuille (1). Nous pourrions augmenter considérablement le nombre de ces exemples, mais nous croyons que ce serait complétement inutile, et que les exemples que nous venons de citer seront une preuve suffisante que le nombre 6, envisagé au point de vue de nos idées, est une vérité botanique incontestable et plus générale qu'on n'aurait pu le croire.

3° L'anatomie nous donne encore, sous un autre point de vue, la preuve que les cellules doivent se grouper comme nous l'indiquons, suivant le nombre 6 circulairement ou 12 sphériquement. En effet, si l'on examine la manière dont les cellules sont placées les unes par rapport aux autres, on arrive à reconnaître que le plus souvent, dans le tissu cellulaire d'un bourgeon naissant, les cellules sont disposées en séries placées les unes à côté des autres, mais de façon que ces cellules alternent toutes entre elles, *fig.* 5, A, ce qui est une conséquence de la loi d'alternance : d'où il

(1) Voyez aussi Gaudichaud, *Recherches générales sur l'organographie, la physiologie et l'organogénie des végétaux*, pl. III, *fig.* 3 et 6 ; pl. V, *fig.* 4, a et b; pl. XI, *fig.* 7, K, L, M, R, S, T, et f f', D, p. 14.

suit qu'il est impossible de concevoir un groupement régulier sans aussitôt admettre que le groupement le plus simple serait circulairement de 6 cellules en entourant une 7ᵉ, ou sphériquement de 12 cellules en entourant une 13ᵉ; ce qui, d'ailleurs, rend parfaitement compte de la forme hexagonale que présentent dans leur coupe transversale ou verticale les cellules qui ont subi, par l'âge, une pression suffisante. Si maintenant on admet que la loi d'alternance qui préside à l'arrangement de là plupart des parties végétales et qui évidemment a déterminé l'alternance des cellules dont nous venons de parler, préside également, comme tout doit le faire supposer, à l'arrangement des phytogènes formés, on doit logiquement admettre que le nombre 6 des phytogènes circulaires ou le nombre 12 des phytogènes périphériques doivent se retrouver dans la constitution d'un protophytogène, sans cela la loi d'alternance ainsi que la régularité des phénomènes originels seraient en défaut, quand tout, au contraire, tend à prouver que ce n'est que par les progrès de l'évolution de l'individu que des modifications souvent profondes viennent à se montrer.

ARTICLE II. — *Observations phytomorphiques.*

Un autre ordre de phénomènes facilement observable peut concourir à l'admission du nombre 6 comme constituant celui des phytogènes circulaires qui entourent le phytogène central et aussi appuyer le principe des mouvements d'égales dimensions. Nous allons en citer quelques exemples entre mille autres.

I. Si nous examinons l'inflorescence du *Lonicera Caprifolium*, nous trouvons à l'aisselle d'une feuille perfoliée un premier verticille de 6 fleurs; un peu plus haut un second verticille de 6 autres fleurs alternant avec les premières ; puis un troisième verticille de 6 autres fleurs. Ordinairement, c'est à ce troisième verticille que s'arrête l'inflorescence ; mais souvent il y en a un 4ᵉ.

II. L'inflorescence du *Staphylea pinnata* nous offre aussi une disposition sensiblement analogue, c'est-à-dire qu'elle se compose d'une assez longue grappe de fleurs dont les inflorescences partielles sont opposées, et le plus souvent de 3 fleurs, de sorte que si l'on vient, par la pensée, à supprimer les axes secondaires et tertiaires, il ne reste plus que 6 fleurs verticillées comme celles du Chèvrefeuille, mais ici les verticilles se répétant 4, 5 et 6 fois; mais précisément à cause de cette répétition plus grande et à cause des déplacements des axes secondaires, il arrive que les verticilles sont incomplets, et que de cette façon le nombre 6 peut paraître en défaut.

III. L'inflorescence des Pommiers peut encore nous fournir des exemples fréquents de 6 centres vitaux en entourant un 7ᵉ; mais pour cela, il faut examiner l'inflorescence dans le bourgeon-inflorescence. Alors, très-souvent on voit 6 bourgeons-fleurs groupés autour d'un bourgeon-fleur central. Le plus souvent, il n'y a que 5 bourgeons-fleurs autour d'un 6ᵉ; mais si l'on cherche un peu, on ne tarde pas à trouver à l'aisselle d'une feuille un bourgeon-fleur complémentaire des 6, avorté ou transformé en bourgeon-infrondescence.

IV. Les inflorescences de certains Rosiers présentent des exemples analogues, d'abord un bourgeon-fleur central qui fleurit le premier; puis deux axes secondaires non opposés portant chacun 3 boutons-fleur; de sorte que, dans la pensée, on peut supprimer les axes secondaires et tertiaires, et arriver à avoir l'*équivalent* d'un verticille de 6 fleurs entourant une 7ᵉ fleur centrale. Des résultats semblables peuvent être offerts par les inflorescences de certains Fraisiers.

Nous pourrions aisément multiplier ces exemples en analysant une foule d'autres inflorescences, mais il vaut mieux en chercher d'autres tirés d'ordre de faits différents.

V. Si nous examinons certaines têtes d'ail (*Allium scorodoprasum*), on peut remarquer que les bourgeons ou cayeux sont généralement disposés autour de la base de la hampe; que très-souvent ils sont au nombre de 6 parfaitement distincts, et d'ordinaire d'un développement sensiblement égal; qu'ils ne paraissent point être circulairement séparés par les vestiges scarieux de la base des feuilles, et sont au contraire tous ensemble assez également enveloppés par les parties vaginales desséchées des feuilles. Mais la hampe, qui est au centre de ces 6 cayeux est le résultat de l'évolution du phytogène central, qui d'ordinaire donne lieu à un très-long méritballe ou hampe au haut de laquelle vient se développer une sphérochorise dont nous avons donné le mode de formation (p. 12), résultant d'une multiplication excessive du phytogène central, et cette sphérochorise ne donne souvent que des phytogènes se transformant immédiatement en bulbilles, mais parfois aussi quelques-uns d'entre eux se développent en fleurs. Ajoutons que la multiplication ultérieure des phytogènes vient augmenter ce nombre 6, comme l'avortement le fait diminuer.

VI. Mais ce sont surtout les recherches que nous avons faites sur le nombre type des parties de la fleur des Dicotylédones (1), qui ont dû nous conduire à admettre le nombre 6 dans la division circulaire du phytogène pour passer à l'état de protophytogène.

En effet, persuadé que les nombres des parties constituant les divers verticilles d'une fleur de Dicotylédone doivent avoir entre eux une certaine relation, et que cette relation doit même se retrouver entre ces nombres et ceux qui constituent les verticilles floraux des Monocotylédones, nous avons consacré plusieurs années à rechercher si réellement le nombre 5 est bien le type de la fleur des Dicotylédones, ainsi qu'on l'a établi depuis longtemps. Or, pourvu que cette relation soit reconnue multiple ou sous-multiple, on peut concevoir, à l'aide des théories, des défauts d'exastosie (*soudures* des auteurs), des avortements et des multiplications ou chorises, que le nombre type puisse se simplifier ou se doubler, tripler dans un rapport souvent constant, mais souvent aussi ce rapport peut être dissimulé par des irrégularités dans les avortements, chorises ou défauts d'exastosie.

Voici le raisonnement qui a servi de point de départ à nos recherches. Dans le genre *Crassula*, la fleur est formée de 5 sépales, 5 pétales, 5 étamines et 5 carpelles. Dans le genre *Semper_vivum*, nous trouvons un calice à 6-12 divisions, une corolle de 6 à 18 pétales, des étamines en nombre double, un gynécée de 6 à 18 carpelles. Au contraire, le genre *Tillœa* ne présente plus que 3 parties à chaque verticille floral. Mais 3, qui ne peut être le sous-multiple de 5, l'est au contraire de 6, 12 ou 18 : il y a donc déjà une raison pour nous de choisir, parmi ces derniers nombres, le type de la famille. A côté de cela, dans la même famille,

(1) *Compt. rend. Acad. sc.*, juillet 1855; *Bull. soc. bot. France*, juin 1855.

6

nous trouvons les genres *Bulliarda*, *Kalanchoe*, *Rhodiola*, qu'
n'ont plus que le nombre 4 à chaque verticille floral, ce qui rend
difficile le choix à faire pour le nombre type de cette famille. Cependant, si l'on observe que sur 6 phytogènes il est extrêmement
probable que l'un d'eux pourra avorter, on sera conduit à rechercher si l'on ne trouverait pas des fleurs dont le nombre normal
serait de 5 parties à chaque verticille, et qui offriraient par hasard 6 parties au lieu de 5. Or, si l'on cherche convenablement
parmi les fleurs de *Crassula*, de *Sedum*, de *Cotyledon*, on ne
tarde pas beaucoup à trouver des fleurs à 6 parties, nombre qui
a l'avantage d'être en rapport avec les nombres 3, 12 et 18, et
comme le nombre 6 est celui qui se rapproche le plus du nombre
normal 5, qui est plus fréquent dans la famille, c'est le nombre
6 qui devient pour nous le nombre *type*. Il est donc important de
bien distinguer ces deux dénominations, puisque le nombre type
n'est pas toujours le plus fréquent.

Pendant un certain nombre d'années, nous nous sommes attaché à examiner avec soin les fleurs des Dicotylédones, particulièrement celles qui ont 5 parties à chaque verticille, et il est très-
rare que nous n'en ayons pas toujours trouvé quelques-unes composées de 6 parties. Nous avons dressé le tableau de 156 genres
chez lesquels on trouve le nombre 6, son multiple ou son sous-
multiple; la plus grande partie de ces 156 genres ayant pour caractères reconnus ce nombre 6 appliqué à l'un au moins de leurs
verticilles floraux. Il y a des genres entiers (*Prinos*, *Canarina*, etc.) qui se distinguent par la constance du nombre 6 à
chacun de leurs verticilles floraux. Enfin, le nombre 6 se retrouve parmi les caractères généraux de certaines familles, telles
que les Polygonées et Magnoliacées (calice), Anonacées (corolle),
Ébénacées (calice et corolle), Styracinées (Étamines), Malpighiacées (stigmates), Berbéridées et Lythrariées (calice, corolle et
étamines), etc.

Dans un autre genre de recherches, sur 1000 genres que nous
avons observés, 119 ont le nombre 6 ou son multiple à l'un au
moins de leurs verticilles floraux, et cela d'une manière assez
constante pour avoir une certaine valeur caractéristique; 188 autres genres présentent constamment le nombre 3, sous-multiple
de 6, à un ou plusieurs verticilles de leurs fleurs; ce qui fait 307 gen-

res présentant le nombre 6 ou l'un de ses multiples ou sous-multiples. Il ne reste donc plus que 693 genres paraissant avoir le nombre 5, qui est réellement normal. Mais sur ces derniers, nous en avons trouvé 46 ayant le nombre 4 (1), aussi fréquent que le nombre 5, et 69 présentant très-souvent le nombre 6, ce qui fait 115 genres chez lesquels il semble que le nombre 5 ne soit pas plus absolument le nombre normal des parties de la fleur que les nombres 4 ou 6, de sorte qu'en les retranchant encore du chiffre 693, il ne reste plus que 578 genres réellement caractérisés par le nombre 5, et encore ce nombre n'est-il pas constant dans les étamines, et surtout les carpelles. Or, même dans beaucoup de fleurs de ces 578 genres, nous avons parfois observé des verticilles de 6 parties. Enfin, si l'on observe qu'il existe un grand nombre de genres de Dicotylédones qui n'ont que 1 ou 2 parties à leurs verticilles floraux, on reconnaîtra que c'est tout au plus si l'on peut compter la moitié des Dicotylédones ayant absolument le nombre normal 5 à leurs verticilles floraux, et l'on arrive ainsi naturellement à douter, en présence des avortements et des défauts d'exastosie reconnus si nombreux, que le nombre 5 soit bien réellement le nombre type des Dicotylédones. C'est pourquoi nous sommes persuadé, d'après l'ensemble de ces études, que si le nombre 5 est le nombre *normal* des Dicotylédones, le nombre 6 en est le nombre *type*, car il n'est pas nécessaire que le type soit plus fréquent que le normal pour être reconnu tel, et la botanique nous en offre de fréquents exemples. D'ailleurs, le nombre 6, regardé comme type des Dicotylédones dans la théorie phytogénique, présente des avantages sérieux; ainsi :

1° Il est en rapport de nombre avec celui des Monocotylédones;

2° Il a pour sous-multiple le nombre 3, qui est très-fréquent dans les Dicotylédones, et qui n'a aucun rapport avec le nombre 5;

(1) Il n'est même pas absolument rare de rencontrer le nombre 6 dans les fleurs qui sont normales avec le nombre 4 (*Fuchsia, Galium, Asperula, Ptelea, Syringa*, etc.). On peut bien alors admettre qu'il s'est formé des dédoublements, mais dans notre théorie, c'est tout simplement un retour au nombre type.

3° Il satisfait mieux à la loi d'alternance quand ce nombre 3 se présente, dans le gynécée, par exemple ;

4° Il a un rapport plus ou moins direct avec les nombres 2 et 4 ;

5° Il a en sa faveur cette raison géométrique que nous avons déjà indiquée, et qui veut que 6 sphères, cercles ou cellules de mêmes grandeurs en environnent, circulairement et en se touchant, un 7ᵉ qu'elles touchent toutes également, et voilà aussi pourquoi la plupart des cellules végétales ont une forme dodécaédrique et une section hexaédrique (1);

VII. Mais pour que les conséquences de ces recherches eussent une certaine valeur, il fallait chercher à établir un rapport entre les divers cycles hélicoïdaux et les parties florales, puisqu'il est reconnu que la fleur n'est constituée que par des feuilles modifiées. En effet, la théorie des métamorphoses veut qu'il y ait une relation simple entre le nombre des parties de la fleur et le nombre des feuilles constituant un verticille, une rosette ou un cycle hélicoïdal ; ainsi, par exemple :

a. Dans le *Circea lutetiana*, les 2 sépales, les 2 pétales, les 2 étamines et les 2 carpelles rappellent évidemment les feuilles opposées de la tige.

b. Les *Rubia, Valentia, Crucianella*, offrent un rapport évident entre leurs 4 parties constituant les verticilles caulinaires et leurs 4 parties qui composent les verticilles floraux.

c. Il y a un rapport non moins évident dans un grand nombre d'autres plantes (Lilas, Seringat, *Cornus, Fuchsia, Epilobium*, etc.), mais ici le rapport va du simple dans les feuilles, au double, au multiple dans les verticilles floraux.

d. Dans les *Dioscorea*, les feuilles sont opposées et les verticilles floraux sont de 3 parties ; il n'y aurait donc aucun rapport entre le nombre des feuilles et celui des parties florales. Mais l'observation fait voir que souvent on trouve 3 feuilles verticillées au lieu de 2, et dès lors la théorie est vérifiée.

(1) *Recherches sur le nombre type des parties de la fleur chez les dicotylédones; Bull. soc. bot. France*, t. II, p. 466; *Compt. rend. Acad. sc.*, juillet 1855.

e. Chez les *Lythrum*, le nombre des parties florales est de 6, et les feuilles sont opposées. L'esprit fait un effort ou prend une voie détournée pour trouver un rapport entre les 2 nombres. Mais si au lieu de 2 feuilles opposées on en trouvait 3, le rapport serait très-direct, quoique allant du simple dans les feuilles, au double dans les fleurs. Or, le *Lythrum Salicaria* offre assez souvent des feuilles verticillés par 3.

Partant de l'idée que nous venons d'émettre au paragraphe précédent (VI), à savoir que le nombre 6 était le type des parties florales des Dicotylédones, il fallait voir si le nombre 3 était assez fréquent dans les feuilles opposées *normales* pour qu'il put être regardé comme *type;* car bien que 2 ait un certain rapport avec 6, tandis qu'il n'en a aucun avec le nombre 5, il est clair que le nombre 3 a un rapport plus simple et plus direct avec 6.

Or, l'observation nous a fait connaître que le nombre 3 était extrêmement fréquent et qu'il pouvait être regardé comme le type des feuilles opposées ou verticillées, nombre qui se trouve double dans un certain nombre de plantes (*Allamanda verticillata; Leptandra virginica* et *siberica; Lysimachia punctata* et *verticillata; Spergula arvensis* et *Spentandra; Banksia verticillata,* etc., etc.).

En effet, en parcourant l'école botanique du Muséum, nous avons trouvé parmi les espèces à feuilles opposées le nombre 3 si fréquent qu'il n'y a aucune exagération à dire qu'il n'est peut-être pas d'espèces à feuilles *toujours absolument* opposées, de même qu'il n'y a peut-être pas de feuilles *toujours absolument* verticillées par 3. Les espèces que l'on a l'habitude de considérer comme étant à feuilles essentiellement opposées, comme les Labiées et les Caryophyllées, ne sont même pas exemptes de cette disposition; car, parmi les Labiées, dans le *Teucrium pyrenaïcum* et le *Salvia splendens*, nous avons retrouvé le verticillisme par 3, et parmi les caryophyllées, les *Spergula* précités nous ont fourni des exemples de ce nombre porté au double. Chez quelques espèces (*Helianthus tuberosus, Lysimachia vulgaris, Sedum latifolium, Sieboldtii*, etc.), cette mutabilité de nombre est telle, que l'on ne saurait dire exactement quel est, de 2 ou de 3, celui qui domine. Nous avons dressé une liste de 65 genres et de 97 espèces où nous avons trouvé cette mutabilité, qui vient à l'appui de l'idée que le nombre 3 peut être regardé comme le type des verticilles caulinaires des Dicotylédones (1).

Les feuilles opposées, quoique plus fréquentes que les feuilles verticillées par 3, seraient en quelque sorte analogues aux *Linaria*, *Antirrhinum*, *Digitalis*, etc., qui, en se *pélorisant*, prennent un élément de plus à l'androcée, comme, dans certains cas, les feuilles opposées admettent un élément de plus pour constituer un verticille par 3. C'est donc, selon nous, par avortement ou plutôt par une *prédisposition organique* spéciale que se fait la disparition d'une partie du verticille, et cette prédisposition serait plus constante chez quelques espèces que chez d'autres. Ainsi s'expliquent facilement : A, la rencontre fortuite de tiges trifoliées parmi les tiges à feuilles opposées, et des tiges à feuilles opposées parmi les tiges à feuilles ternées (*Nerium*, *Lippia Catalpa*, etc.), B, et la manière dont les feuilles peuvent, en se modifiant, arriver à former les verticilles floraux.

VIII. Après avoir démontré comment il faut considérer les feuilles opposées, si l'on veut établir une relation de nombre entre les éléments caulinaires et les éléments floraux, il convient aussi d'examiner avec soin les faits relatifs aux cycles hélicoïdaux et aux rosettes pour voir si leur composition ne présenterait pas un rapport numérique avec celle des verticilles floraux.

A. Il n'est pas difficile de démontrer que dans les *Ficus*, les *Colutea*, et surtout le *Lunaria annua*, ainsi que dans beaucoup d'autres espèces essentiellement à feuilles alternes hélicoïdées, les feuilles se présentent assez souvent avec les caractères de la décussation, c'est-à-dire qu'elles sont alors véritablement opposées et en croix ; d'où il suit que la forme quinconciale normale disparaît complétement pour prendre une disposition doublement hélicoïdale dont la forme devient 1/4, comme c'est le cas de toutes les plantes à feuilles opposées décussées (2).

B. D'un autre côté, en faisant l'opération inverse, on trouve aisément que, dans les *Syringa vulgaris*, *Phlox*, *Ligustrum*, *Ve-*

____

(1) *Recherches sur le nombre des parties composant les divers cycles hélicoïdaux*, etc. (feuilles opposées) ; *Compt. rend. Acad. sc.*, septembre 1855 ; *Bull. soc. bot. France*, t. II, p. 568.

(2) L'élève qui ne comprendrait pas les termes que nous sommes forcés d'employer ici, trouvera leur acception plus loin (*Loi d'alternance*).

ronica, etc., l'opposition décussée passe à la disposition quinconciale, à ce point que souvent l'opposition ne laisse plus aucune trace de son existence. Mais pour peu que l'on étudie une série bien choisie de ces divers passages de l'opposition à la disposition quinconciale, on se trouve bientôt conduit à l'idée que chaque cycle quinconcial peut raisonnablement être regardé comme *formé de 2 verticilles déplacés*, l'un de 2 feuilles, l'autre de 3, et cette idée est confirmée par ce fait que bien souvent les tiges de l'*Helianthus tuberosus*, qui sont à feuilles opposées et qui passent à l'alternance, donnent la disposition quinconciale; tandis que les tiges de la même plante, qui sont à feuilles verticillées par 3, donnent plutôt la disposition représentée par la forme 3/8 et même quelquefois la forme insolite 3/9 : par conséquent, c'est comme si nous avions, dans le premier cas, un verticille de 2 feuilles et un de 3; dans le second, un verticille de 2 feuilles et deux de 3, et d'après la forme 3/9, trois verticilles de 3 feuilles.

On peut donc, d'après ces idées, établir la série suivante :

2/5	$=2+3$	c'est-à-dire 1 verticille	de 2 feuilles et	1 vert. de 3
3/8	$=2+3\times2$	— 1 —	de 2 feuilles et	2 vert. de 3
5/13	$=2\times2+3\times3$	— 2 —	de 2 feuilles et	3 vert. de 3
8/21	$=2\times3+3\times5$	— 3 —	de 2 feuilles et	5 vert. de 3
13/34	$=2\times5+3\times8$	— 5 —	de 2 feuilles et	8 vert. de 3
21/55	$=2\times8+3\times13$	— 8 —	de 2 feuilles et	13 vert. de 3

et ainsi de suite pour les formes plus élevées. Par suite de cette manière d'envisager les cycles hélicoïdaux, on trouve que le nombre des verticilles par 3 est à celui des feuilles opposées dans un rapport plus grand que les trois cinquièmes, et un peu plus petit que les deux tiers. Donc, dans cet ordre d'idées, le verticillisme par 3, avec déplacement, et qui serait le nombre *type*, deviendrait *normal*, puisqu'il serait bien plus fréquent que le nombre 2, et par conséquent le rapport avec le nombre 6, *type* des parties de la fleur, serait beaucoup plus naturel.

En examinant les rosettes des plantes à feuilles alternes comme celles des Cerisiers, Pommiers, Poiriers, Coignassiers, Groseillers, Sorbiers, *Kerria japonica*, *Berberis*, *Cytisus Laburnum*, etc., on les trouve au moins aussi souvent formées par les nombres 3, 6, 9 et 12 que par tout autre nombre.

Enfin, il n'est pas rare de rencontrer la forme insolite 2/6 dans la disposition des feuilles sur la tige dans les *Rosa, Campanula, Heliotropium peruvianum, Rubus, Betula, Helianthus,* etc., etc., qui représentent évidemment 2 verticilles par 3 avec déplacement.

En résumé, dans les considérations que nous venons d'exposer, on peut reconnaître que l'esprit qui domine et qui conduit à soutenir que le nombre type 6, que nous avons admis pour les parties florales des Dicotylédones, se trouve non-seulement appuyé par l'étude que nous avons faite des fleurs, non-seulement encore justifié par nos recherches sur les feuilles opposées, mais aussi confirmé par les études que nous avons entreprises sur les feuilles alternes (1).

ARTICLE III. — *Observations organogéniques.*

Si nous abordons l'observation organogénique, c'est alors que la théorie des phytogènes prend un caractère de vérité que l'on ne saurait réellement méconnaître, et quoique nous ayons fait nous-même un assez grand nombre de recherches organogéniques, cependant nous préférons prendre nos exemples parmi les observations faites par Payer, comme étant le savant qui s'est le plus et le mieux occupé de ce genre de recherches. Nous choisirons quelques exemples et nous les placerons dans l'ordre où nous les trouverons dans son bel ouvrage (2).

Sparmannia africana. — Dans cette espèce on trouve 4 sépales opposés 2 à 2 : un interne, l'autre externe ; puis 4 pétales qui se sont développés simultanément ; ensuite 4 faisceaux d'étamines et *six carpelles* provenant de 6 phytogènes circulaires, ultimes, développés ensemble (pl. V, *fig.* 9, 10, 11, 13, 15).

Capparis spinosa. — Comme dans l'espèce précédente, la fleur de cette plante présente 4 sépales opposés 2 à 2 : les 2 sépales extérieur et postérieur apparaissent les premiers et un peu plus tard les 2 latéraux ; 4 pétales alternes avec les sépales ; étamines nombreuses, mais naissant d'une manière particulière sur des mamelons représentés par Payer, pl. XLI, *fig.* 32. On remarque un

---

(1) *Recherches sur le nombre type des parties constituant les divers cycles hélicoïdaux,* etc. (feuilles alternes); *Compt. rend. Acad. sc.,* janvier 1861.

(2) *Traité d'organog. comp. de la fleur.* Paris, 1857.

défaut d'accord entre le texte et les figures qui a besoin d'être indiqué ici. « Au moment, dit ce savant, où elles vont apparaître (les étamines), la partie du réceptacle qui doit les supporter se gonfle et forme une sorte de bourrelet circulaire, analogue à ces bourrelets dont on revêt la tête des enfants. Sur le sommet de ce bourrelet on voit bientôt poindre 4 étamines alternes avec les pétales ; puis un peu plus bas 4 autres superposées aux pétales ; puis encore plus bas, 8 autres alternes avec les 8 premières ; puis 16 et ainsi de suite ; en sorte que l'évolution des étamines se fait de haut en bas, comme dans les Cistes. » Or, on ne comprend pas pourquoi la *fig.* 32 porte 6 *mamelons staminaux* au lieu de 4 ou 8. D'un autre côté, la *fig.* 31, qui représente la section transversale d'un ovaire à *six loges* et *six placentaires* semble indiquer que le nombre 6, reproduit *fig.* 32, par les mamelons staminaux, n'est pas une erreur. Est-ce que, par hasard, Payer aurait eu sous les yeux une fleur *type* au point de vue de l'androcée et du gynécée ; c'est-à-dire à verticilles par 6, et qu'il aurait dessinée, tandis que la description dans le texte aurait été faite sur une fleur normale ?

Platystemon californicum. — Payer a écrit (p. 222, texte) : « Dans les *Platystemon*, chaque placenta se divise également en 2 moitiés, et chaque moitié, sur laquelle il ne se développe qu'une série d'ovules, s'avance vers la moitié contiguë du placenta voisin, et forme avec elle une sorte de compartiment ou de loge qui renferme les ovules. Or, la *fig.* 19, pl. XLVI, semble indiquer 6 *mamelons* carpellaires qu'un dédoublement aurait porté à 12, qui sont exactement figurés. Ce nombre 6 doublé a un rapport évident avec le sous-multiple 3 du verticille sépaloïde et avec le nombre 6 du verticille de pétales. A la vérité, Payer dit que les pétales n'apparaissent que 3 par 3 ; mais nous verrons plus loin que les parties d'un même verticille, c'est-à-dire les 6 phytogènes circulaires présentent des inégalités très-remarquables dans leur mode d'évolution, et dont nous avons déjà donné un aperçu en parlant de l'organogénie des sépales de la fleur des *Narcissus pseudo-Narcissus* et *poeticus* (1).

Papaver bracteatum. — La planche XLVII nous montre que le

____

1) *Essai de Phytomorphie*, t. I, p. 53, et pl. **XIII**, *fig.* 97 *bis.*

développement des 6 phytogènes ne se fait pas simultanément ; mais comme il y a *six parties constantes* à la corolle, et que la *fig.* 18 montre que la capsule a 12 *placentaires*, nous en concluons que le nombre 6 est évidemment le nombre normal des parties de la fleur, et que la corolle résulte du développement non simultané des 6 phytogènes circulaires, tandis que le péricarpe résulterait du dédoublement de chacun des 6 phytogènes circulaires du protophytogène carpellien.

Macleya cordata. — Le plus souvent, la plante porte 4 verticilles de *six étamines;* mais ce qu'il y a de remarquable dans cet exemple, c'est que sur les 6 phytogènes staminaux du premier verticille, les 2 étamines qui sont alternes avec les 2 sépales sont celles qui se développent les premières, et les 4 autres après, mais simultanément ; tandis que pour les autres verticilles, les *six* phytogènes staminaux circulaires se développent simultanément (pl. XLVIII, *fig.* 24 et 25).

Urtica membranacea. — Dans la planche LX, *fig.* 8, il est aisé de voir comment les *six phytogènes circulaires* entourant un phytogène central et se montrant sous forme de mamelons, arrivent à former les feuilles et leurs stipules, exactement comme nous avons admis autre part que se formaient les feuilles et les stipules des Rubiacées.

Rheum undulatum. — Pl. LXV, *fig.* 6 et 7, on voit *six* mamelons staminaux rapprochés 2 à 2, et *fig.* 7, 3 autres mamelons staminaux, intermédiaires aux 3 couples. On peut admettre, avec Payer, qu'il y a eu diplasie des 3 premières étamines qui proviennent de 3 des 6 phytogènes circulaires développés les premiers ; les trois autres se seraient développés ultérieurement et formeraient en tous les 9 étamines. Le *Rumex pulcher*, *fig.* 23, donne lieu à des observations analogues, si ce n'est que l'androcée se trouve réduit aux 6 étamines premières, les 3 autres ne s'étant pas développées. On peut dire, si l'on veut, ou qu'il y a dédoublement de 3 étamines comme dans le *Rheum* précité, et que 3 ont avorté ; ou bien que ces 6 étamines représentent les 6 phytogènes circulaires de tout protophytogène, lesquels phytogènes se seraient développés simultanément.

Ecbalium elaterium. — Une foule d'exemples semblent indiquer que l'un des 6 phytogènes circulaires peut faire défaut, soit par avortement, soit par défaut d'exastosie ou par la fusion en un seul de 2 phytogènes primitifs. Entre un grand nombre d'exemples, nous choisirons le suivant, qui a été parfaitement figuré par Payer. Il est pris sur le verticille staminal de l'*Ecbalium elaterium*, pl. LXXXI, *fig.* 22 et 24. Dans la position respective des mamelons staminaux avec les mamelons carpellaires, on voit admirablement que 2 paires des mamelons staminaux sont placées de telle façon que chaque demi-mamelon carpellaire correspond à un mamelon staminal; en sorte que la séparation moyenne ou le milieu de chaque couple de mamelons staminaux coïncide avec la ligne de séparation des mamelons carpellaires. Au contraire, l'autre mamelon staminal, solitaire, se trouve justement posé en face de la 3e séparation de 2 mamelons carpellaires contigus, et il est aisé de voir que pour l'ordre symétrique il aurait fallu, au lieu d'une seule étamine, qu'il y en eût 2, placées respectivement sur les moitiés de carpelles, comme les autres couples. Ainsi, le nombre des étamines se trouve réduit à 5, quand le nombre 3 des carpelles, la symétrie et la loi d'alternance exigeaient 6 parties à l'androcée. Mais on peut encore remarquer ici cette modification de l'exastosie qui rapproche par couple 4 des étamines, chaque couple se trouvant ainsi alterner avec chaque carpelle; et voilà pourquoi la séparation moyenne de chaque couple d'étamine se trouve vis-à-vis de la séparation de 2 carpelles contigus.

Anemiopsis californica. — Ici l'androcée accuse 6 phytogènes circulaires qui se développent en *six* mamelons distincts, mais dont l'évolution n'a pas lieu en même temps. En effet, on observe d'abord le développement de 4 étamines; puis, un peu plus tard, on voit se dessiner 2 mamelons latéraux par rapport à l'écaille ou bractée-mère (pl. XC, *fig.* 21, 28 et 29). La *fig.* 29 représente exactement la composition horizontale de notre protophytogène (1).

Saururus cernuus (pl. XC, *fig.* 15, 16, 17, 18, 20, 21). — Les phytogènes circulaires de l'androcée des fleurs de cette espèce présentent dans leur évolution une marche très-remarquable. En effet, ce développement n'a pas lieu comme pour pour chaque

(1) *Essai de Phytomorphie,* t. I, pl. VI, *fig.* 20.

élément du sépale et de la couronne des *Narcissus*, dont nous avons parlé p. 89 ; car en partant du phytogène le plus externe qui se développe le premier, et marchant vers le phytogène le plus interne qui se développe le dernier (1), on les voit successivement se développer de chaque côté. Ici, au contraire, il existe une sorte de saut brusque qui fait que celui qui aurait dû se développer le dernier ou être le 4ᵉ à se former, est celui qui se forme le 3ᵉ ou l'avant-dernier, de sorte que les derniers développés sont ceux qui auraient dû se produire en troisième lieu, c'est-à-dire que dans notre *fig.* 97 *bis*, c, d, c'est 4 qui devient 3, et, réciproquement, 3 qui devient 4.

Aristolochia clematitis. — Les *fig.* 12, 14, 16, 18, 21, 24, 25, 26, 27, pl. XCI, représentent l'évolution de l'androcée et du gynécée. Il suffit de jeter un coup d'œil sur ces diverses figures pour reconnaître que le développement des éléments verticillaires floraux de cette plante réalise complétement les idées que nous avons émises sur l'évolution de nos *six* phytogènes circulaires.

Lythrum Salicaria. — Si l'on jette les yeux sur les *fig.* 1, 2, 3, 4, 6, 8, 10 et 11 de la pl. XCI, on voit successivement se former les phytogènes qui entrent dans la composition de la fleur. Seulement, nous ne comprenons pas que Payer ait constamment reproduit le nombre 5 dans ses figures, puisque c'est le nombre 6 qui est normal dans ce genre, et c'est la très-rare exception quand on ne rencontre que le nombre 5. Quoi qu'il en soit, à part le nombre, cette succession confirme pleinement nos idées phytogéniques.

Punica granatum. — L'organogénie de la fleur de cette espèce, à part le nombre des étamines, est à peu près dans le même cas que la précédente, ainsi que l'on peut s'en assurer par les *fig.* 1, 3, 5, 6, pl. XCIX, où l'apparition des parties se fait successivement, mais à la manière des ovaires infères, dont nous parlerons plus loin, c'est-à-dire que l'ordre de l'apparition se fait de haut en bas (2). Nous ferons ici la même remarque que plus haut : c'est qu'au lieu de 5 parties au calice et à la corolle, il arrive aussi sou-

---

(1) *Essai de Phytomorphie*, t. II, pl. XIII, *fig.* 97 *bis*, p. 531.
(2) Voir le chap. VI, art. II, *Org. appendic. de l'appareil de la reproduction* (ovaires infères).

vent que les parties sont au nombre de 6, ainsi que le veut la composition d'un protophytogène-fleur.

Styrax officinalis. — Il suffit de jeter un coup d'œil aux *fig.* 1 et 2 de la pl. CLII pour reconnaître aussitôt la composition de notre protophytogène-fleur avec les modifications dues aux organes plus ou moins développés.

Enfin, d'une manière générale, il suffit de suivre le développement des organes, ainsi que l'a fait Payer pour la fleur, pour être assuré que chaque organe n'est, dans le principe, que le résultat du développement d'un ou de plusieurs phytogènes accolés, et si le nombre 5 que l'on observe dans les planches de l'important ouvrage de Payer est le plus fréquent, cela tient à des avortements ou à des fusions dont les phénomènes naturels nous offrent de nombreux exemples. Enfin, si dans la plupart des cas l'organogénie n'a pu nous indiquer soit l'avortement, soit la fusion de 2 parties en une seule, comme nous en avons déjà cité plusieurs exemples (voir *Phytomorphie*, t. II, le chapitre de l'*Aphanise*), cela tient à ce que nos moyens d'investigation sont relativement imparfaits, ou bien à ce qu'il ne nous est pas donné de remonter jusqu'à l'origine des phénomènes, *laquelle est déjà bien antérieure à l'origine apparente* que nous permet de découvrir le microscope.

En résumé, quand on examine la question de la composition des protophytogènes, ou, ce qui revient au même, quand on recherche le nombre originel des éléments d'un bourgeon, soit par l'anatomie, soit par la phytomorphie, soit par l'organogénie, on arrive toujours à fournir la preuve que le nombre 6, qui concorde d'ailleurs avec les données géométriques, est réellement assez souvent observable pour que l'on puisse le présenter comme le type de la composition élémentaire de tout bourgeon.

CHAPITRE V

CAUSES MÉCANIQUES QUI DÉTERMINENT LES EXASTOSIES.

Nous avons fait connaître en vertu de quel principe un phytogène simple arrivait nécessairement, par la croissance, à se composer en un protophytogène, préparant ainsi les phénomènes de
l'exastosie, dont il nous reste maintenant à faire connaître les
causes mécaniques.

Concevons donc une force quelconque imprimant un mouvement rayonnant à une masse homogène et uniforme de molécules matérielles ; il est évident qu'il y aura un point de cette
masse où le mouvement aura un *maximum* d'intensité, et d'autres où il sera réduit à son *minimum* ; entre ces deux extrèmes,
on peut concevoir tous les intermédiaires possibles, si bien qu'en
représentant ces divers degrés d'intensité par des lignes et faisant
passer une courbe par l'extrémité de toutes ces lignes, on a une
courbe dont toutes les ordonnées indiquent l'intensité du mouvement au point d'où part l'ordonnée. Ainsi, il est évident qu'en
prenant le diamètre mm″ pour l'axe des ordonnées de la courbe
m,m‴m″, *fig*. 6, A et B, représentant les différentes intensités dé-
croissantes de la *force rayonnante*, on voit que le point M est celui où se trouve le *mouvement maximum*, tandis qu'aux points
m et m″ le mouvement est au *minimum* et voisin de 0. Si, d'un
autre côté, nous considérons le diamètre m′m‴ comme l'axe des
ordonnées, nous trouvons encore que le maximum du mouvement est en M, tandis qu'il est réduit à son minimum ou presque réduit à 0 aux points m′m‴. D'où il résulte que dans un mou-

vement rayonnant plan ou affectant 2 dimensions, le *mouvement maximum* est au centre d'un cercle ou d'un disque, et que dans un mouvement affectant les 3 dimensions de l'étendue, le mouvement maximum est au centre d'une sphère, ce qui veut dire que dans le premier cas l'ébranlement se fera sentir suivant une surface circulaire, et dans le second suivant une sphère. Or, quand une force rayonnante sphérique se produit au centre d'une masse homogène de tissu cellulaire, il peut se propager dans les trois dimensions de l'étendue ; donc le phytogène qui représente l'ensemble des mouvements déterminés par la force rayonnante sphérique doit être sphérique et avoir son maximum d'intensité à son centre.

Cependant, il peut arriver que ce mouvement *vital* paraisse avoir une intensité plus grande, suivant 1 ou 2 dimensions que suivant la 3e, car souvent on voit l'ensemble des mouvements, au lieu d'une forme sphérique, donner lieu à une forme elliptique plus ou moins allongée, *fig.* 6, B. Cette nouvelle forme de mouvements ne nous paraît être que le résultat d'une simple modification des autres mouvements sphériques, et elle peut aisément être ramenée à la forme rayonnante sphérique. En effet, supposons trois forces rayonnantes sphériques M′, M M″, *fig.* 7, A, mais assez voisines pour que les mouvements qui marchent l'un vers l'autre n'aient pas atteint leurs *mouvements minima* aux points de rencontre qui se trouvent sur les droites aa,a′a′, il en résultera 3 mouvements *solidaires* qui n'en formeront qu'un en apparence. Dès lors, la résultante de ces 3 mouvements sera un mouvement *maximum* au point M ; une somme de mouvement plus grande suivant mm″ et moins grande suivant m′m‴, et s'il y a des molécules matérielles en dehors de la périphérie des centres moteurs M′MM″, il en résultera un mouvement général qui aura la figure d'une ellipse, ainsi que l'indiquent les ponctuations de la *fig.* 7, A.

On conçoit, d'après cela, que plusieurs centres moteurs, *fig.* 7, B, puissent de la même façon devenir solidaires et constituer un mouvement unique en apparence, mais réellement composé et tout aussi facile à analyser que le précédent, donnant lieu à un mouvement général dont la figure sera en rapport avec le nombre et le groupement des centres moteurs. De sorte que, pour le résultat, le phénomène sera le même que si l'on avait un seul mouvement central au point C du système.

Mais si les centres moteurs ou forces rayonnantes sphériques, *fig.* 8, A, pl. II, n'ont qu'une intensité telle que les *mouvements minima* arrivent à 0 avant de se rencontrer, il est évident qu'il y aura entre les masses en mouvement des *points inactifs* ou *lignes de repos*, et qu'alors chacun de ces mouvements sera individuel et n'aura aucune corrélation avec son voisin. Or, en appliquant ces idées à notre petite masse de tissu cellulaire, on voit déjà une cause d'exastosie que nous allons maintenant étudier d'une manière plus particulière :

Soit donc, *fig.* 5, B, pl. I, une masse de cellules semblables groupées de façon à former, soit une petite sphère, soit un petit cône. Dans le principe, cette petite masse est douée d'un mouvement unique ou de mouvements *solidaires* dans toutes ses parties. Les cellules en se formant s'ajoutent les unes aux autres, et le phytogène qui en résulte grossit jusqu'à un certain point. Mais bientôt, et sans que l'on puisse même le soupçonner autrement que par l'analyse que nous en faisons, des mouvements partiels prennent naissance qui, peu apparents d'abord, finissent par se manifester par la formation d'organes dont nous allons faire connaître l'origine mécanique.

En effet, bientôt le mouvement général de la petite masse cellulaire, considérée dans sa *coupe transversale*, se scinde, et un mouvement partiel central se prononce, qui détermine aussitôt six mouvements d'égales dimensions tout autour de lui, donnant lieu à un système que nous pouvons représenter comme dans la *fig.* 8, B, pl. II, système dans lequel nous reconnaissons un protophytogène, composé d'un phytogène central entouré de 6 autres phytogènes d'égales dimensions en vertu du principe établi plus haut, et l'on peut observer que cette figure a la plus grande analogie avec celle que l'on a obtenue sur une membrane vibrante saupoudrée de sable, *fig.* 3, B, pl. I, si ce n'est qu'ici les 6 cercles circulaires sont complets. N'oublions pas surtout que les intervalles que laissent les phytogènes sont eux-mêmes comblés par du tissu cellulaire constituant, tôt ou tard des phytogènes plus petits ou d'un ordre inférieur.

Mais nous savons qu'un phénomène analogue se produit dans

la coupe longitudinale ou verticale de la petite masse de tissu cellulaire, et voilà pourquoi il y a réellement d'ordinaire 12 phytogènes en enveloppant un 13e dans tout protophytogène-infrondescence auxquels, parfois, on est obligé d'en supposer un 14e supérieur. C'est donc sur cet ensemble de 12 ou 13 phytogènes enveloppants ou périphériques que nous devons raisonner pour faire connaître en entier les causes mécaniques de l'exastosie.

En suivant attentivement l'évolution d'un bourgeon naissant (phytogène), nous reconnaissons qu'il a une forme arrondie, mais bientôt ce mamelon cellulaire s'allonge en prenant une forme ovoïde (1); alors l'exastosie commence et le protophytogène se forme sans qu'il soit encore possible de reconnaître au microscope aucun groupement particulier des cellules. Cependant les phénomènes observables conduisent de toute nécessité à cette supposition.

La forme ovoïde est très-importante à constater parce qu'elle servira à faire comprendre des phénomènes qui, sans cela, pourraient être difficiles à expliquer. On conçoit que, en vertu du principe des mouvements d'égales dimensions, quand un phytogène central communique le mouvement à 12 phytogènes périphériques, l'ensemble de ces 12 phytogènes entourant un 13e, doit prendre une forme sensiblement sphérique (p. 65), mais nous venons de dire que la petite masse était ovoïde, par conséquent, dans la communication des mouvements sphériques, il y aurait une sorte de cône celluleux qui serait inactif; mais subissant aussi l'action du principe des mouvements d'égales dimensions, il doit constituer un phytogène supérieur posé précisément sur l'intervalle que laissent entre eux les 3 phytogènes périphériques supérieurs dont nous avons parlé autre part; par conséquent, ce n'est pas seulement 9 phytogènes périphériques, mais 10 qui entrent originellement d'ordinaire dans la constitution des organes appendiculaires d'une même époque physiologique de formation, et c'est ainsi, selon nous, que se forment, comme nous allons le voir, certaines feuilles, par exemple celles de la plupart des Monocotylédones.

___

(1) *Essai de Phytomorphie*, t. II, pl. XIII, *fig.* 100, b (1).

Revenons à l'étude des causes mécaniques de l'exastosie :

1° Il est des cas où les 6 phytogènes circulaires et les 3 ou 4 supérieurs, vivant en commun, grandissent sans aucune apparence extérieure d'exastosie, et se séparent du mamelon ou phytogène central ; mais, par cela seul que ces phytogènes périphériques ont grandi et se sont sans doute multipliés, tandis que le phytogène central est resté relativement petit, il a bien fallu qu'il se fît une séparation complète, et puisque cette séparation est évidente, il faut bien admettre qu'il y a eu un commencement à cette séparation. Or, ce commencement coïncide précisément avec le moment où l'exastosie, en agissant sur le centre vital ou phytogène grandi a produit plusieurs centres vitaux pour le faire passer à l'état de protophytogène. Dans ces conditions, les phytogènes périphériques vivant en commun et se séparant du phytogène central, par *exastosie centripète* et sans *exastosie circulaire*, il se forme un grand vide, une sorte de chambre close entourant le phytogène central et circonscrite par un organe appendiculaire continu de toutes parts, au moins dans les premiers temps de son existence. C'est ainsi, par exemple, que nous ont paru se former le calice des *Eschscholtzia* et la spathe des *Allium* (1) avant l'exastosie transversale ou circulaire qui doit permettre à la fleur de s'épanouir ou à l'inflorescence de sortir.

2° Pour simplifier le raisonnement, supposons maintenant que les 6 phytogènes circulaires, Pl. III, *fig.* 13, A, après s'être *exastosiés*, comme nous l'avons dit, soient doués de forces rayonnantes

---

(1) Nous sommes sans doute infiniment moins habile que Payer à pratiquer l'organogénie des parties florales, car quelque soin que nous ayons pris et quelque jeunes que fussent nos bourgeons-fleurs, nous n'avons, dans l'*Eschscholtzia crocea*, jamais pu saisir le calice en voie de formation tel que l'indique Payer, c'est-à-dire par l'apparition de 2 mamelons sépaloïdes distincts : dont « l'un est antérieur et apparaît le premier ; en préfloraison, il enveloppe l'autre, qui n'apparaît qu'ensuite » (Payer, *Organ. comp. fleur*, p. 218). Au contraire, nous avons toujours vu le calice être d'une seule pièce enveloppant le phytogène central ; mais ce qui peut faire croire à un bourrelet circulaire, c'est que le calice est légèrement renflé à sa base par les parties internes déjà bien formées. Il en est de même de la spathe de l'*Allium Porrum*, que nous n'avons jamais pu voir que dans un état de sac parfait, entourant le mamelon ou phytogène central qui doit former l'inflorescence, et pourtant nous l'avons pris au moment où le protophytogène, complétement sessile sur le plateau, offrait son sac complétement appliqué sur le phytogène central, quoique très-longuement terminé en pointe, et n'avait qu'un demi-millimètre de hautenr.

centrales un peu différentes et disposées symétriquement de telle façon que les 2 plus grandes forces 2, 2, soient immédiatement de chaque côté de la ligne de symétrie l, s, de l'organe à former ; puis 2 moins grandes de chaque côté des premières, 1, 1, et les 2 plus petites o, o, de chaque côté de ces dernières. En vertu du rayonnement des forces vitales, on doit voir que les sphères d'action des 2 premiers phytogènes 2, 2, devront se *pénétrer réciproquement* assez pour qu'il ne puisse y avoir aucune *ligne de repos* entre eux, et que, par conséquent, ils devront avoir une vie commune et n'offrir aucune trace d'exastosie au point l, s ; de plus, si l'on suppose que le rayonnement des forces des deux phytogènes plus latéraux 1, 1, et des premiers phytogènes 2, 2, se pénètrent aussi réciproquement, on reconnaîtra que ces 2 autres phytogènes devront encore ne laisser aucune ligne de repos entre eux et les premiers phytogènes, et que conséquemment ils devront tous les 4 vivre d'une existence commune ; enfin, par un raisonnement analogue appliqué aux deux derniers phytogènes o, o, les plus latéraux, on comprendra que ces deux derniers doivent vivre en commun avec les 4 autres.

Mais si l'on suppose que les rayonnements des forces vitales des deux derniers arrivent à *zéro* avant leur rencontre sur leur extrême bord, ex, il y aura une ligne de repos ; c'est-à-dire une ligne où le mouvement vital n'existant plus, il n'y aura aucune production de tissu, et alors, suivant cette ligne, une séparation s'effectuera, aidée d'ailleurs qu'elle sera par une des causes que nous ferons connaître tout à l'heure, et constituera le phénomène de l'*exastosie circulaire*. Mais cette exastosie ne se produira que d'un seul côté du protophytogène ou bourgeon, et comme nous admettons qu'il s'est produit une exastosie centripète analogue à celle qui a fait le calice des *Eschscholtzia* ou la spathe des *Allium*, il se séparera du bourgeon un seul organe ne tenant plus que par sa base à tout le système végétal. C'est de cette façon que se forment la plupart des feuilles des Monocotylédones, et voilà pourquoi les feuilles de ce grand embranchement sont le plus souvent *phytogéniquement alternes* (1) et pourquoi surtout elles sont presque toujours engaînantes. Ici il n'y a qu'une seule

(1) *Essai de Phytomorphie*, t. II, p. 138.

exastosie circulaire, qui s'est annoncée par une seule fente latérale.

3° Par le même raisonnement, on peut admettre que dans quelques cas, trois des 6 phytogènes circulaires, un médian et deux latéraux, soient doués d'une force rayonnante telle, que celle du phytogène médian 1, *fig*. 13, B, pl. III, *pénètre* la sphère d'action de la force rayonnante des deux phytogènes latéraux o', o', et réciproquement. Dans ce cas, ces trois phytogènes feront vie commune; mais en vertu de notre loi de symétrie (1), les trois autres phytogènes circulaires opposés aux premiers subiront le même sort, et si l'on suppose que les forces rayonnantes des 2 derniers phytogènes o, o' arrivent à *zéro* avant leur rencontre, il y aura de chaque côté, à l'opposé l'une de l'autre, une ligne de repos, ex, où se produira l'exastosie circulaire. En admettant que l'exastosie centripète se prononce avant ou même pendant la formation des 2 exastosies circulaires, on comprend qu'alors il se produise 2 organes appendiculaires opposés, et c'est ainsi que se forment les feuilles opposées, si fréquentes parmi les Dicotylédones.

4° Il se peut encore que les forces rayonnantes des 6 phytogènes circulaires se pénètrent réciproquement 2 à 2, en laissant entre chaque couple de phytogène ainsi unis, une ligne de repos d'où résulteront 3 exastosies, ex, *fig*. 13, C, pl. III, séparant plus ou moins complétement les organes qui résultent de l'union 2 par 2, des 6 phytogènes circulaires, et comme l'exastosie centripète se produit en même temps ou quelque temps auparavant, il doit alors se former 3 organes appendiculaires séparés; de plus ces organes se formant simultanément, il doit arriver qu'ils restent souvent fixés sur une même ligne autour de l'axe, et c'est ce qui arrive évidemment dans les feuilles verticillées par 3, chez un assez grand nombre de végétaux dicotylédonés.

5° Enfin, l'exastosie peut encore être la conséquence de l'avortement d'un des 6 phytogènes circulaires, ou de 2 opposés ou d'un plus grand nombre. Dans le premier cas, il en résulterait une exastosie analogue à la fente d'un seul côté qui fait les organes appendiculaires des Monocotylédones; dans le second, on aurait

____

(1) *Essai de Phytomorphie*, t. I, p. 57.

2 organes appendiculaires opposés qui, dans le principe ne seraient composés que de 2 phytogènes circulaires, mais qui ne tarderaient pas à en engendrer un 3e comme nous le dirons plus loin (1), puis 2 autres et ainsi de suite, car nous savons fort bien que lorsque des axes fasciés se forment, les éléments de cette fascie ont la plus grande tendance à la multiplication (2). Enfin, nous croyons avoir fourni la preuve que cette exastosie par avortement pouvait réellement se produire, en donnant la théorie de l'alternance des pièces de la couronne et des divisions périgoniales des *Narcissus odorus*, *papyraceus*, etc., exemples dans lesquels l'avortement se porte sur un des phytogènes circulaires du protophytogène primitif, lesquels phytogènes circulaires sont passés à l'état de protophytogènes (3).

Le raisonnement que nous venons de faire sur les phytogènes circulaires peut se faire sur les phytogènes périphériques superposés l, p. g. *fig*. 13, D, pl. III, avec cette différence que la superposition présente une certaine difficulté aux exastosies. On comprend aisément d'ailleurs que les forces rayonnantes sphériques de 2 phytogènes voisins p et g ou p et l, puissent se pénétrer réciproquement de façon à constituer une sorte de communauté qui fasse que la vie en commun ait lieu entre tous les phytogènes latéraux ou longitudinaux qui entrent dans la composition d'un organe appendiculaire. Mais il arrive quelquefois que les forces rayonnantes sphériques de 2 phytogènes superposés arrivent presque à zéro avant leur rencontre et de là naissent les exastosies transversales que l'on observe dans les articulations des organes appendiculaires, telles que les articulations de certaines feuilles composées (*Aralia*) ou de certains carpelles (lomentacés), etc.

Maintenant que nous connaissons la cause principale qui fait les exastosies circulaires, il va nous être facile de comprendre la cause mécanique qui produit les exastosies centripètes. En effet, il suffit de raisonner sur les phytogènes circulaires et le phytogène central, absolument comme nous l'avons fait pour les phytogènes circulaires entre eux, et il est évident que puisque nous

(1) *Théorie mécanique de l'évolution du bourgeon.*
(2) *Essai de Phytomorphie*, t. I, p. 280.
(3) *Ibid.*, p. 533.

avons admis des forces centrales rayonnantes et sphériques qui vont en décroissant du centre à la circonférence, et puisque les séparations centripètes sont manifestes, il doit arriver un moment où les forces rayonnantes des phytogènes circulaires et celles du phytogène central finissent par ne plus se rencontrer, et dès lors il y a des *lignes* ou une *surface circulaire de repos* où la vie ne se manifestant plus, il ne se produit aucun tissu et, par conséquent, où il y a en ces divers points une séparation obligée qui n'est autre que l'exastosie centripète.

Quant à la cause de l'exastosie transversale, on conçoit qu'elle doive avoir la même explication ; mais comme, d'une part, elle s'exerce sur des phytogènes plus pressés, puisque tous les proto-phytogènes d'une même tige se superposent les uns aux autres, et que, d'un autre côté, des faisceaux fibro-vasculaires montent ou descendent d'un mérithalle à l'autre, il s'ensuit que l'exastosie transversale ne s'effectue que très-rarement, d'une manière parfaitement visible quoique pourtant elle soit très-manifeste dans les articulations des tiges dites *articulées*, des feuilles sur la tige, etc. Mais on admettra sans peine que la force rayonnante des phyto-gènes centraux de 2 protophytogènes superposés puissent arriver presque à *zéro*, d'où résultera une adhérence moindre que dans les endroits où cette force rayonnante aura un plein effet ; c'est-à-dire où les forces rayonnantes de 2 phytogènes centraux super-posés viendront à se pénétrer réciproquement.

Toutefois, les productions fibro-vasculaires *descendantes* ou *ascendantes*, si l'on veut, ont la plus grande part dans les défauts d'exastosie transversale ainsi que le prouvent les exemples sui-vants : Ainsi la Vigne présente des articulations faciles à séparer quand ces articulations sont nouvellement formées, mais si les fibres descendantes ont eu le temps de recouvrir les nœuds et de lier ainsi les mérithalles ensemble, la désarticulation se fait alors beaucoup plus difficilement et finit même par ne plus se faire. L'exemple qui nous semble le plus propre à confirmer l'opinion que nous venons d'émettre se trouve dans les faits suivants : Sur les vieux troncs de jujubiers on voit se former des sphérocho-rises (*exostoses*) qui fournissent plusieurs branches (*polycladie*). Parmi ces branches, les unes fleurissent et ne portent qu'un petit nombre de feuilles, tandis que les autres ne fleurissent pas et fournissent un grand nombre de feuilles (1). Or, celles qui n'ont que peu de feuilles se désarticulent et tombent après la floraison, parce que l'articulation n'a pu être suffisamment revêtue de faisceaux fibro-vasculaires ; pendant qu'au contraire, les tiges qui sont chargées de feuilles, fournissent assez de fibres pour unir le nouvel axe à l'ancien, d'où résulte pour ces tiges une permanence qui leur permet de se développer tout à fait à la manière des branches ordinaires.

Telles sont les causes que nous pourrions appeler *causes principales* des exastosies ; mais il est encore quelques *causes secondaires* qui viennent puissamment contribuer aux phénomènes des exastosies. Ces causes tiennent au *défaut de simultanéité* qui existe dans le développement des phytogènes ou des protophytogènes d'un protophytogène composé P''' *fig.* 4.

1° Supposons que l'accroissement se prononce proportionnellement plus sur les phytogènes périphériques que sur le central qui pourra même rester quelques temps stationnaire ; alors une sorte de vide se produira suivant toute la *surface de repos* enveloppant le phytogène central, et les parties appendiculaires résultant du développement en commun des phytogènes périphériques, tendront ainsi à se séparer du phytogène central et, comme nous l'avons dit, à l'enfermer dans une sorte de sac ou chambre close de toutes parts, comme on en voit des exemples dans le calice des *Eschscholtzia* ou dans la spathe des *Allium*. Donc l'exastosie centripète est nécessairement favorisée par ce défaut de développement simultané du phytogène central et des phytogènes périphériques.

2° Admettons que les phytogènes péripbériques vivant en commun aient produit un organe qui grandit simultanément avec le phytogène central, mais admettons, ce qui se présente le plus fréquemment, que cet organe ait accompli sa croissance ; il arrivera infailliblement que le phytogène central, dans son évolution, glissera suivant la *surface de repos* des forces rayonnantes sphériques qui auront préparé l'exastosie centripète, c'est-à-dire le long de la face interne de l'organe séparé, comme cela a lieu pour les phytogènes centraux qui se développent au milieu des

(1) D. C., *Organog. vég.*, t. II, p. 233.

gaînes foliacées des Monocotylédones; par conséquent encore, l'exastosie centripète sera rendue plus manifeste par ce défaut de simultanéité de développement du phytogène central et des phytogènes périphériques.

3° Un défaut de simultanéité de développement, plus puissant encore sur les exastosies centripète et circulaire, est celui que nous avons déjà indiqué dans un de nos mémoires (1), pour donner la théorie mécanique de la *préfloraison* et de la *floraison*, et comme le phénomène est tout à fait le même, nous allons nous servir de cette théorie pour expliquer la cause mécanique de l'écartement des parties que les exastosies centripète et circulaire ont d'abord séparées. Voici comment nous nous exprimons dans ce mémoire :

« Nous avons supposé que dans tout mouvement d'incurvation végétale il se passe quelque chose d'analogue à ce qui a lieu quand on chauffe 2 plaques métalliques différemment dilatables par la chaleur et soudées face à face. Celle qui se dilate le plus occupant une surface plus grande que celle qui se dilate le moins, et la soudure s'opposant à toute espèce de glissement d'un métal sur l'autre, les 2 métaux sont obligés de prendre une forme telle, que le plus dilatable doit nécessairement envelopper et contenir le moins dilatable. Or, on sait que 2 surfaces courbes satisfont pleinement à cette condition.

Maintenant, il est évident que tout organe appendiculaire peut et doit être considéré comme formé de deux couches parallèles de tissu cellulaire, dont l'une est interne et l'autre externe. Cette condition de position relative est précisément celle qui vient en aide au phénomène des exastosies centripète et circulaire, puisque la couche la plus extérieure accomplit d'ordinaire toute sa croissance avant la couche la plus intérieure, et, dans cet état, l'organe appendiculaire *a son centre de courbure dirigé vers l'axe de la tige*. Mais bientôt après, la couche interne continuant sa croissance devient d'abord égale, puis plus grande que l'externe, et dès lors on comprend que, d'enveloppée qu'elle était, elle devienne plus ou moins enveloppante, et, par conséquent, que son centre de courbure ne soit plus dirigé vers l'axe de la

____

(1) *Faits pour servir à l'histoire générale de la fécondation*, etc. Brochure in-8°, 1859, p. 26.

tige, mais bien *vers un point qui serait en dehors des organes appendiculaires ;* en un mot, dans le premier cas, les organes appendiculaires sont *convergents ;* tandis que dans le second, ils sont *divergents.* Donc les exastosies seront sollicitées toutes les fois que la couche interne prendra un peu plus de développement que la couche externe.

4° Le défaut de simultanéité de développement entre le bourgeon axillaire et l'organe appendiculaire vient souvent aussi favoriser les phénomènes naturels de l'exastosie transversale. Ainsi, suivant la remarque de Senebier, le bourgeon en se développant à l'aisselle d'une feuille, lorsque celle-ci a terminé sa croissance, doit nécessairement avoir pour effet d'aider à sa désarticulation, d'ailleurs déterminée d'avance par l'exastosie transversale ; mais le développement de ce bourgeon ne saurait être regardé comme la cause essentielle de la chute des feuilles, ainsi que Senebier semble l'avoir pensé. En effet, l'exastosie transversale étant un phénomène naturel de phytogénie, lorsque l'organe vient à être privé de vie par suite de la cessation des fonctions qu'il avait à remplir, les sucs nutritifs ne se portant plus dans son organisme, il se dessèche, et alors la moindre cause mécanique, telle que l'accroissement d'un bourgeon, le vent, la grêle, la pluie ou l'action seule de la pesanteur exercée sur lui-même, suffit pour en déterminer la chute. D'ailleurs, il est une foule de cas où le bourgeon, en se développant, n'oblige pas nécessairement l'organe appendiculaire à se détacher ; de même aussi, fort souvent, on voit cet organe tomber sans que l'on ait pu constater à son aisselle la présence d'un bourgeon tant soit peu développé.

Pour terminer ce qui est relatif à ce chapitre, il ne nous reste plus qu'à répondre d'avance à une objection qui pourrait nous être faite, savoir : quelle est la nécessité de supposer *plusieurs centres vitaux* pour constituer les organes appendiculaires quand, avec les 3 formes de l'exastosie, *un seul centre vital* pourrait suffire à l'explication du phénomène ? Voici les raisons qui militent en faveur de la pluralité des centres vitaux ou phyto-gènes, indépendamment d'une foule de particularités qui ne pourraient pas s'expliquer sans cette hypothèse.

1° Il est plus philosophique de ramener à un seul principe

tous les phénomènes du même ordre que de les faire dériver de plusieurs ;

2° Au point de vue mécanique, et d'après ce que nous connaissons de la manière dont se forment les chorises suivant un plan (Épipédochorises, p. 11 et 13), il est plus simple de concevoir des séries de phytogènes doués de forces vitales rayonnantes égales ou à peu près, avec *défaut d'exastosie*, qu'il n'est facile de comprendre tantôt une force sphérique qui ferait le bourgeon naissant ou bien les *sphérochorises* (p. 12 et 15) ; tantôt une force circulaire qui ferait les organes appendiculaires circulaires d'une seule pièce tels que les calices et les corolles monophylles, ou bien les *cyclochorises* (p. 12 et 14) ; tantôt une force plane qui ferait les feuilles, les sépales, les pétales, ou bien encore les *épipédochorises* ou fascies (p. 11). Ajoutons qu'il faudrait toujours, dans l'hypothèse d'un *seul* centre vital, faire varier les dimensions des forces supposées avec les grandeurs si variables des organes appendiculaires : des feuilles, par exemple. Dans notre manière de voir, il n'y a pour ainsi dire, dans chaque organe appendiculaire, qu'une seule et même force, mais répétée et multipliée comme l'on voit se répéter et se multiplier les éléments foliaires ou les organismes simples ou composés qui constituent le végétal. D'ailleurs, les feuilles montrent la plus grande analogie avec les épipédochorises, qui ne sont, bien évidemment, que le résultat de l'union suivant un seul plan de plusieurs centres vitaux ou phytogènes, et, de plus, la multiplicité des éléments foliaires est parfaitement indiquée par le nombre des organes appendiculaires, qui, simple dans la disposition alterne de la plupart des Monocotylédones, se double, se triple, se multiplie dans les feuilles opposées ou verticillées des Dicotylédones.

D'un autre côté, des phénomènes de natures diverses viennent, pour ainsi dire, justifier la théorie des centres vitaux multiples ; par exemple :

3° Les feuilles simples se divisent quelquefois indéfiniment (*Acacia dealbata*, *Ferula tingitana*, etc.), ce qui ne s'expliquerait pas dans l'hypothèse d'un seul centre vital pour chaque organe appendiculaire ;

4° Les feuilles qui ne se divisent pas ne sont elles-mêmes que l'assemblage d'une multitude d'éléments foliaires indiqués par leurs nombreuses nervures et comme le démontre si bien la feuille des *Gliditschia*, qui, parfois simple, se montre souvent avec un grand nombre de folioles ou même de foliolules ;

5° Les feuilles les plus simples montrent des éléments divers, une pluralité de centres vitaux et une indépendance de vitalité dans la manière dont elles se comportent pendant leur vie végétative. Ainsi, souvent un des éléments vient à avorter, et alors la feuille prend certaines formes différentes de celles qu'elle aurait dû avoir ; d'autres fois, tous les éléments se développent, mais un seul plus que tous les autres, d'où naissent d'autres formes. Dans quelques feuilles, certains éléments sont comme frappés de maladie, par exemple d'une sorte de chlorose dans l'*albinisme partiel*, d'où naît la physionomie particulière de certaines variétés de feuilles qualifiées par l'expression latine *variegata* (*Arundo Donax*, *Yucca americana*), ou celle de *versicolor* (*Yucca aloifolia*, etc.) ; d'autres feuilles prennent 2 ou 3 couleurs, comme on le voit très-bien dans les *Amaranthus bicolor* et *tricolor*. Enfin dans quelques feuilles les plus simples, la pluralité d'individualités est tellement manifeste qu'il n'est personne qui n'en ait observé présentant une ou plusieurs parties *vernales* quand les autres étaient plutôt *automnales*, ou offrant des parties *vivantes* alors que les autres sont réellement *mortes*, et ces parties si différentes sont souvent enclavées les unes dans les autres. Comment raisonnablement expliquer tous ces phénomènes sans admettre la pluralité des individualités dans un organe appendiculaire, ou si l'on veut dans un organe formé par un seul centre vital ?

6° Dans notre *Phytomorphie* (t. I, p. 449), nous avons fait connaître de nombreux exemples de feuilles qui donnent lieu, dans certaines conditions, à une multitude de petits corps organisés, *véritables phytogènes indépendants*, capables de reproduire le végétal tout entier. Évidemment, dans ces circonstances, il est impossible de méconnaître la multiplicité des éléments organisés composant la feuille, et ce sont précisément ces éléments organisés, centres vitaux ou phytogènes, qui sont l'origine de toute feuille, comme ils en deviennent, plus tard, la partie constituante en se multipliant considérablement.

7° Au point de vue tératologique, la théorie des centres vitaux ou phytogènes donne la raison de certaines feuilles dédoublées, répétées ou offrant des variétés tératologiques, dont une des plus curieuses et des plus significatives mérite de trouver place ici. C'est une feuille de Vigne qui, au premier abord, avait l'apparence d'une feuille ordinaire, avec ses 5 lobes et ses dents plus ou moins marquées, *fig.* 14. Cependant, sur le côté gauche de la nervure secondaire, la substance de son limbe, *complet sur ses bords et sans solution de continuité,* présentait une ouverture sous-ovoïde assez grande, mais à peu près fermée par une foliole latérale appartenant à une nervure tertiaire et qui n'était autre qu'un élément de la feuille que l'exastosie avait séparé du reste du limbe. Cette foliole, enclavée, par conséquent, dans son ouverture à la manière d'une soupape, n'en emplissait pas l'étendue totale et présentait des sinuosités et des dents qui éloignaient toute idée que cette foliole pouvait être le résultat d'une séparation artificielle.

CHAPITRE VI

THÉORIE MÉCANIQUE DE L'ÉVOLUTION DES PHYTOGÈNES.

Maintenant que nous avons vu comment et en vertu de quel principe se composait un phytogène pour passer à l'état de protophytogène ; que nous avons fait voir par des observations anatomiques, phytomorphiques et organogéniques que cette composition était au moins vraisemblable ; que nous avons fait connaître, enfin, les causes qui font que le phytogène devenu protophytogène doit donner lieu à des séparations forcées, nous pouvons chercher à faire comprendre comment un protophytogène par son évolution va donner lieu aux organes que l'on connaît dans les végétaux. Ces organes sont de 2 sortes, savoir : 1° *les organes de l'appareil de la nutrition ;* 2° *ceux de l'appareil de la reproduction.*

ARTICLE PREMIER. — *Organes de l'appareil de la nutrition.*

Les organes de l'appareil de la nutrition se présentent essentiellement sous 2 formes principales et constituent 2 sortes d'organes très-distincts ; ce sont : les *organes appendiculaires* et les *organes axiles.* Les premiers, ayant presque toujours une forme aplatie, et les seconds, une forme allongée, cylindrique ou prismatique.

SECTION I. — ORGANES APPENDICULAIRES.

Les organes appendiculaires de l'appareil de la nutrition sont les cotylédons, les feuilles et leurs stipules, les bractées et les écailles ou feuilles plus ou moins réduites par atrophie. Comme les écailles et les bractées ne sont que des modifications de la feuille, nous n'aurons pas à nous en occuper ici, puisque leur formation phytogénique est exactement la même que celle de la feuille. Il n'en est pas de même des stipules, qui ont une signification phytogénique différente; c'est pourquoi nous en ferons le sujet d'un paragraphe à part.

§ I. — *Formation des organes appendiculaires de l'appareil de la nutrition.*

(*Épipédochorises phytogéniques, Fascies foliaires ou Feuilles.*)

Les feuilles offrent dans l'étude phytogénique 2 divisions principales que nous allons suivre, savoir : 1° l'examen des considérations générales sur le mode d'arrangement originel des phytogènes qui doivent commencer la feuille ; 2° l'étude du mode d'évolution des phytogènes périphériques pour arriver à constituer une feuille simple ou composée.

1re DIVISION. — *Considérations générales sur le mode d'arrangement originel des phytogènes commençant la feuille.*

Nous avons admis (p. 37) que le tissu cellulaire du bourgeon naissant devait avoir commencé par être à l'état fluide, qu'il était originellement une sorte de *cambium* ou *fluide générateur* qui, en s'organisant et se solidifiant, constitue le *bourgeon naissant*, et cette opinion paraît être celle de M. Naudin, qui admet que les axes s'allongent indéfiniment par un afflux continuel de matière organique à leur extrémité, qui est toujours transparente, incolore, comme gélatineuse (1) ; c'est aussi l'opinion de M. Ach. Guillard, à qui l'on doit un bon travail *sur la moelle des plantes ligneuses* (2), où l'auteur dit que la *moelle naissante* « est un mucilage, quelques atomes de cambium qui se coagulent ; c'est l'origine du bourgeon, de tous les ensembles qui en sortent et de tous les organes qui composent ces ensembles. » Cependant, sous le nom de *bourgeon naissant*, nous entendons parler du

_____

(1) *Résumé d'observ. sur le dévelpp. des org. append. végét.; Ann. sc. nat.*, 2e série, t. XVIII, p. 360.
(2) *Ann. sc. nat.* (Bot.), t. VIII, 1847.

moment où le tissu cellulaire est solidifié, bien formé et très-facile à constater au microscope.

Ceci bien établi, dès que le phytogène ou bourgeon naissant a eu subi l'action de l'*exastosie naissante*, qui en a fait un proto-phytogène, l'évolution se continuant, les phytogènes circulaires P ou P′ des 2 côtés du protophytogène général Ph., *fig. 9*, s'indi-vidualisent pour ainsi dire, se séparent de la masse générale par exastosie centripète et circulaire et unis 2 par 2, *fig. 10*, ou 3 par 3, *fig. 9*, ou tous les 6, *fig. 11*, B (pl. II), et *vivant en com-mun*, ils forment 3, 2 ou 1 seul organe appendiculaire Ap, qui se développent en raison de leur activité vitale, de la durée de cette activité et surtout de leur *prédisposition organique*, qui fera que tous ces phytogènes primitivement unis, comme nous venons de le dire, continueront à vivre en commun tout en se multipliant, ou se sépareront eux-mêmes pour vivre d'une vie plus ou moins indépendante.

Mais tandis que ces phytogènes circulaires grandissent ensem-ble pour former les premiers organes appendiculaires, qui sou-vent se présentent sous la forme d'*écailles*, le phytogène central se scinde à son tour de la même façon, devient protophytogène, et donne lieu à 1, 2 ou 3 nouveaux organes appendiculaires qui, protégés par les premiers formés, ne subissent pas l'action dessé-chante de l'air et de la lumière et peuvent, par cela même, déjà acquérir des dimensions plus grandes que les premiers et des formes plus analogues aux feuilles normales; le nouveau phyto-gène central se compose lui-même à son tour en un protophyto-gène qui donnera lieu à une pareille quantité d'organes appendi-culaires et plus protégés encore que les seconds formés, ils se développeront encore mieux. Cette série de phénomènes se ré-pète ainsi de suite jusqu'au moment où la vie, se ralentissant dans le végétal, ces mêmes organes décroissent, se modifient, forment d'abord des *bractées*, puis d'autres organes destinés à accomplir d'autres fonctions que celles de la nutrition : celles de la reproduction, que nous examinerons plus tard.

Il y a, sous ce rapport, des différences notables à établir dans les Monocotylédones et les Dicotylédones.

1° Dans les Monocotylédones, *fig. 11*, B (pl. II), le bourgeon ou plutôt le protophytogène se divise ou se fend sur un seul côté, c'est-à-dire qu'en général il n'y a qu'une seule exastosie, ex, entre 2 des 6 phytogènes circulaires voisins PP'; il en résulte que ces 6 phytogènes, plus les 3 ou 4 qui les surmontent, au nombre de 10 et constituant les *phytogènes périphériques*, *fig.* 5, C,a,bbb,c'c'c'c' (1), vivent en commun, de façon à ne fournir qu'une seule feuille, et encore souvent cette feuille ne s'ouvre-t-elle que par une fente latérale destinée à laisser passer la feuille suivante, formée aussi aux dépens des phytogènes périphériques du phytogène central devenu protophytogène (*Allium*). Par ce mode de formation, on voit que les feuilles de Monocotylédones ne peuvent être qu'*alternes*, que le plus souvent elles seront *engaînantes* à leur base, que par conséquent elles seront très-rarement *pétiolées* et encore moins *articulées*, et que le cotylédon n'étant autre que la 1re feuille de l'embryon, il ne doit s'en produire qu'un seul.

2° Au contraire, chez les Dicotylédones, le bourgeon se divise, d'ordinaire, de façon à former de chaque côté du phytogène central 2 organes appendiculaires sensiblement semblables et presque toujours *symétriques* suivant le sens que nous attachons à ce mot (2); par conséquent, il y a exastosie, ex, entre les 2 phytogènes P'P du haut de la *fig.* 9 et exastosie aussi entre les 2 phytogènes P'P du bas, et souvent même cette double exastosie ou cette individualisation foliaire est assez prononcée pour que l'organe appendiculaire soit longuement pétiolé et souvent même articulé sur l'axe. Il résulte de ce mode de formation que les feuilles de Dicotylédones doivent être *originellement opposées* ou *verticillées*, et comme le protophytogène qui doit former l'embryon est soumis à la même influence que le protophytogène bourgeon, les premiers organes appendiculaires ou cotylédons seront normalement aussi au nombre de deux et opposés.

3° Les Acotylédones tiennent plutôt des Dicotylédones par le mode d'évolution de ses bourgeons et par ses exastosies circulaires. Dans l'*Onoclea sensibilis*, par exemple, on trouve au bout du rhizome, un protophytogène volumineux allongé, cylindrique et terminé en cône court, arrondi. Ce cône se fend au sommet;

(1) Les 2 phytogènes circulaires c', de devant ont été supprimés pour montrer la composition du phytogène central, c.
(2) *Essai de Phylomorphie*, t. I, chap. III, p. 57.

le phytogène central grossit en élargissant la fente et portant sur le côté les mamelons qui s'élargissent, grandissent et se séparent du phytogène central qui s'allonge en même temps. Pendant ce temps, l'un des mamelons latéraux a grandi plus que l'autre et a formé un long *pétiole*, au sommet duquel se trouve porté le phytogène terminal qui va se composer pour former la fronde, mais le pétiole est déjà très-grand quand la fronde n'apparaît encore que comme un point. Le mamelon opposé, qui est resté sans beaucoup d'accroissement, se trouve emporté plus haut avec le phytogène central, d'où naît l'alternance. On voit donc qu'il y a une sorte d'opposition originelle, mais qui passe à l'alternance par suite de l'évolution du bourgeon. Le protophytogène central formé subit le même mode de scission, mais de façon que la fente et les deux nouveaux mamelons pétiolaires sont en croix avec ceux de première formation. Il résulte de cet état de choses que l'alternance doit être quinconciale, car c'est toujours ce mode phyllotaxique qui résulte du déplacement des organes primitivement opposés (1).

Si nous recherchons la manière dont se forment les bulbilles du *Cystopteris bulbifera*, nous leur reconnaissons absolument le même mode d'évolution. C'est d'abord un phytogène simple qui apparaît sous la forme d'un petit mamelon arrondi, indivis, qui nous a paru provenir tantôt de spores transformés, tantôt directement de l'une des nervures de la fronde. Quoi qu'il en soit, ce mamelon, ou phytogène, se compose à la manière d'un protophytogène de Dicotylédone, c'est-à-dire que le mamelon se fend au sommet pour donner lieu à 2 mamelons opposés qui, contrairement à ce qui a lieu dans l'*Onoclea*, grandissent beaucoup plus que le phytogène central, de sorte que celui-ci se trouve presque enveloppé de chaque côté par deux écailles épaisses, convexes extérieurement, un peu concaves à l'intérieur et qui ne sont autres que les vestiges du pétiole de la fronde. Ces deux mamelons ou écailles restent unies à la base, mais l'un des deux grandit beaucoup plus vite que l'autre, de sorte que celui-ci semble souvent en partie recouvert par le premier. Le phytogène central se

______

(1) Ch. Fd., *Recherches sur le nombre type des parties constituant les divers cycles hélicoïdaux*, etc. (Feuilles alternes). *Compt. rend. Acad. sc.*, janvier 1861.

fend également à son sommet, mais cette fente est assez exactement en croix avec la première fente, de manière qu'il y a ici une sorte de *décussation* bien évidente. Enfin, il n'est pas absolument rare de rencontrer de ces écailles ou pétioles avortés qui présentent à leur sommet une toute petite fronde roulée en crosse.

Mais c'est surtout au point de vue des exastosies circulaires que les frondes des Acotylédones se rapprochent davantage des Dicotylédones que des Monocotylédones, puisque nous y trouvons des *folioles* ou *frondules* beaucoup plus nettement détachées de leurs nervures que chez les Monocotylédones ; et d'ailleurs il n'est pas rare de voir aller la composition des frondes presque jusqu'à la tricomposition (*Polypodium Dryopteris; Diplazium filix fœmina; Nephrodium dilatatum, cristatum*, etc.), ou presque même jusqu'à la quadricomposition (*Davallia Novæ Zelandiæ*, etc.).

Faisons observer en passant que les frondes des Acotylédones qui ne sont que des épipédochorises foliaires, c'est-à-dire des feuilles n'en portent pas moins d'ordinaire les fructifications qui ne sont autres que des bourgeons ou peut-être des bulbilles très-petits et par conséquent des phytogènes ou centres vitaux.

Dans les Dicotylédones, que nous regardons comme ayant un *développement type*, l'association des phytogènes vivant solidairement ou en commun se fait d'une autre façon que celle que nous avons indiquée. Pour bien concevoir notre idée, il faut rappeler que le mouvement central commandant tout autour de lui des mouvements d'égales dimensions, il ne peut y avoir que 12 mouvements d'égales dimensions l'enveloppant de toutes parts ; savoir : 3 inférieurs ponctués i, *fig.* 11, A (pl. II), 6 circulaires, c, et trois supérieurs alternes avec les trois ponctués s. Mais les 3 phytogènes ponctués se trouvant pressés de toutes parts par l'ancien tissu, au-dessous de lui, et les phytogènes supérieurs, n'ont pas une évolution libre comme les trois supérieurs, s, et les 6 circulaires, c, de sorte que ces 9 derniers seuls entrent dans la composition des organes appendiculaires. Voici alors comment se fait la scission : deux des phytogènes circulaires et l'un des trois phytogènes supérieurs qui les surmontent, formant par leur position une sorte de *triangle phytogénique*, ont des forces rayonnantes assez puissantes pour qu'elles arrivent à se pénétrer réciproquement, d'où résulte une vie solidaire ou commune. Ce sont ces 3 phytogènes vivant en commun qui vont croître et constituer l'organe appendiculaire, et comme il y a 6 phytogènes circulaires qui s'associent 2 à 2 et qui vivent avec le 3ᵉ qui les surmonte, il s'ensuit qu'il y a 3 exastosies, *ex*, représentant autant d'organes appendiculaires autour du phytogène central, *fig.* 10 ; d'où le verticillisme par 3 que nous avons regardé comme le type des Dicotylédones, et, en effet, il est rare de trouver une espèce qui ne présente pas quelquefois ce retour au type que nous avons établi (1).

Toutefois, les 3 phytogènes P,P,Ps, *fig.* 8, C, que nous appellerons quelquefois *triangle phytogénique*, ne tardent pas à être, chacun, le centre d'une action vitale, laquelle déterminera la formation d'une nervure de chaque côté de laquelle le tissu cellulaire se produira plus ou moins abondamment; mais le phytogène supérieur Ps, plus libre, prendra un accroissement plus rapide et en communication plus directe avec le tissu cellulaire p,p′,p″, il ne tardera pas à former de nouveaux tissus et des faisceaux fibro-vasculaires qui constitueront la nervure médiane. Si les phytogènes latéraux P ne s'individualisent pas, ils vivront en commun avec Ps, et la feuille sera *simple*; si au contraire ils ont un commencement d'individualisation, ils formeront une feuille *trilobée*; enfin, si l'individualisation est complète, ils donneront lieu à une feuille *trifoliolée*, et ainsi s'explique aisément la cause qui détermine la réalisation de la composition par 3, des feuilles, ainsi que nous l'avons établi sous le nom de *Principe de la trisection* ou de la *triplasie*, dans notre *Essai de phytomorphie*, t. II, p. 3.

Nous verrons un peu plus loin qu'il y a des circonstances où les phytogènes circulaires P,P, *fig.* 8, C, s'individualisent et donnent lieu à des *stipules* : dans ce cas, le phytogène supérieur Ps, seul, suffit à la constitution du limbe, mais alors il subit une composition plane dont chaque phytogène devient le siége d'une individualisation plus ou moins indépendante de l'ensemble.

(1) Ch. Fd. *Rech. nomb. des parties constit. les cycles hélicoïdaux; Compt. rend. Acad. sc.*, septembre 1855; *Bull. soc. bot. France*, t. II, p. 568.

Dans un grand nombre de circonstances, les recherches organo-géniques offrent des phénomènes qui paraissent être en contra-diction avec ce que nous avons dit se passer en étudiant l'évolution du bourgeon naissant; mais on va voir, qu'au contraire, elles viennent confirmer notre théorie phytogénique.

En effet, quand on examine organogéniquement, ainsi que l'ont fait MM. Payer, Naudin, Trécul, etc., le bourgeon qui se trouve au centre de feuilles bien développées, les exastosies cen-tripète et circulaire sont, on peut dire, *dissimulées;* on n'aper-çoit pas aussi nettement les fentes que l'on observe sur le bour-geon naissant et qui font les écailles. Cependant M. Naudin, dans ses *Observations sur le développement des organes appen-diculaires des végétaux* (1), semble les avoir constatées quand il dit : « que celles-ci (les feuilles) se forment, dans le principe, par une sorte de repli ou de pincement du tissu de l'axe rudi-mentaire, dont elles ne diffèrent alors ni par leur couleur, ni par leur consistance. » Mais alors même que les fentes ne se distingueraient pas, le phénomène d'exastosie qui se passe dans le bourgeon n'en existerait pas moins.

Pour bien concevoir la possibilité de l'existence d'un fait sem-blable que l'on ne pourrait saisir, il est essentiel d'entrer dans une explication préalable. Nous avons dit, et c'est aujourd'hui l'opinion d'un grand nombre de botanistes, que tous les tissus commencent par être à l'état *fluide ;* c'est alors une sorte de *cam-bium* ou *fluide générateur* qui se trouve dans toutes les parties vivantes du végétal, mais surtout aux points où doivent se for-mer les centres vitaux ou phytogènes destinés à former les axes et les organes appendiculaires. Par conséquent, on peut dire que le phytogène qui est au centre d'un bourgeon déjà bien enveloppé de feuilles est toujours à l'état fluide, et c'est aussi ce que paraît avoir admis M. Naudin quand il dit (loc. cit.) que « les axes s'allongent indéfiniment par un afflux continuel de matière orga-nique à leur extrémité, qui est toujours transparente, incolore, comme gélatineuse, arrondie ou conique, etc., dans la plupart des cas, suivie de près du développement des feuilles. »

Pour généraliser les exastosies et les rattacher à une idée plus

(1) *Ann. sc. nat.*, 2ᵉ série, t. XVIII, p. 360.

philosophique, il faut concevoir que ces exastosies se produisent sur des tissus d'âge fort différents ; qu'ainsi on les voit se produire sur des tissus assez âgés pour être desséchés (fruits secs) ; sur des tissus moins âgés mais ligneux (articulation des axes); sur des tissus mous (Parenchyme des feuilles) ; sur des tissus gélatineux comme dans les productions les plus internes du bourgeon.

1° Quand l'exastosie se prononce sur un tissu solide, opaque et souvent coloré, comme l'est celui qui constitue l'écaille d'un bourgeon, elle est alors si visible, qu'à la simple vue on peut constater les exastosies circulaire et centripète, et l'on voit aisément la manière dont se font les exastosies.

2° Déjà ces exastosies sont plus difficiles à reconnaître dans le phytogène central d'une série d'écailles très-jeunes, et il faut alors souvent le secours de la loupe pour les reconnaître, quoique le tissu soit encore solide, plus ou moins opaque ou coloré.

3° Dans le centre d'un bourgeon bien enveloppé de feuilles, là où le phytogène central, suffisamment protégé, peut faire son évolution, au moment où il est encore à l'état solide, mais où son tissu est mou et transparent, les exastosies peuvent avoir lieu sans que l'on remarque autre chose qu'une sorte de repli, comme l'a observé M. Naudin.

4° Mais si, poussant plus loin le raisonnement, nous admettons que, tout à fait à sa naissance, le phytogène central d'une série de protophytogènes ayant produit des organes appendiculaires est à l'état fluide, c'est-à-dire gélatineux et parfaitement transparent, il pourra se produire des phénomènes d'exastosies qui ne seront plus perceptibles, même à l'aide de nos moyens d'investigation les plus parfaits.

Dans ces conditions un phytogène central pourra, en se développant, déterminer dans les phytogènes périphériques 1, 2 ou 3 exastosies circulaires et les rejeter sur les côtés, unis (Monocotylédones) ou séparés en 2 ou 3 triangles phytogéniques (Dicotylédones), sans que pour cela l'exastosie soit immédiatement apparente. D'où il suit, pour en faire de suite une application aux Monocotylédones, que si le phénomène de la fente unilatérale qui caractérise d'une manière générale cette grande division se fait au moment où le tissu est à l'état gélatineux et si le phytogène

central grandit relativement beaucoup, tous les phytogènes périphériques seront rejetés sur le côté et la fente deviendra de plus
en plus oblique et même horizontale, sans qu'on l'aperçoive autrement que par une évolution ultérieure. Alors on voit apparaître d'abord un mamelon ; puis ce mamelon s'élargit en triangle ;
enfin, continuant à se développer, il envahit peu à peu tout le
pourtour de l'axe et devient ainsi un bourrelet embrassant ou
même engaînant.

Un pareil état de choses peut arriver à quelques Dicotylédones
dont les feuilles sont phytogéniquement alternes, comme le sont
celles des Polygonées et d'un grand nombre d'Ombellifères.
Mais c'est ordinairement l'exception, et les phytogènes périphériques du protophytogène-scion d'une Dicotylédone se comportent différemment : voici alors ce qui se passe et l'on peut même
saisir plusieurs modifications dans la marche de leur évolution :

A. Puisque nous avons vu les phytogènes périphériques s'associer 3 par 3 (*type*), et que chaque association forme le triangle
P,P,Ps, *fig.* 8, C, il s'ensuit que dans tout protophytogène il y a,
indépendamment des 3 phytogènes inférieurs i, *fig.* 11, A,
3 triangles phytogéniques qui, dans le principe, n'apparaissent
pas au sommet de l'axe ; l'évolution continuant et les exastosies
ne marchant pas en raison de l'évolution, le phytogène central
grossit relativement davantage et porte sur les côtés le sommet
des 3 triangles qui, de *convergents* et *terminaux* qu'ils étaient,
deviennent un peu *latéraux* et *divergents* ; dans ce cas, le phytogène central termine l'axe et lui donne la forme ovoïde ou conique qu'il possède. C'est dans ces nouvelles conditions que
l'évolution des phytogènes périphériques se prononce, et alors
on comprend que cette évolution de chaque triangle phytogénique, marchant de façon que le sommet se montre le premier,
ce soit sous la forme d'un mamelon d'abord en forme de calotte
sphérique, puis plus arrondi, ensuite ovoïde, puis de plus en
plus aplati, qu'apparaisse l'organe appendiculaire. C'est certainement de cette façon que se forment les *feuilles simples, sessiles*, chez lesquelles toutes les séries phytogéniques bbb,c'c'c'c',
fig. 5, C, pl. I (1), paraissent entrer dans la composition des feuilles,

(1) Nous avons dit que le phytogène terminal, a, ne se roduisait guère que

surtout lorsque ces feuilles sont verticillées par 3, comme cela a lieu fréquemment dans les *Lonicera* de la section des *Caprifolium*, D. C.

B. Mais nous avons dit aussi que souvent l'association des phytogènes périphériques se faisait de façon à former les feuilles opposées, au moins originellement ; d'où nous avons dû conclure que les choses devaient se passer différemment :

a. Ou bien deux phytogènes opposés de la série circulaire c a, *fig. 4 bis*, A, viennent à avorter et alors un des 3 phytogène supérieur s (*fig. 11*, A), avortant aussi, l'arrangement des phytogènes périphériques est tel qu'il n'y a que 2 triangles phytogéniques c, c, s opposés qui, pendant l'évolution du bourgeon, ne commencent à se montrer un peu latéralement que par une calotte sphérique, s'arrondissant, puis devenant ovoïde, etc., accomplissant ainsi les phases que nous venons de décrire.

Nous croyons que la famille des Labiées se trouve dans ces conditions ; ce qui expliquerait assez bien la quadrangularité de la tige et surtout la difficulté où l'on est de rencontrer dans cette famille le verticillisme par 3 (1).

b. Ou bien les phytogènes circulaires non-seulement n'avorteraient pas, et s'associeraient 3 à 3, mais encore il devrait y avoir production d'un phytogène supérieur de façon à former avec les 3 circulaires une sorte de cône tronqué, *fig. 4 bis*, B. Mais alors selon le mode de développement de chacun de ces phytogènes, il pourra se produire des feuilles en apparence très-différentes quoique ayant eu une origine semblable ; il peut en résulter : 1° ou une feuille à 5 nervures parallèles comme on en voit dans les *Laurus*, le *Viscum album*, etc. ; 2° ou une feuille arrondie à 5 nervures palmées, ou souvent, par multiplication ultérieure, 7 ou 9 comme dans les *Cercis* ; 3° ou une feuille simple plus ou moins lobée, mais de génération latérale (*Hedera*, *Acer*, *Vitis*, etc.) ; 4° ou une feuille à 2 lobes latéraux seulement, comme on en voit

---

dans les Monocotylédones, d'où la forme plus allongée du bourgeon et peut-être la cause de la formation d'une seule feuille au sommet de chaque mérithalle.

(1) Cependant, nous l'avons rencontré dans le *Teucrium pyrenaicum et* dans le *Salvia splendens* (*Rech. sur le nombre type comp. les cycles hélicoïdaux*, etc.; *Bull. soc. bot. France*, 1855).

dans les *Bauhinia*, quelques *Passiflora;* — 5° ou enfin des feuilles à 2 folioles latérales seulement, comme dans les *Zygophyllum*. C'est, plus probablement, cette dernière forme de feuilles qui se produirait.

Nous ferons observer en passant que bien que les phytogènes, ccc, et ss, soient superposés, cependant comme ils alternent entre eux et qu'ils sont, dans le principe, d'une excessive ténuité, on peut les regarder comme étant sur une même rangée et que par conséquent les nervures qu'ils forment doivent paraître émerger d'une hauteur sensiblement la même. Toutefois nous verrons un peu plus loin que les feuilles à génération latérale comme le sont celles des *Cercis, Hedera, Acer, Vitis,* etc., ont une autre génération phytogénique plus probable.

c. Ou bien au-dessus du triangle tronqué précédent (*fig. 4 bis.* B), il peut se former un autre phytogène, l, (*fig. 4 bis,* C) et dans ces nouvelles conditions nous avons affaire à un nouveau mode de formation des feuilles. Ici, en effet, ainsi que nous l'avons déjà dit autre part (1), chaque série, ccc, ss, ou, l, a sa signification particulière, et nous sommes convaincu que la série, ccc, est l'origine de la *gaîne* ou des *stipules;* les séries, ss et l, l'origine de la lame des Monocotylédones assimilables à un pétiole; ou, dans quelques cas, la série, l, se développe en limbe, tandis que la série, ss, forme un pétiole plus ou moins aplati.

Il est extrêmement probable que, quelquefois, la série, ccc, avorte entièrement, d'après les exemples que nous avons indiqués déjà (2), et dans ce cas, il est évident que les 3 phytogènes disposés en triangle, ss, l, rentrent tout à fait dans les conditions que nous avons précédemment indiquées (p. 114 et 115) et que, par conséquent, nous avons alors des organes analogues.

Faisons observer de suite que ce que nous venons de dire ne s'applique pas seulement aux feuilles opposées, mais en même temps à certaines feuilles alternes : Celles qui ne le sont pas *phytogéniquement* (3), car dans le principe elles étaient opposées et ce n'est que par les progrès de la végétation qu'elles se sont séparées. Examinons donc maintenant comment il se peut qu'il

(1) *Essai de Phytomorphie,* t. II, p. 139.
(2) *Ibid.,* p. 136.
(3) *Ibid.,* p. 138.

y ait des feuilles *phytogéniquement alternes* et des *feuilles alternes par déplacement.*

I. *Feuilles phytogéniquement alternes.* — Tous les phytogènes périphériques, avons-nous dit, peuvent entrer dans la constitution de l'organe appendiculaire, et dans ce cas, il en résulte des feuilles qui *phytogéniquement* doivent être *alternes* entre elles, et cela se conçoit aisément puisque le même organe emploie ici tous les éléments qui auraient pu en constituer 2 opposés ou 3 verticillés. Mais il n'est pas toujours facile de dire si les feuilles d'une plante sont phytogéniquement alternes ou si elles le sont par *diastasie*, c'est-à-dire par l'éloignement de 2 feuilles opposées ou de 3 feuilles verticillées. Toutefois, il est une foule de circonstances dans lesquelles on peut hardiment se prononcer sur ce point. Citons quelques exemples :

1° Il est de toute évidence que, lorsque les feuilles sont opposées d'ordinaire, si on les trouve alternes par *diastasie*, l'alternance ne saurait être phytogénique (*Syringa vulgaris*, *Helianthus tuberosus*, *Cannabis sativa*, etc.);

2° Si les feuilles sont normalement alternes et si par un phénomène contraire au précédent, par *plésiasmie*, deux feuilles arrivent à une opposition parfaite, on peut être assuré que les feuilles ne sauraient être phytogéniquement alternes, et que, par conséquent elles n'emploient pas tous les phytogènes périphériques pour la formation d'un seul organe appendiculaire (*Cydonia vulgaris*, *Phaseolus*, *Lunaria annua*, *Ulmus campestris*, *Citrus aurantium*, etc.).

On peut observer d'ailleurs que dans ce cas, la base de la feuille, alors même qu'elle serait plus ou moins enveloppante, n'embrasse jamais à aucune époque toute la partie de l'axe sur lequel elle est exsérée.

3° Au contraire, quand par un phénomène de plésiasmie, qui indique l'avortement d'un mérithalle, deux feuilles alternes se rapprochent beaucoup sans jamais s'opposer parfaitement, ou quand la base de la feuille est complétement enveloppante, il est évident qu'elle rentre dans le cas d'alternance phytogénique, et que, par conséquent, tous les phytogènes périphériques sont employés à la constitution d'un seul organe appendiculaire.

Ainsi de ce que dans la Vigne, nous n'avons pu constater une parfaite opposition de leurs feuilles, nous sommes enclin à penser qu'elles sont bien phytogéniquement alternes ; de même, dans les Graminées ou les Polygonées et les Ombellifères à feuilles engaînantes, la gaîne étant une preuve que tous les phytogènes circulaires ont été utilisés à sa formation (1), nous sommes porté à affirmer que la feuille est phytogéniquement alterne et que jamais, par plésiasmie, on n'arrivera à une opposition parfaite.

4° Il n'est même pas besoin pour cela que tous les phytogènes périphériques soient utilisés à la constitution de l'organe appendiculaire pour que la feuille soit phytogéniquement alterne. Il faut, à ce sujet, rappeler ce que nous avons dit bien des fois en parlant de la feuille des Monocotylédones ; cela nous permettra de donner en même temps l'explication de quelques contradictions apparentes résultant des recherches de nos meilleurs organogénistes et des nôtres.

La feuille de monocotylédone, d'une manière générale, se compose de l'ensemble des phytogènes périphériques qui vivent dans une union parfaite et forment comme une sorte de sac ou d'enveloppe au phytogène central. A un moment donné cette enveloppe se fend, par exastosie, et non forcée par le développement du phytogène central (puisque très-souvent les 2 bords qui en résultent se croisent en s'enroulant plus ou moins), cette enveloppe se fend par le sommet et par un seul côté de façon à laisser passer les formations ultérieures des phytogènes centraux. C'est la gaîne qui se forme toujours la première ; elle utilise à sa formation la série circulaire de phytogènes c', *fig.* 5, C, et elle se trouve surmontée des séries b, et a. Quand, plus tard, ces 2 séries viennent à se développer, ou bien elles vivent en commun continuant la gaîne et formant une lame que nous avons regardée comme un pétiole (2), ou bien la série, b, ne prend aucun accroissement en largeur et constitue un pétiole, et c'est à la partie, a, qui apparaît sous la forme d'un mamelon, qu'est dévolue la faculté de produire un limbe.

Quelquefois cette gaîne ne se fend pas sur le côté, mais ou-

(1) Nous faisons cette restriction, parce qu'il se pourrait que la gaîne unique fût surmontée par 2 limbes ; car nous en avons un curieux exemple dans l'*Oxalis acetosa*, qui, en effet, présente une seule gaîne portant 2 limbes bien conformés.

(2) *Essai de Phytomorphie*, t. II, 144.

verte au sommet elle permet le développement des autres phytogènes centraux (*Carex*, oignons à tuniques, etc.).

D'autres fois, quoique fendue, elle se développe tellement en
largeur, ainsi que la lame qui la surmonte, que les bords sont
obligés de se croiser et de former même un enroulement en cornet remarquable dans les Balisiers et les Graminées, et ce développement se produit sur des phytogènes si jeunes, ou, en d'autres termes, les phytogènes centraux deviennent protophytogènes
de si bonne heure qu'il n'est pas rare de compter nettement 12 et
15 feuilles de plus en plus petites et formant comme une série de
cônes emboîtés les uns dans les autres, si bien qu'il est alors très-
difficile de saisir le phytogène central non encore divisé sur le
côté, ce qui en rend l'organogénie praticable seulement aux
personnes très-exercées à ce travail. Dans les Iridées, la fente
paraît se former à la base de la feuille, mais il n'en est absolument rien ; car si l'on suit le développement d'un des bourgeons
qui naît à l'aisselle des feuilles, dans l'*Iris pumila*, par exemple,
on voit qu'il apparaît d'abord sous forme d'un point sous-orbi-
culaire, a, *fig.* 21, pl. IV ; puis à mesure qu'il grandit il s'aplatit
latéralement par rapport à l'axe-mère, b, et même s'incurve un
peu de son côté, c. Vu non plus en dessus, mais en face, le long
de l'axe, le même bourgeon c, a, à peu près, la forme d, c'est-à-
dire qu'il paraît à peu près droit ; un peu plus tard, on le voit
pencher d'un côté, e, mais il paraît toujours indivis. Cependant
avec une certaine attention, du côté f', on peut constater comme
une petite fente qui est en effet l'endroit par où sortira une seconde feuille f', comme on le voit en f, g, h et i. Bientôt la lame
de la première feuille qui était penchée d'un côté, en grandissant,
se redresse peu à peu et prend enfin la figure ensiforme, i, que
l'on connaît à la feuille adulte. Dans son beau *Mémoire sur la
formation des feuilles*, M. Trécul a aussi fait l'organogénie de la
feuille de l'*Iris germanica* et ses observations se rapprochent
beaucoup de celles que nous venons de décrire, avec cette différence que le renversement de la feuille est tel, au début, que la
fente est arrivée à être presque horizontale, et la lame de la
feuille apparaît alors comme un bourrelet (1). Mais cette diffé-

(1) Trécul, *Mémoire cité sur la formation des feuilles*, *fig.* 134 ; *Ann. sc.
nat.*, t. XX, 1854.

rence, légère au fond, tient à ce que nous avons suivi la marche du bourgeon naissant, tandis que M. Trécul a sans doute pris le bourgeon dans des feuilles déjà bien développées. D'ailleurs, le phénomène est exactement le même, car il suffit de supposer que le développement du phytogène central est relativement plus grand dans le cas où il serait pris dans une série de feuilles développées; il en résulte alors que la feuille très-jeune est fortement déjetée sur le côté, ce qui ne la montre plus réellement que sous la forme d'un bourrelet circulaire. Au reste, le renversement de la feuille est tellement la cause de la presque horizontalité de la fente latérale, cause déterminée par le grand développement relatif du phytogène central, c'est que, même étudiée dans le bourgeon pris au centre de feuilles bien développées, cette fente présente tous les degrés d'inclinaison possible examinée dans des espèces différentes. Ainsi, dans les Graminées (*Bambusa, Arundo*) nous l'avons toujours trouvée exactement latérale et verticale, par conséquent; dans le *Tradescantia Zebrina* la fente tend à devenir horizontale ; elle l'est encore plus dans l'*Iris germanica* et elle paraît être presque horizontale dans le *Glyceria aquatica*, d'après les figures 140, 144 et 145 de M. Trécul. Nous insistons sur ce point, parce que nous ne pouvons supposer qu'il y ait deux marches différentes dans l'évolution des bourgeons d'une même espèce et nous ne pouvons admettre que dans un bourgeon naissant les phytogènes périphériques s'exastosieraient latéralement, pour former l'organe appendiculaire ; tandis qu'au milieu des feuilles déjà formées, le phytogène central s'ouvrirait par le sommet.

Il est bien plus probable que, étant rejetés sur les côtés, par le développement du phytogène central d'un protophytogène, ses phytogènes périphériques forment l'organe appendiculaire apparaissant sous forme de bourrelet circulaire. D'ailleurs, il est fort possible que les observateurs n'aient point apperçu la fente latérale originelle, et qu'ils ne l'aient vue qu'au moment où elle commençait à s'ouvrir pour laisser passer la feuille incluse et alors que la précédente était déjà fortement déjetée sur le côté. Cette manière de voir est d'autant plus naturelle qu'elle est en rapport, non-seulement avec nos observations sur le développement des bourgeons, mais encore avec l'observation si importante, au point de vue phytogénique, que Rob. Brown a faite sur l'embryon des Aroïdées. Cet éminent botaniste a observé le premier et pour la première fois, qu'à la base du cotylédon, il existait une petite fente longitudinale placée en face de la gemmule et destinée à son passage, et plus tard, Ad. de Jussieu a constaté une pareille fente dans les embryons des autres Monocotylédones, à leur premier état de développement.

Voici une observation facile à faire et qui va donner une juste idée de ce que nous venons d'avancer : il s'agit de la formation des bulbilles qui se développent sur la tige du *Lilium candidum*. Si l'on choisit plusieurs fortes tiges de cette plante, et si lorsqu'elle est en fleurs, on vient à la couper tout à fait à sa base, non-seulement on favorise le développement de quelques capsules, mais souvent on détermine la formation de bulbilles dont nous avons suivi avec soin le mode de production (1).

A l'aisselle des feuilles, on voit se former des bulbilles quelquefois en assez grand nombre 3, 4 et même 5 à la même aisselle. Le plus ordinairement, c'est sur les bords de l'aisselle que se développe un de ces bulbilles, par conséquent il y en a 2 ; souvent un troisième se forme au milieu, et quand il y en a 4 ou 5 (rare), les surnuméraires se forment entre celui du milieu et ceux des bords. Ils nous paraissent alors être l'expression du développement de 5 phytogènes interphytogéniques, p, *fig.* 4.

Quoi qu'il en soit, le bulbille commence par apparaître sous la forme d'une petite calotte sphérique qui, en grandissant, devient quasi-sphérique, un peu déprimée dans le sens de l'axe ; ce mamelon est blanc dès l'origine, bien qu'il ait le contact de la lumière. Un peu plus tard on le voit se creuser à sa base qui s'épate un peu, formant le rudiment du *plateau* et qui ne tarde pas à laisser passer un autre petit mamelon qui formera plus tard une seconde écaille. La première écaille (feuille ou gaîne) qui ne reste pas embrassante, en grandissant, se renverse et se creuse peu à peu en une écaille lisse, blanche, concave intérieurement, très-convexe extérieurement, recouvrant presque la 4e écaille qui se forme un peu plus tard. Le second mamelon se comporte absolu-

_____

(1) *Faits pour servir à l'histoire générale de la fécondation chez les végétaux*, Paris, 1859, p. 40.

ment comme le premier, c'est-à-dire que sa base interne se creuse pour laisser sortir un 3e mamelon origine de la 3e écaille qui n'est pas plus embrassante que la première. Cette seconde écaille n'est jamais exactement opposée à la première. Le troisième mamelon qui se comporte dans son évolution, comme les 2 autres, se développe précisément en face de l'intervalle laissé par les 2 premières écailles, de façon que les organes annoncent déjà une disposition alterne tristique (qu'ils conserveront quelque temps seulement), car la 4e écaille se place précisément en face de la première. Toutefois, il y a de nombreuses exceptions à ce fait que nous avons cru plus fréquent que les autres, puisque l'on rencontre souvent des écailles opposées, et souvent on observe un peu plus ou un peu moins d'écart dans l'angle de divergence exigé par la forme alterne tristique. Comme on le voit, les écailles de ces bulbilles ont une grande analogie de formation organogénique avec les feuilles de l'*Iris pumila*.

Plusieurs modifications peuvent survenir dans la vie en commun des phytogènes périphériques destinés à ne former qu'un seul organe appendiculaire.

1° Tous les phytogènes périphériques peuvent entrer dans la constitution de l'organe appendiculaire sans addition ou sans diminution de nombre ; c'est-à-dire que chaque phytogène primitif peut se développer *phytogéniquement*, c'est-à-dire *sans se composer* et donner lieu à autant de petits axes qui ne sont autres que des nervures, et comme nous ne pouvons compter que 9 phytogènes périphériques qui ne soient pas *superposés centre à centre*, il en résulte que dans la vie en commun de l'organe il ne peut y avoir que 9 nervures, et c'est en effet le nombre que que l'on retrouve quelquefois dans les feuilles de Monocotylédones (*Allium pallens*) dont les nervures parallèles facilitent l'étude du nombre originel des phytogènes entrant dans la composition des feuilles.

2° Le plus souvent, la feuille pouvant être regardée comme une épipédochorise pollaplasique, et cette épipédochorise étant sujette à une multiplication souvent considérable (1), il en résulte que les 9 phytogènes périphériques primitifs peuvent cha-

(1) *Essai de Phytomorphie*, t. I, p. 2 0.

cun se *diplasier* ou se *triplasier*, ou même se *pollaplasier*, et
dès lors il se produit une très-grande quantité de nervures dont
les nombres devraient être des multiples de 9 ; mais comme
plus ces nombres sont élevés, plus il y a de chances pour que
ces multiples ne soient pas exacts, il s'ensuit que l'on a rarement
le nombre que donne la théorie, et, en effet, ces feuilles offrent
un grand nombre de nervures en quantité variables.

3° Mais souvent aussi quelques-uns des phytogènes primitifs
peuvent avorter et présenter un phénomène de multiplication
après avoir offert le phénomène contraire de l'avortement. On
comprend alors pourquoi ce nombre type, qui devrait être 9,
peut ne plus être ce nombre ou son multiple. A cet égard, il y a
des conditions normales et des conditions anormales qu'il convient d'étudier.

A. Parmi les conditions normales, il en est 2 principales ;
savoir :

a. Il peut arriver qu'un des phytogènes circulaires vienne à
avorter ou à se transformer, et alors les feuilles ne sont plus
complétement engaînantes ou embrassantes à quelque âge de
leur vie qu'on les examine ; de plus, elles sont toujours phytogéniquement alternes et le nombre des nervures devrait être pair,
mais ce phénomène est très-rare et il est plus ordinaire de voir
un des phytogènes supérieurs avorter en même temps que le
phytogène circulaire, ce qui réduit le nombre des nervures à 7.

Ainsi, s'il nous fallait présenter des exemples où très-vraisemblablement les 2 ordres de phénomènes se rencontrent, nous
citerions :

1° Les *Cissus* et les *Vitis* chez lesquels un des phytogènes circulaires se transforme en vrille, que nous n'avons jamais cru devoir regarder comme l'extrémité d'un axe déjeté par le développement du bourgeon axillaire, son exsertion étant évidemment
de même origine que la feuille et l'anatomie ne démontrant en
aucune façon que ce soit un axe déjeté continuant le mérithalle
inférieur. D'un autre côté, chez les *Cissus*, ces axes se désarticulent parfois, absolument comme les feuilles et même longtemps
avant, ce qui n'aurait certainement pas lieu si la vrille était une
continuation du mérithalle inférieur, car dans le cas où les articulations de l'axe se détachent par les gelées, ce phénomène n'a

lieu que bien après que toutes les feuilles sont tombées. Il nous paraît plus rationnel d'admettre qu'un des phytogènes circulaires vivant isolément se développe en un axe appauvri, absolument comme le phytogène qui se détache de la feuille des Cucurbitacées se développe en ville. Mais s'il arrive que ce phytogène soit suffisamment nourri, alors il se développe en un axe tout à fait comparable aux axes normaux.

2° Chez les *Rosa*, nous admettons qu'un ou plusieurs des phytogènes circulaires avortent, parce qu'à aucune époque de la formation des feuilles nous n'avons trouvé sa base embrassante, parce que, malgré les phénomènes de plésiasmie assez fréquents chez les *Rosa*, nous n'avons pu constater l'existence d'une opposition parfaite de 2 feuilles, et enfin parce que l'organogénie nous a montré des feuilles toujours assez sensiblement alternes.

b. On peut supposer que 3 phytogènes circulaires viennent à ne pas se développer, et, dans ces conditions, un au moins des phytogènes supérieurs subit le même sort, et alors il ne reste plus originellement que 5 phytogènes qui, par leur développement, formeront 5 nervures, et surtout auront une base moins enveloppante encore que dans l'hypothèse précédente. Si l'avortement en question a réellement lieu, il est évident que les feuilles seront phytogéniquement alternes, et quel que soit l'état d'avortement du mérithalle, on n'aura jamais une vraie opposition des feuilles, celle-ci résultant du développement de 2 systèmes d'une même formation périphérique de phytogènes.

B. Ce premier état obtenu comme nous venons de le dire (A, a ou b), rien ne s'oppose à ce que les phytogènes périphériques restants, et vivant ensemble pour former une épipédochorise pollaplasique *foliaire*, se multiplient ultérieurement par diplasie, triplasie ou pollaplasie, et qu'ainsi le nombre des nervures soit un multiple de 7 ou de 5, à moins que, dans tous les cas de multiplication que nous venons de citer, cette multiplication ne se fasse par une génération longitudinale analogue à celle qui fait les feuilles des *Robinia* (1) ou par une génération latérale analogue à celle qui fait les folioles des feuilles de Potentilles Quintefeuilles (2), et c'est en effet ce qui a lieu très-fré-

(1) *Essai de Phytomorphie*, t. II, p. 37.
(2) *Ibid.*, p. 40.

quemment; quelquefois même les 2 générations se réunissent pour augmenter les multiplications, comme on le voit dans les *Chamœrops*, les *Sabal*, particulièrement dans le *Sabal umbraculifera*, où cette multiplication est des plus remarquables.

II. *Feuilles alternes par déplacement.* — Cette sorte d'évolution des bourgeons dans lesquels l'exastosie se fait latéralement n'appartient pas seulement aux Monocotylédones, car un certain nombre de Dicotylédones offrent des bourgeons dont l'évolution se fait absolument de la même manière. Ainsi, lorsque nous cherchons à faire l'organogénie du bourgeon du Tilleul, nous voyons à l'aisselle d'une des feuilles naître un phytogène d'abord sphérique, qui, un peu plus tard, s'allonge en cône et est parfaitement indivis dans le principe; mais pour le saisir à cet état, il faut le prendre à l'aisselle d'une feuille très-jeune. En effet, il est très-remarquable que le jeune bourgeon axillaire naisse presque en même temps que la feuille, car nous l'avons trouvé à l'aisselle d'une feuille qui n'avait pas plus de 1/2 millimètre de hauteur ; c'est dans ce moment que le bourgeon nous a paru indivis quoique conique déjà. Ce jeune bourgeon se fend sur un des côtés, mais d'une façon toujours la même et sans que l'écaille qui résulte de l'exastosie latérale et de l'exastosie centripète reste embrassante. La 1re fente de tous les bourgeons successifs d'une même tige, non-seulement est tournée du même côté, mais toutes ces fentes sont dirigées en dehors de l'axe général, c'est-à-dire que la 1re écaille de tous les bourgeons tourne le dos à l'axe central, c, *fig.* 22, A, pl. IV. Cette même fente est toujours latérale par rapport à l'axe, a, qui porte directement le bourgeon.

Du milieu de cette 1re fente sort un phytogène central qui l'écarte et déjette l'écaille, e, un peu sur le côté et ce nouveau phytogène central devenu protophytogène s'ouvre à son tour par une fente latérale opposée à la 1re et ses phytogènes périphériques constituent une 2e écaille, e'. Généralement au-dessous de ces 2 écailles on voit apparaître 2 stipules, st, qui enveloppent la 1re feuille, f. A l'opposé du nouvel axe, on observe la formation de 2 autres stipules, st', enveloppant une seconde feuille f'; toujours à l'opposé de cette dernière feuille, c'est-à-dire au-dessus de la première on voit se former aussi 2 autres stipules st'', entourant une 3° feuille f' et ainsi de suite comme le montre le diagramme de ce bourgeon, *fig.* 22, A.

Cherchons phytogéniquement à nous rendre compte de tous ces phénomènes. Nous commençons par constater deux sortes de formation dans ce bourgeon; 1° la formation de 2 écailles; 2° la formation d'une série de feuilles enveloppées chacune par 2 stipules.

1° Le phytogène interphytogénique axillaire de la feuille commence par apparaître sous forme d'un mamelon sphérique d'abord, puis ovoïde. A cette époque, il est passé à l'état de protophytogène et une seule exastosie circulaire coïncidant avec l'exastosie centripète donne lieu à une fente latérale et à une seule écaille. Tous les phytogènes périphériques vivant en commun, d'une vie faible et languissante, ne formeront qu'un seul organe appendiculaire (l'écaille). Le phytogène central donnera lieu après sa transformation en protophytogène, à une seconde écaille généralement mieux développée, formée de la même manière.

2° Ordinairement, le 3° phytogène central et les suivants donnent lieu à 2 stipules et à une feuille; mais il est fort possible qu'alors, bien avant que l'on ait pu saisir les 2 exastosies circulaires qui se produisent, une de chaque côté du protophytogène, il est fort possible, disons-nous, qu'alors 2 triangles phytogéniques C, *fig.* 8, se soient formés et aient été rejetés sur les côtés par le développement du phytogène central. Dans ces conditions, l'opposition originelle serait détruite par un défaut de simultanéité de développement dans les 2 feuilles, analogue à celui que nous avons reconnu dans les Acotylédones (*Onoclea*), etc. Ceci admis, nous pourrions nous rendre compte du travail phytogénique qui a lieu dans la feuille du tilleul. En effet, les 2 phytogènes P, P, auraient un développement différent de celui que prendrait le phytogène supérieur P. s, *fig.* 8, C, et formeraient les stipules, tandis que ce dernier se composant à la manière des *protophytogènes-limbes*, se développerait suivant la génération longitudinale dont nous avons parlé. On aurait ainsi une série successive de nervures superposées, de plus en plus jeunes à mesure qu'elles s'élèvent et dont tous les intervalles seraient comblés par du tissu cellulaire, à l'exception des extrêmes bords, ce qui constituerait ces sinus qui donnent lieu aux dents de la feuille. Il va

sans dire que le triangle phytogénique opposé qui se développe
plus tard, emporté plus haut par l'évolution de l'axe, se conduira
de la même façon, pendant que le phytogène central de ces
2 triangles phytogéniques subira une nouvelle composition et se
comportera comme le protophytogène au milieu duquel il s'était
développé.

Ce qui nous paraît donner quelque créance à cette manière de
voir, c'est que dans l'*Ulmus campestris*, dont les feuilles sont aussi
alternes distiques et munies de 2 stipules caduques, on trouve
presque toujours des feuilles opposées sur le premier axe qui résulte de la germination des graines (1).

Dans l'évolution du bourgeon de Saule, on voit aussi une
seule fente latérale se produire vis-à-vis de l'axe, a, *fig.* 22, B, et
former une première écaille enveloppante, caduque, très-convexe.
Le phytogène central, devenu protophytogène, se fend encore
parallèlement à la première fente, mais, cette fois, des 2 côtés
opposés, de sorte qu'il en résulte 2 feuilles presque opposées dont
l'une, se développant moins vite que la première, paraît plus petite et se trouve bientôt portée plus haut par le développement
ultérieur de l'axe. Le phytogène central nouveau devient protophytogène à son tour et se fendant des 2 côtés, perpendiculairement à la fente précédente, il en résulte 2 nouvelles feuilles en
croix avec les 2 premières, toujours un peu inégales, opposées
dans le principe, mais qui ne tardent pas à se déplacer. Le phytogène central de ce protophytogène se compose à son tour, se
fend perpendiculairement à la dernière fente, d'où résultent
2 nouvelles feuilles en croix avec les précédentes et que l'évolution
de l'axe déplace bientôt. Cette évolution se continue ainsi alternativement, de façon, cependant, à ce que la fente oblique de
plus en plus d'un côté, comme si l'axe subissait une torsion
lente, et à ce que les feuilles diffèrent de plus en plus de grandeur.
Pas de stipules (Diagramme, *fig.* 22, B.).

Ce développement conduit à celui qui a lieu dans le Noyer,
lequel est évidemment un bourgeon à éléments foliaires opposés,
mais que le déplacement fait passer bientôt à l'alternance. Dans
le diagramme C. *fig.* 22. 1° On voit que le bourgeon (1er proto-

(1) *Essai de Phytomorphie*, t. I, p. 81, note.

phytogène), complétement indivis dans le principe, s'est fendu par le sommet, parallèlement à l'axe pour former 2 premières écailles un peu concaves en dedans ; 2° le phytogène central composé ou 2ᵉ protophytogène, s'est ensuite fendu bilatéralement, perpendiculairement à la 1ʳᵉ fente, d'où sont résultées 2 autres écailles, plus grandes. plus concaves, sous-orbiculaires ; 3° le nouveau phytogène central (3ᵉ protophytogène), s'est comporté de la même façon, pour former 2 autres écailles superposées aux premières, un peu allongées et surmontées d'une apparence de foliole mal développée ; 4° le 4ᵉ protophytogène s'est comporté de la même façon, mais ici il y a formation d'une seule écaille, intérieure, oblongue, concave en dedans et opposée à une feuille déjà composée de 7 folioles en estivation duplicative ; 5° enfin le 5ᵉ protophytogène se fend encore pour former d'abord 2 mamelons opposés qui s'élargissent et se composent en 2 feuilles opposées dont les folioles sont à estivation duplicative ; mais bientôt ces feuilles opposées passent à l'alternance à cause du défaut de simultanéité de développement et par le développement de l'axe qui emporte plus haut l'une des 2 feuilles.

Comme on le voit, les espèces que nous venons d'analyser accusent des feuilles originellement opposées et alors il ne faudrait pas s'étonner si anormalement on en rencontrait qui seraient exactement opposées, et c'est ce qui arrive souvent au Saule. Au reste, les phénomènes tératologiques de déplacement fournissaient déjà une preuve suffisante que l'alternance pouvait dans quelques cas être le résultat d'une diastasie normale et il suffisait de reconnaître que des plantes étaient au début, non-seulement à cotylédons opposés, mais à plusieurs paires successives de feuilles opposées, alors que ces plantes sont bien réellement à feuilles alternes. Les *Phaseolus*, par exemple, présentent fréquemment, indépendamment de leurs cotylédons et de leurs 2 feuilles séminales, 1, 2 et quelquefois 3 paires de feuilles trifoliolées, opposées. Dans le *Phaseolus multiflorus,* nous avons remarqué jusqu'à 6 paires de feuilles opposées.

III. *Feuilles opposées ou verticillées.* — Les espèces à feuilles alternes dont nous venons de faire l'organogénie établissent en quelque sorte le passage des espèces à feuilles phytogéniquement alternes aux feuilles véritablement opposées.

A. *Feuilles opposées.* 1° Si l'on suit dès sa naissance l'évolution d'un bourgeon de Lilas (*Syringa vulgaris*), pris sur un axe vigoureux dont on a enlevé toutes les feuilles et tous les bourgeons axillaires, on le voit apparaître, dans le voisinage d'un bourgeon enlevé, sous forme d'un globule de tissu cellulaire blanchâtre; un peu plus tard, il s'allonge en un bourgeon ovoïde qui s'ouvre au sommet par une fente bilatérale dans le plan de l'axe. Cette fente donne lieu à 2 écailles opposées, concaves. Le phytogène central, d'abord indivis, se fend pareillement et donne 2 autres écailles opposées, mais en croix avec les 2 premières. Les phytogènes centraux successifs subissent le même mode de division en formant des écailles opposées et relativement en croix, mais dont la forme se rapproche de plus en plus de celle que la feuille doit avoir plus tard. En faisant l'organogénie des éléments d'un bourgeon axillaire ordinaire de 5 à 6 millimètres de hauteur, on voit déjà chaque écaille de la 5ᵉ paire se rétrécir à sa base en un petit pétiole. A mesure que l'on marche vers le centre du bourgeon, les petites feuilles deviennent de plus en plus minces et allongées, mais chaque paire de même grandeur et formée par deux feuilles simplement appliquées l'une sur l'autre par vernation valvaire indiquant ainsi la continuation du mode d'exastosie qui a présidé à la formation des écailles; on peut sur le même bourgeon suivre ce mode de production jusqu'à la 12ᵉ paire de feuilles qui mesure moins de 1/2 millimètre; au centre de cette 12ᵉ paire est un phytogène central qui apparaît sous la forme d'un petit mamelon conique, solide, transparent, au sommet duquel on peut observer une ligne dirigée perpendiculairement à la fente qui a fait la 12ᵉ paire de feuille et qui indique un commencement d'exastosie bilatérale qui devra former une 13ᵉ paire de feuilles. Ainsi nous constatons, ici, que l'exastosie *dicotylédonienne* se prononce jusque sur le 13ᵉ phytogène central d'un bourgeon-inflondescence non développé. La même analyse exercée sur un bourgeon-inflorescence, pris dans les mêmes conditions, démontre que l'inflorescence se forme au moyen du 6ᵉ ou du 7ᵉ phytogène central.

2° En faisant l'organogénie du *Jasminum officinale* on peut aisément suivre toutes les évolutions du phytogène central pour former les feuilles. Ainsi, entre 2 mamelons de 1/4 à 1/3 de millimètre ovoïdes blancs et transparents appliqués l'un contre l'autre et qu'à l'aide d'une fine aiguille on peut assez facilement séparer, on remarque au centre un autre mamelon ou phytogène central présentant à son sommet un commencement d'exastosie. Celle-ci descendra bilatéralement pour former les 2 mamelons indivis ci-dessus. En suivant une série de ces mamelons de plus en plus âgés, on reconnaît, à n'en pas douter, que la génération des folioles est longitudinale, et d'ailleurs les modifications tératologiques, applicables au principe de la trisection, que l'on rencontre fréquemment et qui sont dans le sens de la longicomposition, viennent confirmer ce que l'observation organogénique vient de faire connaître.

3° Si nous appliquons le même mode d'analyse à un bourgeon axillaire de *Staphylea pinnata*, nous remarquons d'abord que le 1er phytogène peut grandir au point d'acquérir 4 à 5 millimètres de hauteur sans que l'œil, même armé de la loupe, puisse y découvrir l'exastosie bilatérale des Dicotylédones, si ce n'est à l'extrème sommet, où l'on aperçoit un commencement de fente. Un peu plus tard cette fente se prononce davantage et se fait dans le même plan que l'axe, de sorte que les 2 écailles qui en résultent sont en croix avec la feuille-mère et l'axe. Au-dessous de cette double écaille, non encore divisée, on trouve 2 autres écailles, en croix avec les premières et divisées depuis longtemps, puisque l'interne enveloppe l'externe qui, elle aussi, est enveloppante par rapport aux feuilles qui se forment après.

Le phytogène central de cette 2° paire d'écaille est déjà très-développé lui-même et a fourni 2 feuilles opposées chacune avec leurs 2 stipules, composées, très-développées et à folioles presque égales en hauteur. Au milieu de ce système on observe encore une paire de feuilles, opposées aussi, munies de leurs stipules et de leurs folioles. Au centre de ces 2 feuilles on constate la présence de 2 mamelons allongés, se présentant de chaque côté de l'axe comme 3 gibbosités cellulaires, celles du bas plus développées que les autres : ce sont les mamelons stipulaires. Enfin, tout à fait au centre, on aperçoit 2 mamelons allongés, dressés, simples, ne laissant plus au milieu que le phytogène central du protophytogène qui les a formés, phytogène central, plus ou moins conique suivant le bourgeon que l'on analyse, et sur

lequel parfois on parvient à distinguer une raie, indiquant le point
où se fera l'exastosie bilatérale. Ainsi, dans cette espèce, la feuille
se compose de très-bonne heure, puisque le 3e protophytogène offre
des phénomènes d'exastosie de ses phytogènes périphériques qui
en font une feuille composée avec ses stipules et telle qu'elle restera
désormais. Il faut donc remonter jusqu'au 6e ou 7e phytogène
central constituant le 7e ou 8e protophytogène pour arriver à découvrir le phénomène d'exastosie dicotylédonienne et ramener à un
même mode l'évolution de toutes les parties d'un même bourgeon.

Lorsque au lieu d'opérer sur un bourgeon-infrondescence, on
opère sur un bourgeon-inflorescence, on voit cette inflorescence se
présenter au 5e protophytogène ou même au 4e ou au 3e; de sorte
que dans le 1er cas, on a 2 paires d'écailles et 2 paires de feuilles;
dans le second, 2 paires d'écailles et 1 paire de feuilles, et dans
le 3e, 2 paires d'écailles seulement. Il faut ajouter que ces dernières observations ont été faites en septembre 1864 et qu'il se
pourrait que l'inflorescence, au printemps, fût accompagnée de
plus d'organes enveloppants.

4° Cependant, les choses ont quelquefois l'air de se passer différemment. Ainsi, souvent les organes appendiculaires semblent
se former en commençant par un bourrelet circulaire dont deux
points opposés se surélèvent et forment deux renflements représentant 2 feuilles opposées. Par exemple, si, avec M. Trécul, nous
suivons le développement des feuilles opposées de l'*Hypericum
calycinum*, nous reconnaissons qu'au sommet de l'axe il s'est
formé un bourrelet circulaire du centre duquel s'élève le phytogène central; ce bourrelet est l'expression du développement des
phytogènes circulaires. Peu à peu on voit s'élever sur le bourrelet
2 gibbosités ou renflements qui s'étendent de plus en plus, et qui,
par leur évolution, arrivent à former deux feuilles opposées. Or,
si l'on admet que le phytogène central, devenu protophytogène
d'abord indivis, a eu un commencement d'exastosie au sommet,
et que son phytogène central, ayant une évolution relativement
prompte, est sorti par l'ouverture supérieure en laissant les phytogènes périphériques, surtout les circulaires, sous forme de
bourrelet circulaire, on aura l'idée générale de ces sortes d'exceptions, qui seront à ajouter à celles dont nous avons donné
l'explication p. 116.

B. *Feuilles verticillées.* — Les phénomènes d'exastosie pluri-
latérale ne sont pas moins faciles à observer sur les feuilles verticillées que sur les feuilles opposées. Ainsi, lorsque l'on cherche
à suivre le développement d'un bourgeon axillaire du *Nerium
oleander*, on reconnaît qu'à sa naissance ce bourgeon se présente
sous la forme d'un petit mamelon de tissu cellulaire; c'est le phytogène interphytogénique qui se trouve exactement à l'aisselle de
la feuille, en p. i, *fig. 4 bis*, A, que formeront les 3 phytogènes
périphériques, ccs, disposés en triangle. Ce phytogène, d'abord arrondi et indivis, s'allonge en un petit cône présentant une fente
bilatérale comprise dans le plan de l'axe et de la nervure médiane
de la feuille-mère. Un peu plus tard, les exastosies circulaire et
centripète se prononçant de plus en plus, les 2 organes appendiculaires qui en résultent s'allongent et se transforment directement en feuilles opposées appliquées l'une sur l'autre en vernation valvaire. Si l'on écarte ces 2 feuilles alors qu'elles n'ont
encore que 1 millimètre environ de longueur, on trouve quelquefois 2, mais plus souvent 3 feuilles déjà nettement formées et
que l'on peut, à l'aide d'une fine aiguille, séparer assez aisément
pour aller trouver le phytogène central. Or, ce phytogène central
se montre quelquefois indivis sous forme d'un petit mamelon en
calotte de sphère, mais parfois aussi sous forme d'un ovoïde ou
plutôt d'un petit cône au sommet duquel on peut apercevoir le
commencement d'une exastosie trilatérale. Par conséquent, ici
encore, on ne peut méconnaître les actions de l'exastosie circulaire propre aux Dicotylédones. Ajoutons que toujours l'exastosie
est bilatérale pour les phytogènes périphériques du premier protophytogène, mais le plus souvent les phytogènes périphériques
du 2e protophytogène s'assemblent de manière à former 3 triangles phytogéniques qui se sépareront par exastosie trilatérale,
sans même que l'évolution ultérieure du phytogène central ait
l'air d'avoir pris part à cette séparation. De ces 3 feuilles qui naî-
tront de cette formation, 2 seront superposées aux 2 feuilles fournies par le premier protophytogène, et la 3e sera extérieure par
rapport à l'axe principal sur lequel est né l'axe qui les porte. Les
feuilles formées par les autres phytogènes centraux successifs se
développent de la même façon, en observant toujours la loi d'alternance.

La famille des Rubiacées, où il était important de faire cette étude organogénique, nous présente un phénomène contradictoire en apparence avec l'exastosie dicotylédonienne ; mais la phytogénie nous paraît expliquer parfaitement cette espèce d'exception.

Pour s'en rendre compte, il faut observer que, de même que le phytogène terminal a, *fig.* 5, C, qui se forme dans les Monocotylédones et sans doute dans quelques Dicotylédones, peut manquer soit par avortement, soit parce qu'il ne s'est pas formé primitivement ; de même il peut arriver que les phytogènes supérieurs, b, ne se produisent pas, et qu'il n'y ait réellement que les phytogènes circulaires qui se forment. Ce fait paraîtra évident dès que l'on observera que cela dépend du point où va se faire sentir le mouvement vital central qui détermine des mouvements égaux autour de lui. Évidemment, si ce point vital central se produit sur un cône assez allongé et s'il se fait assez bas, en c, par exemple, *fig.* 5, C, tout le tissu cellulaire qui se trouve au-dessus participera à la communication des mouvements d'égales dimensions, et la série, bbb, de phytogènes, ainsi que le phytogène, a, prendront naissance ; admettons qu'au lieu de se produire sur un cône allongé, représenté par les séries, c'c'c'c', bbb, a, le cône soit ou tronqué ou terminé sphériquement, le mouvement central, ne trouvant pas le tissu cellulaire nécessaire à la formation du phytogène, a, il ne pourra se produire que les séries, c'c'c'c', bbb. Enfin, en poursuivant le raisonnement plus loin, supposons que le mouvement central se produise tout au sommet de l'axe, ne trouvant pas au-dessus de lui le tissu cellulaire nécessaire pour produire les phytogènes de la série bbb ; mais, au contraire, trouvant autour de lui un tissu cellulaire suffisant pour produire les phytogènes circulaires c'c'c'c', il est évident que ceux-ci prendront naissance. Dans ce cas, le phytogène central ou bourgeon naissant doit avoir une forme plus aplatie que lorsqu'il doit avoir une *composition sphérique*, et à plus forte raison que lorsque sa composition doit être *conique*. Or, nous verrons, en parlant de la composition probable des feuilles latéricomposées et des fleurs, qu'il est presque certain que les choses se passent comme nous venons de le dire. La formation des séries de phytogènes périphériques est donc subordonnée au point où se fait le mouvement central qui doit déterminer les exastosies commençantes.

Ceci posé, revenons à l'étude du développement du bourgeon des Rubiacées. Si l'on fait l'organogénie du *Rubia tinctorum*, après avoir enlevé toutes les feuilles formées, voici ce que l'on constate : tout au centre, un phytogène central assez large, sans aucune espèce de division, surmontant un bourrelet circulaire; au-dessous de ce bourrelet circulaire, on observe 2, 3, 4 ou 6 mamelons émanant d'un second bourrelet circulaire et qui devront former les organes appendiculaires. Or, ces bourrelets sont, précisément l'expression des 6 phytogènes circulaires du proto-phytogène composé suivant un plan perpendiculaire au jeune axe, et l'évolution particulière de chaque phytogène est assez en retard pour que l'on puisse nettement distinguer les 3 superpositions que nous venons de signaler, savoir : le phytogène central, au sommet; les phytogènes circulaires du dernier protophytogène formant le bourrelet le plus jeune; et les phytogènes circulaires de l'avant-dernier protophytogène constituant le bourrelet le plus âgé et sur lequel apparaît déjà l'individualisation de 2 ou plusieurs phytogènes. Si le bourgeon est dans un état convenable d'évolution, on ne trouve que 2 ou 3 phytogènes en voie d'évolution apparente, s'annonçant par des mamelons opposés ou verticillés par 3. Le plus ordinairement, 2 phytogènes opposés devancent les autres dans leur évolution; ce seront les vraies feuilles, car c'est dans leur voisinage, sinon à leur aisselle, que se développeront les bourgeons latéraux. Peu de temps après, on voit apparaître 2 ou 4 autres des 6 phytogènes circulaires, qui grandissent bientôt suffisamment pour égaler en grandeur les 2 premières petites feuilles et, le verticille formé, ces 4 ou 6 petites feuilles grandiront ensemble et auront même grandeur à leur état adulte.

Cependant des considérations tirées des stipules des Rubiacées exotiques donnent le droit de penser que, parmi ces feuilles, 2 sont les véritables feuilles, et que les 4 autres ne sont que des stipules.

Dans l'*Asperula odorata*, les choses nous ont paru se passer un peu différemment : le phytogène central ou mamelon terminant l'axe était bien moins proéminent que dans le *Rubia*, et le bourrelet circulaire était marqué de 6 stries indiquant les 6 exastosies comprises entre les 6 phytogènes circulaires, et qui se féront plus tard. En peu de temps, chacun de ces phytogènes s'est individualisé, allongé, et a bientôt eu recouvert le phytogène central.

Quelquefois, cependant, les choses se passent comme si le mouvement vital partant de plus bas (ou, si l'on veut, au moment où le phytogène est légèrement conique), déterminait la formation des 3 phytogènes supérieurs ; car, on voit dans le *Galium apa-rine*, bien souvent 3 mamelons primitifs, succédés de 6 autres mamelons intermédiaires, qui ont bientôt grandi assez pour avoir la hauteur des premiers. Or, ceux-ci représentent les feuilles, à en juger par les 3 bourgeons qui naissent souvent en verticille (non simultanément) autour de l'axe, et l'on trouve fréquemment 9 appendices verticillés. Ces 9 organes, composés de 3 feuilles et 6 stipules, ont phytogéniquement une explication très-simple, sans admettre le concours des dédoublements. Il suffit de concevoir que les phytogènes circulaires c'c' et les phytogènes supérieurs s, *fig*. 19, A, ont formé 3 triangles phytogéniques, dont chacun est composé de 3 phytogènes, le supérieur s, devant former la feuille, et les 2 inférieurs devant former les stipules ; mais, dans le principe, ces phytogènes étant infiniment petits, on peut les regarder tous comme placés sur une même ligne circulaire, et comme il y en a 9 et que stipules et feuilles se développent également, on a la raison de 9 organes appendiculaires dans le *Galium* précité et dans beaucoup d'autres espèces de Rubiacées. Les nombres 7 et 8, que l'on rencontre également, seraient dus ou à des avortements ou à des fusions de 2 phytogènes en un seul. Ainsi s'expliquerait merveilleusement l'apparition d'abord de 3 des phytogènes, et ensuite des 6 autres. Du reste, c'est ainsi que paraissent se passer les choses dans les plantes à feuilles opposées, munies de stipules, quand il arrive que ces feuilles se trouvent verticillées par 3 (Rubiacées exotiques, *Sambucus*, etc.).

Cette théorie de la formation des organes appendiculaires, à l'aide de 3 phytogènes, est puissamment appuyée par cette observation importante de M. Ach. Guillard : « Si l'on sectionne le bourgeon vers le milieu de la moelle propre, on verra que chacune des feuilles qui doit éclore de lui en première spire y est représentée par 3 cercles translucides, centrés d'un point opaque, et rangés en polygone autour de cette partie de la moelle propre qui doit devenir la moelle centrale. Telle est l'origine des feuilles : leur conception, si je puis m'exprimer ainsi, a lieu par 3 globules de séve qui s'organisent séparément dans le parenchyme originaire du bourgeon, qui s'unissent pour produire la feuille rudimentaire sur ce même bourgeon, et qui, grandis, multipliés, transformés en divers tissus, offrent les faisceaux dont nous nous occupons (1). »

2e DIVISION. — *Etude du mode d'évolution des phytogènes pour arriver à constituer une feuille simple ou composée.*

L'étude de l'évolution des phytogènes périphériques conduit à faire admettre 2 sortes de générations : la *génération longitudinale* et la *génération latérale*, dont la *peltiforme* n'est bien évidemment, comme nous le reconnaîtrons par cette étude, qu'une génération latérale en quelque sorte poussée à l'extrême.

Comme nous avons déjà longuement parlé de ces 2 principales générations dans notre *Essai de phytomorphie* (t. II, p. 37 et 40), nous nous bornerons ici à en donner la théorie phytogénique plus longuement que nous n'avons pu le faire jusqu'à présent, renvoyant à l'endroit que nous venons de citer, pour ce qui a trait au principe général et aux lois qui président à la composition des feuilles, lesquels, on le comprend, pouvaient être étudiés indépendamment de la théorie phytogénique.

Nous avons déjà dit que nous admettions que le phytogène destiné à former un limbe se composait, mais généralement d'une manière *circulaire* au lieu de se composer *sphériquement*, comme le phytogène central d'un bourgeon-scion (2). Mais, afin qu'il n'y ait aucune ambiguïté dans les idées que nous allons émettre, nous supposerons que les phytogènes circulaires c', *fig.* 5, C, ont été utilisés à la formation d'une gaîne ou des stipules ; que les phytogènes supérieurs, b, ont formé le pétiole, et que le phytogène *terminal*, a, est celui qui se compose pour former le limbe (3). Remarquons encore auparavant : 1° que les phytogènes circulaires, c', peuvent avorter et ne donner ni gaîne,

(1) *Obs. sur la moelle des plantes ligneuses.* — *Ann. sc. nat.*, t. VIII, 1847.
(2) *Essai de Phytomorphie*, t. II, p. 152.
(3) *Ibid.*, p. 139.

ni stipules, et que les choses se passeront également comme nous allons le dire; 2° ou que, n'avortant pas, les phytogènes périphériques, au lieu de ne former qu'une seule feuille, en forment 2 ou 3, ainsi que nous l'avons déjà dit, p. 114 et 119; il en résulte 2 ou 3 triangles phytogéniques, dans lesquels chaque phytogène, b, devient terminal et se comporte dans son évolution comme le phytogène, a, qui, dans cette circonstance, n'a plus de raison d'être.

Ceci posé, supposons que la composition du phytogène, a, *fig.* 5, C, se fasse suivant un plan seulement, c'est-à-dire circulairement, de façon à faire 6 phytogènes circulaires en entourant un 7°. Ou bien ce plan sera parallèle au pétiole, ou bien il lui sera plus ou moins oblique et même perpendiculaire. Dans le premier cas, nous aurons l'origine d'une *feuille ordinaire;* dans le dernier, celle d'une *feuille peltée.* Voyons d'abord, pour ne plus y revenir, si nous avons quelques raisons en faveur de cette opinion, que la composition d'un phytogène peut avoir lieu et peut se développer, relativement au pétiole, comme nous venons de le dire, pour faire les feuilles peltées.

I. *Feuilles peltées.*

1° Il est de toute évidence que, lorsque nous examinons une feuille peltée presque simple, comme celle du *Tropæolum majus,* ou lobée, comme celle du *Podophyllum peltatum,* ou composée, comme celle des *Lupinus,* que la composition du phytogène ne s'est pas faite de la même façon que les feuilles à limbe dans le plan du pétiole, et déjà nous avons, en faveur de la composition perpendiculaire, une idée admissible; mais quand on a recours, pour les *Tropæolum* et *Lupinus,* à l'étude organogénique, on trouve un phénomène fréquent dans le développement des phytogènes formés en même temps; c'est un défaut de simultanéité dans l'évolution de chacun des phytogènes circulaires, et c'est ce défaut qui fait que, dans l'observation organogénique, on a confondu la génération latérale et la génération *peltiforme,* et nous-même, dans nos *Etudes comparées des feuilles,* nous avons commis la même faute. Il est vrai de dire que ces deux phénomènes sont fort voisins et qu'on peut les confondre facilement, excepté dans leurs productions extrêmes.

2° Mais si l'on fait l'organogénie du *Podophyllum peltatum*, comme l'a faite M. Trécul et comme nous l'avons nous-même faite cette année 1864, on reconnaît parfaitement, comme l'a très-exactement figuré l'anatomiste que nous venons de citer, et au mémoire duquel nous renvoyons (1), que les choses se passent comme nous venons de le dire. Ainsi, de très-bonne heure, le bourgeon (phytogène interphytogénique) du rhizome, après s'être composé en protophytogène, émet de chaque côté ses phytogènes périphériques, sous forme de 2 mamelons sensiblement opposés; ceux-ci constituent les pétioles. Bientôt après, le phytogène terminal de chaque pétiole s'élargit circulairement en une sorte de disque un peu bombé, qui se compose suivant un seul plan perpendiculaire au pétiole, en formant *typiquement* 6 phytogènes circulaires, mais normalement 5 ou 7, que l'on voit bientôt apparaître sous forme de petites calottes sphériques qui continuent à grandir toujours dans le même sens de la formation du premier phytogène terminal; il en résulte autant de portions de limbes ou de lobes profondément séparés qui, réunis au centre par le pétiole et les bases unies des lobes, constituent la feuille peltée du *Podophyllum*. Ajoutons qu'il se forme 2 feuilles de cette façon, et que le phytogène central du protophytogène qui a fourni les 2 feuilles s'élève à son tour pour se composer à la manière des phytogènes-fleurs dont nous parlerons plus loin. Dans cet exemple, le phytogène central du protophytogène-limbe a cessé son développement en hauteur, mais il a pu le continuer dans le sens de sa composition, d'où l'on pourrait nier son existence, ou, son existence étant admise, dire qu'il a avorté.

3° Or, c'est cette existence qu'il faut chercher à démontrer par des observations pour ajouter encore quelque probabilité de plus en faveur de notre théorie phytogénique.

a. D'abord, nous pouvons signaler cette répétition si curieuse que nous avons observée dans la feuille du *Tamus communis*, du *Phaseolus vulgaris* et du *Ptelea trifoliata*, que nous avons décrite dans notre *Phytomorphie* (2), et que l'on peut jusqu'à un certain point regarder comme résultant de l'évolution anormale

(1) *Mém. sur la formation des feuilles*, pl. XXIII, *fig.* 81-84. — *Ann. sc. nat.*, 3ᵉ série, t. XX, 1853.
(2) T. I, p 467-469, *fig.* 92, 93, 94.

d'un phytogène central terminant l'axe ou pétiole ; mais la feuille n'étant pas peltée, on aurait quelque difficulté à trouver une certaine preuve de ce que nous avançons dans ces 3 exemples, si nous n'en donnions une explication indispensable. En effet, si l'on veut bien considérer que dans ces 3 exemples nous avons affaire à des feuilles de génération latérale ; que nous avons dit que cette génération était très-voisine de la génération *pelti-forme*, on comprendra qu'en admettant que 3 des 6 phytogènes circulaires ont formé les 3 folioles du *Phaseolus* et du *Ptelea*, les 3 autres ont pu avorter, et dans ce cas, on sera conduit à reconnaître que les folioles ou feuilles surnuméraires sont bien le résultat du développement du phytogène central d'un proto-phytogène-limbe.

b. Mais cette observation ne nous paraissait pas une preuve suffisante, et nous en voulions une plus convaincante ; nous l'avons cherchée longtemps sur le vivant et dans un grand nombre de figures, persuadé que cette preuve devait se trouver, connue ou à connaître, normale ou anormale ; et ne la trouvant pas, nous désespérions de la rencontrer et de la faire admettre, quand enfin notre illustre compatriote Gaudichaud nous a procuré cette observation extrêmement importante pour la théorie qui nous occupe. Cet éminent botaniste a figuré une feuille de *Nymphœa* portant à son centre un véritable bourgeon exactement situé au sommet du pétiole. Or, le limbe est presque perpendiculaire au pétiole, et par conséquent, la feuille peltée. Les phytogènes circulaires du phytogène, A ou B, *fig.* 23, qui s'était composé suivant un plan, ont formé le limbe, tandis que le phytogène central a continué son évolution, et même a pris une évolution sphérique qui en a fait un vrai bourgeon. Gaudichaud ajoute que ce fait est commun dans les espèces d'Afrique, et qu'il est dû à la piqûre d'un insecte coléoptère (1).

c. Enfin, ce qui vient confirmer cette théorie, c'est l'organo-génie de la feuille de la *Victoria regia* ou celle du *Nelumbium speciosum*. En effet, M. Trécul, dans un Mémoire présenté à l'Académie des sciences (*Comp. rend.*, t. XXXV, p. 655), a démontré que le limbe forme d'abord un bourrelet de chaque côté de la

(1) *Rech. génér. organogr.*, *physiol. et organogénie des végétaux*, pl. 5, *fig.* 10, et p. 67.

nervure médiane ; les 2 bourrelets se réunissent de la même manière que les 2 lobes inférieurs de la feuille du *Tropæolum majus* ; les 2 côtés du limbe s'enroulent ensuite sur eux-mêmes jusqu'au moment de l'épanouissement de la feuille. Or, il est évident ici que la composition du phytogène-limbe s'est fait suivant un plan, et que les 6 phytogènes circulaires ont commencé leur évolution d'abord par 2 phytogènes exactement opposés, puis, de chaque côté de ces premiers phytogènes en évolution les 2 autres phytogènes venant à se développer, ont élargi peu à peu le bourrelet et ont fini par rencontrer les 2 phytogènes latéraux opposés, et restant unis avec eux, ont formé la feuille peltée ; mais comme il est impossible d'admettre la formation des phytogènes circulaires sans admettre la formation antérieure d'un phytogène central, il est de toute évidence d'abord, que le phytogène-limbe s'est composé suivant un plan et *perpendiculairement au pétiole*, et ensuite que le phytogène central existe bien au centre des 2 formations limbaires opposées que nous venons de décrire. Si, par extraordinaire, ce phytogène central venait à prendre une nouvelle évolution, il pourrait se composer soit suivant un plan parallèle à la première composition du phytogène-limbe, soit sphériquement, à la manière du phytogène central de la feuille du *Nymphæa* d'Afrique.

Ainsi, pour nous, il n'existe aucun doute que le phytogène-limbe d'une feuille peltée se compose suivant un plan perpendiculaire au pétiole ; mais il peut arriver, comme nous l'avons figuré, pour les Lupins et la Capucine, qu'il y ait défaut de simultanéité dans l'évolution des phytogènes circulaires, sans doute parce que le plan n'est pas parfaitement perpendiculaire au pétiole (1), et qu'en conséquence l'organogénie paraisse être la même que celle des feuilles latéricomposées.

II. *Feuilles ordinaires.*

Dans une feuille ordinaire, contrairement à ce que nous venons de voir, la composition d'un phytogène terminal, a, *fig.* 5, C, se fait parallèlement au pétiole ; mais ici, deux hypothèses se présentent : ou bien la disposition du protophytogène

(1) *Essai de Phytomorphie*, t. II, p. 71.

— 145 —

limbe qui s'est formé est telle que les 6 phytogènes circulaires f, *fig.* 23, A, sont libres et situés de chaque côté du
pétiole, p, continué, et peuvent tous devenir le centre d'une
nervure ou d'une foliole, et, dans ce dernier cas, la feuille serait
composée sans impaire, à moins que l'on n'admit que le phytogène central, en s'élevant, vînt constituer cette foliole impaire ;
ou bien la disposition peut être celle représentée en B, et alors
un des phytogènes, p, 1′, continuerait le pétiole, tandis que les
phytogènes, f, ainsi que le terminal, formeraient des nervures ou
des folioles, et la feuille serait composée avec impaire.

A. Feuille composée. — 1° Puisque le phytogène A, *fig.* 23,
est un phytogène terminal (p. 140, 143), c'est que nous admettons
que les séries b ou c′ et b, *fig.* 5, C, ont été utilisées à la gaîne ou
au pétiole, et dans tous les cas à un pétiole ; par conséquent, le
phytogène terminal, a, doit tout entier être employé à la formation du limbe d'une feuille simple ou des folioles d'une feuille
composée. Dans ce cas, la composition type devrait être de 3 paires
de folioles terminées par une foliole, si le phytogène central s'é-
lève pour continuer le rachis, comme cela est extrêmement probable. Dans ces conditions, la feuille composée sera donc munie
de 7 folioles, ce qui est, en effet, conforme à ce que l'on observe
dans beaucoup de feuilles composées (*Jasminum vulgare, Rosa,*
etc.). Mais, très-souvent, ce nombre de folioles est diminué,
par avortement, ou augmenté ; alors, c'est au phytogène central
qui continue à se composer suivant un même plan et dans la
même position, qu'est départie la propriété d'augmenter le nombre des folioles, d'où résulte une nouvelle série de phytogènes latéraux qui viendront successivement s'ajouter en hauteur et augmenter le nombre des folioles de 6, ce qui les portera à 13 (*Rosa
microphylla,* etc.) ; enfin, le phytogène central *ponctué,* s'élevant
de plus en plus sur le rachis, au lieu de former une foliole terminale, peut lui-même se composer dans le même sens et le même
plan, et donner lieu à une nouvelle série de folioles dont la génération marche de bas en haut, comme l'indiquent les chiffres,
et ainsi augmenter de 6 le nombre des folioles de la feuille composée. On comprend qu'en continuant ce mode d'évolution, le
phytogène central se composant encore, on ait une nouvelle série
de folioles, et ainsi de suite. Voilà donc, en peu de mots, la mar-

che que peut prendre la nature pour former la feuille composée, et nous croyons que c'est la plus rationelle.

2° Il se pourrait pourtant que le phytogène terminal se composât et prît, par rapport au pétiole, la position que nous indiquons *fig.* 23, B. Dans cette nouvelle position, le nombre type (sans avortements) des folioles serait de 5, et dans le cas où la feuille se composerait d'un plus grand nombre de folioles, ce serait ici le phytogène terminal qui se composerait dans le même sens et dans la même position, et l'on voit facilement qu'au lieu de 6 folioles ajoutées, il n'y en aurait que 4, ce qui porterait successivement les nombres à 9, 13, etc. Mais ce qui nous paraît s'opposer à cette nouvelle manière d'interpréter phytogéniquement les feuilles composées, c'est la nécessité où l'on serait de laisser dans un état d'*inactivité relative* tous les phytogènes superposés, p 1′, 2′, 3′, 4′, 5′, qui ne nous semblent réellement pas avoir de raison d'être. C'est pourquoi nous croyons le premier mode de formation tout au moins le plus fréquent et le plus rationnel, sinon le seul suivi par la nature, au moins pour beaucoup de feuilles longicomposées. Nous faisons cette restriction parce qu'il faut avouer que ce mode, précisément à cause de l'individualisation des phytogènes superposés dont nous venons de parler, serait à coup sûr une excellente manière de rendre compte du mode de formation de certaines feuilles dont le rachis ou les nervures d'un autre ordre présentent dans leur longueur de véritables articulations (*Aralia*). Peut-être aussi pourrait-on arguer de l'articulation bien prononcée des feuilles sur la tige, des folioles sur le rachis, des foliolules sur le rachis secondaire de certaines feuilles de légumineuses (*Gleditschia, Acacia,* etc.), pour conclure à cette dernière disposition des protophytogènes-limbes dans les feuilles composées que nous venons de citer.

B. Feuilles bicomposées.— Le mode de formation des feuilles *bicomposées* n'est pas plus difficile à comprendre que celui de la feuille composée, puisqu'il repose sur la même méthode, sorte de répétition du phénomène de composition appliqué à la foliole au lieu de l'être à la feuille entière, en prenant pour l'analogue du rachis ou pétiole p, *fig.* 23, A, le pétiolule ou pétiole secondaire. En effet, admettons que le phytogène, f. 1, se compose dans le même plan que la feuille, et que chacun des phytogènes circulaires s'individualise de façon à former une petite foliolule, il est évident que la foliole se composera ; et comme ce que nous disons du phytogène 1 peut se dire des phytogènes 2, 3, 4, 5, 6, etc., on comprend aisément que la feuille puisse être portée à la bicomposition.

C. Feuilles tricomposées, quadricomposées, etc. — Enfin, il n'est pas plus difficile, dans notre théorie phytogénique, de concevoir que chacun des phytogènes-foliolules puisse se composer dans le même plan que la feuille, et que chacun des phytogènes qui en résultent arrive à donner lieu à une foliole de 3me ordre, d'où naîtra la *tricomposition*, et chacun de ces phytogènes pourrait lui-même se composer toujours dans un même plan, et chacun de ses phytogènes donner lieu à autant de folioles de 4me ordre, d'où la quadricomposition et ainsi de suite, jusqu'à la 7 ou 8me composition (*Ferula tingitana*). Mais il est extrêmement remarquable que cette composition, poussée de la 3me à la 8me puissance, ne s'effectue plus sur tous les pétioles secondaires, et qu'elle se montre de moins en moins composée à mesure que l'on s'élève sur le rachis, de telle sorte que si, par exemple, sur le pétiole inférieure la composition s'élève à la 8me puissance, sur le pétiole qui est au-dessus de lui la composition sera à la 7me puissance, le pétiole supérieur portera une composition à la 6me puissance, et ainsi de suite jusqu'au haut, d façon que le dernier pétiole secondaire ne représente plus qu'une composition simple (*Phytom.*, t. II, pl. II, *fig.* 10, 11, 12 et 14), d'où nous avons tiré notre 3me loi de composition des feuilles de la forme L=1 (*loc. cit.*, p. 17); car, en effet, on peut voir, par la *fig.* 10 citée, que la génération latérale égale véritablement la génération longitudinale.

D. Feuilles simples. — Ce que l'on est convenu de nommer feuille *simple* ou *entière* représente exactement une feuille composée dont le tissu cellulaire, qui se forme latéralement, aurait été assez abondant pour combler tous les intervalles qui existent entre toutes les folioles, foliolules, etc., lorsque ces éléments foliaires sont étendus dans un même plan. En effet, la composition phytogénique des unes et des autres, accusée par les nervures, est exactement la même, si bien que si les feuilles simples ou composées d'un même système étaient réduites à leurs nervures, il n'y aurait véritablement aucune différence bien sensible dans leur squelette (*Phytom.*, t. II, p. 60).

Enfin, il se pourrait encore que le phytogène-limbe, a, *fig.* 5, C, se composât comme les protophytogènes des Monocotylédones, et que par un phénomène d'exastosie latérale analogue à celui qui fait la fente de la gaîne des feuilles des Graminées, le limbe se produisît ; c'est-à-dire qu'alors ce phytogène-limbe se fendrait du côté de l'axe, et les phytogènes périphériques vivant en commun, entreraient dans la constitution du limbe de la feuille, absolument comme nous l'avons admis pour l'organe appendiculaire que forme le protophytogène-scion des Monocotylédones ; cela donnerait peut-être la raison de l'enroulement en cornet pendant la vernation de la feuille simple de certains *Arum*. Malheureusement, nous n'avons pas eu l'occasion de vérifier organogéniquement ce que cette hypothèse peut avoir de fondé, mais l'esprit n'en conçoit pas moins la possibilité, sinon la probabilité.

III. *Genèse des organes appendiculaires.*

Dans la genèse des organes appendiculaires, il y a à distinguer deux époques différentes d'accroissement, savoir : la *formation* des éléments de l'organe et l'*évolution* de ce même organe ainsi formé. C'est pourquoi, dans ce paragraphe, nous établirons 2 divisions dont l'étude nous fera bien comprendre cette distinction.

1° *Ordre d'apparition ou formation des éléments des organes appendiculaires.*

Essayons maintenant de nous rendre compte, au point de vue phytogénique, des causes qui font les deux grands systèmes que nous avons établis, savoir : le système de *génération longitudinale* et le système de *génération latérale*, qui sont la base de la génération des feuilles (1).

A. Génération longitudinale. — Nous avons déjà dit qu'il y avait souvent défaut de simultanéité de développement dans des éléments organiques formés cependant à une même époque ; tels sont les phytogènes périphériques d'un protophytogène-scion, qui

____

(1) *Essai de Phytomorphie,* t. II, p. 36

tous, certainement, ne se développent pas simultanément. Il en est de même des phytogènes circulaires d'un protophytogène-limbe. Ainsi, dans la génération *longitudinale*, les 2 phytogènes opposés inférieurs f. 1, *fig.* 23, A, sont les premiers qui prennent du développement, et qui s'annoncent, de chaque côté du mamelon général constituant le protophytogène, sous la forme de 2 mamelons secondaires, origines des 2 folioles inférieures ; peu de temps après, les 2 opposés supérieurs f. 2, se montrent à leur tour ; puis les 2 supérieurs f. 3. Mais pendant toutes ces évolutions, le phytogène central 4, 5, 6, n'est pas resté inactif, il a écarté peu à peu les 2 phytogènes f. 3, et est devenu terminal, de façon à constituer un 7ᵉ phytogène origine de la foliole impaire ; ou bien, continant à se composer, comme l'a fait le 1ᵉʳ protophytogène, dans le même plan et dans le même sens, les 2 phytogènes 4, puis les 2 opposés 5, puis les 2 opposés 6, se montrent successivement de façon à former de nouveaux éléments foliolaires. Le phytogène plus central, *ponctué*, ou avorte, et la feuille composée est sans impaire : ou il s'élève et forme une foliole terminale, ou il se compose comme précédemment, et continue la série des folioles.

Dans ce mode de formation longitudinale il faut observer deux choses qui sont de très-grande importance : la première, c'est que la génération ou l'apparition des éléments foliolaires est *ascendante* ou *centripète*, c'est-à-dire qu'elle se fait de *bas en haut ;* M. Trécul l'appelle *basifuge ;* la seconde, c'est que, contrairement à ce que quelques auteurs ont avancé, la feuille de ce système *aurait une évolution très-analogue à celle d'un axe*, avec des différences que nous examinerons autre part (*organes axiles et appendiculaires*), et donnerait raison aux auteurs qui admettent que la feuille ne se forme pas toujours de haut en bas.

Quoi qu'il en soit, chacun de ces mamelons successifs est le siége d'une formation ligneuse qui s'étendra sous forme de nervure, que la feuille doive être simple (Pêcher), ou composée (Robinia), et cette génération centripète n'est donc pas limitée, comme le voulait Steinheil, aux feuilles composées, dont beaucoup d'ailleurs font exception à cette loi (1).

(1) *Obs. sur le mode d'accroiss. des feuilles.* — *Ann. scienc. nat.*, 2ᵉ série, t. VIII.

Cette génération centripète ne se borne pas, bien entendu, à la seule nervure primaire ou rachis, mais aux autres nervures secondaires, tertiaires, etc., considérées chacune à part et comme le centre d'une génération longitudinale. Il y a mieux, c'est que dans la plupart des feuilles de génération *latérale* ou *centrifuge*, la génération centripète se fait encore observer sur chacune des folioles prises en particulier. C'est la réunion de ces deux modes de génération réunis dans une même feuille que M. Trécul nomme *formation mixte*.

B. Génération latérale. — Dans la génération *latérale* ou *centrifuge*, il y a pareillement défaut de simultanéité dans l'évolution des phytogènes circulaires du protophytogène-limbe, mais ici le phénomène est complétement l'inverse de l'autre, car l'évolution des éléments foliolaires est plutôt *descendante*, c'est-à-dire qu'elle se fait de *haut en bas*. En effet, le mamelon général constituant le protophytogène-limbe, *fig.* 23, B, va commencer par s'allonger, mais c'est surtout par l'évolution du phytogène terminal f. 1 que cette élongation va se faire et c'est ce phytogène qui sera l'origine de la foliole terminale, laquelle sera aussi la foliole intermédiaire à toutes celles qui se formeront par la suite. Peu de temps après, les phytogènes opposés f. 2, vont se développer et devenir l'origine de deux folioles latérales ; puis après, les phytogènes opposés f. 3, qui formeront encore plus latéralement deux autres éléments foliolaires, et pour quelques feuilles la composition latérale se borne à ces cinq folioles (*Cissus, Potentilla*, etc.). Mais souvent cette composition latérale va plus loin, et alors, pendant l'évolution successive des paires de phytogènes f. 2 et f. 3, le phytogène p. 1′ se compose à son tour dans le même plan, avec la même disposition et est en mesure de fournir une nouvelle série de phytogènes opposés 4 et 5, qui se développent successivement aussi de haut en bas, c'est-à-dire en descendant. Enfin on comprend aisément que le phytogène 6 pourrait dans certains cas se composer à son tour comme le phytogène p. 1′ et fournir une nouvelle série d'éléments plus latéraux. C'est cette marche de l'évolution des folioles que M. Trécul a désignée sous le nom de *formation basipète ;* mais comme les folioles ou les nervures secondaires, dans un très-grand nombre de cas (*Helleborus, Dracunculus*, etc., *Adianthum pedatum*, etc.), se placent évidemment latéralement à mesure qu'elles se forment, qu'il est d'ailleurs facile de reconnaître que cette formation est la même que celle qui fait les nervures des *Petasites, Nardosmia, Cucurbita,* etc., lesquelles paraissent dériver les unes des autres, il s'ensuit que la génération est plus essentiellement *latérale :* voilà pourquoi nous avons préféré cette expression, qui se prête mieux d'ailleurs à son union avec le mot *composé* ou *composition.* D'un autre côté, il faut remarquer qu'alors même que la feuille prendrait l'apparence d'une feuille longi-composée comme les *Poterium* et les *Sanguisorba*, elle ne s'en forme pas moins à à la manière des feuilles latéricomposées, c'est-à-dire que les nouvelles générations de folioles se placent toutes les unes à côté des autres et de plus en plus latéralement (1), et ce n'est que lorsque toutes les folioles se sont formées que le rachis s'allonge beaucoup et, ainsi, fait que cette feuille simule une feuille composée longitudinalement.

Selon le même auteur, la feuille des *Rosa* se produirait comme la feuille des *Sanguisorba*, c'est-à-dire que sa formation serait latérale ; en un mot, ce serait une feuille latéricomposée. Nous avions cru jusqu'à ce jour, que c'était une feuille longicomposée, et malgré les deux figures que l'auteur nous donne (pl. XXIII, *fig.* 109, 110), il ne nous a pas encore parfaitement convaincu. En effet, les figures et les explications peuvent tout aussi bien être interprétées dans le sens d'une génération longitudinale que d'une génération latérale. Voici ce qu'il dit à cette occasion p. 41,42 de son mémoire, tiré à part.

« Dans le *Rosa arvensis*, les folioles se développent dans le même ordre que dans les plantes que je viens de citer : les supérieures naissent les premières (*fig.* 109, b, c, d et *fig.* 110, b, c, d, e) ; mais les *Rosa* sont munis de stipules qui, dans le *Rosa arvensis*, sont nées avant les folioles inférieures. On reconnaît par la *figure* 109 que les stipules sont beaucoup plus avancées que les folioles de la seconde paire, qui sont placées immédiatement au-dessus d'elles ; et par la *figure* 110, que les stipules, s, sont bien plus développées encore, bien que les folioles de la troisième paire ne soient indiquées que par un petit mamelon

(1) Trécul, *loc. cit.*, pl. XXII, *fig.* 69, 70, 71.

utriculaire naissant. Je n'ai pu constater si les stipules existaient avant les folioles supérieures, » et dans l'explication des figures, il dit : *Fig.* 110. Feuille du même *Rosa* un peu plus âgée. Il est clair que les folioles b, c, d, e sont nées de haut en bas, et que les inférieures au moins sont apparues après les stipules, s, puisque dans la feuille précédente il n'y a que deux paires de folioles, et cependant les stipules sont déjà plus avancées que la dernière paire de folioles formées.

Si nous insistons sur ce point, c'est moins pour contredire l'auteur que pour faire connaître les raisons qui nous ont fait placer les *Rosa* parmi les espèces à feuilles longicomposées (1).

L'étude organogénique de la feuille des *Rosa* est, il faut en convenir, des plus délicates à faire, à cause de la ténuité des éléments foliolaires à leur naissance. Mais voici ce que nous avons cru reconnaître dans les *Rosa centifolia* et var. *pomponia* : 1° tout au sommet de l'axe et sur le côté, un mamelon ovoïde ; 2° à son opposé et un peu en dessous, un autre mamelon ouvert par le milieu de sa base et semi-embrassant, avec une gibbosité de chaque côté de cette base, origine des stipules ; 3° au-dessous, une feuille pareille, présentant de chaque côté 2 gibbosités : celles d'en bas, plus développées que celles d'en haut, origine des 2 premières folioles ; 4° la feuille suivante inférieure présentait 4 folioles, dont les plus élevées offraient un développement un peu plus grand, il est vrai, mais que l'on pouvait tout aussi bien attribuer à une nature plus forte, qui l'aurait fait grandir plus vite, quoique formée après les folioles inférieures ; 5° enfin, au-dessous de cette feuille, on trouvait une autre feuille véritablement conformée comme une feuille ordinaire, avec 7 folioles, et dans laquelle, il est bien vrai, les folioles rudimentaires supérieures étaient un peu plus grandes que les inférieures ; mais cela ne nous prouve pas d'une manière péremptoire que l'ordre de formation soit descendant, car ces folioles, chez la feuille adulte, conservent toujours le même rapport de grandeur exactement, comme dans la feuille du *Sambucus nigra*, qui, elle, est bien de génération longitudinale. Nous n'avons pu réellement observer rien autre chose que ce que nous venons d'indiquer, en opérant sur plusieurs

(1) *Essai de Phytomorphie*, t. II, p. 38.

bourgeons terminaux en voie de croissance, c'est-à-dire au milieu de feuilles déjà développées. D'ailleurs, il y a une autre méthode que nous avons invoquée pour le contrôle général de la génération longitudinale dans ces feuilles, et qui, jusqu'à ce jour, nous a paru fidèle : c'est la nature surprise en voie de formation longitudinale par la trisection de la foliole terminale. Or, il n'est pas rare de trouver des feuilles de *Rosa* chez lesquelles on rencontre les folioles terminales en voie de trisection, absolument comme les feuilles de Framboisier ou de Clématite que nous avons figurées (1), et qui sont, à n'en pas douter, de formation ascendante, et quelque soin que nous ayons mis à chercher des folioles inférieures unies entre elles, nous n'en avons jamais trouvé. Si la génération était descendante, il semblerait que ce devrait être là plutôt qu'en haut que devrait se trouver le défaut d'exastosie de 2 folioles, comme cela a lieu pour les *Helleborus*, qui sont de génération latérale. C'est donc au moins une question à vérifier de nouveau.

Quoi qu'il en soit, on peut voir que la disposition que nous avons admise du protophytogène-limbe par rapport au pétiole, *fig.* 23, B, se prête beaucoup mieux que l'autre disposition à l'explication des phénomènes de génération descendante : alors, la série superposée des phytogènes p. 1′,2′, f. 1, n'a plus rien qui nous embarrasse et a, au contraire, sa raison d'être. En effet, 1° le phytogène terminal explique très-bien la foliole terminale et médiane, *fig.* 1 de la feuille latéricomposée; 2° le phytogène p. 1′, est utilisé à la production des folioles au delà du nombre 5, où, avortant, il fait naître l'exastosie, qui fait que les 2 bords de la feuille ne restent pas unis; 3° le phytogène central devient le point terminal du pétiole, et l'on comprend que, s'il est doué d'une vie extraordinaire, il puisse donner lieu aux folioles surnuméraires des *Phaseolus*, *Tamus* et *Ptelea*, dont les 3 folioles normales sont fournies par les phytogènes f. 2, f. 1, les phytogènes f. 3 ou p. 1′, ayant formé les stipules ou avorté; il peut même donner lieu au bourgeon du *Nymphea* de l'Afrique (p. 143); 4° enfin, le phytogène inférieur p. 1′, du premier protophytogène, ou le phytogène 6 du deuxième protophytogène, peuvent

____

(1) *Essai de Phytomorphie*, t. II, pl. I, *fig.* 3, 6.

ne pas avorter et fournir un tissu cellulaire assez abondant pour maintenir unis les 2 bords de la feuille de génération latérale, et de là, formation de la feuille *peltée*, que nous avons dit avoir une génération très-analogue aux feuilles de génération latérale. Aussi voyons-nous parfois les feuilles de cette génération avoir leurs 2 bords extrêmes unis par défaut d'exastosie et devenir une vraie feuille peltée, comme nous l'avons observé dans un *Geranium* (1). En conséquence, nous inclinons fortement à penser que c'est de cette façon que les phénomènes phytogéniques se passent dans la formation des feuilles de génération latérale.

Toutefois, nous devons signaler le mode de formation peltiforme de la feuille de la *Victoria regia* et du *Nelumbium speciosum*, observé par M. Trécul (p. 143), d'après lequel il y aurait, en quelque sorte, deux formations latérales opposées, concourant à la formation d'une seule feuille peltée. Ces formations seraient analogues à celles qui font les feuilles perfoliées du *Lonicera Caprifolium*, ou mieux, celles du *Phaseolus* anormal que nous avons figuré (*Phytomorp.*, t. I, pl. XI, fig. 71), dans lequel le bourgeon, a, ayant avorté et la tige faisant fonction de pétiole on a comme une sorte de feuille peltée.

Il est vrai que l'on pourrait encore admettre, dans la composition des feuilles de l'un ou de l'autre système, que les phytogènes circulaires subissent l'action de la diplasie ou de la triplasie, et qu'ainsi les feuilles peuvent se composer de façon à avoir un nombre de folioles double ou triple du nombre type ou originel ; mais, outre qu'il faudrait faire intervenir un phénomène toujours plus anormal que celui que nous venons de décrire : une chorise, nous ne voyons pas aussi bien dans ces multiplications des raisons d'ordre d'évolution ascendante ou descendante que l'on remarque dans la génération des folioles ou nervures des 2 grands systèmes. Il semblerait, en effet, que si un phytogène primitif venait à se doubler ou tripler, il devrait se former à la fois 2 ou 3 nervures ou folioles, et c'est ce qui n'est pas. D'un autre côté, il faudrait encore admettre une pollaplasie de chaque phytogène, pour expliquer l'énorme quantité d'éléments foliolaires qui se forment quelquefois dans certaines feuilles (*Acacia dealbata, Chamærops*,

______

(1) *Essai de Phytomorphie*, t. II, p. 42.

Sabal, etc.), ce qui rend l'hypothèse en question difficile à admettre.

Feuilles creuses. — D'après tout ce que nous venons de dire sur la génération latérale poussée à l'extrême jusqu'à la peltiforme, on pourrait être tenté de supposer que les éléments foliaires des feuilles creuses, comme celles des *Allium*, par exemple, ont une formation analogue à celle qui fait les feuilles des *Nelumbium* ou des *Umbilicus* dont toutes les nervures suffisamment prolongées et convergentes arriveraient à faire la feuille creuse que nous connaissons ; mais telle n'est pas notre manière de comprendre la phytogénie des feuilles creuses, et nous pensons l'avoir assez clairement exposée dans notre *Phytomorphie* (1), où nous cherchons en même temps à démontrer que ces sortes de feuilles sont bien plutôt constituées par des pétioles que par des limbes.

2° *Evolution des organes appendiculaires.*

Les auteurs qui ont écrit sur la genèse des feuilles ne sont point d'accord entre eux sur leur mode de formation ou d'évolution, ou plutôt, confondant ces 2 phénomènes physiologiques, ils ont pu être en contradiction. De Candolle, par une expérience faite sur les feuilles de Jacinthe, a admis que les feuilles de Monocotylédones « s'allongent d'après un système qui leur est propre, savoir : que leur sommité est la première partie qui se montre, et elles s'élèvent, en sortant de la bulbe, comme si elles étaient poussées par en bas. » C'est d'une vérité incontestable et nous l'avons nous-même vérifié sur plusieurs autres plantes Monocotylédones (2).

M. Hugo Mohl, dans son *Mémoire sur la formation des stomates* exprime la même opinion (3). Il en est de même de M. Ad. Steinheil, à qui l'on doit un bon travail *sur le mode d'accroissement des feuilles* (4), et qui a avancé que les feuilles composées faisaient exception à la manière de voir de De Candolle, qu'il partage pour beaucoup de feuilles. D'un autre côté, Ad. de Jus-

(1) T. II, p. 145.
(2) *Essai de Phytomorphie*, t. II, p. 131.
(3) *Ann. sc. nat.*, 2ᵉ série, t. XIII.
(4) *Ibid.*, t. VIII.

sieu avait observé que « si l'on fait germer les bulbilles du *Lilium bulbiferum*, les plus extérieures persistent à l'état d'écailles, mais les plus inférieures développent de leur sommet un long limbe foliaire. Ces écailles sont donc des feuilles réduites à leur gaine (1). » Et nous-même sommes arrivé, par d'autres observations, à reconnaître que jamais elle ne fait défaut pendant que le pétiole et le limbe peuvent manquer (2).

M. Mercklin, dans un mémoire publié à Iéna, a adopté complétement les idées de De Candolle et n'admet aucune exception dans le développement des feuilles (3), et M. Naudin a eu sans doute la même opinion quand il a écrit ces lignes : « Une fois ce premier repli commencé, l'organe appendiculaire émane de l'axe comme s'il y existait tout formé d'avance et qu'une force intérieure le poussât au dehors, en sorte que son apparition se fait du sommet vers la base, où a toujours lieu le principal accroissement (4). »

Enfin M. Trécul, dans son excellent *Mémoire sur la formation des feuilles*, a établi une série d'observations organogéniques qui l'ont conduit à reconnaître que « les feuilles, qui toutes commencent par une éminence utriculaire primordiale, avec ou sans bourrelet basilaire, se forment d'après quatre types principaux qu'il désigne sous les noms de *formation basifuge* ou de bas en haut, *formation basipète*, ou de haut en bas, *formation mixte* et *formation parallèle*. » Ce qui prouve que l'auteur admet avec Steinheil que dans beaucoup de cas la feuille a une formation *descendante*.

Occupé de notre côté, à un tout autre point de vue, de l'étude du développement des feuilles, mais seulement pour éclairer les données fournies par l'observation des faits les plus ordinaires, nous avons fait l'organogénie de quelques feuilles choisies dans les types principaux, et sans avoir alors la moindre connaissance du travail de M. Trécul, nous avons été conduit à reconnaître aussi qu'il fallait admettre 2 grandes formations : celles que nous avons désignées sous les noms de *génération longitudinale* et

---

(1) *Mém. sur embryons monocotyléd.* — *Ann. sc. nat.*, 2e série, t. XI.
(2) *Essai de Phytomorphie*, t. II, p. 129.
(3) *Entwichlungsgeschicte der Blattgestalten*, 1846.
(4) *Obs. dévelop. org. append. vég.* — *Ann. sc. nat.*, 2e série, t. XVII.

génération latérale, et de plus, une formation combinée longitudinale et latérale correspondant sans doute à la *formation mixte*
de M. Trécul. Mais si, sur beaucoup de points, nous sommes
d'accord avec cet organogéniste, il y a cependant quelques points
de son mémoire que nous ne saurions admettre sans conteste.
Comme ce n'est point ici le lieu d'entreprendre une discussion sur
ce sujet, nous nous bornerons à exposer succinctement les principaux faits tels que nous les avons observés et qui feront connaître pourquoi les dissidences dont nous venons de parler ont eu
lieu.

1° Lorsque tous les phytogènes périphériques entrent dans la
constitution d'une feuille de Monocotylédone, *dont les nervures
sont parallèles,* tous ces phytogènes, nés en même temps et se
développant simultanément, sans ramifications, croissent véritablement par la base d'autant que cette base engaînée ne se dessèche pas comme les parties les plus exposées à l'action dessé-
chante de l'air et de la lumière, et l'élongation de la feuille est
tout à fait comparable à celle qui a lieu dans les mérithalles des
Polygonées auxquelles nous avons conservé l'ochrea (*Ampeligonum chinense, Rumex abyssinicus* et *montevidensis*) et dont
l'élongation se fait suivant une proportion tantôt géométrique,
tantôt arithmétique (1). Ainsi ce n'est point exclusivement par le
bas que se fait cette élongation dans les feuilles précitées, mais
généralement par toute la longueur de la feuille suivant une proportion variable et qui reste à déterminer. Par conséquent, il est
bien vrai que l'extrême sommet d'une feuille de Monocotylédone
naît la 1re, mais il est certain aussi que toutes les parties ne sont
pas poussées de bas en haut comme le serait, par exemple, la pâte
qui sort de la presse du vermicellier, et qu'il y a des portions de
la feuille qui se sont allongées sans que cette élongation soit due
à la base de la feuille. Si, en effet, sur une très-jeune feuille de
10 millimètres de longueur on trace des points à 2 millimètres de
distance, on remarquera bien que la base s'allonge proportionnellement plus, mais on voit aussi que les points se sont espacés,
et d'autant plus que les points qui servent de limites aux inter-

(1) *Etudes sur le développement des Mérithalles,* 3e partie.— *Compte rend.
Acad. sc.,* novembre 1854. — *Bull. soc. bot. France,* t. I, p. 307.

valles sont pris plus bas sur la feuille ; par conséquent la feuille n'a pas fait que s'allonger par la base.

2° Quand la feuille est composée de nervures latérales, *non parallèles,* que la feuille soit simple ou composée, les nervures ou les folioles naissent successivement, et par conséquent les phytogènes n'ont pas tous une évolution simultanée, et l'on remarque alors les 2 modes de génération que nous avons décrits.

A. Dans la génération longitudinale, il est vrai que les éléments représentant les phytogènes (nervures ou folioles) n'apparaissent ou ne naissent que les uns après les autres, en procédant de la base au sommet, et sous ce rapport ceux qui ont étudié l'organogénie des feuilles de ce système sont bien convaincus que l'évolution est *ascendante* ou *basifuge,* tandis que ceux qui n'ont fait d'études que sur les feuilles *phytogéniquement toutes formées,* ont pu se créer une idée contraire. C'est qu'en effet, la feuille se compose de très-bonne heure suivant la marche que nous venons de dire, puisque des feuilles qui ont moins de 1 millimètre de longueur sont déjà composées comme elles le seront à l'état adulte (*Rosa, Staphylea, Jasminum,* etc.). La feuille une fois formée, suit la même évolution que les autres feuilles, c'est-à-dire que toutes ses parties se développent simultanément, mais suivant une proportion qui reste à rechercher. Conséquemment, il y a à établir dans toute étude de la feuille deux choses très-distinctes, savoir : sa *génération* et son *évolution.* Ici la génération est longitudinale ou ascendante, c'est-à-dire de bas en haut. Cette génération terminée, son évolution se fait ensuite partout, mais dans une proportion qui n'est pas connue.

B. Dans la génération latérale, on constate pareillement la formation successive de nervures ou de folioles, mais cette génération se fait de telle façon que les nervures ou les folioles inférieures sont les plus nouvellement formées, par conséquent la génération est *descendante* ou *basipète,* et comme cette composition de la feuille se fait quand les éléments sont microscopiques, il n'y a que ceux qui en suivent l'organogénie qui puissent s'apercevoir de cette formation descendante ; celle-ci une fois terminée s'arrête et ne laisse plus découvrir à l'observateur que l'évolution, qui, elle, est soumise à la même loi que toutes les autres feuilles, c'est-à-dire à une *évolution proportionnelle* non encore connue. Ainsi dans cette catégorie de feuilles nous avons une *formation descendante,* tandis que nous avons une évolution *ascendante proportionnelle.*

C. Enfin dans les feuilles où la génération longitudinale se combine à la génération latérale, l'organogénie démontre que la formation des éléments a lieu d'abord latéralement et longitudinalement dans les feuilles très-jeunes, ainsi que nous l'avons indiqué pour la formation des feuilles du Persil (1); mais lorsque cette composition est obtenue, la feuille prend une évolution qui n'est plus alors qu'ascendante, mais alors *proportionnelle* comme dans les autres évolutions. On voit donc que dans ces conditions, ceux qui n'ont étudié que l'évolution des feuilles ont pu être exclusifs et dire que cette évolution n'avait jamais lieu que de bas en haut.

Ici doit se placer une petite discussion sur l'ordre de naissance des différentes parties qui constituent une feuille complète; c'est-à-dire munie de sa gaîne, de son pétiole et de son limbe.

Nous avons dit que dans les Monocotylédones les phytogènes périphériques qui doivent constituer l'organe appendiculaire formaient généralement 3 séries horizontales, savoir: la série circulaire c', *fig.* 5, C, destinée à former la gaîne; la série supérieure b, devant donner lieu au pétiole, et le phytogène terminal a, qui doit produire le limbe. Mais il peut arriver que l'une de ces séries ne prenne pas le développement normal que nous lui assignons, ou même qu'elle ne prenne aucun développement, ou peut-être bien encore, qu'obéissant à l'une des plus grandes formations, tout en se développant, l'une des séries affecte la manière d'être et la forme de la plus grande évolution; dans ce cas, l'existence de l'une des séries disparaît ou paraît absente. Par exemple, si les séries a et b restent sans prendre de développement, nous n'aurons qu'une gaîne; si la série c' ne se développe pas, la feuille sera dépourvue de gaîne; si les séries c' et b prennent seules de l'accroissement, il n'y aura formation que d'une gaîne et d'un pétiole; enfin si les séries c' et a étaient seules en évolution, la feuille serait réduite à une gaîne et à un limbe. Or,

(1) *Essai de Phytomorphie,* t. II, *fig.* 33, 1, 2, 3, 4, 5, 6, 7 et p. 33.

dans le principe, tous les éléments périphériques de la feuille existent, mais dans un état microscopique pour ainsi dire, et quand l'évolution de ces éléments a lieu, c'est d'abord le phytogène terminal a, qui se présente; ensuite les phytogènes supérieurs b; puis les phytogènes circulaires c'; par conséquent, M. Ad. de Jussieu nous a semblé être en droit d'avancer que le limbe est la première partie de la feuille qui soit apparente (1), car dans la feuille entière, c'est toujours a, qui se montre le premier. S'il se développe, il donne un limbe; s'il avorte, il n'est plus appréciable. Mais de ce que la gaîne peut existir seule dans les végétaux qui en sont pourvus, il ne nous paraît pas de logique rigoureuse de penser, avec M. Trécul, qu'elle doive nécessairement se développer la première : « Si, dans un grand nombre de cas, dit cet habile observateur, comme on le voit par les passages que je viens de citer, la gaîne peut exister seule, il me paraît évident qu'elle doit se développer la première; car si le limbe était la partie de la feuille toujours formée la première, on ne concevrait pas qu'il pût manquer (2). » Indépendamment de l'exemple du *Sparganium ramosum* donné par Ad. de Jussieu, en regardant comme un limbe la lame foliacée de l'*Arundo Donax*, on peut aisément voir que ce limbe diminue de grandeur à mesure que l'on descend sur l'axe ou que l'on se rapproche des gaînes seules développées et même alors on retrouve souvent les rudiments du limbe. C'est donc le limbe qui avorte, mais originellement il a dû être le premier à se montrer sous la forme d'un petit mamelon, précédant le bourrelet qui devait former, plus tard, l'organe appendiculaire. Quant aux figures 2, 3, 4, 21, pl. XX; et 115, 116, 145 et 146, etc., pl. XXIV, données par M. Trécul comme preuves à l'appui de son opinion, on peut toujours dire que, même dans ces exemples, le phytogène terminal, a, existe, mais que rentrant dans l'un des cas d'avortement ou de développement dans le sens de la plus grande formation, ce phytogène ne peut manifester sa présence que comme sommet de l'organe en voie de formation.

(1) *Mém. sur les embryons monocotylédonés.* — *Ann. sc. nat.*, 2ᵉ série, t. XI.
(2) *Mém. sur la formation des feuilles,* tirage à part, p. 6.

IV. *Nature phytomorphique des organes appendiculaires.*

Si nous sommes parvenu à faire comprendre que chaque organe appendiculaire devait être regardé comme le résultat du développement en commun de plusieurs individualités nommées centres vitaux ou phytogènes ; que chaque phytogène est le centre d'une évolution individuelle qui, si bien unis que soient entre eux plusieurs phytogènes, est presque toujours rendue manifeste par l'existence d'un axe ou nervure de chaque côté duquel, le plus souvent, s'épand un tissu cellulaire plus ou moins abondant, sous forme de membrane, on sera conduit à se demander comment il convient, au point de vue philosophique, de regarder un organe appendiculaire plan. C'est cette question que nous allons essayer de résoudre.

Nous avons dit que l'épipédochorise résulte du développement suivant un plan, de plusieurs phytogènes avec ou sans partitions (p. 11). Il suffit donc de jeter un coup d'œil sur la manière dont se forment les feuilles pour reconnaître qu'elles aussi ne sont autre chose que l'union de plusieurs phytogènes développés ensemble, et, par conséquent, étant tout à fait, sous ce point de vue important, comparables aux épipédochorises. La seule différence essentielle que l'on puisse constater, c'est que dans l'épipédochorise anomale les phytogènes ne sont pas restés à l'état simple pour produire les axes ou nervures de l'épipédochorise, ils ont dû passer à l'état de protophytogène et par conséquent former autant de tiges accolées suivant un plan ; tandis que dans l'épipédochorise foliaire chaque nervure ne représente réellement non plus l'évolution d'un *protophytogène*, mais seulement d'un *phytogène*. Mais en somme le phénomène est le même, car originellement dans l'une et dans l'autre production, chaque élément a commencé de la même manière, par n'être qu'un phytogène ou centre vital : le premier s'est composé avant de se développer, le second s'est développé sans composition, voilà tout. On pourait jusqu'à un certain point comparer ces deux états à celui de 2 tiges, l'une de 2 ans, l'autre de l'année : l'un, l'épipédochorise anomale, serait l'analogue d'une tige bisannuelle qui se serait composée des couches ligneuses de la 1re et de la 2e année; l'autre, l'épipédochorise foliaire, serait l'analogue d'une tige annuelle, ne contenant que

11

les couches ligneuses de la 1re année. Mais cherchons d'autres points de comparaison.

A coup sûr, celui qui n'aurait que la connaissance exacte des définitions connues les meilleures de la fascie et de la feuille, et à qui l'on présenterait une feuille de *Gincko biloba* (1) et un axe fascié non florifère de *Ruscus*, prendrait plutôt la feuille pour une fascie, et la fascie pour une feuille ; et si, s'en rapportant à ce caractère, que la fascie peut porter des bourgeons pendant que la feuille en est dépourvue, ne prendra-t-il pas une feuille de *Briophyllum calycinum* ou de *Cardamine macrophylla* pour une fascie ? On voit par là combien est difficile cette exacte distinction, et si, dans quelques cas extrêmes, il est aisé de ne pas se tromper, dans les cas très-voisins, il est impossible d'être sûr de ne pas commettre d'erreur. Par exemple, nous avons pris l'habitude de considérer les épipédochorises florifères des *Ruscus* comme des axes fasciés, et nous nous basons sur ces deux principes généraux de botanique : 1° que *de l'aisselle d'une feuille il ne peut sortir qu'un axe*, et, comme l'épipédochorise des *Ruscus* se trouve à l'aisselle d'une écaille qui n'est évidemment que l'équivalent d'une feuille, dans cette convention l'épipédochorise n'est qu'un axe ; 2° que *les organes axiles seuls sont capables de bourgeonnement*, et puisque l'epipédochorise des *Ruscus* présente sur sa face supérieure ou inférieure un bourgeon floral, il est convenu que cette épipédochorise ne saurait être une feuille.

Cependant, si, comme nous l'avons déjà dit, dans la nature organique il ne faut pas être trop absolu dans les principes généraux que l'on pose, il est peut-être permis de se demander si réellement l'axiome n'est pas un peu en défaut, et si ce que l'on considère ici comme axe ne serait pas plutôt le résultat d'un défaut d'exastosie de 2 feuilles opposées, défaut d'exastosie analogue à celui que nous avons indiqué dans la théorie de la formation des phyllodes (2). Si c'est un axe, nous nous expliquons bien sa fas-

---

(1) En observant attentivement la feuille du *Gincko biloba*, il nous est impossible de ne pas y voir l'union d'un grand nombre de feuilles subulées analogues à celles de la plupart des autres conifères, réunies entre elles en une plaque fasciée, exactement comme le sont les poils soudés entre eux sous forme de plaques dans les écailles des Pangolins.

(2) *Essai de Phytomorphie*, t. II, p. 113.

ciation, c'est-à-dire son élargissement suivant un plan ; mais il
nous est difficile d'expliquer sa forme triptère, que M. Eug. Fournier a plusieurs fois observée. Or, cette observation nous paraît
importante au point de vue de la signification de cet organe et
semblerait donner gain de cause à l'hypothèse que le prétendu
axe fascié des Ruscus n'est autre que le résultat du développement de 2 feuilles opposées qu'un défaut d'exastosie centripète
aurait maintenues unies ensemble, et alors, en admettant qu'au
lieu de 2 feuilles opposées, l'axe, très-court, portait un verticille
de 3 feuilles, le défaut d'exastosie centripète appliqué à ces
3 feuilles rendrait parfaitement compte du phénomène observé
par M. Fournier (1). Faisons observer que, d'ailleurs, on n'a signalé aucun cas de *fascie anomale triptère*, ce qui est un fait négatif augmentant la valeur de la théorie qui précède.

D'ailleurs, la différence la plus importante que l'on ait indiquée entre les fascies et les feuilles, c'est que, dans la *fascie non
divisée*, les nervures sont en général parallèles, et que, dans les
feuilles, les nervures sont généralement divergentes et finissent
par se rencontrer et souvent s'anastomoser de façon à former une
sorte de treillage rempli de tissu cellulaire, lequel fait parfois défaut, comme on le voit dans les *Hydrogeton fenestralis* et *Claudea elegans*. Mais une foule de feuilles sont précisément aussi à
nervures parallèles, et, sous ce rapport, tout à fait constituées
comme les fascies, et les feuilles des Monocotylédones nous en offrent de nombreux exemples. Cependant, comme les 2 faces de
la fascie anomale reçoivent également l'action de l'air et de la lumière, on conçoit que la fascie doit avoir ses 2 faces sensiblement
pareilles ; tandis que la feuille, en raison même de son mode de
production, qui fait que l'une de ses faces reçoit l'influence de
l'air et de la lumière beaucoup plus tôt que l'autre, on comprend
que cette feuille présente 2 faces qui sont généralement dissemblables d'aspect et de structure, ce qui constitue un autre caractère distinctif entre la fascie anomale et la *fascie foliaire*. Mais le
mode de formation phylogénique est absolument le même, et
c'est ce qui explique pourquoi, de même que dans une fascie anomale, un des photophytogènes vient à s'isoler et à constituer un

(1) *Essai de Phytomorphie*, t. I, p. 471.

axe normal ; de même, dans la fascie foliaire, si un ou plusieurs phytogènes viennent à se développer isolément, il constituera un organe cylindrique qui tiendra bien plus de l'axe que de la feuille, et qui ne sera autre que la vrille que l'on retrouve dans les *Lathyrus*, les *Pisum*, les *Smilax*, les Cucurbitacées (1), les *Vitis*, *Cissus*, etc., et il est de toute évidence que la vrille n'est plus une épipédochorise.

Pareillement, il y a des feuilles qui n'ont absolument rien de ce qui constitue les épipédochorises, et qui ressemblent beaucoup plus à des ramifications d'axes qu'à des feuilles. En effet, à part la base embrassante de l'organe et l'absence de bourgeons, il serait, au premier abord, difficile de dire ce qu'est la feuille du *Rumia microcarpa* ou celle du *Fœniculum vulgare*, dont les nervures cylindriques et dépourvues du moindre aplatissement ne sont même *pas développées dans un même plan*. Ainsi, tandis que nous voyons certains organes, comme ceux des *Ruscus*, des *Xylophylla*, etc., être regardés comme de nature axile et ressembler tant à des feuilles, voilà des organes de nature appendiculaire qui n'ont plus rien de la feuille, et qui ressemblent, à s'y méprendre, à un axe plusieurs fois ramifié. C'est qu'en réalité, quand le phytogène simple ou composé se développe *seul*, produisant ou non des organes appendiculaires, il forme un axe, et qu'au contraire, toutes les fois que plusieurs phytogènes se développent *en commun* sur une même ligne plane ou courbe, *pourvu que les bords ne soient pas adhérents*, ils forment une épipédochorise. Les vrilles des végétaux que nous venons de citer, les feuilles du *Rumia* et du *Fœniculum* sont, dans cet ordre d'idées, des *axes*, mais de *nature foliaire* ; tandis que les rameaux fasciés des *Ruscus* (d'après l'idée admise encore), ainsi que ceux des *Xylophylla*, etc., sont des feuilles, mais de *nature axile*.

Il résulte de la dissertation qui précède, que l'on peut avec raison regarder les feuilles à nervures parallèles des Monocotylédones, ainsi que certaines feuilles de Dicotylédones (quelques *Laurus*, *Myristica*, *Viscum*, etc.), comme des épipédochorises, mais dont les axes auraient été écartés les uns des autres au moyen d'une production plus ou moins abondante de tissu cellu-

---

(1) *Essai de Phytomorphie*, pl. III, *fig.* 35, 36, 37.

laire *membraneux*. Dans cette circonstance, en vertu d'une *prédisposition organique particulière aux Monocotylédones*, tous ces axes seraient maintenus à une distance telle, que l'on a l'habitude de les regarder comme étant *parallèles*.

Mais nous savons aussi, et nous en avons figuré et décrit plusieurs exemples, que les épipédochorises pollaplasiques anomales se terminent le plus souvent par des branches qui se séparent peu à peu les unes des autres, *dans un même plan*, en formant des angles plus ou moins ouverts (1). Si l'on suppose que, par une *prédisposition organique particulière* aussi, la séparation des éléments de l'épipédochorise foliaire se fait dans un même plan, successivement et en se ramifiant, mais d'une manière régulière, symétrique par rapport à l'axe central, et si, de plus, on conçoit la formation d'un tissu cellulaire membraneux assez abondant pour emplir les intervalles qui existent entre tous les éléments de l'épipédochorise, on aura la raison d'être des feuilles de Dicotylédones qui paraissent, à première vue, si différentes de celles des Monocotylédones. Ainsi, par cette théorie fort simple, non-seulement nous reconnaissons à l'anomalie connue sous le nom de *fascie* une signification conduisant à l'explication des phénomènes les plus naturels ; non-seulement nous saisissons un rapport commun entre la genèse des feuilles et celles des fascies, mais nous trouvons en même temps la véritable cause qui fait que les feuilles affectent cette forme *plane* si différente de l'axe et si caractéristique du règne végétal.

Si, maintenant, on observe que la fascie anomale est formée d'axes accolés qui, le plus souvent, puisent leur nourriture dans le sol ; que cette nourriture étant nécessairement variable, puisque le sol n'est pas lui-même très-homogène dans sa composition, on comprendra que le végétal, obligé de créer ou tout au moins de choisir sa nourriture, ne la trouve pas toujours en quantités égales dans le milieu où il vit : de là des différences souvent très-grandes dans le développement des protophytogènes qui constituent chacun des axes accolés. Au contraire, les phytogènes qui entrent dans la composition des organes appendiculaires trouvent, d'abord dans la séve ascendante, puis, plus tard, dans l'atmo-

***

(1) *Essai de Phytomorphie*, t. I, pl. IX, *fig.* 55, 55 *bis*, et 56.

sphère, une nourriture toute préparée, ou tout au moins des éléments d'une composition plus homogène, et, par conséquent, d'une assimilation plus facile, plus régulière, de sorte que les éléments qui constituent les fascies appendiculaires (feuilles, sépales, pétales, etc.), mieux et plus également nourris, peuvent se développer d'une manière plus uniforme, plus régulière, étant d'ailleurs soumis à l'influence des lois de la symétrie qui réside dans l'axe qui supporte ces organes; d'où résultent des formes plus régulières et plus symétriques que celles que l'on peut retrouver dans les fascies anomales. Ajoutons que, d'ailleurs, il y a des fascies anomales d'axes qui, bien que rares, sont assez symétriques; que les fascies normales des *Ruscus, Xylophylla, Celosia cristata,* etc., sont parfaitement régulières et symétriques; tandis qu'au contraire il y a des fascies appendiculaires qui ne sont plus symétriques, que ce soient des cotylédons (*Phaseolus*), ou des feuilles (*Begonia*), ou des stipules (*Sophora pendula*), ou même des pétales, comme le sont ceux des *Nerium* ou ceux de la fleur mâle des *Carica* (1). En dehors de ces exemples normaux, nous constatons aussi de fréquentes anomalies dans les mêmes organes appendiculaires, anomalies qui prouvent que, même dans ces conditions d'éléments homogènes de nourriture, l'organe appendiculaire ne se développe pas toujours d'une manière symétrique. Mais ces faits constituent une classe de phénomènes qu'il convenait de ranger à part, et c'est ce que nous avons fait dans un article où nous les étudions sous le nom de *Campylotropie* (2).

Toutes ces considérations, placé au point de vue de notre théorie phytogénique, ont en conséquence dû nous porter à considérer les organes appendiculaires, tant ceux de la reproduction que ceux de la nutrition, comme des *épipédochorises foliaires* ou *phytogéniques,* ou des *fascies foliaires;* c'est pour cela que nous leur avons donné ce nom, en tête de ce long paragraphe. Nous reviendrons d'ailleurs sur ces considérations importantes, au chapitre VII (*Organes axiles et appendiculaires*).

Enfin, les idées que nous venons de faire connaître se rapportent particulièrement à la formation des limbes de la feuille ou

____

(1) Tournef., *Inst. rei herbariæ*, édit. 3, t. III, tab. 441, A.
(2) *Essai de Phytomorphie*, t. II.

ces lames dans lesquelles on ne distingue plus le pétiole, et que, dans la plupart des Monocotylédones, on considère comme des feuilles, mais qui ne sont probablement que des *pétioles dilatés* en manière de limbe. Il ne nous reste plus qu'à étudier la feuille au point de vue de la formation phytogénique de la *gaîne,* ou des *stipules* et du *pétiole.*

§ II. — *Gaîne et stipules.*

A la base d'un grand nombre de feuilles, on observe ordinairement, de chaque côté, deux petits organes appendiculaires squammiformes, membraneux ou foliacés, libres ou adhérents au pétiole et auxquels on a donné le nom de *stipules.* Un auteur classique justement estimé a pu penser que les stipules se produisaient vraisemblablement d'une manière analogue à celle des lobes latéraux des feuilles simples ou des folioles des feuilles composées (1), et, en effet, c'est bien *a priori* la première idée qui pouvait se présenter, même alors qu'on en aurait fait l'anatomie; mais cet organe ne nous paraît avoir aucun rapport avec la foliole, car, phytogéniquement, c'est un élément de la gaîne et nullement celui d'un limbe, comme l'est la foliole.

Nous avons dit que dans la feuille *complète* on pouvait distinguer 3 parties essentielles : la *gaîne,* le *pétiole* et le *limbe,* et il n'est qu'un petit nombre de botanistes qui, aujourd'hui, confondent le pétiole avec la gaîne, mais nous avons cherché à démontrer que cette confusion ne devait pas être faite (2). Nous avons dit aussi qu'il était impossible que ce que l'on connaît sous le nom de *stipules* ne fût pas formé aux dépens des phytogènes destinés à former la gaîne, et que, par conséquent, les stipules n'étaient autre chose que des portions de la gaîne que des exastosies circulaires avaient développées au point que les botanistes ont pu croire à une assez grande différence pour leur donner un nom particulier (*loc. cit.*).

Quelques auteurs sont aussi disposés à faire de la ligule des Monocotylédones un organe spécial; mais quand on suit une série de ligules de plus en plus allongées depuis les *Oplismenus,*

---

(1) Ad. de Jussieu, *Cours élém. d'hist. nat. botan.,* p. 107.
(2) *Essai de Phytomorphie,* t. II, p. 128.

Crus galli, colonus, etc., où la ligule est remplacée par une simple zone blanchâtre, en passant par les *Setaria persica, viridis*, etc., où elle apparaît sous forme de poils courts; par les *Arundo Donax, Coix lacryma*, etc., où elle est membraneuse et très-apparente; par les *Melica altissima*, où elle est plus développée encore; par les *Paspalum dilatatum, Phalaris truncata*, où elle augmente encore de grandeur; par les *Phalaris nodosa, Poa trivialis*, où, dans les Graminées, elle atteint la plus grande longueur; on est conduit ainsi à la ligule du *Pontederia cordata*, qui atteint jusqu'à 6 centimètres de longueur. Si à cette série de faits on ajoute les suivants, on sera naturellement conduit à la conséquence que nous établirons. Ainsi, dans quelques Ombellifères (*Sium latifolium, Feniculum vulgare*, etc.), on voit le sommet de la gaîne (pétiole dilaté de quelques auteurs) se détacher un peu du pétiole, de façon à rappeler la ligule des Monocotylédones; dans le *Melianthus major*, l'*Houttuynia cordata* et le *Drosera anglica*, cette gaîne ne tient plus au pétiole que par la base; enfin, chez le *Drosera graminifolia*, le *Potamogeton natans*, la gaîne est complétement libre et indépendante du pétiole.

Or, il est impossible de ne pas saisir la filiation de ces formes et de ne pas conclure à un même ordre d'organes. Par conséquent, pour être logique, il faut reconnaître que la *ligule*, caractéristique des Monocotylédones, particulièrement celle des Graminées, n'est pas un organe distinct de la gaîne, et n'en est que le sommet, ce qui est aussi l'opinion d'Aug. Saint-Hilaire (1).

D'un autre côté, si ces organes sont tous des analogues les uns des autres, de ce que dans les *Melianthus major, Drosera anglica, graminifolia, Potamogeton natans* (Dicotylédones), la gaîne prend le nom de stipule; de ce que dans l'*Houttuynia cordata* (Monocotylédone) la gaîne prend aussi le nom de stipule, nous trouvons déjà logique de regarder certaines stipules comme n'étant qu'une modification de la gaîne. Voilà donc que l'exastosie centripète, en détachant de plus en plus la gaîne du pétiole, en a fait des stipules que les auteurs nomment *stipules axillaires*.

L'exastosie circulaire produite *à l'opposé* de la feuille ne paraît

(1) *Morpholog.*, p. 194.

pas avoir déterminé les botanistes à créer des noms particuliers pour les gaines qui présentent ou non cette particularité. Ainsi la gaine des Cypéracées et celle des Graminées ont le même nom ; mais les gaines non fendues des *Polygonées* et des *Platanus*, qui sont analogues aux gaines des Cypéracées, ont reçu un nom particulier, celui d'*ochrea*, et sont rangées parmi les stipules. Autre preuve non moins évidente que les stipules ne sont que des gaines.

Si l'exastosie, au lieu de se faire de l'autre côté de l'axe, à l'opposé du pétiole ou de la nervure médiane, se fait de chaque côté du pétiole, laissant le reste de la gaine entier, on a alors une autre sorte de stipules que l'on peut appeler *oppositifoliées*, comme il en existe dans le Ricin. Cette stipule oppositifoliée peut se former encore en supposant un dédoublement ou exastosie centripète, analogue à celui qui fait la stipule axillaire, mais l'exastosie circulaire, au lieu de se faire de l'autre côté de la tige, se fait axillairement en face du pétiole, de sorte que lorsque la feuille qu'elle renferme se montre, la stipule est véritablement oppositifoliée. C'est ce qui arrive à la stipule du *Ficus elastica*, qui est constituée par les 2 stipules des *Ficus* qu'un défaut d'exastosie à l'opposé de la feuille a maintenues réunies en une seule. Quand l'exastosie se fait de chaque côté du pétiole et en même temps à l'opposé du pétiole, on a alors des stipules que l'on a désignées sous les noms de *stipules latérales caulinaires*, comme on en voit dans les Tilleuls, le *Staphylea*, etc. Quant à ce que l'on a appelé *stipules latérales pétiolaires*, ce sont les stipules adhérentes de chaque côté du pétiole, comme on le voit dans les *Rosa*. En comparant cette sorte de stipule avec les gaines des Ombellifères, ou même celle des Graminées sans ligules, nous n'y trouvons absolument aucune différence, si ce n'est que dans les Graminées ou les Ombellifères elle est engainante ou embrassante, tandis que dans les *Rosa* elle n'est que semi-embrassante ; par conséquent il est impossible de nier l'analogie de la stipule avec la gaine.

De ces comparaisons et de celles que nous avons établies déjà (1), on arrive à cette idée que, d'une manière générale, les

(1) *Essai de Phytomorphie*, t. II, p. 128.

Monocotylédones, chez lesquelles les exastosies sont bien moins
prononcées que chez les Dicotylédones, les stipules unies au pétiole et embrassantes portent le nom général de gaîne, et c'est ce
qui a fait dire à certains botanistes que les Monocotylédones
étaient privées de stipules. Au contraire, chez les Dicotylédones,
où les exastosies sont plus fréquentes, plus multipliées et plus
nettes ou plus profondes, la gaîne se séparant facilement du pétiole ou subissant des exastosies particulières, n'a plus conservé
le nom de gaîne, et a pris plus généralement celui de stipules.

Quant à l'origine des stipules, de ce qui précède, on peut conclure qu'elle est la même que celle de la gaîne; et comme nous
avons suffisamment décrit la phytogénie de la gaîne (*loc. cit.*),
nous croyons inutile d'y revenir ici. Nous ajouterons seulement
quelques particularités qui donneront l'explication de certaines
stipules déformées, ou exagérément développées.

Puisque nous avons dit que la gaîne avait pour origine de sa
formation particulièrement la série circulaire des phytogènes périphériques c′ c′ c′, *fig.* 5, C, il s'ensuit que selon le nombre des
phytogènes circulaires qui entreront dans la composition de la
stipule, la forme de la stipule pourra être différente.

1° Si tous les phytogènes circulaires, sans multiplication ou
multipliés par chorise, entrent originellement dans la constitution
de la stipule, celle-ci sera embrassante et formera le pétiole dilaté de quelques auteurs, ou engaînante et donnera lieu à la
gaîne des Monocotylédones et aux *ochrea*.

2° Si 2 ou 3 phytogènes circulaires viennent à s'isoler des autres phytogènes et à vivre en commun, ils feront des stipules foliacées.

3° Si un phytogène vient à s'isoler et à végéter malgré cet iso-
lement, il s'allongera plus ou moins en un tube ordinairement
cylindrique et constituera la vrille de quelques espèces ou un
axe spinescent comme on en voit dans le *Robinia pseudo-Acacia*
ou le *Capparis spinosa*.

Si nous voulons préciser davantage nos exemples, nous dirons
que dans les *Smilax* les vrilles qui sont de chaque côté de la
feuille et à la base du pétiole, précisément à cause de leur forme
cylindrique, nous semblent être des stipules et ne devoir être
constituées que par un seul phytogène circulaire qui se serait al-

longé en axe sans se composer en un protophytogène. Cette opinion, qui est contraire à celle d'Auguste Saint-Hilaire, qui veut que la vrille soit une foliole avortée (1), est fondée sur plusieurs raisons : 1° elle est l'expression d'une gaîne commune à un grand nombre de Monocotylédones ; 2° engaînant presque le bourgeon axillaire, elle surmonte immédiatement la base du pétiole et par conséquent elle n'en est que la continuation ; 3° elle ne peut être une foliole, car il est très-rare de trouver parmi les Monocotylédones des feuilles trifoliolées, et d'ailleurs nous ne connaissons pas dans ce genre d'espèces à feuilles trifoliolées ; 4° elle est remplacée, dans les *Smilax bona-nox*, L. et *perfoliata* Loureir., par une stipule dont la nature ne peut être révoquée en doute.

Auguste Saint-Hilaire avait admis, au contraire, que la vrille des Cucurbitacées était une stipule transformée; mais nous savons que cet organe n'est autre qu'une portion de la feuille , c'est-à-dire un des phytogènes qui devaient entrer dans la feuille et qu'une prédisposition organique fait isoler pour vivre seul quelque temps et se transformer en un axe allongé sous la forme que nous lui connaissons. L'idée d'Auguste Saint-Hilaire était donc fondée non-seulement par un phénomène identique, mais par une origine semblable : celle d'un phytogène vivant seul. Nous reviendrons d'ailleurs plus tard sur cette intéressante question, dont plusieurs botanistes distingués se sont occupés dans ces dernières années. Ce qui ressort de plus clair de tout ceci, c'est que dès qu'un phytogène périphérique ou autre vient à vivre seul, s'il se compose en protophytogène, il forme un axe appendiculé; et s'il ne se compose pas il forme un axe dépourvu d'organes appendiculaires, et cela doit être, puisque ces organes ne sont formés que par des phytogènes périphériques qui ne sauraient exister dans un phytogène qui ne s'est pas composé en un protophytogène. Voilà pourquoi, quelquefois, la vrille des Cucurbitacées prend des formes qui ont contribué à faire naître les discussions auxquelles nous faisons allusion. En effet, si le phytogène circulaire-vrille se compose en un protophytogène, il fournira des organes appendiculaires, un axe et un bourgeon-fleur, et M. Naudin sera autorisé à dire que c'est un bourgeon ;

(1) *Morpholog.*, p. 170.

si après sa composition, le même phytogène moins vigoureux dans
son évolution ne fournit qu'un seul organe appendiculaire, une
feuille, la vrille n'étant elle-même qu'un élément de feuille et
on la regardera comme de nature appendiculaire. Mais, nous le
répétons, nous reviendrons en détail sur cette très-intéressante
question, qui est de nature à éclairer beaucoup de points de notre
théorie phytogénique.

Quelquefois, au lieu de se développer en un axe, le phytogène
circulaire subissant l'influence de la composition longitudinale
se multiplie, et alors au lieu d'un axe forme une véritable stipule. C'est ce qui nous paraît avoir lieu principalement pour les
Rubiacées ainsi que nous le disons autre part (p. 137). C'est aussi
ce qui pourrait bien être pour le *Staphylea pinnata,* dont les
feuilles opposées ont chacune leur 2 stipules latérales, représentant chacune un des 6 phytogènes circulaires, tandis que les
2 autres sont compris dans les feuilles opposées. C'est pareillement de la même façon que nous semblent formées les stipules
interpétiolaires des *Humulus,* car, comme dans les Rubiacées
exotiques, elles sont bien évidemment formées de 2 stipules chacune.

La stipule résultant du développement d'un des phytogènes
circulaires, il se pourrait encore que ce phytogène isolé suffisamment nourri, se composât à la manière des limbes latéricompo-
sés, et qu'alors il produisit des stipules ressemblant véritablement à des feuilles. Ainsi, dans les *Pisum,* les feuilles alternes
distiques pourraient bien, comme dans les *Tilia, Ulmus, Phaseolus,* etc., être le résultat d'un déplacement de 2 feuilles phytogéniquement opposées. Dans ce cas, 3 phytogènes circulaires
entreraient dans la composition de l'organe appendiculaire entier.
Celui du milieu appartiendrait à la feuille, et chacun des phytogènes latéraux formerait la stipule ; mais si nous examinons
chaque stipule du *Pisum,* nous y constatons d'abord une génération latérale, tandis que chaque foliole offre une génération longitudinale, ce qui exclut l'idée que la stipule pourrait être une
foliole. Or, il n'y a que 2 hypothèses capables d'expliquer la formation des nervures latérales de ces stipules : ou c'est par *épipédochorise pollaplasique,* ou c'est par voie de composition protophytogénique suivant un plan analogue à celle qui fait les feuilles

latéricomposées (p. 150) : il faut avouer que toutes deux satisfont à l'explication et que nous n'avons réellement jusqu'à ce jour aucun moyen de démontrer que l'une soit préférable à l'autre.

Le *Lathyrus Aphaca* présente ce phénomène particulier que ce sont les phytogènes circulaires devant former les stipules qui se multiplient soit par pollaplasie plane, soit par composition protophytogénique plane, car ces stipules ont une génération latérale évidente. Mais ce qu'il y a de remarquable ici, c'est que le phytogène destiné à former la feuille vivant seul sans se pollaplasier ou se composer, se développe en un axe qui n'est autre qu'une vrille représentant la nervure médiane de la feuille. On pourrait encore admettre que ces stipules sont formées par 2 triangles phytogéniques opposés ccs, *fig.* 4 *bis* A, et que l'un des 2 phytogènes circulaires c. a, a avorté pendant que l'autre doué d'une vie suffisante s'est allongé sans se composer et en formant l'axe ou vrille que nous connaissons. Cette opinion pourrait d'autant mieux être soutenue que dans le *Viola tricolor* nous trouvons des stipules si grandement développées qu'on les prendrait aisément pour des feuilles non-seulement lobées dans le grand lobe moyen, mais encore composées dans sa base par les 6 à 10 lanières stipuliformes que l'on y observe.

M. Mercklin dit que le limbe de la feuille qui se forme de haut en bas apparaît le premier, que le pétiole naît ensuite, et que les stipules paraissent non-seulement après la partie inférieure du limbe, mais encore après la partie supérieure du pétiole (1). La phytogénie donne raison à ce fait, examiné à ce point de vue de la formation élémentaire. Mais quand le même auteur dit que, dans les feuilles composées, les stipules de Dicotylédones apparaissent après les *folioles inférieures qui sont les dernières produites*, il n'est d'accord ni avec M. Trécul, ni avec les observations que nous avons faites nous-même sur l'organogénie des feuilles de Lupin, desquelles il résulte que le mamelon stipulaire apparaît presque en même temps que les premiers mamelons foliolaires, et M. Trécul n'hésite pas à dire que dans les *Staphylea pinnata, Galega officinalis*, etc., les stipules naissent avant les

---

(1) *Obs. sur l'histoire et le développ. des feuilles. — Ann. sc. nat.*, t. VI, 1846.

folioles. D'ailleurs, M. Mercklin semblait alors ignorer qu'il y eût des feuilles de composition longitudinale dont les folioles inférieures sont les premières formées.

Ici se borne ce que nous avons à dire sur la phytogénie des stipules. Nous ajouterons seulement que si nous venons à considérer les feuilles composées comme des axes et les folioles comme des feuilles, celles-ci pourront être quelquefois munies de leurs stipules (*stipelles*) absolument comme des feuilles ordinaires. Mais pour ne pas nous éloigner des idées reçues, la feuille composée restera telle dans notre esprit, ce qui ne peut nous empêcher d'établir des points de comparaison utiles en ce sens surtout qu'ils font mieux ressortir les différents caractères des tiges et des feuilles composées.

§ III. — *Pétiole.*

Pour terminer ce qui a trait à la genèse des feuilles, nous sommes forcé de parler du pétiole, quoiqu'à vrai dire il ne se montre le plus souvent que comme la base de la nervure médiane de laquelle dérivent toutes les autres nervures. Cependant dans quelques circonstances il en paraît tellement distinct, que ce n'est pas sans raison que les botanistes l'ont toujours distingué du limbe et de la gaîne. D'après tout ce que nous en avons dit dans notre *Phytomorphie* (t. II, p. 92 et suiv.), et ce que nous en dirons en parlant des axes et des organes appendiculaires, nous nous trouvons ainsi conduit à ne parler ici que des différents modes de production phytogénique que nous n'avons nécessairement pas dû faire connaître aux endroits que nous venons de citer.

Nos études phytogéniques nous conduisent à penser que le pétiole a la plus grande analogie de composition phytogénique avec les mérithalles, et nous avons vu déjà que leur mode d'évolution était sensiblement le même, et tout en reconnaissant 3 modes de formation, nous allons reconnaître aussi que ces 3 modes sont équivalents et rentrent dans une seule et même composition.

A. Nous avons déjà dit (1) que dans les phytogènes périphériques des Monocotylédones nous reconnaissons 4 séries : 1° Les

(1) *Essai de Phytomorphie*, t. II, p. 139.

phytogènes inférieurs, i, i, i, *fig.* 11, A, lesquels, disposés en triangle *horizontal* et à la base du protophytogène, par leur développement en commun et sans exastosie, donnait lieu à un tube prismatique ou cylindrique qui n'était autre qu'un mérithalle, partie essentiellement axile du végétal ; 2° la série véritablement circulaire c' c' c' c', *fig.* 5, C, qui était destinée à produire la gaîne ; 3° la série supérieure, également disposée en triangle *horizontal* et dont l'évolution se faisant aussi en commun sans exastosie, donnait lieu nécessairement à un tube prismatique ou cylindrique, qui n'était autre que le pétiole, dont, comme on le voit, la composition phytogénique est semblable à celle du mérithalle : aussi le pétiole devait-il être considéré comme un *mérithalle foliaire* (1) ; 4° enfin, le phytogène terminal, a, ou phytogène-limbe, ainsi nommé parce que c'était lui qui, par son développement modifié de bien des manières, était l'origine de la formation des limbes. Ainsi il résulte de ce premier aperçu que le pétiole peut être formé par les 3 phytogènes supérieurs des phytogènes périphériques d'un protophytogène-scion. Si les 3 phytogènes ne se multiplient pas, si la formation du tissu cellulaire n'est pas assez abondante, le pétiole conservera une forme triangulaire ; dans le cas contraire, le pétiole peut avoir une forme cylindrique. Enfin, en admettant un commencement d'exastosie circulaire du côté interne du pétiole, on aura la raison du canal que l'on retrouve souvent à la face supérieure des pétioles. Dans cette circonstance, le plus souvent, tous les phytogènes périphériques, en y comprenant même le phytogène terminal, a, vivant en commun ne forment plus qu'une lame unique (Graminées) que l'on regarde encore aujourd'hui comme un limbe, mais que nous avons autre part considérée comme l'équivalent d'un pétiole (2), puisque le phytogène-limbe ne paraît pas avoir concouru à la formation de cette lame.

B. Dans beaucoup de circonstances, lorsque surtout le protophytogène appartient à une Dicotylédone, l'organe appendiculaire, avons-nous dit, peut être entièrement constitué par un triangle phytogénique *vertical*, Ps, PP, *fig.* 8, C, et l'on comprend aisément

(1) *Essai de Phytomorphie*, t. II, p. 145.
(2) *Ibid.*, p. 147.

que souvent la feuille qui en résulte soit sessile. Cependant, avant
de s'écarter pour former les nervures, il peut arriver que ces
3 phytogènes, *microscopiques à l'origine,* s'allongent en vivant
en commun et donnent lieu à un demi-tube cylindrique ou prismatique aplati, forme déterminée d'avance par la disposition non
en triangle *horizontal* des 3 phytogènes. Par conséquent, il est
possible que ce soit à cette circonstance que certains pétioles doivent leur forme aplatie. Mais il se pourrait encore que pendant
l'évolution de ces 3 phytogènes ainsi unis, les adhérences fussent
telles, qu'à un certain moment, les 3 phytogènes se soient disposés en triangle *horizontal* comme ci-dessus, et que nous re-
trouvions ainsi une formation évidemment *analogue à la première formation,* avec cette différence qu'après avoir vécu en
commun et pour ainsi dire fondus ensemble, formant un seul
faisceau ou plutôt 3 petits axes dégénérés réunis en un seul, ces
3 phytogènes, à un moment donné, se séparent, s'épanouissent
en un limbe dont les 3 nervures principales sont l'expression.
Plus tard, le phytogène intermédiaire, ou quelquefois les 3 phytogènes venant à se composer, donnent lieu à de nouvelles formations, accusées par de nouvelles nervures, et arrivent à constituer un limbe avec les nervures souvent nombreuses que nous y
remarquons.

C. Enfin, le phytogène terminal, a, *fig.* 5, C, ou le phytogène
supérieur, P. s, du triangle phytogénique P. P. P. s, *fig.* 8, C, ou
même un des phytogènes circulaires P *fig.* 8. B, peuvent, ainsi
isolés, arriver à former un pétiole terminé par un limbe. Dans ce
cas, ce phytogène isolé se compose à la manière ordinaire : ses
trois phytogènes inférieurs i,i,i, *fig.* 11, A grandissent en vivant
en commun et forment aux autres phytogènes périphériques une
sorte de support cylindrique ou prismatique, évidemment analogue au mérithalle dont nous avons parlé, p. 175 (A, 1°), lequel support n'est autre chose que le pétiole d'une feuille dont le
limbe sera formé par les phytogènes périphériques des deux ou
trois séries c'c'c'c', b,b,b, et a, *fig.* 5, C, plus ou moins multipliés, et vivant en commun pour former un limbe simple, ou
plus ou moins diversement composé. Mais pour comprendre comment un limbe plan peut résulter de cette réunion, suivant un
cône, de tous les phytogènes périphériques, il suffit de supposer

une exastosie unilatérale analogue à celle qui fait la gaîne fendue des Graminées.

Si nous sommes parvenus à nous faire bien comprendre, on doit reconnaître que, quel que soit de ces trois modes celui qui a déterminé la formation du pétiole, cet élément de la feuille n'en a pas moins été formé par trois phytogènes plus ou moins disposés en triangle à la manière des trois phytogènes inférieurs qui produisent les mérithalles, et l'on ne sera plus étonné que nous ayons regardé le pétiole comme un mérithalle foliaire. Reste maintenant à déterminer les espèces dans lesquelles chacun de ces trois modes est en action pour former les pétioles, et, soit par des considérations philosophiques ou tératologiques, soit par des études très-délicates et très-approfondies d'organogénie, nous ne désespérons pas qu'on arrivera à trouver l'application de ces trois modes.

Cette étude du pétiole nous conduit naturellement à l'étude phytogénique des organes axiles, c'est-à-dire des tiges ou axes végétaux. C'est elle que dans la section suivante nous allons aborder, mais principalement au point de vue qui nous occupe.

SECTION II. — ORGANES AXILES.

Théorie de la formation des tiges ou axes végétaux

Dans cette étude nous devons considérer la tige sous trois points de vue distincts, savoir : 1° la *formation du corps solide de la tige;* 2° la *formation de la cavité médullaire ;* 3° la *génèse des phytogènes* ou bourgeons destinés à former les ramifications ou axes d'un ordre inférieur.

§ I. — *Formation du corps solide de la tige.*

Dans la formation du corps de la tige il y a deux choses à considérer, savoir : *sa formation phytogénique* et *son évolution.* Nous allons les étudier successivement.

1° Formation phytogénique du corps solide de l'axe végétal.

Tandis que les phytogènes périphériques d'un protophytogène se développent ainsi en feuilles, les phytogènes inférieurs ou autres ne restent pas inactifs : ils augmentent de nombre et de volume en formant d'abord une masse de tissu cellulaire dont certaines cellules, fortement pressées et disposées en série longitudinale, se soudent entre elles de manière à former, surtout à l'aide d'un phénomène physiologique encore inconnu et qui détermine la résorption des membranes qui les séparent, les divers vaisseaux et sans doute même les trachées. D'un autre côté, cet accroissement dans les tissus a pour effet de séparer les uns des autres les organes appendiculaires, de les placer à des distances plus ou moins grandes, au moyen d'axes, sortes de tubes cylindriques ou prismatiques connus sous le nom de *mérithalles* ou *entre-nœuds*, et l'élongation de ces mérithalles, bien qu'en général subordonnée à l'état de sécheresse ou d'humidité du milieu où ils se trouvent, reconnaît cependant pour cause principale une *prédisposition organique* qui fait que dans certaines espèces les mérithalles restent très-courts, tandis que dans d'autres ils s'allongent extraordinairement (*Cyperus papyrus*). Les mérithalles des oignons, par exemple, restent tous entassés les uns sur les autres, formant une multitude de disques infiniment minces, presque des plans mathématiques superposés et constituant alors ce que l'on est convenu d'appeler *plateau*, tandis que les mérithalles de la Vigne, de l'*Aristolochia sypho*, etc., sont très-allongés. Cependant, les mérithalles des premiers végétaux restent dans la terre humide et sont abondamment protégés d'ailleurs contre l'action desséchante de l'air et de la lumière par les tuniques qui les enveloppent ; au contraire, les mérithalles des seconds végétaux sont exposés à l'air et à la lumière et ne sont nullement protégés par les feuilles, qui ne sont même pas engaînantes ou enveloppantes, si ce n'est à leur naissance. Ce fait si extraordinaire ne peut raisonnablement s'expliquer qu'en admettant une *prédisposition organique* ou sorte d'*habitude originelle contractée*. (Voir plus loin : *Influences physiologiques.*)

Nous avons dit, bien des fois déjà, que les trois phytogènes inférieurs, i, *fig.* 11, A, de tout protophytogène concouraient à la formation du mérithalle. Il résulte de cette opinion que si la tige de la plante ne consistait qu'en un seul mérithalle, et si surtout il ne se formait aucune production latérale, cette tige, résultant de l'association des trois phytogènes inférieurs disposés en triangle horizontal, devrait nécessairement présenter une forme triangulaire. Or, c'est précisément ce qui arrive dans les axes de la plupart des Cypéracées, qui consistent particulièrement dans un long mérithalle portant à son sommet une sorte de collerette de feuilles et l'inflorescence.

Mais cette forme triangulaire, qui ne disparaît quelquefois que longtemps après la formation des mérithalles, comme on le voit dans les Orangers, ne persiste pas toujours, soit qu'il y ait des productions latérales qui viennent en altérer la forme, comme cela a lieu pour les fibres qui unissent la feuille à la tige ; soit qu'il se forme d'autres phytogènes par voie de multiplication ; soit plutôt que les trois phytogènes inférieurs d'un second protophytogène superposé au premier fournissent des faisceaux fibro-vasculaires alternes avec les trois premiers faisceaux des premiers phytogènes inférieurs, ce qui doit nécessairement produire des mérithalles hexagonaux, et c'est en effet la forme que présentent un grand nombre de tiges. Cependant très-souvent, quoique l'on reconnaisse, avec la dernière évidence, que les jeunes axes sont bien formés de six faisceaux fibro-vasculaires, il arrive que la tige prend une forme cylindrique ou quadrangulaire, ce qui tient à la multiplication des faisceaux fibro-vasculaires ou à la manière dont la distribution des faisceaux se fait. En effet, la tige quadrangulaire présente deux modes de formation que nous avons fait connaître p. 73. Ainsi, dans le *Cornus mas* la tige est quadrangulaire et l'on serait tenté de ne voir dans cette forme rien qui fût en rapport avec nos idées phytogéniques. Mais pour peu que l'on examine avec soin la coupe transversale d'une très-jeune pousse de cette plante prise, par exemple, sur l'avant-dernier mérithalle apparent, on reconnaît aisément que l'axe est formé 1° de six faisceaux fibro-vasculaires, f. m, dont quatre opposés sont un peu rapprochés 2 à 2, *fig.* 12, E. (1) et formant un cercle sous-hexagonal : c'est le cercle formé par 3 des phytogènes inférieurs d'un premier protophytogène et les 3 phytogènes inférieurs d'un second protophytogène superposé. S'il n'y avait que ces 6 faisceaux,

---

(1) Le lecteur comprendra suffisamment que les points où les traits noirs de ces figures représentent la disposition et le nombre des faisceaux qui, sur la coupe transversale d'un axe, se détachent du tissu cellulaire vert par une couleur le plus ordinairement blanchâtre.

nous n'aurions qu'une tige et un canal médullaire hexagonaux, ainsi que cela a lieu, comme on peut le voir, sur la coupe transversale de l'axe, prise au milieu des coussinets des deux feuilles opposées ; mais les 6 faisceaux fibreux f f, qui proviennent des feuilles et qui sont ici distincts des faisceaux mérithalliens, se disposent de façon à faire de l'axe une tige carrée différente de la tige carrée des Labiées. Il est aisé de reconnaître en faisant des coupes transversales successivement descendantes que les 6 faisceaux fibro-vasculaires des feuilles se distinguent nettement les unes des autres. Un peu plus bas, on voit chaque faisceau latéral d'une feuille se diriger vers le faisceau latéral voisin de la feuille opposée et bientôt se fondre avec lui dans un des angles de la tige, tandis que le faisceau fibro-vasculaire moyen descend en ligne droite, suivant l'angle sur lequel la feuille est directement assise, et ce faisceau va se joindre aux deux faisceaux latéraux des deux feuilles opposées inférieures. Dans les Labiées les choses sont tout à fait différentes, car dans un grand nombre de cas les faisceaux foliaires se confondent avec les faisceaux mérithalliens, et cette fusion dans le *Satureia hortensis* est très-facile à saisir sous un double point de vue : 1° En examinant à la loupe plusieurs mérithalles coupés horizontalement, on observe un cercle ordinairement complet de faisceaux fibro-vasculaires se touchant tous, *fig.* 12, A, f f m. Il est alors impossible de distinguer aucune séparation entre les faisceaux. Cependant si l'on fait l'observation sur plusieurs deuxièmes avant-derniers mérithalles, on y voit souvent encore des cercles complets, mais d'autres cercles sont incomplets, *fig.* 12, B, f f m. et dans les avant-derniers mérithalles, on voit tantôt les cercles tous fondus d'un côté en un demi-cercle, pendant que le côté opposé présente des portions de cercle au nombre de 3, *fig.* 12, C, f f m. Donc, on doit supposer que le cercle entier est composé de 6 faisceaux circulaires qui, dans la plupart des cas et par les progrès de l'âge, finissent toujours par se réunir en un cercle complet ; 2° Rien jusqu'ici ne nous indique encore que les faisceaux observés soient dus aux faisceaux des mérithalles plutôt qu'à ceux des feuilles. Mais si l'on fait une section transversale très-près des feuilles et de manière à entamer la base des deux feuilles, on voit quelquefois trois faisceaux qui se détachent en blanc sur le fond vert de tissu cellulaire, et ces faisceaux conver-

gent tous les trois vers le cercle des faisceaux mérithalliens, si
bien, qu'ils finissent, en apparence, par s'y fondre entièrement ;
aussi cette disposition des fibres fait-elle que la tige du *Satureia
hortensis* ne présente plus nettement la forme carrée si caractéristique des Labiées.

Il est très-probable que dans cette famille, les faisceaux mérithalliens et foliaires subissent un phénomène de quasi-fusion
analogue à celui que nous venons de décrire, et que c'est ainsi
que se trouve masqué le nombre normal des éléments végétaux ;
ce qu'il y a de certain et ce que l'on peut très-bien constater, c'est
que dans les *Lamium album, purpureum, etc.*, les mérithalles
présentent partout des faisceaux distincts au nombre de 8, dont
4 gros un peu élargis et correspondant aux angles, et 4 plus petits,
quelquefois peu apparents à la loupe et correspondant aux faces
de la tige, *fig.* 12, H, ffm. Cependant, comme presque toujours
trois phytogènes circulaires se traduisent anatomiquement par
3 faisceaux fibro-vasculaires, et que l'on peut suivre, sur les espèces
que nous venons de citer, la marche de ces faisceaux, on reconnaît
que les deux faisceaux latéraux de l'une des feuilles se dirigent
latéralement vers les deux angles voisins et descendant verticalement, vont se fondre avec les fibres latérales du même côté des
deux feuilles inférieures, ce qui constitue deux faisceaux angulaires élargis, tandis que le faisceau moyen de la feuille descend
verticalement sans déviation et va se fondre avec le faisceau
moyen de l'une des feuilles de la deuxième paire inférieure; d'où
le faisceau fibro-vasculaire superposé à la face de la tige.

Dans le troisième ou quatrième avant-dernier mérithalle du *Mercurialis annua* on trouve aussi 8 faisceaux, mais il est très-facile
de découvrir ce qui tout d'abord paraît caché. Ainsi les faisceaux
f f m et f m, *fig.* 12, D, sont des faisceaux appartenant au système
mérithallien et par conséquent il est facile d'y reconnaître les six
éléments formés trois par trois, mais les faisceaux, ff, sont les faisceaux foliaires qui viennent dissimuler le nombre qui doit être
en rapport avec nos idées phytogéniques. Dans ce cas, au lieu de
faire la coupe transversale au milieu du mérithalle, on n'a qu'à
la faire successivement en s'approchant des feuilles supérieures
au mérithalle, c'est-à-dire en s'élevant sur l'axe, et l'on finit toujours par reconnaître que deux des faisceaux foliaires latéraux se

dirigent vers les faisceaux mérithalliens les plus voisins f f m, de sorte que ce faisceau est réellement composé de ces deux ordres de faisceaux. Dans des sections multipliées on rencontre quelque fois les faisceaux foliaires latéraux distincts des mérithalliens ou ne s'étant pas encore confondus avec eux.

Si ces observations pouvaient laisser quelques doutes dans l'esprit de quelques botanistes sur les relations qui existent entre ces faisceaux et le nombre 6 des phytogènes composant notre protophytogène, nous n'aurions qu'à présenter les observations suivantes pour les convaincre de la réalité des faits qui précèdent :

1° Si l'on examine la disposition des faisceaux fibro-vasculaires dans le *Staphylea pinnata, fig.* 12, F, sur un mérithalle à feuilles non développées, on commence par constater la présence de 6 angles bien nettement formés, soit extérieurement sur la tige, soit intérieurement au canal médullaire, mais qui disparaissent promptement ; puis, on peut compter 12 faisceaux fibreux disposés en cercle, savoir : 6 plus larges placés en face des angles et 6 plus petits placés au-devant des 6 faces. Ici, faisceaux foliaires et mérithalliens se trouvent sensiblement placés sur un même cercle. Deux des angles opposés correspondent à la nervure médiane d'une feuille, et comme ici la feuille est composée, le pétiole présente un certain nombre de faisceaux distincts en rapport avec le nombre des folioles ; mais parmi ces faisceaux, trois sont plus développés, et ce sont les trois primitifs, ceux qui représentent les trois phytogènes circulaires. Or, de ces trois faisceaux le médian nous a paru aller se confondre avec le faisceau mérithallien f f m, tandis que les deux latéraux se montrent séparément en f f ; car lorsque la feuille est plus développée d'un côté que de l'autre, ce qui arrive fréquemment dans cette espèce, on trouve toujours le faisceau angulaire f f m beaucoup plus prononcé.

Il est au contraire des végétaux où les faisceaux foliaires sont entièrement distincts des faisceaux mérithalliens.

2° Dans le *Viburnum Opulus*, examiné sur le dernier mérithalle à feuilles développées, les choses sont nettement accusées, savoir : 6 angles externes à la tige *fig.* 12, G ; 6 angles au canal médullaire ; 6 faisceaux mérithalliens internes fm, et 6 faisceaux foliaires externes f f ; on peut remarquer que les faisceaux mérithalliens et les faisceaux foliaires sont superposés ou en face les uns des autres, si bien qu'en les supposant unis, le faisceau foliaire médian serait confondu avec le faisceau mérithallien correspondant, comme dans le *Staphylea* f f m, *fig.* 12, F, et les faisceaux latéraux confondus avec leurs correspondants, comme nous les avons dit être chez le *Mercurialis annua* ffm, *fig.* 12, D.

3° Enfin, dans le *Diervilla japonica*, sur l'avant-dernier mérithalle visible et dans les dernières mérithalles du *Lonicera Caprifolium*, on reconnaît 6 faisceaux uniques qui nous paraissent résulter de la fusion des faisceaux mérithalliens et des faisceaux foliaires ffm, *fig.* 12, I.

Bien que, jusqu'à présent, nous n'ayons toujours parlé que des 3 phytogènes inférieurs d'un protophytogène pour concourir à la formation du mérithalle, cependant, s'il peut en résulter quelquefois une tige triangulaire, c'est lorsqu'il ne se fait aucune autre production latérale ; mais si l'on veut bien se rendre compte de la position de ces 3 phytogènes inférieurs au milieu d'un tissu cellulaire abondant, de leur forme sphérique, et comprendre qu'entre les phytogènes périphériques qui ont fait les feuilles du protophytogène précédent et les 3 phytogènes inférieurs, il y a 3 grands méats interphytogéniques, on comprendra que ces 3 autres méats pleins de tissu cellulaire peuvent devenir le point où se développeront 3 autres phytogènes, qui donneront lieu à 3 productions latérales, et, par conséquent, à 3 faisceaux fibro-vasculaires qui, avec les 3 faisceaux des 3 phytogènes inférieurs, formeront de suite les 6 faisceaux visibles, par exemple, dans le dernier mérithalle observable du *Staphylea pinnata*. Ajoutons que, de même que toutes les autres parties végétales sont sujettes à des phénomènes de chorises, de même les 3 éléments primitifs de tout mérithalle (phytogènes inférieurs) peuvent arriver à se dédoubler, et ainsi donner lieu à 6 faisceaux fibro-vasculaires au lieu de 3, sans qu'il soit nécessaire de faire intervenir les productions latérales dues aux phytogènes interphytogéniques. Mais il faut avouer que les études n'ont pas été poussées assez loin dans cette voie pour affirmer que tel phénomène a lieu plutôt qu'un autre. Ce qu'il y a de certain, c'est que les 6 faisceaux mérithalliens sont visibles, même à la simple loupe ; que chacun de ces faisceaux est l'expression de l'évolution d'un phytogène. Mais ces 6 phytogènes proviennent-ils : 1° des 3 phytogènes inférieurs des 2 derniers protophytogènes ; 2° ou d'un dédoublement de chacun des 3 phytogènes inférieurs d'un seul protophytogène ; 3° ou du développement des 3 phytogènes interphytogéniques ajoutés aux 3 phytogènes inférieurs normaux ? Cela, nous l'avouons, nous sommes dans l'impossibilité de le dire, pour le moment au moins. Si l'opinion émise par M. Ach. Guillard était justifiée, rien ne s'opposerait à supposer que le dernier mérithalle observable est déjà surmonté d'un autre mérithalle dont les phytogènes inférieurs auraient fourni 3 faisceaux fibro-vasculaires venant concourir à la formation des 6 faisceaux du dernier mérithalle observable chez le *Staphylea pinnata*. En effet, selon cet observateur, « dès l'automne, les bourgeons des arbres sont déjà garnis de toutes les feuilles qu'ils doivent développer l'année suivante (1). » Mais, quoique très-favorables à la théorie que nous émettons ici, nous ne saurions accepter ces idées, au moins d'une manière générale, car l'organogénie, dans une foule de plantes, démontre que cette opinion n'est pas suffisamment autorisée, et, pour le compte de notre théorie, quoique pénétrant plus avant que l'organogénie dans le groupement intime des cellules végétales, nous n'oserions même pas avancer que la phytogénie des éléments d'un bourgeon est préparée assez longtemps d'avance pour produire tous les éléments qui entreront dans la composition d'une pousse de l'année. Dans tous les cas, comme nous constatons la présence de ces 6 faisceaux, et que la formation de ces 6 faisceaux mérithalliens sont la manifestation de 6 individualisations, nous sommes fondé à les regarder chacun comme le résultat de l'évolution interne d'un phytogène qui produirait chaque faisceau absolument comme un phytogène produit une vrille, par exemple celle du *Lathyrus Aphaca*, ou des Cucurbitacées.

2° *Évolution du corps solide de l'axe ou des mérithalles.*

L'évolution des mérithalles a été le sujet des recherches de quelques botanistes distingués, parmi lesquels il faut citer surtout d'abord Duhamel et Cassini (Henri), et ensuite un habile anatomiste, M. Unger. Un peu plus tard, nous avons nous-même étu-

(1) *Obs. sur la moelle des plantes ligneuses.* (*Ann. sc. nat.*, t. VIII, 1847.)

dié la question, et ce sont les résultats de toutes ces observations que nous allons consigner ici.

Duhamel paraît être le premier qui ait cherché à connaître la manière dont se fait l'accroissement des tiges. Sur une branche naissante il a placé des points à égale distance les uns des autres, et quand l'accroissement en longueur a été terminé, il a reconnu que tous ces points se sont écartés les uns des autres, mais en restant à des distances sensiblement égales entre elles; d'où il a conclu que l'allongement avait lieu dans toute la longueur à la fois pendant la première année.

D'un autre côté, Cassini, dans son *Mémoire sur la phytono-mie* (1), en examinant l'accroissement d'une tige, non plus dans son entier, mais dans chacune de ses parties, a vu que chaque mérithalle ou entre-nœud croit principalement par sa partie infé-rieure ; c'est-à-dire que sa partie supérieure est formée avant l'inférieure, comme on peut le voir sur les *Ephedra*, Caryophyl-lées, Graminées. M. Ad. Steinheil a fait des observations ana-logues à celles de Cassini.

Ces opinions étant très-contraires à celles de Duhamel, et ayant cru remarquer qu'il y avait, sous ce rapport, de grandes diffé-rences selon les végétaux que l'on examine, nous nous sommes aussi occupé de cette question, et nous en avons, autre part (2), consigné les résultats. Nous n'y prendrons que ce qui se rapporte au sujet qui nous occupe.

Sur un assez grand nombre de plantes de familles différentes, nous avons pratiqué, à l'aide d'une fine aiguille, des ponctuations à égales distances, et les résultats ont été assez nets pour être as-suré que les mérithalles s'allongent *proportionnellement* plus, tantôt par le haut (*Sambucus nigra, Helianthus tuberosus, Phaseolus multiflorus, Gladiolus psittacinus*, etc.), et tantôt par le bas (*Rumex montevidensis, Polygonum orientale, Dianthus caryophyllus*, Graminées, etc.); d'autres fois, l'accroissement s'est fait d'une manière à peu près égale (*Rosa canina, Aralia edulis, Gincko biloba*, etc.). Faisons observer de suite que, dans tous les

(1) *Journ. de phys.*, mai 1821.
(2) *Etudes sur le développement des mérithalles ou entre-nœuds des tiges.* Compt. rend. *Acad. sc.*, novembre 1854. — *Bull. soc. bot. France*, janvier 1855.

cas, le sommet du mérithalle est toujours le premier formé, car ce sommet, c'est la base du phytogène central, c'est-à-dire du jeune mérithalle porté par celui sur lequel nous faisions l'expérience, et c'est entre ce point, le premier formé, et la base que nous faisions nos ponctuations.

Ainsi, en divisant de jeunes mérithalles d'*Aristolochia sypho*, *Fœniculum vulgare*, *Clematis vitalba*, *Sambucus nigra*, etc, en 4 parties égales, 15 jours ou 1 mois après on reconnaît que l'allongement des parties est d'autant plus grand qu'elles sont examinées plus haut; donc, cette élongation se fait proportionnellement plus en haut qu'en bas. En désignant par m les différences d'accroissement des diverses parties du mérithalle, que nous appellerons *coefficient d'élongation* ou *d'accroissement en longueur*, on a, après la croissance, et en procédant de bas en haut, la progression arithmétique suivante :

$$\div m. \; m'. \; m''. \; m'''.$$

Au contraire, en faisant la même expérience sur les *Polygonum orientale* et *tinctorium*, *Andropogon halepensis*, etc., on trouve que les distances observées sont d'autant plus grandes qu'on les examine plus bas, de sorte qu'en procédant toujours de bas en haut, on a la progression arithmétique inverse :

$$\div m'''. \; m''. \; m'. \; m.$$

Nous avons admis que les gaines ou *ochrea* des Polygonées, les gaines des Graminées, la base un peu engaînante des feuilles des Caryophyllées, qui s'opposent à l'évaporation des liquides du mérithalle ou qui entretiennent sa mollesse, sont très-favorables à son élongation, et que c'est pour cela que l'allongement se fait plutôt par le bas que par le haut chez les plantes ci-dessus désignées. En effet, des expériences faites sur plusieurs Polygonées ont d'abord prouvé que plus les ochrea sont longs et épais, plus le coefficient d'élongation est grand, et réciproquement; ensuite, des expériences comparatives faites sur les *Ampeligonum chinense*, *Rumex abyssinicus* et *montevidensis*, les uns privés de leur ochrea, tandis que les autres les possédaient pendant l'expérience, ont prouvé que ceux qui étaient privés de cet organe avaient une croissance à peu près égale dans toute leur longueur;

au contraire, ceux auxquels on avait conservé leur ochrea offraient un coefficient d'élongation fort élevé, surtout chez le *Rumex montevidensis*, dont la croissance de la division d'en bas était double de celle du milieu. C'est qu'ici le mérithalle est maintenu dans un grand état de mollesse par la présence d'une assez forte proportion d'une matière gommeuse liquide qui se trouve exister entre l'ochrea et le mérithalle.

Enfin, dans le *Tripsacum dactyloïdes* et le *Penicillaria spicata*, le coefficient d'élongation nous a paru suivre les termes d'une proportion géométrique. Si, en effet, on pratique sur un mérithalle de ces Graminées cinq ponctuations également distantes, et, en partant de la base, on trouve, au bout d'une quinzaine de jours, que la division du haut a conservé à peu près la même longueur = 6 millim.; que la 2ᵉ, en descendant, présente un excès de croissance sur la 1ʳᵉ = 1 (6 millim. + 3); que la 3ᵉ division offre un excès de croissance = 2 (6 millim. + 6); que la 4ᵉ division a un excès de croissance = 4 (6 millim. + 12); d'où la progression géométrique suivante :

$$\therefore\, m''' : m'' :: m' : m.$$

m''', m'', m', représentant les coefficients d'élongation des divisions du mérithalle sur m, qui n'a pas changé, de sorte qu'ici les coefficients sont numériquement exprimés par les chiffres :

$$\therefore\, 12 : 6 : 3.$$

Enfin, il y a quelques cas rares où la croissance doit se faire plus grande, à la fois par le haut et par le bas, alors que le milieu du mérithalle reste à peu près stationnaire : c'est ce que nous avons constaté sur l'*Allium cepa*, et ce que nous avons cru avoir lieu sur la hampe du *Taraxacum dens-leonis*. Peut-être les mérithalles allongés que l'on désigne sous le nom de *hampe* des Liliacées, et quelques autres plantes, ou les pédoncules qui supportent les calathides ou les ombelles sont-ils dans le même cas.

Maintenant, comment se fait cette élongation? On pouvait bien supposer *a priori* que c'était par la multiplication des couches de cellules, mais il était utile de s'en assurer par l'observation, et c'est ce qu'a fait M. Unger. Dans un intéressant mémoire *sur l'accroissement des entre-nœuds* (1), en étudiant l'évolution d'une jeune pousse du *Campelia zanonia* Rich., cet anatomiste dit avoir reconnu que l'agrandissement des entre-nœuds se fait de 2 façons simultanées : 1° par l'addition de nouvelles parties élémentaires; 2° par l'agrandissement de celles qui existent déjà.

Il a pris une pousse de cette plante, offrant 18 mérithalles, dont le plus âgé, ou l'inférieur, avait 31 lignes 4/10 de longueur, le plus jeune seulement 1/10 de ligne, et les intermédiaires, des longueurs sensiblement proportionnelles. D'un autre côté, il s'est assuré que les largeurs correspondantes étaient aussi proportionnelles entre les nombres 2 lignes 8/10 et 7/10 de ligne représentant, le 1er, la largeur du mérithalle inférieur, et le second, le mérithalle le plus jeune. Or, voici maintenant le raisonnement que M. Unger fait : « Comme l'articulation la plus inférieure, d'une longueur de 31,4, et d'une largeur de 2,8, ne présentait aussi dans l'origine qu'une longueur de 0,1 et une largeur de 0,7, elle devait avoir successivement passé par les dimensions des 18 articulations intermédiaires, et nous reconnaîtrons mieux, de la sorte, la marche du développement que présente cette dernière articulation, si nous recherchons les dimensions de toutes les autres articulations placées au-dessus de celle-ci. Recherchant d'abord le nombre des parties constituantes qu'offrent les articulations extrêmes, nous trouverons que l'articulation supérieure ne se compose que de 6 cellules superposées, tandis que l'inférieure en présente 256. La coupe horizontale de la première articulation fit voir la combinaison arithmétique que présentaient les nombres en question. En effet, les cellules superposées en une seule rangée offraient les nombres suivants :

256, 192, 158, 118, 102, 91, 83, 85, 76, 76, 67, 75, 66, 71, 76, 70, 43, 15, 8, 6,

tandis que le nombre des cellules à la coupe transversale présente les résultats que voici :

93, 95, 90, 85, 80, 88, 79, 85, 82, 77, 84, 88, 79, 95, 75, 82, 97, 74, 53.

M. Unger fait observer que « la circonstance que ces 2 séries de nombres ne sont pas proportionnelles à la progression non interrompue de la grandeur des dimensions, mais qu'elles offrent

(1) *Ann. sc. nat.*, 3ᵉ série, t. IV, p. 193.

diverses déviations, peut provenir, dans le premier cas, d'erreurs
de compte fréquentes, par suite de la grande fatigue de l'œil et
par les difficultés inévitables que présente une telle opération ; et
dans le second, elle s'explique, en outre, parce qu'un nombre
plus ou moins grand de faisceaux vasculaires se trouvait exposé
sur la coupe transversale, et que leurs parties constituantes furen
comptées avec les cellules. »

Il résulte de là que l'accroissement des parties élémentaires se
fait bien plus en longueur qu'en largeur ; mais qu'en outre le
premier semble se faire d'une manière plus successive que le second. De sorte que l'on peut dire que *l'agrandissement des articulations se fait continuellement par l'addition de nouvelles parties élémentaires.*

D'après les observations de M. Unger et nos expériences, il est
permis de penser que les mérithalles *une fois formés* ne grandissent plus que par des formations qui s'interposent entre les
premières formées, et que ce n'est pas seulement par couches
successives, qui se superposeraient les unes aux autres, que se
fait l'élongation, sans cela, il est de toute évidence que les distances observées, dans nos expériences, entre chaque ponctuation, ne seraient plus proportionnelles. Mais nous avons dit que
les pétioles et toute la feuille, *une fois constituée*, ne procédaient
pas autrement. Par conséquent, il y a relation entre le mode
d'accroissement des feuilles et celui des mérithalles. Donc, s'il
est vrai de dire que les axes se distinguent des organes appendiculaires, ou plutôt que les tiges se distinguent des feuilles parce
que les premières s'allongent continuellement par leur extrémité
supérieure, ce qui n'a pas lieu pour les autres, il faut entendre
par là que c'est parce qu'il se forme un phytogène central qui,
par son évolution, donnera lieu à un mérithalle et à un organisme de la nutrition qui se superposeront aux organes déjà formés et augmenteront ainsi la tige en hauteur.

§ II. — *Formation de la cavité médullaire.*

Les 3 ou les 6 faisceaux mérithalliens sont l'origine du canal
médullaire. Lorsque les faisceaux mérithalliens restent au nombre
de 3, comme cela paraît avoir lieu dans l'Oranger, le canal mé-

dullaire conserve sa forme sous-triangulaire f f m, *fig*. 12, K, alors
même que l'axe a fini par prendre une forme complétement cylindrique. Mais ici les 3 faisceaux sont comme fasciés, car sur les
derniers mérithalles on aperçoit un canal médullaire tout formé
en triangle, et chaque côté de l'angle ne montre aucune solution
de continuité. Le plus souvent, dans les axes à feuilles opposées,
le nombre primitif des faisceaux mérithalliens apparents est de 6,
et ce n'est que plus tard que ce nombre augmente. Dans tous les
cas, qu'il y en ait 3 ou 6, entre les 3 phytogènes inférieurs originels disposés en triangle, il y a toujours nécessairement un méat
interphytogénique plein de tissu cellulaire, qui devient l'origine
de la *moelle*. Ce tissu médullaire, tant qu'il est jeune, se multiplie, et par sa multiplication tend à élargir le diamètre du canal
médullaire, en même temps que, par leur multiplication, les cellules interfasciculaires qui doivent former les rayons médullaires
tendent au même but en agrandissant le canal en largeur; mais
pendant l'augmentation du tissu médullaire et la multiplication
des cellules interfasciculaires, des formations phytogéniques nouvelles ont lieu, qui donnent de nouveaux faisceaux venant s'in-
terposer aux anciens, de sorte qu'il n'est pas rare de voir le canal
médullaire augmenter en diamètre du simple à l'octuple, comme
on peut s'en assurer sur certaines tiges vigoureuses du *Sambucus
nigra*, où nous avons mesuré, sur un mérithalle déjà ancien, un
canal médullaire ayant 12 et 13 millimètres de diamètre, tandis
que sur un jeune mérithalle de la même tige le canal n'avait
qu'un peu plus de 1 millimètre.

Ainsi, il est de la plus grande évidence que le canal médullaire
augmente en diamètre pour les 2 causes sus-énoncées ; mais cet
accroissement ne tarde pas à s'arrêter, et même il arrive qu'il
diminue assez notablement de diamètre dans certaines conditions
que nous allons indiquer 1° D'abord, il est reconnu que le tissu
cellulaire de la moelle n'a qu'une activité assez éphémère au
point de vue de la multiplication des cellules qui le composent,
et, en effet, peu de temps après sa formation, au lieu de le trouver
gorgé de suc et d'une couleur verte, on le trouve desséché et devenu blanc ; d'où il suit que cette première cause de l'agrandissement du canal doit disparaître. 2° Pareillement, la formation
interfasciculaire a une durée déterminée, passée laquelle il n'y a

aucune production qui vienne accroître le canal en largeur ; par conséquent, de là, stagnation dans l'accroissement du canal médullaire. 3° Il y a mieux, c'est que, puisque le canal médullaire est au centre de la tige, il forme une sorte de *clé de voûte* sur laquelle viennent converger toutes les forces vitales, toutes les pressions résultant de la multiplication des divers tissus qui ne peuvent suffisamment s'étendre en dehors, à cause de l'élasticité limitée de l'écorce. Il résulte de cet état de choses que le canal médullaire, loin de s'agrandir, doit au contraire tendre à rétrécir son diamètre : c'est, en effet, ce qui arrive peu à peu, et ce que l'on peut aisément constater sur les tiges à grosse moelle qui, comme celle du Sureau, appartiennent à des végétaux ligneux.

Une fois formé et arrivé au point que nous venons d'indiquer, le canal médullaire reste stationnaire, c'est-à-dire qu'il ne diminue ni n'augmente de diamètre, et il ne paraît plus s'épaissir que par l'addition successive, chaque année, d'une couche d'aubier qui passe peu à peu à l'état de *duramen* ou bois proprement dit, en même temps que les rayons médullaires augmentent en nombre à mesure que leur formation s'éloigne du centre de la tige.

Pour terminer ce qui a trait à ce pragraphe, nous allons donner ici les principales conclusions du travail important de M. Ach. Guillard *sur la moelle des plantes ligneuses* (Ann. sc. nat. T. VIII, 1847) ; ce botaniste reconnaît :

1° Une *moelle naissante,* qui est un mucilage, quelques atomes de cambium qui se coagulent ; c'est l'origine du bourgeon, de tous les ensembles qui en sortent et de tous les organes qui composent ces ensembles ;

2° Une *moelle expectante* qui existe dans le bourgeon formé et ordinairement couvert d'écailles, à un état qui paraît presque stationnaire depuis l'été jusqu'au printemps ; quand la végétation reprend son activité, le bourgeon se développe et sa moelle avec lui ; elle grandit, se modifie, se divise, se décompose et passe partiellement aux quatre états suivants ;

3° Une *moelle propre* formant un corps conique, à large base, vert foncé, qui se décolore en s'élevant, de consistance charnue, molle, homogène, laissant à peine apercevoir son tissu cellulaire imparfait, très-fin, granuleux ;

4° Une *moelle marcescente* ou *morte* qui est placée au-dessous de la précédente; en forme de rognons, de reins ou de cône tronqué, incolore, sec, d'un tissu cellulaire très-distinct, mais lâche, irrégulier et comme décomposé;

5° Une *moelle centrale*, qui est connue des auteurs, blanche, sèche; ses cellules sont grandes, facilement visibles à la simple loupe; elles ont une sorte de régularité et sont remarquables par leur alignement dans le sens vertical, et par l'espèce de chaîne longitudinale qui semble les réunir en tissu;

6° Une *moelle annulaire* qui forme un cylindre creux, dans toute la longueur de la branche, autour de la moelle centrale. Dans la plupart des arbres, elle a une teinte vert d'eau, elle est d'un tissu plus fin que la moelle centrale et sans direction marquée, ou allongée horizontalement. Molle, humide et verdâtre dans la plupart des plantes, elle est dure et grise (Frêne), jaunâtre (Tilleul, Nerprun), gris-pâle (*Celtis*), blanchâtre (*Diospyros*). Malgré ces variations, elle a toujours la même organisation celluleuse; elle n'a ni tubes ni vaisseaux (Guillard, *loc. cit.*).

Les auteurs, bien avant M. Guillard, avaient constaté l'existence de cette moelle annulaire, ainsi que le prouve le passage suivant : « Coupons une petite tranche horizontale très-mince vers le haut du rameau, là où il offre à peu près 1 millim. et 1/2 de diamètre, son contour est circulaire et se rapproche d'un hexagone. La moelle située à son centre atteint la moitié du diamètre total, ou même davantage. Au milieu, elle est formée de cellules grandes, lâchement unies, transparentes, dodécaèdriques ou sphéroïdales; *vers la circonférence, les cellules vont en diminuant progressivement et en se colorant en vert assez foncé, et d'un tissu fin et serré, zone de laquelle partent les rayons médullaires de même couleur*, qui divisent en un très-grand nombre de faisceaux la zone fibro-vasculaire que nous trouvons en dehors de la moelle, et qui lui est concentrique (1). » Toutefois, cette zone, importante à distinguer du reste de la moelle, n'avait reçu aucun nom, et l'on ne saisissait pas aussi bien sa propriété caractéristique, qui est de former les rayons médullaires, comme on peut le faire, aujourd'hui que M. Guillard l'a nettement distin-

____

(1) Ad. de Jussieu, *Cours élément. de botan.*, p. 48.

guée, en même temps qu'il en a fait connaître les principaux
caractères de formes et de disposition.

§ III. — *Genèse des phytogènes ou bourgeons destinés à former les ramifications.*

Pour étudier la genèse des phytogènes qui doivent donner
naissance aux bourgeons, il convient de rechercher quel est le
tissu formé duquel il émane, et deux opinions contradictoires sont
en présence. Le phytogène provient-il de la fibre végétale ou bien
procède-t-il du tissu cellulaire?

A. Depuis longtemps déjà, Kœler a écrit que le bourgeon était
toujours placé à la sommité d'une fibre, et communiquait le plus
souvent avec l'étui médullaire, par les prolongements médullaires,
au sommet desquels il semble placé (1). Il communique au moins
très-évidemment avec le corps ligneux, et il est revêtu d'une
écorce qui est la continuation du corps cortical. Cette opinion
paraît être infirmée par les observations de M. Guillard, et le sont
aussi par nos idées sur la genèse des bourgeons.

B. Mais d'un autre côté les ouvrages de botanique nous ap-
prennent que le bourgeon est dans le principe un petit amas ou
noyau de cellules en rapport avec l'extrémité des rayons médullaires et qui, d'abord caché à l'intérieur, pousse ensuite l'écorce
devant lui et se montre extérieurement (2). Or, les rayons médullaires sont généralement considérés comme émanant de la
moelle particulièrement des parties qui forment la circonférence
et rien n'indique qu'il y ait la moindre fibre donnant naissance
au bourgeon. Cependant de ce que M. Schleiden a dit que *ce
ne sont point les feuilles, mais uniquement les formations axiles
qui engendrent les bourgeons* (3), on serait en droit de supposer
que l'opinion de Kœler est partagée par quelques botanistes, car
le caractère principal de l'organe axile est d'être plus essentiellement formé de fibres que la feuille.

M. Ach. Guillard nous semble être assez voisin de la vérité,
dans ce passage de son mémoire déjà cité. « Si l'on pratique,

(1) *Lettre sur les boutons, fig.* 1-7.
(2) Ad. de Jussieu, *Cours élément. de botan.*, p. 120.
(3) *Signification morpholog. du placentaire.* (*Ann. sc. nat.*, 2ᵉ série, t. XII,
p. 373.)

dit-il, de minces sections transversales au sommet d'un rameau d'un arbre quelconque (Noisetier) avant que le bourgeon terminal soit en évolution, la section faite au-dessous de la dernière feuille déchue ne montre pas de faisceaux : on n'y découvre que la *moelle morte* et la *moelle annulaire*, le sommet des fibres du rameau et l'écorce. Le pétiole, en se détachant, a laissé un peu au-dessous une cicatrice où l'on voit ordinairement trois tronçons des faisceaux de fibres et de vaisseaux qui unissaient la feuille à la branche. Le faisceau principal correspond précisément à l'axe de la nervure médiane de la feuille ; les deux autres sont à droite et à gauche du premier. A mesure que la section descend au-dessous de la cicatrice, on trouve ces 3 faisceaux dans l'écorce ; puis on les voit traverser la zone du liber, celle du cambium, et se rapprocher du corps interne qui s'ouvre à leur approche ; ils y pénètrent précédés d'une petite masse de moelle annulaire qui s'étend aussi à leurs côtés, et ils prennent place au dedans du cercle ou polygone que forme le corps fibreux. Alors la tranche fait voir des vaisseaux et trachées, mais seulement de ceux qui appartiennent aux 3 faisceaux désignés ; on n'en voit point dans le reste du cercle. Au-dessus de 2 feuilles on voit 6 faisceaux ; au-dessous de 3 feuilles on en voit 9, et ainsi de suite. A mesure que le cercle se complète, les groupes se serrent, s'allongent, excentriquement et prennent cette figure cunéiforme qui est connue. Ils arrivent à se toucher latéralement par la couche de moelle annulaire qui les entoure et qui, s'allongeant avec eux, forment de cette sorte les principaux rayonnements médullaires.

De notre côté, nous avons toujours observé que les bourgeons axillaires se trouvaient correspondre exactement avec un des nombreux prolongements médullaires qui se trouvent dans l'aubier ; mais si le bourgeon est pris assez jeune, il ne paraît avoir encore aucune adhérence avec ce corps, et ce n'est que plus tard qu'il forme des cellules allongées qui, recouvertes par d'autres cellules fibreuses et par des vaisseaux poreux, le font énergiquement adhérer au corps ligneux de l'axe sur lequel ils se développent. Si au lieu d'examiner les bourgeons axillaires on cherche à faire développer, au printemps, sur des tiges vigoureuses de plusieurs années, les bourgeons latents, en enlevant complétement les bourgeons normaux axillaires, ce qui est facile à pratiquer, et si l'on suit avec soin l'évolution des bourgeons latents, on reconnaît qu'ils sont toujours en relation directe avec les rayons médullaires, ce dont on peut s'assurer aisément par des sections longitudinales bien faites. Or, dans cette circonstance encore, on voit que le très-jeune bourgeon latent n'est pas encore adhérent à la couche ligneuse de l'aubier et que ce n'est que plus tard qu'il y adhère par les formations dont nous venons de parler. Mais pendant que ces cellules fibreuses se produisent, on voit se former aussi des vaisseaux : trachées déroulables et fausses trachées ; les premiers ne s'étendent pas en général au delà de la base du bourgeon, tandis que les autres vaisseaux se soudent aux vaisseaux anciennement formés et finissent, par résorption de la membrane au point de contact, par communiquer entre eux. Ainsi, tandis que les cellules fibreuses et quelques vaisseaux poreux se forment et s'unissent à l'aubier pour augmenter le diamètre de ce corps, les vaisseaux et d'autres cellules fibreuses très-allongées se produisent aussi pour augmenter les éléments des couches du liber. Il y a donc dans ces formations une sorte de *sélection* ou d'*affinité de soi pour soi*, qui fait que toutes les cellules fibreuses (*clostres* ou *tubilles*) se forment plutôt à l'intérieur et que les vaisseaux se produisent plutôt à l'extérieur. Voilà pourquoi on ne trouve plus de trachées dans les couches de l'aubier ou du bois, tandis qu'au contraire, on en voit se former dans les organes appendiculaires. Puisque cela est ainsi, il est très-présumable que les trachées déroulables sont des productions foliaires qui dans le jeune axe viennent entourer la masse de tissu cellulaire constituant la moelle, et dans ce cas, on les voit se continuer du mérithalle dans la feuille, mais lorsque le jeune axe se forme sur un axe déjà un peu âgé, elles ne communiquent plus avec les trachées qui sont au centre du plus vieil axe.

Quoi qu'il en soit, il ne nous semble pas juste de soutenir que le bourgeon même latent, soit engendré par une fibre ou un vaisseau, éléments essentiels des formations axiles, puisque c'est plutôt, au contraire, la petite masse cellulaire qui est le siége des formations de ces éléments ; car dans l'évolution de la spore, qui, elle, ne contient aucun vaisseau formé, De Mirbel nous a parfaitement démontré que les trachées ou les vaisseaux procédaient des cellules, et jamais on n'a aussi bien démontré que la réciproque eût lieu. De ce que sur les végétaux déjà développés on ne peut faire qu'il y ait des vaisseaux constituant les axes et que sur ces axes se développent des bourgeons, il ne nous semble pas que l'on ait rigoureusement prouvé ce que l'on a avancé, et l'on sait aujourd'hui à n'en plus douter que les organes appendiculaires (feuilles) sont tout aussi capables de bourgeonnement; et ce sont précisément les plus charnues (*Rochea*, *Bryophyllum*, etc.) qui se montrent les plus aptes à la reproduction de ces bourgeons ou bulbilles.

Dans notre manière de voir, un *bourgeon latent* n'est qu'un phytogène simple peut-être, mais qui, en grandissant et passant à l'état d'œil, est déjà un protophytogène plus ou moins composé et présentant des parties déjà en voie d'exastosie *apparente*; car il ne faut pas oublier que nous avons établi, autre part, que l'exastosie remonte jusqu'au moment où la masse cellulaire commence à se scinder pour faire d'un phytogène simple un phytogène composé ou protophytogène et que cette scission ou groupement de cellules peut se faire de très-bonne heure, alors même peut-être que ces cellules seraient presque à l'état gélatineux. Il en résulte qu'une petite masse de tissu cellulaire *fig.* 5, B, peut et doit être regardée comme un amas de phytogènes à des degrés divers de composition. Cela étant, il nous est facile de comprendre : 1° comment par l'évolution d'un bourgeon, il s'en forme d'autres analogues ayant les mêmes propriétés de production; 2° que quand on enlève tous les bourgeons à un axe ou tige, il ne tarde pas à s'en former d'autres ailleurs que dans les endroits où naturellement ceux qu'on a enlevés s'étaient développés; 3° pourquoi dans certaines circonstances on trouve sur les troncs d'arbres des tubérosités énormes (sphérochorises) qui parfois donnent lieu à des faisceaux de tiges dont le nombre est quelquefois considérable (polycladie) comme on en rencontre dans le Tilleul, l'Orme, etc.

Si maintenant nous portons notre attention sur la figure 4, qui représente une masse de tissu cellulaire arrivée à l'état supposé de protophytogène général, divisé et subdivisé en phytogènes ou protophytogènes d'un ordre de plus en plus inférieur, nous verrons que dans les intervalles pleins de tissu cellulaire que laissent entre eux les cellules groupées en phytogènes ou centres vitaux, il y a d'autres groupements de cellules constituant des phytogènes p, plus petits que nous avons nommés *interphytogéniques* lesquels, à un instant donné ou dans des circonstances spéciales, auront à leur tour une évolution particulière semblable à celle du protophytogène général qui leur a donné naissance. Or, c'est à ce *phytogène interphytogénique* que l'on doit la formation des bourgeons qui doivent composer plus tard les nouvelles branches ou les fleurs dont nous parlerons plus loin.

Il y a au moins autant de phytogènes interphytogéniques qu'il y a de phytogènes circulaires, mais si l'on se reporte maintenant à la *fig.* 10, on verra qu'il n'y a que 3 de ces petits phytogènes P′, dont il vient d'être question, qui doivent précisément se trouver à l'aisselle de chacune des 3 feuilles formées et que, protégées par cette feuille, ils doivent seuls peu à peu se développer à la manière du protophytogène général, c'est-à-dire en formant un bourgeon qui donnera lieu à des organes appendiculaires analogues ou à des fleurs. On conçoit qu'en appliquant cette explication aux nouveaux phytogènes formés, on arrive à produire des organes appendiculaires jusqu'à l'infini ; mais on comprend aisément aussi que les phytogènes interphytogéniques qui ne sont pas à l'aisselle des feuilles, moins protégés que les autres, puissent ne pas aussi bien se développer. Cependant, il y a des cas où ces phytogènes s'organisent en protophytogènes et se développent en dehors de l'aisselle des feuilles en formant des *bourgeons extra-axillaires* comme on en voit dans les Solanées.

Ayant déjà parlé des phytogènes interphytogéniques dans notre premier volume de *Phytomorphie* (p. 267), nous croyons inutile de nous étendre plus longuement sur ce sujet. Toutefois, nous devons ajouter que, pour peu que l'on jette un coup d'œil sur la *fig.* 4, en p, on verra que, ce phytogène interphytogénique étant sphérique, il y a entre lui et les autres phytogènes indiqués par des cercles qui l'entourent, 4 intervalles triangulaires, autres espaces interphytogéniques qui, pleins aussi de tissu cellulaire, peuvent devenir le siége de la formation de phytogènes de plus en plus petits se produisant d'une manière analogue à ceux plus superficiels P'a,b,c,d, et que nous avons décrits autre part sous le nom de *phytogènes extraphytogéniques*. (P. 64.) Or, tous ces phytogènes interphytogéniques secondaires sont précisément ceux qui se forment, soit naturellement quand il se développe plusieurs bourgeons à l'aisselle d'une feuille, soit extraordinairement quand une cause quelconque a enlevé le ou les bourgeons principaux de la tige. Par conséquent, ce sont eux qui forment ce que les auteurs nomment *bourgeons adventifs* ou *latents*. De plus, comme il existe de ces espaces aussi bien longitudinalement que transversalement, on comprend aisément qu'il puisse se former des phytogènes interphytogéniques superposés les uns aux autres, constituant les bourgeons que l'on voit dans beaucoup de végétaux, Noyer, Chamerisier, *Aristolochia sipho, etc.*

Mais en même temps que l'on peut admettre un très-grand nombre de phytogènes interphytogéniques se formant ainsi successivement, on peut reconnaître que c'est surtout aux points de réunion des 2 mérithalles que se feront ces groupements cellulaires constituant le phytogène, parce que là seulement se trouve accumulé un tissu cellulaire naissant tel qu'il a besoin d'être pour former un centre vital, et ce n'est jamais au milieu d'un mérithalle, par exemple, que l'on voit se former les bourgeons.

Puisque ces phytogènes destinés à produire des bourgeons adventifs se forment dans les endroits où le tissu cellulaire est assez abondant, puisque les feuilles sont essentiellement formées de tissu cellulaire, il en résulte que les phytogènes des bourgeons adventifs ne se produiront pas seulement sur les mérithalles caulinaires et que dans certaines circonstances il pourra s'en former aussi sur les feuilles ; car nous avons vu d'ailleurs que les phytogènes des organes appendiculaires se composaient à peu près comme les phytogènes des organes axiles, mais seulement dans un seul plan. C'est pourquoi nous avançons que *toutes les fois qu'une petite masse de tissu cellulaire présente une certaine épaisseur dans les trois dimensions de l'étendue,* elle peut être le siége de la formation de un ou de plusieurs phytogènes qui, dans des circonstances données, pourront se développer en bourgeons. Dans cette hypothèse, les feuilles charnues pourraient être regardées comme composées de phytogènes latents d'autant plus aptes à devenir apparents sous forme de bourgeons que la feuille présente plus d'épaisseur. C'est pourquoi certaines feuilles charnues sont plus qu'aucune autre capables de donner lieu à des phytogènes qui se sépareront du système ou organe appendiculaire pour végéter d'une vie particulière en donnant naissance d'abord à des bulbilles et ensuite à des individualités distinctes. Le *Bryophyllum calycinum* est la plante classique où ce phénomène se présente d'une manière remarquable. Mais celle qui nous paraît le mieux se comporter comme une tige, c'est sans contredit la feuille composée du *Cardamine macrophylla* (1).

En effet, la plupart des folioles de cette feuille portent à leur base et comme à leur aisselle, sur le rachis, un point brunâtre qui n'est autre qu'un phytogène capable de se transformer en bourgeon, puis en axe ou scion, quand on place la feuille toute entière dans des conditions favorables et même simplement la base du rachis dans de l'eau. Il y a un assez grand nombre de feuilles des 3 grands embranchements qui peuvent ainsi, placées dans des circonstances convenables, donner lieu à l'exastosie de phytogène capables de produire des bulbilles et par suite de reproduire la plante. Voilà pourquoi nous avons donné à notre petite masse de tissu cellulaire le nom de *phytogène,* mot qui emporte avec lui l'idée de composition, de reproduction et de généralisation, que n'a pas dans la science le mot *bourgeon latent* ou *adventif.*

§ IV. — *Accroissement des tiges ou axes.*

Pour terminer l'étude de la formation des axes il ne nous reste plus qu'à indiquer les idées qui ont été avancées pour expliquer l'accroissement des tiges. Mais ayant suffisamment démontré (p. 189) comment, par les développements successifs de phytogènes centraux devenus protophytogènes, lesquels se superposent les uns aux autres, on devait concevoir *l'accroissement en hauteur* des tiges, nous n'aurons à parler ici que de leur accroissement en diamètre. On sait en effet que toutes les tiges augmentent en *épaisseur* et en *largeur,* particulièrement celles des végétaux dicotylédonés ligneux, dont quelques-uns atteignent à des proportions colossales.

Pour comprendre aisément cette distinction que nous venons de faire, il faut concevoir la tige fendue, longitudinalement, par

(1) *Essai de Phytomorphie,* t. I, p. 457.

deux sections perpendiculaires passant par le centre de la moelle,
d'où résultent 4 parties triangulaires. La droite, qui, partant du
centre ou de la moelle se rend à l'écorce, en représente l'épaisseur, tandis que la ligne qui va d'une section à l'autre est ce
qui représente sa largeur. En un mot, les rayons médullaires sont
dans le sens de l'épaisseur, et la direction des couches concentriques dans le sens de la largeur.

1° *Accroissement des tiges de Dicotylédones.*

Si l'on suit, sur une graine dicotylédonée en germination, le
développement de la petite tige, on reconnaît que, formée d'abord
par du tissu cellulaire, peu à peu quelques cellules s'allongent
en fibres, d'autres en vaisseaux qui se groupent ensemble pour
former des faisceaux qui se disposent en un cercle entourant une
certaine quantité de tissu cellulaire qui n'est autre que la *moelle.*
Entre chacun de ces faisceaux, originellement au nombre de 6, la
moelle ou le tissu cellulaire se continue sous forme de bandes
jusqu'à la partie corticale : ce sont ces bandes qui constituent les
rayons médullaires. Il y a donc ordinairement, dès le principe, 6 de
ces rayons qui sont relativement larges ; mais un peu plus tard,
on voit se former, dans l'épaisseur même de ces rayons, d'autres
faisceaux qui s'interposent aux premiers, ce qui porte leur nombre à 12 et ce qui diminue la largeur relative de ces rayons, si
bien qu'il arrive un moment où les faisceaux sont assez nombreux
et rapprochés pour former un cercle presque continu et qui ne
présente plus les rayons médullaires que sous forme de lignes
très-fines. Toutes ces multiplications, on le conçoit, n'ont pas pu
se faire sans agrandir le cercle, qui, primitivement composé de
6 faisceaux, peut l'être plus tard de 12, 24, 48, etc. On voit donc
que chaque partie triangulaire de la tige a dû s'élargir, c'est-à-
dire éloigner les 2 faces représentant les sections longitudinales
supposées plus haut. C'est là ce qu'on entend par *accroissement
en largeur.*

Cet accroissement en largeur ne paraît pas avoir pour unique
cause la formation de faisceaux fibro-vasculaires au milieu des
rayons médullaires, on admet aussi que les faisceaux fibro-vasculaires, une fois formés, soit dans la couche ligneuse ou dans l'écorce,

soit dans la tige ou dans la racine, se divisent en deux ou plusieurs faisceaux, par une formation intermédiaire de tissu cellulaire constituant de nouveaux rayons médullaires incomplets qui n'iraient pas jusqu'à la moelle centrale. Ainsi, dans la Clématite, les faisceaux primitifs se diviseraient en 3 et dans la Vigne en 2 faisceaux ; d'où il résulte que le nombre de ces faisceaux serait doublé ou triplé, et comme chaque nouveau faisceau présente au moins la même largeur que ceux desquels ils proviennent, il s'ensuit que l'accroissement en largeur doit se trouver doublé ou triplé.

C'est De Mirbel qui, le premier, a signalé ce phénomène à l'attention des savants (1), et le professeur Link a aussi établi que la tige s'accroissait non-seulement du centre à la circonférence, mais aussi latéralement par la multiplication des faisceaux vasculaires (2); mais c'est surtout Dutrochet qui, en étudiant le développement de la racine de l'*Echium vulgare* a fait connaître le mécanisme que nous venons de décrire (3). Or, il est évident que ce cercle ne saurait être devenu plus grand sans occuper plus d'espace et, par conséquent, sans qu'il y ait relation obligée entre l'accroissement en largeur et l'accroissement en diamètre.

Cependant, si l'accroissement en diamètre est nécessairement la conséquence de l'accroissement en largeur, il ne faudrait pas croire que la réciproque eût lieu; car on comprend très-bien qu'une première couche une fois formée, plusieurs autres couches puissent successivement se former les unes au-dessus des autres et augmenter en épaisseur une tige de Dicotylédone, sans que pour cela les cercles formés d'abord dussent nécessairement augmenter en largeur. Il est donc vraisemblable que cet accroissement en largeur est très-limité et n'a lieu que pendant le jeune âge des couches concentriques que l'on observe dans les tiges des Dicotylédones.

Maintenant, comment se fait cette formation des couches concentriques? A cet égard, les opinions sont encore divisées et se résument en deux théories.

1° Selon l'opinion la plus généralement admise parmi les bo-

(1) *Bulletin des sciences de la société philomatique*, 1816.
(2) *Grundl. d. Anat. f. d. Pfl.*, p. 146, fig. 58, 60.
(3) *Mémoires*, I, p. 153.

tanistes français, il se formerait chaque année une couche d'aubier et une couche de liber dont les éléments seraient fournis par le *cambium*. Cette opinion, déjà ancienne, puisque c'est Grew qui, le premier, l'a émise, avait été admise par le professeur Kieser et surtout par De Mirbel, qui lui a donné une autre forme en modifiant le sens donné au mot *cambium*. En effet, cette dénomination était donnée par Duhamel et Grew à la couche de liquide ou fluide clair et limpide d'abord, mais qui peu à peu s'épaissit et prend de la consistance, et que l'on trouve abondante, au printemps, entre l'écorce et l'aubier. Mais pour De Mirbel, le cambium n'est plus un liquide qui s'épanche entre le bois et l'écorce, mais bien un véritable tissu qui naît à la fois sur l'aubier et sur le liber. Selon ce savant, il se forme entre le liber et le bois une couche *régénératrice* qui est la continuation du liber et à laquelle il donne le nom de *cambium* (1). Comme on le voit, ce n'est point un liquide, mais un tissu très-jeune continuant le plus ancien. Il est nourri et développé, entre le bois et l'écorce, à deux époques de l'année : au printemps et à l'automne. Son organisation paraît identique dans tous ses points; néanmoins, la partie qui touche à l'aubier se change insensiblement en bois et celle qui touche au liber se change insensiblement en liber. D'où il suit que, chaque année, l'aubier s'accroît en épaisseur par l'extérieur, et le liber par sa face interne. Ces nouvelles couches sont donc une production, *sur place*, de tissu cellulaire naissant qui peu à peu s'organise et se transforme en *aubier* et en *liber*. L'aubier, en vieillissant, acquiert de la densité et se change en *bois* ; tandis que le liber n'éprouve aucune transformation; il ne fait que se réparer et s'accroître par sa face interne au moyen du cambium et forme ainsi successivement de nouveaux feuillets.

Aujourd'hui, on admet une théorie qui varie peu de celle-ci. Pendant l'été, il se forme entre le bois et l'écorce un dépôt de matière organique produit par la séve descendante ou *cambium*. Celui-ci, d'abord liquide, mais qui peu à peu s'organise, constitue une couche de tissu utriculaire, sans granulations vertes, désignée par le nom de *couche* ou *zone génératrice*. Au printemps suivant, quand la végétation reprend son cours, la séve, d'abord at-

(1) *Bull. des sc. de la soc. philomatique*, 1816.

tirée par les extrémités de la tige, redescend bientôt à travers
l'écorce, pénètre avec abondance dans la couche génératrice et
en gonfle les tissus : c'est alors qu'il est très-facile de séparer
l'écorce du corps ligneux. Primitivement constituée par des utricules réguliers, à parois transparentes quoiqu'épaisses, on voit
peu à peu un grand nombre d'entre eux s'allonger dans le sens
de la tige, s'épaissir et présenter les caractères du tissu fibreux,
pendant que d'autres cellules, disposées au milieu des précédentes,
augmentent en longeur et en diamètre. On voit en même temps
se former sur les parois de ces dernières, soit des lignes transversales, soit des ponctuations transparentes, et les cloisons qui les
séparaient les unes des autres disparaître résorbées ; d'où résultent des vaisseaux rayés ou ponctués. Cet état de choses marche
ainsi quelque temps pendant lequel la partie interne de la couche
génératrice s'est organisée en une nouvelle couche ligneuse qui
s'est appliquée sur la couche précédente dont elle a la même structure ; c'est-à-dire que les mêmes tubes et les mêmes vaisseaux se
sont réunis en faisceaux semblables séparés par du tissu cellulaire
ayant encore sa forme primitive et disposés de la même façon.
Tel est le mode de formation de l'aubier

Mais, pendant que ces phénomènes se passent dans la partie
interne de la zone génératrice, les cellules de la partie la plus
extérieure de la couche, celle qui est en contact avec l'écorce, ne
restent pas sans activité : quelques-unes, par le même mécanisme
se sont transformées en tubes fibreux très-allongés, formant ensemble des faisceaux anastomosés, disposés en réseaux et constituant les nouveaux feuillets de l'écorce, tandis que d'autres
s'allongeaient et revêtaient la forme, la structure et la disposition réticulée que l'on connaît aux *laticifères*. Ainsi, l'accroissement en diamètre des tiges de Dicotylédones a lieu pour deux
causes, savoir : par la formation d'une couche d'aubier et par la
formation d'une couche de liber se répétant chaque année.

Pour expliquer ces diverses transformations de cellules en fibres, vaisseaux ou laticifères, on admet que le tissu utriculaire de
la couche génératrice prend successivement les caractères de la
couche avec laquelle elle est en contact. Ainsi, par exemple, les
cellules qui se trouvent appliquées sur les faisceaux ligneux se
transforment peu à peu en tubes fibreux et en vaisseaux rayés ou

ponctués, pendant que ceux qui touchent aux rayons médullaires en conservent les caractères et les continuent à travers les faisceaux ligneux nouvellement formés.

Selon M. Ach. Guillard, la formation annuelle des fibres corticales n'a pas lieu comme on le croit ordinairement, et ce n'est que par exception que cette reproduction se montre. Ainsi les Tilleuls, les *Cinchona* en forment encore au delà de la première année, mais pas aussi régulièrement que les couches ligneuses. Plusieurs, comme le Sycomore, le Châtaignier, le Chêne, l'*Abelmoschus* etc., en forment un second cercle au-dedans du premier, en plein manchon séveux, dès la première année de la branche, puis ils s'arrêtent là. « Il est, dit-il, facile de s'assurer, en taillant une branche âgée d'*Æsculus* ou de *Pavia*, par exemple, de *Diospyros, Cytisus, Rosa*, etc., etc., que le cercle des tubules corticaux reste après plusieurs années ce qu'il était à la fin de la première saison d'évolution, que ses arcs ou faisceaux n'ont ni multiplié ni grossi, mais que seulement ils sont espacés par la dilatation de l'écorce et des rayons médullaires (1). »

2° On doit à Lahire, astronome français, une théorie très-ingénieuse adoptée par un grand nombre d'auteurs, mais qui fut longtemps abandonnée parce qu'il l'établit sans preuves suffisantes à l'appui. Ce ne fut qu'un siècle plus tard qu'un autre Français, Dupetit-Thouars, la remit en vigueur en la soutenant, cette fois, par des faits et des raisonnements qui la firent connaître sous le nom de *Théorie de Dupetit-Thouars*. Cette théorie ayant pris un nouveau développement par les belles observations de Gaudichaud, a cependant perdu de ses partisans, par suite des discussions animées dont l'Académie des sciences a été le théâtre. Nous allons aussi brièvement que possible, résumer cette belle théorie.

Les bourgeons sont comparables aux embryons, par conséquent, comme eux, ils produisent deux évolutions en sens contraire : l'une *ascendante*, qui forme la branche ou rameau; l'autre, *descendante*, qui produit une racine ou faisceau de fibres qui doit nécessairement se loger dans la tige sur laquelle se développe le bourgeon, et de là son accroissement en diamètre.

(1) *Bull. soc. bot. France*, t. **V**, p. **98**.

Ces fibres, selon Dupetit-Thouars, glissent dans la couche humide du cambium, entre le liber et l'aubier, et descendent jusqu'à la partie inférieure du végétal. Chemin faisant, ces fibres rencontrent celles des bourgeons inférieurs, s'y réunissent, s'anastomosent entre elles, formant ainsi une couche plus ou moins épaisse, qui augmente de consistance et de solidité, constituant chaque année une nouvelle couche d'aubier.

Voilà les opinions de Lahire et Dupetit-Thouars très-brièvement exprimées.

Selon Gaudichaud, les feuilles, dont chacune est un individu végétal qu'il nomme *Phyton*, jouent, par rapport au rameau, absolument le même rôle que les bourgeons par rapport à la tige qui les produit. Chaque feuille se continue au-dessous de l'entrenœud inférieur par des faisceaux fibro-vasculaires (p. 74 et 180) qui représentent la racine du phyton. Ce sont les faisceaux de toutes les feuilles d'un rameau qui constituent son bois.

Les fibres et les vaisseaux de l'écorce ont la même origine, ils marchent accolés, dans le principe, avec les faisceaux fibro-vasculaires du bois : ils naissent aussi des bourgeons et appartiennent au système descendant.

Il n'en est pas de même du tissu cellulaire, sa production a lieu *sur place* et résulte de la multiplication des cellules déjà existantes, comme on peut le voir, dans le bois, par l'extension que prennent les rayons médullaires. Lorsque ces fibres descendantes se produisent au dehors pour constituer les racines, c'est le tissu cellulaire voisin qui fournit la couche qui les accompagne, et, se multipliant à mesure que les fibres s'allongent, il les recouvre à la manière d'une gaine.

Examinons les preuves à l'appui de cette théorie, puis nous exposerons les objections qu'on lui a faites.

Faits probants. — 1° Si l'on fait une forte ligature au tronc d'un arbre dicotylédoné, peu de temps après on voit se former au-dessus de l'obstacle un bourrelet, et l'accroissement en diamètre cesse d'avoir lieu au-dessous de la ligature. On peut dire que le bourrelet est formé par les fibres ligneuses descendant des bourgeons et des feuilles, et pénétrant dans le cambium contenu entre l'aubier et l'écorce ; car, en le disséquant, on le trouve formé par un lacis inextricable de faisceaux, mais se continuant toujours avec ceux qui vont aboutir supérieurement aux bourgeons. L'obstacle les force à s'accumuler au-dessus de la ligature, et ne pouvant le surmonter, les couches ligneuses qui sont au-dessous en sont privées, et l'accroissement en diamètre doit nécessairement cesser. Quand on comprime la tige par une ligature dirigée en hélice, il se forme au-dessus de la ligature un bourrelet dirigé lui-même en hélice, et la dissection montre que les faisceaux se sont accumulés en suivant la même direction.

2° Hales a fait une expérience, constatée par Duhamel, qui est aussi très en faveur de cette théorie. En isolant complétement 2 cylindres d'écorce par 3 décortications annulaires, l'un de ces cylindres portant un bourgeon, l'autre n'en portant pas, on voit bientôt que, sur le premier, il se forme un bourrelet inférieur; tandis que, sur l'autre, il ne s'en forme pas.

3° Dans la greffe en *écusson*, on prend ordinairement un bourgeon encore stationnaire et se rapprochant beaucoup d'un protophytogène. Sa base, appliquée exactement sur la couche de cambium, mise à nu, d'un même individu ou d'un individu *identique* ou *analogue* (voir ces mots : article *hybridité*), des radicelles ou fibres se forment à la base du bourgeon et glissent entre l'écorce et l'aubier, en produisant une sorte de rayonnement fibreux très-distinct qui embrasse plus ou moins exactement la branche.

4° Il y a une très-grande analogie de structure entre le bois proprement dit de la tige et le bois des racines : tous deux sont également dépourvus de trachées déroulables, et, par conséquent, doivent avoir une même origine.

5° On a constaté la continuité des faisceaux du bois de la tige avec ceux du bois de la racine, et comme celle-ci a une formation postérieure à la tige, on peut admettre qu'elle est produite par des faisceaux suivant une direction descendante.

6° On voit fréquemment se former des racines aériennes qui ne peuvent être autre chose que la continuation des faisceaux descendant des bourgeons. Parfois même on peut observer l'existence de racines bien distinctes descendant sous l'écorce, et présentant une sorte de *mezzo-termine* entre le bois de la tige et les racines aériennes (Ad. de Jussieu).

7° Quand, ainsi que nous l'avons fait bien des fois, on force à se développer des bulbilles sur les tiges du *Lilium candidum*, en enlevant toutes les fleurs, après avoir coupé la tige à sa base, on reconnait : 1° que ces bulbilles émettent des radicelles dont la plupart, externes, longent la tige, et 2° que le bulbille tient encore à la tige par des fibres descendantes que l'on peut suivre plus ou moins loin par la dissection. Or, ces fibres sont analogues à celles qui se sont produites extérieurement pour former les radicelles. On peut faire une semblable observation sur les bulbilles qui se produisent à peu près à l'aisselle des folioles de la feuille composée du *Cardamine macrophylla*.

8° Les Saules que l'on taille fréquemment donnent un tronc terminé par une tête relativement très-volumineuse, de laquelle partent les branches ; cette tête n'est autre que le point de réunion de toutes les fibres gemmaires et foliaires qui, cessant de s'allonger par suite de l'ablation des tiges, s'accumulent à ce point en augmentant considérablement son diamètre.

9° Le *Testudinaria elephantipes*, Burch., plante de l'Afrique australe, est très-propre à donner raison à cette théorie. Sa souche, qui peut prendre des dimensions considérables (1 mètre de diamètre et de hauteur), donne lieu à des tiges ou rameaux grêles, volubiles qui se renouvellent chaque année. Or, c'est dans cette souche que se groupent tous les faisceaux fibro-vasculaires qui descendent des tiges et des feuilles et en augmentent le diamètre.

10° On peut remarquer que les végétaux monocotylédonés ne donnent pas lieu, en général, à un accroissement en diamètre comparable à celui des végétaux dicotylédonés, ce qui tient à ce que d'ordinaire ils ne produisent pas de bourgeons latéraux, soit qu'ils avortent ou qu'ils restent à l'état rudimentaire, comme dans les Palmiers ; mais lorsque, comme dans les *Yucca*, le Palmier Doum de la Thébaïde, et surtout les *Dracœna*, etc., ces bourgeons viennent à se développer, leur tronc prend un accroissement en diamètre qui ne le cède en rien à celui que peuvent prendre les troncs de certains végétaux dicotylédonés, ainsi que le prouve si bien le fameux *Dracœna* du jardin Franchi, de l'Orotava (Canaries), qui, mesuré à sa base par Humboldt (1)

(1) *Etud. nat.*, t. II, p. 31 et 109.

et M. Berthelot (1), ne montrait pas moins de 5 mètres de diamètre, ou 15 mètres de circonférence.

Voilà ce que l'on observe sur les végétaux ligneux dont l'accroissement en hauteur est assez lente, et dont les mérithalles assez courts permettent aux bourgeons ou aux feuilles de se trouver très-rapprochés.

11° Mais, lorsque les végétaux ont un accroissement rapide en longueur et que leurs mérithalles sont très-espacés, alors l'accroissement en diamètre est relativement peu prononcé, parce que les formations descendantes n'ont jamais le temps de parcourir toute la longueur des tiges. Voilà pourquoi les tiges de plantes grimpantes sont toujours beaucoup moins développées en diamètre, toutes choses égales d'ailleurs, que les plantes offrant des conditions contraires. La Vigne, le Lierre, l'*Aristolochia sypho*, plantes grimpantes ou sarmenteuses, donnent des tiges qui, proportion d'âge gardée, sont beaucoup moins développées en diamètre. La base des tiges de certaines Cucurbitacées n'augmente pas, pour ainsi dire, leur diamètre, quoiqu'un grand nombre de bourgeons et de feuilles se produisent successivement. En effet, si l'on permet à la tige de se développer toute entière, les bourgeons forment des fibres descendantes qui ne peuvent en atteindre la base, et l'augmentation du diamètre de cette base est insignifiante (Bryone, *Cucurbita*, etc.); si, au contraire, on vient à châtrer de bonne heure et très-souvent ces mêmes plantes, de manière à empêcher leur élongation, on finit toujours par constater un accroissement notable en diamètre, dû aux fibres des bourgeons, qui viennent toutes concourir, sur une petite étendue, à cet accroissement, et ce phénomène est aussi très-remarquable dans la vigne.

OBJECTIONS. — Contre cette théorie on a présenté plusieurs objections que nous devons relater.

1° Il n'est pas suffisamment prouvé que les fibres qui établissent la communication entre les bourgeons et les tiges qui les forment descendent ainsi de ces bourgeons jusque dans les racines. Dupetit-Thouars ne prétend pas qu'il en soit ainsi : les bourgeons sont la source, l'origine première des fibres ligneuses,

(1) *Ann. sc. nat.*, t. XIV, p. 140.

mais ce ne sont pas eux qui fournissent tous les matériaux de leur élongation ; une fois produites à la base du bourgeon, les fibres, plongées dans le cambium, y puisent tous les éléments de leur nutrition et de leur accroissement.

2° Les phénomènes du bourrelet circulaire sur lesquels on s'appuie peuvent tout aussi bien s'expliquer par l'arrêt qu'est obligé de subir la séve descendante par tout obstacle apporté à son cours. Dupetit-Thouars répond à cette objection par l'expérience de Halles, constatée par Duhamel. Cette réponse ne nous paraît pas suffisante pour détruire l'objection, qui, selon nous, persiste toujours avec toute sa gravité. Cependant les phénomènes du bourrelet circulaire sont tout autant en faveur de la théorie qu'ils semblent combattre qu'en faveur de toute autre théorie. Mais s'il est vrai qu'en disséquant le bourrelet on le trouve formé *d'un lacis de faisceaux entre-croisés et contournés dans tous les sens, mais se continuant toujours avec ceux qui vont aboutir supérieurement aux bourgeons* (1), nous comprenons parfaitement cette disposition de faisceaux dans la théorie de Dupetit-Thouars et de Gaudichaud, puisqu'ils y arrivent tout formés ou en voie de formation, tandis que dans l'idée de séve descendante accumulée au-dessus de l'obstacle, nous ne comprenons plus aussi bien la raison qui veut que les faisceaux se forment absolument comme si, déjà formés, ils étaient poussés par une force descentionnelle. Il semblerait qu'il devrait se former là, non des faisceaux enchevêtrés, mais des amas de tissu cellulaire parcourus par des fibres, et il n'est pas expliqué comment il y aurait alors absolument communication ou continuité avec ceux des bourgeons supérieurs.

3° « Il est impossible de concevoir comment des fibres aussi grêles que celles qui unissent les bourgeons aux tiges peuvent, dans un espace de temps aussi court que celui durant lequel la tige s'accroît en diamètre, descendre, *de leur propre poids*, du sommet d'un arbre de 60 à 80 pieds, jusqu'à sa base (2). » L'opinion de Dupetit-Thouars n'est pas que les fibres sortent et descendent toutes formées de la base des bourgeons, mais qu'au contraire elles se forment en parcourant les couches de cambium,

(1) Ad. de Jussieu, *Cours d'hist. nat. botanique*, p. 198.
(2) Ach. Richard, *Nouv. élém. botan.*, 1838, p. 165.

d'où il suit que cette objection aurait moins de valeur (Ach. Richard, *loc. cit.* p. 166). Mais l'objection a un côté spécieux que nous ne pouvons laisser ignorer. En effet, en admettant même que ces fibres, très-grêles, fussent toutes formées, elles pourraient fort bien descendre le long des couches de cambium, qui agirait à la fois comme matière lubréfiante et comme matière nutritive, non *par leur propre poids,* comme le dit l'objection, mais par une sorte de *succion* ou d'*aspiration* déterminée par le *vide* produit précisément par l'accroissement en largeur, qui, nous l'avons dit, ne peut se faire qu'en forçant le corps qui subit cet accroissement à occuper un plus grand espace. Or, il n'est pas de vide produit qui ne tende à être aussitôt comblé, soit par des gaz, soit par des liquides plus ou moins épais, soit même par des parties solides, mobiles. On n'a pas assez tenu compte des phénomènes mécaniques de la végétation qui sont déterminés par les vides produits pendant l'accroissement des organes (voir plus loin l'art. *germe* ou *embryon*).

4° Si ce sont les faisceaux descendant de la base des bourgeons qui constituent les couches ligneuses, dans la greffe en écusson, par exemple, dans laquelle on a pris un sujet à bois blanc, quand la greffe est celle d'un arbre à bois coloré, on devrait retrouver dans les nouvelles couches ligneuses la coloration appartenant au bois de l'arbre qui a fourni la greffe. Or, c'est ce qui n'est pas.

A cette objection Dupetit-Thouars répond en répétant que les faisceaux qui sortent de la base du bourgeon se nourrissent du cambium de la branche à la surface de laquelle ils se produisent : tant que les faisceaux nouveaux sont plongés dans le sujet à bois coloré, ils conservent leur couleur naturelle; mais dès qu'ils se développent aux dépens du cambium produit par le sujet à bois clair, ils en prennent la teinte qui lui est particulière. Cette réponse pourrait déjà lever l'objection; cependant, peut-être sera-t-elle autrement détruite par les considérations suivantes. En effet, cette objection ne pouvait être sérieuse qu'à la condition que l'on aurait démontré que la matière colorante des bois était un produit d'éléments puisé dans l'air et nullement une substance provenant du sol. Si la *matière colorante* qui accompagne souvent la matière incrustante des bois provient d'éléments puisés et choisis dans le sol par une disposition particulière des cellules

radicales, on conçoit aisément que, quel que soit le bois que produira la greffe, il ne trouvera jamais, sur le sujet à bois blanc,
les éléments qui auraient dû produire la coloration, et réciproquement. Or, nous savons bien que les cellules fibreuses de tous
les bois sont d'abord formées de cellulose, qui ne se colore que
par des dépôts successifs, ainsi que le montre si bien le passage
des couches d'aubier à l'état de *duramen* ou bois proprement dit.

5° Si le développement des bourgeons donne lieu à la formation du bois, une première couche ligneuse ne saurait se former
sur une jeune tige de l'année où il ne s'est encore développé aucun bourgeon. Voici comment y répond Dupetit-Thouars : « Au
moment où le bourgeon se développe pour former la jeune tige,
les feuilles qui la composent s'éloignent les unes des autres en
délimitant chacun des éléments de la tige, nommés *mérithalles*.
L'examen de cette jeune tige démontre que la base de chaque
feuille donne naissance à un faisceau de fibres qui se réunissent
pour former l'étui médullaire ; mais à mesure que ces feuilles se
développent, il se manifeste à l'aisselle de chacune d'elles un
bourgeon qui tend aussitôt à établir sa communication radicale,
en déterminant la formation de fibres ligneuses, et ce sont elles
qui recouvrent graduellement l'étui médullaire et en composent
une couche continue. »

Cette explication ne saurait nous satisfaire, puisque nous admettons, dans l'objection, que les bourgeons axillaires n'ont pris
encore aucun développement, et qu'avant que les fibres descendantes se forment, il faut nécessairement que l'évolution du
bourgeon se soit prononcée. C'est ici que la théorie des phytons
de Gaudichaud intervient pour donner une sorte d'explication
plus satisfaisante. En effet, si les fibres descendantes des feuilles
forment les éléments de la tige, il n'est aucunement besoin que
des bourgeons viennent à se développer pour former une première couche ligneuse. Quand, plus tard, les bourgeons se développent, leurs formations descendantes s'ajoutent à celles des
feuilles et augmentent le diamètre de la jeune tige.

Mais la réponse à l'objection précitée est autrement probante
à l'aide de nos idées phytogéniques. Si l'on se rappelle ce que
nous avons dit de la constitution de notre protophytogène, représentant le bourgeon à son premier état de développement,

fig. 11, A, on voit qu'il y a 3 phytogènes inférieurs, i, qui, ne prenant pas part à la constitution des organes appendiculaires, entrent dans la composition des mérithalles (p. 178); or, ce sont ces 3 phytogènes qui, pendant l'évolution du bourgeon, formeront l'origine de la radicule ou des faisceaux descendants, constituant le 1ᵉʳ mérithalle. Les phytogènes périphériques c,s, *fig.* 11, A, en s'associant pour former les organes appendiculaires, non-seulement produisent 3 ou 6 faisceaux descendants (et non un seul, comme le dit Dupetit-Thouars. Voir p. 74), faisceaux qui s'ajoutent à ceux des 3 phytogènes inférieurs; mais encore, au milieu des phytogènes périphériques, il se trouve un phytogène central, qui va se composer en un 2ᵉ protophytogène dont les phytogènes inférieurs, origine d'un nouveau mérithalle, donneront naissance à de nouveaux faisceaux, qui s'ajouteront aux premiers pour constituer l'étui médullaire, auquel s'ajouteront encore les fibres descendantes des organes appendiculaires. Du centre de ces nouveaux organes appendiculaires évoluera un 3ᵉ phytogène central, devenant d'abord protophytogène, duquel résulteront plus tard de nouveaux faisceaux descendants et de nouveaux organes appendiculaires se comportant avec tout le système comme le second protophytogène, et ainsi de suite de tous les autres. Or, puisque cette succession de phytogènes devenus protophytogènes, puis mérithalles et feuilles, se produit, il n'est pas besoin que les bourgeons axillaires se développent, pour concevoir les formations ligneuses, et chaque phytogène central étant lui-même une sorte de bourgeon, peut, dans l'hypothèse de Dupetit-Thouars, suffire à l'explication du phénomène de la production de la première couche ligneuse, et, par conséquent, combattre victorieusement l'objection présentée.

6ᵉ On ne conçoit pas bien, avec la théorie de Dupetit-Thouars, comment un arbre qui a subi une décortication annulaire telle qu'il ne se forme plus de couches ligneuses au-dessous peut continuer à vivre et à croître; car cette croissance suppose que les racines continuent à se former dans la même proportion; et comment les faisceaux ligneux radiculaires, arrêtés en chemin, iront-ils les former (1)? Voilà certainement une des objections les plus

(1) Ad. de Jussieu, *Cours d'hist. nat. botan.*, p. 200.

sérieuses que l'on ait opposées à la théorie de Dupetit-Thouars ; mais il ne nous semble pas qu'elle soit exactement sans réponse. En effet, s'il est vrai que l'arbre qui a subi une décortication annulaire peut continuer à vivre et à croître, cela ne prouve pas directement que c'est parce qu'il a continué à se former des racines, mais bien que la séve a continué à s'élever par les couches d'aubier, et qu'ainsi le bourgeon a pu continuer à se développer et à former les fibres descendantes qui se sont arrêtées à l'obstacle formé par la décortication annulaire ; mais les faits observés par M. Trécul viennent compliquer l'objection et la rendre encore plus sérieuse, en ce qu'ils prouvent que réellement il y a formation de racines sans qu'il y ait communication entre les faisceaux fibro-vasculaires de la racine et ceux fournis par le bourgeon. Ce consciencieux observateur a fait une bouture de Saule longue de 20 centimètres ; au bout de quelque temps, il a vu se former des bourgeons à la partie supérieure de la bouture, et, en même temps, il s'est produit une assez forte racine adventive, très-ramifiée à la partie inférieure de la bouture. Lorsque les bourgeons étaient encore jeunes, il reconnut que des filets vasculaires ou épatements formaient des espèces de griffes à leur base, simulant un faisceau de racines qui avaient de 2 à 10 millim. de longueur. D'un autre côté, l'examen de la racine adventive lui fit voir qu'elle était insérée à la bouture par un anneau vasculaire réticulé, large de 6 à 10 millim., formé de vaisseaux anastomosés qui semblaient monter sur la tige, tout aussi bien que ceux des bourgeons paraissaient en descendre ; mais ces vaisseaux ascendants et descendants n'avaient aucune connexion immédiate, puisqu'ils étaient séparés par une distance de 12 centim. pour l'un d'eux, et de 16 centim. pour les autres.

Nous comprenons jusqu'à un certain point que ces observations aient pu décider la conviction de certains savants ; cependant, il y a deux choses que nous devons faire ressortir et qui sont de nature à laisser du doute dans l'esprit.

a. Si, au bout de quelque temps, les jeunes bourgeons développés ont offert des filets vasculaires ou épatements simulant un faisceau de racines et ayant 2 à 10 millim. de longueur, rien ne prouve que ces filets ne soient pas descendus des bourgeons, et, s'ils en sont descendus, on ne voit aucune raison pour que ces filets ne grandissent pas encore par les progrès de la végétation du bourgeon. Toutefois, s'il se forme une racine adventive n'ayant aucune connexion avec la fibre radiculaire du bourgeon, et si cette racine adventive est accompagnée de vaisseaux anastomosés qui semblaient monter sur la tige, cela prouve tout au plus que les racines adventives peuvent se former en dehors du concours des fibres du bourgeon, et qu'elle peut elle-même contribuer à l'accroissement en diamètre, mais cela ne prouve pas que les filets vasculaires qui paraissent descendre des bourgeons ne viennent pas augmenter le diamètre des tiges. Mais de ce que les fibres gemmaires et les vaisseaux ascendants de la racine se sont montrés sans connexion immédiate, M. Trécul a conclu « que l'allongement des filets vasculaires, qui ont été comparés à des racines descendant des bourgeons ou des feuilles, n'est pas produit, comme celui des racines, par la multiplication qui se fait à l'extrémité de ces derniers organes (les racines), des cellules, qui ne sont propres qu'à eux, mais que ces vaisseaux (car ce ne sont que des vaisseaux) sont dus à la modification des cellules multipliées horizontalement, et que, par conséquent, l'accroissement en diamètre des végétaux dicotylédonés ligneux se fait horizontalement. »

Nous, qui ne recherchons que la vérité, nous voudrions être convaincu que la déduction de M. Trécul est parfaitement logique; malheureusement, il n'en est pas ainsi, et nous ne trouvons pas qu'il nous ait prouvé ce prétendu accroissement horizontal, dû à des modifications des cellules multipliées horizontalement. Il ne nous a pas montré nettement chacune de ces cellules produite horizontalement, restant en place et se transformant en un élément d'un vaisseau. Rien, d'ailleurs, n'est plus facile à commettre qu'une erreur de la nature de celle-ci, et peut-être le consciencieux observateur a-t-il été un peu trop absolu dans ses déductions.

b. Ce qui pourrait nous le faire craindre, ce sont plusieurs raisons que nous donnerons bientôt, mais aussi celle qui semble résulter de sa propre observation. « Si, dit-il, au lieu de suspendre la végétation de cette bouture, on lui eût permis de suivre son cours, des vaisseaux se fussent développés entre ceux des bourgeons et ceux de la racine, de manière qu'on n'eût pas eu la possibilité de constater si ces deux systèmes radiculaires et gemmaires avaient été primitivement séparés. » Or, si cela est, il faut que la formation vasculaire ascendante se soit exactement unie à la formation vasculaire descendante, et nous admettons volontiers la possibilité de suivre un même faisceau fibro-vasculaire depuis le bourgeon jusqu'à la racine ; mais, dans des conditions si différentes et opposées, et surtout quand les racines ne se forment que par des multiplications de cellules *qui ne sont propres qu'à elles*, ce qui établit nettement une différence avec la formation de cellules gemmaires, il nous est difficile de comprendre que ces deux formations aient précisément pour résultat la production de vaisseaux tout à fait semblables. D'ailleurs, en admettant ce fait, il faudrait encore supposer que ces deux formations, quelle que fût la manière dont elles ont lieu, vont au-devant l'une de l'autre, pour se rencontrer exactement, s'aboucher et ne faire qu'une seule et même fibre ou qu'un seul et même vaisseau, et cela malgré des torsions, des compressions, des oblitérations ou autres accidents qui arrivent à la tige et qui devraient s'opposer à cette réunion exacte. Au contraire, dans l'hypothèse de la fibre ou du vaisseau descendant, ces accidents n'ont aucune action pour en empêcher la continuité.

Si nous avons rapporté tout au long les objections qui ont été faites à la *Théorie des Formations descendantes*, c'est qu'il ne nous semble pas que cette question si vivement débattue soit encore suffisamment éclairée pour que l'on puisse admettre une théorie plutôt que l'autre. Mais ce qui ressort évidemment de cette discussion, c'est que rien n'indique que des faisceaux fibro-vasculaires ascendants aillent produire des bourgeons à leur extrémité, ainsi qu'on l'avait admis ; car il est parfaitement démontré que, dans le principe, ni les feuilles n'ont, avec le rameau, ni le bourgeon avec la tige qui les porte, aucune continuité vasculaire. Peut-être, comme le fait judicieusement observer Ad. de Jussieu, la théorie des formations descendantes est-elle moins opposée à la théorie admise qu'elle le paraît.

En effet, les sucs élaborés dans les feuilles et dans les rameaux pour former le cambium liquide, descendent de là jusqu'à l'extrémité des racines en passant par l'écorce, sur la surface interne de laquelle se dépose une matière semi-fluide, où s'organisent les tissus. Or, Gaudichaud admet que « des sucs élaborés et en partie organisés (cambium), des tissus fluides encore se forment et se solidifient en descendant des bourgeons sur les rameaux, des rameaux sur les tiges et des tiges sur les racines, par un mode d'allongement analogue à celui des racines, s'il n'est entièrement le même. » Entre ces tissus descendants à l'état demi-fluide et nos tissus formés dans une matière demi-fluide que fournissent des sucs descendants, peut-on établir une distinction assez nette, assez fondamentale pour qu'elle puisse donner lieu à deux doctrines opposées? (Ad. de Jussieu.)

Si l'on aborde maintenant une série d'observations dont on n'a pas suffisamment tenu compte dans la *Théorie des Formations descendantes*, et qui, cependant, nous paraissent avoir une grande valeur, on verra qu'il n'est guère probable que l'on puisse ne pas accorder une certaine part à ces formations descendantes dans la théorie de l'accroissement en diamètre des tiges. Examinons chacun de ces faits en particulier.

1° Depuis un temps immémorial on sait que des branches de végétaux fichés en terre humide émettent, après quelque temps, des racines adventives qui finissent par se comporter exactement comme les racines ordinaires, et de là le mode de multiplication par *bouture* que les jardiniers mettent journellement en pratique. Il y a donc là une formation descendante irrécusable.

2° On sait également que si l'on met obstacle à la libre circulation des formations descendantes dans une tige, par une ligature, incision annulaire ou autre moyen, et si en même temps on entretient de l'humidité au-dessus de l'obstacle, on ne tarde pas à faire naître des racines adventives qui permettent bientôt à la branche nommée *marcotte* de vivre par elle-même, bien que détachée du sujet qui l'a fournie. C'est cette méthode que l'on suit d'ordinaire pour multiplier les individus qui prennent plus difficilement de bouture. Or, là aussi, les formations descendantes sont des plus manifestes.

3° Dès 1652, d'après Dupetit-Thouars, Mandirola reconnut que les feuilles d'Oranger, détachées de leur tige et enfoncées en terre par le pétiole, peuvent développer des racines. Ce fait, répété par Munchhausen en 1716, par Mustel en 1701, et par nous-même, en 1851, a toujours parfaitement réussi. Depuis lors, plusieurs expérimentateurs et nous-même avons cherché à savoir si d'autres feuilles seraient capables de produire des *fibres-racines*, et il en est résulté ce fait que beaucoup de feuilles placées dans des conditions convenables pouvaient non-seulement donner des *fibres-racines*, mais même souvent de vrais bourgeons capables de multiplier la plante (1). Par conséquent, là encore, nous constatons la création de formations descendantes.

Si des racines adventives se forment dans les boutures et des fibres-racines à la base des feuilles, dans ces conditions où la vitalité doit être moins grande que lorsque la feuille ou la branche tiennent encore au sujet qui les portait, est-il admissible qu'il ne s'en forme plus dans ces conditions meilleures?

4° Quand on fait germer des spores d'agames et que l'on voit se former des fibres radiculaires, il y a bien là aussi formation descendante.

5° Quand on met en terre certaines graines dont la radicule est imperceptible ou peut-être n'existe pas encore, elle n'en forme pas moins une racine au bout de quelque temps, qui prouve, par la direction qu'elle prend, qu'elle est aussi une formation descendante.

Les formations descendantes sont donc un phénomène botanique d'une incontestable vérité. Mais tandis qu'elles sont admises parce que l'on ne saurait les nier, dans les conditions que nous venons d'exposer, dès qu'on ne peut plus les saisir dans d'autres conditions, on s'efforce de prouver qu'elles n'existent pas, et cependant la plus saine philosophie et le raisonnement le plus rigoureux nous paraissent devoir conduire à l'admettre.

a. Quand les tiges de certaines Cactées, ou les feuilles du *Sempervivum tectorum*, plongées dans l'air humide d'une serre, donnent lieu à ces formations descendantes dont nous venons de parler, ces racines s'allongent sans le secours d'une nourriture toute préparée, mais très-vraisemblablement en empruntant à l'air son humidité et son acide carbonique, et cet allongement paraît se faire par la seule action vitale de la tige ou de la feuille, c'est-à-dire que nous ne reconnaissons aucune autre cause physique qui puisse influencer cette élongation.

(1) *Essai de Phytomorphie*, t. I, p. 460. — *Bull. soc. bot. France*, t. V, p. 99.

b. Pareillement lorsque les tiges ou les feuilles sont placées dans l'eau ou dans la terre humide, les formations descendantes se produisent prenant au milieu qui les environne la nourriture dont elles ont besoin pour croître en longueur et en diamètre, et cette élongation n'a d'autre cause que la vitalité de l'organe qui les a produites, c'est-à-dire que, là encore, nous ne reconnaissons aucune autre cause physique qui puisse avoir de l'influence sur cette élongation.

c. Au contraire, lorsque le bourgeon ou la feuille se trouvent placés sur la tige qui leur a donné naissance, le phénomène de formations descendantes doit se produire comme dans les deux expériences précédentes ; ces formations se trouvant plongées au milieu d'un fluide (cambium) propre à leur fournir une nourriture déjà préparée, elles se l'assimilent et la racine ou la fibre-racine doit tendre à s'allonger comme dans les cas que nous venons de mentionner, où l'air, l'eau et la terre remplaçaient le cambium ; mais, de plus, ici, nous reconnaissons une cause physique que nous n'avons pu constater dans les deux autres sortes d'expériences. Cette cause physique est le vide qui se produit entre l'écorce et l'aubier par suite de l'accroissement en largeur de l'écorce, vide qui détermine une *sorte de succion* s'exerçant sur tous les fluides qui entourent les points où il se forme. Or, comme toutes les formations végétales ascendantes ou descendantes commencent par des cellules naissantes qui, elles, sont dans un état de semi-fluidité, il s'ensuit que ce vide ne saurait se produire sans avoir une certaine action sur ces cellules naissantes aussi bien que sur les autres sucs qui environnent les tissus végétaux. Ce sont ces sucs qui, abondant de toutes parts, constituent le cambium, lequel, par suite, doit servir de nourriture ou de milieu où les formations descendantes trouveront les éléments de leur nutrition, et, par suite, de leur élongation.

A la vérité, on peut concevoir que les formations descendantes qui se forment à l'air, ou dans l'eau ou dans la terre humide, sans l'influence du vide dont nous venons de parler, aient une composition, une structure différente des formations qui se produisent au milieu du cambium et qui sont sans cesse influencées par le vide produit. Peut-être est-ce là la cause qui fait que ces formations sont essentiellement constituées par

des vaisseaux, ainsi que semblent le prouver les expériences de
M. Trécul.

En résumé, il nous semble difficile d'admettre que des formations descendantes se forment dans des circonstances les plus défavorables à leur production, tandis qu'elles ne se produiraient
plus dans les conditions les plus favorables à leur formation.
C'est pour cela que, sans soutenir que telle est la manière dont
les choses se passent exactement, nous croyons néanmoins que le
dernier mot n'est pas dit relativement à l'accroissement en diamètre des tiges. Il nous semble que, dans la discussion qui s'est
produite au sein de l'Académie des sciences, la passion a entraîné au delà des bornes de la saine logique les adversaires des
théories opposées; mais pour que des hommes de la valeur de
ceux qui ont pris part à la discussion vinssent soutenir l'une ou
l'autre théorie, il fallait nécessairement qu'il y eût des raisons
sérieuses pour soutenir l'une et l'autre; et, pour nous, il ressort
évidemment de la discussion que si véritablement il y a des
formations sur place qui contribuent à l'accroissement en diamètre des tiges, il y a aussi des formations descendantes et peut-
être des formations ascendantes qui viennent concourir à cet
accroissement : ce sont au moins les conséquences auxquelles
nous a conduit la série d'expériences que nous avons entreprises sur ce sujet, mais comme elles ne sont pas encore terminées, nous ne devons présenter ces idées qu'avec certaines réserves.

Organisation ou structure des tiges de Dicotylédones.

Il résulte de la discussion que nous venons d'établir que les
tiges de Dicotylédones ont une structure telle que chaque année
il se forme une couche d'aubier qui plus tard se transforme en
bois proprement dit ou *duramen*, et souvent une couche de liber
appartenant à l'écorce; deux formations produites en sens contraire qui établissent nettement deux parties très-différentes dans
les tiges de Dicotylédones, savoir : les *couches ligneuses* et l'é
corce. Voyons quels sont les éléments anatomiques qui constituent ces deux parties.

A. Écorce. L'écorce est la partie la plus extérieure des tiges de Dicotylédones. Sa structure, assez compliquée, la montre formée de feuillets minces ou couches offrant une disposition très-analogue à celles des couches ligneuses. On y distingue, en procédant de la circonférence au centre, six parties, qui sont : 1° l'*épiderme* ; 2° la *couche subéreuse* ; 3° le *mésoderme* ; 4° l'*enveloppe herbacée* ; 5° les *couches corticales* ou *liber* ; 6° l'*endoderme* ou *couche sous-libérienne*. On y distingue encore des ouvertures infiniment petites ou *stomates*, et parfois certains organes que l'on a nommés *lenticelles*.

1° L'*Epiderme* est une membrane transparente, incolore, résistante, composée de cellules fort variables, recouvrant tous les organes de la plante qui sont exposés à l'action de l'air et présentant un grand nombre d'ouvertures ou pores nommés *stomates*. Elle est formée de deux parties distinctes : la *cuticule* ou *pellicule épidermique*, et la *membrane celluleuse de l'épiderme* ou *épiderme proprement dit*.

a. La cuticule ou membrane externe est mince, sans organisation apparente, percée d'ouvertures en forme de boutonnières correspondant aux stomates, et que l'on peut séparer des feuilles, par exemple, en les laissant macérer dans l'eau pendant plusieurs jours. L'existence de cette pellicule épidermique annoncée par Benedict de Saussure (1762), constatée par Hedwig (1793), confirmée par M. Ad. Brongniart en 1834 (1) et plus récemment étudiée par M. Hugo Mohl (2), ne peut être révoquée en doute et est admise par le plus grand nombre des physiologistes. Cependant quelques auteurs, avec Treviranus, la regardent comme un produit sécrété par les cellules de l'épiderme ; mais selon M. Garreau, c'est un organe distinct, car elle existe sur tous les organes végétaux et à toutes les époques de leur développement. Etant parvenu à en isoler une assez grande quantité à l'état de pureté, il a pu l'analyser et voir que sa composition pouvait être représentée par la formule $C^{17}H^{16}O^5$, tandis que la membrane celluleuse de l'épiderme aurait pour formule $C^{24}H^{20}O^{10}$.

b. L'épiderme proprement dit est une membrane placée au dessous de la cuticule formée par une, deux, trois ou quatre

______

(1) *Ann. sc. nat.*, février 1834.
2) *Ibid.*, t. XIX, p. 201.

couches de cellules superposées. Ces cellules, de forme variable, mais presque toujours déprimées, diffèrent complétement des cellules du tissu sous-jacent, avec lequel l'adhérence est faible ; elles sont, au contraire, fortement unies entre elles, ce qui en fait une membrane très-résistante, que l'on peut enlever par plaques, et cette résistance est rendue plus grande encore par l'union intime de la cuticule avec la membrane celluleuse de l'épiderme. En général, les cellules qui la composent ne renferment pas de chlorophylle. La face interne de l'épiderme se montre constituée par un grand nombre de lignes droites ou flexueuses composant un réseau régulier ou irrégulier et circonscrivant des figures quadrilatérales ou hexagonales. Ce sont les cellules épidermiques, les lignes n'en étant que les parois. Quelques auteurs, comme Hedwig, Amici, Kieser, etc., les ont regardées comme des vaisseaux qu'ils ont nommés *cuticulaires*, mais le plus grand nombre des botanistes ne partagent pas cette manière de voir.

Quelques botanistes, avec M. Schleiden, distinguent trois sortes d'épidermes, savoir : l'*épithélium*, l'*épibléma* et l'*épiderme* ; mais comme les deux premiers seraient caractérisés par l'absence de stomates et de cuticule, que les pétales, qui ne seraient revêtus que d'un épithélium, sont pourvus de stomates et que l'épibléma, selon M. Weiss, est fréquemment revêtu d'une couche cuticulaire, il n'y a pas lieu de conserver cette distinction (1).

c. *Stomates*. Quant aux pores dont nous avons parlé et auxquels on a aussi donné le nom de *pores corticaux*, ce sont de petites ouvertures répandues en grand nombre dans l'épaisseur de l'épiderme, s'ouvrant à l'extérieur par une fente ovalaire, bordée d'une sorte de bourrelet et communiquant à l'intérieur avec les méats intercellulaires du parenchyme, les canaux aériens (trachées, ou autres vaisseaux), mais surtout avec des espaces vides (*lacunes* ou *chambres pneumatiques*) remplis d'air, qui résultent d'une disposition particulière des cellules et des tubes entre eux. Ces cavités communiquent très-souvent les unes avec les autres et offrent ainsi un moyen de communication avec les autres fluides qui se trouvent dans l'intérieur du végétal.

(1) Ad. Weiss, *Ueber ein neues Vorkommen der Spaltœffnungen und einige andere Bemerkungen über dieselben*, in Verhandlungen des zoologisch-botanisch. Vereins in Wien, t. VII, p. 113-120.

Presque toutes les parties vertes des végétaux sont pourvûes de stomates, mais un assez grand nombre de parties en sont privées : tels sont l'épiderme des vieilles tiges, des fruits charnus, des semences, les pétales, les racines, etc.; cependant, M. Weiss, qui s'est occupé avec soin de l'étude des stomates, a découvert ces organes sur l'épiderme des pétales colorés de beaucoup de Dicotylédones (*Mathiola incana*, *Cheiranthus Cheiri*, etc.) et il a reconnu que le périanthe des Monocotylédones en était généralement pourvu (*Hyacinthus orientalis*). Il les a observés sur les pétales des Crucifères, des Composées et de presque toutes les divisions des Dicotylédones (*loc. cit.*). Un certain nombre de feuilles n'en portent que sur l'une de leurs faces, ordinairement leur face inférieure; telles sont celles de Bouleau, Seringa, Rosiers, Persil, Hêtre, etc., et généralement celles de nos arbres fruitiers (1). Au contraire, celles des plantes aquatiques n'en présentent qu'à leur face supérieure, comme on le voit dans les *Nymphæa*, *Potamogeton natans*, *Victoria regia*, etc. Enfin ils paraissent manquer sur les plantes totalement submergées.

Les stomates sont constitués par deux cellules campylotropiques de l'épiderme, et ce sont les deux concavités qui se regardent qui constituent l'*ostiole*. Ces deux cellules, selon M. Hugo Mohl, seraient le résultat du dédoublement d'une seule utricule par la formation médiane et interne d'une cloison qui se dédoublerait et formerait ainsi deux cellules constituant les deux lèvres de la stomate. M. Trécul a confirmé cette manière de voir en étudiant le mode de formation de cet organe sur le *Nuphar luteum*. Les stomates n'existant pas dès le premier âge des feuilles, on voit un peu plus tard, au milieu des cellules de l'épiderme, des cellules généralement plus petites et renfermant une matière granuleuse. Bientôt cette cellule est divisée en deux par la formation intérieure d'une cloison longitudinale. Cette cloison se dédouble peu à peu, et entre les deux feuillets qui en résultent se montre une petite ouverture qui arrive progressivement à prendre les caractères du stomate. De son côté, M. Weiss a reconnu un

---

(1) Ed. Morren, *Détermination du nombre des stomates chez quelques végétaux*, etc.

mode de formation analogue en suivant le développement du stomate sur l'*Iris germanica* (1).

Les deux cellules campylotropiques qui forment les stomates sont souvent surmontées d'une saillie périphérique de l'épiderme dont les bords, par leur rapprochement, produisent, au-dessus de l'ostiole, une petite *antichambre (Vorhofspalte)* et au-dessous de l'ostiole, il existe pareillement une petite cavité ou *arrière-chambre (Hinterhof)*, indépendante de la lacune ou chambre pneumatique placée dans le parenchyme au-dessous du stomate (2).

d. *Lenticelles.*—On peut observer sur l'épiderme de beaucoup de tiges la présence de certains corps qui se présentent sous forme de petites taches allongées dans le sens des jeunes axes et dans le sens transversal sur les vieux : ce sont les *lenticelles* (D.C.) que Guettard avait nommées, le premier, *glandes lenticulaires*. Elles paraissent être particulières aux Dicotylédones, et encore manquent-elles dans les plantes herbacées de ce grand groupe végétal. Elles sont très-visibles sur le Poirier, le Figuier, le Bouleau et surtout l'*Evonymus verrucosus*, auquel elles ont mérité le nom spécifique. Les lenticelles ne se développent pas seulement sur l'épiderme qui est exposé au contact de l'air, car elles existent aussi sur celui des pommes de terre, et ce sont elles qui se sont développées quand ce tubercule semble couvert de boutons bruns.

C'est ordinairement aux points où se trouvent les lenticelles que se développent les racines adventives, mais uniquement parce que ce point de l'épiderme, d'ailleurs plus ramolli par l'humidité, offre moins de résistance à la sortie des *formations descendantes* que les autres parties, et non point, comme le pensait Decandolle, parce que les lenticelles seraient les bourgeons latents de ces racines. M. Unger nous paraît avoir fait connaître la vraie nature des lenticelles : elles seraient le résultat d'une petite excroissance de la couche celluleuse sous-épidermique, qui se montrerait par la fente d'un stomate qui se serait déchiré et au-

(1) *Beitræge zur Kenntniss der Spaltœffnungen* (*loc. cit.*, t. VII, p. 191-200).

(2) Hugo von Mohl, *Welche Ursachen bewirken die Erweiterung und Verengung der Spaltœffnungen.* (Botan. Zeitung, 1856, p. 697 et 713.)

rait ainsi changé de forme et de nature. Ce qu'il y a de certain, c'est qu'elles sont placées sur la partie extérieure du parenchyme cortical ou *couche subéreuse* (Périderme, Mohl), ce qui conduirait à penser que la substance des lenticelles est de la nature du liége. Quoi qu'il en soit, leur structure est complétement celluleuse. Ce sont des cellules incolores ou diversement colorées, placées au-dessous de l'épiderme sur le parenchyme vert ou *enveloppe herbacée*, avec lequel elles se confondent, mais elles n'ont aucune communication ni avec la partie interne de l'écorce, ni avec l'aubier.

2° La couche *subéreuse* ou *épiphlœum* (επὶ, sur , φλοίος écorce), à cause de sa position plus extérieure, est la première que l'on observe sous l'épiderme. Elle est formée par des séries de cellules dépourvues de granulations d'une teinte jaunâtre plus ou moins brune, et intimement liées entre elles. C'est cette couche qui, par un développement extraordinaire dans le *Quercus suber*, forme le *liége*, dont tout le monde connaît les propriétés physiques ; mais, selon M. Casimir Decandolle, le liége ne doit pas être considéré comme le type de ce tissu, car celui que l'on emploie dans l'industrie est un produit artificiel, qui ne se forme qu'après le *démasclage*, opération qui a pour but d'enlever l'écorce du Chêne-Liége appelé *liége mâle,* lequel n'a pas l'élasticité de celui qui se produit par la suite et que l'on désigne sous le nom de *liége femelle*.

Selon M. Mohl, sur une jeune branche de Chêne-Liége, au-dessous de l'épiderme, on aperçoit une couche celluleuse formée de trois à cinq plans de cellules incolores, sans granulation, à parois minces et qui n'est autre que la *zone subéreuse*. Ordinairement, après trois ans, l'épiderme ne pouvant plus se dilater, est obligé de se fendre de distance en distance, et c'est alors que la couche subéreuse ou superficielle prend un rapide accroissement par suite de la formation de nouvelles cellules qui se produisent et se développent à sa face interne, aux points qui sont en contact avec l'enveloppe herbacée. Ces nouvelles cellules ont la même disposition, c'est-à-dire qu'elles sont disposées en séries rectilignes et transversales, un peu allongées de dedans en dehors, dépourvues de granules verts et se desséchant peu de temps après leur formation. Enfin, les couches les plus extérieures se fendillent, se crevassent avec le temps, et le liége se trouve formé (1).

3° Ach. Richard a désigné sous le nom de *mésoderme* une zone utriculaire, placée sous la zone subéreuse et qui en est très-distincte. Elle est formée par des cellules inégales, un peu allongées, à parois épaisses, sans granulations vertes, formant quelquefois une couche continue (Lilas, *Acer pseudo-Platanus*, etc.), mais d'autres fois se montrant disposées en faisceaux distincts que sépare du tissu cellulaire à granulations vertes.

4° Sous le mésoderme, lorsqu'il est sous forme de couche continue, on trouve la *couche* ou *enveloppe herbacée* formée par un tissu cellulaire contenant de la chlorophylle. Elle est constituée par des cellules globuleuses ou polyédriques, et c'est à la chlorophylle qu'elle doit la couleur verte qui s'aperçoit sur les jeunes branches, à travers l'épiderme et la couche subéreuse ; mais au bout d'un certain temps, les granules verts de l'enveloppe hercée disparaissent, et alors elle se confond aisément avec les autres couches plus extérieures de l'écorce. C'est dans cette couche herbacée que l'on rencontre parfois des *lacunes vasiformes* ou *réservoirs accidentels*, sortes de cavités qui se remplissent, par infiltration, de sucs propres sécrétés ailleurs, comme on le voit dans les Sapins, Pins ou autres Conifères et quelques espèces de la famille des Térébinthacées.

C'est dans l'enveloppe herbacée que viennent aboutir les *rayons médullaires* dont nous parlerons plus loin, et comme ces rayons médullaires ont eux-mêmes cette couleur verte et qu'ils établissent une sorte de communication entre la moelle et l'enveloppe herbacée, on a donné à celle-ci le nom de *moelle* ou *médulle externe*. C'est dans cette couche herbacée que des phytogènes pourront dans certaines circonstances, par exemple, quand on enlève avec soin tous les bourgeons d'une tige, se développer, devenir protophytogènes et donner lieu à des bourgeons adventifs capables de reproduire une branche et par conséquent un nouvel individu.

5° Les *Couches corticales* ou le *liber* sont la partie vasculaire ou fibreuse de l'écorce. Elles se montrent sous la forme de feuil-

(1) *Ann. sc. nat.*, t. IX, p. 290.

lets très-minces, disposés concentriquement, comme les couches du bois, mais fortement unis entre eux et souvent confondus. Cependant une macération prolongée permet de les séparer plus ou moins facilement suivant l'espèce de végétal.

L'anatomie du liber nous le montre composé de faisceaux formés par des tubes fibreux plongés au milieu d'un tissu cellulaire analogue à celui qui constitue la couche herbacée. Ces faisceaux forment, le plus souvent, sur une branche de l'année de l'*Acer pseudo-Platanus*, par exemple, de deux à cinq rangées circulaires emboîtées les unes dans les autres ; mais dans la même branche très-jeune, on ne trouve qu'une seule rangée de ces faisceaux corticaux, et ce n'est que peu à peu que les autres se forment. Ils sont ordinairement, quand on les examine sur une coupe transversale, d'une forme assez irrégulière, inégaux, allongés latéralement et séparés les uns des autres par des espaces cellulaires qui paraissent n'être qu'une prolongation des rayons médullaires du bois. Dans quelques cas, au contraire, les tubes fibreux forment une couche continue, mais elle est toujours séparée de l'aubier par une couche plus ou moins épaisse de tissu cellulaire que quelques auteurs ont nommée *endoderme* ou *couche sous-libérienne*, et qui n'est autre que le tissu cellulaire naissant ou *zone génératrice*, provenant du *cambium* en voie d'organisation.

Ces faisceaux de tubes fibreux s'étendent généralement le long de la tige en formant des flexuosités ou des ondulations qui les font de distance en distance se rapprocher et s'accoler de façon à donner à leur ensemble une forme de treillage ou de réseau à mailles irrégulières dont les espaces sont remplis par du tissu cellulaire. Ce sont ces faisceaux fibreux qui, dans le *Laghetto lintearia*, sont si nombreux, si minces et si blancs, que lorsqu'on les étend, après les avoir isolés, ils représentent un tissu fin et délicat que l'on a comparé à une dentelle grossière, d'où lui est venu le nom de *bois-dentelle* qu'on a donné au végétal. Quelquefois cependant, les faisceaux fibreux conservent une direction à peu près verticale.

Chacun de ces tubes, pris isolément, se présente avec une forme plus ou moins allongée, terminée en pointe à leurs deux extrémités, mais intimement soudés avec ceux qui sont au-dessus ou au-dessous; et comme il en résulte une adhérence très-puissante

et que les parois des tubes sont épaisses, ils forment des fibres
continues très-résistantes qui les font employer dans l'industrie
pour la fabrication des tissus. On leur a donné pour cette raison
le nom de *fibres textiles*, dont celles de l'*Urtica nivea*, et surtout celles du Chanvre et du Lin, sont particulièrement connues.

Enfin, plus à l'intérieur des couches du liber, on constate
souvent la présence de véritables vaisseaux contenant un suc
coloré qui s'en échappe aussitôt que l'on vient à les couper. Ce
sont les *laticifères* ou *vaisseaux du latex*. Ils y sont parfois en
très-grande quantité. Ainsi, au moment où l'on coupe une branche d'Erable (*Acer pseudo-Platanus*), on voit sortir de la partie
interne de l'écorce des gouttelettes d'un liquide blanchâtre et
laiteux qui n'est autre que le *latex* ou *suc propre* contenu dans
les vaisseaux. Ces vaisseaux n'occupent pas toujours la partie la
plus interne de l'écorce, car on les voit se disperser au milieu
des tubes fibreux et même on les rencontre jusqu'au millieu du
tissu cellulaire de l'enveloppe herbacée. Ces deux dispositions ont
été trouvées par Ach. Richard dans beaucoup de Conifères.

Ainsi l'écorce serait uniquement constituée par du tissu cellulaire, des tubes fibreux et des laticifères, seuls vaisseaux observables dans cette partie de la tige. Cependant M. Lindley a signalé
l'existence de vaisseaux spiraux dans l'épaisseur de l'écorce du
Nepenthes distillatoria.

6° L'*endoderme* ou *couche sous-libérienne* est cette couche de
tissu cellulaire qui, composée de cellules irrégulières presque à
l'état naissant, unit et sépare à la fois les parties intérieures de
l'écorce et les parties externes des couches ligneuses ou de l'aubier. C'est elle qui devient plus tard le siége de la formation des
couches nouvelles qui devront accroître les tiges en diamètre ;
c'est pour cette raison qu'on lui a donné le nom de *couche* ou de
zone génératrice. En parlant de l'accroissement en diamètre des
tiges de Dicotylédones, nous nous sommes suffisamment étendu
sur les propriétés et sur la formation de cette couche, nous ne
croyons pas devoir y revenir.

B. Couches ligneuses ou bois. — Tout ce qui est compris
entre l'écorce et le canal médullaire constitue le *bois* ou les *couches ligneuses*, parce qu'en effet les éléments du bois sont dis-

posés en couches circulaires, c'est-à-dire concentriques, emboîtées les unes dans les autres. Sur la coupe transversale d'une tige de Dicotylédone, on peut aisément observer à l'œil nu la disposition de ces couches, surtout si le bois est coloré comme l'est celui du Chêne, du Pommier, du Noyer ou autres. On peut remarquer en même temps que toutes les couches n'ont pas le même degré de coloration et que celles du centre sont le plus souvent d'une couleur plus foncée et toujours d'un tissu plus dense, alors que les plus extérieures sont, au contraire, et plus pâles et d'un tissu plus mou. Les premières ont reçu le nom de *cœur du bois, bois parfait* ou *duramen*, et les secondes celui d'*aubier* ou *bois imparfait.* Indépendamment de ces deux sortes de couches ligneuses, on observe des lignes qui rayonnent du centre à la circonférence et qui, partant de la moelle, vont, en lignes droites, se perdre dans l'enveloppe herbacée de l'écorce : de là le nom de *rayons, insertions* ou *prolongements médullaires.* Enfin, tout à fait au centre de la tige, on trouve une masse de tissu spongieux, diaphane, léger et constitué par des cellules sphériques, dans leur plus grand état de simplicité : c'est la *moelle.* Ayant assez longuement parlé de la moelle et du canal médullaire (p. 189) nous n'y reviendrons pas ici.

1° Le *bois parfait* ou *duramen* est donc situé entre l'aubier et l'étui ou canal médullaire, et formé de couches dont chaque année en ajoute une nouvelle, due à la transformation de la couche intérieure de l'aubier; mais en même temps une nouvelle couche d'aubier se forme plus extérieurement qui vient compléter le nombre des couches d'aubier que chaque espèce comporte. Chacune de ces couches est constituée par des faisceaux fibro-vasculaires séparés les uns des autres par les prolongements médullaires et dans lesquels on ne trouve que deux sortes de tissus, savoir : 1° des tubes fibreux, et 2° des vaisseaux aériens ou fausses trachées. Les premiers, formant la masse de chaque couche, se composent de tubes courts qui ne sont que des cellules allongées en forme de fuseau, d'où le nom de *clostres* que Dutrochet leur a donné. Ces tubes, unis ensemble soit longitudinalement, soit latéralement, forment des faisceaux anastomosés en un réseau, à travers lequel passent les rayons médullaires. Ces cellules allongées ont leurs parois fort épaissies par les couches de sclérogène qui s'y sont successivement déposées soit d'une manière uniforme, sur toutes les parois, et alors elles paraissent sans ponctuation; soit sur des parties déterminées des parois, et dans ce cas, elles offrent des parties transparentes sous forme de ponctuations ou de lignes transversales, ou même quelquefois de lignes hélicoïdées.

Quant aux vaisseaux aériens que l'on trouve dans le bois, ce sont des vaisseaux *ponctués, rayés* ou *annulaires,* mais ces derniers sont plus rares. Solitaires ou associés 2 ou 3 ensemble, ils sont généralement disposés sans ordre dans l'épaisseur de chaque couche; cependant ils se montrent parfois rangés en série circulaire. Leur diamètre est variable, ainsi que le nombre des vaisseaux que l'on trouve dans chaque portion de la couche comprise entre deux rayonnements médullaires. En général, la masse du tissu ligneux l'emporte beaucoup sur celle du tissu vasculaire, mais d'autres fois c'est le contraire que l'on observe (Poirier). Examinés dans le sens de leur longueur, on voit de loin en loin, dans les vaisseaux aérifères, des cloisons obliques qui les séparent en plusieurs compartiments et qui indiquent qu'ils proviennent de grandes cellules dont les parois transversales se sont détruites résorbées. D'abord transparentes, leurs parois perdent peu à peu cette transparence par le dépôt d'une matière qui leur donne de la couleur et de la solidité en même temps qu'ils perdent leur élasticité. Mirbel et Kieser ont constaté ce fait curieux que parfois la cavité des vaisseaux était envahie par un tissu cellulaire qui s'y était développé. C'est lorsque les tubes et les vaisseaux ont acquis la couleur et la dureté que nous venons d'indiquer que les bois ont acquis la qualité parfaite qu'on recherche en eux.

2° L'*Aubier* ou *bois imparfait* est celui qui, placé entre le liber et le bois parfait, n'a encore ni la dureté, ni la ténacité, ni, souvent, la couleur que possède ce dernier, quoiqu'il en offre déjà la structure et la même composition; mais ses tubes et ses vaisseaux, plus écartés, n'ont pas encore acquis tout leur développement, et la sclérogène continue à s'y déposer peu à peu jusqu'à ce qu'ils soient arrivés à l'état qu'ils offrent dans le bois parfait. Dans l'origine, les parois des cellules qui doivent constituer les tubes fibreux ou les vaisseaux sont minces, transparentes, et ne sont formées que de cellulose, contenant dans leur intérieur des liquides dont la nature varie, car c'est par l'évaporation de ces liquides et le dépôt par couches des matières qui y sont contenues que les variétés du ligneux (*lignose, lignone, lignin, ligniréose*) se produisent et donnent aux différents bois les couleurs et les duretés qui les caractérisent, comme on en a des exemples dans le bois noir de l'Ébène, brun verdâtre du Gayac, jaune du bois de Citron et du Buis, rouge de l'Acajou, etc., couleurs qui tranchent d'une manière remarquable sur la couleur blanche de l'Aubier.

Cependant, comme ce sont les progrès de l'âge qui amènent ces modifications, il n'y a souvent que des nuances insensibles entre les couches les plus internes et les couches extérieures, mais le bois sera formé de tissus toujours plus durs, plus secs, plus colorés dans les couches internes que dans les couches extérieures; quelquefois ces différences ne sont pas appréciables, et dans les bois connus sous le nom de *bois blancs* l'aubier est alors facilement confondu avec le bois parfait. d'autant plus facilement que l'on a observé qu'en général la dureté est en raison de la coloration. Ainsi, les bois d'ébène, de fer, etc., qui sont les plus foncés, sont aussi regardés comme les plus compactes et d'une durée plus grande; tandis qu'au contraire les bois blancs sont plus légers et d'une plus facile destruction.

En résumé, on distingue dans une coupe transversale d'une tige de dicotylédonée ligneuse, en procédant du centre à la circonférence : 1° une masse de tissu cellulaire, c'est la *moelle,* entourée par un premier cercle de faisceaux fibro-vasculaires parmi lesquels se trouvent des trachées déroulables, seul endroit de la tige où l'on en ait observé; 2° des couches concentriques d'une couleur généralement plus foncée, constituant le *bois parfait;* 3° des couches concentriques plus pâles formant l'*aubier* ou *bois imparfait.* Ces couches de bois et d'aubier emboîtées les unes dans les autres constituent le *système ligneux* de la tige et sont formées de tubes fibreux et de vaisseaux aériens, sans trace de trachées déroulables; on y remarque des lignes rayonnantes provenant d'un tissu cellulaire comprimé qui établit une communication entre la moelle et l'enveloppe herbacée; ce sont les *rayons médullaires;* 4° une couche de cellules naissantes composant l'*endoderme* ou *couche génératrice* : ici pas de vaisseaux ni tubes, et ce n'est que plus tard qu'il s'en formera dans la masse; c'est le tissu qui sépare nettement le système ligneux du *système cortical*. Celui-ci est formé, 5° des *couches du liber*, composées de longs tubes fibreux disposés en faisceaux parmi lesquels se trouvent souvent des vaisseaux laticifères ; 6° de l'*enveloppe herbacée*, uniquement formée par du tissu cellulaire contenant de la chlorophylle ; 7° du *mésoderme*, zone cellulaire placée entre l'enveloppe herbacée et la zone subéreuse, et constituée par des cellules inégales, un peu allongées, à parois épaisses et sans chlorophylle ; 8° de la *couche subéreuse*, formée de séries planes de cellules d'une teinte jaunâtre plus ou moins brune, sans granulations et intimement liées entre elles ; 9° de l'*épiderme*, membrane transparente incolore, résistante, composée de la *cuticule* ou membrane externe, mince, sans organisation apparente, et de l'*épiderme proprement dit* ou membrane formée par 1, 2, 3 ou 4 couches de cellules superposées, déprimées, fortement unies entre elles et sans granulations vertes. Enfin, sur l'épiderme on observe de très-petites ouvertures ou *stomates* et des organes particuliers qui ont été nommés *lenticelles*.

2° *Accroissement des tiges de Monocotylédones.*

Bien que les tiges des Monocotylédones n'acquièrent généralement pas le diamètre des tiges de Dicotylédones, cependant l'accroissement en diamètre de ces tiges a lieu d'une manière très-évidente. Pour s'en convaincre, il suffit de constater que la tigelle d'un embryon de Palmier, par exemple, ne saurait avoir le diamètre du même Palmier adulte. Suivons donc le développement d'une graine de l'un de ces végétaux. Par la germination, on voit se produire sur le côté de la graine un corps dans lequel on reconnaît bientôt les deux évolutions propres à la végétation ; savoir : une *ascendante*, formée par la tigelle et la gemmule, et l'autre *descendante*, accusant l'origine de la radicule. Ces 3 parties sont d'abord contenues dans le corps cotylédonaire, qui affecte la forme d'une gaîne présentant, sur le côté et à sa base, une petite fente par laquelle devront sortir la gemmule et la radicule. La gemmule est elle-même constituée par quelques petites feuilles emboîtées les unes dans les autres et réduites à l'état d'écailles, et à son extrémité opposée, c'est-à-dire à sa base, on voit naître un mamelon conique qui s'enfonce en terre et qui n'est que la radicule naissante. Entre cette radicule et la gemmule se trouve un organe peu distinct, très-court, qui n'est autre que la tigelle. Or, cette tigelle, dans la graine, est uniquement composée de cellules occupant en diamètre une très-petite étendue. Cependant peu à peu ces cellules se multiplient, des faisceaux fibro-vasculaires, très-déliés d'abord, prennent naissance, qui grossissent peu à peu et augmentent ainsi le diamètre de la tigelle. Mais ces faisceaux paraissent se diriger vers la base des petites feuilles sans être aussitôt directement en contact avec elle, et ce n'est qu'un peu plus tard qu'on les voit se rendre véritablement dans les feuilles; d'où il suit qu'à mesure que le nombre des feuilles augmente, à mesure aussi on voit ces faiseeaux augmenter. Néanmoins, comme chacune des feuilles du Palmier représente le sommet d'un mérithalle, puisque les feuilles sont *phytogéniquement alternes,* ainsi que nous le démontrons autre part, et que chaque mérithalle est extrèmement court, il en résulte que les feuilles d'une saison sont portées sur une tige très-contractée comme elles le sont sur le plateau d'une bulbe. Voilà pourquoi la tige de la plupart des Palmiers reste peu apparente pendant plusieurs années, et ne se présente que sous la forme d'une sorte de plateau aplati. Nous avons dit que les exastosies, chez les Monocotylédones, étaient généralement peu prononcées, et le faible développement des mérithalles, en manifestant une faible exastosie transversale, est une preuve que cette forme de l'exastosie n'échappe pas à la loi.

Mais si l'accroissement en hauteur est peu apparent, l'accroissement en diamètre, quoique lent, n'en est pas moins évident, car à chaque nouvelle formation de feuilles il y a nécessairement une formation correspondante de faisceaux fibro-vasculaires, et ceux-ci, par leur grossissement et par leur multiplicité, doivent infailliblement tendre à augmenter le diamètre du plateau. Toutefois, il arrive un moment où cette production se poursuit encore sans que la tige continue à se dilater, et c'est lorsque les tissus extérieurs, que quelques botanistes considèrent comme constituant l'écorce de ces végétaux, sont assez desséchés ou solidifiés pour ne plus présenter l'élasticité indispensable à l'accroissement en diamètre. Aussi arrive-t-il que lorsque ce maximum d'élasticité est atteint, la tige continue à croître en hauteur, tout en conservant désormais le diamètre qu'elle ne peut plus dépasser, et, plutôt que de s'accroître en diamètre par ses formations descendantes, celles-ci s'échappent à travers les ouvertures offertes par l'écorce, constituant ainsi des racines adventives très-remarquables dans le Vaquois odorant (*Pandanus odoratissimus*). C'est ce qui avait fait penser à quelques botanistes que les végétaux monocotylédonés n'avaient point d'accroissement en diamètre.

Au point de vue phytogénique, le cotylédon enveloppant est constitué par tous les phytogènes périphériques du premier protophytogène de l'embryon, et entre le cotylédon et la radicule se trouve le premier mérithalle, très-court, produit par les phytogènes inférieurs du premier protophytogène, qui restent pour ainsi dire sans développement. Au centre des phytogènes périphériques destinés à former le cotylédon, il se trouve un phytogène central qui passe à l'état de protophytogène et dont les phytogènes périphériques formeront une première feuille enveloppant un deuxième phytogène central, pendant que les phytogènes inférieurs, qui se développeront peu, s'ajouteront aux phytogènes inférieurs du premier protophytogène pour augmenter très-peu en hauteur la petite tige. Le phytogène central de ce deuxième protophytogène se composera de la même façon pour former une autre feuille et un autre mérithalle, très-court, concourant, la première à l'accroissement en diamètre, et le second à l'accroissement en hauteur; et comme chaque système de phytogènes périphériques devant former la feuille renferme un phytogène central, on voit aisément qu'il doit y avoir autant de mérithalles qu'il y a de feuilles, puisque tous les phytogènes périphériques de chaque protophytogène sont employés à constituer la feuille, et que chaque protophytogène comporte 3 phytogènes inférieurs utilisés à l'exhaussement de la tige par un mérithalle très-peu développé. D'où il suit qu'en connaissant le nombre de feuilles qui s'est formé dans un Palmier, on peut déduire le nombre des mérithalles qui ont formé sa hauteur.

Dans les Monocotylédones, les phytogènes inférieurs, au lieu de former des faisceaux fibro-vasculaires, comme dans les Dicotylédones, semblent se borner souvent à une faible multiplication de cellules, surtout dans le sens de la hauteur; mais quelquefois cette multiplication de cellules paraît être véritablement extraordinaire, ainsi qu'on le voit dans la formation du long mérithalle constituant en grande partie la tige du *Cyperus papyrus*, qui peut atteindre de 3 à 4 mètres de hauteur. Il est très-possible que ce soit à ce défaut de développement des phytogènes inférieurs que l'on doive l'absence du canal médullaire particulier et peut-être des couches concentriques qui sont si caractéristiques des tiges de Dicotylédones. Cependant il se pourrait aussi que cette absence de canal médullaire et de couches concentriques fût due à une autre cause ayant sa source dans les exastosies, moins prononcées chez les Monocotylédones que chez les Dicotylédones (1). On pourrait dire en effet, avec Ad. de Jussieu, que le faisceau fibro-vasculaire de Dicotylédone, à une certaine époque, après une année ordinairement, se dissocie en deux portions, l'une restant au système ligneux, l'autre allant au système cortical; et qu'entre elles s'organise un faisceau nouveau, destiné à subir lui-même, un an plus tard, la même décomposition. Au contraire, les éléments du faisceau de Monocotylédone ne se dissocient à aucune époque; et si les intérieurs peuvent être comparés au bois, les extérieurs au liber, ce serait un liber dispersé dans toute l'épaisseur de la tige avec les faisceaux ligneux, auxquels il resterait indéfiniment annexé (2). Mais l'étude que nous avons faite des faisceaux appartenant spécialement aux feuilles ou phytogènes périphériques et ceux appartenant particulièrement aux mérithalles ou aux phytogènes inférieurs semblent prouver que chez les Dicotylédones le canal médullaire est formé essentiellement par les faisceaux mérithalliens, auxquels viennent s'ajouter par fois les faisceaux foliaires (3), tandis que rien de pareil ne se montre dans les Monocotylédones.

On voit ainsi que la structure des tiges de cet embranchement doit être bien différentes de celles des Dicotylédones. Examinons maintenant cette structure avec plus de détails.

Nous avons vu que l'embryon monocotylédoné, comme celui d'un végétal dicotylédoné, était, en général, jusqu'à la germination, entièrement composé de tissu cellulaire, dont une couche extérieure, d'une forme un peu différente, constitue l'épiderme.

---

(1) *Essai de Phytomorphie*, t. I, p. 198.
(2) *Cours élém. de botan.*, p. 69.
(3) Chap. VI, sect. I, art. II, *Org. axiles*, et pl. II, *fig.* 12.

Ce n'est qu'à ce moment que l'on voit s'y former des fibres et des vaisseaux qui se groupent en faisceaux, d'abord disposés en cercle, tellement qu'il serait alors difficile de distinguer nettement une petite tige de Monocotylédone de celle d'un jeune végétal dicotylédoné. Cependant, peu à peu ces faisceaux se multiplient dans l'intérieur de la tige, et au lieu de continuer à se ranger en cercle, comme dans les Dicotylédones, ces faisceaux se dispersent sans ordre apparent au milieu du tissu cellulaire, mais le plus grand nombre se dirigeant plutôt en dehors. Il résulte de ce défaut d'ordre que le tissu cellulaire interposé entre les faisceaux ne se présente plus sous forme de lignes droites dirigées du centre à la circonférence, comme le fait celui des Dicotylédones dans les rayons médullaires.

Le centre de la tige de Monocotylédones est donc resté presque entièrement cellulaire et représente jusqu'à un certain point la moelle des Dicotylédones, mais cette sorte de moelle, mal circonscrite, n'est pas enfermée dans un étui médullaire caractérisé par la présence des trachées, et forme ainsi une grande partie de la masse ; celle du centre de quelques Monocotylédones est complétement privée de faisceaux fibro-vasculaires (Graminées), et dans ce cas, comme elle ne se prête pas au développement rapide des autres parties de la tige dont elle remplissait le centre, à l'origine, cette moelle se détruit ou ne se forme plus, et la tige devient fistuleuse, conservant sur ses parois internes les vestiges de cette moelle (*Arundo*). D'ailleurs, un phénomène analogue se produit dans les Dicotylédones à moelle volumineuse et à très-rapide développement (Ombellifères).

Anatomiquement, un faisceau fibro-vasculaire, en l'examinant dans sa position naturelle et en marchant du centre à la circonférence, se montre composé : 1° de *trachées*, puis de *vaisseaux* plus gros *rayés* ou *ponctués*, le tout accompagné et entouré de *cellules ponctuées* prenant quelquefois la forme des fibres ; 2° de *vaisseaux laticifères* et de fibres à parois simples, *très-minces*, assemblées en un groupe enveloppé extérieurement par un croissant d'autres fibres à parois épaisses et analogues à celles du liber. On pourrait donc, jusqu'à un certain point, assimiler la première partie du faisceau fibro-vasculaire des Monocotylédones au bois, tandis que la seconde partie le serait à l'écorce, et cette analogie

est assez grande, en effet, pour qu'il soit assez difficile de distinguer, la première année, les tiges herbacées des Monocotylédones de celles de beaucoup de Dicotylédones ; mais, ainsi que
nous l'avons vu, cette ressemblance s'arrête là et disparaît au moment où les couches concentriques commencent à être évidentes
dans les Dicotylédones.

Pour terminer ce qui a rapport à l'accroissement et à la formation des faisceaux fibro-vasculaires des tiges de Monocotylédones, il ne nous reste plus qu'à rappeler succinctement les
belles observations que M. Mohl a faites sur la disposition des
fibres du Palmier et sur la théorie par laquelle on peut expliquer, dans le stipe, une densité plus grande à l'extérieur qu'à
l'intérieur.

Si l'on coupe transversalement une tige de Palmier, on reconnaît que l'extérieur offre un épiderme épais, et que l'intérieur est
constitué par une masse de tissu cellulaire dans lequel se trouve
une multitude de faisceaux fibro-vasculaires qui vont en diminuant de la circonférence au centre. Si au lieu d'une coupe transversale on en fait une longitudinale, on aperçoit la même composition, mais les faisceaux sont entrecroisés d'une façon particulière. Longtemps on a cru, avec Desfontaines, que ces faisceaux
se formaient de telle sorte, que ceux qui correspondent aux
feuilles les plus intérieures étaient aussi les plus intérieures, et
qu'en se formant ainsi elles descendaient parallèlement à l'axe et
en ligne droite. Dans cette hypothèse, les faisceaux les plus anciens se trouvaient repoussés, et de là venait la plus grande densité de la tige à l'extérieur ; dès lors on donna aux végétaux qui
offraient ce mode d'accroissement le nom d'*endogènes*, par opposition à celui d'*exogènes* donné aux Dicotylédones dont le bois
augmente par des faisceaux qui sont d'autant plus externes qu'ils
sont plus nouvellement formés. Cependant, depuis longtemps,
Moldenhaver avait observé que dans le Dattier les faisceaux les
plus intérieurs du stipe correspondaient aux feuilles les plus anciennes, tandis que les plus extérieures appartenaient aux feuilles
plus nouvellement formées.

En effet, si, comme l'a fait M. Mohl, on suit avec soin les faisceaux dans tout leur trajet, en les prenant du côté des feuilles,
on voit que d'abord elles se dirigent obliquement vers le centre

de la tige ; puis marchant en sens contraire, elles se dirigent peu
à peu et insensiblement du côté de la circonférence pour se perdre dans la partie la plus extérieure ; de sorte que chaque fibre a
décrit un arc allongé dont la convexité, très-prononcée supérieurement, donne une branche se rendant brusquement dans la
feuille ; tandis que l'autre branche se dirige lentement vers l'é-
corce. Or, dans cette marche, chaque faisceau a dû successivement croiser tous les faisceaux situés au-dessous de lui et formés
avant lui, et conséquemment arriver à se placer plus extérieurement par rapport à eux, si bien que, en fin de compte, le faisceau
qui correspond à la feuille la plus intérieure ou la plus nouvelle
est justement celui qui se trouve être le plus extérieur.

D'après M. Mohl, les faisceaux suivraient toujours le même
côté de la tige que la feuille à laquelle ils aboutissent. Telle n'est
pas l'opinion de De Mirbel, qui a vu, au contraire, dans le Dattier
et plusieurs autres Monocotylédones, les faisceaux passer du
côté de la tige opposé à celui des feuilles auxquelles ils appartiennent.

Pendant longtemps on a décrit la tige des Monocotylédones
comme privée d'une véritable *écorce;* mais pour Ach. Richard, ces
végétaux en possèdent réellement une, quoique très-différente
de celle que l'on observe dans les Dicotylédones. En effet, dit-il,
quelles sont les parties constituantes de l'écorce ? Un épiderme,
du tissu utriculaire et des faisceaux de vaisseaux courts, amincis
en pointe ou coupés obliquement à leurs deux extrémités, à parois très-épaisses et composées de plusieurs couches superposées
et intimement unies. Or, nous trouvons les mêmes éléments dans
plusieurs tiges de Monocotylédones, particulièrement dans celles
qui sont herbacées. Par exemple, dans le *Smilax mauritanica*
on trouve à la partie externe de la tige : 1° l'épiderme ; 2° une
couche assez épaisse de tissu cellulaire à granulations vertes ; 3° et
des faisceaux inégaux de tubes fibreux, fusiformes, à parois très-
épaisses, incolores, placés dans la partie interne du tissu cellulaire
à granulations vertes, rapprochés mais non contigus et disposés
en une zone circulaire. Le tissu à granulations vertes forme évidemment l'enveloppe herbacée, et les faisceaux de tubes fibreux
un véritable liber.

Au-dessous de l'épiderme du Lis est une couche herbacée

verte, très-épaisse, puis vient une couche circulaire, continue, assez épaisse, de tubes fibreux constituant un liber, organisation qui se retrouve dans l'*Anthericum annuum*, dans l'*Iris ochroleuca* et dans le *Ruscus racemosus*.

En comparant l'écorce de certaines Dicotylédones herbacées avec celle d'autres végétaux monocotylédonés, on trouve dans les deux ordres de végétaux les modifications que nous venons de signaler, savoir : 1° des filets corticaux distincts placés à la partie interne de l'enveloppe herbacée (*Verbena stricta*, Dicotylédone, et *Smilax mauritanica*, Monocotylédone) ; 2° un liber sous la forme d'une couche continue (*Dianthus barbatus*, Dicotylédone, et *Lilium candidum*, Monocotylédone) ; 3° des filets corticaux placés immédiatement sous l'épiderme et entourés par l'enveloppe herbacée *Apium graveolens*, Dicotylédone, et *Scirpus holoschœnus*, Monocotylédone).

Les Monocotylédones ligneuses présentent également une écorce. Ainsi, dans la coupe transversale d'une tige de *Dracœna marginata*, on trouve extérieurement une zone corticale très-distincte du corps central et uniquement formée de tissu cellulaire ; celui qui est placé immédiatement sous l'épiderme est d'une teinte brune, un peu desséché et déformé ; puis vient une couche plus épaisse d'un tissu cellulaire régulier, contenant beaucoup de granulations vertes et de raphides. Évidemment, cette couche utriculaire est une véritable écorce, mais réduite à l'épiderme et à l'enveloppe herbacée, car les faisceaux corticaux manquent, comme du reste cela arrive à quelques végétaux dicotylédonés.

Dans l'*Astrocarpus vulgare* de la famille des Palmiers, on voit sous l'épiderme une couche de cellules dans laquelle sont épars des faisceaux de tubes fibreux, en un mot, une écorce composée des mêmes parties que celles qui constituent l'écorce des végétaux dicotylédonés. La plus grande différence que l'on puisse observer consiste en ce que, dans les Dicotylédones, l'écorce se sépare du corps ligneux avec la plus grande facilité, tandis que dans les Monocotylédones ces deux parties sont intimement confondues sans que, généralement, aucune ligne de démarcation les sépare. Cependant, cette distinction est facile à faire sur la tige du *Dracœna marginata*, et le mode de développement du corps ligneux explique parfaitement cette séparation entre lui et l'écorce des Dicotylédones ligneuses (1).

Un grand nombre de phytotomistes ont accepté la manière de voir de Richard. Ainsi, Schacht, dans son ouvrage sur l'*Anatomie et la Physiologie végétales*, sur la coupe transversale d'une tige de *Dracæna* (*fig.* 105), distingue, en allant de la circonférence au centre : 1° une couche subéreuse ; 2° un parenchyme cortical ; 3° une couche de cambium ; 4° des faisceaux fibreux, et regarde comme écorce tout ce qui se trouve en dehors de la couche de cambium.

Ce qui semble confirmer davantage encore l'existence de cette écorce, c'est que la composition d'un même faisceau n'est pas identique dans toute son étendue. A la partie supérieure, les éléments qui dominent sont ceux que l'on peut comparer au bois, tandis qu'à la partie inférieure ce sont plutôt les éléments qui se rapprochent plus de ceux de l'écorce. En effet, supérieurement, le faisceau, vers la partie la plus arquée, offre, de dedans en dehors : plusieurs trachées, puis des vaisseaux plus gros, ponctués ou rayés entourés de leurs cellules ; et plus en dehors, en nombre variable, les vaisseaux propres et les fibres épaisses analogues à celles du liber. Celles-ci se multiplient de plus en plus et augmentent même l'épaisseur du faisceau à mesure qu'en descendant il se dirige plus vers l'extérieur, si bien qu'un peu plus bas, on les trouve en grand nombre, accompagnées encore intérieurement par un petit amas de cellules ligneuses entourant un ou deux gros vaisseaux que, plus bas, on ne retrouve plus. Enfin, la partie inférieure du faisceau, celle qui longe l'écorce, est devenue complétement fibreuse, ordinairement très-grêles, et souvent même elle se partage en plusieurs filets partiels qui, en s'anastomosant avec ceux des faisceaux voisins, rendent le tissu confus et l'étude de cette structure très-difficile.

En résumé, le stipe des Monocotylédones se distingue du tronc des Dicotylédones : 1° en ce qu'il ne présente pas de couches ligneuses, concentriques, traversées par des rayons médullaires ; 2° en ce que son écorce a également une structure différente,

____

(1) Ach. Richard, *Nouv. élém. de botan.*, 6e édition, p. 119.

puisqu'elle ne contient pas de feuillets du liber ; 3° en ce que la moelle n'est pas enfermée dans un étui médullaire cylindrique, n'occupant que le centre de la tige. Les anciens botanistes avaient reconnu cette structure des tiges dans la plupart des Palmiers, mais c'est à Desfontaines que revient l'honneur d'en avoir découvert la généralité dans toutes les plantes Monocotylédones et d'exprimer en une loi la différence qui existe sous ce rapport entre les Monocotylédones et les Dicotylédones. Les végétaux, dit-il, se partagent en deux grandes classes : 1° *Ceux qui n'ont pas de couches concentriques distinctes ; dont la solidité décroît de la circonférence vers le centre ; où la moelle est interposée entre les faisceaux fibreux sans prolongements médullaires en rayons divergents : les Monocotylédones ; 2° ceux qui ont des couches concentriques distinctes ; dont la solidité décroît du centre vers la circonférence ; où la moelle est renfermée dans un canal longitudinal avec des prolongements médullaires en rayons divergents : les Dicotylédones.* Il y a donc une transition brusque entre les Monocotylédones et les Dicotylédones, ce qui semble indiquer deux plans très-distincts employés par la nature dans la création de ces deux embranchements végétaux.

3° *Accroissement des tiges d'Acotylédones.*

Bien que les Acotylédones soient, sans contredit, les végétaux dont l'organisation se montre la plus simple, et, sous ce rapport, sont dans la classification bien inférieures aux Monocotylédones, cependant, à quelques points de vue, ils se montrent parfois intermédiaires aux Monocotylédones et aux Dicotylédones. Le mode d'accroissement des tiges de cette grande division va nous en fournir la preuve.

La *spore* ou graine d'un individu acotylédoné, n'est autre qu'un embryon dans son premier état de développement ; c'est-à-dire qu'il ne présente aucunes parties distinctes destinées à produire soit une racine, soit une tigelle, soit des feuilles. Il ne consiste, en effet, qu'en un simple utricule rempli par une matière granuleuse.

Placé dans des conditions favorables à son évolution, la partie du spore qui se trouve en contact avec la terre ou tout autre corps suffisamment humide se prolonge en un tube qui remplit les fonctions d'une racine, tandis que l'autre extrémité donne lieu à la production de cellules nouvelles qui se juxtaposent à la cellule sporique et finissent par former une expansion membraneuse ou lame qui n'est autre qu'une petite feuille ou *fronde*. Dans un grand nombre de ces plantes, la végétation s'arrête à ce développement, il n'y a production d'aucune tige et, comme on le voit, la plante est essentiellement *cellulaire*.

Dans quelques autres, particulièrement celles qui vivent au milieu de l'eau, comme les *Chara*, en même temps que les formations descendantes (racines) pénètrent dans la vase, on voit s'élever, en sens contraire, un cylindre formé par une suite de tubes ou cellules allongées, accolées bout à bout et qui n'est autre qu'une tige, la plus simple dans sa composition.

Chez les Mousses et les Hépatiques on commence à rencontrer une tige d'une structure un peu plus compliquée, car elle est composée d'une réunion de cellules dont les plus extérieures conservent la forme arrondie ou poléydrique, mais enveloppant un axe formé par des cellules de formes différentes, allongées et même constituant de véritables fibres. Cependant, ces végétaux sont encore essentiellement cellulaires, car on n'y rencontre encore aucune trace de vaisseaux.

C'est dans les Lycopodes et les Marsiléacées que l'on commence à apercevoir, sous une enveloppe cellulaire, un axe fibro-vasculaire, constitué par un seul faisceau ou par plusieurs faisceaux liés ensemble par un tissu cellulaire très-délicat. Ces faisceaux, ordinairement aplatis et formant des sortes de rubans courbés ou pliés dans le sens longitudinal, se montrent, au microscope, formés par des vaisseaux *annulaires*, ou le plus souvent par des vaisseaux *scalariformes*.

Les *Equisetum*, qui ont été étudiés avec beaucoup de soin par M. Duval-Jouve, ont montré dans leur tige une structure particulière que nous devons faire connaître.

L'épiderme des rhizomes est invariablement composé d'une seule couche de cellules allongées, présentant en général, dans chaque groupe, des caractères essentiels communs et sur chaque espèce, des différences de détail très-constantes. Elles offrent des dilatations filiformes, tapissant leurs parois extérieures d'un fin *tomentum.* Dans l'épiderme des tiges, la cuticule est remplacée par un encroûtement siliceux pénétrant les stomates et l'intérieur de la tige par suite de déchirures ou lésions, et comme il présente le plus souvent, intérieurement, l'empreinte des cellules qu'il recouvre, l'auteur pense que l'acide silicique, qui constitue presque exclusivement cet encroûtement, d'abord dissous dans l'eau, se dépose à la surface en se moulant sur elle, par suite de l'évaporation.

Quant on vient à rompre la tige, on peut remarquer qu'elle se compose de deux cylindres plus ou moins adhérents selon l'espèce et la saison : l'un *cortical,* dépourvu de faisceaux fibro-vasculaires et formé seulement de tissu fibreux ou vasculaire incolore, creusé ordinairement de quatre lacunes longitudinales *(lacunes corticales),* répondant exactement aux sillons extérieurs; l'autre, *interne,* composé de tissu cellulaire incolore et de faisceaux fibro-vasculaires, présentant constamment des *lacunes essentielles* qui alternent avec les précédentes, et, dans son centre, une grande cavité qui parcourt toute la longueur de l'entre-nœud. Sous l'épiderme, le long de chaque côté, au niveau des côtes et quelquefois sous les sillons, on voit s'étendre un faisceau de fibres très-longues et très-résistantes *(fibres corticales),* à côté ou autour desquelles se trouvent des groupes de cellules à chlorophylle, dont la forme et l'arrangement sont constants pour chaque espèce; mais qui manquent sur les tiges spicifères non conformes.

Les faisceaux fibro-vasculaires sont formés par des vaisseaux annelés ou spiraux et disposés circulairement et régulièrement autour de la grande cavité centrale; mais ce qu'il y a de plus remarquable, c'est que, selon M. Duval-Jouve, les vaisseaux internes de chacun de ces faisceaux se détruisent, sont résorbés et produisent ainsi les lacunes régulières et constantes du cylindre interne (1). M. Chatin et quelques autres anatomistes avaient déjà eu l'occasion de signaler cette existence temporaire de vaisseaux qui se détruisent, mais seulement dans des plantes aquatiques dont les parties adultes en étaient complétement dépourvues.

(1) *Hist. nat.* des *Equisetum* de France.

Les Fougères nous présentent des tiges qui offrent un degré de complication plus élevé. Si, en effet, on commence l'étude de ces tiges par les fougères herbacées, on observe déjà une disposition différente dans les parties de la tige. Ainsi, lorsque l'on coupe transversalement la tige ou rhizome du *Struthiopteris germanica*, on trouve qu'elle est composée d'un tissu cellulaire assez régulier, renfermant des grains de fécule ; ce tissu présente des méats intercellulaires très-prononcés et forme en quelque sorte toute la masse de la tige. Toutefois, on y observe six faisceaux fibro-vasculaires, d'une forme arrondie, ovale ou elliptique et rangées à peu près circulairement comme le sont les six faisceaux mérithalliens ou foliaires des tiges très-jeunes de Dicotylédones, pl. II, *fig.* 12, E, F, G, I, ff ou ff m. L'examen microscopique de ces faisceaux les montre composés extérieurement d'une zone assez épaisse et inégale, de cellules allongées et intérieurement d'un très-grand nombre de vaisseaux aériens, scalariformes ou ponctués, pressés les uns contre les autres et auxquels sont mélangées quelques cellules allongées. On remarque une organisation semblable dans les *Polypodium vulgare, aureum,* etc., si ce n'est que le nombre des faisceaux y est plus considérable (Ach. Richard).

En poursuivant leur trajet à travers le tissu cellulaire de la tige, on voit ces vaisseaux communiquer les uns avec les autres par des rameaux qui s'anastomosent réciproquement, d'où résultent des mailles allongées représentant une sorte de treillage à claire-voie et à mailles irrégulières disposées suivant une zone complète et circulaire. Des branches des faisceaux principaux s'en détachent brusquement et presque à angle droit pour pénétrer dans le pétiole de la fronde, tandis que le corps principal des vaisseaux continue sa route pour fournir, plus haut, de nouvelles branches qui se rendent dans les feuilles supérieures.

Cependant, sur la coupe transversale du *Pteris aquilina*, on reconnaît que les faisceaux n'ont plus la disposition régulière et circulaire que nous venons de constater. Épars et sans ordre dans la masse cellulaire de la tige, leur nombre, leur volume et leur figure sont très-variables ; ils sont tantôt arrondis et tantôt ovales et plus ou moins allongés et contournés. Ces faisceaux ont la même organisation que les faisceaux précédents, mais on y rencontre une autre forme de l'élément anatomique. Celui-ci affecte la forme de tubes fibreux, terminés en pointe à ses extrémités, à parois épaisses, colorées en brun, et formant tantôt des faisceaux inégaux et isolés, tantôt des espèces de lames perpendiculaires; d'autres fois, ils prennent la forme d'une étoile à trois branches, au centre de la tige, ou bien encore celle d'un T; souvent enfin, ils sont contournés en fer à cheval, et ces diverses formes se rencontrent sur une même tige. Ce sont ces faisceaux disposés en lames diversement contournées et colorées en brun qui présentent ces figures irrégulières et si bizarres que l'on observe sur une coupe transversale de la tige d'un grand nombre de Fougères. On trouve aussi de semblables tubes fibreux fasciculés et placés, extérieurement, à côté des faisceaux vasculaires, dont ils sont parfaitement distincts. D'où il suit qu'il y a ici deux sortes de faisceaux ligneux, savoir : ceux qui ne sont formés que par des tubes fibreux et colorés en brun, et ceux qui contiennent des vaisseaux aériens.

Selon M. Mohl, la tige de l'*Hymenophillum giganteum* présente une organisation très-remarquable. Tous les vaisseaux aériens forment au centre de la tige un seul faisceau, entremêlé et entouré de laticifères, nouvelle forme de vaisseaux que l'on voit apparaître pour la première fois. Ce faisceau vasculaire est enveloppé par une zone circulaire et épaisse le tissu ligneux très-coloré, laquelle est elle-même entourée par une couche de tissu cellulaire simple. La tige des *Trichomanes,* selon Ach. Richard, offre une structure analogue.

Dans nos climats tempérés, les Fougères ne se montrent guère qu'à l'état herbacé, et si leurs tiges sont vivaces, c'est qu'elles rampent et se cachent sous la terre. Mais sous les tropiques et dans les climats chauds qui les avoisinent on trouve des Fougères qui deviennent de très-grands arbres, atteignant à une hauteur de 15 à 20 mètres. Extérieurement, elles ont le port de certains Palmiers : leur tronc est élancé, simple, d'un diamètre sensiblement égal à la base et au sommet, et, comme les grandes Monocotylédones, couronné par une touffe de grandes feuilles dont elles sont dépourvues sur tout le reste du tronc. Quelquefois cependant, leur base semble prendre un accroissement en diamètre, conique, mais cet accroissement n'est qu'apparent et résulte d'un amas de racines adventives qui en recouvre la surface (*Alsophila perrotetiana*).

La coupe transversale de la tige de ces Fougères présente de très-gros faisceaux ligneux disposés en cercle vers la partie extérieure de la tige. Ces faisceaux sont tantôt séparés les uns des autres par du tissu cellulaire, tantôt réunis ensemble par leurs bords de manière à former un anneau continu, offrant des courbes diverses de forme bizarre et qui ne manquent pas d'élégance. Ils circonscrivent un grand cylindre central cellulaire qui par sa nature et sa position représente assez bien la moelle. En dehors de l'anneau se trouve une autre zone de tissu cellulaire que recouvre l'épiderme dans le jeune âge du végétal et, plus tard, une enveloppe dure et coriace que forment les bases persistantes des feuilles.

Les faisceaux se reconnaissent aisément à leur dureté et surtout à leur couleur généralement noirâtre due à du tissu ligneux formant dans chaque faisceau une zone qui enveloppe l'amas des vaisseaux aériens, annulaires, rayés et particulièrement scalariformes. Indépendamment de ces vaisseaux et du tissu ligneux noirâtre, M. Schulz dit avoir constaté entre les premiers et les seconds la présence de vaisseaux laticifères et de fibres allongées analogues à celles du liber, mais M. Mohl nie l'existence des vaisseaux propres et du liber. Enfin, quelquefois au centre du tissu cellulaire qui compose la masse médullaire on rencontre d'autres petits faisceaux arrondis, composés comme ceux de l'anneau et disposés sans ordre.

Examinés dans le sens de leur longueur, les grands vaisseaux parcourent la tige longitudinalement, non en ligne droite, mais en décrivant des ondulations desquelles résultent des unions et des séparations entre les faisceaux voisins, formant ainsi des intervalles remplis de tissu cellulaire servant de trait d'union entre celui de la moelle et celui de la périphérie. Par une longue macération qui détruit le tissu cellulaire sans attaquer le tissu fibreux, on voit celui-ci rester sous la forme d'un cylindre creux, constitué par des mailles assez régulières, que l'on peut jusqu'à un certain point comparer au cylindre ligneux de certaines tiges de Dicotylédones, où les faisceaux suivent également une marche onduleuse, ou bien encore à l'étui que forme leur liber. On voit donc que les tiges de Fougères, par leurs faisceaux fibro-vasculaires, réunis en un cercle, unique à la vérité, ont quelques rapports avec celles des végétaux dicotylédonés. Ajoutons que leurs feuilles ou frondes, en faisant abstraction des fructifications qu'elles portent, par leur composition souvent élevée et par leur base non engaînante comme dans les Monocotylédones, se rapprochent des Dicotylédones bien plus que des autres phanérogames.

Longtemps on a cherché dans les faisceaux fibro-vasculaires la présence des trachées déroulables et jamais on n'était parvenu à en découvrir la moindre trace. M. Georges Bergeron, plus heureux, a pu constater leur existence dans les bulbilles du *Diplazium proliferum.* « Ce sont, dit-il, de véritables trachées déroulables qui constituent les premiers vaisseaux des bulbilles : plus tard on ne les y retrouve plus ; elles sont remplacées par des vaisseaux scalariformes, réticulés et ponctués (1). » Il les a retrouvées aussi dans les jeunes feuilles de la même plante et dans les bulbilles des *Cœnopteris fœnicula*, et *thalictroides* et de l'*Asplenium proliferum.*

Or, dans le principe, la tige du jeune végétal acotylédoné, uniquement formée de tissu cellulaire, ne présentait qu'un très-petit diamètre, mais la multiplication des cellules se faisant et la formation des vaisseaux fibro-vasculaires ayant lieu, la jeune tige doit nécessairement s'accroître en diamètre et cela tant que l'élasticité de l'épiderme s'est conservée ; mais dès que cette élasticité a cessé, dès que l'enveloppe formée par les bases persistantes des feuilles s'est durcie et lignifiée, cet accroissement s'arrête et la tige continue à s'élever tout en conservant la même épaisseur. A peine au-dessus du sol, le tronc d'une Fougère arborescente est déjà aussi épais qu'il le sera plus tard après être devenu un arbre de 15 mètres de hauteur. C'est qu'il ne croît que par le sommet, que ses faisceaux s'allongent sans se multiplier, qu'ils restent les mêmes à tout âge et à toutes les hauteurs (Ad. de Jussieu). A la vérité, on trouve quelques Fougères comme l'*Alsophila perrotetiana*, qui semblent pouvoir se ramifier, mais cette sorte de ramification doit être rapportée à un dédoublement du

(1) *Bull. soc. bot. France*, t. VII. p. 338.

bourgeon terminal plutôt qu'au développement d'un bourgeon axillaire, ou bien, comme l'ont observé MM. Viellard et Panchet, par la transformation de la fronde en rameau. Ces bourgeons, toujours placés au sommet du stipe, se sont offerts à ces observateurs jusqu'à cinq sur un même individu et à des états différents (1).

Si l'on a suivi avec soin le mode de développement des Acotylédones, des Monocotylédones et des Dicotylédones, on doit reconnaître que ces trois grands ordres de végétaux, avec des différences bien tranchées, présentent néanmoins, entre eux, sous certains points de vue, des rapports tels qu'il est tout à fait impossible de les ranger suivant une seule série linéaire, comme on avait voulu le faire autrefois. Il serait même assez difficile de les ranger suivant des séries parallèles comme on l'a fait dans la taxonomie zoologique, et nous pensons qu'il serait mieux de les ranger suivant des séries circulaires analogues à celle dont nous avons essayé de donner une idée autre part (2). En effet, admettons que les trois groupes soient représentés par des cercles dont chacun représenterait l'un des 3 grands embranchements végétaux et que ces cercles soient disposés triangulairement, il est aisé de voir qu'il y aurait des points voisins entre chacun de ces cercles, et ce seraient précisément les points par lesquels les végétaux d'un embranchement auraient quelque analogie avec son voisin. Cette manière de voir aurait, ce nous semble, l'avantage non-seulement de montrer leurs points de rapprochement, mais aussi de montrer la place que certains végétaux, par leur structure, doivent occuper; il en est, en effet, quelques-uns qui présentent une sorte de moyen terme entre ces trois grandes divisions, et qui paraissent tenir, jusqu'à un certain point, un peu des Acotylédones, des Monocotylédones et des Dicotylédones, et que, par conséquent, l'on pourrait représenter par un autre petit cercle occupant précisément le centre du triangle formé par les trois grands cercles dont nous avons parlé. Or, il est une famille unique, la famille des Cycadées qui nous semble représenter ce cercle moyen, puisque :

1° Elles ont quelques rapports avec les Fougères, par leurs

(1) *Bull. soc. bot. France*, t. III, p. 161.
(2) *Essai de Phytomorphie*, t. I, p. 199.

feuilles penni-séquées et roulées en crosse comme dans les Fougères et par les feuilles écailleuses de leurs inflorescences mâles portant, comme chez les Fougères, à leur face inférieure, non plus des spores, mais des anthères nombreuses enclavées dans le parenchyme de la feuille ou tout au moins sessiles, ce qui avait conduit Linnée et de Jussieu à les ranger parmi les Fougères et Lamarck à les désigner sous le nom de *Palmiers-Fougères*.

2° Selon Desfontaine, elles se rapprochent des Palmiers par leur port, par leurs fleurs dioïques et par leurs ovaires (*Cycas*), portés sur un *spadice* ou *régime*, lesquels deviennent autant de drupes monospermes analogues aux fruits des Palmiers. « Les *Zamia*, dit ce célèbre botaniste, dont les jeunes feuilles se roulent sur elles-mêmes, et dont les fleurs sont en chatons, ne sauraient être séparés des *Cycas*; leurs nervures sont toutes longitudinales comme celles des Palmiers, et la graine du *Zamia villosa* de Gœrtner a l'embryon placé vers la base d'un périsperme charnu, caractère que l'on retrouve dans les fruits du Cocotier, de l'Œleis, de l'Arec, du *Corypha* et du Lontarus (*Borassus*). Aussi l'auteur précité est-il d'avis qu'on doit les regarder comme un ordre distinct et intermédiaire entre la famille des Fougères et celle des Palmiers.

3° Pour Du Petit-Thouars et Claude Richard, qui ont étudié la structure du fruit et de l'embryon, c'est bien plutôt des Dicotylédones qu'elles se rapprochent. En effet, elles offrent dans la structure de leurs fleurs et de leurs fruits des rapports intimes particulièrement avec les Conifères. Aussi Cl. Richard en a-t-il fait une famille, sous le nom de Cycadées, qu'il place à côté des Conifères. D'ailleurs, l'embryon offre une extrémité cotylédonaire partagée en deux lobes inégaux, plus ou moins intimement unis ensemble, mais toujours distincts à leur base, où ils sont séparés l'un de l'autre par une fente longitudinale qui traverse toute la masse de l'embryon. Enfin, si l'on trouve des couches ligneuses dans les tiges des Cycadées, on y remarque aussi des fibres ligneuses séparées et disséminées au milieu de la moelle. Donc, sous le rapport anatomique, elles tiennent des Monocotylédones et des Dicotylédones. Si les plantes de cette famille tiennent, par quelques caractères particuliers, à chacun des trois embranchements, il est évident qu'il n'y a qu'une manière de les représenter graphiquement, et c'est par conséquent celle que nous avons cherché à faire comprendre.

4° *Accroissement des racines.*

On sait que les racines sont les formations descendantes des végétaux, celles qui, s'enfonçant profondément en terre, servent à fixer le végétal au sol en même temps qu'elles ont pour fonctions d'absorber les sucs aqueux plus ou moins composés, tenant en dissolution des éléments minéraux qui se trouvent dans la terre, et qui constituent une partie des matériaux nutritifs de la plante. Elles sont essentiellement les organes d'absorption des liquides aqueux, comme les feuilles sont les organes d'absorption des gaz contenus dans l'atmosphère.

On voit naître de leur tronc principal ou de leurs ramifications, sous la forme de fibres grêles et déliées, cylindriques, simples ou rameuses, des *fibrilles radiculaires*, que l'on nomme *chevelu* ou *fibres radicales*, et que l'on considère comme les *vraies racines*. C'est que chacune de ces fibrilles radicales se termine par une extrémité ovoïde ou arrondie, constituée uniquement par du tissu cellulaire et formant la *spongiole* de la plupart des botanistes. Longtemps on a considéré cette spongiole comme la seule partie absorbante de la racine ; mais des expériences récentes faites par Ohlert (1) et Link (2) prouvent que l'absorption ne se fait pas uniquement par les spongioles et que toute la surface du chevelu participe à cette fonction, puisque des plantes dont les extrémités radiculaires étaient exposées à l'air ont continué leur parfaite évolution. D'un autre côté, tous les jardiniers savent que les végétaux que l'on replante reprennent très-bien, malgré le soin que l'on prend de rafraîchir leurs racines en coupant leur extrémité. Néanmoins, d'après Schacht, toutes les radicelles sont munies à leur extrémité d'une petite *coiffe* facile à observer, particulièrement dans les racines des *Lemna*. Cette coiffe se compose de couches de cellules dont les extérieures meurent, tandis que les intérieures se reproduisent, ainsi qu'il est facile de l'observer sur

(1) *Linnæa*, 1837, p. 609.
(2) *Ann. sc. nat.*, 3ᵉ série, t. XIV, p. 10.

les racines adventives du *Pandanus odoratissimus,* au moment
où elles apparaissent à la surface du tronc. Dans les Conifères,
cette coiffe est aussi très-développée, et si l'on coupe longitudinalement une racine de Sapin, on la trouve composée de dedans en
dehors : 1° d'une moelle; 2° de l'axe végétatif qui l'entoure;
3° d'une coiffe que sa couleur brune permet de bien distinguer.
Cette coiffe est surtout très-visible, à cause de sa couleur rouge,
sur les jeunes racines aériennes du *Jussiæa diffusa* (Ch. Mar-
tins).

Quelques auteurs regardent ces fibrilles radiculaires comme
les organes appendiculaires des racines, mais cette manière de
voir ne nous paraît pas conforme à la vraie nature de ces fibrilles.
En effet : 1° S'il est vrai qu'un grand nombre de ces fibrilles se
séparent du corps de la racine, cependant un certain nombre de
ces mêmes fibrilles persistent et, continuant à croître, deviennent
à leur tour des ramifications de la racine capables de donner lieu
elles-mêmes à de nouvelles fibrilles radicales. Il y a longtemps
que Turpin a observé ce phénomène (1), et l'on peut aisément
reconnaître sur les racines adventives des boutures de tiges ou de
feuilles, que ces fibrilles se recouvrent d'autres fibrilles qui formeront elles-mêmes une autre génération de fibrilles, et ainsi de
suite. 2° Ces organes ont bien plutôt le mode d'évolution des organes axiles que celui des organes appendiculaires, puisque,
comme dans les axes ou tiges, c'est essentiellement par son extrémité libre que se fait la croissance longitudinale, tandis que dans
les organes foliacés, ce serait plutôt le contraire. 3° Enfin dans
nos idées phytogéniques, la radicule ou les fibrilles radiculaires
sont le résultat du développement de phytogènes qui ne se composent point en protophytogènes, ou si cette composition se fait,
ce qui est plus probable, il y a un défaut d'exastosie centripète et
circulaire analogue à celui que nous avons dit présider à la formation de certains *axes aphylles* (2) ; d'où il suit que, soit par défaut d'exastosie, soit par défaut de formation de phytogènes périphériques, lesquels sont absolument nécessaires à la formation
des organes appendiculaires, ceux-ci ne doivent pas se séparer de

(1) *Iconog. vég.,* p. 98.
(2) *Essai de Phytomorphie,* t. II, p. 125.

l'axe ou prendre naissance dans les racines ; donc, pour nous, il n'y a rien dans les racines qui soit assimilable aux véritables organes appendiculaires des tiges, si ce n'est que ces derniers sont des axes phytogéniques, mais des axes épipédochorisés avec du tissu cellulaire interposé entre chaque axe (p. 161).

En effet, que la racine soit adventive ou normale, aérienne, aquatique ou souterraine, elle commence toujours par n'être qu'un petit amas ou noyau de cellules, sphérique ou ovoïde (phytogène) dont les *centrales* ne tardent pas à s'allonger et à faire en quelque sorte hernie, pour continuer l'évolution de la fibrille radicale ; mais en même temps que cette élongation se produit, quelques-unes des cellules s'organisent en vaisseaux qui se mêlent ou peut-être s'unissent, dans leur formation ascensionnelle, avec ceux des faisceaux descendant de la tige. Ces fibrilles donnent bientôt lieu à la formation d'autres phytogènes qui, se développant de la même façon, produisent de nouvelles fibrilles, pendant que les premières s'accroissant en diamètre à la manière des tiges, deviennent un corps principal de la racine ; la seconde formation de fibrilles donnent lieu à une troisième formation de phytogènes radiculaires, pendant que les fibrilles précédentes, s'accroissant en diamètre, deviennent des rameaux du corps principal de la racine, et ainsi de suite. Seulement, comme dans toute ramification des tiges, il y en a un grand nombre qui se détruisent et ne sont, par conséquent, que temporaires.

La formation phytogénique des racines ou axes souterrains est aussi facile à comprendre que celles des autres axes aériens. En effet, supposons que la petite masse de tissu cellulaire naissant qui doit former l'embryon, après avoir pris la forme sphérique que nous avons attribuée à notre *phytogène naissant*, s'allonge un peu de manière à prendre une forme ovoïde. Dans ce cas, le phytogène se compose de telle façon que, au lieu de 12 centres vitaux ou phytogènes périphériques en entourant un 13ᵉ (Dicotylédones, p. 97 et 112, *fig.* 11, A), ou, par suite de la formation d'un *supérieur terminal*, de 13 en entourant un 14ᵉ (Monocotylédone, p. 97 et 111, *fig.* 5, C), il se forme un autre phytogène *inférieur terminal* situé sous les trois phytogènes inférieurs. Voici alors quelle sera sa composition examinée horizontalement, dans sa coupe longitudinale, *fig.* 5, D : 1° un phytogène terminal supérieur, t (Monocotylédones); 2° trois phytogènes supérieurs, s, disposés en triangle ; 3° six phytogènes circulaires, c′, entourant un septième central, c; 4° trois phytogènes inférieurs, i, disposés aussi en triangle ; 5° enfin, un phytogène inférieur terminal, r. Tous les phytogènes périphériques c′ s, et t, entreront et vivront en commun dans le seul cotylédon des Monocotylédones, et le phytogène central c, se composant de la même façon, deviendra l'origine d'une première feuille enveloppant un 2ᵉ phytogène central qui subira le même sort pour former une seconde feuille, etc.; tandis que les phytogènes inférieurs, i, formeront le premier mérithalle portant le cotylédon, lequel mérithalle se confondra tout d'abord avec le phytogène terminal inférieur, r, qui doit former la radicule. Or, pour nous, c'est ce phytogène, r, qui est l'origine de tout le *système descendant*, et ce sont tous les autres phytogènes qui sont l'origine du *système ascendant;* par conséquent, c'est sur la ligne horizontale; a b, où se rencontre la base des deux systèmes marchant en sens contraire, que doit se trouver cet être de raison que les botanistes ont désigné sous le nom de *collet.* Si les trois phytogènes, i, qui doivent former le premier mérithalle se développent peu ou pas (Monocotylédones), les cotylédons resteront sous terre et seront *hypogés;* mais s'ils se développent relativement beaucoup, les cotylédons seront élevés au-dessus de la surface de la terre, et, par conséquent, seront *épigés (Phaseolus,* etc.).

Il nous paraît plus rationnel de penser que le phytogène-radicule se compose en un protophytogène, et que le milieu résistant où il se développe est une des causes qui font que les phytogènes périphériques, au lieu de se séparer à l'état d'organes appendiculaires, restent unis à l'axe radical, comme nous avons vu les organes appendiculaires rester unis à l'axe caulinaire dans les *Cereus, Rhipsalis, Hariota,* et les épines des *Gleditschia* dont nous avons parlé (1). Dans ce cas, on comprend aisément que les branches radicellaires soient le résultat du développement des phytogènes interphytogéniques de l'axe de la racine, absolument comme les branches caulinaires sont le résultat du développement des phytogènes interphytogéniques de la tige. Dans celle-ci, ils ap-

____

(1) *Essai de Phytomorphie,* t. II, p. 125.

paraissent ordinairement à l'aisselle d'un organe appendiculaire qui s'est séparé de l'axe; tandis qu'au contraire, dans la racine, ils se produisent directement sur l'axe, comme les bourgeons spinescents sur l'épine, qui représentent certains axes des *Gleditschia*.

Si nous n'avons nullement parlé de ce phytogène inférieur terminal, i, quand il a été question du phytogène, de sa structure et de ses propriétés, c'est que nous n'avions absolument en vue que le phytogène pris à l'état naissant ou dans un état voisin, mais lorsque dans le bourgeon on pouvait facilement constater son existence. Est-ce à dire, pour cela, que ce phytogène terminal inférieur ne se produit pas dans un bourgeon? Telle n'est pas notre opinion, et nous sommes convaincu que dans tout bourgeon ce phytogène radiculaire se produit à ce point que c'est lui qui constitue la partie essentielle de la greffe. Aussi est-il bien important de le conserver au bourgeon que l'on enlève entouré de son écorce et que l'on destine à la greffe en écusson.

Cette composition phytogénique de la radicule et des radicelles naissantes est suffisamment justifiée par l'opinion qu'ont avancée quelques auteurs que dans le cas où l'on vient à retourner une plante ligneuse, c'est-à-dire à enterrer ses axes caulinaires en laissant, au contraire, à l'air, ses axes radicellaires, on voit les bourgeons des premiers se développer en formant des axes radicellaires, tandis que les bourgeons *adventifs* de la racine se développent en donnant lieu à des axes caulinaires. On sait, d'ailleurs, que dans certaines circonstances, les axes radicellaires accidentellement mis à nu ou rapprochés de la surface du sol, au lieu de donner naissance à de nouveaux axes radicellaires, produisent plutôt des axes caulinaires chargés de feuilles (*Pawlonia, Maclura*, etc.). Or, comment ces phénomènes se produiraient-ils si les axes radicaux n'avaient pas la composition phytogénique dont nous venons de parler? Les racines du *Pawlonia* ou des *Maclura*, etc., coupées par fragments plus ou moins longs, peuvent même être employées comme un moyen de multiplication de ces végétaux.

Les vaisseaux qui se forment dans les racines, à l'exception des trachées déroulables, sont complétement analogues à ceux que l'on trouve dans les tiges; les fibres y sont aussi les mêmes et le tissu cellulaire, gorgé de sucs, au lieu de chlorophylle, renferme très-souvent une grande quantité de fécule ou ses modifications, qui servira ultérieurement à la nutrition du végétal. Aussi ce tissu devient-il quelquefois très-volumineux en produisant des renflements soit sur une partie seulement, soit sur le corps principal tout entier de la racine.

DICOTYLÉDONES. — Si l'on compare la structure interne d'une racine et celle d'une tige d'arbre de cette division, on y trouve, dans les unes comme dans les autres, une écorce et un corps ligneux central dans lequel on reconnaît des couches concentriques. Mais l'écorce ne présente pas de faisceaux corticaux et l'épiderme est dépourvue de stomates. Le bois est constitué par des faisceaux fibro-vasculaires, très-grêles, composés de quelques cellules allongées tenant lieu de tissu ligneux et d'un petit nombre de fausses trachées, disposés circulairement et formant des couches concentriques. Ces faisceaux se dirigent en convergeant vers l'extrémité de la fibrille, mais s'arrêtent à un certain point et la fibrille se termine par du tissu cellulaire constituant la spongiole.

La moelle est ordinairement moins grosse et dans les petites racines ou fibrilles il est assez difficile d'en constater la présence : c'est ce qui avait fait regarder comme une règle générale que les racines en étaient dépourvues; mais dans le Noyer, le Marronnier d'Inde, etc., on retrouve la moelle très-développée jusqu'à un point très-avancé dans la racine. Cependant, il en est, comme le *Cicuta virosa,* qui paraissent en être complétement dépourvues. Dans tous les cas, une règle qui parait être beaucoup plus absolue, c'est l'absence totale des trachées déroulables dans la racine.

Leur accroissement en diamètre se fait comme dans les tiges, en formant chaque année une zone de bois et une d'écorce, qui devient indispensable, puisqu'elle est destinée à remplacer la partie extérieure de l'écorce, qui ne persiste jamais longtemps.

MONOCOTYLÉDONES. — La racine des Monocotylédones, au lieu de se montrer rameuse comme chez les Dicotylédones, est le plus souvent composée de fibrilles partielles dont l'ensemble constitue la racine proprement dite, et c'est la raison qui fait que, dans les plantes vivaces, elles ne sont jamais pivotantes; car il est bien constaté que les plus anciennes fibrilles, qui sont les plus intérieures, se détruisent et sont remplacées par des fibrilles de nouvelle formation, lesquelles sont toujours de plus en plus extérieures. Or, il arrive un moment où ces fibrilles continuant à se former toujours plus extérieurement, ne se développent plus sous terre et apparaissent alors sous la forme de racines aériennes que l'on voit partir plus ou moins haut de la tige. Aussi ces racines aériennes, très-rares dans les Dicotylédones, sont-elles au contraire très-fréquentes chez les Monocotylédones. Dans un grand nombre de Palmiers on les voit se produire abondamment à la base du tronc qui en est entièrement recouvert et qui paraît ainsi considérablement augmenté en épaisseur.

Leur structure interne est à peu près celle de la tige. Ainsi, dans les grosses radicelles on trouve des faisceaux fibro-vasculaires plus ou moins nombreux, dispersés dans du tissu cellulaire, rares au centre, plus mulpliés et pressés vers la circonférence, et une enveloppe corticale cellulaire entourant souvent une couche fibreuse. Les plus petites offrent à leur centre des faisceaux qui se concentrent ou se réduisent souvent en un seul constituant l'axe qui est environné d'une zone cellulaire.

Les faisceaux fibro-vasculaires se composent de un ou plusieurs vaisseaux spiraux; les plus intérieurs, qui ont un diamètre plus considérable, sont des fausses trachées; les plus extérieurs, d'un diamètre beaucoup plus petit sont de véritables trachées, et cette particularité a été observée par Ach. Richard, qui l'a constatée dans toutes les fibrilles radicales des Monocotylédones qu'il a étudiées. Selon le même savant, les faisceaux fibro-vasculaires, au lieu d'être épars dans toute l'épaisseur de l'organe, comme dans les tiges, sont réunis en une zone circulaire, fort petite, vers sa partie centrale.

Acotylédones. — La spore des Acotylédones ne contenant qu'un embryon dans un état imparfait, ne laisse voir aucune trace de radicule, même pendant la germination. Des cellules allongées en tubes jouent le rôle de racines et servent à pomper les matériaux qui serviront d'aliment à la jeune plante. Ce n'est que lorsque le végétal est déjà bien développé qu'il émet des racines adventives, qui sont les seules que l'on y observe. Ces racines se produisent le plus souvent aux nœuds, tout autour quand la tige s'élève verticalement, ou seulement du côté de la terre, lorsqu'elle se développe horizontalement. Dans les Fougères arborescentes, il se produit un phénomène analogue à celui qui a lieu dans les Palmiers : les racines adventives deviennent aériennes et s'accumulent à la base des troncs en quantité tellement considérable qu'elles vont jusqu'à doubler et même tripler leur diamètre. Voilà pourquoi ces troncs montrent une forme conique qui s'élève jusqu'au point où le cylindre formé par leur tige se trouve nu et dépourvu de ces racines adventives.

Leur organisation est sensiblement la même que celle des tiges auxquelles ces racines appartiennent, de sorte que lorsque la tige est simplement cellulaire, la racine l'est aussi; et quand la tige montre des vaisseaux associés aux cellules, ces mêmes vaisseaux se rencontrent aussi dans les racines. Dans ce cas, les racines affectent la forme de filets épars, simples ou rameux, dans chacun desquels un faisceau fibro-vasculaire formant l'axe est entouré d'une couche de cellules que recouvre une enveloppe que l'âge rend brunâtre ou noirâtre.

ARTICLE II. — *Organes appendiculaires de l'appareil de la reproduction (sépales, pétales, étamines et carpelles).*

Les organes de l'appareil de la reproduction sont formés comme ceux de la nutrition, de deux sortes d'organes : les axiles et les appendiculaires. Comme les axiles ont un mode de formation tout à fait semblable à ceux de la nutrition, il est inutile que nous y revenions. Il n'en est pas de même des organes appendiculaires, qui présentent, au point de vue phytogénique, des modifications importantes dans la manière dont ils se produisent.

Dans notre *Essai de phytomorphie*, nous nous sommes très-longuement étendu sur la transformation des *phytogènes-scions* en *phytogènes-fleurs*, et réciproquement (1), ce qui conduit évidemment à l'idée que le phytogène-fleur n'est autre qu'un phytogène-scion moins bien nourri, et nous avons fourni de nombreux exemples de phytogènes-fleurs qui, mieux nourris, se sont développés en inflorescence et même en infrondescence; c'est-à-dire en tige pourvue de ses feuilles. Conséquemment l'origine de

____

(1) T. I, p. 429.

la fleur est la même que celle du scion, et toute la différence consiste uniquement en un défaut ou en un excès de nourriture.
Mais comme ces excès et ces défauts sont difficiles à constater, et
que d'ailleurs un excès de nourriture a aussi pour effet de multiplier le nombre des fleurs d'une inflorescence ou des verticilles
des éléments d'une fleur ; afin de n'exprimer qu'un fait non douteux, nous aimons mieux désigner : l'un, sous le nom d'*influence
folifiante*, et l'autre, sous celui d'*influence florifiante*; car du
même point d'une tige on trouve souvent un phytogène qui se
transforme en fleur, tandis qu'un autre phytogène se transforme
en axe ou tige.

La petite masse de tissu cellulaire que nous avons nommée
phytogène sera donc la même dans le principe, mais peu à peu
elle se composera, comme nous l'avons dit, et se transformera en
un protophytogène. Si ce protophytogène est suffisamment nourri,
l'influence foliifiante sera assez prononcée et le protophytogène
donnera une infrondescence ; moins prononcée, ce ne sera plus
qu'une phytonie (1); moins prononcée encore, elle ne fournira
plus qu'une inflorescence ; enfin cette influence disparaîtra quand
le phytogène ne donnera plus lieu qu'à une fleur, et réciproquement : avec un défaut de nourriture nous aurons l'influence florifiante qui, très-marquée dans la flenr, le sera moins dans l'inflorescence, moins encore dans la phytonie et disparaîtra dans
l'infrondescence. Voilà pourquoi, suivant l'intensité de ces influences, il y a des plantes qui, dans certaines circonstances, donnent beaucoup de tiges et de feuilles et peu de fleurs ; tandis que
ces mêmes plantes, dans d'autres conditions, donnent au contraire beaucoup de fleurs et peu de tiges et de feuilles ; toutes
choses égales d'ailleurs, une nourriture abondante donne le premier phénoméne, un défaut de nourriture produit le second ;
voilà encore pourquoi certains phytogènes qui se développent
d'ordinaire en fleurs peuvent au contraire se développer quelquefois en infrondescence, et réciproquement. C'est une vérité
aujourd'hui incontestable.

Mais si la formation de la fleur, ou, en d'autres termes, l'influence florifiante est la conséquence d'un défaut de nourriture,

______

(1) *Essai de Phytomorphie*, t. I, p. 355.

il va sans dire que les mérithalles s'atrophieront, et par conséquent ne présenteront plus au même degré ces phénomènes de
diastasie qui dérangent l'opposition ou le verticillisme originels. Il
suit de là que les organes appendiculaires, tout en se développant,
se trouveront immédiatement superposés, et que ces mêmes organes appendiculaires n'auront plus la même physionomie qu'ont
ceux qui constituent les infrondescences. Moins nourris, ils seront moins développés et donneront lieu, dans cette sorte
d'émaciation physiologique mais normale, à ces phénomènes de
coloration, de verticillisme plus constant, de variations, de formes, etc., qui constituent la fleur; et l'on a vu souvent, en effet,
l'influence florifiante commencer, mais cesser dès qu'une nourriture plus abondante arrivait, et cette influence s'arrêter à la
production des sépales, des pétales et des étamines, ou des sépales
et des pétales, ou bien encore des sépales seulement, tandis que
le phytogène central de ces parties continuait à se développer en
infrondescence. C'est ce phénomène que l'on a désigné en tératologie végétale sous le nom de *prolification*.

SECTION I. — CONSTITUTION PHYTOGÉNIQUE DE LA FLEUR.

D'après ce que nous venons de dire, il est facile de comprendre que soit que le phytogène doive former une infrondescence ou
une fleur, il est pour nous originellement le même avec les conditions différentes que nous venons d'indiquer. Voyons maintenant comment il va se comporter pour constituer une fleur.

Le premier effet du phytogène sera de se composer en un protophytogène. Les exastosies circulaires et centripètes agiront sur lui
absolument comme sur le phytogène-scion, avec cette particularité,
toutefois, que les exastosies circulaires seront répétées 3 fois chez
les Monocotylédones et 5 ou 6 fois dans la plupart des Dicotylédones. Mais alors, dans ces circonstances, chaque sépale et chaque
pétale, étamine ou carpelle, correspondrait à un des phytogènes
circulaires de chacun des protophytogènes successifs qui se seraient formés (1). Dans ce cas, le phénomène peut être envisagé
de 3 façons bien différentes, qu'il n'est pas inutile de développer
ici.

(1) *Essai de Phytomorphie*, t. I, pl. XII, *fig.* 81.

A. Ou bien, en effet, chaque phytogène circulaire peut être l'origine d'un sépale ou d'un pétale ; alors ces phytogènes, en vertu d'une *prédisposition organique* spéciale, se transformeraient toujours en une fascie normale qui ne serait autre que le sépale ou le pétale, et il se pourrait fort bien que ce fût de cette façon que se forment les parties de certaines fleurs polypétales, par exemple, dans les Lythrariées, les Rosacées, les Légumineuses, etc.

B. Ou bien, les parties de la fleur peuvent être considérées comme le résultat de 2 feuilles ou fascies foliaires opposées, mais dont l'exastosie en excès aurait fait de chacune d'elles 3 parties ; et en effet, le raisonnement suivant conduit à cette manière de voir : Dans les Labiées, la Sauge, par exemple, nous savons que d'ordinaire les feuilles sont opposées, décussées, c'est-à-dire en croix. Or, dans l'infrondescence toutes les feuilles étant opposées 2 à 2, on doit s'étonner, puisque les sépales, les pétales, les étamines et les carpelles ne sont que des feuilles modifiées, que les verticilles floraux soient tous composés de 4 ou 5 parties ; l'esprit ne s'explique pas aisément pourquoi il se formerait 4 ou 5 parties au lieu de 2. Mais si l'on vient à supposer que l'une des feuilles s'est *triplasiée* représentant ainsi 3 des 6 phytogènes circulaires (1), et que l'autre s'est seulement *diplasiée* représentant 2 phytogènes circulaires, le troisième ayant avorté (2), alors on comprend beaucoup mieux que la fleur n'est toujours que la répétition des 2 feuilles, mais modifiées ainsi que nous venons de le dire. Un raisonnement analogue peut être fait au sujet des sépales, des étamines et des carpelles, et peut s'appliquer à toutes les corolles monophylles irrégulières comme les Scrophularinées, les Lobéliacées, etc.

Or, nous avons signalé (3) une curieuse anomalie de la fleur du *Nicotiana Tabacum* dont la corolle, régulière d'habitude, avait été déformée et avait pris la figure d'une corolle bilabiée, de sorte que la fleur rappelait assez exactement la structure d'une fleur de Scrophularinée, et, comme celle-ci, la fleur anomale ne portait que 4 étamines. Donc, cette corolle anomale était tout à fait assimilable à une corolle de Scrophularinée ou à celle d'une

---

(1) *Essai de Phytomorphie,* t. I, pl. VIII, *fig.* 41, l. i.
(2) *Ibid., fig.* 41, l. s.
(3) Ch. Fd., *Monog. tab.,* p. 26.

Labiée; par conséquent, on pourrait soutenir qu'elle n'est formée
que de 2 feuilles : l'une, triplasiée; l'autre, diplasiée. Mais puisque dans cette circonstances une fleur régulière se comporte
exactement comme une fleur irrégulière de Scrophularinée ou de
Labiée, il n'y aurait aucune impossibilité à admettre que les corolles régulières ne fussent également composées que de 2 feuilles,
mais qui se seraient diplasiées ou triplasiées de façon à constituer les parties du verticille de la corolle. Si maintenant on conçoit un excès d'exastosie tel que la division se fasse jusqu'à
l'extrème base des 2 feuilles opposées, c'est-à-dire originellement,
on aura les conditions des éléments de la corolle polypétale régulière. Dans ce cas, lorsque celle-ci se présenterait avec 6 parties, c'est qu'elle serait formée de 2 feuilles triplasiées; quand au
contraire elle n'aurait que 5 parties, c'est qu'il y aurait diplasie
d'une feuille et triplasie de l'autre; si la corolle n'avait que
4 parties, c'est que les 2 feuilles ne seraient que diplasiées. Quand
la corolle n'aurait que 3 parties, c'est que les 6 phytogènes circulaires se seraient associés 2 à 2 pour constituer 3 feuilles simples (1); si la corolle n'était composée que de 2 parties (*Circea*),
elle serait exactement en rapport de nombre et de constitution
phytogénique avec les feuilles ordinaires et les 2 cotylédons des
Dicotylédones (2), absolument comme la spathe des Aroïdées représente la feuille phytogéniquement alterne et le seul cotylédon
des Monocotylédones.

C. Cependant, il y a tant d'analogie entre la formation d'une
feuille et celle d'un sépale ou d'un pétale que nous ne saurions regarder comme toujours rigoureusement vraies les deux hypothèses
que nous venons d'émettre; car nous sommes convaincu qu'un
phytogène qui se développe seul ne peut, le plus souvent, donner
naissance qu'à un organe axile. Toute la question est donc de
savoir si le phytogène seul peut à un moment donné se composer
à la manière des épipédochorises d'où résulterait la fascie sépaloïde ou pétaloïde; ou bien s'il n'arrive pas plutôt que chaque
phytogène circulaire, dans un certain moment, se compose à la
manière du phytogène fleur et fournit ainsi 6 phytogènes circu-

---

(1) *Essai de Phytomorphie*, t. I, pl. **VII**, *fig.* 29.
(2) *Ibid.*, *fig.* 28.

laires, dont les 3 extérieurs seuls entrent dans la constitution du
sépale ou du pétale (1). Sans nier absolument les deux premières
manières de voir, nous croyons celle-ci acceptable parce que des
faits bien constatés sont en rapport avec elle. Ainsi, il ne nous
semble pas possible d'expliquer autrement que par la composition de chacun des phytogènes circulaires la formation de ces
sépales en forme de hotte du *Narcissus, pseudo-Narcissus*, dont
nous avons donné la description, et qui ne sont qu'un des éléments du périanthe à 6 divisions et de la couronne (2) ; c'est
aussi par la composition de chaque phytogène circulaire que l'on
peut arriver à expliquer les appendices ou écailles que l'on trouve
à la base des pétales des *Ranunculus*, des *Lychnis*, des *Parnassia*,
lesquelles prennent un si grand développement dans les pétales
des *Achras* qu'elles simulent une seconde corolle interne. Dans
ce cas, les 3 phytogènes *extérieurs* de l'un des 6 phytogènes circulaires devenus protophytogènes, forment le pétale, tandis que
l'un ou plusieurs des 3 autres phytogènes *intérieurs* constituent
l'appendice qui, selon la prédisposition organique de l'espèce,
prend un plus ou moins grand développement. Il arrive quelque
fois que ces 6 phytogènes périphériques du protophytogène circulaire se développent en restant unis par les côtés et constituent
alors une sorte de cornet représentant une corolle monophylle,
et c'est là la constitution de la partie sépaloïde en forme de hotte
du *Narcissus* dont nous avons parlé. Dans ce cas, le phytogène
central de ce protophytogène circulaire avorte toujours ; mais si,
par un fait très-extraordinaire, ce phytogène central venait à se
développer, il est presque certain que ce serait pour former des
étamines, et dès lors nous aurions une fleur composée. Ce qui n'a
pas encore été observé pour les *Narcissus*, s'est au contraire
quelquefois rencontré dans les Roses Trémières (*Althœa rosea*),
et d'une manière très-nette dans une variété violette qui se
rapporte sans doute à celle que les fleuristes désignent sous

(1) *Essai de Phytomorphie*, pl. **IX,** *fig.* 51.
(2) On peut s'assurer sur les fleurs doubles de ce *Narcissus* que la partie
de la couronne est unie par sa base avec le sépale extérieur opposé, beaucoup
plus haut qu'avec le sépale plus interne, ce qui indique une origine commune
aux deux éléments (sépale et partie coronale) et confirme l'idée que nous
avons émise plusieurs fois sur la nature de la couronne des Narcisses.

le nom de *Passe-Rose Arlequin*. Ici, indépendamment d'une corolle générale double, triple ou quadruple, nous avons trouvé jusqu'à 21 petites fleurs verticillées au centre de cette corolle et constituant un petit bouquet de fleurs dont chacune était formée par une corolle simple ou double, au centre de laquelle s'élevait une petite colonne staminifère (1). Évidemment, chacun des phytogènes circulaires de plusieurs protophytogènes centraux successifs s'était composé de façon à former une fleur. Cet état tératologique, mais presque normal pour la variété bien cultivée que nous venons d'indiquer, est un passage des plus évidents à l'état normal des fleurs de la famille des Composées, car le bouton inflorescence, pris tout à fait à sa naissance, n'était lui-même qu'une petite masse de tissu cellulaire ou phytogène qui d'abord s'est composé à la manière d'un protophytogène, puis chacun de ses phytogènes s'est composé à son tour pour devenir protophytogène, et quand chaque phytogène secondaire a été transformé en protophytogène, chaque phytogène tertiaire a subi la même composition et formé des protophytogènes-fleurs (p. 12).

On trouve assez souvent la preuve de ce fait dans les composées à fleurs ligulées, mais très-particulièrement dans les *Calliopsis tinctoria*, *Tagetes erecta*, etc., où l'on peut suivre les transformations successives d'une fleur ligulée presque à l'état de pétale, jusqu'à l'état de corolle monophylle. Ainsi on en trouve qui sont plans, d'une seule pièce, f, *fig.* 17, où très-probablement 4 ou 5 des phytogènes circulaires, des phytogènes secondaires, devenus protophytogènes, entrent dans la composition du demi-fleuron ; dans quelques autres, un des phytogènes circulaires se détache sous forme d'un pétale gauche, d, ou droit, e ; d'autres fois, ce pétale est complétement séparé et placé au milieu opposé de la ligule, c, de façon à rappeler les appendices des *Ranunculus*, des *Lychnis*, des *Parnassia*. En b, on voit tous les éléments unis en un cornet plus ou moins déchiqueté et fendu au sommet ; enfin, en a, nous trouvons un fleuron, presque sous-bilabié, où l'on retrouve les éléments de la composition du phytogène secondaire qui est devenu protophytogène : une des lèvres est formée par les

---

(1) *Essai de Phytomorphie*, t. I, p. 417.

3 phytogènes circulaires, secondaires, externes, et correspond à la partie sépaloïde des Narcisses; l'autre, formée par les 3 phytogènes circulaires internes, en représente la partie coronale. Pour peu que l'on fixe son attention sur ces fleurs et que l'on cherche à se rendre compte de la manière dont les choses ont pu se passer pour offrir ces diverses modifications, on voit qu'il n'y a que notre théorie qui puisse rationnellement en rendre compte.

Si cette succession de composition s'arrête aux premières compositions phytogéniques, la fleur composée n'a qu'un petit nombre de fleurs (*Prenanthes*, *Chondrilla*, etc.). Il y a même des compositions plus simples, comme on peut le voir dans les *Opercularia* de la famille des Rubiacées. Ainsi, dans l'*Opercularia umbellata*, le phytogène-fleur subit la chorise triplasique analogue à celle de la Jacinthe (p. 14), d'où les 3 fleurs que porte le pédoncule. Dans l'*Opercularia aspera*, le phytogène-fleur se compose en une cyclochorise avec partition dans laquelle chaque phytogène circulaire devient protophytogène-fleur, et il en résulte 6 fleurs et quelquefois 7, à cause du phytogène central, qui est devenu lui-même protophytogène-fleur. Mais ordinairement cette composition des phytogènes successifs provenant des protophytogènes formés, se répète un certain nombre de fois et élève le nombre des fleurs de chaque calathide à un chiffre véritablement fabuleux. Qui pourrait dire le nombre de fleurs qui compose l'énorme calathide du grand soleil (*Helianthus annuus*), et celui qui constitue l'inflorescence en tête du Platane ou des *Artocarpus?* Or, nous savons que c'est ainsi que se forment les sphérochorises. Voilà pourquoi nous regardons ces inflorescences comme des sphérochorises avec partitions (p. 15). On peut concevoir dès lors comment chacun de ces petits protophytogènes pourra fournir tous les éléments de chacune des petites fleurs composant la sphérochorise.

Pour en revenir à la formation des éléments de la fleur, nous sommes en droit de penser que très-souvent chaque sépale ou chaque pétale peut être regardé comme le résultat du développement de 3 des phytogènes extérieurs d'un phytogène circulaire arrivé à l'état de protophytogène; et dans la plupart des cas, non-seulement le phytogène central s'atrophierait, mais aussi les 3 phytogènes circulaires intérieurs, et c'est sans doute là la raison qui fait que le sommet de l'axe qui porte les éléments de la fleur s'épaissit souvent et s'élargit en une espèce d'*épatement* formant le *réceptacle propre* de la fleur (*Torus* de Salisbury, *Sedes floris* de Grew ou *Thalamus* de Linné) dont nous parlerons plus loin.

S'il en était ainsi, on comprendrait pourquoi les organes appendiculaires floraux sont généralement d'une structure plus délicate que les feuilles et pourquoi aussi, jusqu'à ce jour, nous n'avons rencontré aucun pétale offrant anormalement de ces phytogènes capables de se composer en protophytogènes au point de donner lieu à des bourgeons bulbilles ou phytogènes-scions dont les feuilles nous ont fourni d'assez nombreux exemples.

Enfin, quoique l'on ait eu raison de considérer le pétale comme une feuille modifiée, il y a cependant une différence phytogénique que nous devons faire ressortir ici. Nous avons cherché à démontrer que les séries horizontales périphériques d'un protophytogène-scion n'entraient pas toutes dans la constitution du limbe de la feuille; que très-souvent les 6 phytogènes circulaires, c', *fig.* 5, C, servaient à faire la partie engaînante de certaines feuilles; tandis que les 3 phytogènes, b, qui sont superposés aux premiers, concouraient à la formation du pétiole et le phytogène terminal, a, à la formation du limbe (1). D'où l'on pouvait aisément tirer l'explication des variétés de formes si diverses que présentent les feuilles, surtout en ce qui concerne les feuilles longicomposées et les feuilles latéricomposées ou, mieux encore, celles dont le limbe est *parallèle* au pétiole ou *dans le même plan* et les feuilles *peltées*, dont le limbe est *perpendiculaire* au pétiole. Or, ce qu'il ne faut pas perdre de vue, c'est principalement ce fait que les feuilles peltées sont encore assez fréquentes; tandis que nous ne saurions présentement indiquer un seul cas de pétales dont le plan serait perpendiculaire à son onglet que l'on peut considérer comme l'analogue du pétiole de la feuille, surtout quand il prend une forme allongée comme dans les Caryophyllées. Par conséquent, s'il est vrai que l'on ne trouve aucun pétale *absolument pelté*, il est probable que le protophytogène qui doit donner naissance aux organes appendiculaires floraux ne se compose pas exactement comme celui qui doit

(1) *Essai de Phytomorphie*, t. II, pl. XIII, *fig.* 100, b, et p. 139.

donner lieu à la production des organes appendiculaires foliaux, et il est vraisemblable que le phytogène terminal, a, *fig.* 5, C, qui, dans la feuille, produit le limbe, avorte ou ne se forme même pas dans le pétale.

Une autre considération non moins importante, à notre avis, c'est que les pétales ne présentent presque jamais à leur base de ces appendices qui pourraient être regardés comme les analogues des stipules que l'on retrouve d'une manière si constante dans certaines familles. Ainsi, bien que les Légumineuses, les Rosacées, les Rubiacées, etc., présentent, comme un des caractères importants, des stipules souvent très-développées, les pétales des fleurs de ces mêmes familles n'en présentent aucune trace ; de sorte que l'on peut être conduit à penser, ainsi que nous l'avons déjà dit (1), que les phytogènes circulaires, qui dans les feuilles servent à former la gaîne ou les stipules, *sont utilisés* ici *à la formation des pétales*. Etablissons donc un parallèle pour exemple. Dans les Rubiacées exotiques, les feuilles sont opposées et chaque feuille porte de chaque côté une stipule représentant, dans un état d'avortement incomplet et par balancement organique, un centre vital ou phytogène circulaire ; tandis que le phytogène circulaire médian a pris un très-grand développement et a formé une fascie foliaire à peu près indépendante : les 2 feuilles opposées ayant chacune ses 2 stipules représentent parfaitement les 6 phytogènes circulaires ; mais on sait que, exceptionnellement, dans les Rubiacées exotiques, les 2 stipules contiguës, par défaut d'exastosie circulaire, n'en font plus qu'une, de telle façon que l'on serait tenté de croire que les 2 feuilles opposées sont séparées de chaque côté par une seule stipule opposée à celle qui sépare la feuille de l'autre côté. Mais les botanistes ne conservent aucun doute sur cette dualité de chaque stipule *interpétiolaire*, car non-seulement, d'une manière *anormale*, cette stipule s'est montrée double, mais aussi, dans les Rubiacées indigènes dites *étoilées*, ces stipules sont toujours *normalement* séparées ; et il y a mieux, c'est qu'ici chaque phytogène s'est développé d'une égale façon et a formé 6 feuilles identiques verticillées, et il n'y a réellement que le bourgeon axillaire qui puisse faire regarder

(1) *Essai de Phytomorphie*, t. II, p. 139.

comme feuille celle à l'aisselle de laquelle il se développe; tandis que celles qui ne présentent aucun bourgeon à leur aisselle ne sont réellement que des stipules (1).

Or, dans beaucoup des espèces de cette famille, surtout dans les Rubiacées exotiques, les fleurs sont formées de pétales égaux au nombre de 4, 5 et 6. N'est-il pas logique de penser que dans la fleur chaque pétale représente chaque feuille des Rubiacées étoilées ou chacun des 6 phytogènes circulaires du protophytogène-fleur? Et si cela est, la conséquence à tirer de ce fait, c'est que dans les Rubiacées exotiques, les phytogènes qui ont servi à faire les stipules des feuilles servent ici à faire des pétales. Donc le raisonnement nous conduit encore ici à admettre : 1° que le nombre 6 est le type des parties de la fleur; 2° que les 6 pétales peuvent être le résultat du développement de 6 phytogènes circulaires; 3° que le nombre des parties des verticilles caulinaires est en rapport avec celui des parties de la fleur, et que si le nombre de celle-ci arrive à n'être plus que de 5 ou même de 4 dans les fleurs normales, c'est qu'il y a eu avortement originel aussi bien qu'il y a très-souvent avortement d'une ou de deux parties dans les verticilles foliaux de cette même famille (*Rubia tinctorum*).

Enfin, une troisième considération qui a bien aussi sa valeur consiste en ce que les 6 phytogènes circulaires s'associent quelquefois pour former dans la fleur une sorte d'organe appendiculaire qui n'est pas sans analogie avec la feuille phytogéniquement alterne (2). Ainsi les fleurs dites *ligulées*, qui sont si fréquentes dans les Synanthérées, sont bien évidemment d'une composition analogue à certaines feuilles de Monocotylédones. Car non-seule-

---

(1) Nous avons dit, p. 267 (*Essai de Phytomorphie*, t. I), que s'il y a 6 phytogènes circulaires, il y avait nécessairement aussi 6 méats interphytogéniques capables de fournir chacun un phytogène qui plus tard deviendra bourgeon; mais nous avons fait voir aussi que d'ordinaire c'était le mieux nourri, celui qui est à l'aisselle de la feuille, qui a le plus de chance de se développer. Par conséquent, si dans les Rubiacées indigènes il n'y a d'ordinaire que 2 bourgeons indiquant 2 feuilles, cependant il n'est pas rare de trouver 3 bourgeons indiquant alors 3 feuilles (*Bull. Soc. bot. France*, t. II, p. 575), et la théorie indique qu'il pourrait même s'en développer 6, ce qui, toutefois, ne s'est sans doute pas encore rencontré. Quoi qu'il en soit, la présence des 3 bourgeons est l'indice d'un verticille de 3 feuilles, ce qui fait 6 stipules : aussi n'est-il pas rare de rencontrer des feuilles verticillées par 9, ou par 8 ou par 7, sans doute par avortement, dans les Rubiacées indigènes (*Galium*).

(2) *Essai de Phytomorphie*, t. II, p. 138.

ment la base des corolles forme une sorte de gaîne qui ne se fend
que d'un seul côté (intérieur), embrassant la base du phytogène
central qui produit l'androcée et par suite le gynécée, mais aussi
la corolle forme souvent un cornet (*Dahlia*), absolument comme
beaucoup de feuilles de Monocotylédones sont elles-mêmes engaînantes et très-souvent enroulées en cornet, au moins avant leur
entier développement.

Mais si nous avons dû supposer que le phytogène terminal, a,
fig. 5, C, ne se dévoloppait pas dans les fleurs, nous sommes
certain, d'après ce qui précède, que ceux de la série circulaire, c′,
se développent sinon tous, *typiquement,* au moins 5, *normalement,* et qu'ainsi la formation des parties de la corolle a pour
éléments phytogéniques les 5 ou 6 phytogènes circulaires qui
forment la série c′ du protophytogène-fleur. Voyons maintenant
si le raisonnement conduit à admettre la présence de la série b
dans la constitution de la corolle.

Il faut avouer que cette question est une de celles qui paraissent les plus difficiles à résoudre, parce que de même que nous
avons vu cette série entrer dans la composition de la feuille, de
même aussi il n'est pas impossible que cette série entre dans la
constitution des pétales. Cependant il est une considération qui
peut être comme un premier jalon jeté sur la voie de cette découverte. En effet, si l'on observe les demi-fleurons de quelques
Synanthérées, comme ceux des Dahlias, on voit bien que ces corolles sont d'une seule pièce, et sous ce rapport sont analogues
aux feuilles de Monocotylédones dans lesquelles nous avons admis
la présence de la série b, *fig.* 5, C, des phytogènes périphériques;
mais tandis que nous ne voyons jamais ces sortes de feuilles se
terminer par des dents ou des lobes égaux et à la même hauteur,
au contraire, dans les corolles ligulées de beaucoup d'autres
genres on trouve souvent leur sommet terminé par 5 dents ou
5 lobes qui trahissent manifestement le nombre primitif des phytogènes qui sont entrés dans la constitution de la corolle. Il est
remarquable que dans les fleurs ligulées nous ne sommes jamais
parvenu à rencontrer de ces corolles à 6 divisions, tandis que
dans les fleurons nous avons souvent retrouvé ce nombre (*Helianthus annuus*). Il semblerait, d'après cela, que l'exastosie qui
fait la fente longitudinale d'un seul côté soit due à l'avortement

de l'un des 6 phytogènes circulaires, ainsi que nous l'avons avancé autre part ; mais hâtons-nous d'ajouter que si cet avortement nous a paru démontré pour les espèces de *Narcissus* que nous avons désignées, ce n'est, pour le cas présent, qu'une supposition toute gratuite que nous venons de faire et que rien jusqu'à ce jour n'autorise suffisamment à soutenir.

L'organogénie des parties de la corolle ligulée du Pissenlit, décrite par Payer, semble cependant fortifier cette manière de penser quand il dit en parlant de la formation de cette corolle : « Les 5 crénelures (phytogènes naissants) de la coupe primitive (1) ne deviennent pas connées entre elles toutes à la même hauteur. Ainsi le pétale antérieur est déjà conné depuis longtemps avec les pétales latéraux, et ceux-ci avec les pétales postérieurs, que ces pétales postérieurs sont encore libres entre eux. Il résulte de là que la corolle du Pissenlit forme un tube fendu assez bas sur un de ses côtés. » Or, il est fort possible que la fente ne se soit produite précisément qu'à cause de l'absence ou de l'avortement originel d'un 6e phytogène circulaire. Quoi qu'il en soit, on arrive de cette façon à supposer que la série b, dont il a été question, n'entre pour rien dans la constitution de la corolle, puisque beaucoup de corolles ligulées présentent 5 divisions ou dents à leur extrême sommet.

Ainsi, la composition du phytogène-fleur, au moins dans la plus grande majorité des cas, se composerait différemment du phytogène-scion ; car au lieu de se composer *sphériquement*, il n'y aurait réellement composition que *circulairement*, c'est-à-dire suivant un plan perpendiculaire à l'axe, et réaliserait ainsi exactement, dans les espèces types, la disposition théorique que nous avons donnée aux *fig.* 49, 50, 51, pl. IX, t. I (*Phytomorphie*), c'est-à-dire qu'il y aurait, en général, formation de 6 phytogènes circulaires entourant un 7e, formation qui se répéterait sur chaque phytogène central successif autant de fois qu'il y a de verticilles floraux, ainsi que nous l'avons dit en parlant de la forme, de la structure et des propriétés du phytogène (p. 57).

Ajoutons que ce que le raisonnement nous indique se trouve

(1) Coupe due à la dépression du protophytogène-fleur avant l'évolution des phytogènes circulaires qui doivent former les parties florales.

pleinement justifié par les observations organogéniques sur le développement de la fleur; et pour que l'on puisse s'en assurer, nous ne craignons pas de renvoyer au bel ouvrage de Payer sur l'organogénie comparée de la fleur, auquel nous emprunterons un grand nombre des faits qui vont nous être nécessaires pour appuyer notre manière de voir.

SECTION II. — FORMATION ORGANOPHYTOGÉNIQUE DES DIVERSES PARTIES DE LA FLEUR.

Pour passer en revue tous les organes floraux, nous allons prendre la fleur à partir de la feuille à l'aisselle de laquelle elle naît, que cette feuille soit plus ou moins modifiée de façon à constituer une vraie bractée ou même une petite écaille, ou qu'elle ait conservé les caractères de la feuille ordinaire. Tout ce qui est au-dessus de la bractée sera considéré comme appartenant aux organes appendiculaires de l'appareil de la reproduction. Par conséquent les parties que nous aurons à passer en revue seront les organismes suivants, savoir : 1° Le *Calicule* ou calice externe (*prinexantophylle*); 2° Le calice (*exanthophylle*); la corolle (*enanthophylle*); l'androcée (*androphylle*); le disque (*métandrophylle*); le gynécée (*gynéconophylle*), que nous ferons précéder d'une étude sur le *réceptacle* que les botanistes se sont habitués à regarder comme un organe particulier. Les uns ne sont que des organes *accessoires*, les autres des organes *essentiels*.

§ 1. — *Organes accessoires de la fleur.*

Les organes accessoires de l'appareil de la reproduction sont : le réceptacle, le calicule, le calice, la corolle et le disque. Nous allons les passer en revue dans l'ordre où nous venons de les énumérer.

A. RÉCEPTACLE, TORUS, THALAMUS.

On a donné le nom de réceptacle à cette extrémité de l'axe qui s'évase, et sur laquelle viennent s'exsérer toutes les parties de la fleur. Organographiquement, c'est la réunion d'une multitude de mérithalles réduits à leur plus simple expression; c'est, en un mot, une tige très-raccourcie, analogue à celle des rosettes ou au plateau des bulbes. Phytogéniquement, c'est le point de départ des phytogènes floraux, soit que le réceptacle ne comporte qu'un seul phytogène floral, comme cela a eu lieu dans la plupart des fleurs, soit qu'il comporte un très-grand nombre de fleurs, comme dans les fleurs composées. De là les noms de *réceptacle propre* ou *simple* pour désigner celui qui ne porte qu'une seule fleur, et de *réceptacle commun* ou *composé* pour désigner celui qui donne naissance à plusieurs fleurs (Synanthérées).

Il est extrêmement probable que le renflement de l'axe au point où se formeront les parties de la fleur est le résultat de la composition phytogènique du phytogène-fleur, sans cela on ne comprendrait pas que l'évolution de la fleur n'eût pas lieu exactement comme l'évolution du scion; mais c'est surtout le travail phytogénique qui se produit dans les réceptacles composés qui viennent appuyer l'idée de la composition phytogénique du réceptacle, composition qui devient alors vraiment considérable, en produisant plus tard l'espèce de multiplication que nous avons nommée *sphérochorise*.

Le réceptacle présente deux formes exactement contraires : tantôt il est plus ou moins conique, tantôt il est plus ou moins creusé en coupe ou en entonnoir. Entre ces deux extrêmes, dont la limite moyenne est la forme plane, on trouve tous les états intermédiaires.

1° Lorsque les parties de la fleur ont une évolution *ascendante* et ne sont pas multipliées, le réceptacle est très-légèrement convexe : alors les sépales sont exsérés à la base, les pétales au-dessus, les étamines plus haut et les carpelles tout à fait au sommet. Dans ces conditions, l'ovaire étant placé au-dessus du point d'exsertion des parties florales est dit *supère*. Dans quelques espèces les verticilles floraux se multiplient beaucoup, et alors, pour contenir toutes les parties florales, le réceptacle s'allonge quelquefois considérablement comme on peut le voir dans les Renonculacées et en particulier dans le *Myosurus minimus*.

2° Au contraire, dans certaines fleurs le réceptacle paraît se déprimer à son centre, se creuser plus ou moins par suite de l'exhaussement des séries de phytogènes circulaires des premiers protophytogènes, d'où résulte l'évolution des parties florales qui se succèdent en général comme pour les ovaires supères, c'est-à-dire que les sépales sont les premiers organes qui apparaissent, puis viennent les pétales, puis les étamines et enfin les éléments du carpelle; mais tandis que dans les premiers cet ordre de succession se fait en montant sur l'axe, au contraire, ici, c'est d'ordinaire en descendant, et l'évolution des parties peut être dite *descendante*. Il suit de cet état de choses que l'ovaire se trouve au-dessous des parties florales et comme rentré dans la tige, d'où le nom d'*ovaire infère* qu'on lui a donné.

Dans un bourgeon-scion, le phytogène central qui doit produire les nouvelles feuilles est très-allongé ou tout au moins arrondi en cône, d'où il suit que l'axe général est terminé en pointe; dans l'axe qui se termine par une fleur on ne remarque pas les même choses. D'abord, on observe qu'il y a un *temps d'arrêt dans la végétation;* c'est qu'alors le phytogène-fleur prend le temps de se composer; ensuite, on voit l'extrémité de l'axe se renfler avant même que l'on n'ait aperçu aucune trace de division. C'est, comme nous l'avons dit, parce que le phytogène-fleur se compose *phytogéniquement* avant de laisser apparaître les rudiments de parties qui doivent composer la fleur. Plusieurs exemples vont faire comprendre notre idée.

a. Nous avons dit en parlant des *sphérochorises*, qu'elles n'étaient autres que des phytogènes qui s'étaient composés, puis, que les phytogènes périphériques s'étaient composés à leur tour, et ainsi de suite, un certain nombre de fois. Il arrive souvent que ces phytogènes plusieurs fois composés ne trahissent cette composition que par un développement plus ou moins considérable des tissus, sorte de tumeur que l'on a appellée *loupe;* mais souvent ces tumeurs qui ont commencé par n'être qu'une loupe, finissent par évoluer en une multitude de branches que les botanistes ont nommées *polycladie*. Or, bien avant que ces branches n'apparussent, leur origine était rendue évidente par la loupe ou grosseur dont nous venons de parler.

b. Il arrive assez fréquemment dans certaines plantes que quelques organes viennent à faire complétement défaut; mais si l'on cherche au point où devait se trouver l'organe, on trouve souvent à la place une sorte de renflement qui indique que les phytogènes qui devaient le composer se sont formés, mais qu'une cause est venue arrêter leur évolution. Ainsi, ce phénomène, qui se rencontre normalement dans la Vigne, pour les vrilles, se retrouve assez souvent dans la même plante pour les feuilles. Ainsi, dans la *fig.* 15 *bis,* nous avons figuré un axe de Vigne où ce phénomène est des plus évidents. On voit en f. a, des renflements de l'axe qui indiquent que des feuilles ayant eu un commencement d'évolution phytogénique ont cependant complétement avorté; en v. a, des renflements indiquant aussi un commencement de travail phytogénique dans la vrille qui pareillement a avorté; et ce qui prouve le mieux qu'il en est ainsi, c'est que quelquefois la feuille et la vrille viennent à avorter simultanément, f. a, v. a, laissant à leur place un renflement assez considérable qui prouve que le commencement d'évolution phytogénique a eu lieu, mais qu'il s'est bientôt arrêté (1).

Il y a une foule de bourgeons-fleurs où le phénomène de renflement est des plus manifestes, mais ce sont surtout les calathides des Composées qui le présentent au plus haut degré. Ainsi dans le Grand-Soleil (*Helianthus annuus*) il atteint des proportions parfois énormes. C'est qu'il faut une large surface pour contenir le nombre immense de fleurs qui se sont multipliées au sommet de l'axe et qui constituent la sphérochorise. Or, si nous comparons le réceptacle des Synanthérées à celui des Ombellifères en général, on trouve sous ce rapport des grandeurs hors de proportion. Pourquoi donc, en effet, le réceptacle commun à toutes les fleurs d'une ombelle de *Daucus Carotta,* par exemple, reste-t-il relativement très-petit, comparé au réceptacle du *Calendula officinalis,* qui renferme beaucoup moins de fleurs? Cela tient à trois causes que nous devons faire connaître.

α. Nous avons dit que les ombelles et les calathides devaient phytomorphiquement être classées parmi les sphérochorises, mais dans la calathide la transformation en protophytogène de plusieurs séries de phytogènes circulaires et centraux, transformation qui a dû nécessairement multiplier beaucoup le nombre des phytogènes-fleurs, s'est achevée complétement avant qu'aucun des phytogènes-fleurs ait commencé à apparaître; or il fallait bien

---

(1) Dans l'exemple cité, on voit que 3 feuilles ont avorté, f. a, ainsi que 6 vrilles, v. a, et comme les feuilles sont alternes distiques et opposées aux vrilles, on reconnaît aisément que 3 des renflements ne sont dus qu'à des phytogènes-feuilles qui ont dû avoir un commencement d'évolution.

que tous ces éléments floraux fussent contenus dans le réceptacle, et voilà pourquoi ce réceptacle devait nécessairement avoir un grand volume. Dans les Ombellifères, au contraire, l'évolution phytogénique de la sphérochorise présente deux phases : dans la première, la sphérochorise du réceptacle commun n'a besoin de multiplier ses protophytogènes que le nombre de fois voulu pour représenter les rayons de l'ombelle; dans la deuxième, chaque protophytogène-ombellule se multiplie en sphérochorise partielle de fleurs, si bien que le nombre de fleurs, quoique plus considérable que dans la calathide, se trouvant alors répandu sur un grand nombre de réceptacles particuliers, le réceptacle commun de grande dimension devenait inutile.

β. D'un autre côté, on remarquera que dans les calathides les fleurs sont sessiles, tandis que dans les ombelles elles sont presque toujours plus ou moins longuement pédicellées, d'où il résulte que dans la calathide le réceptacle étant la réunion de tous les mérithalles qui ne se sont pas plus développés que ceux du plateau d'un oignon, ce réceptacle doit acquérir des dimensions en diamètre bien plus considérables que si les mérithalles se fussent développés; et en cela la théorie est d'accord avec les plateaux d'oignons dont les mérithalles, très-courts, font la tige très-large, tandis que lorsque les mérithalles sont très-allongés le diamètre est d'autant diminué. Dans la même plante, nous voyons souvent se produire les mêmes phénomènes : si, avec une végétation égale en apparence, les mérithalles sont très-allongés, la tige reste grêle et d'un diamètre relativement beaucoup plus petit que si les mérithalles restent courts. Il y a, en un mot, entre la longueur et le diamètre une sorte de *balancement organique* qui fait que ce que l'on gagne d'un côté on le perd de l'autre.

γ. Enfin, il se passe dans la formation du renflement réceptaculaire un phénomène que l'on retrouve généralement au-dessous des formations, même les plus ordinaires, et dont la greffe nous donne de frappants exemples : c'est la formation d'un bourrelet plus ou moins considérable au-dessous de l'axe (greffe) qui se développe. Ce qui a lieu dans cette circonstance se produit toujours d'une manière sensible sous les feuilles, dans cette partie de l'axe que l'on nomme *coussinet*; souvent même, comme dans la Vigne, il y a un véritable renflement, et le coussinet existe non-seulement quand il y a un bourgeon à l'aisselle de la feuille, mais même lorsqu'il ne s'y en développe pas. Le coussinet est moins développé, voilà tout. Or, ce qui arrive pour les feuilles et les bourgeons doit nécessairement arriver pour les parties florales, qui ne sont que des feuilles transformées, ou pour les pédicelles, qui ne sont que des axes plus grêles; mais, quoique dans une proportion moins forte, la formation de ces bourrelets ou renflements ayant lieu et se trouvant accumulés tous au même point, ne doivent pas manquer de présenter un certain volume, qui devient indispensable pour offrir une surface suffisante à l'exsertion des nombreuses parties qui, en général, composent la fleur ou l'inflorescence en tête ou capitule.

Ainsi, pour nous, le réceptacle ne nous représente point un organe particulier, mais bien une forme spéciale de l'axe, et c'est dans cette acception seule que le mot réceptacle doit être pris; c'est un amas ou aggrégation de mérithalles plus ou moins avortés; ou, si on l'aime mieux, c'est un axe formé d'une agrégation de mérithalles dus aux trois phytogènes inférieurs de tous les protophytogènes qui donneront plus tard une fleur, mais tellement déprimés qu'ils seraient réduits à l'état de plateau; ou bien encore, c'est l'analogue d'une *hélice* à un certain nombre d'hélicules que l'avortement des mérithalles ou leur dépression auraient fait passer peu à peu à l'état de *spirale* (1), et même, dans certains cas, à l'état d'*hélice inverse*. En effet, les phytogènes circulaires de chaque protophytogène pendant l'évolution du bourgeon-fleur se disposent alternativement les uns au-dessus des autres comme en A, *fig.* 16, et peu à peu ils manifestent leur existence par leur apparition sous forme de mamelons. Or, tous ces mamelons qui vont former les uns des sépales, s, les autres des pétales, p, d'autres des étamines, e, et les derniers des carpelles, c, sont des organes appendiculaires qui appartiennent à un axe très-raccourci, conique, qui n'est que la continuation de l'axe m. Mais chaque série circulaire repose sur le sommet d'un mérithalle; par conséquent, autant on compte de séries, autant il faut compter de mérithalles, et, bien évidemment, il n'y a rien autre chose à considérer que des mérithalles et des séries d'organes appendicu-

(1) *Essai de Phytomorphie*, t. I, p. 306, note.

laires. Donc nous ne voyons que cette succession de mérithalles très-courts auxquels on ait donné le nom de réceptacle.

Maintenant, de même que l'axe ou plutôt que les mérithalles se sont considérablement raccourcis pour que les organismes ou séries circulaires dont nous venons de parler se touchent toutes, de même le phénomène peut se prononcer tellement que toutes ces séries arrivent à rentrer pour ainsi dire les unes dans les autres, de façon à naître toutes sur un même plan perpendiculaire à l'axe, comme dans la *fig.* 15, où les mêmes lettres indiquent les parties identiques. Ici les mérithalles auront complétement avorté et nous ne voyons encore rien que l'on puisse distinguer sous le nom de réceptacle.

Enfin, le phénomène peut être poussé plus loin encore : le sommet de l'axe, c'est-à-dire le dernier mérithalle, celui qui donne lieu aux carpelles, peut avoir un arrêt d'accroissement pendant que toutes les autres séries continuent à s'allonger d'autant plus qu'elles sont de plus ancienne formation, de telle sorte qu'alors la série des étamines, e, se trouve placée au-dessus des carpelles, c, *fig.* 16, B ; les pétales, p, au-dessus des étamines, et les sépales, s, au-dessus des pétales. Il semble, dans ce cas, que l'axe soit véritablement *refoulé,* ainsi que l'ont supposé plus poëtiquement que rationnellement les botanistes qui donnent à ce genre de phénomène une pareille qualification ; mais nous venons de voir qu'il n'en était pas ainsi, et que c'était plutôt une véritable *campylotropie circulaire* (1). Dans tous les cas, nous ne saurions, là encore, découvrir aucun organe particulier sous le nom de réceptacle.

Si, au lieu d'admettre des séries circulaires, on suppose un léger déplacement dans ces séries circulaires de phytogènes, dans un cas, les phytogènes prendront une disposition hélicoïdale qui est assez fréquente et nous aurons une *hélice* directe à hélicules rapprochés et dont *le plus petit rayon est au sommet* ; cette disposition, par conséquent, correspondra à l'*ovaire supère ;* si l'hélice s'aplatit au point que tous ses tours ou ses hélicules se trouvent compris dans un même plan, comme dans le *Bocagea viridis,* alors on aura une *spirale* dont *le plus petit rayon sera au centre*

____

(1) *Essai de Phytomorphie,* t. II, chap. *Campylotropie générale.*

et l'on aura encore une disposition correspondant à l'ovaire supère; mais si les tours de la spire au lieu d'être ascendants sont
descendants, dans ce cas nous aurons une hélice *inverse* de la
première et dans laquelle le plus *petit rayon est à la base* de la
fleur, et cette disposition sera celle qui correspondra à l'*ovaire
infère*. Dans ces explications nous avons toujours supposé que
les phytogènes étaient restés à l'état de simplicité telle qu'en s'associant ensemble ils formaient des calices, des corolles, des androcées ou des gynécées, et c'est alors que le réceptacle est *simple*.

Ceci bien compris, si, au lieu d'admettre que les phytogènes, s,
p, e ou c, *fig*. 15 à 16, vont donner lieu à des sépales, pétales,
étamines ou carpelles, nous concevons que chacun des phytogènes de chaque série circulaire ou hélicoïdale, par nourriture
suffisante ou par prédisposition organique, se compose à la manière
d'un protophytogène-fleur, il est de toute évidence que nous
aurons, dans le cas d'hélice directe ou d'évolution ascendante,
une *sphérochorise*, et dans le cas d'hélice inverse ou d'évolution
descendante, une *cyclochorise*, puisqu'en effet, dans ces deux
conditions, nous sommes forcés de reconnaître une multiplication;
car au lieu de parties florales nous avons de vraies fleurs, et au
lieu d'une seule fleur nous en avons 24, en admettant la composition *type* d'une fleur de Dicotylédone telle que nous l'avons indiquée autre part. C'est alors que le réceptacle peut être dit *composé*.

Comme il importe que des idées de la nature de celles que
nous venons d'émettre soient nettement exposées, nous allons
choisir quelques exemples à l'appui de ce qui nous reste à dire
relativement aux multiplications sphériques, ou sphérochorises,
en ombelles ou en tête, en même temps qu'ils feront mieux
connaître l'idée générale :

1° Supposons un protophygène-fleur, *type* de Dicotylédone;
d'après ce que nous avons dit, il sera composé de 6 phytogènes
circulaires et d'un central, *fig*. 8, B. Si, en vertu de la loi de
composition phytogénique que nous avons fait connaître, chaque
phytogène devient protophytogène-fleur, il pourra en résulter un
sertule de 7 rayons, comme on en voit dans quelques *Primula*,
en particulier le *Primula glutinosa*, Lin. (1). Or, si nous obser-

(1) Poiret, *Encyclop. méthod.*, t. V, p. 620.

vons que le premier protophytogène de la fleur est celui du calice, nous arrivons à admettre que les fleurs du sertule ne sont que le résultat de la transformation ou d'une évolution plus avancée des 6 phytogènes-sépales et du phytogène central, ainsi que nous l'avons représenté *fig*. 18, A, où les chiffres de chaque phytogène du protophytogène inférieur, répétés en haut, représentent les rapports des fleurs avec les phytogènes primitifs, et il est évident que des chorises ou des avortements dans les phytogènes primitifs pourront augmenter ou diminuer le nombre des fleurs du sertule.

Mais admettons que dans l'évolution du protophytogène-fleur primitif, au lieu de se borner au protophytogène-calice, le phytogène central arrive à se composer à son tour, ou, en d'autres termes, que le phytogène central ou protophytogène-corolle se compose en formant un protophytogène avant sa séparation des 6 circulaires primitifs qui resteront provisoirement à l'état de phytogènes, nous aurons un protophytogène composé comme en B. *fig*. 18; puis, à un moment donné, concevons que les 13 phytogènes qui en résultent subissent à la fois l'influence florifiante nécessaire, chacun de ces 13 phytogènes simples se composera et il en résultera autant de protophytogènes-fleurs, d'où un sertule à 13 rayons que des avortements ou des chorises pourront diminuer ou augmenter. Ainsi, dans cette manière de voir, l'inflorescence de certains individus du *Primula sinensis* serait formée de cette façon, car tantôt on trouve un sertule de 10, 11, 12 ou 13 fleurs réunies en tête, tantôt ce même nombre de fleurs forme 2 verticilles de 5 ou 6 fleurs; mais, comme le plus souvent, dans cette espèce, on rencontre 3 et même 4 étages de verticilles à 6, 7, 8, 10 ou 12 rayons, il est extrêmement probable que dans le protophytogène-fleur primitif le phytogène central 13, *fig*. 18, B, s'est composé et que les phytogènes androcéens qui en résultent, et quelquefois même les phytogènes gynécéens résultant d'une semblable composition du dernier phytogène central, subissent la même composition que les phytogènes s et p, qui auraient dû former le calice et la corolle : de là autant de fleurs que des chorises ont pu encore augmenter, de manière à constituer les nombres variables que l'on rencontre dans cette espèce.

Enfin, poursuivons ce phénomène encore plus loin, ou mieux,

admettons que chaque protophytogène particulier de chacune des fleurs du sertule non-seulement devienne phytogène-fleur, mais encore se constitue aussi protophytogène primitif dont chaque phytogène ultérieur pourra lui-même subir le même sort, et cela un certain nombre de fois, jusqu'au moment où l'influence florifiante se fera sentir et transformera chaque phytogène en fleur; alors on aura une multitude de fleurs disposées en sertule ou en tête, ou en calathide, comme le sont celles des *Allium Porrum* ou *Cepa*, des *Platanus*, de l'*Helianthus annuus*, etc., qui comptent des fleurs par centaines.

Si les fleurs sont sessiles, on a une *Calathide*; si elles sont longuement pédicellées, on a une *Ombelle simple* ou *Sertule*. Mais il peut arriver que chacun des phytogènes circulaires de chaque fleur de la sphérochorise ou de la cyclochorise puisse à son tour, par prédisposition organique ou nourriture suffisante, se transformer en fleur au lieu de ne former qu'un élément d'une fleur, et dans cette circonstance, nous avons une nouvelle multiplication qui ne se retrouve plus guère à l'état normal que dans les *ombelles composées* des Ombellifères, et, anormalement, dans certaines calathides, ainsi que nous en avons donné des exemples (1). C'est ce genre de phénomènes que nous avons désigné sous le nom de répétition des inflorescences dans l'inflorescence, et cette répétition peut avoir lieu une troisième, une quatrième et même jusqu'à une huitième fois, ainsi que nous l'avons vu dans l'*Apium graveolens*, var. *dulce*, et l'*Helosciadium tenuifolium*, mais ne se produisant normalement que sur un seul rayon de l'ombelle.

Le réceptacle n'est tellement que l'ensemble des mérithalles très-raccourcis, que l'on en trouve la preuve dans les observations suivantes : Ainsi, chez la plupart des Caryophyllées (*Lychnis Viscaria*, etc.), le mérithalle qui sépare le calice de la corolle est assez allongé pour qu'il soit aisément appréciable. Dans les *Helicteres*, la corolle et le calice sont presque sur la même ligne circulaire, mais un mérithalle très-visible sépare la corolle du disque et des étamines. Chez d'autres végétaux (Crucifères, Légumineuses, etc.), l'entrenœud ou mérithalle est très-apparent,

(1) *Essai de Phytomorphie*, t. I, p. 382.

entre l'androcée et le gynécée. Enfin, quelquefois, comme dans le *Gynandropsis pentaphylla*, on trouve un long mérithalle entre la corolle et l'androcée, et un autre entre l'androcée et le gynécée. Nous ne nous arrêterons pas à rappeler tous les noms qu'ont fait naître les modifications du réceptacle que nous venons de mentionner, ou de beaucoup d'autres, et il suffit aujourd'hui, dans les descriptions, d'exprimer la forme ou la modification essentielle qu'il présente par le développement de tel ou tel des mérithalles qui le composent ; car cette modification appartient à des prédispositions organiques assez généralement constantes pour que l'on puisse les retrouver dans des familles entières, ainsi qu'on peut le constater pour les Capparidées, les Légumineuses et les Crucifères.

B. CALICULE *ou* PRINEXANTHOPHYLLE.

On donne le nom de *calicule* au calice extérieur des fleurs à double calice. C'est la réunion de plusieurs parties foliacées que philosophiquement les botanistes regardent comme des feuilles ordinaires modifiées. Cet organisme, que quelques botanistes nomment *involucre* et que d'autres regardent avec raison comme un calice extérieur, est au contraire considéré par Payer comme le résultat d'une bractée avec ses 2 stipules, quand le calicule est à 3 divisions (*Malope trifida*), ou de deux bractées opposées avec leurs stipules ; d'où les 6 divisions que l'on remarque quelquefois, comme dans le *Kitaibelia vitifolia*. Cette opinion du savant organogéniste est fondée sur l'apparition d'un seul mamelon dans le premier cas, et de 2 mamelons opposés dans le second, qui produiraient la ou les bractées et dont la formation serait antérieure aux mamelons qui apparaissent ensuite, et qui, selon l'auteur, doivent constituer les stipules latérales. Mais du défaut de simultanéité d'apparition de tous les mamelons ou phytogènes il ne nous paraît pas indispensable de conclure que ce n'est pas un calice ; car, sous ce rapport, les phytogènes qui doivent plus tard constituer le calice montrent des écarts souvent remarquables entre les moments de l'apparition des mamelons qui les représentent. Ce qu'il nous importe plutôt d'observer, c'est le nombre 3 des phytogènes qui se montrent dans la formation du calicule des *Malope* et du nombre 6 qui entrent dans la composition du calicule du *Kitaibelia vitifolia*. Or, c'est encore ce nombre 6 qui commence la formation du calicule du *Pavonia hastata*, et si ce calicule ne se présente plus qu'avec 5 divisions, cela tient, selon Payer lui-même, à ce qu'il y a eu fusion de 2 des mamelons ou phytogènes circulaires en un seul, phytogènes qui dans le principe étaient cependant bien distincts, et qui dans quelques cas restent séparés et forment alors un calicule à 6 divisions.

Ce qui nous paraît être une difficulté dans l'idée de Payer, concernant le calicule regardé comme une ou deux bractées, c'est le nombre considérable des divisions de certains calicules. Ainsi, dans l'*Hibiscus syriacus*, les divisions sont au nombre de 10 ou 12. Cet auteur est obligé d'admettre alors un autre mode de formation : « Deux divisions opposées, dit-il, naissent d'abord, ce sont les deux lobes médians de deux bractées opposées ; puis quatre divisions latérales apparaissent à peu près en même temps, ce sont les stipules de ces bractées opposées ; et enfin, entre chaque stipule et chaque lobe médian, on voit poindre une nouvelle division, ce sont les lobes latéraux. » Mais dans cette manière de voir il faut admettre encore la formation de nouveaux lobes latéraux de la bractée pour arriver au nombre variable au-dessus de 10, et qui peut être de 18, comme dans certains *Pavonia* (*cuneifolia*).

Dans notre théorie phytogénique, nous disons que 6 phytogènes circulaires se développent les uns après les autres suivant un certain ordre, particulier à l'espèce ou peut-être au genre ; que dans les *Malope*, et peut-être les *Malva*, *Gossypium*, etc., dont le calicule est triphylle, les phytogènes s'associent 2 par 2 pour former d'abord une des divisions, puis, après, les 2 autres ; que dans le *Kitaibelia* précité, 2 des phytogènes opposés apparaissent les premiers et les 4 autres ensuite, mais simultanément ; que dans le *Pavonia hastata*, 2 des 6 phytogènes se fondent en un seul, de là 5 divisions seulement (1) ; que dans certaines espèces des genres *Kitaibelia*, *Althea*, etc., dont le nombre est de 7, 8 ou 9, un, deux ou trois des phytogènes se sont dédoublés ; que dans les fleurs des *Pavonia odorata* et *corymbosa*, etc., et dans certaines fleurs de l'*Hibiscus syriacus*, chaque phytogène se dédouble pos-

____

(1) Cf. Payer, *Organog. fl.*, pl. VII, *fig*. 1, 2, et pl. VIII, *fig*. 5 et 6.

térieurement à sa formation, pour donner le nombre 12 ou le nombre 10, dans le cas d'avortement d'un des 6 phytogènes, ou de la fusion originelle de deux en un seul, comme dans le *Pavonia hastata ;* ce qui revient au même qu'un défaut de fusion entre ces 2 phytogènes qui resteraient libres mais qui ne se dédoubleraient pas, tandis que les 4 autres se diplasieraient. Enfin, chaque phytogène circulaire peut se *triplasier* pour arriver à constituer les nombres 15 à 18 que le calicule du *Pavonia cuneifolia* présente fréquemment.

A cette occasion, nous ferons remarquer que M. Schleiden a émis l'idée que toutes ces parties libres d'abord n'adhèrent entre elles que par suite de *soudures*. Mais Payer s'est assuré que les parties libres qui se montrent les premières restent toujours libres, tandis que les parties unies naissent unies ; de là le mot *conné*, qu'il préfère au mot *soudé*.

Nous partageons les croyances de Payer pour les deux raisons suivantes : 1° Nous ne voyons pas pourquoi ce qui s'était uni dans le principe dans le mamelon ou phytogène général se serait séparé pour se réunir au bout de quelques temps ; d'ailleurs, une foule d'exemples prouvent que ces soudures sont beaucoup plus rares qu'on ne le suppose généralement ; 2° d'un autre côté, les organes appendiculaires ont un mode d'accroissement très-différent des axes, les premiers s'allongeant proportionnellement plus par la base, les autres, le plus souvent, proportionnellement plus par le sommet. Conséquemment, les parties libres, *par exastosie*, des mamelons circulaires qui doivent constituer les divisions des *organismes monophylles* doivent être soulevées et demeurer libres, tandis que les parties qui restent unies *par défaut d'exastosie* grandissent elles-mêmes en formant une sorte de membrane circulaire continue. Que l'on se figure, en effet, 6 sphères en entourant une 7e, mais se touchant toutes ensemble ; que l'on suppose, d'ailleurs, ce qui se présente fréquemment, que le premier effet de chaque phytogène sphérique est de s'allonger en un cône plus ou moins allongé, on aura la raison de l'apparition des mamelons avant le corps de l'organe, et par conséquent de la division en 6 parties d'un organisme qui, en grandissant, pourra rester uni à sa base aux points où les 6 sphères phytogéniques se touchaient ; mais si l'on admet que les forces vitales rayonnantes arrivent à 0 entre chaque phytogène au point de contact même des phytogènes, alors, en vertu des effets de la végétation que nous avons étudiés (p. 94), il s'ensuit que la séparation doit se continuer et qu'il doit y avoir exastosie là où, auparavant, il y avait défaut de cette propriété. Dans le premier cas, nous aurons un organisme *monophylle*, mais à 6 divisions au sommet; et dans le second, un organisme *polyphylle*. Cette théorie, comme on le voit, concorde mieux avec les observations de Payer qu'avec celles de M. Schleiden ou même celles de M. Duchartre, observations qui ont conduit cet auteur à admettre que les organismes monophylles apparaissent d'abord sous la forme d'un bourrelet circulaire continu sur lequel les dents du calice se montreraient ensuite comme autant de festons (1). Toutefois, il n'est point impossible que, dans quelques cas, il puisse y avoir accroissement commun entre les 6 phytogènes circulaires (2), de façon à produire un bourrelet circulaire avant même que les premiers phénomènes de l'exastosie se soient prononcés sur ces mêmes phytogènes circulaires.

Quoi qu'il en soit, d'après les études organogéniques, à part l'ordre de succession, presque tous les organismes floraux se feraient d'après le même mode de formation, c'est-à-dire commenceraient par des mamelons (phytogènes), et par conséquent, ce qui se passe pour le calicule des Malvacées a pareillement lieu pour celui des Rosacées. Il y a toutefois une remarque à faire, c'est que, tandis que la formation du calicule précéderait celle du calice dans les Malvacées (3), au contraire, dans les Rosacées, la formation du calicule serait postérieure à celle du calice et même à celle de la corolle (4). La position des parties du calicule entre chaque sépale, la postériorité et surtout la simultanéité d'apparition des mamelons caliculaires ont conduit cet auteur à adopter l'opinion d'Aug. Saint-Hilaire, qui ne voit dans les divisions du calicule des Rosacées que des stipules de sépale, se fondant sur ce que, dans

(1) *Organog. fl. des Malvacées.* — *Ann. sc. nat.*, t. IV, 1845.
(2) Une fois pour toutes, nous prévenons que lorsque nous donnons le nombre 6 entrant dans la constitution d'un organisme floral, nous entendons parler du nombre *type* et non du nombre *normal*, qui peut encore être réduit par suite de phénomènes d'avortement, de fusion ou de défaut d'exastosie.
(3) Payer, *loc. cit.*, pl. VIII, *fig.* 2, 3, 4, 5 et 6.
(4) *Ibid.*, pl. CI, *fig.* 13 et 15.

le *Fragaria collina*, le calicule est tantôt de 5 parties alternes avec les sépales, tantôt de 10 parties, mais alors groupées par paires alternant avec les sépales.

La formation du calicule des Lythrariées est antérieure à celle du calice et se compose de 5 mamelons qui, selon Payer, naissent successivement dans l'ordre quinconcial, et seront alternes avec les mamelons calicinaux qui, un peu plus tard, apparaîtront tous à la fois. Or, il faut remarquer que si l'on s'en rapportait à l'ordre d'apparition des phytogènes, le calicule, par son développement dans l'ordre quinconcial, serait un calice, et le calice, à cause de l'apparition simultanée des parties, devrait être une corolle ; mais nous ne croyons pas que l'ordre d'apparition soit une raison suffisante de dénomination pour un organisme, car rien n'est absolu, en botanique surtout. Conséquemment, nous aimons mieux regarder tous les calicules comme des calices extérieurs provenant soit de dédoublements (Malvacées), soit de répétitions, comme dans certaines Rosacées et accidentellement dans les Poiriers, etc. (*Phytom.*, t. II, p. 177).

Ce phénomène d'un verticille de phytogènes se développant après l'apparition d'un verticille supérieur qui eût dû, au contraire, ne se montrer que plus tard, est un fait beaucoup plus fréquent en botanique qu'on ne saurait le croire ; il est le même que celui qui depuis longtemps a été constaté dans la formation des deux enveloppes extérieures de la graine : la *primine* et la *secondine*; il est analogue à celui que l'on observe dans les inflorescences à évolution centrifuge ; c'est encore un phénomène semblable qui fait que l'androcée est quelquefois relativement bien plus développé que la corolle ; que le gynécée a parfois terminé sa croissance quand l'androcée continue encore la sienne. Toutefois, nous croyons avoir reconnu qu'il y a quelquefois dans la végétation des sortes de *haltes d'évolution*, des *arrêts provisoires d'accroissement*, pendant lesquels les parties restent plus ou moins sans la moindre apparence d'accroissement ; puis, tout à coup l'accroissement se fait de nouveau apercevoir, et souvent alors il est relativement accéléré ; c'est ainsi que la plupart de nos fruits de table, et surtout la figue, grossissent jusqu'à un certain point, puis restent plus ou moins longtemps, quelquefois six semaines environ (figue) sans augmentation apparente de volume, puis après le fruit *tourne*, et en peu de temps il grossit beaucoup et mûrit (1).

Il est très-probable que dans les phénomènes qui ont pour objet la formation postérieure du calicule, il y a un arrêt provisoire de développement qui fait qu'alors même que 6 centres vitaux ou phytogènes circulaires se seraient formés, ceux-ci restent stationnaires pendant un certain temps, puis se développent en donnant lieu à ces productions postérieures qui constituent le calicule; et il est très-probable que la primine et la secondine doivent à une semblable cause leur apparition postérieure au nucelle.

C'est sans doute parmi les calicules que l'on peut ranger les 6 pièces extérieures par rapport au calice de certaines Berbéridées et que Payer désigne sous le nom de *bractées secondaires*. Ces 6 pièces naissent de 6 phytogènes circulaires, mais dans un ordre particulier : ainsi, à droite et à gauche de la bractée-mère, on voit apparaître successivement deux petits mamelons ou phytogènes qui sont les rudiments de 2 pièces du calicule, puis quelquefois un troisième en avant du côté de la bractée-mère. Un peu plus tard, dans quelques espèces, il s'en développe trois autres, alternes avec les trois premiers, de sorte que la base de la fleur se trouve entourée d'une sorte de calicule formé par 6 bractées secondaires (Payer).

Le calicule est formé par les 5 ou 6 phytogènes circulaires du premier protophytogène-fleur. Le phytogène central qui continue l'axe est destiné à fournir les protophytogènes ultérieurs qui devront, par leur développement, constituer la fleur entière.

C. CALICE *ou* EXANTHOPHYLLE (*sépales*).

Les phytogènes circulaires qui doivent constituer les diverses parties du calice présentent ce caractère général que leur apparition ne se fait pas simultanément, mais bien suivant l'ordre de succession des organes appendiculaires. Ainsi, si le nombre des parties est impair, 3 ou 5 par exemple, ils sont alors disposés en

(1) Voir plus loin l'article *Arrêts provisoires d'accroissement.* — Voyez aussi : *Faits pour servir à l'histoire générale de la fécondation*, etc. Broch. in-8°, 1859.

spirale (1) et se développent les uns après les autres dans leur ordre de succession sur la spirale (Payer). Il est probable que dans ce dernier cas il s'est produit un avortement ou une fusion de 2 phytogènes en un seul, comme cela a eu lieu pour le calicule du *Pavonia hastata*. Si, au contraire, ils sont en nombre pair, dit le même auteur, ils sont le plus souvent au nombre de 4 et forment 2 verticilles de 2 sépales chacun, les 2 sépales de chaque verticille apparaissant en même temps, ceux du verticille supérieur après ceux du verticille inférieur. Mais, comme on rencontre souvent 6 parties au lieu de 5 au calice d'un grand nombre de plantes de familles diverses, nous nous demandons quel est alors l'ordre de la succession : sera-ce celui de la quinconciale, c'est-à-dire du nombre 5 auquel s'en ajouterait un autre, postérieur aux 5 normaux ; ou bien sera-ce celui du verticillisme par 2, ce qui formerait 3 verticilles au lieu de 2? Si c'était ce dernier mode qui dût être suivi par la nature, voici la conséquence curieuse à laquelle on arriverait : c'est qu'il suffirait du développement d'un élément de plus dans le calice pour aussitôt changer l'ordre de leur apparition ; et en effet, la cause qui aurait pu faire avorter un phytogène ou fusionner deux phytogènes en un seul, pourrait bien faire naître en même temps un défaut de symétrie dans l'évolution des parties, d'où le mode d'évolution quinconcial.

Si l'on recherche ce qui a lieu dans les espèces à 6 parties au calice, comme dans les Berbéridées, on voit que 3 des phytogènes apparaissent les premiers, puis les 3 autres après, et comme ils alternent, on est en droit d'en conclure qu'ils forment 2 verticilles ; mais pour nous, ces 2 verticilles appartiennent à un même cercle de phytogènes qu'un défaut de simultanéité dans l'évolution a dû nécessairement déplacer. On ne trouve rien ici qui puisse éclairer sur la question que nous venons de nous poser. Seulement, comme dans le texte Payer ne dit rien sur l'ordre d'apparition des mamelons de chaque verticille et que les mamelons paraissent se former simultanément dans le 1er verticille de sépales reproduit pl. LII, *fig.* 10, en considérant ce 1er verticille comme un calice extérieur analogue au seul calice des *Podophyllum*, on trouve ici une sorte de contradiction avec la règle générale établie

(1) Ici les tours de l'hélice sont tellement rapprochés qu'on peut regarder la disposition comme une spirale.

plus haut pour les parties à nombres impairs. Il est vrai que l'on peut dire que, le nombre 6 étant un nombre pair, l'apparition peut avoir lieu suivant un verticille qui, au lieu de 2 parties, serait de 3 parties, et ainsi tourner la difficulté que présente le nombre impair 3.

Le *Podophyllum* offre ce fait remarquable qu'il n'y a que 3 sépales, et qu'au contraire il y a 9 pétales. Or, ce qu'il faut constater, c'est que les 3 sépales forment un verticille et les 9 pétales 2 verticilles seulement, un 1er de 3 alternes avec les sépales et 1 verticille de 6 pétales. Quelle conséquence phytogénique devons-nous tirer de cet état de choses? Evidemment, que les 3 pétales extérieures appartiennent au verticille calicinal que le défaut de simultanéité de développement ont déplacés et soumis à l'action de l'*influence pétaloïde* qui fait la corolle.

Les Aristolochiées ne nous éclairent pas davantage, concernant la question posée un peu plus haut. Le nombre 6 des étamines et des carpelles pouvait faire croire au nombre 6 des parties originellement apparentes du calice ; mais il paraît qu'il y a défaut complet d'exastosie, malgré l'irrégularité du calice, et que cet organisme n'apparaît que sous forme d'un bourrelet circulaire dont les bords sont plus relevés d'un côté que de l'autre, et qui grandit rapidement et inégalement en élevant de plus en plus les bords de façon que bientôt il en résulte une sorte de sac, qui n'est autre que le calice.

D'un autre côté, Payer nous apprend que dans les Lythrariées, les phytogènes ou mamelons qui doivent former le calice et qu'il dit être au nombre de 5, naissent tous en même temps, et il est vraisemblable qu'il en est ainsi quand le calice se compose de 6 parties, qui sont le nombre normal de cette famille. Sans doute que, dans l'exemple exceptionnel cité, deux phytogènes s'étaient fondus en un seul ou bien que l'un d'eux avait avorté avant l'apparition des mamelons. Du reste, il est probable que l'auteur a tenu peu de compte du nombre des parties, car dans la pl. XCV, *fig.* 10, il représente une fleur à 5 parties à chaque verticille, et dans la *fig.* 11, qu'il dit être la coupe longitudinale de la même fleur, il lui donne 6 parties à chacun de ses verticilles. Conséquemment, rien encore dans cet exemple ne peut résoudre la question.

Dans les *Rheum* on reconnait 6 parties aux enveloppes florales, mais disposées sur 2 rangs : les 3 folioles externes apparaissent successivement à la manière des divisions calicinales, tandis que les 3 folioles internes paraissent se former simultanément comme les parties de la corolle. On ne peut donc encore tirer aucune conséquence favorable à la solution demandée.

Les *Polygonum* nous montrent un cas particulier qui explique pourquoi l'on ne trouve que le nombre 5 au lieu du nombre 6 que présentent les *Rheum* et les *Rumex*. Ce n'est pas qu'alors il y ait avortement d'un phytogène ou fusion de 2 phytogènes en un seul; c'est parce que, ainsi que Payer l'a fort bien vu, un des sépales naît trop tôt sur le pédoncule, et que subissant l'*influence foliifiante*, il se transforme en une bractée qui forme ainsi une 2ᵉ bractée latérale secondaire, dont les *Rheum* et les *Rumex* qui ont 6 parties à leur périanthe sont dépourvus. En un mot, si les *Polygonum* n'ont que 5 sépales, en revanche, ils ont 2 bractées secondaires latérales, et si les *Rheum* et les *Rumex* ont 6 parties à leur calice, ils n'ont au contraire qu'une seule bractée secondaire latérale, et c'est pour Payer, comme pour nous, ces derniers genres qui sont le type de la constitution des fleurs des Polygonées. D'où nous concluons que dans les Polygonées, le 1ᵉʳ protophytogène-fleur a fourni 6 phytogènes circulaires au périanthe; mais 3 de ces 6 phytogènes grandissant les premiers, ils participent de la disposition hélicoïdale des feuilles, tandis que les 3 autres participent de la disposition verticillaire des organes de la fleur.

Les *Menispermum* ont aussi un calice à 6 parties, mais sur deux rangs, se comportant, quant à leur évolution, assez exactement comme celui des *Berberis*.

Comme on le voit, les exemples que nous venons de citer, de calices à 6 parties, ne peuvent nullement nous renseigner, et la question que nous nous sommes posée, p. 285, reste entièrement à résoudre.

Le calice est, dans l'ordre de nos idées phytogéniques, le résultat du développement des 5 ou 6 phytogènes circulaires du 1ᵉʳ protophytogène-fleur ou du 2ᵉ (s'il se forme un calicule), le phytogène central devant continuer l'axe pour constituer les autres parties de la fleur.

D. COROLLE *ou* ÉNANTHOPHYLLE (*pétales*).

La corolle est le verticille intérieur de la fleur munie d'un double périanthe. Ses parties que l'on nomme *pétales* peuvent être complétement libres ou plus ou moins unies ensemble par défaut d'exastosies : de là les expressions de *dialypétales* ou *polypétales* et de *gamopétales* ou *monopétales* pour les désigner, mais nous savons parfaitement que les parties ne sont point soudées et, conséquemment, que le mot gamopétale est impropre. Philosophiquement le pétale est regardé comme une feuille ordinaire que la végétation a modifiée au point, souvent, d'en faire perdre la forme, la couleur et les propriétés physiologiques, et, comme aux feuilles, on leur reconnaît deux parties distinctes : une *lame* équivalant au limbe et un *onglet* équivalant au pétiole. Si ce dernier vient à faire défaut on a un pétale *sessile*.

Les phytogènes circulaires qui doivent former les mamelons pétaloïdes de la corolle apparaissent toujours après les mamelons sépaloïdes. Mais, tandis que, d'une manière générale, les sépales se montrent les unes après les autres dans l'ordre hélicoïdal, au contraire, les pièces de la corolle étant verticillées, les mamelons pétaloïdes se montrent tous à la fois. Il y a pourtant quelques cas où les pièces de la corolle sont disposées en hélice et où, alors, les phytogènes ne se montrent plus que les uns après les autres dans leur ordre de succession hélicoïdale : c'est surtout lorsque le calice et la corolle sont formés d'un grand nombre de pièces et qu'il est difficile de dire exactement où finit le calice et où commence la corolle. Dans ce cas, on peut observer que les pièces sépaloïdes passent progressivement à l'état pétaloïde, si bien que les deux extrèmes des formations calicinales et pétaloïdes sont très-différentes, mais entre le calice et la corolle il y a des nuances insensibles de modifications qui ne laissent à l'observation saisir que ce fait : c'est que les premières formations hélicoïdales de la fleur revètent plus particulièrement les caractères des sépales, tandis que les dernières formations ont essentiellement l'apparence des pétales. C'est dans les *Cactus*, les *Calycanthus* et les *Nymphœa* que l'on peut facilement étudier ces passages insensibles. Les *Camellia* nous ont paru être dans le même cas ; c'est-à-dire que les écailles ou bractées, les sépales et les pétales, qui peuvent être très-nombreux, proviennent tous de phytogènes circulaires déplacés fournis par des phytogènes centraux successivement devenus protophytogènes, phytogènes circulaires qui apparaissent tous les uns après les autres, sous forme de mamelons, dans un ordre hélicoïdal dirigé dans le même sens (voyez p. 269, art. *Réceptacle*).

Hors ces exemples et quelques autres en très-petit nombre (Renoncules, *Magnolia*), on peut dire que les phytogènes circulaires qui doivent former la corolle apparaissent en même temps sous forme de mamelons que l'on peut assurer être de même époque physiologique de formation, et, par conséquent, ils doivent être verticillés ; mais quand il y a plusieurs verticilles de pétales, la génération des verticilles est *centripète*, absolument comme les formations phytogéniques ; c'est-à-dire qu'alors il n'y a aucun des arrêts de développement dont nous avons cité déjà quelques exemples. Néanmoins, une fois formés, il peut arriver que les pétales soient très-lents à grandir et subissent une sorte d'arrêt d'accroissement, car quelquefois on voit les étamines se former et grandir beaucoup tandis que les pétales restent à peu près stationnaires.

Le nombre des mamelons pétaloïdes qui font saillie sur le réceptacle est ordinairement de 5, mais il est aussi quelquefois de 6, comme on peut s'en assurer dans les *Lythrum*, les *Lagerstroemia*, où ce nombre est normal, et les *Armeniaca*, les *Fragaria*, où ce nombre est très-fréquent, pourvu que l'on multiplie assez les recherches pour tomber sur des fleurs à 6 pétales, ce qui n'est pas difficile. En conséquence, ou bien un des phytogènes avorte normalement, ou bien normalement encore deux se fondent ensemble pour n'en faire qu'un et ne donnent alors qu'un seul mamelon. Dans tous les cas, la corolle est le résultat du développement de 5 ou 6 phytogènes circulaires du 2e protophytogène-fleur, ou du 3e si la fleur est caliculée : le phytogène central devant continuer l'axe pour constituer l'androcée.

E. DISQUE *ou* MÉTANDROPHYLLE (*lépales*).

Le disque est un corps particulier, charnu, que l'on rencontre dans un certain nombre de fleurs, indépendamment des verticilles floraux que nous venons de passer en revue. Sa nature ne paraît pas avoir été comprise de la même manière par tous les botanistes, ou plutôt, étant variable, les auteurs ne sont pas d'accord sur ce qu'il convient de désigner sous cette dénomination. Ainsi, quelques-uns, avec Linné, confondent le véritable disque avec le *nectaire*, et l'on sait que, sous ce nom, l'illustre botaniste suédois désignait des organes de natures très-diverses. Adanson, sous le nom de *disque*, lui a appliqué une signification et des propriétés différentes de celles des nectaires, quoique désignant encore des parties qui ne paraissent pas être de même nature, et quoiqu'ayant une désinence qui n'est en rapport avec aucune de celles par lesquelles on désigne les verticilles floraux, sans avoir même l'avantage de caractériser la forme ou la position de l'organe (1) ; c'est cependant cette appellation qui a été adoptée par les botanistes modernes. Aug. Saint-Hilaire, qui a fait un bon article sur le disque (2), se sert lui-même de cette dénomination, mais en lui donnant une délimitation qui nous paraît un peu trop absolue, car, en se rangeant de son opinion, il y aurait des corps de natures au moins très-analogues auxquels il faudrait donner un autre nom. Il en est de même des noms de *phycostème* (Turpin) et de *perigyrium* (Link) qui, le premier, s'appliquerait souvent à autre chose qu'à une modification des étamines, et le second se confondrait facilement avec le mot *perigynus*, qu'Antoine-Laurent de Jussieu a consacré à un autre ordre de faits.

Pour Payer, le disque n'est jamais un organe spécial de la nature du calice, de la corolle, des étamines et du pistil, mais toujours une modification particulière produite dans le tissu de l'un des organes de la fleur, modification qui ne peut influer en rien sur la symétrie de cette fleur. Le plus souvent, ce serait un gonflement d'une partie du réceptacle, gonflement qui prend les

(1) *Essai de Phytomorphie*, t. I, p. 342.
(2) *Morpholog. vég.*, p. 455.

formes les plus diverses (1). Mais nous avons vu que le réceptacle, comme organe particulier, n'existe réellement pas; par conséquent, nous sommes forcé de reconnaître que le disque, quels que soient sa position ou l'état de son développement, représente réellement un organisme formé de parties verticillées, et conséquemment doit être le résultat du développement d'un protophytogène. Ainsi, dans l'*Hippocratea Riedelii*, l'*Astrocarpus sesamoides*, le disque se trouve compris entre les pétales et les étamines, ou plutôt c'est sur lui que se développent les étamines; il se pourrait donc qu'il ne fût autre chose que la base même des étamines qui aurait pris un certain développement avant l'apparition des organes.

Le plus souvent, c'est la partie comprise entre l'androcée et le gynécée qui se gonfle en une sorte de disque, et qui même prend souvent la forme appendiculaire (*lépales*), comme on le voit dans l'*Eupomatia laurina*, l'*Helicteres sacarolha*, l'*Aquilegia vulgaris* (Aug. Saint-Hilaire).

Dans le *Cneorum tricoccum*, c'est toute la partie comprise entre la corolle et le gynécée qui se développe de façon que les étamines paraissent comme enchâssées dans le disque, tandis que dans le *Cardiospermum halicacabum* et le *Cleome spinosa* cet organisme se développerait entre le calice et le gynécée, si bien que les pétales et les étamines paraissent sortir d'excavations qui semblent creusées dans le disque (Payer). Mais peut-on considérer comme disque ce qui pourrait n'être qu'un gonflement des méritballes floraux? ou plutôt doit-on assimiler ce gonflement avec les lépales des espèces précitées? Nous ne le pensons pas, car le disque nous paraît devoir être de nature appendiculaire, tandis que ces gonflements nous paraissent être plutôt de nature axile.

Il n'en est pas de même du disque que l'on observe dans les *Cissus*, où il se présente sous forme de 4 lobes; dans le *Cobœa*, où il constitue 5 angles arrondis; dans les *Ticorea*, où l'on constate sa présence par 5 dents; dans le *Spiranthera*, où il s'annonce par 10. Enfin, dans les Véroniques, les Scrophulaires, les *Almeidea*, les disques se reconnaissent encore, mais entiers,

---

(1) Payer, *Organog. comp. de la fleur*, p. 741.

à leur sommet, et formant un verticille ayant l'aspect d'un bourrelet, d'un anneau, d'une cupule ou d'une sorte de tube suivant la longueur à laquelle parviennent les parties élémentaires du verticille. Chez le *Veronica Becabunga*, il atteint déjà le quart de la hauteur de l'ovaire; dans l'*Almeidea rubra*, il en atteint la moitié ; dans le *Galipea pentagyna*, il arrive presque à son sommet, et dans le *Pœonia Moutan*, il enveloppe complétement les ovaires (Aug. Saint-Hilaire).

Bien que le disque, quand il existe, soit le plus souvent formé par le quatrième protophytogène de la fleur, et c'est alors qu'il mériterait le nom de *métandrophylle*, cependant, par défaut d'exastosie circulaire, il peut contracter des adhérences avec le calice, et donner lieu à trois positions principales par rapport au gynécée. Ainsi, si le défaut d'exastosie n'a lieu que tout au fond du calice, sur ce point que les botanistes nomment réceptacle, on dit alors que le disque est *hypogyne* (Antirrhinées, Crucifères, Labiées, Rutacées, etc.); lorsque le défaut d'exastosie circulaire a lieu plus ou moins haut sur la paroi interne du calice, comme entre les 2 verticilles (sépaloïdes et lépaloïdes) se trouvent compris les verticilles pétaloïde et staminal, en vertu de la loi d'alternance, il doit nécessairement en résulter un calice monophylle, et, dans ce cas, le disque est dit *périgyne* (Cerisier, Pêcher, *Rhamnus frangula*, etc.); enfin, le défaut d'exastosie peut être porté plus haut sur le calice en même temps que l'ovaire devient infère, et, dans ce cas, le disque est appliqué sur le sommet, où souvent il prend un assez grand développement, comme on le voit dans les Ombellifères et les Rubiacées : on dit alors qu'il est *épigyne*.

Contrairement à l'opinion de Payer, le disque compte tellement dans la symétrie de la fleur (1), que lorsqu'il arrive que les carpelles sont opposés aux étamines, c'est qu'il se trouve d'ordinaire un verticille intermédiaire, le disque, qui rétablit la loi d'alternance. Ainsi, dans le *Cneorum tricoccum*, la fleur se compose de 3 sépales, 3 pétales et 3 étamines relativement alternes, puis 3 carpelles qui, au lieu d'être alternes avec les 3 étamines, leur

____

(1) Mais nous verrons, p. 296 (note), que Payer a aussi une manière à lui de considérer la symétrie végétale.

sont opposées; mais, en examinant attentivement la fleur, on reconnaît que, entre le verticille de carpelles et celui d'étamines, il
existe un disque sous la forme d'un anneau assez épais, et qui
doit être regardé comme un verticille intermédiaire nécessaire ici
à la réalisation de la loi d'alternance, car lorsque les carpelles
alternent avec les étamines, on n'observe point la présence d'un
pareil organe.

Le disque est généralement constitué par les phytogènes périphériques de l'avant-dernier protophytogène-fleur, dont le phytogène central se composera en un protophytogène-carpelles.
Dans l'ordre de succession des organismes de la fleur, nous aurions dû ne parler du disque qu'après avoir fait l'étude de l'androcée, mais, comme cet organe ne peut être considéré que
comme *accessoire*, il nous a paru convenable de l'étudier après
le calice et la corolle, qui, eux aussi, sont regardés comme des organes accessoires, bien que souvent, ainsi que nous l'avons démontré autre part, ils jouent un rôle important dans l'acte de la
fécondation (1).

§ II. — *Organes essentiels de la fleur.*

Les organes essentiels de la fleur sont les étamines et les pistils. Ils ont ainsi reçu cette qualification parce qu'en effet ils
sont indispensables à la reproduction par voie de fécondation. Il
y a des fleurs qui ne se composent que de l'androcée constituant
les *fleurs mâles*, d'autres qui ne sont formées que par le gynécée
constituant les *fleurs femelles;* mais le plus souvent les deux
organismes, androcée et gynécée, se trouvent réunis dans une
même fleur, qui, dans ce cas, est appelée *hermaphrodite.*

F. Androcée *ou* Androphylle (*étamines*).

L'androphylle constitue l'organisme mâle de l'appareil de la
reproduction. Philosophiquement, l'étamine, qui est une partie
constituante de cet organisme, est généralement considérée comme
un organe appendiculaire de la nature des pétales et, par consé-

(1) *Essai de Phytomorphie*, t. I, p. xxi, et *Faits pour servir à l'histoire
générale de la fécondation végétale*, broch. in-8°, Paris, 1859.

quent, doit être regardée comme une feuille modifiée, et comme telle formée de 2 parties distinctes : l'*anthère* qui équivaut au limbe de la feuille, et le *filet* équivalant au pétiole. Quand ce dernier manque, l'anthère est *sessile*.

Dans l'ordre de nos idées phytogéniques, les étamines doivent toujours apparaître après les mamelons pétaloïdes, et c'est aussi ce qui a lieu très-régulièrement, ou, s'il y a quelques exceptions à cet égard, elles ne nous sont pas connues.

Toutefois un auteur classique récent a écrit que « souvent le verticille staminal se développe avant le verticille des pétales et des sépales ; exemple : les Graminées et les Crucifères. » Ce fait a besoin d'une explication. Il ne faut pas confondre l'*apparition* avec le *développement*.

En effet, il peut se faire que, par *arrêt provisoire de développement*, les étamines arrivent à accomplir leur entier développement avant que les pétales et les sépales n'aient terminé leur évolution totale ; néanmoins, ce n'est point dans les familles précitées, mais bien parmi les Légumineuses et dans les espèces où la fécondation se fait *avant l'anthèse*, qu'il faut chercher ces exemples, car alors les étamines émettent leur pollen quelque temps avant le parfait développement des organes du périanthe (1). Mais s'il s'agit de l'apparition des organes, ce serait une erreur de faire croire que les étamines se développent avant les sépales et les pétales, car ces organes destinés à protéger la naissance des étamines et des carpelles n'auraient plus qu'une utilité douteuse. D'ailleurs, Payer, bon juge en pareille matière, dit positivement que les étamines naissent après les pétales et que, « si quelques observateurs ont cru voir le contraire, cela tient à ce que, à l'origine, le pétale se présente souvent sous la forme d'un mamelon arrondi en tous points semblable à un mamelon staminal, et que n'ayant pas assez multiplié leurs observations, ils n'ont pas eu l'occasion de rencontrer des boutons au moment où les étamines superposées aux pétales commençant à poindre sont plus petites que ces pétales (2). »

La nature des étamines et des pétales étant similaire, puis-

----

(1) Ch. Fd., *Faits pour servir à l'histoire générale de la fécond. vég.* Broch. in-8°. Paris, 1859.

(2) *Organog. comp. de la fl.*, p. 713.

qu'on les voit fréquemment se transformer les uns dans les autres, ce que nous avons dit des pétales peut se rapporter aux
étamines ; c'est-à-dire qu'en général les étamines sont disposées
en verticilles, et, dans ce cas, les mamelons phytogéniques qui
doivent les former apparaissent simultanément. Si l'androcée
comporte plusieurs verticilles, leur évolution est presque toujours
centripète. Payer ne signale à ce sujet qu'une seule exception,
qui lui a été fournie par la *Tradescantia virginiana*, dans laquelle on voit les étamines superposées aux pétales apparaître les
premières et rester longtemps plus grosses que les autres.

Cependant, de même que les phytogènes pétaloïdes peuvent ne
pas se développer simultanément par suite de déplacements et de
disposition hélicoïdale, de même aussi les étamines en grand
nombre peuvent apparaître successivement en suivant l'ordre de
leur position sur l'hélice ; et, chose digne de remarque, c'est précisément dans les fleurs à corolles multiples que l'on rencontre
les androcées à verticilles déplacés multiples et continuant l'hélice commencé par les parties de la corolle (*Nymphæa, Cactus,
Camellia, Magnolia, Ranunculus*, etc.), avec cette différence
que souvent chaque cycle androcéen est composé d'un plus
grand nombre d'éléments que le cycle pétaloïde. Ainsi, Payer a
reconnu que dans l'*Helleborus odorus* tous les organes de la
fleur sont disposées en hélice, mais, tandis que chaque cycle de
la corolle ne comporte que 13 pétales, chaque cycle de l'androcée
comprend 21 étamines.

Dans l'androcée, le nombre *type* des étamines est 6 ou son
multiple, comme on le voit dans les Styracinées, les Lythrariées,
les Berbéridées ; mais ce nombre est souvent réduit à 5 ou son
multiple, qui devient alors *normal* dans les Dicotylédones. Il y a
même des fleurs chez lesquelles le nombre des pièces sépaloïdes
ou pétaloïdes est variable et qui, néanmoins, offrent le nombre 6
avec une assez grande constance. Ainsi, dans la famille des Papavéracées, les genres *Argemone, Chelidonium, Eschscholtzia*, forment plusieurs verticilles (4 à 6) de 6 étamines chacun, mais qui,
à cause de leur grand nombre, présentent dans l'ordre de leur apparition une anomalie que Payer a parfaitement constatée, mais
à laquelle il donne une interprétation bien différente.

Selon lui, chaque verticille en forme 2 ; mais, chose extraordinaire, ce ne seraient plus 2 verticilles par 3, mais 1 verticille par 2 et 1 verticille par 4. Pour rendre exactement sa manière de voir, nous allons lui emprunter les passages suivants :

« La corolle des *Eschscholtzia*, en effet, dit-il, comprend deux paires de pétales formant 2 verticilles d'une paire chacun. Si la symétrie (1) de l'androcée était la même que la symétrie de la corolle, le premier verticille d'étamines serait composé de 2 étamines opposées, superposées à la première paire de pétales ; le deuxième verticille de 2 autres étamines opposées, superposées à la seconde paire de pétales et alternant avec les deux premières étamines ; le troisième verticille d'étamines serait superposé au premier et le quatrième au deuxième, et ainsi de suite. »

« Supposons qu'il en soit ainsi, et imaginons, en outre, que les deux étamines du premier verticille de l'androcée, au lieu de rester simples comme les 2 étamines du deuxième verticille, se dédoublent chacune en deux autres ; à la place de 2 étamines superposées aux deux premiers pétales, nous en verrons naître quatre superposées par paire à ces deux premiers pétales, ou, en d'autres termes, alternes avec les quatre pétales, et les deux premiers verticilles d'étamines, dont l'un s'est dédoublé tandis que l'autre est resté simple, paraîtront ne plus former qu'un seul verticille de 6 étamines, mais dont l'évolution, qui s'accomplit en deux fois, trahira l'origine. Or, cette supposition que je viens de faire se réalise sous les yeux de l'observateur, d'une manière évidente, dans la fleur de l'*Eschscholtzia crocea*, où les 4 premières étamines alternes avec les pétales apparaissent d'abord comme deux mamelons superposés aux deux pétales externes, et qui se dédoublent ensuite chacun en deux autres (2). »

Pour soutenir l'opinion qu'il a avancée sur la simultanéité d'apparition des mamelons de chaque verticille androcéen, l'auteur fait intervenir un phénomène de dédoublement qui est sans doute évident ; mais, placé à un autre point de vue, on peut in-

---

(1) Payer a aussi une manière de concevoir la symétrie différente de celle de De Candolle, d'Auguste Saint-Hilaire, d'Ad. de Jussieu et de la nôtre. Pour Payer la symétrie n'est plus ici qu'une répétition de nombre. C'est que, lui aussi, n'a pas eu l'idée d'une base géométrique pour se rendre compte des propriétés de la symétrie, et il est tombé dans une erreur évidente (voir *Essai de Phytomorphie*, t. 1, p. 57).

(2) *Organog. comp. fl.*, p. 715.

terpréter le phénomène différemment. Philosophiquement on peut soutenir qu'il n'y a rien d'absolu dans la nature et surtout dans la nature végétale, et peut-être Payer a-t-il été un peu trop affirmatif en disant que : *Toutes les fois que dans une fleur régulière les étamines sont par verticilles, dans chaque verticille les étamines apparaissent toutes en même temps.* D'ailleurs, la nature marche progressivement, et s'il est bien certain que les étamines hélicoïdées apparaissent successivement dans l'ordre de leur position sur l'hélice, s'il est généralement vrai qu'en général celles qui sont disposées en verticilles doivent naître simultanément, puisqu'elles appartiennent à une même époque physiologique de formation, il est rationnel d'admettre un état intermédiaire qui serait le verticillisme des étamines avec un retard dans l'apparition de quelques-unes.

L'esprit conçoit, en effet, suivant notre manière de voir, que les 6 phytogènes circulaires se forment simultanément, mais qu'un déplacement peut se produire, qui porte les unes au-dessus des autres dans un certain ordre, et qu'alors les plus élevées, les dernières à recevoir les sucs nutritifs, n'aient qu'un développement postérieur. Mais on conçoit aussi que ce qui a lieu successivement par rapport à une courbe hélicoïde, ait lieu également pour une courbe circulaire, et dans ce cas un verticille peut ne pas être formé d'éléments se développant simultanément.

Pour nous, ces 6 étamines de l'*Eschscholtzia crocea* sont toujours le résultat de l'évolution individuelle de chacun des 6 phytogènes circulaires, tandis que chaque paire de pétales serait le résultat de l'évolution en commun de 3 phytogènes pour chaque pétale (p. 260).

L'androcée peut être regardé comme formé par les phytogènes circulaires du 3e protophytogène-fleur, en supposant la fleur sans calicule. Si l'androcée comporte plusieurs verticilles, c'est que les phytogènes centraux successifs se seront autant de fois composés. Quoi qu'il en soit, au centre du dernier verticille se trouve un phytogène central qui sera chargé de continuer l'axe et de constituer le gynécée, à moins que la fleur ne comporte un disque, car alors ce n'est que le phytogène central du protophytogène-disque qui doit se composer pour former le gynécée.

Multiplication des étamines. Les étamines sont les organes floraux qui se multiplient avec le plus de facilité, soit que de cette multiplication résultent ou de nouvelles étamines, ou des staminodes ou des pétales, etc. Cette multiplication se présente plus ou moins compliquée : ainsi il y a des chorises ou multiplications *diplasiques* (dédoublements vrais), *triplasiques* et *pollaplasique*. Nous avons cité un certain nombre d'exemples d'étamines, résultant évidemment de dédoublements (*Phytom.*, t. I, p. 225), auxquels nous ajouterons celui du *Microtea maypurensis* signalé par Payer, et offrant parfois 7, 8 étamines, parce que 1 ou 2 étamines du verticille *type* se sont dédoublées. Cet auteur regarde les 10 ou 12 étamines du *Phytolacca decandra* comme le résultat du dédoublement de chaque étamine normale ou type. En effet, les 10 ou 12 étamines sont rapprochées, 2 par 2, en 5 ou 6 groupes alternes avec les sépales.

Les chorises triplasiques d'étamines sont assez rares : cependant nous en avons indiqué quelques exemples normaux et anormaux (*loc. cit.*, p. 236), il est inutile d'y revenir ici.

Il en est de même des chorises pollaplasique, dont nous avons signalé un certain nombre d'exemples, page 243 du même volume. Nous devons en ajouter ici deux autres qui nous permettront, d'après Payer, d'indiquer leur mode de formation. Ce sont les *Citrus* et les *Nitraria*. Selon cet auteur, on commence par observer la formation de 5 mamelons (phytogènes) alternes avec les pétales ; un peu plus tard chaque mamelon en produit 2 autres : un à droite, l'autre à gauche ; puis deux autres, puis encore deux autres, et ainsi de suite, de telle façon que les mamelons primitivement uniques se sont successivement triplasiés, quintiplasiés, etc., en formant définitivement 5 groupes d'étamines, nées les unes après les autres, de chaque côté de l'étamine primordiale. C'est à ces groupes ainsi formés que Payer a donné le nom d'*étamines composées*, les regardant comme produites à la manière des feuilles composées des Lupins (*Phytom.*, t. II, p. 47). Tous ces phénomènes appartiennent aux *chorises circulaires* dont nous avons tracé l'histoire ; mais il est un autre ordre de chorises, les *centripètes*, dont l'étude est peut-être encore moins avancée que celle des chorises circulaires. Toutefois, nous en avons dit un mot dans notre *Essai de Phytomorphie* (p. 255), et nous compléterons ce que l'on sait à ce sujet par les observations suivantes que nous trouvons dans Payer (1). « Dans les *Candollea*, dit cet auteur, on voit poindre sur chaque mamelon primitif, qu'on peut considérer comme une sorte de rachis, d'abord une première étamine à l'extrémité, puis deux autres, une de chaque côté de cette première, et enfin une quatrième extérieurement et un peu plus bas que les trois autres, sur ce qu'on pourrait appeler le rachis. Ailleurs, comme dans les *Hibbertia*, les *Sparmannia*, etc., toute la surface extérieure des mamelons primitifs se recouvre d'étamines du sommet à la base. Ailleurs encore, comme dans les *Callistemon*, toute la surface extérieure du mamelon primitif se recouvre d'étamines, mais de la base au sommet. »

Evidemment, dans l'exemple du *Candollea* il y a d'abord chorise triplasique circulaire, mais ensuite chorise diplasique centripète dans la formation de la 4ᵉ étamine extérieure. Dans les *Callistemon*, nous avons clairement une *chorise pollaplasique centripète* dans l'apparition successive d'étamines, de la base au sommet, du mamelon primitif. Enfin, dans les *Hibbertia*, les *Sparmannia*, etc., nous aurions une modification de ce dernier phénomène, en ce qu'au lieu d'être *centripète*, la chorise pollaplasique serait plutôt *centrifuge;* mais, comme il est permis de penser que la marche de l'évolution générale des végétaux est plutôt centripète, il est possible que, dès le principe, lors de la formation initiale des phytogènes, le phénomène ait été normal, et que ce n'ait été qu'un peu plus tard que le phénomène anormal de l'évolution centrifuge se soit produit. Pour cette raison peut-être vaut-il mieux se contenter d'indiquer seulement des chorises centripètes.

Les étamines ont une telle propension aux chorises, que d'ordinaire elles nous montrent cette tendance par la formation de leurs deux anthères. Ainsi, phytogéniquement, tandis que les phytogènes inférieurs, i, *fig.* 11, A, restent unis pour former un petit axe qui n'est autre que leur *filament*, au contraire, toute la masse supérieure des phytogènes subit l'action de la chorise avant les exastosies qui auraient dû les diviser protophytogéniquement, et il en résulte quatre phytogènes qui se développent cha-

(1) *Organog. comp. fl.*, p. 718.

cun en une *lacune*, par un phénomène analogue à celui qui produit le nucelle; et il est probable qu'alors, tandis que les phytogènes périphériques restent unis pour former les parois de la logette anthérique, le phytogène central, encore à l'état d'un fluide gélatineux, concourt à la formation des granules polliniques dont la génération se ferait d'une manière particulière, au moins d'après ce que nous a appris de Mirbel, dans ses belles études sur le développement du pollen, dans l'anthère du *Cucurbita Pepo*.

On sait, en effet, aujourd'hui, d'après cet illustre savant, que l'anthère se montre toujours avant le filet, et qu'elle n'est autre qu'une petite masse utriculaire homogène ; que peu à peu les cellules extérieures grandissent beaucoup et deviennent transparentes, en même temps que la masse cellulaire se creuse intérieurement, formant ainsi généralement 4 lacunes, qui sont la manifestation des 4 phytogènes formés par chorise circulaire *tétraplasique*. Ces lacunes ne se montrent d'abord que sous forme linéaire; mais à mesure que chaque cavité se forme, le phytogène central de chacune des cavités, encore à l'état de mucilage, l'envahit, et c'est alors qu'on le voit s'organiser en cellules, dont les extérieures, plus petites, formeront les couches de *cellules fibreuses* si bien étudiées par M. Purkinje, et dernièrement encore par M. Chatin, pendant que les intérieures, beaucoup plus grandes, constituent des sortes de sacs ou *utricules polliniques*, nommées aussi *cellules-mères* et dans la cavité desquelles se formera le pollen. En effet, à mesure que ces sacs grandissent, ils s'emplissent d'une matière liquide (fluide générateur) qui, transparent d'abord, se trouble peu à peu par la formation de granules qui se ramassent en une masse que des exastosies vont séparer en 4 noyaux séparés chacun par le fluide où ces noyaux se sont formés. Bientôt ce fluide lui-même se solidifie, et l'on remarque que cette solidification est centripète; par conséquent, on voit des cloisons solides partant de l'extérieur, ou des parois internes du sac, s'avancer graduellement vers l'intérieur, où, se rencontrant au centre, elles isolent chacun des quatre noyaux dont nous avons parlé. Chacun de ces noyaux se revêt ensuite d'une membrane propre qui continue à croître en même temps que les parois, et les cloisons de l'utricule, auparavant épaisses et succulentes, s'amincissent tellement qu'elles finissent par disparaître et que les noyaux, d'abord isolés des divers utricules d'une même *logette*, deviennent libres et, désormais individualisés, se trouvent réunis dans une seule et même cavité.

Cette résorption totale du tissu ne se borne pas aux membranes qui constituent les utricules polliniques, car s'il en était ainsi toujours, l'anthère serait *quadriloculaire* comme on en voit des exemples dans le *Butomus umbellatus*, les *Tetratheca* et le *Poranthera ericifolia ;* mais le plus souvent, non-seulement la couche cellulaire périphérique de l'anthère est en partie résorbée, mais aussi celle qui sépare les 2 logettes voisines se dissout et finit par disparaître tellement que deux des quatre logettes finissent par se rapprocher et se confondre en une seule et même loge, qui n'est autre que la loge de l'anthère. Enfin, par un phénomène d'exastosie latérale ou circulaire, le plus souvent une fente longitudinale se prononce sur un des côtés de la loge, exastosie que favorise soit le développement naturel de la loge , soit la multiplication exagérée des granules polliniques, soit le jeu des cellules fibreuses dont l'élasticité, très-manifeste à la maturité du pollen, tend à déterminer la déhiscence de l'anthère. Si l'exastosie est interne, la déhiscence est dite *introrse ;* quand au contraire la déhiscence est interne, on la nomme *extrorse* (Iridées). Quelquefois l'exastosie se fait transversalement, et l'on a une déhiscence *transversale*, dont l'étamine du *Pyxidanthera barbulata* Michx, nous offre un excellent exemple ; d'autres fois, l'exastosie est uniquement terminale et la loge s'ouvre par un pore, comme on le voit dans les *Pyrola*, les *Solanum* et les Vacciniées. Enfin, parfois les exastosies transversale et circulaire se combinent pour produire la déhiscence *tympanique* ou valvulaire des *Laurus* ou des Berbéridées.

Fusion des étamines. Enfin, de même qu'une étamine peut se diplasier, se triplasier et se pollaplasier, de même aussi le contraire peut arriver ; c'est-à-dire que plusieurs phytogènes peuvent se fondre en un seul, absolument comme nous avons vu deux des 6 phytogènes sépaloïdes du *Pavonia hastata* se réduire à un seul par simple fusion (p. 280), et comme cela arrive aussi aux bourgeons, ainsi que nous en avons donné ailleurs quelques exemples (1), car bourgeon et étamine ont pour origine commune

(1) *Essai de Phytomorphie*, t. I, p. 125 et 291.

cette petite masse de tissu cellulaire que nous nommons phytogène. Malheureusement les phénomènes observés sur la fusion des
organes ont été jusqu'à ce jour assez peu étudiés pour qu'il ne
soit pas permis d'en tirer toutes les conséquences importantes
que sans doute un jour on pourra en déduire.

Quoi qu'il en soit, l'organogénie nous démontre, de la manière
la plus évidente, la fusion de 2 étamines en une seule dans plusieurs Cucurbitacées.

Ainsi, tandis que les *Luffa* ont 5 étamines, les *Cucurbita* n'en
ont que 3. Mais Payer nous apprend, par ses études organogéniques de la fleur du *Cucurbita Pepo*, que dans cette fleur, à l'origine, il y a toujours 5 mamelons staminaux distincts, apparaissant
tous à la fois et alternant avec les pétales (1). Mais peu à peu,
quatre de ces mamelons se groupent deux à deux, se fondent ensemble et finissent par ne plus former que deux étamines apparentes qui, avec l'étamine restée libre, font les 5 étamines du
genre, mais dont quatre sont accolées deux à deux. Si l'on suppose que la fusion des phytogènes staminaux est tellement complète qu'il n'y ait plus qu'une seule étamine au lieu de 2 accolées, on comprendra que 6 phytogènes pouvaient exister anté-
rieurement à l'apparition des mamelons staminaux dans les
Cucurbita et que, par fusion complète de 2 phytogènes en un
seul, il n'y ait plus eu qu'une seule étamine libre. Il se passerait
alors exactement ce qui paraît se passer dans l'androcée d'une
fleur d'*Hippocratea*. En effet, quelque jeune que l'on observe
une fleur de ce genre, on ne voit jamais que 3 mamelons à
l'androcée, lesquels sont entièrement semblables entre eux. Leur
surface ne laisse aucune trace de la fusion de quatre étamines en
deux, et cependant la position de ces 3 mamelons est exactement
la même que dans le *Cucurbita Pepo*. Ils sont tous trois à un tiers
de circonférence l'un de l'autre, et un seul est alterne aux pétales,
les deux autres étant superposés chacun à un pétale (Payer).

Nature phytomorphique des étamines.

Jusqu'à ce jour, depuis Gœthe, les étamines ont été regardées
par presque tous les botanistes comme étant de nature appendi-

(1) *Organog. comp. fl.*, pl. 92, *fig.* 24 à 34.

culaire; et, en effet, à ne considérer que leurs transformations fréquentes en pétales; que leurs dispositions sur ce que l'on nomme le réceptacle, en comparant le pollen qu'elles produisent avec les spores qui se forment d'ordinaire sur les feuilles ou frondes des végétaux cryptogames, on devait être conduit naturellement à ne voir dans les étamines que des feuilles modifiées, mais dans un état de modification plus avancé que ne le sont les sépales, les pétales et les carpelles. Cependant l'explication de leur formation a donné lieu à deux hypothèses principales qu'il n'est pas sans intérêt d'examiner ici.

A. *Les étamines sont de nature appendiculaire.*

1° C'est Gœthe qui démontra le mieux la probabilité que les étamines n'étaient que des pétales métamorphosés, et il tira cette conséquence de ce fait bien connu du passage fréquent des pétales en étamines; il y retrouva une relation très-intime entre ces deux organes, à ce point qu'il a écrit que son travail sur la métamorphose serait superflu si l'affinité des autres parties du végétal était aussi évidente que dans les deux organes en question. Pour lui donc le changement du pétale en étamine se fait par une *contraction* et une *subtilisation*, comme on peut s'en convaincre dans les fleurs doubles de la Rose et du Pavot. Dans ces plantes, dit-il, une partie du pétale se contracte en une callosité (anthère), tandis que l'autre se resserre en un filet. Cette transformation a lieu, selon Gœthe, par une contraction des vaisseaux spiraux, auxquels il accorde la faculté de produire les organes sexuels (*Versuch die Metamorphose der Pflanzen zu erklaren*, 1790. p. 31).

Nous avons dû faire connaître cette théorie, parce qu'elle émane de l'auteur même de la théorie des métamorphoses, bien que les observations anatomiques les plus modernes la contredisent d'une manière très-évidente.

2° Rob Brown pense que l'étamine est une feuille transformée et que, dans les anthères de même que dans les ovaires, l'origine du pollen ou des ovules a lieu sur le bord de la feuille métamorphosée; ce qui explique pourquoi l'anthère normale est aussi régulièrement biloculaire et les ovules disposées en deux séries (*sur le Raflesia*, in Lin. Soc. Transact., t. XIII). Cassini (1), Rœper (2) et Ernest Mayer (3). ainsi que Bischoff (4), partagent la même opinion avec de légères modifications.

Cassini regarde le pollen comme une modification du parenchyme de la feuille ; la suture des anthères comme ses bords, la cloison qui sépare les deux logettes de chaque loge anthérique, comme une partie du parenchyme qui ne s'est pas transformée en pollen.

Pour Rœper les anthères naissent aussi de la feuille; il n'y a que la nervure médiane qui persiste tandis que les latérales s'évanouissent; mais par une production exagérée du parenchyme, les moitiés latérales de la feuille s'enflent et s'emplissent de granules polliniques. La déhiscence se fait par les bords de la feuille.

Bischoff croit que de chaque côté de la nervure médiane les deux logettes se développent sur la face supérieure de la feuille, intérieurement à son bord.

De Candolle (5) a une opinion analogue : le filet représente le pétiole et l'anthère les deux bords du limbe roulés sur eux-mêmes et formant ainsi deux loges. « Si l'on parvient, dit-il, à y déterminer exactement l'origine du pollen, il est probable qu'on le verra sortir de l'extrémité des petites fibrilles latérales du limbe. »

Schleiden n'a pas une autre opinion que de Candolle, car il admet que le filet et le connectif ne sont autres que le pétiole et la nervure moyenne de la feuille. Chacun des demi-limbes s'enroule sur lui-même, en formant une cavité close ou loge, dont la face supérieure en devient la paroi interne. Dans cette condition, l'épiderme interne et les nervures de la feuille ne se développent pas, et le pollen est produit par le parenchyme de la feuille.

Engelmann (6) et quelques autres pensent également que les anthères résultent de l'involution des bords de la feuille.

Hugo Mohl présente une opinion un peu différente. Pour ce

(1) *Opusc. phytol.*, t. II, p. 549.
(2) *Enumération Euphorb.*, p. 44.
(3) *De Houtthuynia*, p. 23.
(4) *Lehrbuch der Botanik.*, t. I, p. 334.
(5) *Org. vég.*, t. I, p. 552.
(6) *De Antholysi prodrom.*, p. 60.

savant distingué, chaque demi-limbe, au lieu de s'enrouler sur lui-même pour former la cavité de l'anthère, se dédouble dans son épaisseur, de manière à former les 2 loges de l'anthère, et le pollen naît du développement et de la transformation du parenchyme même de la feuille (opinion voisine de celle de Rœper).

Enfin, on doit à Schultz (1) une théorie au moyen de laquelle la structure de l'anthère serait facile à expliquer : selon cet auteur, les anthères sont composées de valves cellulaires formées par des angles saillants émanant des bords du filet et qui se réunissent par une suture longitudinale, pour donner naissance à la cavité qui renferme le pollen ; c'est pourquoi chaque anthère ne saurait avoir plus de 1 ou 2 loges.

Comme on le voit, malgré les divergences d'opinions des auteurs que nous venons de citer, tous admettent, au fond, que l'étamine n'est autre qu'une feuille modifiée, et les valves cellulaires de Schultz ne nous semblent guère conduire à une autre idée.

Évidemment, au point de vue morphologique où nous sommes placés, ces hypothèses rendent compte de la forme que l'on connaît en général aux étamines, mais il serait difficile de comprendre, par leur moyen, comment ces mêmes étamines peuvent se métamorphoser en pistils ou même en véritables axes, ainsi que nous en fournissons plus loin (2) plusieurs exemples, aussi bien que dans notre 2ᵉ volume de *Phytomorphie* (3). D'un autre côté, les observations organogéniques n'appuient en aucune façon ces manières de voir, qui, quelque ingénieuses qu'elles soient, ne sauraient se prêter à l'explication de toutes les modifications de forme que présentent les étamines.

B. *Les étamines sont de nature axile.*

Agardh (4) s'est formé de l'étamine une toute autre opinion. Pour lui, les étamines ne seraient rien autre chose que des bourgeons libres placés à l'aisselle des sépales et des pétales. L'anthère serait originairement quadriloculaire, 2 loges s'unissant

(1) *Die natur der lebenden Pflanze*, t. II, p. 73.
(2) Chapitre vii, *Organes axiles et appendiculaires.*
(3) Voir le chap. des *Métamorphoses.*
(4) *Organog. der Pflanzen.*

pour former une thèque, et de même que l'ovaire représente le bourgeon terminal d'un rameau, de même l'étamine représenterait un bourgeon latéral. Dailleurs, Agardh reconnait que les étamines et les pistils ont une origine identique. Dans cette hypothèse, on le voit, l'étamine serait un véritable axe.

Endlicher (1), adoptant une manière de voir analogue, considère l'étamine comme une formation axile, portant à une certaine hauteur 2 feuilles disposées en croix par rapport à la feuille florale dans l'aisselle de laquelle l'étamine se trouve prendre naissance. Ces feuilles, par leur nervure médiane, sont soudées entre elles et au filet ; leur demi-limbe s'involutent par leurs bords, de façon à s'appliquer l'un contre l'autre jusqu'au moment de la parfaite maturité, où alors elles s'ouvrent aux mêmes points où elles s'étaient réunis, pour le passage du pollen né dans la cavité qu'elles ont formées.

Au moyen de ces deux théories, on comprend mieux la métamorphose des étamines en organes évidemment de nature axile. Malheureusement, par elles, les observations organogéniques ne sont pas suffisamment expliquées. Par conséquent, à notre point de vue, ces deux auteurs nous paraissent s'être plus rapprochés de la vérité que les premiers. En effet, pour nous, l'étamine étant le résultat de l'évolution d'*un seul* phytogène circulaire, son ensemble ou plutôt son filet est un axe, et les parois des loges anthériques en sont les organes appendiculaires. Le premier effet de l'évolution de ce phytogène consiste dans une chorise circulaire pollaplasique que l'on pourrait appeler *tétraplasique* ; c'est-à-dire qu'il se forme 4 centres vitaux ou phytogènes qui, bien que devenant protophytogènes par la suite, vont le plus souvent vivre en commun. Ainsi que nous l'avons dit, son filet peut résulter du développement en commun des 3 phytogènes inférieurs i, *fig.* 11, A, peut-être déjà exastosiés avant que le phénomène de chorise se soit prononcé, et dans ce cas il est l'analogue d'un mérithalle ; ou bien il peut représenter tous les phytogènes inférieurs, i, des 4 protophytogènes résultant de la cyclochorise, et alors il représenterait une sorte de réceptacle allongé sur lequel évolueraient les 4 protophytogènes. Dans tous

(1) *Linnæa*, t. VI, p. 124.

les cas, on remarque que ce mérithalle ne se développe jamais
qu'après les anthères, et que par conséquent le phytogène a pu
déjà subir la chorise dont nous avons parlé. Tous les phytogènes
périphériques de ces 4 protophytogènes, vivant en commun, forment une masse homogène ; mais bientôt leurs phytogènes périphériques grandissent avant que leur phytogène central ait eu
le temps de grandir et de se solidifier ; d'où il résulte 4 cavités
qui en se formant déterminent un vide, lequel ne peut être rempli que par le fluide générateur qui tient la place du phytogène
central ; aussi chaque cavité, à mesure qu'elle se forme, se
trouve-t-elle emplie par ce fluide. Les phénomènes ultérieurs
marchent d'ailleurs comme nous l'avons indiqué. Mais si les parois des loges anthériques. sont, dans nos idées, le résultat de la
vie en commun des phytogènes périphériques, il s'ensuit que
leur nature est appendiculaire, puisque nous savons maintenant
que les organes appendiculaires résultent tous du développement des phytogènes périphériques d'un protophygène quelconque.

L'étamine serait donc un *petit axe de nature appendiculaire*,
puisqu'il serait formé par un seul des phytogènes circulaires d'un
protophytogène, lesquels étaient destinés à former des organes
appendiculaires.

Cependant il peut arriver que les 4 logettes dont nous avons
parlé soient adossées au filet continué qui, dans cet endroit, serait plus ou moins développé en hauteur ou en épaisseur et
même aurait changé de structure ; dans ce cas, on a ce que les
botanistes ont désigné sous le nom de *connectif,* et cet organe,
tout à fait analogue à la columelle qui unit entre eux les carpelles composant les pistils, est à notre point de vue de nature axile.
Voyons maintenant si nous parviendrons à rendre compte, d'a-
près cette théorie, des phénomènes que nous avons dit ne pouvoir
être que difficilement expliqués par les hypothèses sus-men-
tionnées :

1° Les hypothèses qui font considérer les étamines comme des
organes appendiculaires sont toutes très-favorables à l'explication
de leur métamorphose en pétales et réciproquement : c'est un
point incontestable, et dans nos idées il semblerait qu'il y ait
contradiction avec la nature appendiculaire que nous avons re-

connue aux pétales. Comment donc admettre qu'un organe d'une nature puisse se transformer en organe d'une nature différente ?

a. D'abord nous pourrions répondre qu'il n'est pas plus difficile d'admettre que cet organe de nature axile peut se transformer en un organe appendiculaire, que, dans l'hypothèse de l'étamine considérée comme feuille, on n'admet que celle-ci se métamorphose en axe ; mais nous accordons peu de valeur à cet argument, bien que nous considérions le fait comme très-possible, puisque nous avons cité de ces transformations probables : par exemple, un phytogène de la feuille se développant seul et donnant lieu à un axe (Cucurbitacées).

b. Nous avons dit déjà plusieurs fois que le pétiole était l'analogue d'un mérithalle et que souvent il était formé de la même manière : par 3 phytogènes supérieurs disposés en triangle horizontal comme le sont les 3 phytogènes inférieurs qui constituent e mérithalle ; dans ce cas le filet (axe ou pétiole) plus ou moins développé formerait l'onglet, tandis que le phytogène terminal se développperait en limbe au lieu de former une anthère (p. 174).

c. Nous pourrions ensuite invoquer la théorie des épipédochorises appliquée à un seul des phytogènes circulaires pour expliquer la transformation de l'axe (étamine) en organe appendiculaire (pétale), comme nous avons dit que cela pouvait avoir lieu pour les pétales qui se formeraient par épipédochorise d'un seul phytogène circulaire (p. 259, A.); mais nous avons dit que si cela pouvait se présenter quelquefois, il nous paraissait aussi probable que le pétale se formait par suite d'une composition ultérieure du phytogène circulaire, comme nous allons le rappeler.

d. En effet, nous croyons avoir suffisamment fait comprendre que le pétale pouvait être le résultat de la vie en commun des 3 phytogènes extérieurs d'un protophytogène provenant de la composition d'un des phytogènes circulaires primitifs (p. 260, C). Donc on peut aisément admettre que le phytogène étamine se composant, ses 3 phytogènes circulaires extérieurs peuvent évoluer ensemble et reproduire un pétale là où l'on s'attendait à trouver une étamine. Peut-être a-t-on généralement établi une trop grande distinction entre les organes axiles et appendiculaires et

attaché trop d'importance à cette distinction, puisque nous fournissons plus loin des exemples irrécusables dans lesquels des éléments d'organes appendiculaires pouvaient, en se développant
seuls, se transformer en axe.

2° Mais c'est surtout dans les phénomènes tératologiques que
l'on acquiert la presque certitude que l'étamine est un axe. Ainsi,
comme nous l'avons dit autre part, il n'est pas rare dans le *Brassica Napus* de voir les étamines être remplacées par de petits axes
infrondescents ou par d'autres fleurs. Nous avons aussi signalé
des cas où, dans le *Lythrum Salicaria*, les 6 étamines avaient
fait place à 6 petites fleurs complètes, et nous avons supposé
encore que dans le *Nicotiana rustica* les 5 étamines s'étaient
transformées en autant de fleurs complètes (1). Or, les fleurs sont
incontestablement des axes pourvus de leurs organes appendiculaires, et pour que ces étamines se soient transformées en axes,
il fallait bien qu'elles eussent elles-mêmes pris la constitution
des axes, sans cela, dans les idées admises, on ne comprendrait
guère qu'un axe naquît à la place d'un organe appendiculaire.

3° Il y a un autre genre de phénomènes tératologiques qui
vient encore à l'appui de l'idée que l'étamine est un axe. Ainsi,
quand on voit les étamines se transformer *non en carpelle*, mais
en un pistil entier (2) comme on l'a observé particulièrement
dans les *Papaver*, et malgré l'ingénieuse théorie donnée par
M. Mohl (3), on doute que l'organe qui peut ainsi former une tête
de Pavot puisse être un organe appendiculaire. Qu'est, en effet,
une capsule de Pavot? Évidemment, un axe surmonté de ses organes appendiculaires ou carpelles.

Si maintenant on observe que nous avons comparé les parois
seules de l'anthère à un organe appendiculaire, on trouvera dans
les phytogènes périphériques qui doivent la constituer tous les
éléments phytogéniques nécessaires à la composition des carpelles ; mais pour que les carpelles soient disposés circulairement
comme dans les *Papaver*, il faut que le support soit un organe

(1) *Monog. tabl.* 1 vol. in-8°. Paris, 1857, p. 127.
(2) Il est important de distinguer ce genre de métamorphose, puisque le
premier n'est pas un axe, tandis que le second en est un, muni d'organes appendiculaires. Voir le chapitre des métamorphoses dans notre *Essai de Phytomorphie*, t. II.
(3) *Métamorph. des anthères.* (*Ann. sc. nat.*, 1837, p. 50.)

axile (mérithalle ou pédoncule), et c'est en effet ce que nous avons dit être le filet. D'un autre côté, nous avons aussi comparé le mode de formation des logettes de l'anthère à celui qui fait le nucelle, et nous voyons maintenant l'anthère contenir accidentellement des ovules mêlés avec des granules polliniques. Les conséquences à tirer de ces faits sont :

a. Que les parois du nucelle sont de nature appendiculaire.

b. Que le nucelle et l'anthère sont de même origine et ont un même mode de formation phytogénique, et si une chose nous étonne, c'est que l'on n'ait pas encore observé la formation anormale de grains de pollen dans un nucelle.

c. Qu'il y a lieu de s'assurer par des expériences très-délicates et nombreuses que le pollen est bien libre à toutes les époques de sa formation. Les ovules étant évidemment un bourgeonnement interne, il y a une sorte de contradiction physiologique dans ces deux formations qui sont de natures si voisines, puisque dans la même anthère on rencontre ces deux productions émanant d'un même tissu et dont le mode de formation devrait être identique. D'ailleurs, Agardh, de Candolle et quelques autres se sont prononcés en faveur de l'identité d'origine des étamines et des pistils, et même des ovules et du pollen. Le savant botaniste de Genève est d'avis, malgré les beaux travaux de M. Brongniart sur la génération des végétaux (1), que les grains de pollen pourraient bien être, à l'origine, attachés à un pédicelle extrêmement délié, très-fugace et disparaissant facilement de bonne heure (2).

d. La théorie des axes est des plus utiles pour expliquer la formation des étamines composées, non celles qui le sont suivant un plan comme paraissent l'être celles des *Citrus* ou des *Nitraria*, qu'à la rigueur on peut regarder comme étamines composées de lobes à la manière des feuilles (Payer); mais celles qui le sont à peu près à la manière d'une cyclochorise, comme dans le *Melaleuca hypericifolia*, par exemple, où chaque filet principal est subdivisé en un grand nombre d'autres filets secondaires supportant chacun une anthère et ressemblant assez, dans son ensemble, à une ombelle simple (3) ; ou celles qui sont composées de ramifi-

(1) *Ann. sc. nat.*, t. XII, 1827.
(2) *Physiol. vég.*, 1832, p. 533.
(3) Il est probable que dans la formation de cette étamine, le phytogène

cations, comme dans les *Pandanus*, ou plus ou moins analogues
à une sphérochorise composée, comme dans les *Ricinus*, où le filet
principal, plusieurs fois ramifié, offre comme un assemblage de
petites sphérochorises rappelant, en petit, certaines ombelles composées. Or, comment, avec la théorie des feuilles, expliquer ces
formations qu'avec les plus grands efforts d'esprit on ne parviendrait pas à comprendre en admettant même des chorises exagérées ; car nous savons bien que lorsque les chorises foliaires se
produisent ce n'est jamais qu'en nombre très-limité, et quoique
nous ayons cité des exemples de feuilles dédoublées, cependant
nous n'avons pas encore pu indiquer un seul cas de chorise pollaplasique chez les feuilles. Au contraire, nous savons très-bien que
les axes se pollaplasient facilement, soit suivant un plan (épipédochorise), soit suivant un cercle (cyclochorise), soit enfin suivant une sphère ou une portion de sphère (sphérochorise). Pour
toutes ces raisons nous croyons que l'étamine, avec les restrictions
signalées p. 307, est de nature axile dans son filet et que l'anthère
est réellement de nature appendiculaire.

Du Pollen.

Le pollen est cette poussière très fine constituée par des granules ou corpuscules nombreux qui se forment dans l'intérieur
des loges de l'anthère. Nous avons indiqué, selon de Mirbel, le
mode de formation de ces corpuscules, et là devraient s'arrêter
nos investigations phytogéniques, car malgré les travaux les plus
récents, il est permis de croire que la science n'a pas dit son dernier mot au sujet de cette formation. Mais il nous est impossible
de résister au besoin que nous éprouvons d'établir un parallèle
entre la formation du pollen et la formation des sporules des
Agames, attendu que nous espérons en tirer quelques consé-

circulaire qui aurait dû former une simple étamine s'est composé à la manière d'un protophytogène-fleur avec cyclochorise ou même sph. rochorise, et
qu'ensuite chaque phytogène s'est développé normalement comme une étamine ordinaire. Nous disons cyclochorise parce que l'étamine se développe
quelquefois de façon à ce que toutes ses branches anthérifères divergent comme
les parois d'un entonnoir, ou comme les rayons du *Didiscus cœruleus* anomal
que nous avons observé, et dans lequel les rayons du centre ayant avorté, les
extérieurs formaient, par leur disposition, une sorte de coupe qui ne manquait
pas d'élégance.

quences utiles pour notre théorie, ou tout au moins pour la signification phytomorphique de ces corps qui jouent un si grand rôle dans la reproduction.

Si l'on suit avec soin l'organogénie des *archégones* ou *sporanges* des Mousses ou des Hépatiques on voit que ce que l'on regarde comme un ovaire dans ces familles commence par être un globule de tissu cellulaire dont toutes les parties sont continues ; ce globule prend bientôt une forme allongée, cylindrique, arrondie au sommet. Bientôt on le voit se renfler à sa base, devenir ovoïde et prendre à peu près l'apparence du pistil des plantes phanérogames. L'*épigone* ou couche extérieure de la partie renflée (ovaire des auteurs), sous laquelle on distingue une masse désignée sous le nom de *noyau*, devient une sorte d'involucre que quelques auteurs ont comparé à une corolle. Au-dessus du noyau, origine du fruit, s'élève un prolongement qui n'est pas sans analogie avec le style des ovaires des plantes phanérogames et qui se dilate à son sommet en une expansion comparable, jusqu'à un certain point, à un stigmate, d'autant plus que son ouverture terminale paraît communiquer avec l'intérieur du fruit au moyen d'un canal que laissent entre elles les deux rangées de cellules qui constituent le style.

Tandis que ces phénomènes extérieurs se produisent, la masse cellulaire interne subit des modifications importantes. En effet, les cellules centrales dans les Hépatiques ou celles qui sont autour du centre dans les Mousses, prennent un développement relatif beaucoup plus grand que les cellules extérieures. Bientôt ces grandes cellules s'emplissent d'une matière demi-fluide dans laquelle nagent des granules d'abord épars, mais qui s'agglomèrent et finissent par se séparer en 4 petites masses distinctes. Enfin, chacune de ces petites masses s'organise en un granule en même temps que les parois de la *cellule-mère* disparaissent par résorption ; d'où il suit que tous ces granules ou spores flottent à l'état de liberté dans la cavité commune formée par les cellules extérieures plus petites.

Il résulte de ces études que si la forme extérieure rappelle l'ovaire, les formations intérieures sont essentiellement analogues à celles que nous avons retrouvées dans la genèse du pollen des plantes phanérogames, et il n'est aucun botaniste qui n'ait saisi cette grande analogie. Malgré cela, tous ont persisté à regarder les sporanges ou archégones comme les analogues des ovaires, et cela sous un certain point de vue logique, puisque c'est dans leur intérieur que se forment les sporules qui reproduisent le végétal, et ils sont pourtant généralement loin d'assimiler le spore à une véritable graine. Toutefois, Ach. Richard a cru y trouver une certaine analogie en admettant que le spore n'est qu'un embryon arrêté à la première période de son développement. Mais cette opinion, ainsi que nous allons le voir, ne saurait soutenir un parallèle rigoureusement établi, puisque, d'ailleurs, il reconnaît lui-même que l'embryon s'organise par suite de la fécondation, tandis que dans le spore *la fécondation n'est pas venue lui imprimer ce mouvement organique* qui, dans la vésicule embryonnaire, a amené de si notables changements.

Partant d'un autre point de vue, nous arrivons à une conclusion diamétralement opposée. Ce point de vue est la formation *quaternaire* des organes reproducteurs. En effet, à commencer par certaines algues où cette formation quaternaire des spores a été observée, on la rencontre dans toutes les séries végétales, et si quelques-unes de ces algues dont nous venons de parler semblent échapper à cette loi de formation quaternaire, en ne donnant que des spores simples, elles s'y trouvent ramenées par suite de la germination de leurs spores, qui les démembre en deux ou en quatre (Ad. Jussieu). Or, si l'on retrouve cette formation quaternaire non-seulement dans les végétaux Agames inférieurs, mais aussi dans les plantes que l'on regarde comme Cryptogames et dans les plantes Phanérogames, il est indubitable que cette formation quaternaire, qui est d'une aussi grande généralité, constitue un des caractères essentiels de la *végétalité*. Il est, en effet, impossible de trouver dans tout le règne végétal un *caractère plus dominateur* que celui-ci, et ce n'est pas sans raison que dans notre *symétrie* nous l'avons fait ressortir en le mettant en parallèle des formations *binaires* et *sénaires* qui caractérisent à un haut point l'*animalité* et la *minéralité* (1).

On sait maintenant, à n'en pas douter, depuis les intéressants travaux des physiologistes allemands, parmi lesquels il faut citer

____

(1) *Essai de Phytomorphie,* t. , p. 91.

Unger, A. Braun, Pringsheim, etc., ainsi que par les belles recherches de M. Thuret, que la reproduction de certaines Algues se
fait sans le concours des organes mâle et femelle, c'est-à-dire *sans
fécondation* et seulement au moyen de spores se formant dans
une cellule d'après la loi de formation quaternaire, et que par conséquent on ne peut mettre en doute que le spore qui produit la
plante ne contienne bien le germe du végétal. Mais si dans les espèces d'Algues ou autres Cryptogames on constate la production
de spores d'après la même loi de formation quaternaire, n'est-il
pas logique de penser que ces spores contiennent encore les germes? Enfin, si la même loi de formation quaternaire préside à la
formation des granules polliniques, il est tout aussi naturel de
penser que c'est dans ces granules que les germes sont contenus,
et c'est là un point qui nous semble être de logique rigoureuse.
Donc, pour nous, le *conceptacle* des Agames, qu'il se nomme *sporange, apothécion* ou *scutelle, urne* ou *archégone, capsule* ou
thèque, est toujours, en vertu du *caractère dominateur* dont
nous venons de parler, l'analogue de l'anthère, et par conséquent
ce serait plutôt, sous deux points de vue principaux, le contraire
des idées admises aujourd'hui, en ce que :

1º Les urnes et autres organes sus-énoncés ne sont que des
organes mâles, à moins que l'on ne veuille soutenir que l'étamine
soit un organe femelle, et nous n'en admettons pas même la possibilité; 2º les organes mâles contiennent les germes, puisque
nous venons de rendre évident que l'analogue de l'organe mâle le
recélait. Mais, qu'on le remarque bien, ce n'est pas pour regarder
l'étamine comme un organe femelle puisque nous n'avons jamais eu l'idée que ce fût la femelle qui contînt le germe. Et, en
effet, sur quelle preuve certaine s'appuie-t-on pour dire que le
germe est contenu dans l'organe femelle? Sur aucun véritablement sérieux. A-t-on jamais vu un œuf non fécondé donner lieu
à un embryon? Non, assurément ; et si dans quelques cas de parthénogénèse végétale (*Cœlebogyne illicifolia*) ou animale (*Bombyx
Caja*), auxquels notre théorie nous fait croire (1), on voit quelquefois se former des individus sans le concours de la féconda-

(1) L'*Opetiola myosuroïdes* est une plante dioïque dont on ne connaît pas
les individus mâles, et pourtant les femelles passent pour donner des graines ;
mais ces graines sont-elles des bulbilles ou des graines parthénogéniques ?

tion, c'est parce qu'alors l'organe regardé comme femelle faisait exceptionnellement les fonctions d'organe mâle, exactement comme dans les algues inférieures ce que l'on regarde comme organe femelle n'est absolument qu'un organe mâle. D'ailleurs, ce genre de phénomène est incomparablement plus rare que le phénomène normal de la fécondation, et quand, pour le compte du règne végétal, on voit des grains de pollen se transformer en ovules tandis que le contraire n'a pas encore été observé ; quand on voit des graines se former en dehors de l'ovaire, à la base du style, comme on en a des exemples dans le *Brassica cheiranthos* (1) ou le *Trianthema monogyna* (2), il est permis de penser que le germe est contenu dans le pollen et qu'un de ces germes polliniques, arrêté dans cette cavité et trouvant là les matériaux nécessaires à son évolution, s'est fixé et développé en une véritable graine. Cette opinion est certainement plus vraisemblable (puisque c'est précisément le chemin que doit parcourir le pollen) que l'opinion qui consisterait à avancer qu'il s'est formé un ovule en dehors de la cavité ovarienne ; tout au moins n'a-t-on encore constaté aucun fait bien avéré de ce genre.

Quoi qu'il en soit, au point de vue phytogénique, si l'on observe que le spore est une cellule remplie de granules et peut être regardé comme un petit amas de tissu cellulaire naissant ; que c'est lui qui, par son développement immédiat, donne naissance à un individu végétal, on conviendra qu'il est l'analogue du bourgeon naissant et que par conséquent c'est un phytogène, et si l'on convient de le regarder comme tel, il n'y a aucune raison, si faible qu'elle soit, qui puisse faire regarder autrement le granule pollinique. Toutefois, les phénomènes de la fécondation semblent démontrer jusqu'à l'évidence que le grain de pollen est un phytogène relativement composé d'une multitude de granules qui semblent devoir se comporter isolément comme des phytogènes. Mais c'est une question très-délicate à traiter et que nous ne pourrons examiner avec détail qu'en parlant de la formation de l'embryon. Bornons-nous à dire que non-seulement le spore et le pollen, dont l'analogie est manifeste, représentent un phytogène isolé, mais

(1) Villars, *Fl. dauph.*, 4, pl. XXXVI.
(2) D. C., *Plant. grass.*, pl. CIX, *fig.* 10.

que très-vraisemblablement la fovilla, soit dans ses granules, soit même dans sa partie fluide, renferme encore les éléments de cellules qui, en se groupant, peuvent constituer d'autres phytogènes.

G. GYNÉCÉE, PISTIL *ou* GYNÉCONOPHYLLE (*carpelles*).

Le gynéconophylle est, à proprement dire, l'organisme femelle de l'appareil de la reproduction. Organographiquement, il est formé par une ou plusieurs feuilles modifiées, nommées *carpelles*. On y distingue cinq parties, savoir: 1° l'*ovaire* cavité souvent appréciable dans laquelle se développent les ovules; 2° le *style*, tube plus ou moins grêle placé au sommet organique de l'ovaire; 3° le *stigmate*, partie glanduleuse ou papillaire terminant le style; 4° le *placentaire*, partie ordinairement axile sur laquelle sont attachés les ovules; 5° enfin, les *ovules* ou phytogènes, qui, par leur développement et après la fécondation, constitueront les graines.

I. *Ovaire.*

L'ovaire peut être *simple*, c'est-à-dire formé par un seul carpelle ou *composé* de plusieurs carpelles ou *ovelles*. Sa cavité ou *loge* peut être unique (*ovaire uniloculaire*), bien que formée quelquefois par plusieurs carpelles (*ovaires pluriloculaires*), mais le plus souvent, alors, l'ovaire a autant de loges qu'il entre de feuilles carpelliennes dans sa composition.

Suivant nos idées phytogéniqnes, le ou les carpelles qui composent l'ovaire doivent apparaître après les organes de l'androphylle, c'est-à-dire après les étamines. En supposant la fleur simple et sans calicule, le pistil est le résultat du développement des 6 phythogènes circulaires du 4e phytogène central de la fleur, passé à l'état de protophytogène. Au centre de ces phytogènes circulaires se trouve encore un phytogène central qui sera chargé de continuer l'axe et de produire les ovules.

Toutefois, il y a souvent une telle différence dans la manière dont s'accomplissent les évolutions des diverses parties de la fleur, qu'il nous est indispensable d'entrer à cet égard dans quelques détails que nous n'avons pu donner encore. Tout le monde sait

qu'il y a des fleurs à *ovaires supères* et des fleurs à *ovaires infères ;* or, il semblerait *a priori* que dans ces dernières l'ovaire
dût se former le premier, mais il n'en est rien, car nous verrons
par son organogénie qu'il n'est que le résultat d'un développement extraordinaire des parties formées avant lui. Pour rendre
les phénomènes plus faciles à comprendre, nous commencerons
par faire l'étude des fleurs à ovaires supères.

a. *Ovaires supères.*

Nous distinguerons les ovaires supères en *ovaires uniloculaires*
et en *ovaires pluriloculaires,* et nous donnerons un aperçu de
l'organogénie de chacun d'eux.

α. Ovaires uniloculaires. — Dans les plantes à ovaires supères,
rien n'est plus aisé à concevoir que la formation du gynéconophylle ou pistil. En effet, après l'apparition des étamines, on voit
poindre, sur le pourtour du phytogène central, qui a l'aspect
d'un mamelon plus ou moins allongé, un verticille de mamelons
qui, libres à leur naissance, paraissent bientôt unis à leur base, et
en grandissant forment d'abord une coupe qui enveloppe la base
du phytogène central, puis, grandissant toujours, finissent par recouvrir entièrement le phytogène central, qui doit plus tard se convertir en ovule ou en placentaire. Dans les *Polygonum, fig.* 24, a,
les *Microtea*, il y a ainsi primitivement 2 mamelons opposés composés de 3 phytogènes chacun qui viennent constituer l'ovaire.
Il y en a 3 verticillés (formés de 2 phytogènes chacun) dans les
Chenopodium, les *Celosia*, les *Amarantus*, etc.; il y en a 5 ou 6
dans les Primulacées, les *Plumbago*, les *Armeria*, etc., chaque
mamelon étant formé par un des phytogènes circulaires. Au contraire, dans les *Urtica* et *Parietaria*, on n'aperçoit qu'un seul
mamelon latéral qui bientôt s'élargit en bourrelet, et, en grandissant, envahit tout le contour du sommet du réceptacle (phytogène central) et finit par l'embrasser et l'envelopper comme le
ferait un sac. Dans cette évolution, c'est d'abord 1 ou 2 des phytogènes circulaires qui se montrent les premiers, puis peu à peu
les 4 ou 5 autres, mais insensiblement et sous la forme de bourrelet.

ϐ. Ovaires pluriloculaires. — Si, avec Payer, nous choisissons les pistils des *Coriaria* pour en faire l'étude organogénique, nous remarquons qu'après la naissance des étamines, le phytogène central ou mamelon réceptaculaire émet circulairement un verticille de mamelons ou phytogènes carpellaires au nombre de 5. Ce sont ces mamelons qui vont former les carpelles. En effet, ils commencent par s'isoler les uns des autres, puis, croissant sur une des parties d'éclives du mamelon réceptaculaire et complétement indépendant de son voisin, il forme d'abord un bourrelet en forme de fer à cheval dont les branches sont en haut et la courbure en bas Or, la croissance de ce bourrelet, beaucoup plus considérable dans sa partie médiane, córrespondant à la nervure moyenne de la feuille carpellaire, que sur ses branches, il s'ensuit que bientôt cette jeune feuille a la forme d'une hotte appliquée sur un des côtés du mamelon représentant le phytogène central, et que plus tard elle forme un véritable carpelle exséré obliquement par sa base sur ce côté du mamelon central. Enfin, la partie inférieure du jeune carpelle se gonfle, et la cavité qu'il laisse entre lui et le mamelon central constitue une des loges de l'ovaire. La partie supérieure sur la face interne de laquelle on remarque une fente forme le style (Payer).

« Pour mieux faire comprendre encore, dit Payer, la théorie du pistil pluriloculaire avec placenta axile, telle que je viens de l'exposer, je rappellerai ce qui se passe dans le développement du calice des *Pelargonium*. Les sépales ne restent pas longtemps sur le cercle horizontal où ils sont nés. L'un d'eux, le postérieur, rapproche ses deux bords, de façon que si on l'arrache, la cicatrice que laisse sa base sur le côté du pédoncule a la forme d'un fer à cheval; il en résulte entre le pédoncule et lui une poche que les botanistes appellent un *éperon soudé*, et qui ressemble complétement, pour son mode de développement, à une loge de l'ovaire des *Coriaria*. Si tous les sépales s'éperonnaient ainsi, le pédoncule offrirait sur son pourtour cinq *éperons soudés* ou cinq cavités tout à fait analogues aux cinq loges du pistil des *Coriaria*, et c'est ce qu'on peut constater dans le calice du *Cytinus hypocistis*. »

Le nombre des phytogènes circulaires se développant ainsi obliquement sur les côtés du phytogène central ou mamelon réceptaculaire, pour former les loges de l'ovaire, varie beaucoup.

Par exemple, il est de 5 dans les *Coriaria*, de 5, 6, 7 et 8 dans les *Aquilegia*, de 7 à 10 dans les *Phytolacca*, de 10 à 12 dans le *Malva rotundifolia*, de 24 à 30 dans certains *Abutilon*, de 30 à 60 dans l'*Althæa rosea*. Au contraire, dans les *Tremandra* il n'y en a, en apparence, que 2 qui se développent, et même il paraît être réduit à l'unité dans les *Laurus*; mais alors, si l'on suit le développement de cette loge, on observe que dans les espèces de ce dernier genre la feuille carpellaire a, dans l'origine, l'aspect d'un bourrelet en fer à cheval appliqué par sa base sur un des côtés du mamelon réceptaculaire (phytogène central d'un protophytogène dont plusieurs phytogènes circulaires restent sans développement), de façon que les branches sont en haut et la courbure en bas. On a ainsi une loge adossée contre cet axe réceptaculaire, et les parois de la loge, au lieu d'être complétement appendiculaires, sont appendiculaires d'un côté et axiles de l'autre (Payer).

Pour comprendre la phytogénie de chaque loge, il faut admettre qu'il se passe ici un phénomène de composition de chaque phytogène circulaire analogue à celui qui fait les couronnes des Narcisses ou les fleurs des Synanthérées (p. 260). Dans ce cas, chaque phytogène circulaire étant passé à l'état de protophytogène, ce sont les phytogènes circulaires de ce protophytogène de nouvelle formation qui apparaissent sous forme d'un fer à cheval, et qui, vivant en commun, arrivent à constituer une seule feuille qui n'est autre que le carpelle, dont la cavité intérieure forme la loge. Le phytogène central de ce nouveau protophytogène peut former directement l'ovule (*Malva, Althæa*) ou s'allonger en placentaire et donner lieu à de nouveaux phytogènes qui produiront des ovules (*Aquilegia*, etc.). Ajoutons que si le nombre des phytogènes circulaires ainsi composés est souvent type (*six*) ou normal (*cinq*), dans les *Malva* et les *Althæa*, avant la composition que nous venons de faire connaître, chaque phytogène circulaire a dû subir l'influence de la chorise triplasique ou pollaplasique, sans cela, les nombreux carpelles qui se forment ne sauraient avoir lieu.

b. *Ovaires infères.*

Pour bien comprendre la phytogénie de l'ovaire infère, il importe d'avoir bien présent à l'esprit la composition du phytogène-fleur après qu'il a subi les compositions qui ont transformé chacun de ses phytogènes centraux successifs en protophytogènes. Supposons donc, à l'extrémité du pédoncule, une petite masse de tissu cellulaire sous forme de mamelon aplati : c'est ce que l'on désignera sous le nom de *réceptacle*. Cette petite masse de tissu cellulaire sera précisément aplatie au moment où les exastosies y auront déterminé la formation de *centres vitaux naissants*, c'est-à-dire n'ayant encore manifesté leur évolution par aucune apparence de bourrelet ou de mamelon, et cette exastosie à l'état naissant pourra avoir agi sur les 4 phytogènes centraux successifs, de façon à en avoir fait autant de protophytogènes emboités les uns dans les autres et dans un plan horizontal, à peu près comme le sont les centres vitaux qui ont fait les graines du *Nelumbo* (1), ou mieux, comme nous les avons représentés dans notre planche 12, *fig.* 81, t. I (*Phytomorph.*). Ceci posé, si l'on admet, ce qui du reste peut être vérifié, que les bords extérieurs de ce plan viennent à se relever peu à peu, tandis que les parties centrales restent d'autant plus profondes qu'elles sont plus au centre, l'évolution centripète des parties se faisant comme à l'ordinaire, on comprendra que les sépales, les pétales et les étamines puissent être placés beaucoup plus haut que les carpelles, et que, par conséquent, il y ait une sorte d'évolution *descendante*, alors que, pour les ovaires supères, l'évolution est plutôt *ascendante*; d'où il suit que le calice pourra être placé supérieurement par rapport à la corolle, et qu'il en sera de même de la corolle par rapport à l'androcée, et de l'androcée par rapport aux ovaires, ce qui est le contraire pour les fleurs à ovaire supère (2). Voici ce que l'organogénie nous fait connaître concernant la formation des ovaires infères.

α. Ovaires uniloculaires. — Dans les Composées, la corolle apparaît la première sur les bords du réceptacle déprimé à son

(1) *Essai de Phytomorphie*, t. I, pl. VIII, *fig.* 48.
(2) Voir cette théorie plus détaillée à l'article *Réceptacle*.

centre en forme de coupe, et ce n'est qu'après que la corolle est constituée que le calice, ayant subi un arrêt d'accroissement, se montre sous forme d'un bourrelet circulaire entourant la base de la corolle. Les étamines apparaissent toutes à la fois, et sont à l'origine tout à fait indépendantes de la corolle; leurs anthères sont aussi complétement libres, et ce n'est que pendant la croissance des parties que les filets paraissent adhérents à la corolle, et que les anthères s'unissent par une *véritable soudure*. Mais pendant que toutes ces parties de la fleur se développent et que le réceptacle a pris la forme d'une coupe de plus en plus profonde par l'exhaussement de ses bords, exhaussement dû à sa croissance seulement, et non à une dépression réelle du sommet du réceptacle, c'est pendant que ces phènomènes ont lieu que, au-dessous des étamines, apparaissent deux bourrelets semilunaires qui se touchent par leurs extrémités, et qui sont les rudiments du style.

Ils s'avancent l'un au-devant de l'autre, deviennent promptement connés, suivant l'expression de Payer, c'est-à-dire que tout le pourtour de la coupe grandit, s'exhausse et que les 2 bourrelets primitifs, qui grandissent aussi, forment au-dessus de la coupe réceptaculaire une sorte de tuyau de cheminée dont l'ouverture supérieure est bordée de 2 appendices qui sont les branches stigmatiques du style. Pendant que ce style s'allonge ainsi on voit apparaître au fond de la coupe réceptaculaire (ovaire) un mamelon ou phytogène central qui devient à son tour protophytogène pour constituer l'ovule anatrope, dressé, ayant son micropyle infère et dont plus loin nous établirons la formation phytogénique.

Si nous étudions l'organogénie du pistil des Dipsacées, par exemple, sur le *Scabiosa succisa*, nous retrouvons à peu près le même mode de formation : dès que la corolle, le calice et les étamines ont eu pris naissance, le sommet du réceptacle, par l'évolution des parties qui se sont formées et aussi de son pourtour qui s'est élevé, a paru se déprimer et se creuser profondément en prenant la forme d'une coupe dont le fond est plus large que l'ouverture. Sur les bords de cette coupe 2 bourrelets semilunaires apparaissent : l'un antérieur, l'autre postérieur, lesquels ne se se touchent d'abord que par leurs extrémités. Bientôt, par l'évolution des parties intermédiaires, ils paraissent s'unir pour former une sorte de tube élargi à sa base et rétréci à son sommet, analogue à un entonnoir renversé. Cette sorte de tube est le style, et les 2 lèvres qui en terminent l'ouverture supérieure sont les stigmates qui se recouvrent de papilles. La coupe surmontée de l'espèce d'entonnoir forme une cavité close, inférieure aux parties florales, et sur la paroi interne de laquelle cavité, presque à la partie supérieure, apparaît un petit mamelon (phytogène) qui deviendra plus tard un ovule qui reste suspendu au sommet de la loge.

β. Ovaires pluriloculaires. — Pour exemples, nous choisirons d'abord l'organogénie du pistil des *Campanula*. Ainsi, dans le *Campanula Rapunculus*, en même temps que les pétales et les étamines prennent naissance, le réceptacle ou phytogène central du protophytogène androcéen prend la forme d'une coupe. C'est sur les bords intérieurs de cette coupe réceptaculaire, un peu au-dessous des étamines, que l'on voit apparaître 3 bourrelets carpelliens, dont 2 sont antérieurs et 1 postérieur (1). Ces bourrelets, qui commencent par apparaître complétement libres ou séparés, arrivent bientôt à paraître unis par leur accroissement et forment alors, au-dessus de la coupe, comme un couvercle qui se rétrécit à son sommet à la manière d'un tuyau de cheminée, dont l'ouverture supérieure est à trois crénelures. La cavité ainsi formée constitue l'ovaire. L'espèce de cheminée qui la surmonte sera le style, et les 3 crénelures, les stigmates. Puis, pendant que cette cavité se prononce, on voit se former à la base de chacun des 3 bourrelets carpellaires dont nous avons parlé, et sur le fond de la coupe réceptaculaire, une légère excavation dont la profondeur va en augmentant et simulent comme 3 petits puits qui seront plus tard les loges de l'ovaire. Bientôt, à l'angle interne de chacune de ces loges on observe la formation d'un placentaire qui grossit, puis, par un sillon, se divise à sa surface en 2 parties qui se recouvrent d'ovules (Payer).

Il en est des *petits puits* comme de la coupe réceptaculaire. De même que la coupe ne se creuse pas, de même aussi les petits

____

(1) Ces expressions paraissent se rapporter à la position des bourrelets et non à l'ordre de leur apparition. (Voir Payer, *Organog. comp. fl.*, pl. CXLIX, *fig.* 4.)

puits ne se creusent pas. Les excavations apparentes proviennent de ce que les parties qui entourent ces cavités s'exhaussent par la végétation.

Dans le *Tupa ignescens*, de la famille des Lobéliacées, les choses se passent presque de la même façon : « Après l'apparition des sépales, des pétales et des étamines, dit Payer, sur le bord de la coupe réceptaculaire, on voit le fond de cette coupe se creuser comme de 2 grands fossés, dont l'un est antérieur et l'autre postérieur. Ces deux grands fossés sont les rudiments des loges ; leur profondeur augmente rapidement, et sur la paroi interne de chacun d'eux apparaît un grand placenta qui grossit rapidement et se recouvre d'ovules anatropes. »

« En même temps que ces sortes de fossés se creusent de plus en plus, on voit apparaître sur leurs bords 2 bourrelets qui se touchent bientôt par leurs extrémités, deviennent connés, et finissent par former, au-dessus des 2 loges, comme un couvercle, dont le milieu se relève en une sorte de tuyau, ouvert à sa partie supérieure par 2 lèvres. Cette sorte de tuyau est le style, et les 2 lèvres qui le terminent sont les stigmates ; quant à l'ovaire, il est, d'après ce qui vient d'être dit, composé de deux parties de nature différente : l'une inférieure, qui est axile, et l'autre supérieure, qui est appendiculaire. »

La famille des Goodéniacées présente dans la formation de son ovaire les mêmes phases de développement que le *Tupa ignescens*.

Les Ombellifères se ressemblent tellement toutes, que faire l'organogénie de l'une d'elles, c'est connaître l'organogénie des autres (Payer). Selon cet auteur, sur l'*Heracleum barbatum* les premières traces du pistil ne se montrent que longtemps après que les étamines sont formées et quand les anthères sont nettement distinctes. A ce moment le sommet du réceptacle (phytogène) s'est déprimé, et au sommet de la coupe qui en résulte, en dessous des étamines, apparaissent 2 bourrelets semi-lunaires, se touchant par leurs bases de manière à circonscrire un espace circulaire. Leur croissance est rapide et se fait de telle façon que tandis qu'ils s'élèvent d'un côté pour former les styles et les stigmates, ils descendent, de l'autre, dans la cavité ovarienne en formant deux doubles cordons qui s'étendent du sommet à la base, et qui ne sont autre chose que des placentas. Ces 2 doubles cordons ne tardent pas à s'avancer l'un vers l'autre, pour se joindre sur la ligne médiane et s'y souder, d'où résulte la division de la cavité ovarienne en 2 loges. Enfin ces placentas se gonflent à leur base et donnent naissance à 2 ovules anatropes dont l'un est ascendant et avorte, tandis que l'autre est pendant et est le seul qui arrive à maturité.

La famille des Loasées présente une certaine différence dans le mode d'évolution des parties de la fleur. Examiné dans les *Menzelia*, on reconnaît qu'après la naissance des phytogènes circulaires du calice et de la corolle, le phytogène central ou réceptacle se creuse en une sorte d'entonnoir, laissant les phytogènes circulaires des protophytogènes androcéens au sommet de l'entonnoir où ils se développent en étamines par voie d'évolution centripète; c'est-à-dire de haut en bas (1). Bientôt une nouvelle cavité semble se former au fond de l'entonnoir floral dont nous venons de parler. Cette cavité, plus étroite que la première, laisse une margelle d'où naissent 3 bourrelets semi-lunaires (phytogènes circulaires du protophytogène-gynécéen, accouplés 2 à 2). Ces 3 bourrelets, rudiments du style, limitent la cavité nouvelle, qui devient très-profonde et constituera l'ovaire. En effet, sur les parois de cette cavité apparaissent 3 cordons blanchâtres s'étendant d'un bout à l'autre, alternant avec les bourrelets semi-lunaires, grossissant et finissant par constituer 3 placentas qu'un sillon longitudinal divise en 2 branches sur lesquelles naissent les ovules. Mais pendant que la cavité nouvelle se forme et que les placentaires se montrent, les 3 bourrelets semi-lunaires grandissent, soulevés d'ailleurs par une membrane commune qui forme le style, et par un phénomène qu'on rencontre dans d'autres plantes, les placentas font saillie au-dehors de la cavité; ils dépassent en hauteur le milieu des bourrelets semi-lunaires, et constituent 3 stigmates placentaires (Payer).

Dans les Rosacées, la formation des pistils présente quelques différences. Par exemple, dans le *Geum urbanum*, après la naissance de toutes les étamines sur les parois internes de la coupe formée par le réceptacle, le fond de cette coupe se renfle en un

---

(1) Il ne faut pas perdre de vue que le sommet de l'axe est au-dessous des organes floraux.

mamelon tuberculeux (phytogène central) sur lequel apparaissent un grand nombre de mamelons (phytogènes-périphériques) qui deviennent autant de carpelles. Chacun de ces phytogènes périphériques se compose et devient protophytogène ; les 6 phytogènes circulaires du protophytogène-ovaire constituent un bourrelet semi-lunaire dont les bords tendent à se rapprocher et qui finit bientôt par former une sorte de sac fendu sur le côté ; mais cette fente, d'abord largement béante, se rétrécit à mesure que le sac s'allonge, si bien que lorsque ce sac s'est gonflé en ovaire à sa base, et effilé en style à son sommet, les bords de la fente se sont *véritablement soudés*, fermant de toutes parts la cavité du sac.

Dans les *Rosa* les phénomènes sont très-analogues à ceux que nous venons de voir se produire dans les *Geum* ; seulement ici la coupe qui renferme les ovaires, au lieu de rester ouverte comme dans les espèces précédentes, s'étrangle à sa partie supérieure à la manière d'une bourse, et de plus, le phytogène central avorte le plus souvent, ou peut-être, après s'être multiplié, s'épanouit pour porter des phytogènes-carpelles sur les parois internes de la coupe réceptaculaire.

La formation de l'urcéole des *Rosa* peut faire naître à l'esprit une interprétation qui, si elle était acceptée, donnerait d'une manière beaucoup plus simple la théorie des ovaires infères. En parlant des cyclochorises (1) nous avons comparé l'inflorescence des *Ficus* et des *Ambora* à un ensemble d'axes floraux analogues à ceux des *Heliotropium*, des *Myosotis*, etc., qui seraient restés unis par défaut d'exastosie circulaire et dont les fleurs *unilatérales* et *internes* se trouveraient enfermées dans la cyclochorise qui résulterait de cette union circulaire de plusieurs axes. Ceci posé, supposons qu'il en soit ainsi pour les *Rosa* ; dans ce cas, l'inflorescence de chaque axe serait monoïque, c'est-à-dire que les étamines seraient des fleurs mâles nues placées au-dessus des fleurs femelles, nues aussi, représentées par les ovaires. Or, c'est exactement ce qui a lieu pour les *Ficus*, où l'on trouve généralement à la partie supérieure de la cyclochorise ou réceptacle, d'abord des écailles correspondant aux sépales et aux pétales

(1) *Essai de Phytomorphie*, t. I, p. 323.

des *Rosa*, puis au-dessous les fleurs mâles, et au bas toutes les fleurs femelles : mais ici les fleurs mâles et femelles seraient en plus munies d'un calice, c'est-à-dire que chaque phytogène-fleur se serait composée deux fois pour former : les mâles, un calice et un androcée ; les femelles, un calice et un ovaire ; tandis que le phytogène-fleur des *Rosa* ne se serait composé qu'une fois pour former l'étamine dans les fleurs mâles ou le pistil dans les fleurs femelles.

Ce parallèle peut même être poussé plus loin ; car de même que les *Ambora*, les *Dorstenia* peuvent être comparés aux *Geum*, de même aussi les *Rubus* peuvent être comparés aux *Morus* par leur réceptacle, qui, au lieu d'être presque complétement fermé comme dans les *Rosa* et les *Ficus*, ou en coupe plus ou moins ouverte comme dans les *Geum* et les *Mithridatea* ou les *Dorstenia*, serait au contraire plus ou moins conique dans les *Fragaria*, les *Rubus*, comme il l'est dans les *Morus*, et véritablement, à part une plus grande composition dans chaque phytogène-fleur des *Morus* comparé au phytogène ovaire des *Rubus*, on peut reconnaître que les fruits des uns et des autres ne sont pas sans offrir une certaine analogie.

Dans ces exemples nous n'avons eu affaire qu'à des cyclochorises présentant des ovaires monospermes ou tout au plus dispermes à l'origine, comme dans les *Geum* et les *Rosa*, etc. ; mais il n'est pas difficile de faire rentrer dans cette même interprétation tous les ovaires infères, car il est aussi simple d'admettre des loges ou des ovaires polyspermes que des ovaires monospermes ou oligospermes.

Voici la conséquence que l'on peut tirer de ces idées générales. Si les *Ficus* ont une inflorescence représentée par des axes accolés circulairement, la cyclochorise est *essentiellement axile*. Dans cette circonstance le phytogène central avorte et les phytogènes circulaires se composant et devenant chacun protophytogène, constituent séparément *l'équivalent* d'un axe : donc l'ensemble est de nature axile. Si dans les *Rosa* on admet un pareil mode de génération, il va sans dire que la cyclochorise des *Rosa* est aussi de nature axile, car chaque phytogène circulaire se sera composé à la manière des axes. Ici, comme précédemment, le phytogène central avorte ou se développe très-peu, et dans l'intérieur de l'urcéole on voit apparaître des mamelons ou phytogènes absolument comme dans l'intérieur du réceptacle des *Ficus*. Seulement dans ces derniers, nous le répétons, les phytogènes se composent et donnent des fleurs un peu plus complètes que dans les *Rosa*, mais, à part cette différence, il est impossible de nier l'analogie que présentent les deux formations; donc, à ce point de vue, l'ensemble des éléments constitutifs de la cyclochorise des *Rosa* est aussi de nature axile.

Mais supposons, au contraire, que l'on vienne à considérer l'urcéole uniquement comme le résultat du développement exagéré des phytogènes circulaires du calice, de la corolle et de l'androcée intimement unis par leur base, développement qui, en s'élevant sans qu'aucune exastosie centripète et circulaire se soit produite; supposons que ce développement exagéré ait été capable d'envelopper les carpelles résultant soit du développement des phytogènes périphériques du phytogène central qui se serait composé, soit d'un protophytogène qui se serait multiplié et épanoui de manière à tapisser la cavité de l'urcéole (ce que nous admettons difficilement), dans ce cas, puisque les parois de cet organe ne représentent que des phytogènes circulaires destinés à ne produire que des organes appendiculaires, on ne peut logiquement pas dire que cet urcéole est de nature axile.

Cependant, de ce que ces trois couches emboîtées constituent une composition suffisante pour faire de chaque élément de l'urcéole l'analogue d'un protophytogène, nous pensons que cet élément a toutes les conditions voulues pour constituer un axe, et c'est dans ce sens que nous avons cru pouvoir avancer que l'urcéole des *Rosa* était réellement de nature axile. Ce qui semblerait d'ailleurs le démontrer d'une manière certaine, c'est qu'il n'est pas rare de rencontrer de ces urcéoles montrant de véritables *répétitions internes* de bourgeons ou phytogènes-fleurs, puisque Moquin-Tandon, Engelmann et nous-même avons pu signaler un grand nombre de cyclochorises ou urcéoles de *Rosa* offrant de véritables petites roses développées à l'intérieur de la cyclochorise (1). D'un autre côté, l'hypothèse d'une cyclochorise de nature axile pour constituer tout ovaire infère nous

(1) *Essai de Phytomorphie*, t. I, p. 419.

semble encore fortifiée par la présence non-seulement d'une petite feuille développée sur l'enveloppe extérieure de l'ovaire infère des *Prismatocarpus*, des *Cratægus*, des *Pyrus* (1), etc.,
mais encore de véritables bourgeons se développant à l'aisselle
de cette feuille ainsi que l'ont observé MM. Schimper et Trécul (2).
Enfin, quoique l'on puisse soutenir que le long tube ovarifère des
Opuntia et autres Cactées ne sont que des sépales, puisque les
feuilles de ces espèces sont tout à fait différentes (3), cependant
comme les exastosies sont en général plus marquées dans l'appareil de la reproduction que dans l'appareil de la nutrition, il
ne serait nullement inconvenant de soutenir que les nombreux
sépales qui se développent sur le tube floral de ces plantes ne sont
autres que des feuilles, et par conséquent, que le tube qui les
porte est essentiellement de nature axile.

Pour toutes ces raisons nous partageons l'opinion de M. Schleiden sur la nature de l'ovaire infère (4), et nous ajoutons que dans
ce cas chaque élément de la cyclochorise subit, normalement
alors, un de ces phénomènes particuliers que nous étudions sous
le nom général de *Campylotropie* (5).

La formation des ovaires infères ne se fait pas toujours de la
façon que nous venons d'indiquer pour les Rosacées, les *Campanula* et les *Tupa*. En effet, si, avec Payer, nous suivons l'évolution du pistil dans les Œnothérées, particulièrement sur l'*Epilobium spicatum*, nous trouvons que, indépendamment des fos-
settes plus ou moins profondes qui se creusent à la base de chaque
mamelon carpellaire primitif, et qui y forment comme autant de
petits puits, on ne tarde pas à voir se former, sur les parois de la
cavité ovarienne, des cloisons alternant avec les mamelons carpellaires et destinées à continuer les cloisons qui séparent les
loges de la partie inférieure. Ces cloisons, s'avançant peu à peu
vers le centre, finissent par s'y rencontrer et par s'y *souder*, de

(1) En 1864 nous avons plusieurs fois constaté sur des poires, des pommes
et des groseilles appartenant à diverses espèces de *Ribes* (*rubrum*, *nigrum*,
grossularia, etc.), la formation de petites feuilles placées à toutes les hauteurs
sur le fruit.

(2) *Essai de Phytomorphie*, t. I, p. 484.

(3) *Ibid.*, t. II, p. 113.

(4) *Sur la signification morphologique du placentaire.* (*Ann. sc. natur.*,
2ᵉ série, t. XII, p. 373.)

(5) Voir cet article dans notre *Essai de Phytomorphie*, t. II.

sorte que l'on peut aisément reconnaître que la cavité ovarienne devient quadriloculaire, mais différemment à la base et au sommet, puisqu'au sommet les loges sont constituées par des cloisons se formant de la circonférence au centre et qu'à la base ce sont des cavités qui se creusent dans le fond du réceptacle, ou plutôt ce sont les bords de cette cavité ou les mamelons carpellaires qui, en s'élevant par la croissance, constituent la cavité même.

Enfin, si, pour compléter cette étude organogénique, nous suivons l'évolution du pistil dans les Amaryllidées et les Iridées, nous voyons une légère modification se produire dans la formation de l'ovaire. Payer nous apprend, en effet, que dans le *Gladiolus communis* et l'*Alstrœmeria versicolor*, lorsque le périanthe et les étamines sont nés, on voit le réceptacle ou phytogène central se creuser en apparence et former une coupe qui devient de plus en plus profonde. Au-dessous de l'insertion des étamines et sur les bords de cette coupe, trois bourrelets carpellaires se montrent qui, placés au-devant des 3 divisions externes du périanthe, croissent rapidement, s'unissent entre eux, forment au-dessus de la coupe réceptaculaire une sorte de tube allongé qui sera le style, dont les bords supérieurs se recouvrent de papilles stigmatiques et forment ainsi avec la coupe une cavité close qui n'est autre que l'ovaire. Mais pendant que ces bourrelets s'accroissent, on voit se former sur les parois internes de la coupe réceptaculaire trois cordons qui s'étendent de la base au sommet, lesquels se développent en autant de lames marchant de la circonférence au centre et finissent par se rencontrer tous trois, puis se *souder* en partageant la cavité en 3 loges sensiblement égales. A l'angle interne de chacune de ces loges apparaissent les ovules disposés en 2 séries : les premiers formés se trouvant à peu près au milieu de la hauteur de la loge, les autres se formant successivement de chaque côté, en se dirigeant vers les 2 extrémités supérieure et inférieure.

Dans les Orchidées les phénomènes sont analogues, avec une légère modification dans la formation de l'ovaire. Des 3 mamelons carpellaires formés après l'apparition de l'androcée, le mamelon superposé à l'étamine fertile s'accroît beaucoup plus que les deux autres et est le seul qui s'allonge en style et forme un stigmate bien caractérisé. Les 2 autres mamelons, au contraire, s'atrophient, et c'est à peine si l'on en observe quelques vestiges. Tandis que ces modifications se produisent, l'excavation qui s'est produite sur le fond du réceptacle semble devenir de plus en plus profonde et l'on voit se former sur ses parois 3 doubles cordons placentaires qui alternent avec les 3 mamelons carpellaires et qui, s'étendant depuis le fond de la coupe réceptaculaire jusqu'au sommet, se recouvrent promptement d'ovules anatropes trèspetits.

Ces observations, faites sur le *Callanthe veratrifolia*, prouvent que la fleur des Orchidées est construite comme les Amaryllidées et les Iridées; mais, tandis que chez les Amaryllidées toutes les parties de la fleur se développent régulièrement, dans les Orchidées 5 étamines sur 6 avortent, et des 3 mamelons carpellaires 1 seul s'allonge en style (Payer).

Dans l'étude des ovaires infères que nous venons de présenter, on doit voir qu'il s'est passé 2 ordres de phénomènes : 1° l'exhaussement circulaire des parties qui ont constitué comme une sorte de coupe ou d'excavation qui ne s'est réellement point creusée, mais qui n'a pris cette apparence que parce que les parties circulaires ont continué à grandir pendant que le centre est resté dans un état relativement stationnaire; 2° la formation de bourrelets ou de lames qui ont servi à clore ou à diviser la cavité formée par le premier ordre de phénomènes.

Or, dans un protophytogène général déjà très-composé, quatre fois par exemple, P''', *fig. 4*, si l'on admet que tout le tissu cellulaire composant les phytogènes P'', P', P, p, b, c, d, vient à continuer à croître, tandis que le phytogène central égal à P''', restera stationnaire, on comprendra que la coupe réceptaculaire dont nous avons parlé doive commencer à se former, et alors lès phytogènes circulaires P'' s'élèveront de plus en plus et formeront au sommet du bord de la coupe les éléments du calice. Mais dans ce mouvement ascensionnel des bords de la coupe les phytogènes circulaires du phytogène central = P'', devenu protophytogène, seront eux-mêmes entraînés dans cet exhaussement, et ce sont eux qui viendront constituer les éléments de la corolle, qui déjà sera plus interne que le calice. Le même mouvement ascensionnel, par la même raison, entraînera les six phytogènes circulaires du phytogène plus central = **P′**, devenu à son tour protophytogène, et ce sont eux qui, placés dans l'ordre de succession au-dessous des éléments pétaloïdes, devront former les éléments de l'androcée. Enfin, toujours en vertu du même mode d'accroissement, les six phytogènes circulaires du phytogène le plus central, = **P**, devenu aussi protophytogène, seront dans l'ordre de succession les plus inférieurs et, placés au-dessous des étamines, ils deviendront les principaux éléments des carpelles ; de sorte que nous aurons un ensemble de parties représentées par la *fig.* 16, B, figure théorique de l'ovaire infère. Remarquons que le protophytogène résultant du phytogène le plus central contient encore un phytogène central qui, dans quelques cas, pourra servir à la formation des éléments de la cavité soit pour produire l'ovule ou les placentaires, soit pour former les lames qui divisent l'intérieur de la cavité en plusieurs loges.

Mais il peut arriver qu'il n'y ait réellement que l'ovaire qui soit infère, tandis que l'androcée et la corolle sont très-sensiblement sur le même plan. C'est qu'alors tous les phytogènes circulaires des protophytogènes successifs, savoir : le protophytogène général P‴, le central = P″, le deuxième central = P′, *fig.* 4, se sont tous élevés à peu près à la même hauteur pour former le bord de la coupe réceptaculaire qui porte à la fois le calice, la corolle et les étamines, et ont fait leur évolution sur l'espèce de dôme formé par les bourrelets carpelliens qui séparent la cavité réceptaculaire des autres parties de la fleur (Lobéliacées, Goodéniacées, etc.). Il peut même se faire que l'évolution des organismes floraux, calice, corolle et androcée, ait une évolution ascendante, tandis que l'ovaire est infère ou appartient à une évolution descendante (*Campanula*, Ombellifères). Il y a des cas où les sépales et les pétales apparaissent comme dans les espèces à ovaires supères : ce n'est qu'après leur apparition que le réceptacle ou phytogène central se creuse, prend la forme d'un entonnoir, et c'est sur les parois internes de l'entonnoir que naissent les étamines, puis les bourrelets, au nombre de trois, qui doivent fermer la cavité ovarienne. Ainsi on pourrait dire que le calice et la corolle sont à évolution *ascendante*, tandis que l'androcée et le gynécée sont à évolution *descendante* (*Menzelia, Bartonia*).

Dans la seule famille des Nymphéacées nous trouvons des exem-

ples du passage de la fleur à ovaire supère à la fleur à ovaire
infère, puisque dans le *Nuphar lutea*, les pétales et les étamines
étant exsérés à la base du torus, le pistil est complétement supère; dans le genre *Nymphea*, l'ovaire est supère seulement par
rapport à la corolle et au calice, car les étamines et les pétales
sont exsérés sur le torus à diverses hauteurs. Enfin, dans les
genres *Euryale* et *Victoria*, le tube du calice adhérant à l'ovaire,
celui-ci est infère par rapport à l'androcée, à la corolle et au calice; ce qui prouve qu'il n'est pas de caractères, si constants
qu'ils soient, qui ne puissent être sujets à de nombreuses exceptions.

Enfin, il y a des familles entières où les parties florales se développent toutes à la manière d'un ovaire supère, car l'ovaire est
lui-même supère; mais les parties latérales externes des carpelles croissant plus que les internes, ou plutôt tandis que l'extrémité de l'axe cesse de grandir, les parties externes des ovaires
continuent à croître et forment ainsi des carpelles affectés de
campylotropie, lesquels, au lieu d'avoir leur style au sommet de
l'ovaire, paraissent l'avoir à la base; ce style même semble continuer l'axe par suite de l'extrême renversement du sommet organique du carpelle. Cette disposition constitue ce que l'on connaît sous le nom d'*ovaire gynobasique*, dont les Labiées, Borraginées, Ochnacées nous offrent des exemples.

Si les six phytogènes croissaient tous ensemble, ils constitue-
raient une sorte de bourrelet circulaire interne qui, en grandissant, formerait comme une sorte de dôme à la cavité réceptaculaire, d'où une seule loge. Or, ce mode de développement *interne*
aurait son analogue *externe* dans l'évolution en commun des six
phytogènes circulaires dans la formation des feuilles de Monocotylédones, et si l'on devait rencontrer ce mode de développement
interne simultané des six phytogènes circulaires du protophytogène carpellien, ce serait à coup sûr parmi les Monocotylédones
plutôt que parmi les Dicotylédones; et ce fait semble en quelque
sorte confirmé par la formation du carpelle unique mais supère
des Graminées, où le carpelle n'est jamais formé que par une
seule feuille carpellaire qui se montre d'abord sur le réceptacle
par un léger pli du côté de la paillette inférieure. Ce pli, très-
petit à l'origine, s'élargit peu à peu de manière à produire une

sorte de sac (ovaire) renfermant à sa base le sommet du réceptacle sur lequel s'est développé un ovule. Phytogéniquement, ce sont les phytogènes circulaires qui, apparaissant et grandissant successivement, constituent le carpelle ou l'analogue de la feuille de Monocotylédone, entourant et enveloppant le phytogène central qui deviendra l'ovule par le mécanisme organogénique que nous exposerons plus loin. Malheureusement, nous ne connaissons pas parmi les Monocotylédones des ovaires infères uniloeulaires monospermes à l'égal des Synanthérées et des Dipsacées, sans cela on eût pu espérer rencontrer une *formation carpellaire interne* équivalant à la *formation carpellaire externe* des Graminées.

Ce qu'il y a de certain, c'est que dans les Synanthérées et les Dipsacées les six phytogènes circulaires du protophytogène carpellien s'annoncent par deux bourrelets opposés internes formés chacun de trois phytogènes dont celui du milieu, ayant une évolution plus rapide que les deux autres, doit apparaître le premier, puis les deux autres latéraux se développant à leur tour peu à peu, mais en vivant en commun avec le médian, on voit que les deux bourrelets, d'abord distincts, doivent finir, lors de l'apparition complète des six phytogènes circulaires, par être unis en un bourrelet unique offran 'deux échancrures opposées. Mais nous avons vu que c'était précisément de cette façon que se formaient les deux feuilles ou les deux cotylédons opposés des Dicotylédones. Dans notre opinion il n'y a donc aucune différence entre ces deux sortes de formations originelles, si ce n'est que dans le premier cas la formation est *interne*, tandis que dans le second elle est *externe*.

Ce n'est pas tout; car de même que nous avons reconnu que les six phytogènes circulaires d'un protophytogène. pouvaient s'associer deux par deux (p. 100 et 111) et former un verticille de trois feuilles, de même aussi une pareille association paraît se faire dans les six phytogènes circulaires internes d'un protophytogène-carpellien, et voilà pourquoi on voit souvent se produire trois bourrelets carpellaires qui, peu à peu, finissent par n'en plus faire qu'un, ainsi que nous le montre l'organogénie du *Campanula Rapunculus* (p. 322).

Pour rendre exactement notre pensée, nous supposerons un

doigt de gant portant extérieurement des appendices disposés les uns au-dessus des autres comme le sont les parties d'une fleur à ovaire supère et représentant la succession des phytogènes circulaires développés. Si l'on vient à retourner le doigt de gant, toutes ces parties deviennent internes sans cesser d'avoir la même origine. Conséquemment, il y a des organes appendiculaires *internes* comme il y en a d'*externes*, puisque les uns et les autres résultent du développement des phytogènes circulaires externes ou internes.

II. *Style.*

On a donné le nom de *Style* à un tube simple ou composé, le plus souvent cylindrique, qu'au premier abord on pourrait croire plein ; mais l'examen microscopique et l'étude organogénique démontrent clairement que ce tube doit être et est en effet parcouru dans sa longeur par un canal très-étroit, qui, partant de la paroi interne de l'ovaire, se termine dans le stigmate. Néanmoins ce canal est généralement rempli par un tissu cellulaire lâche, différent de celui qui forme le corps du style. Ce tissu est constitué par de petites utricules saillantes, quelquefois entremêlées d'autre cellules plus molles et comme filamenteuses ; c'est à ce tissu particulier que M. Brongniart a donné le nom de *tissu conducteur*, à cause des fonctions particulières qu'il remplit dans l'acte de la fécondation.

La manière dont jusqu'à ce jour on a considéré les feuilles a conduit les botanistes à reconnaître que le style était tantôt de nature axile, tantôt de nature appendiculaire, tantôt à la fois de nature axile et appendiculaire. Il y a là, on le voit, non-seulement une cause de discussion inévitable, mais un défaut de philosophie qui ne peut qu'entraver la marche de la science.

Phytogéniquement, le style ne peut être que d'une seule nature quoique en apparence il puisse paraître provenir de deux sources différentes ; c'est, pour nous, *un organe axile*, mais *de nature appendiculaire*.

En effet, voici ce que l'on reconnaît d'une manière générale : c'est que tantôt il est fourni par la feuille ; alors il est formé par le prolongement de la nervure médiane de la feuille carpellaire (*Urtica, Nyctago*), ou par le prolongement des 2 nervures latérales de la feuille, par exemple, dans la plupart des Graminées (*Triticum*), ou par la feuille carpellaire qui s'effile elle-même en tube, comme on le voit dans les *Tremandra*, les *Eschscholt-zia*, etc. (Payer); tantôt il résulte de l'accroissement, en dehors de la cavité ovarienne, des placentaires, comme on peut s'en assurer dans les Crucifères, Papavéracées, etc.; tantôt, suivant l'opinion de Payer, il résulte du développement des appendices internes des mamelons staminaux, par exemple dans les Aristoloches; enfin, tantôt il doit résulter de la fusion du placentaire (organe axile) et du sommet prolongé de la feuille carpellaire (organe appendiculaire) et c'est ce qui a lieu dans les Primulacées, Lentibulariées, Caryophyllées, Portulacées, etc., (Aug. Saint-Hilaire).

Si maintenant l'on se rappelle la manière dont, phytogéniquement, nous avons interprété la feuille, on verra qu'ayant regardé toutes les nervures comme étant analogues à des organes axiles, les styles des *Urtica*, *Nyctago*, Graminées (*Triticum*), etc., rentrent déjà dans la classe des styles des Crucifères, Papavéracées, etc., que l'on regarde comme de nature axile, et par conséquent, nous réduisons à l'unité deux origines d'apparences différentes, ce qui est plus philosophique. En effet, ici le style, qui est le prolongement des nervures, est aussi bien un organe axile que les vrilles dont nous avons parlé et qui, phytogéniquement, ont même origine et même mode de formation.

D'un autre côté, nous avons établi en principe cette proposition (1) : « *Quand un protophytogène se développe* normalement seul, *il donne toujours lieu à un tube allongé cylindrique ou prismatique pourvu ou dépourvu d'organes appendiculaires, et que l'on nomme organe axile* (tige ou axe). » Ce que nous avons dit du protophytogène peut se dire d'un phytogène simple.

Coroll. — En renversant la proposition, on peut dire que tout organe cylindrique ou prismatique résulte du développement normal *d'un seul* protophytogène ou *d'un seul* phytogène, et que, par conséquent, c'est un axe, puisque c'est la forme végétale qui se rapproche le plus d'une ligne ou axe.

Ceci établi, remarquons que toutes les parties végétales nouvelles ou jeunes s'annoncent sous la forme d'un mamelon, qu'il

(1) *Essai de Phytomorphie*, t. I, p. 312.

doive former une feuille, une foliole, une vrille, un sépale, un
pétale, une étamine, un carpelle, un ovule ou le sommet d'un
bourgeon; que ce mamelon, qui, pour nous, est un phytogène, va
se composer bien différemment selon sa position sur le végétal
où il puisera des éléments de nutrition, rares ou abondants, ou
plus ou moins élaborés déjà par le travail de la végétation. De cet
ordre d'idées découlent 2 séries d'observations que nous allons
présenter ici.

A. 1° Sur l'axe principal et à l'aisselle d'une feuille bien développée, le phytogène est bien nourri et peut se composer en un
protophytogène, infrondescence.

2° Plus haut, sur le même axe, à l'aisselle d'une bractée, feuille
déjà moins bien développée, le phytogène moins bien nourri se
composera en un protophytogène, mais, d'une nature plus délicate, il ne donnera plus qu'une fleur ou au plus qu'une inflorescence.

3° Enfin, à l'aisselle des sépales, pétales et, en un mot, des organes floraux qui ne sont que des feuilles plus modifiées encore
ou plus délicates que la bractée, le phytogène axillaire ne se développe généralement plus : la nourriture fait défaut, ou est employée à une fonction plus importante, celle de la nutrition de la
graine.

B. D'un autre côté, 1° dans la formation des feuilles longicomposées, le mamelon ou phytogène terminal donne lieu à une
foliole par épipédochorise, ou à une vrille simple ou composée.
Cette vrille, provenant d'un phytogène relativement bien nourri,
est quelquefois très-vigoureuse et sert à soutenir toute la plante
aux corps voisins qu'elle peut atteindre (*Cobœa*). Dans quelques
cas, cette sorte d'axe ou vrille peut s'allonger en un mérithalle
foliaire, et se terminer par un second limbe surmonté lui-même
par un 3ᵉ limbe plus réduit, comme on le voit dans les feuilles
des *Nepenthes* que nous regardons comme formées par une répétition de 3 limbes, savoir : un premier limbe ou pétiole dilaté; un
deuxième limbe ou ascidie, et un troisième limbe ou opercule (1).

2° Si, au contraire, la vrille se développe à l'extrémité d'une
feuille modifiée, comme le sépale, par exemple, la vrille est elle-

_____

(1) *Essai de Phytomorphie*, t. II, p. 149, *fig.* 107, A.

même plus réduite et plus délicate : c'est ce qui arrive aux vrilles qu'accidentellement on aperçoit au sommet de certains sépales, comme dans les Cucurbitacées, où nous avons vu cette vrille prendre toutes les formes intermédiaires, depuis la petite foliole oblongue terminale du sépale, jusqu'à la vrille parfaitement cylindrique et contournée quelquefois en hélice.

3° Lorsque la corolle présente des caractères analogues, quand elle se termine par une vrille, comme on le voit dans les *Strophanthus* (1) ; dans ce cas, le phytogène terminal qui la forme est plus délicat et la vrille elle-même doit se ressentir de l'état du phytogène.

4° Si les étamines portent des productions analogues à la vrille, il va sans dire que cette sorte d'organe aura les qualités et les délicatesses en rapport avec celles des étamines. C'est ce que l'on voit très-bien dans les filets staminaux de l'*Allium sativum*, lesquels se triplasient au sommet en 3 pointes. Celle du milieu porte l'anthère, mais les 2 latérales s'allongent beaucoup, et l'une d'elles se contourne souvent en spirale (2). Dans d'autres espèces ce sont les loges qui se terminent en pointes, comme cela a lieu dans les étamines du *Byrsonima bicorniculata* du *Gaultheria procumbens*, etc.; quelquefois ce sont des appendices qui se développent au dos des anthères, et qui prennent l'apparence d'une corne (*Borrago officinalis*) ou de 2 pointes allongées, ainsi qu'on peut l'observer dans les *Vaccinium Myrtillus* et *uliginosum*.

Remarquons, en passant, que ces appendices ou vrilles étant d'ordinaire utiles aux végétaux sarmenteux pour se soutenir aux corps voisins, ils doivent présenter une assez grande ténacité, et c'est ce qui arrive aux vrilles des axes et même à celles des feuilles dans lesquelles les fibres ligneuses peuvent se produire; mais celles que l'on observe sur les parties florales sont loin d'avoir la résistance des vrilles caulinaires ou foliaires; aussi n'ont-elles réellement aucun usage reconnu.

Quoi qu'il en soit, nous sommes bien obligé de constater que tous les organes végétaux sont susceptibles de présenter normalement ou anormalement des appendices tubulaires ayant pour

(1) D. C., *Ann. du museum*, t. I, p. 408, tabl. 27.
(2) *Essai de Phytomorphie*, t. I, p. 238, pl. VIII, *fig.* 43, d.

origine un phytogène qui arrive à vivre *seul*, et qui constitue alors un tube cylindrique ou prismatique, absolument comme un protophytogène arrive à produire une tige ou axe. Or, que ce phytogène qui doit produire le tube cylindrique provienne d'une feuille, d'un sépale, d'un pétale, d'une étamine, d'un carpelle ou d'un phytogène central, représentant le placenta ou extrémité ultime de l'axe, il ne sera jamais autre chose qu'un phytogène, évoluant à la manière d'une tige ou d'un axe, abstraction faite des appendices et dont les *Cassytha*, les *Cuscuta* et même certaines épines des *Gleditschia* nous offrent d'exellents exemples; puisque, à part quelques très-petites écailles que l'axe des deux premiers genres présente, la tige est très-assimilable à certaines vrilles. Mais, comme pour nous le mode de formation de tous ces organes est exactement le même, nous les regardons tous comme des axes, puisque tous représentent plutôt une ligne qu'un plan ou qu'une épipédochorise.

Mais si nous avons constaté de ces axes terminant les organes dont nous venons de parler, il est probable que les carpelles seuls ne doivent pas faire exception à la règle générale, et si le carpelle est ordinairement terminé par un organe cylindrique ou prismatique que l'on nomme style, d'après ces idées, comment doit-on considérer le style? Evidemment, s'il est le résultat du développement du phytogène terminal, *solitaire*, de la série qui a formé l'ovaire, il correspond à la vrille des feuilles; mais quoique d'un tissu plus délicat, comme il est généralement moins allongé, il ne prend pas la forme contournée en hélice que l'on retrouve dans les vrilles et a sous ce rapport beaucoup plus d'analogie avec les axes foliaires ou intervalles rachidiens qui séparent l'une de l'autre deux paires de folioles. Toutefois, comme les mérithalles ou axes foliaires ou les pétioles, il peut être très-allongé (*Colchicum*, *Lilium*, etc.) ou très-court ou même nul (*Ranunculus*, *Papaver*, etc.), ce qui fait que le stigmate peut être sessile aussi bien que tout autre organe appendiculaire. Cette analogie sera plus frappante encore quand nous aurons démontré que le stigmate peut rigoureusement être comparé à un organe appendiculaire.

Il résulte de tout ce que nous venons de dire que, quelle que soit l'origine du phytogène qui a produit le style, qu'il ait été formé par le phytogène central ultime du protophytogène-carpelle (placentarien), ou par le phytogène terminal de la feuille carpellienne représentant l'extrémité de la nervure médiane (Rachidien), ou des deux latérales (*Triticum*), ou par un phytogène détaché d'une étamine, comme dans les *Aristolochia*, toujours est-il que le phytogène qui produit le style se développe toujours d'une façon unique en donnant lieu au tube mérithallien ou *axe phytogénique* que l'on est habitué à voir dans le style.

Mais si le style est un axe, il doit arriver que des phénomènes de chorise analogues à ceux que l'on rencontre sur les axes se produisent, et c'est en effet ce que l'on remarque dans un grand nombre de styles qui, simples d'abord, se diplasient et donnent lieu à 2 branches au sommet desquelles se trouvent les stigmates (Graminées). Les Euphorbiacées offrent aussi des exemples de cette diplasie, remarquable surtout dans l'*Emblica officinalis*, où le phénomène se répète deux fois ; de sorte que les 3 styles primitifs de l'ovaire, après s'être bifurqués deux fois, arrivent à former 12 branches stigmatiques.

Quelle que soit d'ailleurs la nature des styles, ils peuvent être simples ou composés, et alors ils sont libres ou unis congénialement ou *véritablement soudés*. Nous en citerons quelques exemples de façon à bien en faire comprendre le mécanisme.

1° Nous avons décrit, p. 332, le mode de formation du pistil des Graminées, auquel nous renvoyons. Nous ajouterons seulement, comme exemple de style *simple*, que dans les *Nardus*, le sac carpellien s'allonge sur le côté qui correspond à la nervure médiane de la feuille carpellienne, et qu'il s'y forme une longue pointe qui n'est autre que le style qui reste toujours simple. Dans le Maïs les choses se passent de la même façon, avec cette seule différence que le style se bifurque à son extrémité par un phénomène d'exastosie ou par diplasie, car le style a été originellement simple (1).

2° Dans le *Drosera rotundifolia*, quand les 3 mamelons carpellaires ont eu suffisamment grandi pour constituer un sac plus ou moins grand selon l'âge, sac qui n'est autre que la cavité ovarienne, on remarque que l'ouverture est bordée des 3 mamelons

____

(1) Payer, *Organog. comp. fl.*, p. 702.

primitifs exhaussés par la croissance des phytogènes carpellaires :
ce sont ces 3 mamelons primitifs qui grandissent et qui forment
les styles, lesquels, dans le principe, sont réellement *distincts* ou
libres, excepté à leur extrême base où, le sommet des carpelles
venant à s'unir, il est difficile qu'il en soit autrement pour le
pied des styles.

3° Si l'on considère le style en lui-même, il est évident que
dans quelques cas, lorsqu'il s'agit d'un style composé, tous ces
styles pourraient être originellement distincts, et que, par conséquent, s'ils viennent à s'unir ce ne peut être qu'au moyen d'une
véritable soudure que cette union s'effectue. Cependant cette
soudure, si elle a lieu, ne ressort pas nettement des observations
organogéniques, et souvent on peut prendre pour une soudure ce
qui n'est réellement qu'un défaut d'exastosie. En effet, si l'on suit
avec soin l'évolution organogénique du pistil d'une espèce à long
style, comme le *Lilium candidum* et les Polémoniacées (*Cobea
scandens* et *Polemonium cœruleum*), on arrive à comprendre
que ce qui était distinct dans la partie carpellaire naissante reste
libre et constitue la partie stigmatique, tandis que toutes les parties qui étaient unies restent étroitement liées ensemble pour
former soit l'ovaire, soit le style. Afin que l'on ne puisse nous
soupçonner de parti pris contre l'idée des soudures que nous
combattons comme étant bien plus rares qu'on ne le croit communément, nous allons laisser parler Payer lui-même pour les
deux exemples que nous avons choisis.

a. *Lilium candidum* (Pistil). « Lorsque toutes les étamines
sont nées, on voit poindre sur le bord du réceptacle, qui a pris
l'aspect d'une plate-forme, trois mamelons superposés aux divisions du périanthe externe. Ces 3 mamelons, qui sont les rudiments du pistil, deviennent *promptement connés* entre eux, et
forment un sac très-allongé, qui se gonfle en ovaire à sa base,
s'effile en style à sa partie moyenne, et s'évase à son sommet en
une coupe à trois crénelures qui se recouvre de papilles stigmatiques (1). »

b. *Polemonium cœruleum* et *Cobea scandens* (pistil). « Lorsque
les étamines sont nées, on voit poindre au centre de la fleur, sur

(1) Payer, *loc. cit.,* p. 649.

le sommet du réceptacle, 3 mamelons carpellaires, rudiment du pistil. Ces 3 mamelons carpellaires sont superposés aux 3 sépales 1, 2 et 3 ; il y en a donc deux antérieurs et un postérieur ; ils deviennent connés entre eux à leur base et forment un sac qui s'allonge beaucoup, et dont l'ouverture supérieure est bordée par leurs extrémités libres ; ce sac, c'est le style. »

« Tandis que le sac formé ainsi par les bases connées des mamelons carpellaires primitifs s'allonge en style, on remarque au pied de chacun de ces mamelons carpellaires une petite excavation qui augmente de plus en plus de profondeur... (1) »

4° Mais nous avons dit aussi que dans quelques cas rares, il pouvait y avoir une *véritable soudure*, et c'est en effet ce qui parait avoir lieu dans la formation du style composé des *Ruta*. En effet, selon Payer, les carpelles se sont formés, comme à l'ordinaire, au moyen de 4 ou 5 bourrelets en forme de croissants, entièrement séparés et dont les bords de chacun d'eux se sont rapprochés en formant un sac ouvert sur sa face interne par une fente. Au pied de ces carpelles il s'est formé une excavation qui sera la base de la loge où commencera l'apparition des ovules. C'est pendant que les ovules se développent que l'on voit apparaître sur la face interne de chaque carpelle, et immédiatement au-dessus de la fente longitudinale formée par les bords rapprochés, un petit prolongement, sorte de petit auvent qui surplombe cette fente. Ce prolongement grandit, finit par rencontrer ceux des autres carpelles, se *souder* avec eux et constituer le style des *Ruta*.

III. *Stigmate.*

Un grand nombre d'auteurs ne semblent faire entre le style et le stigmate aucune distinction autre que celle qui résulte du développement des cellules superficielles en papilles de nature glandulaire. Le stigmate ne serait, en un mot, que l'extrémité indivise ou divisée du style, recouverte ou composée le plus souvent d'un tissu cellulaire plus ou moins lâche, dont les cellules extérieures s'allongeraient en papilles ou même en véritables poils. Cependant, si nous considérons que le style présente la forme

(1) Payer, p. 597.

d'un axe, tandis qu'il y a des stigmates qui ont tout à fait la forme d'un organe appendiculaire, on comprendra que ces derniers soient au style exactement ce que serait une feuille sessile par rapport à son méritballe, ou plutôt une feuille par rapport à son pétiole. Or, d'après ce que nous savons des axes et des épipédochorises, il faut convenir que souvent on peut regarder les deux organes comme de nature différente.

En effet, que le style provienne soit de la nervure médiane ou des 2 nervures latérales de la feuille carpellienne, soit d'une des ramifications de l'axe médian qui formerait alors le placentaire, soit d'un appendice staminal, c'est dans tous les cas un phytogène qui s'allonge en tube à la manière des méritballes. Si le phytogène terminal de ce tube avorte complétement, il se peut alors que l'extrémité du style acquière les qualités nécessaires pour intervenir dans l'acte de la fécondation. Aug. Saint-Hilaire dit qu'il existe des plantes où le stigmate non-seulement ne s'aperçoit pas au premier abord, mais chez lesquelles il n'existe réellement pas.

Cependant c'est précisément ce phytogène ultime qui doit, en se développant, constituer les stigmates plus ou moins apparents. Mais ce dernier phytogène des dernières formations végétales est si petit que lorsqu'il vient à ne prendre qu'un faible développement il doit être difficile à apercevoir, et dans tous les cas, ne semble devoir être que *terminal*, comme dans beaucoup de Labiées (*Ocimum*, *Pogostemon*, etc.).

Mais pour se faire une idée exacte de la formation du stigmate, il faut remonter jusqu'à son origine phytogénique; pour cela, analysons la composition du protophytogène-carpelle et le mode d'évolution des parties; et d'abord faisons remarquer que le protophytogène carpelle s'écarte de la composition du protophytogène-corolle ou androcée, et se rapproche au contraire du protophytogène-infrondescence, ce qui est prouvé par la couleur verte des jeunes carpelles, par leur métamorphose en feuilles ordinaires, ainsi que le prouve si bien le pistil foliaire du Merisier à fleurs doubles (*Prunus avium flore pleno*), et par le mode d'évolution que nous allons faire connaître.

Ainsi que nous l'avons dit bien des fois, le protophytogène-infrondescence des Dicotylédones se compose de 12 phytogènes en

entourant un 13ᵉ, et nous savons que les 3 inférieurs entrent
dans la composition du mérithalle inférieur (p. 178), tandis que
les 9 autres concourent à la composition des organes appendiculaires. Or, ces 9 phytogènes sont disposés de telle façon que 6
sont circulaires, et 3 supérieurs (p. 174, A). Si nous supposons ces
6 phytogènes circulaires développés ou étalés suivant une ligne
c, c, *fig.* 19, A, on verra que les phytogènes supérieurs, s, sont
placés sur chaque paire de phytogènes circulaires, constituant
ainsi trois triangles phytogéniques qui deviennent les éléments
des carpelles. En effet, constatons d'abord que le nombre 3 est
très-fréquemment celui des carpelles qui composent un pistil ;
ensuite, qu'il est facile, avec chaque élément ou triangle phytogénique, de constituer un carpelle en suivant le procédé qu'a
employé A. Saint-Hilaire, et que nous rappellerons ici parce qu'il
donne très-exactement le mode phytogénique de formation du
carpelle. Supposons les 3 phytogènes disposés en triangle comme
on le voit en s c'c', *fig.* 19, A. Il est de toute évidence que, si peu
que chaque phytogène prenne de l'accroissement en hauteur,
pourvu que cet accroissement soit indépendant au sommet, nous
aurons l'origine d'une feuille trilobée, *fig.* 19, B, a. Admettons
que pendant que le lobe médian reste relativement petit et dé-
ployé, les lobes latéraux prennent un grand développement, se
replient intérieurement vers la nervure médiane, et nous aurons
une feuille qui sera très-analogue à la feuille de l'Hépatique (*Hepatica triloba*), *fig.* 19, B, b. Supposons, enfin, que les bords latéraux inférieurs viennent à se *souder*, nous aurons alors un des
3 carpelles du *Lavradia elegantissima*, *fig.* 19, B, c ; or, cette
supposition est un fait démontré par les études organogéniques,
puisque MM. Guillard frères, Schleiden, Vogel, Payer et Duchartre, se sont assurés que, dans le bouton naissant, les carpelles se montrent étalés sous forme de feuilles dont les bords
convergent les uns vers les autres à mesure qu'elles grandissent
et finissent par se *souder véritablement*, et c'est aussi ce que
nous avons constaté en décrivant les divers modes de formation
des ovaires.

Essayons maintenant de pénétrer plus avant dans le travail
phytogénique. Nous avons dit que les phytogènes périphériques
(circulaires c'c' et supérieur, s, *fig.* 19, A) s'associaient 3 par 3

pour former la feuille carpellienne entière, d'où résultait un pistil de 3 carpelles. Mais dans le principe, rien encore au sommet de l'axe ou phytogène central de l'androcée n'apparaît, si ce n'est le phytogène central lui-même, sous forme de mamelon, désigné sous le nom de *réceptacle* par les organogénistes. Ce mamelon se compose phytogéniquement et devient protophytogène. L'association des phytogènes périphériques se fait comme nous venons de le dire, et dès lors, le phytogène central de ce protophytogène, continuant à grossir sans exastosie apparente, porte sur les côtés le sommet des trois triangles, qui alors, au lieu de *converger* et d'être *terminaux,* deviennent au contraire *divergents et latéraux;* c'est alors que commence l'apparition des feuilles carpelliennes. Celles-ci se montrent d'abord sous la forme de 3 légères protubérances hémisphériques qui grandissent peu à peu et restent hémisphériques tant que le sommet du triangle phytogénique est seul apparent, comme cela est indiqué au-dessus de la ligne aa, *fig.* 19, A ; ce sont alors les 3 phytogènes s qui montrent leur sommet distinct. Mais peu à peu, à mesure que les phytogènes circulaires c'c', vivant en commun avec le phytogène supérieur s et formant le triangle sc'c', à mesure, disons-nous, que ces phytogènes se développent, le triangle s'exhausse, et les 3 mamelons s'élargissent et paraissent tendre à se réunir. En effet, quand ils ont dépassé le niveau bb, ils sont déjà un peu aplatis et forment autour du phytogène central ou réceptacle 3 sortes de vasques qui ne se touchent pas encore. Si le développement, dans ce sens (*développement ascendant*), se continue encore, alors toutes les grandes circonférences des phytogènes circulaires c'c' sortent et arrivent à se toucher comme elles se touchent au-dessus de la ligne cc, *fig.* 19, A. C'est dans ce cas que les feuilles carpelliennes arrivent à être *connées,* suivant l'expression de Payer. Il n'y a donc pas de *soudures* entre les carpelles arrivés à cet état de développement ascendant, lequel développement peut encore se continuer longtemps sans qu'il y ait exastosie entre les carpelles.

Il n'en est pas de même des parties qui sont en dessus de la ligne ponctuée intermédiaire à bb et cc, *fig.* 19, A, car ces parties ayant été unies entre elles et ne se touchant plus, les exastosies circulaires et centripètes sont évidemment venues les séparer.

Quoi qu'il en soit, libres ou unis entre eux, les carpelles, ébauchés comme nous venons de le dire, continuent leur évolution de manière à former l'une des modifications de l'ovaire que nous avons fait connaître ; mais il faut remarquer que, lors même que les carpelles sont unis entre eux dans un pistil composé, il y a souvent une partie qui est toujours libre, et c'est presque toujours cette partie qui constitue le stigmate ; d'où nous concluons que le stigmate a pour origine, très-souvent, l'extrémité de la feuille carpellienne, c'est-à-dire un phytogène ultime s, plus ou moins développé.

Mais si cela se passe comme nous venons de le dire, il est évident que si ce phytogène peut souvent rester à l'état simple et former au sommet de la feuille carpellienne un stigmate en tête sessile (*Capparis*), il peut souvent aussi se composer en un protophytogène, et dans ce cas, les 3 phytogènes inférieurs peuvent, en se développant, former le *mérithalle stylaire* (1) ; et si le reste des phytogènes périphériques et central vivent en commun, nous aurons un style terminé par un stigmate en tête, ou plus ou moins sphérique. Si, au contraire, ces phytogènes périphériques viennent à évoluer à la manière du limbe des feuilles, on pourra avoir un stigmate plus ou moins élargi en lame, laquelle, selon le mode de composition du phytogène primitif, pourra être parallèle au style ou lui être perpendiculaire, d'où la formation des stigmates *peltés*.

Si pendant l'évolution des carpelles le développement externe domine le développement interne de chaque carpelle, il y aura un commencement de *Campylotropie*, et tous les sommets carpelliens convergeront vers le centre ; si le phénomène est assez marqué, ils arriveront à se toucher et même à se *souder* aux points où l'exastosie s'était le mieux prononcée, et à se fondre pour ainsi dire de façon qu'au lieu de 3, 4, etc. styles, il n'y en aura plus qu'un, souvent parfaitement cylindrique, et les 3 stigmates seront fondus en un seul et même stigmate globuleux (*Fuchsia*). Dans quelques cas rares, on trouve des styles bien

---

(1) On voit dans cette hypothèse que les mérithalles caulinaires, les pétioles et les styles ont une génération analogue, et que si l'un est un axe. il faut de toute nécessité que les autres soient aussi des axes.

distincts, tandis que les stigmates se soudent et restent ainsi long-temps unis par les côtés (*Zantoxylum fraxineum*).

Les Apocynées présentent ce phénomène remarquable, qu'à toutes les époques de l'évolution de son pistil les deux carpelles qui le composent ont été constamment distincts, et ce n'est que peu de temps avant le complet développement de la fleur que les deux stigmates *seuls* se soudent véritablement, laissant complète-ment distincts les 2 ovaires et les 2 styles (Payer).

Il résulte de cet aperçu qu'il y a des stigmates *simples* et *com-posés*, comme il y a des styles simples et composés. En général, on admet qu'il y a autant de stigmates que de carpelles, et qu'il suffit de constater le nombre des loges d'un ovaire pour conclure à celui des stigmates; mais cette méthode peut être quelquefois fautive et induire en erreur. Ainsi, dans les *Triticum* et la plu-part des Graminées, les 2 styles et les 2 stigmates sont fournis par les 2 nervures latérales d'une seule et même feuille carpel-lienne. Néanmoins, les caractères tirés du nombre des stigmates distincts sont assez constants pour que Linné ait pu en faire la base de quelques ordres de son système sexuel.

Nous avons dit que le stigmate devait être considéré comme le développement du phytogène ultime, soit de la nervure médiane ou des 2 nervures latérales de la feuille carpellienne, soit du pla-centaire, soit d'un appendice staminal; mais dans son dévelop-pement il peut offrir bien des formes diverses qui le font ressem-bler à un petit globe (*sphérochorise*), ou à un tube (*axe*), ou à une lame (*épipédochorise*), ce qui semble indiquer plusieurs modes différents d'évolution.

1° Il peut prendre, selon l'espèce ou même le genre de plante, un développement égal dans les trois dimensions de l'étendue et sphériquement à la manière des sphérochorises, et, dans ce cas, le stigmate est globuleux (*Daphne Laureola*, *Mirabilis Ja-lapa*, etc.). Mais il faut bien comprendre qu'alors il ne s'est pas composé à la manière du protophytogène qui fait les sphérocho-rises ligneuses (p. 12), et qu'il ne se forme qu'un protophyto-gène dont tous les phytogènes périphériques vivent en commun. Peut-être même ne se fait-il souvent qu'une multiplication sphé-rique de cellules, sans arrangement phytogénique préalable. Des recherches sur les monstruosités des stigmates pourraient sans doute arriver à éclairer ce qu'il y a d'obscur dans cette question.

2° Dans quelques cas, il prend un développement selon *deux* dimensions seulement de l'étendue, et alors il affecte la forme de lamelles qui ont une certaine analogie avec les organes appendiculaires. Ce sont de véritables épipédochorises, et l'on en trouve de bien visibles dans les *Mimulus*, les *Bignonia*, etc. Il en est même qui sont véritablement pétaloïdes, tels sont ceux de quelques Burmanniacées et surtout ceux des *Iris*.

3° Quelquefois ils se développent à la manière des axes, c'est-à-dire que leur évolution ne se fait que suivant *une seule* des dimensions de l'étendue, alors le stigmate prend la forme d'un petit tube plus ou moins garni de papilles, droit ou diversement contourné (*Malva*, *Aster*, *Campanula*, etc.).

Dans quelques Urticées, particulièrement dans le *Cannabis sativa*, on ne trouve que deux corps allongés cylindriques, sessiles, pubescents, que l'on considère comme un double stigmate sans style, et qui paraît se rapporter au cas dont il s'agit ici. Ces 2 stigmates paraissent n'appartenir qu'à une seule des feuilles carpelliennes, car des deux qui se forment, une seule arrive à son entier développement, tandis que l'autre avorte constamment. Il est probable qu'il se produit alors un phénomène de chorise diplasique, autrement on ne comprendrait guère la présence de ces deux stigmates. Remarquons que pour quelques auteurs, et Payer en particulier, ces deux stigmates ne sont que des styles. Il est fort possible, en effet, qu'il n'y ait pas de stigmates, et que le style en remplisse les fonctions.

4° L'analogie des stigmates avec les autres organes appendiculaires est tellement marquée que l'on rencontre dans cet organe une particularité que nous n'avons pu même retrouver dans les pétales qui sont essentiellement appendiculaires : nous voulons parler de leur forme peltée. En effet, le stigmate simple s'aplatit quelquefois en un organe discoïde à plan perpendiculaire au style, comme on peut le voir dans chacun des stigmates qui terminent chaque branche du style composé du *Rheum undulatum* ou de l'*Hibiscus palustris*, et d'autrefois il s'étale en une véritable lame ou limbe à la manière des feuilles peltées, ainsi que l'on peut aisément le constater dans le *Zanichellia palustris*. Il semble donc que le phytogène ultime qui doit produire le stigmate, quelle que soit sa provenance, se compose absolument comme le phytogène qui doit fournir le limbe de la feuille, et que dans un cas sa composition *plane* se fait dans un sens parallèle au style, comme cela a lieu pour le limbe parallèle au pétiole de la plupart des feuilles ; tandis que dans l'autre, sa composition *plane aussi* se fait dans un sens perpendiculaire au style, exactement comme cela se passe dans les feuilles peltées.

Mais ce qu'il faut surtout remarquer dans la forme peltée des stigmates, c'est qu'on la retrouve tout aussi bien dans les stigmates composés que dans les stigmates simples ; et par .conséquent, c'est leur individualisation originelle et ensuite leur union parfaite en un seul corps. Ainsi dans les *Arbutus*, les stigmates paraissent formés par les 5 phytogènes ultimes terminant les 5 cordons qui se forment de la base au sommet, à l'intérieur du sac ovarien, et qui s'unissent ou se *soudent* pour former le stigmate discoïde, sous-pelté de l'*Arbutus Andrachne*. Dans les Nymphéacées et les *Papaver*, le stigmate est composé, pelté, rayonnant et résulte de l'épanouissement de tous les phytogènes ultimes des placentaires qui se sont unis ou soudés pour faire le stigmate unique que nous connaissons. Il est très-probable que le grand stigmate composé, pelté, pétaloïde, persistant, des Sarracéniées, a un mode de formation analogue.

La production de cette forme peltée des stigmates composés pourrait recevoir deux explications, savoir :

1° Une fusion complète, intime de tous les phytogènes ultimes de chaque formation, puis une composition protophytogénique postérieure suivant un plan perpendiculaire au style. Si ce mode existe, il doit être très-rare.

2° Chaque phytogène ultime de chaque formation peut avoir un commencement d'épanouissement en une sorte de limbe dont le plan est parallèle au style ; puis à un moment donné tous les styles et les stigmates s'unissent par les côtés, et, continuant à vivre en commun, les lames stigmatiques grandissant proportionnellement plus en largeur, il faut de toute nécessité que le sommet de ces lames s'éloigne du centre qui unit les styles, pour trouver la place nécessaire à leur parfaite évolution. Or, il n'y a qu'un plan perpendiculaire à un axe qui puisse satisfaire à une pareille condition, avec cette circonstance toutefois que les productions inter-stigmatiques, ou qui séparent les rayons stigmatiques, soient au moins proportionnelles à la longueur des rayons, car sans cela, il arriverait que le stigmate, au lieu d'avoir une *peltation* quasi-plane comme dans les *Papaver*, aurait une peltation plus ou moins concave.

En effet, de même que nous avons vu les feuilles des *Hydrocotyle* et des *Nelumbium* (1) prendre une forme peltée plus ou moins concave conduisant à la feuille en urne ou en cornet des *Nepenthes*, des *Sarracenia*, etc. (2), de même il y a des stigmates qui affectent la forme d'une petite urne pleine d'un liquide visqueux propre à retenir les grains de pollen, et le stigmate des *Viola*, de la section des *Melanium*, présente un exemple de la forme que nous venons de décrire, avec une ouverture un peu latérale. Par son mode de formation, on pourrait le considérer comme un stigmate simple, car le sommet du réceptacle (phytogène central du protophytogène androcéen) se creuse en une sorte de bassin entouré par un bourrelet circulaire qui s'élève et s'accroît rapidement pour former un sac renflé à sa base qui n'est autre que l'ovaire ; celui-ci s'effile ensuite en un style allongé qui se gonfle à son extrémité en un phytogène qui ne tardera pas à former la coupe dont nous venons de parler ; mais les 3 épais bourrelets qui s'étendent du sommet à la base des parois internes du sac carpellien, et qui ne sont que les placentaires, indiquent suffisamment qu'il y a 3 feuilles carpelliennes avec défaut d'exastosie, même congéniale, et que par conséquent le stigmate est lui-même composé de 3 stigmates, nombre très-fréquent dans les Dicotylédones.

Tous les auteurs ne sont pas d'accord sur ce qu'il convient de regarder comme le stigmate : les uns ne veulent donner ce nom qu'à l'épanouissement extérieur du tissu conducteur, cette partie qui, *dépourvue d'épiderme* (3), se présente le plus souvent sous la forme de mamelons ou cellules allongées, humectées par un liquide plus ou moins visqueux et que l'on nomme *papilles stig-*

---

(1) *Essai de Phytomorphie*, t. II, p. 71, pl. IX, *fig.* 67.
(2) *Ibid.*, p. 149, pl. XIII, *fig.* 107, A et c.
(3) Toutefois, **M. Ad.** Brongniart a signalé quelques plantes (*Hibiscus, Nyctago, Nuphar luteum*) dont le stigmate est revêtu d'un épiderme « composé de plusieurs couches intimement unies entre elles. »

matiques. D'autres, au contraire, donnent le nom de stigmate à toute la partie terminale du style, celle qui porte les papilles stigmatiques.

Aug. Saint-Hilaire à qui l'on doit un bon article sur le stigmate (1), adopte le premier sens donné à cet organe, seulement il reconnaît qu'il est difficile de distinguer toujours le stigmate du style. Ce savant a cru devoir établir deux sortes de stigmates, savoir : les uns qui prolongent le style et présentent des contours comme tous les corps solides et qu'il nomme *stigmates complets ;* les autres qui naissent simplement à la surface d'une portion du style et qu'il appelle *stigmates superficiels.*

Pour nous qui, phytogéniquement, ne voyons dans le style qu'un tube ou axe analogue au pétiole des feuilles et dans les stigmates que des épipédochorises analogues aux limbes, nous devons nécessairement partager l'opinion de ceux qui ne bornent pas le stigmate aux papilles stigmatiques, et nous devons le considérer comme de formation différente de celle du style, quoique parfois il soit difficile de distinguer exactement ces 2 organes ; mais en cela nous trouvons une difficulté pareille à distinguer, dans quelques cas, un limbe d'un pétiole, et cela est si vrai qu'il est extrêmement probable que l'on considère encore actuellement, comme des limbes, certains pétioles dilatés. La difficulté que présente la délimitation exacte du style et du stigmate ne doit donc pas nous préoccuper davantage, et si parfois cette difficulté est grande, d'autres fois cette distinction est si facile à faire, qu'elle ne donne prise à aucune équivoque.

Si nous examinons le style de l'*Asimina triloba,* a, *fig.* 20, nous le trouvons droit et comme terminé en biseau, s ; c'est ce biseau qui est recouvert de papilles et que par conséquent on regarde comme le stigmate (*stigmate superficiel latéral* d'Aug. Saint-Hilaire). On peut bien s'entendre sur l'étendue superficielle du stigmate, et tout ce qui est au-dessous serait le style ; mais alors, en épaisseur, où finit le style ? où commence le stigmate ?

Si de là nous portons notre attention sur le style de l'*Hepatica triloba,* b, *fig.* 20, nous le trouvons encore terminé par un stigmate latéral, s ; mais ici, quoique le style soit court et épais, nous

(1) *Morpholog.,* p. 527.

voyons le stigmate s'élargir et simuler déjà une sorte d'organe appendiculaire. Dans les *Mimulus* et les *Bignonia*, c, *fig*. 20, les stigmates s deviennent de véritables lamelles, et dans quelques Burmanniacées et dans les *Iris* le stigmate est réellement pétaloïde, d, *fig*. 20. Or, il ne nous semble pas que jamais l'on ait regardé comme style la face externe opposée à la face papillaire interne des lamelles stigmatiques dans les *Mimulus, Bignonia*, etc. Et en effet, il ne nous paraît pas plus rationnel de faire cette distinction qu'il ne le serait de regarder comme limbe de la feuille une de ses faces, tandis que l'autre, serait considérée comme faisant partie du pétiole, car ces 2 phénomènes appartiennent à un même ordre d'idées. Par conséquent le stigmate de l'*Hepatica triloba* et de l'*Asimina triloba*, plus épais sans doute, ne doit pas se borner à sa surface papillaire, mais encore à toute la partie qui lui est opposée ou qui la supporte, de même que nous ne saurions regarder le bouclier, sessile, rayonnant des *Papaver* comme composé à la fois du style et du stigmate.

IV. *Placentaire.*

On donne le nom de *placentaires*, *placentas*, *trophospermes* (Rich.), *spermophores* (Linck), aux faisceaux fibro-vasculaires disposés de diverses façons dans les ovaires et sur lesquels se développent les ovules à chacun desquels ils envoient une de leurs ramifications. C'est la manière dont sont distribués les ovules que l'on a nommée *placentation*. A chaque placentaire correspond un ou deux faisceaux fibro-vasculaires ou *cordons pistillaires* parcourant un tissu cellulaire assez lâche et qui paraît se continuer avec celui qui occupe l'intérieur du style.

Pour se rendre compte de la manière dont il faut envisager le placentaire, on doit se rappeler que les carpelles résultent du développement de la série circulaire de phytogènes, c, *fig*. 16, A et B, mais qu'au centre de ces 6 phytogènes il y a un *phytogène central* qui va prendre des évolutions très-variables selon les espèces, les genres ou les familles.

1° Ce phytogène central enveloppé par la feuille (Graminées urticées) ou les feuilles carpelliennes (*Amarantus, Polygonum, Microtea*, etc.), pourra directement se transformer en ovule, et par conséquent en graine, ainsi que nous le dirons plus loin ; par conséquent, le placentaire se borne à être l'extrémité de l'axe sur laquelle est fixée la graine, ou mieux, c'est le *mérithalle caulinaire* qui sépare le verticille de phytogènes carpelliens de l'ovule. Il est essentiel de ne pas confondre le mérithalle caulinaire dont nous parlons avec le *podosperme*. Dans les Olacacées ce phytogène central forme un long mérithalle qui continue l'axe et qu'un auteur moderne appelle à tort podosperme, lequel mérithalle caulinaire porte à son sommet 3 ovules pendants, pouvant avoir chacun son podosperme et indiquant un commencement de composition de ce phytogène qui dans les familles suivantes est bien plus composé encore.

2° Dans quelques familles (Primulacées, Myrsinées) ce même phytogène central devient plusieurs fois protophytogène, et chacun des phytogènes périphériques formés donne lieu à un ovule dont nous examinerons plus loin le mode de formation. Le placentaire, ici, a dû prendre des dimensions plus considérables que dans l'exemple précédent, et comme il est l'ensemble de tous les mérithalles caulinaires qui précèdent ou qui portent les ovules, il est *analogue* dans sa nature au réceptacle des Composées ou des inflorescences en tête que nous avons désignés par le nom de Sphérochorise (p. 15). Dans ces 2 exemples la placentation est dite *centrale*.

3° Chez quelques espèces, comme les *Coriaria*, *Phytolacca*, par exemple, l'organogénie nous démontre que le carpelle ouvert intérieurement est appliqué obliquement sur le côté du mamelon ou phytogène central, si bien que la loge est formée extérieurement par la feuille carpellienne, et au centre par la paroi externe du phytogène central non divisé ou réceptacle, constituant ainsi une *placentation axile* sur laquelle naît un ovule. Un assez grand nombre de plantes ont ainsi une partie de la loge, l'interne, qui est axile, tandis que l'autre, l'externe, est appendiculaire (Polygalées, Trémandrées, *Berberis*, etc.); et en effet, il est difficile d'admettre qu'il en soit autrement, puisque le phénomène est le même que si nous appliquions circulairement les ouvertures de plusieurs sacs ovoïdes, ouverts latéralement, sur un axe conique de façon que l'axe arrivât à clore parfaitement chacun des sacs ; il est évident qu'alors chaque paroi interne des loges ainsi formées appartiendrait à l'axe tandis que le reste appartiendrait à la feuille carpellienne. C'est à cette modification que l'on devrait réserver le nom de *placentation axile*.

Dans ces conditions, le placentaire est très-évidemment axile, même dans l'acception générale donnée à cette qualification. Mais il est des cas où il est plus difficile d'assurer que le placentaire est de nature axile dans le sens absolu donné à ce mot.

4° Ainsi, chez les Caryophyllées, par exemple, dans le *Cerastium biebersteinianum*, le phytogène central prend la forme d'un cône sur lequel viennent s'appliquer 5 mamelons d'abord distincts, qui peu à peu s'élargissent en formant comme 5 petites vasques. En même temps que ces formes se produisent, les contours convexes du cône s'aplatissent peu à peu, puis se creusent longitudinalement en demi-tube, si bien, qu'avec le demi-tube formé par la feuille carpellienne on a un tube entier dont la moitié extérieure est appendiculaire et la moitié interne semble être axile (Payer). Nous disons qu'elle semble être axile, parce que nous n'oserions pas affirmer qu'il en est bien ainsi.

En effet, admettons que ce phytogène central se compose et que ses phytogènes circulaires se développent en 6 ou 5 petites feuilles qui, par défaut d'exastosie centripète, mais tout en développant leur limbe, resteraient entièrement unies entre elles absolument comme nous avons admis que le sont les feuilles de certains *Cereus*, qui doivent à ce défaut d'exastosie la forme si singulière qu'ils présentent (1) ; il est évident alors que toutes ces feuilles réunies et enveloppant l'axe, ainsi que nous venons de le dire, présenteraient dans leur coupe transversale des angles saillants comme nous l'avons indiqué *fig.* 19, B, d, où l'on voit, en t, une des loges dont une moitié est formée par un phytogène circulaire ponctué appartenant au réceptacle ou phytogène central, mais développé en petite feuille, tandis que l'autre moitié, indiquée par une courbe ponctuée, serait fournie par la feuille carpellienne. Si cela était, on voit que chaque carpelle serait entièrement appendiculaire, et sous ce rapport d'une unité de composition qui ne manquerait pas d'avoir sa valeur philosophique.

(1) *Essai de Phytomorphie,* t. II, p. 124.

Dans ce cas, pour bien se rendre compte de ce développement, il faut concevoir que le phytogène circulaire qui a donné lieu à la loge s'est composé en un protophytogène dont les 2 ou 3 phytogènes circulaires externes se sont développés formant une feuille carpellienne libre, tandis que les 2 ou 3 phytogènes circulaires internes se sont développés en une feuille opposée qui, par défaut d'exastosie, est restée adhérente à l'axe prolongé, tout en formant les angles saillants qui devront s'unir aux bords de la feuille libre d'abord ; de sorte que la loge serait formée par deux feuilles opposées d'un bourgeon latéral. Le phytogène central de ce proto-phytogène ou bourgeon latéral évoluerait en un axe formant le placentaire donnant directement les ovules. S'il en était ainsi, la *placentation*, centrale par rapport à ce bourgeon latéral, serait réellement *latérale* relativement à l'axe du fruit et, par consé-quent, ne serait pas *immédiatement* centrale.

Il va sans dire que ce que nous avons dit se produire pour former une des loges du fruit, se produit aussi pour former les autres loges.

Un autre phénomène se passe dans la formation de la capsule des Caryophyllées. A un certain moment, les parties centrales s'arrêtent dans leur évolution pendant que les parois de l'ovaire continuent à croître ; il en résulte une sorte d'exastosie ou de rupture qui fait que les parties centrales (axe, feuilles adhérentes et ovules) se trouvent placées au centre d'une cavité commune, ce qui a fait donner à l'ensemble le nom de *placentation centrale*.

5° Si nous faisons l'organogénie du pistil de l'*Aquilegia vul-garis*, nous constatons qu'au centre de l'androcée apparaît le phytogène central, qui doit fournir le pistil, sous la forme d'un mamelon hémisphérique. Au sommet, ou plutôt sur les parties déclives du mamelon central, on voit apparaître 5, 6 et quelque-fois 7 mamelons verticillés distincts qui devront former les car-pelles. Ces mamelons grandissent assez promptement et l'on voit en même temps un creux se former du côté interne, ce qui leur donne l'apparence d'une petite feuille dont les bords se rappro-chent peu à peu pour former un carpelle. Ce sont ces bords ren-trants qui s'épaississent et forment à l'intérieur de chaque carpelle un double placentaire longitudinal portant les ovules. Chacun de ces carpelles est complétement indépendant des autres.

En admettant que ces carpelles arrivent à se *souder* tous au centre de l'ovaire par leurs côtés de façon à former un ovaire pluriloculaire, nous aurons l'idée de la capsule du *Nigella damascena*; et la preuve que c'est ainsi que cette capsule doit être considérée, c'est que, dans le *Nigella arvensis*, les carpelles ne sont soudés que jusqu'à une certaine hauteur, ce qui en fait une capsule pluriloculaire à la base seulement.

Il semble évident que dans les *Aquilegia* le placentaire n'est pas de nature axile, puisqu'il résulte du renflement des bords de la feuille carpellienne, et s'il en est ainsi on ne peut guère supposer qu'il en soit autrement pour les *Nigella*, quoique pourtant la soudure des carpelles, ou plutôt de toutes les lignes placentaires au centre de la capsule, ait évidemment l'apparence de la continuation de l'axe.

6° L'organogénie des pistils des Liliacées et Iridées nous dévoile un autre mode de formation du placentaire. Le phytogène central de l'androcée se compose en un protophytogène dont les phytogènes périphériques s'associent 3 par 3, s, c'c', *fig.* 19, A, qui se séparent peu à peu et donnent au sommet du mamelon réceptaculaire ou phytogène l'apparence d'une plate-forme soustriangulaire (Liliacées) ou d'une coupe (*Gladiolus communis*). Il se forme ainsi 3 mamelons carpelliens d'abord séparés, mais qui bientôt sont unis entre eux et, en grandissant, forment un sac (Liliacées) ou recouvrent la coupe (Iridées), et ce sont eux qui, en s'élevant et s'effilant au-dessus du sac ou de la coupe, constituent le style. Or, sur les parois internes de la loge unique qui résulte de l'union des 3 feuilles carpelliennes, et précisément aux points d'union de leurs côtés, apparaissent 3 cordons longitudinaux, par conséquent alternes avec les 3 mamelons carpelliens, lesquels cordons s'aplatissent, grandissent en lames marchant vers le centre de la loge, où ils se rencontrent, se soudent et partagent la loge en 3 compartiments, et c'est dans l'angle interne de ces compartiments que naissent les ovules.

Maintenant, que peuvent être ces cordons qui s'avancent ainsi à la rencontre les uns des autres au centre de l'ovaire? Rien, organogéniquement, n'indique qu'ils proviennent d'une branche du réceptacle ou d'un phytogène émané du phytogène central. Ils ne paraissent être véritablement que les bords des feuilles carpel-

liennes qui, après s'être repliés, ont continué leur croissance latérale de manière à se rejoindre tous au centre, où, au premier
abord, on pourrait croire qu'ils forment une placentation axile
par suite de l'allongement ou du développement du phytogène
central gynécéen, à peu près comme nous avons vu ce phytogène
central se transformer en un axe séminifère dans les Primulacées. Mais on a reconnu qu'il en était autrement, et comme nous
savons que chaque carpelle n'est pas appuyé sur l'axe prolongé
comme dans les Polygalées, Trémandrées, etc., nous n'avons ici
rien de pareil à ce que nous avons désigné sous les noms de placentation centrale ou axile. Nous distinguerons cette modification par l'expression de *placentation centrale médiate*. La formation de ces 3 cordons longitudinaux qui apparaissent à la fois
dans toute la longueur de la cavité, s'explique mieux avec l'hypothèse des bords repliés de la feuille carpellienne que par l'hypothèse d'un bourgeon ou branche du phytogène central qui nous
paraît avorter ici.

7° Dans les Violariées, le phytogène central androcéen se
compose de façon que les 9 phytogènes périphériques se développent en vivant en commun, tandis que le phytogène central
ultime reste sans prendre de développement ; il en résulte une
sorte de bassin circulaire dont les bords s'accroissent rapidement en formant un sac qui s'effile en un style assez allongé
terminé par un stigmate variable dans sa forme. Rien jusqu'ici
ne semble indiquer l'existence de plusieurs feuilles carpelliennes ;
mais tandis que le sac ovarien grandit on observe la formation
de 3 gros bourrelets qui, s'étendant du sommet à la base, forment 3 placentaires et indiquent ainsi qu'il entre 3 feuilles carpelliennes dans la constitution de l'ovaire, mais ces feuilles ne
seraient réellement unies, par défaut d'exastosie, que par leurs
bords non repliés. L'organogénie ne montre en aucune façon
que l'on doive regarder les placentaires comme de nature axile,
dans l'acception consacrée, car ces cordons semblent appartenir
plutôt à la feuille carpellienne qu'à l'axe, puisqu'ils apparaissent
à la fois dans toute la longueur de la paroi de la loge.

8° Dans les Butomées, en particulier dans le *Butomus umbellatus*, les carpelles sont, à l'intérieur, littéralement tapissés d'o-
vules. Payer dit que « les ovules sont très-nombreux et prennent

naissance sur les parois de ces carpelles, c'est-à-dire sur deux
placentas qui sont nés presque en même temps que les mamelons
carpellaires. » Mais comme il n'y a pas d'autres détails plus
explicites et que dans ses figures il n'indique pas la naissance de
ces placentaires, mais seulement leur place, on peut mettre en
doute l'axilité du placentaire, qui a pu être plutôt supposée d'a-
près l'idée arrêtée qu'il avait sur la nature du placentaire. En
admettant, d'ailleurs, qu'il soit dû à une branche de l'axe central, il faut avouer qu'ayant eu besoin de se ramifier autant
pour porter les ovules sur une si large surface de la feuille carpellienne, il est bien près de ressembler à une épipédochorise,
par conséquent à un organe appendiculaire. Cette curieuse placentation, qui n'a reçu aucun nom particulier et que l'on pourrait désigner sous le nom de *placentation pariétale générale*,
est assez rare, mais se retrouve encore que dans quelques genres
de la famille des Flacourtianées (1).

9° L'ovaire du *Mesambryanthemum edule* et *violaceum* présente une particularité remarquable que nous devons mentionner;
c'est que les loges de l'ovaire une fois formées et qui sont parallèles dans leur extrême jeunesse, ne conservent pas leur vertica-
lité comme dans le *Mesambryanthemum cordifolium*. En effet,
un peu plus tard, par un mouvement de campylotropie analogue
à celui que présentent certaines graines, on voit les extrémités inférieures de toutes les loges s'écarter, tandis que les extrémités
supérieures restent très-rapprochées; peu à peu, cet écartement
se continuant, ces loges deviennent horizontales; leur ouverture
est dirigée vers le centre de l'axe et, au contraire, leur fond vers
la circonférence de l'ovaire; enfin la révolution s'accomplit tout
entière, si bien que le fond de l'ovaire est supérieur quand le
sommet est devenu inférieur et que les loges sont redevenues
parallèles à l'axe. Or, les placentaires qui se présentaient comme
de gros cordons blanchâtres, uniques pour chaque loge, et s'é-
tendant d'une extrémité à l'autre de l'angle interne de ces loges,
obéissant à ce mouvement campylotropique, de centraux qu'ils
étaient deviennent pariétaux; de sorte que dans le même genre

---

(1) *Gærtn. fr.*, pl. XIX. — Turp., *Dict. sc. nat.*, pl. des Butomées. — D. C.,
Organog. vég., t. II, p. 61. — Ach. Richard, *Elém. bot.*, 6° édition, p. 601
et 706.

on rencontre une placentation pariétale et une placentation centrale. Cette placentation pourrait être nommée *centro-pariétale* ou *pariétale par campylotropie*.

10° Dans le *Punica granatum*, l'ovaire présente les deux phénomèmes réunis. On sait que l'ovaire de cette espèce présente deux étages de loges et souvent trois dans le *Punica granatum flavum* (Payer). L'étage supérieur de loges au nombre de 3, 5 ou 6, éprouve le phénomène campylotropique que nous venons de décrire, et les loges, de verticales qu'elles étaient dans le principe, deviennent horizontales, puis complétement renversées, de façon que les placentaires, au lieu d'être centraux, sont définitivement pariétaux.

Mais, en même temps que ces phénomènes s'accomplissent, ce qui s'est formé au fond de la coupe au-dessous de l'androcée, pour constituer ce premier étage de carpelle, se reproduit au fond de l'ovaire au-dessous du premier verticille carpellien ; c'est-à-dire qu'il paraît se creuser un second puits plus étroit et moins profond que le premier, muni d'une étroite margelle sur laquelle apparaissent les vestiges de stigmates qui, gênés dans leur évolution, restent à l'état rudimentaire ou disparaissent. Au-dessous d'eux et sur les parois de ce second puits se creusent autant de cavités (3 à 5), éléments de nouvelles loges. Ces loges deviennent de plus en plus profondes, mais, ne subissant point le phénomène campylotropique des premières, les placentaires restent centraux.

Enfin, dans la variété *P. granatum flavum*, le 3ᵉ étage de loges se forme exactement comme le second, et dans ce cas, le second étage subit la campylotropie comme le premier, et les placentaires, de centraux qu'ils sont deviennent pariétaux ; tandis que les nouvelles loges du 3ᵉ étage restent verticales et leurs placentaires centraux (Payer).

Ainsi, d'après l'étude des différents modes de placentation que nous venons de faire, il est aisé de voir que dans les idées actuelles il est difficile de ramener l'origine du placentaire à un seul élément, puisque dans un cas il est évidemment axile, alors que dans l'autre il est impossible de nier sa nature appendiculaire. Voyons brièvement quelles sont les opinions qui ont été formulées à cet égard.

De Candolle a émis l'opinion que les ovules se développaient à l'extrémité soudée des bords rentrants de chaque carpelle, qu'il nomme *suture séminifère*, et par conséquent (sauf les cas d'avortement), sont au nombre de deux, au moins, dans chaque loge, ou toujours en nombre pair (1).

Pour M. Brongniart, qui ne s'éloigne pas de cette idée, c'est sur les bords des feuilles carpelliennes que se développent les ovules, et de nombreux exemples de tératologie où des bourgeons s'étaient développés à la place des graines sur les bords de carpelles foliacés appuient avec force cette idée. Les placentaires, les faisceaux vasculaires ou cordons pistillaires qui les parcourent et les ovules seraient des dépendances de l'organe appendiculaire ou feuille carpellienne, et cette manière de voir est celle de Rob, Brown et Mohl.

Néanmoins, M. Brongniart a été conduit à admettre 2 origines différentes pour les ovules : l'une appartenant à l'immense majorité des Phanérogames, dans lesquels les ovules naîtraient du bord même des feuilles carpelliennes et représenteraient des lobes ou dentelures de ces feuilles ; l'autre, propre à un petit nombre de familles, telles que les Primulacées, Myrsinées, Théophrastées et probablement les Santalacées, dans lesquelles les ovules correspondraient à autant de feuilles distinctes portées sur la prolongation de l'axe floral (2).

Auguste Saint-Hilaire, au contraire, émet une idée qui semble être très-rationnelle au premier abord ; il suppose que le placentaire n'est autre chose qu'une branche née à l'aisselle des feuilles carpelliennes qu'un défaut d'exastosie aurait maintenue unie au carpelle, et que tous deux auraient crû ensemble. Contre cette opinion qui peut être soutenue avec une certaine force de logique, nous n'avons à opposer que les considérations que nous présentons un peu plus loin, et l'exemple de l'avortement presque constant des phytogènes interphytogéniques qui pourraient se développer à l'aisselle des organes appendiculaires floraux.

M. Schleiden, posant en principe que « ce ne sont point les feuilles, mais uniquement les formations axiles qui engendrent les bourgeons, » regarde les placentaires comme étant une production de l'axe ; ainsi :

(1) *Organog. vég.*, t. II, p. 8 et 25.
(2) *Examen de quelques monst. vég.*, etc. (*Ann. sc. nat.*, t. II, 1844.)

« 1° Dans toutes les familles à ovules basilaires (Graminées, Cypéracées, Aroïdées, Urticées, Chénopodées, etc.), le placentaire est sans contredit l'extrémité de l'axe même;

« 2° Dans toutes les familles à ovaires pluriloculaires, offrant un ou deux ovules à l'angle interne des loges, on peut suivre facilement l'origine du placentaire qui vient de l'axe;

« 3° Dans toutes les familles à placentaire central *libre*, cet organe provient de l'axe;

« 4° Il en est de même des familles où l'on peut se convaincre, par l'observation directe, que le placentaire est un organe distinct des feuilles carpellaires; qu'il naît plus tard que celles-ci, et qu'il finit par les réunir, par exemple, les Résédacées, Fumariacées, Crucifères, Abiétinées (1). »

L'opinion de M. Schleiden tend, comme on le voit, à généraliser la nature axile du placentaire; mais si l'on ne peut conserver aucun doute sur cette manière de voir dans un grand nombre d'ovaires, cela devient plus difficile pour certains ovaires à placentation pariétale. Il est vrai que, dans ce cas, on peut dire que le placentaire n'est autre qu'une des branches de l'axe, et que, par conséquent, il reste dans tous les cas de nature axile. Mais pour soutenir avec raison cette manière de penser, il faudrait que l'organogénie nous eût fait voir, avec certitude, un mamelon ou phytogène s'échapper de l'axe central ou phytogène central, s'allongeant en cordon tout en se soudant avec les bords ou les parois internes des feuilles carpelliennes, là où il apparaît dans toute l'étendue de la loge en même temps. Or, c'est ce qui ne nous a jamais été bien démontré. Au contraire, nous avons vu que les cordons placentariens se formaient à la fois dans toute la longueur du carpelle, comme si ces bords, en se soudant ensemble, déterminaient, au point de réunion, une sorte de bourrelet longitudinal, participant alors des propriétés d'un organe de nature axile, en produisant des bourgeons qui ne sont autres que des ovules.

Par conséquent, il nous semble difficile d'admettre toujours l'opinion d'Aug. Saint-Hilaire, de Schleiden et autres botanistes allemands, opinion qui est aussi celle de Payer, qui veut que le

(1) *Sur la signification morphologique du placentaire.* (*Ann. sc. nat. bot.*, 1839.)

placentaire soit toujours produit « par l'extrémité de l'axe, qui tantôt reste entier, et tantôt se bifurque ou se trifurque par suite de développements inégaux dans ses divers points sur une partie plus ou moins grande de son étendue (1). »

Dans cette hypothèse, on peut encore dire que la branche a suivi originellement le développement du carpelle, et que ce n'est que postérieurement que son apparition a pu être constatée, laquelle se fait alors simultanément dans toute son étendue ; et comme nos moyens d'investigations sont très-limités, il se pourrait, en effet, que telle pût être la vraie marche du phénomène. Cependant, en cherchant dans la considération de l'apparition des ovules, on pourrait peut-être trouver quelques faits qui parviendraient à éclairer la question. Ainsi, par exemple, nous savons qu'il est admis que dans les axes, les nouvelles formations, sauf très-peu d'exceptions, sont toujours placées au sommet de l'organe, tandis que dans les organes appendiculaires ce serait exactement le contraire ; mais nous avons vu aussi que beaucoup de formations foliaires ne procédaient pas autrement que les axes. Cependant, admettons cette différence : si le cordon placentarien pariétal était de nature axile, dans les ovaires *sans renversement* (p. 357,9°), il est certain que les premières formations seraient à la base et les nouvelles au sommet ; en conséquence, les ovules devraient commencer toujours leur apparition par la base et avoir une marche ascendante, comme cela a lieu dans l'*Abelmoschus moscheutos*, les *Tetrapoma barbareifolia*, le *Myricaria germanica*, etc. Mais très-souvent, comme dans le *Drymaria divaricata*, le *Cerastium biebersteinianum*, le *Trianthema monogyna*, etc., c'est précisément le contraire qui se présente. Néanmoins on pourrait encore, pour soutenir l'hypothèse, s'appuyer sur ce fait que souvent ce sont les bourgeons supérieurs qui se développent les premiers, offrant ainsi une sorte d'évolution centrifuge ; mais nous serions certainement en peine de trouver des exemples d'évolution de bourgeons sur les axes qui partissent du milieu de l'axe pour se développer en marchant de chaque côté vers les deux extrémités, et pourtant, un grand nombre d'ovules ne présentent pas une autre marche dans leur apparition, tels sont :

(1) *Organog. comp. fl., p.* 732.

les *Chelidonium*, les *Glaucium*, les *Eschscholtzia*, etc. (Papavéracées) ; le *Capparis spinosa* (Capparidées), l'*Aquilegia vulgaris*, etc., etc. Ce n'est pas tout, c'est qu'il est impossible de trouver aucun axe offrant, pour l'évolution de leurs bourgeons, le phénomène singulier que présente l'ordre de l'apparition des ovules, dans le *Caparis spinosa*. « Si l'on recherche, dit Payer, quels sont les premiers ovules qui se montrent, on remarque que ce sont les ovules de la série la plus intérieure qui apparaissent d'abord, puis les ovules de la deuxième série, et enfin les ovules de la série la plus rapprochée des parois de l'ovaire ; et dans la même série, on observe que les premiers nés sont les ovules qui sont placés à mi-hauteur de l'ovaire, et que l'apparition des autres a lieu de chaque côté des premiers, en haut et en bas (1). » En un mot, la marche de l'apparition des ovules est à la fois *ascendante*, *descendante* et *centrifuge*. Quel est l'axe qui offre un pareil phénomène ?

Toutefois, la théorie phytogénique présente l'explication très-rationnelle d'une placentation pariétale axile avec placentaire placé au milieu de la feuille carpellienne, comme cela a lieu dans les *Viola*, le Lis, la Tulipe, en un mot, dans les plantes dont les fruits sont à déhiscence *loculicide*. Elle peut même aussi donner une semblable explication d'une placentation pariétale axile, avec placentaires placés sur les bords de la feuille carpellienne comme dans les fruits à déhiscence *septicide* ou *septifrage* ; mais on verra qu'elle est beaucoup moins rationnelle.

A. 1°. Nous avons fait voir que 2 phytogènes circulaires plus un supérieur posé en triangle sur les 2 premiers c' c' s, *fig.* 19, A, suffisaient originellement à la constitution du carpelle ; or, le phytogène interphytogénique *axillaire*, P', *fig.* 10, peut alors se développer en axe simple et rester uni, par défaut d'exastosie centripète, au milieu de la feuille carpellienne A p, ou, si l'on veut, s'ajouter ou se fondre à la nervure médiane de la feuille. Voilà, phytogéniquement, l'idée d'Aug. Saint-Hilaire exactement réalisée ; et comme il y a 6 phytogènes circulaires et 3 phytogènes supérieurs s, *fig.* 19, A, dans la plupart des protophytogènes, nous trouvons ainsi 3 triangles dont les sommets viennent con-

(1) *Organog. comp. fl.*, p. 204.

verger au sommet de l'axe, ou au-dessus du phytogène central de ce protophytogène. Conséquemment nous trouvons les éléments des 3 carpelles que l'on observe si fréquemment dans les Phanérogames. Ici, 3 des 6 phytogènes interphytogéniques restent sans développement.

2° Mais il peut arriver que le nombre des carpelles soit de 5 ou 6, comme dans certains *Papaver* ou *Meconopsis*. Dans ce cas, ou bien on peut invoquer la théorie des dédoublements, ou celle que nous avons donnée pour l'explication des étamines opposées aux pétales et à laquelle nous renvoyons nos lecteurs (1). Dans la première hypothèse, le placentaire serait toujours fourni par un phytogène interphytogénique ; tandis que, dans la seconde, le placentaire serait produit par le phytogène central du protophytogène résultant de la composition de chaque phytogène circulaire : d'où les 6 carpelles, ou 5 par avortement de l'un d'entre eux.

L'étude organogénique suivante va nous confirmer dans cette idée dernière.

Selon Payer, dans l'*Astrocarpus sesamoides*, il y a 5 ou 6 carpelles, qui commencent par n'être que de petits mamelons qui se creusent sur le côté interne en une niche qui devient de plus en plus profonde, et sur les parois de laquelle apparaît un ovule. Dans le *Caylusea*, le pistil se compose de 5 feuilles carpellaires, toujours distinctes jusqu'à leur base et offrant chacune à leur aisselle un petit mamelon placentaire (phytogène central), sur lequel naissent 2 ovules. Admettons que ce mamelon placentarien reste uni à la partie moyenne du carpelle, nous aurons une placentation pariétale *médiane* qui est celle de l'*Astrocarpus sesamoides*. Le phénomène phytogénique de la formation du carpelle est analogue à celui qui fait la feuille unique des Monocotylédones ; c'est-à-dire que tous les phytogènes périphériques du protophytogène s'unissent en une seule feuille carpellienne, laissant au milieu le phytogène central, qui formera le placentaire et par suite les ovules. Ici l'*axilité* du placentaire est des plus évidente.

B. 1° Si les trois carpelles sont simplement unis par leurs bords en une capsule à une seule loge, la déhiscence étant septi-

(1) *Essai de Phytomorphie*, t. I, p. 636, pl. IX, *fig.* 52.

cide ou septifrage, le placentaire peut être fourni par le phytogène interphytogénique *extra-axillaire* qui se trouve placé entre les deux bords voisins de deux feuilles carpelliennes, P', *fig.* 10, et dans ce cas, se développant en même temps que celles-ci et restant intimement lié aux deux bords contigus des deux feuilles, il faut admettre qu'il se dédouble pour se séparer en 2 portions lors de la déhiscence *septicide,* puisqu'en effet chaque bord de feuille en emporte la moitié (Antirrhinées, etc.).

2° Supposons, au contraire, que le même phytogène interphytogénique extra-axillaire se développe dans des conditions analogues à l'exemple précédent, avec cette différence seulement qu'il ne se dédouble pas; alors, ou bien le fruit reste indéhiscent, ou bien, s'il offre une déhiscence, celle-ci ne pourra être que *septifrage ;* c'est-à-dire que, dans ce cas, le placentaire reste sans division, présentant alors sa forme et sa nature axiles (Papavéracées, etc.).

3° Enfin admettons, dans le cas de carpelles distincts et séparés, que le phytogène interphytozénique axillaire, au lieu de rester uni et confondu avec la nervure médiane du carpelle, s'en détache et, au contraire, s'unisse avec les bords repliés de la feuille carpellienne, au moment où ceux-ci se produisent sur le bourrelet en fer à cheval, origine de l'évolution de cette feuille. Dans ce cas, nous aurons un *follicule,* mais avec 2 modes de déhiscence : ainsi, tantôt la déhiscence sera septifrage, comme dans les Asclépiadées ; tantôt elle prendra la forme septicide, comme on le voit dans les *Aconitum, Delphinium, Aquilegia,* etc. En effet, ici, chaque bord de la feuille emporte avec elle la moitié des graines ; tandis que dans le vrai follicule le placentaire se sépare du carpelle. Pourquoi donc ne faire aujourd'hui aucune distinction entre ces 2 sortes de carpelles si différents, alors que Mirbel, sous le nom de *Polychorion,* et Desvaux sous celui de *Plopocarpe,* avaient parfaitement distingué le fruit des *Aconitum,* etc. de celui des Asclépiadées? Il y a certainement moins de différences essentielles entre le carpelle des Aconits et une gousse ; mais comme la gousse se sépare en deux valves, tandis que le carpelle d'Aconit ne se sépare que par sa suture ventrale, on pourrait nommer celle-ci *gousse univalve,* et la gousse des légumineuses *gousse bivalve ;* et, en effet, il n'y a absolument aucune autre différence.

Si les placentations se bornaient à celles que nous venons de faire connaître, nous ne douterions pas de la nature axile des placentaires, puisque, ainsi que nous venons de le démontrer, même les placentations pariétales peuvent reconnaître une branche de l'axe pour support des ovules; et d'ailleurs nous avons admis que le placentaire s'annonçait sous la forme d'un cordon cylindrique ou prismatique, forme qui est le caractère essentiel de tout axe. Mais lorsque ce cordon n'est appréciable ni quand on fait l'organogénie du pistil, ni quand le carpelle est formé, comme cela a lieu dans les carpelles des *Aconitum*; mais lorsque le placentaire affecte la forme d'une lame plus ou moins étendue (Pavots), alors il nous est plus difficile de regarder le placentaire comme de nature axile, à moins que l'on n'accepte les idées que nous avons émises sur la nature des axes (p. 161).

En effet, que dit Payer relativement au placentaire des *Aquilegia*? « Cinq mamelons grandissent rapidement, se creusent du côté interne, et prennent l'apparence de petites feuilles dont les bords de chacune tendent à se rapprocher et à former un carpelle. Ces bords rentrants s'épaississent et deviennent à l'intérieur de chaque carpelle des placentas sur lesquels se développent un grand nombre d'ovules. » Évidemment, rien n'indique dans l'étude de ce développement que les placentaires aient rien emprunté à l'axe. Or, on trouve des carpelles qui donnent directement sur leurs bords des séries de petits bourgeons développés en feuilles, et nous savons que beaucoup de feuilles émettent dans certaines circonstances des bulbilles capables, comme les ovules, de reproduire l'individu (1). Dira-t-on que l'axe a produit un placentaire sur les feuilles carpelliennes monstrueuses? et si on le dit, pourquoi ne pousserait-on pas la supposition jusqu'aux feuilles de *Bryophyllum calicinum* ou de *Cardamine macrophylla* (2)?

D'un autre côté, maintenant que nous avons défini, à notre point de vue, ce qui est réellement un axe, nous ne voyons pas bien quelle différence il y a entre un organe appendiculaire et certains placentaires qui affectent la forme d'une épipédochorise sur laquelle se développent les ovules. On ne peut invoquer la position externe ou interne, car nous dirions que cette position est la

(1) *Essai de Phytomorphie*, t. I, p. 451.
(2) *Ibid.*, t. I, pl. XII, *fig.* 89.

même pour les axes ; on ne peut non plus venir dire que l'un produit des bourgeons-ovules (le placentaire), tandis que l'autre (la feuille) ne produit rien, car on sait bien qu'il y a des feuilles qui produisent des bulbilles sur toute leur surface absolument comme les placentaires des Pavots, ou comme les prétendus placentaires des Butomées (1).

Ainsi, un organe appendiculaire peut se former à l'intérieur d'un autre organe aussi bien que des axes, et tous ces organes, plans, membraneux, internes, ne sont autres que les analogues des organes foliacés qui se montrent à l'extérieur sous diverses formes. Ceci posé, il est facile de comprendre, sans même que nous ayons besoin de le démontrer, comment l'apparition des ovules peut se faire tantôt de haut en bas, tantôt de bas en haut, et tantôt latéralement, c'est-à-dire commençant au milieu du placentaire, et marchant simultanément vers les deux extrémités opposées, puisque nous savons que la composition des feuilles peut se faire longitudinalement (*ascendante*) et latéralement (*descendante*) ; et pour ne citer qu'un exemple qui fasse comprendre comment peut être appliqué le parallèle que nous venons d'établir, nous rappellerons le singulier ordre d'apparition des ovules du *Capparis spinosa*, non expliqué dans l'idée d'un axe comme placentaire, tandis que dans l'idée du placentaire comme organe foliacé, l'explication est des plus faciles. En effet, nous disons que dans l'organe appendiculaire de génération latérale, c'est le sommet qui se forme le premier, et que les formations ultérieures vont en descendant. Rappelons-nous maintenant ce qui se passe dans l'ordre d'apparition des ovules sur le placentaire du *Capparis spinosa*, et nous verrons qu'en plaçant ce placentaire transversalement et la partie centrale au sommet, nous avons une formation latérale d'ovules, de même que dans les feuilles latéricomposées les folioles se forment latéralement ; de plus, la série la plus centrale occupant le sommet représente nécessairement, dans l'idée d'un organe appendiculaire, la partie la plus anciennement formée, et voilà pourquoi aussi c'est là qu'apparaîtra la première ligne d'ovules dont la succession marche laté-

______

(1) Voyez notre *Essai de Phytomorphie*, t. I, p. 463, où nous établissons un parallèle entre la formation des bulbilles sur les feuilles et des ovules sur les carpelles.

ralement ; c'est en dessous et dans le même ordre que se fait l'é-
volution des deux autres séries d'ovules. Or, s'il y a trois séries
d'ovules, il est impossible que le placentaire ne présente pas une
surface plane, si peu étendue qu'elle soit; donc elle rentre dans
les conditions d'une épipédochorise, très-courte, sans doute, mais
qui ne présente en aucune façon le caractère cylindrique ou prismatique de l'axe.

Nous sommes ainsi conduit par le raisonnement à détruire
cette idée d'unité si philosophique adoptée par Aug. Saint-Hilaire, Schleiden et Payer; mais c'est qu'il nous a semblé que
cette idée d'unité pouvait être plus générale encore. En effet, admettons que l'élément essentiellement axile, ce qui constitue
particulièrement l'axe, soient les faisceaux fibro-vasculaires entourés de tissu cellulaire; tandis que l'élément essentiellement
appendiculaire est le tissu cellulaire *seul* disposé en membrane
ou étalé en épipédochorise. Alors, en disant avec M. Schleiden
que ce ne sont uniquement que les formations axiles qui engendrent les bourgeons, on reconnaîtrait que les feuilles contenant les faisceaux fibro-vasculaires que l'on retrouve dans les
tiges, on a toutes les conditions voulues pour qu'une feuille carpellienne donne directement des ovules, absolument comme
certaines feuilles donnent directement des bourgeons, puisque,
dans l'un comme dans l'autre, l'élément essentiellement axile se
retrouve.

Toutefois, la nature même de tout phytogène exclut l'idée absolue de la participation d'un faisceau fibro-vasculaire, et, par
conséquent, d'un élément axile dans la formation des bourgeons;
au contraire, nous ne voyons se former les phytogènes ou mamelons qui précèdent tout bourgeon que là où se trouve accumulé
une assez grande quantité de tissu cellulaire. Qu'il se forme des
faisceaux fibro-vasculaires quand le phytogène est formé et pendant qu'il se développe à l'état de bourgeon, c'est ce qui n'est pas
contestable, mais nous ne sachions pas qu'on en ait vu se former
directement soit à l'extrémité des faisceaux fibro-vasculaires, soit
sur son pourtour, à moins qu'à cette extrémité ou ce pourtour il
n'y ait la masse de tissu cellulaire nécessaire à la constitution du
phytogène qui, nous l'avons déjà dit, n'est autre qu'une petite
masse de cellules sphériques.

Maintenant, examinons les cordons placentariens dans quelque condition qu'on les prenne, même au moment de l'apparition des ovules, et l'on verra qu'ils sont essentiellement cellulaires, et il serait alors fort difficile, si ce n'est impossible, de démontrer que chaque ovule vient terminer un faisceau fibro-vasculaire, quoique nous ne puissions mettre en doute la formation postérieure de ce faisceau, qui lie l'ovule à tout le système vasculaire de l'organisme floral.

En résumé, en faisant des feuilles les analogues des fascies et des nervures, les analogues de ce qu'aujourd'hui l'on nomme axe, nous arrivons à généraliser le principe de l'origine des phytogènes, soit qu'ils fournissent les bourgeons-scions ou les bourgeons-fleurs, soit qu'ils fournissent les ovules sur des placentaires véritablement axiles ou dont l'axilité est douteuse, soit qu'ils produisent des tubercules ou des bulbilles, ou des bourgeons sur des feuilles, comme on en a d'assez nombreux exemples.

Quoi qu'il en soit, il est évident que les placentations sont très-différentes les unes des autres, et qu'elles pourraient être classées comme il suit :

PLACENTATION

- centrale
  - immédiate (Graminées, Urticées, Primulacées, etc.),
  - médiate (Liliacées, Iridées, Caryophyllées, etc.),
  - axile (*Berberis*, Polygalées, Trémandrées, etc.),
- pariétale
  - médiane (*Astrocarpus, Caylusea*, etc.),
  - latérale (Antirrhinées, Papavéracées, etc.),
  - générale (Butomées, etc.),
  - par campylotropie (*Mesembryanthemum, Punica*).

Mais, puisque l'extrémité réceptaculaire de la fleur qui a produit les feuilles carpelliennes n'est autre que le phytogène central du protophytogène gynécéen, il doit en résulter ce fait remarquable que si ce phytogène central vient, par extraordinaire, à recevoir une nourriture plus abondante, il pourra donner lieu à des phénomènes tératologiques qui paraîtront surprenants, et qui, cependant, n'ont rien que de très-simple dans leur explication. Or, ce développement du phytogène central du protophytogène carpellien dans les ovaires *supères* a été pour M. Duchartre l'occasion d'une observation importante pour notre théorie. Ce phytogène, dans deux ovaires du *Cortusa Matthioli*, s'était plusieurs fois composé pour produire une fleur en miniature, complète dans ses parties et totalement enfermée. Il y a déjà bien longtemps, d'ailleurs, que l'on a reconnu un pareil phénomène dans les phytogènes centraux des protophytogènes carpelliens appartenant même à des ovaires *infères*, ainsi que nous en avons autre part signalé un assez grand nombre d'exemples (1).

V. *Ovule.*

Le placentaire, soit qu'il provienne du phytogène central gynécéen, soit qu'il ait été produit par la feuille carpellienne, est le corps sur lequel se développent les ovules, organismes qui, par suite des phénomènes de la fécondation, devront former les graines. L'ovule apparaît toujours à la surface du placentaire sous la forme d'un phytogène simple ou mamelon de tissu cellulaire parfaitement homogène dans toutes ses parties et sans aucune apparence d'organes distincts. C'est lui que M. Schleiden désigne sous le nom de mamelon de l'ovule (*Zapfen*, bouchon). Il n'est autre qu'un phytogène tout à fait *analogue*, quant à sa composition actuelle, au phytogène interphytogénique qui, placé à l'aisselle d'une feuille, doit former un bourgeon et par suite une branche.

Bientôt ce phytogène se compose, et des centres vitaux nouveaux se forment dans la masse, suivant le principe que nous avons déjà admis pour les bourgeons-scions, et le corps devient protophytogène. Avant que l'œil, armé du microscope, ait pu distinguer aucun des organes que nous allons voir se développer, le protophytogène est formé, et même il a commencé son évolution sans qu'il soit donné d'apercevoir encore aucun organe. Dans cette évolution, le phytogène central du protophytogène-ovule grossit beaucoup et s'élève en rejetant sur les côtés les phytogènes périphériques (circulaires et supérieurs c et s, *fig.* 11, A) qui, vivant en commun, arrivent un peu plus tard à se montrer sous forme d'un bourrelet inférieur circulaire dont nous ferons connaître bientôt le mode singulier d'évolution. Par son développement, ce phytogène central constituera le *chorion* de Malpighi, le *périsperme* de Tréviranus (*partim*), l'*amande* de Brongniart, la *tercine* de Mirbel. Quelquefois le phénomène que nous venons de

(1) *Essai de Phytomorphie*, t. I, p. 411, 441 et 443.

décrire pour le phytogène entier devenu protophytogène se répète sur le phytogène central devenu lui-même protophytogène, et ses phytogènes périphériques, vivant en commun, forment un deuxième bourrelet circulaire dont l'évolution est analogue, et, quoique postérieure, se fait avant, ou tout au moins en même temps que le premier bourrelet circulaire du premier protophytogène.

Il se pourrait qu'au lieu de se composer à la manière des bourgeons-scions, comme le protophytogène gynécée, le phytogène central ne se composât qu'à la manière des bourgeons-fleurs (p. 258), car, n'ayant aucune donnée exacte sur ce mode de composition, nous ne saurions affirmer que tel mode a lieu plutôt que tel autre ; mais nous avons vu qu'en général les bourgeons-fleurs semblent admettre une composition *plane, perpendiculaire à l'axe* qui porte la fleur, et que les protophytogènes-calice, corolle, androcée, ne paraissent avoir, en général, qu'une série circulaire de phytogènes au nombre de 6, d'où le nombre des éléments 3 ou 6 de chaque organisme ; tandis que le mode même de développement des carpelles paraît indiquer une composition *sphérique,* d'où il suit que le nombre des phytogènes périphériques se compose des 6 circulaires, auxquels viennent s'en ajouter 3 autres supérieurs s, placés en triangle sur deux des phytogènes circulaires c'c', *fig.* 19, A. Voilà pourquoi chaque carpelle n'apparaît d'abord que comme un mamelon sphérique, puis, en grandissant, s'étale de manière à aller s'unir à son voisin, à droite et à gauche ; et pourquoi, d'une manière générale, nous n'avons dans le plus grand nombre de cas que 3 carpelles normaux pour constituer le pistil (p. 322 et 333). Faudrait-il admettre que, pour former les fleurs, les protophytogènes se fussent simplifiés et n'offrissent que 6 phytogènes circulaires autour d'un septième central, pour se compliquer des 3 supérieurs dans le protophytogène gynécée, et se simplifier de nouveau dans l'ovule ? C'est ce qui est possible ; mais, nous le répétons, nous n'avons, quant à présent, aucune donnée capable de nous renseigner sur ce point.

Quoi qu'il en soit, l'ovule, dans son mode d'évolution, présente des modifications qui dépendent du nombre des répétitions de cette composition des phytogènes centraux successifs qui le constituent.

I. — Le plus ordinairement, comme nous l'avons déjà dit, le phytogène-ovule commence par se composer 2 fois, et chaque série circulaire de phytogène, rejetée sur les côtés par le développement du phytogène central qui formera le nucelle , reste dans un état d'*arrêt provisoire d'accroissement* (1), tandis que le nucelle continue un certain temps son évolution. Supposons, en effet, que nous fassions l'organogénie du *Polygonum cymosum.* A l'époque de l'apparition du pistil formé par 2 feuilles carpelliennes, f, c, *fig.* 24, A, nous trouvons un phytogène central, n, qui formera plus tard le nucelle. Apparaissant d'abord sous forme d'une calotte sphérique, b, nous le voyons peu à peu s'arrondir, c, d, puis s'allonger et devenir ovoïde, f, et, dans cet état, il est à peine dépassé par les feuilles carpelliennes, qui ont paru marcher parallèlement avec lui dans cette première période de leur évolution. Bientôt après, un premier bourrelet circulaire apparaît à la base du nucelle et l'enveloppe circulairement jusqu'à une certaine hauteur, i. Pendant ce temps, les feuilles carpelliennes se sont élevées au-dessus de l'ovule, et sont près de se rejoindre au sommet g'; c'est alors que commence à se montrer le second bourrelet circulaire, h, qui, par son développement, forme une enveloppe se moulant sur le premier, et l'entoure, de façon cependant à ce que, au moment où se rejoignent les deux parties qui doivent constituer le stigmate, la membrane extérieure, ex, n'a pas encore complétement enveloppé la membrane intérieure, i. Ce moment coïncide avec un plus grand allongement des parties qui doivent former le style et le stigmate, h'. Un peu plus tard, les enveloppes marchant parallèlement, mais l'externe un peu plus vite que l'interne, arrivent à coïncider, k, presque au moment où le style est nettement formé et bien distinct de l'ovaire et du stigmate. Enfin, quand le bouton est parfaitement développé et un peu avant l'anthèse, que le style et le stigmate sont complétement formés, l', les 2 membranes ont complétement enveloppé le nucelle, l, à l'exception de son extrême sommet où se trouve une ouverture, m, nommée *mycropyle* (Turpin), laquelle est formée des deux sommets, rétré-

(1) Ch. Fd., *Faits pour servir à l'histoire générale de la fécondation,* etc. Paris, 1859, p. 24. — Voir aussi plus loin l'article *Arrêt provisoire de l'accroissement.*

cis mais non complétement clos, des 2 enveloppes. De Mirbel a donné les noms d'*endostome*, à l'ouverture de l'enveloppe interne ou *secondine*, et d'*exostome*, à l'ouverture de la membranee xterne ou *primine*; de sorte que le mycropyle est formé de 2 ouvertures superposées qui coïncident exactement, ce qui était indispensable pour que la fécondation s'effectuât sans difficulté.

Le fait remarquable dans l'évolution de ces trois enveloppes (primine, secondine et tercine ou nucelle), consiste en ce que c'est toujours la plus interne (la tercine) qui se développe la première, puis la secondine, et enfin la primine; d'où il suit, d'une part, que l'évolution est centrifuge, et, de l'autre, que pour être conséquent avec les lois admises de la physiologie, ces enveloppes ne devraient jamais être regardées comme de nature appendiculaire, puisque, comme le fait très-judicieusement observer M. Schleiden, jamais une feuille plus jeune ne se forme au-dessous d'une feuille plus ancienne, tandis que le tégument externe de l'ovule ne se forme ou tout au moins n'apparaît qu'après le tégument interne. Ce savant en conclut que les téguments « ne sont autre chose que des développements de la substance caulinaire (1). » Cependant, la question soulevée par M. Schleiden n'est pas aussi facile à résoudre qu'on pourrait le croire, et il nous paraît utile d'établir une petite discussion relative à ces enveloppes.

En faveur de l'opinion qui veut que les enveloppes soient de nature axile, on peut citer : 1° l'ordre centrifuge de leur apparition; mais à cela on peut opposer que cette évolution centrifuge est souvent réelle, comme nous l'avons démontré, pour les différents verticilles de la fleur, qui ne sont cependant autre chose que des organes appendiculaires. Ainsi, très-souvent les étamines, après leur apparition, restent dans un état d'*arrêt provisoire d'accroissement* jusqu'au moment où le dernier verticille, c'est-à-dire les carpelles, le style et le stigmate, est parfaitement formé, après quoi les étamines reprennent leur évolution ordinaire (*Nolana prostrata*, *Coronilla varia*, *Cytisus nigricans*, etc.); ainsi, la fécondation du *Viola tricolor* ne peut se faire que par un arrêt d'accroissement dans la corolle qui a lieu

(1) *Sur la signification morphologique du placentaire.* (*Ann. sc. nat.*, 2ᵉ série, t. XII, p. 373.)

pendant que les étamines, le style et le stigmate achèvent leur évolution (1). Dans quelque cas, les pétales semblent naître bien après les étamines, comme on peut le voir dans les Capucines, le *Lythrum Salicaria*, etc., mais ce n'est réellement qu'une apparence que l'observation organogénique dément. On voit, en effet, que les mamelons pétaloïdes apparaissent avant les mamelons staminaux; mais, comme ils restent dans un état d'*arrêt provisoire d'accroissement*, quelquefois jusqu'au moment où les étamines sont presque parfaitement développées (*Tropœolum*), il s'ensuit que l'on peut, jusqu'à un certain point, dire que les pétales (feuilles) se forment au-dessous de feuilles (étamines) plus anciennes. Ici l'évolution d'un verticille d'organe appendiculaire se termine donc d'une manière visible après un verticille plus élevé, et par conséquent nous sommes à peu près dans le cas d'organes appendiculaires se formant au-dessous d'autres organes plus anciens. Supposons, d'ailleurs, que ce qui se passe pour des organes déjà apparents arrive à des organes phytogéniquement formés, mais non encore visibles, il en résultera un phénomène identique poussé plus loin, et, dans ce cas, nous aurions bien la formation d'un organe appendiculaire paraissant se former au-dessous d'un autre plus ancien. Or, c'est précisément le cas des enveloppes de l'ovule, et, considérés à ce point de vue, ils sont réellement des organes appendiculaires. 2° On pourrait encore arguer de la consistance que prennent quelquefois les enveloppes séminales, qui deviennent alors véritablement ligneuses, pour conclure à leur nature axile; mais la *lignosité* n'est pas plus toujours un caractère de la tige que de la feuille, puisqu'il y a des organes de nature axile qui deviennent charnus, tandis qu'il y a des organes de nature appendiculaire qui deviennent réellement ligneux. 3° Pour que l'idée de M. Schleiden eût quelque raison d'être, il faudrait, de toute nécessité, admettre que les téguments de la graine (primine et secondine) fussent constitués par une série circulaire de bourgeons ou de phytogènes en état d'évolution protophytogénique analogue à celle qui fait la Figue, au lieu d'être en état d'évolution phytogénique comme le sont certains calices ou certaines corolles monophylles;

(1) Ch. Fd. *Faits pour servir à l'histoire générale de la fécondation,* etc., p. 8.

mais jusqu'ici rien n'autorise cette manière de penser. Ainsi, tandis que sur la Figue nous retrouvons des écailles qui ne sont que des feuilles avortées ou dégénérées, des lenticelles comme sur l'axe, ce qui indique évidemment une nature axile, des côtes saillantes qui semblent indiquer le nombre des axes entrant dans sa constitution, et, à l'intérieur, une multitude de bourgeons-fleurs; au contraire, les enveloppes de la graine ne donnent lieu à aucune observation de ce genre capable de confirmer dans l'idée qu'elles sont de nature axile. En histoire naturelle, surtout en botanique, plus on avance dans l'étude des phénomènes, et plus on acquiert la certitude que la généralisation absolue est impossible.

II. — Quoi qu'il en soit, ce n'est que peu de temps après que la secondine a paru et pendant qu'elle commence son évolution, qu'apparaît le bourrelet circulaire qui doit former la primine, laquelle représente les 6 phytogènes circulaires du premier protophytogène-ovule. Mais il y a une foule d'espèces chez lesquelles cette dernière enveloppe semble faire défaut, et l'on a alors un ovule à une seule enveloppe. Ainsi, il y a longtemps déjà que les botanistes ont reconnu que dans le Noyer, par exemple, l'ovule est simplement composé d'un nucelle et d'une seule enveloppe. M. Planchon a observé que les ovules des *Veronica hederæfolia* et *Cymbalaria* n'étaient aussi pourvus que d'une seule enveloppe, observation qui a été confirmée par M. Tulasne. Suivant M. Schacht, il y a un bien plus grand nombre de plantes dont les ovules seraient composés uniquement d'une enveloppe entourant le nucelle ; ainsi les Bétulinées, les Juglandées, les Asclépiadées, les Rubiacées (moins le genre *Coffea*, qui n'a pas d'enveloppe), les Labiées, les Borraginées, les Amaryllidées, et les Conifères (moins le genre *Podocarpus*, qui a 2 enveloppes), seraient dans ce cas.

La formation de ces enveloppes ne paraît pas être susceptible d'une assez grande généralisation pour que l'on puisse s'en servir comme d'un caractère certain de famille et même de genre, puisque nous trouvons pour les Rubiacées une exception dans les *Coffea*, et pour les Conifères une autre exception dans les *Podocarpus*. D'un autre côté, dans les Asclépiadées, il y aurait au moins une exception pour l'*Asclepias syriaca*, car Payer, en

parlant des ovules des *Asclepias*, les dit anatropes et *ne présentant rien de particulier*, ce qui ne serait pas s'il n'y avait observé
qu'une seule enveloppe. De plus, le même auteur dit positivement, en parlant des Amaryllidées, que leurs ovules se revêtent
chacun de deux enveloppes. A la vérité, le savant organogéniste
que nous venons de citer n'a fait l'étude que d'une seule espèce,
l'*Alstrœmeria versicolor*, ce qui peut ne pas détruire la généralisation établie par M. Schacht, mais au moins l'*Alstrœmeria
versicolor* y ferait une exception. Enfin, nous voyons par les
observations de MM. Planchon et Tulasne que le même genre
Veronica peut offrir des espèces dont les ovules sont tantôt revêtus d'une seule enveloppe et tantôt de deux.

III. — Enfin, le phytogène-ovule peut ne se composer qu'une
seule fois, et, dans ce cas, ne former aucun des bourrelets dont
nous venons de parler. Tous les phytogènes périphériques vivant
en commun, grandissent alors sans aucune exastosie apparente
extérieurement, mais il y a eu exastosie centripète qui a séparé
les phytogènes périphériques du phytogène central, et permis aux
premiers de se développer en formant une sorte de chambre close
de toutes parts constituant ce que les anatomistes ont désigné
sous le nom de *cavité embryonanire (sac amniotique* de Malpi-
ghy), tandis que les parois de cette cavité constituent le *nucelle*
(*chorion* de Malpighi, *tercine* de de Mirbel, ou *nucleus* de
Rob. Brown). Mais, tandis que ces phénomènes se produisent, que
devient le phytogène central de ce protophytogène-nucelle?
avorte-t-il, ou bien, au lieu de rester uni à la base de la cavité
embryonnaire, s'en détache-t-il, par une sorte d'exastosie transversale, pour être soulevé par les parois supérieurs du nucelle à
mesure que celui-ci grandit, de manière à être porté au sommet
de la cavité? S'il en était ainsi, ce phytogène central, réduit
vraisemblablement à un groupe de cellules simples ordinaires et
ainsi soulevé, rendrait assez bien compte de la pluralité des sacs
embryonnaires que l'on a observés dans un même nucelle.

Quoi qu'il en soit, souvent une seule cellule se développant
considérablement donne lieu à un seul sac qui presse plus ou
moins sur les parois du nucelle, dont le parenchyme se résorbe
alors de l'intérieur vers l'extérieur (Schleiden), et c'est ce qu'ont
très-bien constaté M. Schacht pour les *Phaseolus,* M. Tulasne

pour les Crucifères, et ce que l'on a d'ailleurs parfaitement reconnu dans les Labiées et les Personnées. C'est à cette cellule que les phytotomistes donnent, avec M. Brongniart, le nom de *sac embryonnaire*, que Malpighi nommait *membrane amniotique*, et qui n'est autre que la quintine de De Mirbel.

Quelquefois, au lieu d'un seul sac embryonnaire, il s'en développe plusieurs dans un même nucelle, et cette circonstance a fourni à M. Al. Braun l'occasion d'un Mémoire très-intéressant sur la Polyembryonie (1), où se trouvent rassemblés plusieurs exemples de nucelles polyembryonnaires. Tels sont ceux des *Cheiranthus Cheiri* et de l'*Isatis tinctoria* observés par M. Tulasne; ceux de certaines Santalacées, comme le genre *Exocarpos*; ceux des *Loranthus* et *Viscum*, que M. Hofmeister regarde comme formés par un seul nucelle renfermant plusieurs sacs embryonnaires. A la vérité, M. Decaisne, dans son Mémoire sur le développement de l'ovule du Gui, a admis une opinion contraire à celle de M. Hofmeister. Selon ce savant, au lieu d'un ovule à plusieurs sacs embryonnaires, le pistil renfermerait plusieurs ovules extrêmement simples, ordinairement au nombre de 3; car non-seulement il ne se formerait ni primine, ni secondine, mais même le sac embryonnaire ferait complétement défaut, et le nucelle, composé d'un tissu homogène dans toute son épaisseur, embrasserait immédiatement l'embryon. Souvent un seul de ces ovules est fécondé, et le fruit mûr ne contient qu'un seul embryon; mais quelquefois 2 et même 3 ovules sont fécondés qui se développent, et font que la graine renferme 3 embryons (2).

M. Meyen, à qui l'on doit un travail spécial sur ce sujet, a émis une autre idée. Il considère les ovules comme autant de sacs embryonnaires, l'ovaire comme un nucelle, le reste de la fleur comme un calice dans sa partie adhérente et comme une corolle dans ses 4 divisions (3).

M. Schacht pense aussi que le Gui est, à proprement parler, privé d'ovule, et que *des sacs embryonnaires se forment dans le tissu médullaire de la fleur femelle.* Toutefois, nous ne saurions

---

(1) *Ueber Poly-embryonie und Keimung von Cœlebogyne.*
(2) *Mém. acad. Brux.*, t. XIII, 1841. — Voir aussi le rapport d'Ad. de Jussieu *sur le pollen et l'ovule du Gui.* (*Ann. sc. nat.*, 2ᵉ série, t. XIII, p. 292.)
3) *Ibid.*, suite.

comprendre l'idée de ce savant anatomiste, attendu que nous ne pouvons admettre, actuellement au moins, une pareille exception aux lois générales de la reproduction par fécondation; ou ces sacs ne sont que des nucelles, ce qui donnerait gain de cause à M. Decaisne, ou bien il n'y a qu'un seul nucelle, et dans ce cas il se formerait intérieurement 3 ou 5 sacs embryonnaires, et l'opinion de M. Hofmeister devrait prévaloir. Cette opinion semblerait en quelque sorte justifiée par ce qui se passe dans le nucelle des *Loranthus*, puisque, selon ce dernier auteur, le seul ovule de ce genre renferme plusieurs sacs embryonnaires (1). Au reste, l'existence de plusieurs de ces organes n'est plus l'objet d'un doute, et les Crucifères ainsi que les Santalacées en ont offert des exemples. Il en est probablement de même des Liliacées, puisque nous avons constaté plusieurs fois la présence de 2 et 3 embryons dans le nucelle des *Allium Porrum* et *Cepa*, ainsi que dans le *Tulipa Gesneriana* (2).

Quoi qu'il en soit, c'est dans ce sac ou ces sacs, dont la présence se manifeste *toujours* (3) dans les phanérogames, que se passent les phénomènes essentiels de la fécondation, malheureusement encore trop mystérieux et sujets à trop de controverses pour que nous puissions pousser plus loin nos investigations phytogéniques quant aux formations ultérieures que de savants anatomistes ont fait connaître. Nous savons bien que le sac embryonnaire existe avant la fécondation, qu'il se forme, selon M. Schleiden, d'une cellule de l'intérieur du *nucleus* ou nucelle. On est aussi à peu près d'accord sur la formation antérieure à la fécondation de la vésicule embryonnaire, ainsi que l'ont constaté MM. Brongniart, Mirbel, Spach, Amici, Mohl, et ce qu'ont confirmé les belles observations de M. Hofmeister sur le Colchique, le *Leucoïum vernum* et le *Crocus vernus;* on sait encore que ces vésicules, généralement au nombre de deux (Graminées, Aroïdées, Naïadées, Mélanthacées, etc.), sont très-souvent au nombre de trois (Liliacées, Amaryllidées, Orchidées, etc.), et au

<hr>

(1) Hofmeister, *Neue Beitræge zur Kenntniss der Embryobildung der Phanerogamen*, 1, Dick, p. 556.
(2) *Bull. soc. bot. France*, t. II, p. 764.
(3) Schleid., *Sur la formation de l'ovule et de l'embryon*, etc. (*Ann. sc. nat.*, 2e série, t. XI, p. 129.)

nombre de cinq dans le *Nothoscordum flagrans*, d'après l'observation de M. Tulasne. On sait, d'ailleurs, depuis longtemps que les *Citrus* sont polyembryonnaires, et ce fait a été démontré pour l'*Hymenocallis cœrulea*, le *Mangifera indica*, le *Funkia cœrulea* et pour le *Cœlebogyne*, comme l'a vu M. Radlkofer, ce qui a été confirmé par M. Al. Braun : ce savant, sur 23 jeunes individus de cette dernière espèce obtenus par semis, en ayant reconnu sept à embryons multiples. On sait enfin, d'après les observations de M. Hofmeister sur la genèse des vésicules embryonnaires, que celles-ci apparaissent d'abord dans un protoplasma qui, se rassemblant au sommet du sac, y forme comme des noyaux libres, arrondis, plus transparents que le protoplasma lui-même, et dépourvus de substances solides. Mais au delà, rien de bien certain n'est établi relativement aux formations ultérieures.

En effet, qu'est, phytogéniquement, ce *noyau primaire* étudié par M. Hofmeister, lequel noyau, confondu d'abord avec le sac embryonnaire, commence par n'être qu'une sorte de *protoplasma sirupeux* qui peu à peu se sépare de la paroi du sac par une sorte d'exastosie centripète, et qui disparaît, en général, à mesure que les vésicules embryonnaires et les *cellules antipodes* se forment? Cette disparition est si certaine, que M. Hofmeister regarde comme monstruosité le cas où, après la formation des vésicules et à la place où le noyau existait primitivement, on observe la formation d'une grande vésicule contenant plusieurs nucleus celluleux (*Fritillaria imperialis*, *Asphodelus luteus*), et même cette vésicule disparaît elle-même avant la fécondation (*loc. cit.*).

Que signifie au juste cette *rosette* de quatre cellules figurées par M. Schacht (1), et entre lesquelles se glisse le boyau pollinique (Schacht et Hofmeister)? A quoi sert réellement cet *appareil filamenteux (Fadenapparat)* découvert par M. Schacht dans le *Gladiolus segetum*, et que ce savant regarde comme formé de tubes capillaires qui établiraient une communication directe entre le tube pollinique et la vésicule embryonnaire? Si cet appareil était si indispensable, il semble qu'il devrait se rencontrer toujours, et pourtant on n'a pu le retrouver dans les *Canna* et

____

(1) *Lerbruch der Anatomie und Physiologie der Gewæchse*, 1859.

les *Citrus.* Enfin, à quoi servent ces *cellules antipodes (Gegenfüsslerzellen)* qui se forment à l'extrémité inférieure du sac embryonnaire, du côté de la chalaze, et qui sont déjà bien développées alors que les vésicules embryonnaires ne sont encore qu'à l'état de protoplasma? Ce que l'on sait de plus positif à cet égard, c'est que le nombre de ces cellules est très-variable, quoiqu'à peu près constant pour une même espèce. Ainsi, il ne s'en forme qu'une dans le *Naias major,* l'*Hippeastrum aulicum,* le *Bonapartea juncea,* le *Pedicularis,* etc. On en trouve 2 ou 3 dans beaucoup de Liliacées et d'Iridées, et même de 6 à 12 dans les Triticées. Y a-t-il quelque relation entre la formation de ces cellules et le phytogène central ultime de l'ovule? Nous serions assez disposé à le croire, mais l'assurer, ce serait nous exposer à avancer une chose contraire à l'observation à venir des faits relatifs à ce sujet. Dans cette hypothèse, l'avortement de ce phytogène central ultime expliquerait pourquoi cette formation n'a pas toujours lieu comme on l'a observé dans les Orchidées et le *Merendera caucasica,* ce qui prouve que ces cellules ne sont pas toujours indispensables à la formation de l'embryon. D'ailleurs, ces cellules ne donnent jamais lieu à aucun développement ultérieur, et, par conséquent, elles ne sauraient participer à la formation de l'*albumen* ou *endosperme.* Cependant, M. Schacht a vu, dans le *Crocus vernus,* des cellules se former dans les antipodes, mais ce fait constituerait une monstruosité, car l'endosperme ne s'était pas normalement développé.

Ce qu'il faut surtout faire remarquer, au point de vue phytogénique, c'est que le nombre des sacs embryonnaires, ou celui des vésicules embryonnaires, ou celui des cellules antipodes, peut atteindre le chiffre normal 3 ou 5 que nous avons reconnu aux parties florales des Mono ou des Dicotylédones; de sorte que, si par hasard on retrouvait le nombre 6 dans ces formations, peut-être serait-on conduit à ne voir dans leur origine que des groupements phytogéniques de molécules très-déliées ou peut-être fluides qui devront constituer ces petits organismes.

Ajoutons que la polyembryonnie peut avoir 2 origines et peut-être 3, savoir : 1° celui où il se formerait dans une même enveloppe générale plusieurs nucelles, comme ce pourrait être le cas de la graine du Gui, suivant M. Decaisne; 2° celui où il se formerait plusieurs sacs embryonnaires dans un seul nucelle, comme nous en avons fourni des exemples (p. 376); 3° celui où il se formerait plusieurs vésicules embryonnaires fécondes dans un même sac embryonnaire, comme cela paraît être le cas des espèces citées (p. 377). Mais, quoique dans nos idées et par les séries de formations que nous avons établies plus loin, nous soyons dans la croyance que ces phénomènes peuvent se présenter, cependant peut-être n'est-on pas bien certain que la polyembryonnie attribuée au développement d'un organisme n'appartient pas à un autre.

Ainsi, nous venons de reconnaître que dans quelques cas l'ovule se borne extérieuremeut à la formation du nucelle, et l'on sait maintenant qu'un assez grand nombre d'espèces donnent des ovules qui ne produisent pas extérieurement autre chose que le nucelle, et que, par conséquent, la primine et la secondine n'existent pas; telles sont les *Santalum*, les *Loranthus* et les *Viscum*, ainsi que l'a parfaitement démontré M. Griffith, et ce qu'ont confirmé les observations de M. Decaisne sur les mêmes végétaux et aussi sur l'ovule du *Thesium* (1); telles sont encore les Haloragées, les Hippuridées, les Balanophorées (Hofmeister et Weddell), et même par exception le genre *Coffea*, parmi les Rubiacées; mais peut-être cette observation aurait-elle besoin d'être confirmée.

Mais si les choses se passent phytogéniquement comme nous venons de le dire, comment devons-nous considérer ces 5 sortes d'ovules, savoir : ceux où le nucelle est nu, ceux où le nucelle n'est revêtu que d'une seule enveloppe, et ceux où le nucelle est pourvu de deux enveloppes? Y a-t-il une seule loi phytogénique pour la formation de tous ces ovules, mais que des défauts de développements modifieraient de la manière que nous avons fait connaître? et, dans ce cas, doit-on considérer comme une sorte de répétition ce double emboîtement de nucelle? ou bien faut-il croire qu'il n'y a qu'un seul protophytogène formé dans le cas de nucelle nu, ou deux dans le cas où le nucelle est simplement entouré d'une enveloppe? Il faut avouer que la question est difficile à résoudre, parce que les observations ne sont ni assez nom-

(1) *Ann. sc. nat.*, 2ᵉ série, t. XI, p. 99.

breuses, ni assez faites au point de vue tératologique. En effet,
supposons que, beaucoup plus nombreuses, il y en ait qui nous
aient démontré, exceptionnellement dans le Noyer, deux enveloppes au lieu d'une entourant le nucelle ; que dans le *Viscum
album* on ait constaté, anormalement, la production ultérieure
d'une enveloppe au nucelle, il sera présumable que le défaut de
développement de ces enveloppes, à l'état normal, tient à un
avortement des séries circulaires des phytogènes qui devaient les
composer. Si, par contre, les observations sont assez nombreuses
pour avoir fait trouver que certaines espèces offrant normalement une ou 2 enveloppes au nucelle, n'en présentent pas ou n'en
offrent qu'une seule, il y aura tout lieu d'admettre qu'il n'y a
qu'une seule et même loi phytogénique présidant à la formation
des ovules, mais que dans quelques espèces les phénomènes d'a-
vortement auront été assez puissants pour faire que le nucelle
seul se soit développé, tandis que dans d'autres le même phénomène d'avortement étant moins puissant, aura pu faire qu'une
seule enveloppe se soit formée autour du nucelle.

Cette manière de raisonner a, ce nous semble, une très-grande
importance au point de vue de la manière dont il faut considérer
le nucelle. En effet, nous savons déjà que le nucelle a un mode
de formation différent de celui qui produit la primine et la secondine, et que, par conséquent, sa nature peut être différente. Supposons donc que le premier protophytogène-ovule produise dans
un cas (normal) un nucelle, et dans un cas (anormal) une enveloppe, il nous semble évident que les origines étant les mêmes,
si l'on regarde ce dernier organe comme de nature appendiculaire, on ne peut guère faire autrement que de regarder l'autre
comme étant de même nature ; aussi est-ce notre opinion bien
nette ; car le nucelle est formé par des *phytogènes périphériques*
d'un protophytogène, aussi bien que ses enveloppes, aussi bien
que les autres parties florales, en un mot, aussi bien que tous
les organes appendiculaires, et nous avons dit que nous ne donnions le nom d'axes qu'aux organes cylindriques ou prismatiques
qui résultaient du développement d'un seul phytogène ou des
3 *phytogènes inférieurs*, i, *fig.* 11. A, d'un protophytogène
(p. 178). Admettons maintenant que l'on doive regarder la primine, la secondine et la tercine comme des répétitions d'orga-

nismes ; si l'on regarde les 2 premiers comme de nature appendiculaire, puisqu'ils sont constitués par les phytogènes périphériques, on est, par la même raison, conduit à regarder le nucelle comme de nature appendiculaire, puisque nous admettons que ces 3 formations ne sont que des répétitions, et qu'il n'y a pas de répétitions là où la nature des choses change de caractère. A notre point de vue, c'est donc à tort que l'on a regardé le nucelle, considéré dans ses parois, comme de nature axile ; il doit être complétement assimilé à des organes appendiculaires.

Enfin, si toute notre manière de voir est juste, s'il n'y a qu'une seule loi phytogénique présidant à la formation de l'ovule, on peut conserver au nucelle le nom de *tercine*, car il laisse supposer l'avortement de la primine et de la secondine, de même que, dans cet ordre d'idées, à cause du mode d'évolution descendante, on peut dire que l'ovule qui n'a qu'une seule enveloppe n'est formé que de la secondine et de la tercine, la primine ayant avorté.

Maintenant, il n'est pas sans intérêt d'appeler l'attention des savants sur la marche de certains phénomènes phytogéniques affectant les fleurs. Admettons une de ces fleurs, on peut alors constater les modifications suivantes, que nous classerons dans 3 catégories :

A. 1° Le *protophytogène-calice* peut être normal, mais le phytogène central peut se composer en plusieurs phytogènes capables de constituer autant de protophytogènes, et de là plusieurs fleurs dans un calice ; et nous avons signalé deux exemples remarquables de ce fait : le premier, dans le *Nolana prostrata,* où nous avons trouvé 3 fleurs formées au milieu d'un calice normal : ces 3 fleurs étaient complètes et possédaient chacune leur calice ; le second, dans le *Nicotiana rustica,* chez lequel le calice étant normal, nous avons reconnu l'existence de 5 fleurs complètes comme dans le *Nolana* (1) ; quoique dans notre Monographie nous ayons attribué cette transformation aux étamines, phytogéniquement, il se pourrait que les choses eussent dû se passer autrement. Dans le *Nolana,* le phytogène central du protophytogène-calice a subi l'influence de la cyclochorise tripla-

(1) *Monog. Tabac,* Paris, 1857, p. 127.

sique (1), d'où les 3 fleurs : la composition de ce phytogène est *anormale*. Dans le *Nicotiana*, au contraire, la composition de ce phytogène central serait *normale* ; dans ce cas, chaque phytogène circulaire, au lieu de donner naissance à un pétale, se serait composé en un protophytogène-fleur, d'où les 5 fleurs observées ; on eût dû en trouver 6, typiquement, mais, pour cause d'*avortement* ou de *fusion*, l'un d'entre eux a disparu. Néanmoins, c'est un phénomène tératologique qui rentre dans la classe des Cyclochorises pollaplasiques (2).

Il se pourrait que l'inflorescence de l'*Opercularia umbellata* n'eût pas une autre cause que celle qui est rapportée au *Nolana* anormal ; de même que celle de l'*Opercularia aspera* pourrait être produite par un phénomène analogue à celui qui a fait la fleur anormale de *Nicotiana*.

2° Le *protophytogène-corolle* peut se développer comme à l'ordinaire, et son phytogène central présenter un phénomène analogue au précédent, c'est-à-dire que dans le protophytogène-androcée chaque phytogène circulaire, au lieu de produire une étamine, peut se composer et donner naissance à une fleur complète. Or, c'est précisément ce que nous avons observé dans le *Brassica Napus* et dans le *Lythrum salicaria* (3). Dans ces deux exemples, le calice et la corolle existaient, mais à la place de l'androcée, nous avions 6 fleurs parfaitement conformées, c'est-à-dire munies du calice, de la corolle, de l'androcée et du gynécée. Seulement, dans tous les cas qui précèdent, le phytogène central normal qui eût dû former l'androcée ou le gynécée dans la fleur simple, avait avorté, probablement parce que le développement anormal des phytogènes circulaires en fleurs, en affamant le phytogène central normal, avait déterminé son avortement. Ce phénomène se retrouve presque à l'état normal, dans certaines variétés doubles d'*Althœa rosea*, particulièrement dans la variété violette dite *Arlequin*, mais avec une multiplication plus grande (4). La Rose prolifère, observée par M. Choisy, semble devoir se rapporter à ce phénomène (5).

(1) *Essai de Phytomorphie*, t. I, p. 316.
(2) *Ibid.*, p. 319.
(3) *Monog. Tabac*, p. 127.
(4) *Essai de Phytomorphie*, t. I, p. 417.
(5) *Ibid.*, p. 422.

3° Le *protophytogène-androcée* se développe aussi quelquefois comme à l'ordinaire, mais son phytogène central, au lieu de donner des phytogènes carpelliens, se compose en un protophytogène dont les phytogènes circulaires se composent eux-mêmes en protophytogènes qui donnent lieu à des fleurs. Ainsi l'exemple de Rose prolifère, décrit par Moquin-Tandon, qui offrait une fleur inférieure avec tous les caractères normaux, seulement avec légère atrophie des organes mâles, et qui, au lieu de carpelles, portait 7 petites Roses parfaitement conformées et quelques carpelles atrophiés (1), se rapportait peut-être à cet exemple.

4° Enfin, le *protophytogène-gynécée*, dans quelques cas extrêmement rares, peut lui-même se développer d'une manière normale, si bien que la fleur est tout à fait complète en apparence, car le gynécée ne fait pas défaut. Mais son phytogène central peut répéter les carpelles, comme dans la Gentiane pourprée observée par de Candolle (2), ou répéter la fleur entière, car si l'on ouvre l'ovaire, on y découvre alors une fleur en miniature. Or, un phénomène de ce genre a été trouvé par M. Duchartre dans le *Cortusa Matthioli*. Deux ovaires de cette espèce, arrivés à une époque déjà postérieure à la fécondation, présentaient un petit axe central dont l'extrémité avait produit une petite fleur complète dans ses parties et totalement enfermée (3). Dans cette circonstance, le phytogène central, au lieu de former une sphérochorise - ovule constituant le *placentaire central immédiat* (p. 352 et 368) des Primulacées, s'était composé à la manière d'une fleur ordinaire, et ses protophytogènes successifs avaient produit la fleur incluse dans les carpelles.

Quelque chose d'analogue, mais non complétement identique, se passe aussi quelquefois dans le *Brassica Napus*, ainsi que nous l'avons nous-même observé et décrit (4). Dans quelques fleurs anomales, les siliques modifiées, à la place de graines avaient donné lieu à des fleurs en tout semblables aux fleurs normales. Les feuilles carpelliennes s'étaient donc formées comme à l'ordinaire, mais les *phytogènes-ovules*, mieux nourris que d'ha-

---

(1) *Elém. téralol. vég.*, p. 374.
(2) *Organog. vég.*, t. I, p. 509, pl. XL, *fig.* 6, 7.
(3) *Ann. sc. nat.* (Botan.), 1864, t. II, p. 279.
(4) *Compt. rend. Acad. sc.*, octobre 1851.

bitude, s'étaient composés plusieurs fois pour former les protophytogènes successifs correspondant aux divers verticilles de la
fleur.

Jusqu'à présent nous ne connaissons aucun exemple d'un
phytogène central du *protophytogène - nucelle* arrivant à une
composition capable de fournir une fleur. Ce que l'on sait, c'est
que la série des phénomènes en question ne se borne pas seulement à la production d'une ou de plusieurs fleurs , mais encore,
il arrive que la nourriture est parfois assez abondante pour que l'*influence foliifiante* se prononce, et au lieu d'une fleur on peut
avoir soit une inflorescence, soit une phytonie, soit une infrondescence, car nous savons maintenant que tous ces systèmes végétaux ont une origine commune.

Mais admettons, ce qui est possible, probable même, que le
phytogène central d'un protophytogène-nucelle se développe en
un commencement de bourgeon-scion ; dans les conditions particulières où se trouvera ce bourgeon, ses premières feuilles pourront s'épaissir plus que d'ordinaire et revêtir les caractères de cotylédons qui donneront au bourgeon ainsi développé l'apparence
d'une graine qui, dans cette circonstance, se sera formée sans le
secours de la fécondation. Aussi les phénomènes de parthénogenèse sont-ils, à notre point de vue, choses qui s'expliquent très-
bien dans notre théorie ; mais comme nous n'avons pas été assez
heureux pour en rencontrer, nous ne saurions affirmer que notre
manière de voir est conforme à la réalité.

B. D'un autre côté, l'influence florifiante *partielle* se montre
quelquefois *persistante* assez longtemps pour que les diverses
parties de la fleur se répètent un certain nombre de fois.

1° Ainsi, appelons *influence sépaloïde*, si l'on veut, l'influence
physiologique occulte qui fait qu'au lieu de feuilles ou de corolle
le premier protophytogène-fleur donne un verticille calicinal. Si
la même influence continue, le phytogène central de ce premier
protophytogène qui devrait fournir une corolle, donnera cependant encore un verticille calicinal sans préjudice de la formation des autres parties plus élevées de la fleur : ainsi s'explique
la cause de ces répétitions de calices que nous avons rappelées (1).

(1) *Essai de Phytomorphie,* t. I, p. 519.

Mais ce qu'il y a de remarquable, c'est que quelquefois cette *persistance* de l'influence se fait sentir sur les premiers protophytogènes résultant de la cyclochorise ou de la sphérochorise exercée sur le phytogène central du protophytogène-calice, de sorte que, comme dans le *Nolana* et le *Nicotiana* précités, chaque nouvelle fleur possède encore son calice, et cette manière de voir peut être appliquée, si l'on veut, à certaines inflorescences en tête (Calathides, Ombelles, etc.).

2° Si maintenant nous appelons *influence pétaloïde* celle qui transforme les phytogènes périphériques ou circulaires du protophytogène-corolle en pétales, nous constatons aussi que cette influence persiste quelquefois assez longtemps pour que les phytogènes circulaires ou périphériques de plusieurs protophytogènes successifs se développent aussi à l'état de pétales. Aussi voyons-nous non-seulement les corolles se répéter accidentellement, mais encore se répéter d'une manière pour ainsi dire normale, puisque certaines fleurs ne nous sont pour ainsi dire connues que pour avoir plusieurs rangées de pétales (*Kerria japonica, Calystegia pubescens*). Mais, ce qu'il faut remarquer aussi, c'est que cette influence pétaloïde, cette persistance, peut se continuer encore sur les premiers protophytogènes résultant de la cyclochorise ou de la sphérochorise exercée sur le phytogène central du protophytogène-corolle, de sorte que nous avons une fleur composée ayant pour *involucre*, en quelque sorte, d'abord un calice, puis une corolle quelquefois répétée, ayant à son centre plusieurs fleurs formées d'une corolle et d'un bouquet d'étamines, ainsi que l'est la fleur de la Passe-Rose Arlequin, dont nous avons déjà parlé.

3° En appelant *influence androcéenne* celle qui dispose les phytogènes circulaires ou périphériques à se transformer en étamines, on voit cette influence persister assez longtemps pour que plusieurs phytogènes centraux successifs se transforment en protophytogènes androcéens et même arrivent à former des groupes staminaux que l'on pourrait, jusqu'à un certain point, considérer comme autant de fleurs mâles (*Melaleuca*). Ce qu'il faut encore remarquer, c'est que les influences pétaloïdes et staminales sont tellement voisines que non-seulement elles sont reconnues pour faire passer facilement les phytogènes circulaires de l'étamine au pétale et du pétale à l'étamine ; mais encore cette double influence conserve sa persistance *double* un certain nombre de fois, ainsi qu'on peut le voir par le diagramme de la fleur multiple du *Pœonia Moutan* (1).

4° Enfin, l'*influence gynécéenne* peut elle-même persister si longtemps, qu'un grand nombre de phytogènes centraux successifs arrivent à former une longue suite de carpelles disposés en épis (*Myosurus minimus*) ou à un certain nombre de ces organes disposés en cercles concentriques, comme dans le fruit du *Nelumbium* (2).

C. Une seule inflorescence de l'*allium Cepa* nous a fourni une série très-analogue. En analysant la composition de cette inflorescence, qui portait à la fois des fleurs et des bulbilles, on reconnaissait que ces derniers offraient toutes les modifications possibles dans leurs formations phytogéniques ; savoir :

1° Le plus souvent, tout le protophytogène-fleur était transformé en bulbilles, par une formation analogue à celle que nous avons déjà donnée des bulbes et bulbilles (3), par conséquent c'était sur le premier protophytogène-fleur qu'avait porté la métamorphose.

2° Dans quelques cas, le protophytogène-fleur avait fourni 3 sépales, ou l'*exanthophylle*, et le phytogène central s'était transformé en bulbille. Cette particularité des 3 sépales au lieu de 6 est en faveur de l'idée de 2 verticilles au périanthe des Monocotylédones, ce qui n'est pas contesté ; mais elle est aussi en faveur de notre idée phytogénique que 2 des 6 phytogènes circulaires entrent dans la composition des sépales ; on peut observer qu'ici la modification a porté sur le deuxième protophytogène-fleur.

3° On trouvait des bulbilles qui étaient entourées à leur base par les 6 sépales du périanthe, c'est-à-dire de l'*exanthophylle* et de l'*énanthophylle*; par conséquent c'était le phytogène central du deuxième protophytogène ou le troisième protophytogène-fleur qui avait subi la transformation.

4° Dans quelques cas très-rares, indépendamment du périanthe, nous avons reconnu l'existence des étamines placées à la base du bulbille. Donc l'anomalie s'était produite sur le phytogène central

(1) *Essai de Phytomorphie*, t. I, p. 415, pl. XII, *fig.* 88.
(2) *Ibid.*, p. 257, pl. VIII, *fig.* 48.
(3) *Ibid.*, p. 549.

du protophytogène-androcée et devait être le quatrième ou le cinquième protophytogène-fleur.

5° Il manque ici une observation pour combler la lacune qui existe. C'est celle d'un bulbille développé au centre de 3 carpelles, représentant un sixième protophytogène-fleur.

6° En considérant comme possible la transformation de l'ovule en bulbille, nous aurions une série entière de phénomènes en faveur de la théorie phytogénique ; mais si nous ne possédons pas d'observations de ce genre pour les *Allium*, nous les avons certainement dans les *Crinum*, dont les ovules se transforment assez fréquemment en bulbilles.

7° Mais ces sortes de phénomènes peuvent ne pas se borner aux ovules, et comme les ovules ne sont que des protophytogènes, leur phytogène central peut subir la métamorphose en question, tandis que le nucelle, la primine et la secondine se développeraient comme à l'ordinaire. Ce sont des observations intéressantes à faire, et que certainement la théorie phytogénique nous fait comprendre comme une chose possible.

Ajoutons que nous avons rencontré aussi 2 et 3 bulbilles enfermés dans une grande écaille, charnue et fendue sur le côté, déchirée par le développement relativement prédominant des 2 ou 3 bulbilles. Ces anomalies appartiennent à la classe des Multiplications et sont : la première, une épipédochorise diplasique ; la seconde, une cyclochorise triplasique analogue à celle de la Jacinthe (p. 14), car les 3 bulbilles étaient disposés en triangle. La plupart de ces bulbilles étaient sessiles, les autres, mais particulièrement ceux qui appartenaient à des formations plus élevées dans la fleur, étaient, ainsi que les verticelles formés d'abord, portés sur des pédicelles plus ou moins développés.

Que conclure de ces 3 séries de phénomènes au point de vue du nucelle, particulièrement de celui du Gui, qui fait le sujet des divergences d'opinions que nous avons signalées plus haut (p. 376)? C'est que, en vertu de la marche que nous venons de décrire, il est possible, probable même, que les phénomènes de répétitions et d'influences ne s'arrêtent pas aux carpelles ou aux ovules, et qu'il se pourrait qu'un phytogène central du photophytogène-ovule, après s'être transformé en nucelle, le phytogène central de ce nucelle subissant l'action de la cyclochorise, l'influence *nucellienne* persistant, il se pourrait, disons-nous, que ce phytogène central donnât lieu à 3, 4, 5 et même *typiquement* 6 nucelles, que les uns ont pu regarder comme des nucelles inclus, tandis que d'autres ont pu les regarder comme des sacs embryonnaires (1). Mais, pour arriver à décider cette question, il faudrait que l'on pût en suivre l'organogénie, car il nous paraît impossible, le nucelle ayant un mode de formation spécial et pour ainsi dire caractéristique, que l'on puisse appeler de ce nom tout organe dont l'évolution serait très-différente. Donc, le sac embryonnaire ne peut être regardé comme une répétition du nucelle. Par conséquent, pour s'assurer que les 3 ou 5 ovules du Gui sont primitivement formés par des nucelles ou par des sacs embryonnaires, nous le répétons, il faudrait en suivre toutes les phases organogéniques; car on sait aujourd'hui que le nucelle est une production *ascendante*, tandis que le sac embryonnaire est plutôt de formation *descendante*. Malheureusement, on ne peut nier que les observations ne soient très-délicates à faire, ce qui rend la question difficile à résoudre, et il faudrait, pour cela, saisir les cellules en voie de transformation en sac embryonnaire; mais s'il était prouvé qu'une ou plusieurs cellules, en grandissant de haut en bas, précédassent la formation de l'embryon du Gui ou du *Loranthus*, il est certain que l'on aurait affaire à des sacs embryonnaires et non à des nucelles.

Quoi qu'il en soit, si chacune de ces productions latérales (primine, secondine, tercine) est un organe appendiculaire, il y a phytogéniquement entre chacune d'elles un espace, si petit qu'il soit, qui correspond à un mérithalle. Très-souvent, les mérithalles qui se trouvent entre la primine, la secondine et la tercine sont tellement courts, que jusqu'à présent les auteurs n'en ont jamais parlé, et la vérité est qu'ils ne sont saisissables que théoriquement. Cependant, il est des cas où un de ces mérithalles devient très-apparent, et c'est lorsque l'ovule est anatrope, c'est-à-dire quand le nucelle, par un mouvement de renversement particulier, porte la chalaze à un point diamétralement opposé au hile, tandis que son sommet, ainsi que le micropyle viennent se

____

(1) M. Hofmeister ayant déjà annoncé l'existence de cinq sacs embryonnaires, il serait curieux de rechercher des exemples de la formation possible de 6 de ces organes.

placer tout près du hile ou point d'attache de la graine. Mais comme ces phénomènes sont de l'ordre de ceux que nous étudions sous le nom de *campylotropie* (1), afin de ne pas trop nous répéter, nous renverrons à ce chapitre pour l'étude des formes diverses que peuvent prendre les ovules :

VI. *Germe et Embryon.*

Nous donnons le nom de *germe végétal* à l'élément primitif, à la *molécule génératrice*, au *phytogène initial*, en un mot, de tout végétal. C'est lui qui, en se développant plus ou moins, constitue la partie essentielle de la graine, c'est-à-dire l'*Embryon*. Celui-ci présente trois états très-distincts, selon qu'on l'examine dans les Acotylédones, dans les Monocotylédones ou dans les Dicotylédones.

Dans les Acotylédones, il se trouve dans l'état de développement le plus simple possible ; il constitue un phytogène proprement dit ; c'est le *spore* que, selon Ad. de Jussieu, l'on peut comparer à un embryon nu, lequel n'est autre qu'un petit amas de tissu cellulaire à peine ébauché et renfermé dans une membrane unique ou double (2).

Dans les Monocotylédones, ce phytogène est déjà composé plusieurs fois, et l'on y peut souvent reconnaître des exastosies bien prononcées, puisque, par une dissection bien conduite de la graine, on y distingue un *cotylédon*, et dans l'intérieur de ce cotylédon, un petit mamelon niché dans une cavité communiquant à l'extérieur par une petite fente latérale. Ce mamelon est la *gemmule*, c'est-à-dire le sommet de l'axe, dont la base correspond à la *radicule* ; la partie moyenne porte le nom de *tigelle*. Ici le cotylédon unique et fendu représente la gaîne ou portion vaginale de la première feuille. Phytogéniquement, il est constitué par les phytogènes périphériques du premier protophytogène de l'individu végétal, c'est-à-dire par les 3 séries de phytogènes c' b, a, *fig*. 5, C, qui, vivant en commun avec une seule exastosie latérale ou circulaire et l'exastosie centripète, se sont développés en un corps le plus souvent charnu et allongé, intimement uni avec le corps

(1) *Essai de Phytomorphie*, t. II.
(2) *Elém. botanique*, p. 370, § 497.

qui doit constituer la radicule et qui nous paraît être formé originellement par les 3 phytogènes inférieurs i, i, i, *fig.* 11, A, de ce premier protophytogène. Cependant, les embryons monocotylédonés ne se présentent pas toujours dans un état de développement aussi avancé, et il en est qui restent littéralement dans le même état de développement que dans le spore, comme on peut s'en assurer par celui des Orchidées, qui ne se montre que sous la forme d'une petite sphère uniquement composée d'un petit nombre de cellules. Par conséquent, ce n'est qu'un phytogène sans aucune apparence d'exastosie, ou si cette exastosie existe, elle n'est qu'à l'état d'exastosie *naissante* ou *commençante*, analogue à ces groupements cellulaires primordiaux dont nous avons déjà parlé, mais que l'œil même armé du microscope ne saurait discerner encore.

Toutefois, il existe une différence notable entre ce phytogèneembryon des Orchidées et celui des Acotylédones ; c'est que, dans ceux-ci, les phytogènes naissent en grand nombre dans un organe plus ou moins simple, qui n'a rien de comparable à un ovule et qui, au contraire, se rapproche plutôt, surtout quant au mode de production des cellules qu'il renferme, de la manière dont se produit le pollen ou poussière fécondante contenue dans les anthères (p. 311); tandis que l'embryon des Phanérogames se forme dans une série de sacs emboîtés l'un dans l'autre et qui, jusqu'à ce jour, se sont montrés avec une constance remarquable.

Enfin, dans les Dicotylédones, l'embryon arrive le plus souvent à un état de développement tel, que sans le secours d'aucun instrument on peut aisément distinguer : 1° un corps cylindrique, par conséquent axile : c'est la *radicule*; 2° deux *cotylédons* trèsdistincts au milieu desquels on trouve 3° une *gemmule* souvent très-développée, comme on peut le voir dans la graine du Haricot, de l'Amandier, etc ; et 4° une portion intermédiaire à la radicule et à la gemmule et sur laquelle sont exsérés les 2 cotylédons : c'est la *tigelle* ou axe de l'embryon. Toutes ces parties sont bien plus avancées et plus nettement formées que chez les Monocotylédones. Au point de vue phytogénique, les phytogènes inférieurs du premier protophytogène constituent le 1er mérithalle au bas duquel se trouve le phytogène qui est l'origine de la radicule. Les phytogènes périphériques formant deux groupes séparés l'un de l'autre par 2 exastosies circulaires, mais chaque groupe de phytogène vivant en commun, constituent les 2 premières feuilles ou cotylédons; tandis que le phytogène central, séparé des phytogènes périphériques par l'exastosie centripète, se compose de la même façon et donne lieu, par le même mécanisme d'exastosie, à 2 petits organes appendiculaires ou feuilles *primordiales* au milieu desquelles se développe un autre phytogène central qui se comportera de la même manière. Ordinairement les 2 cotylédons et les 2 feuilles primordiales sont seuls bien visibles, et quelquefois même ces deux feuilles ne se laissent aisément apercevoir qu'à l'aide de la loupe. On rencontre même des espèces dans lesquelles les cotylédons sont si peu développés qu'il faut avoir recours à une loupe pour les distinguer (*Pekea*). Quelquefois l'embryon est réduit à un axe indivis dans lequel il est non-seulement impossible de reconnaître le cotylédon, mais même de distinguer la radicule de la gemmule (*Cuscuta*). Enfin, dans quelques végétaux réellement dicotylédonés, l'embryon se trouve dans un état de développement véritablement phytogénique, comme cela paraît avoir lieu dans les Monotropées, les Pyrolacées, l'*Aphyteia* ou *Hydnora*, les Orobanchées, les Rafflésiacées et les Balanophorées, où il ne se montre que formé par un petit noyau sphérique de cellules. Ainsi, nous reconnaissons que même dans les embryons dicotylédonés on trouve des embryons arrêtés dans leur premier état de développement et plus ou moins analogues au spore des Acotylédones, et, d'un autre côté, nous en trouvons qui dans le fruit sont déjà en voie de germination très-avancée ; de sorte qu'en étudiant une série bien choisie de graines on pourrait trouver tous les états intermédiaires de développement de l'embryon depuis le spore des Agames, ou l'embryon des Orchidées, ou celui des Monotropées, etc., jusqu'à l'embryon du *Sechium edule*, qui se développe dans le fruit, y reste fixé en parasite, et y peut vivre, grandir et fructifier aux dépens de l'être qui lui a donné naissance (1).

On rencontre aussi, chez les Dicotylédones, des défauts d'exastosie circulaire dans les cotylédons qui en font comme des espèces

____

(1) *Essai de Phytomorphie*, t. I, p. 449. — **Turp.**, *Iconog. vég.*, tab. 2 *bis*, fig. 3.

de Monocotylédones, ainsi que l'on peut s'en assurer aisément dans le Marronnier d'Inde, la Capucine, le *Carapa Guyanensis*, etc.; cependant, peut-être l'union des 2 cotylédons en un seul ré-sulte-t-elle d'une *véritable soudure*, car ceux de la Capucine, fort écartés dans le jeune âge, se rapprochent par des accroissements successifs et finissent par ne former qu'une masse compacte (Auguste Saint-Hilaire). C'est certainement ce qui arrive souvent dans la Châtaigne, et le même phénomène s'est présenté à Auguste Saint-Hilaire dans un *Swartzia*, ainsi que chez une foule d'*Eugenia*; cet auteur a vu même, dans ce dernier genre, les cotylédons soudés avec la radicule (1). C'est cette particularité qui a fait que quelques botanistes ont donné à ces embryons les noms de *pseudo-Monocotylédones* ou de *macrocéphales*, et aux deux cotylédons soudés ou séparés, celui de *corps cotylédonaire*.

Mais pour se rendre compte de tous ces phénomènes, il faut nécessairement remonter jusqu'au moment où l'embryon commence à faire son apparition dans la vésicule embryonnaire, et c'est ce que nous allons faire en exposant aussi succinctement que possible ce que l'anatomie la plus délicate permet de distinguer dans cette formation mystérieuse que l'on nomme la *fécondation* dans les végétaux. Il va sans dire que nous ne parlerons que des faits qui sont de nature à nous éclairer dans nos investigations phytogéniques, renvoyant pour l'étude approfondie de tous les autres phénomènes à l'excellente thèse de concours pour l'agrégation de M. Eug. Fournier (2), dans laquelle se trouvent résumées toutes les questions relatives à cet acte important de la vie végétale.

Nous savons maintenant que les deux organes essentiels de la fécondation sont : l'anthère, comme organe mâle, et le pistil, comme organe femelle.

A. Ainsi que nous l'avons dit, l'anthère renferme une poussière ordinairement très-fine nommée *pollen*. Or, celui-ci se présente le plus souvent sous la forme de granules libres, composés en général de deux vésicules ou membranes se moulant exactement l'une sur l'autre et recevant le nom d'*endhyménine* et

(1) *Morpholog.*, p. 745.
(2) *De la fécondation dans les Phanérogames*, broch. in-8°; 1863.

d'*exhyménine*, noms qui rappellent leur position respective. Quelquefois on trouve trois membranes superposées, ainsi que M. H. Mohl l'a fait connaître pour certains genres de Conifères (*Cupressus, Juniperus, Taxus, Thuya*), et M. H. Giraud en a également décrit 3 dans le *Crocus vernus*. Dans l'intérieur de ces vésicules, on trouve une matière fluide, mucilagineuse, contenant des granules de différentes formes et de différente nature ; c'est la *fovilla*.

Quand le grain de pollen se trouve en contact avec une surface humide, pourvu que l'action de cette humidité se prolonge assez longtemps, des phénomènes d'endosmose se produisent et l'état exagéré de turgescence du grain de pollen se faisant sentir sur toute la périphérie de la vésicule, si celle-ci offre des points moins résistants, il se fera, en ces points, un renflement, une sorte de hernie qui ira croissant à mesure que les phénomènes d'endosmose se continueront. Or, l'observation a fait connaître que très-souvent la membrane externe des graines de pollen présente des plis ou des pores dont la position est bien déterminée, et c'est par où se fait de préférence la saillie qui dès lors prend le nom de *tube* ou *boyau pollinique*. Lorsque le grain de pollen ne présente à sa surface aucune des deux particularités que nous venons de signaler, la membrane externe se déchire particulièrement aux points qui sont ramollis par leur contact avec le liquide. Dans tous les cas, l'endhyménine, très-mince, très-extensible et transparente, paraît se prêter à toutes les élongations du tube et l'entourer de toutes parts, et c'est ce tube qui, se formant au contact de l'humidité visqueuse dont est pourvu le stigmate, pénètre le long du style à travers les lâches cellules qui constituent le *tissu conducteur*.

B. D'un autre côté, nous avons vu comment se formait le nucelle, partie importante de l'ovule ; comment dans l'intérieur de ce nucelle se développait le sac embryonnaire (p. 375), partie non moins importante de l'ovule ; puis les vésicules embryonnaires, dernières enveloppes internes dans lesquelles se forme l'embryon dont nous allons essayer de donner ici la genèse, au moins d'après les manières de voir les plus accréditées jusqu'à ce jour. Mais, comme c'est dans la vésicule embryonnaire que sont appelés à se produire les phénomènes essentiels à la génération de l'embryon, examinons d'abord en détail son mode de formation.

Le sac embryonnaire constitué, c'est dans la partie supérieure de cette cavité pleine de protoplasma que naissent les vésicules embryonnaires. En effet, selon M. Hofmeister, elles apparaissent dans le protoplasma sous forme de noyaux libres, arrondis, plus transparents que le protoplasma environnant et encore dépourvus de substances solides. Ces noyaux prennent d'abord l'apparence d'utricules simples qui s'allongent peu à peu en un tube confervoïde, qui ne tarde pas à paraître composé de cellules unies bout à bout, par la formation d'un certain nombre de cloisons transversales : c'est ce tube que l'on désigne sous le nom de *filet suspenseur* ou, plus simplement, de *suspenseur*. Ce suspenseur ne se forme pas toujours, car M. Tulasne ne l'a retrouvé ni dans l'Amandier, ni dans le *Sutherlandia frutescens* et l'*Onobrychis sativa*, ce qui fait que l'embryon est sessile. L'utricule terminale grandit rapidement et forme une saillie arrondie dans la cavité du sac embryonnaire : c'est la *vésicule embryonnaire*. Celle-ci se présente donc à l'observation sous la forme d'un noyau qui paraît d'abord entouré d'une matière plastique, comme vitrée dans sa couche externe et qui est assez facilement soluble dans l'eau, pendant que sa couche interne paraît être formée de granules assez gros, lesquels peu à peu disparaissent par leur transformation en une membrane mince qui s'écarte du noyau et qui ne montre plus d'adhérence qu'à sa partie inférieure. Dans certaines Monocotylédones, celles chez lesquelles cette formation a lieu pendant l'hiver, cette membrane s'organise au point de devenir celluleuse, mais même encore elle se ramollit au moment de la fécondation et est souvent tellement diffluente, qu'elle disparaît bientôt dans le liquide de la préparation, si bien qu'on ne trouve plus la moindre trace de la vésicule, comme l'a fort bien observé M. Schacht dans le *Canna* (1). Il résulte de ce mode de formation que la vésicule embryonnaire contient au moins un noyau et très-certainement un liquide, et que, phytogéniquement, le suspenseur paraît représenter un mérithalle ou

______

(1) Il est possible que de là vienne l'erreur des anatomistes qui ont nié l'existence de la vésicule embryonnaire avant la fécondation.

axe; la membrane, un organe appendiculaire très-délié, et le noyau, le phytogène central de cette ultime formation. C'est ce noyau que l'on regarde comme étant l'origine de l'embryon ; mais c'est une opinion que nous ne saurions partager ; et si, par impossible, ce phytogène central, trouvant accidentellement des conditions nécessaires à son développement, venait à prendre une évolution en dehors de la fécondation, il est fort à penser que, loin de former un embryon, il formerait plutôt un petit bourgeon pouvant néanmoins donner naissance à un individu de même espèce, et peut-être est-ce ainsi que se passent certains phénomènes de parthénogénèse sur lesquels, d'ailleurs, il existe encore bien des doutes. Quoi qu'il en soit, examinons maintenant les faits qui paraissent les mieux établis relativement aux rapports du tube pollinique avec la vésicule embryonnaire.

1° D'après MM. Schacht et Hofmeister, dans les Conifères, à la partie supérieure de la vésicule embryonnaire, d, *fig.* 27, on observe une *rosette* de 4 cellules, a, *fig.* 27 et 27 *bis*. Les tubes polliniques, b, arrivés au sac embryonnaire, paraissent en traverser la paroi en rampant entre les cellules qui la constituent, et atteignent la partie supérieure des *corpuscules* ou vésicules embryonnaires, e, *fig.* 27, où, se glissant au milieu des cellules de la rosette, ils arriveraient pour ainsi dire au contact du noyau *embryogénique c,* ou *cellule embryonnaire*; on voit, en effet, aussitôt après l'arrivée du tube pollinique au contact de la vésicule embryonnaire et autour de la partie terminale du boyau, par conséquent au sommet de la vésicule, se former un amas granuleux de protoplasma constituant le noyau embryogénique c, *fig.* 27. Bientôt après, ce noyau se détache du sommet, et on le retrouve au bas de la vésicule f, *fig.* 27 (1), où il s'organise, se divise, se subdivise par voie de segmentation, et arrive ainsi à former une masse de tissu cellulaire qui constitue l'embryon.

2° M. Schacht a encore fait une observation très-importante dans le genre *Citrus.* On sait depuis longtemps que les semences des *Citrus* sont polyembryonnaires : or, d'après cet habile anatomiste, dans ce genre les vésicules embryonnaires sont attachées,

---

(1) Schacht, *Lerbruch der Anatomie und Physiologie der Gewœchse,* 1859.

soit à la partie supérieure du sac, soit encore à ses parois latérales. Mais ici le tube pollinique n'arrive qu'à la partie supérieure du sac, et par conséquent ne paraît avoir aucun rapport
direct avec les vésicules latérales, et cependant plusieurs d'entre
elles sont embryonnées. Comment donc peut se faire la fécondation? Probablement de la manière suivante : on peut observer
dans le tube pollinique de ce genre des corps allongés, arrondis,
d'une forme particulière et faciles à reconnaître, que M. Schacht
nomme *granules* ou *corpuscules fécondateurs* (Befruchtungs-
kœrper). Or, ce savant a pu observer, sur des vésicules latérales
faisant saillie dans la couche mucilagineuse dont est pourvue la
cavité du sac embryonnaire, un ou plusieurs granules attachés
au sommet de cette saillie; il suppose, en conséquence, que
ces corps sortis du tube pollinique sont allés féconder les vésicules (*loc. cit.* II, p. 390).

3° Dans un certain nombre d'espèces, le boyau pollinique,
après son contact avec la paroi du sac embryonnaire, la refoule
et s'en coiffe comme d'un capuchon. C'est ce dont s'est assuré
M. Tulasne dans la Digitale pourprée et dans le *Campanula medium* (1). Il en est de même dans le *Naias*, les *Passiflora* et quelques Géraniacées (Hofmeister), et, selon M. Radlkofer, dans le
Gui. Le phénomène paraît même être poussé plus loin dans les
Canna, car le sac, perforé à son sommet, laisserait pénétrer
l'extrémité du boyau dans la partie supérieure du sac. Les observateurs allemands sont d'accord entre eux sur ce fait. M. Hofmeister a constaté le même fait sur le *Tillandsia usneoides;*
mais il le regarde comme anormal. Toutefois, les nombreuses
figures qui accompagnent le beau mémoire de M. Tulasne indiquent que le tube pollinique ne pénètre pas *au-delà de la paroi
extérieure du sac embryonnaire.*

4° Malheureusement, le rapport du tube pollinique avec la
vésicule embryonnaire n'est pas toujours aussi palpable, et il y
a même des observations qui établissent nettement toute impossibilité de contact entre ces deux organes. Ainsi, M. Radlkofer
dit positivement que, d'ordinaire, la distance qui sépare l'extré-

----

(1) *Etudes d'embryogénie végétale.* (*Ann. sc. nat.*, 3ᵉ série, t. XII, pl. III,
fig. 3, et pl. V, *fig.* 2 et 3.)

mité du tube pollinique de la vésicule embryonnaire fécondée ne
permet pas d'admettre que la substance fécondante passe directement du tube à la matière qui doit être fécondée (1), et, d'après
M. Hofmeister, il n'y a aucune nécessité que le boyau pollinique se
mette en contact avec les vésicules embryonnaires, pour que
l'embryon se développe ; le point de contact de l'utricule ne
coïncide même pas toujours avec la surface d'adhérence de la
vésicule. Voilà donc un fait qui a une grande importance au
point de vue de l'imprégnation, puisque, jusqu'à ce jour, on a
été assez embarrassé pour expliquer comment la fécondation
pouvait se faire *à distance*. Mais nous venons de dire que
M. Schacht avait vu le corpuscule fécondateur du *Citrus* fixé à la
saillie que fait la vésicule embryonnaire dans la couche mucilagineuse du sac. Ce fait a sans doute suggéré à M. Eug. Fournier
l'idée, qu'au reste il présente avec beaucoup de réserves, que les
granules polliniques ou plutôt de la fovilla, bien qu'immobiles
quand ils sont au contact du sac embryonnaire, pourraient être
regardés, malgré leur immobilité, comme analogues dans leur
rôle aux corpuscules fécondateurs des Cryptogames et aux spermatozoïdes (2). Mais il n'est pas démontré que les mouvements
que l'on observe sur les granules de la fovilla soient spontanés,
et, au contraire, ils ne paraissent être que mécaniques, selon la
juste observation de Rob. Brown ; mouvements mécaniques qui,
peut-être, s'étendent jusqu'aux anthérozoïdes, puisque M. Schacht,
qui a suivi le développement des spores dans l'*Ulotrix zonata* et le
Chlamidococcus pluvialis, dit que toute sa vie le zoospore n'est
qu'une cellule végétale qui n'a rien d'animal. Certains organismes, pendant une période de leur existence, ne paraissent être
ni végétaux, ni animaux ; si l'un ou l'autre devient végétal ou
animal, c'est qu'il l'était originellement. Il n'y a rien de commun entre les zoospores et les infusoires, qui nagent vite ou
lentement, s'arrêtent et jouent évidemment entre eux ; tandis
que les zoospores se meuvent beaucoup plus régulièrement et
ne s'arrêtent qu'au moment de germer. Cette opinion, que nous

(1) *Der Befruchtungsprocess im Pflanzenreiche und sein Verhœltniss zu
dem im Thierreiche*, Leipzig, 1857.
(2) *De la fécondation dans les Phanérogames*, broch. in-8°, Paris, 1863,
p. 105.

partageons entièrement, est fondée sur des études particulières
de mécanique moléculaire desquelles il résulte que les liquides,
les poussières les plus ténues, les molécules gazeuses sont toujours dans un état permanent de mouvements, lesquels sont
sollicités, soit par des alternatives de chaleur, soit par des mouvements de l'air qui les communiquent de proche en proche au
sein des masses en apparence les plus en repos, soit par des éva-
porations quand le mouvement se passe dans des liquides, soit
même par la simple action de l'ondulation de la lumière, dont,
jusqu'à ce jour, on n'a pas suffisamment tenu compte dans une
foule de phénomènes que nous ne pouvons rappeler ici. Qu'y
a-t-il d'étonnant, après cela, que des corpuscules se meuvent
dans des liquides soumis à l'action de l'un ou de plusieurs des
agents du mouvement que nous venons de signaler? Or, c'est ce
qu'a fort bien compris l'observateur philosophe que nous venons
de nommer, Rob. Brown. Cette petite digression ne nous paraît
pas inutile, car elle nous permettra de donner notre opinion sur
la manière dont la fécondation peut se faire à distance ; mais,
pour cela, il faut tenir compte de trois circonstances favorables à
la fécondation, auxquelles cependant, jusqu'à ce jour, on n'a
attaché que peu d'importance :

1° Il est impossible qu'une cavité se produise sans que, dans
cette cavité, il se fasse aussitôt un vide qui doit tendre à se remplir soit de matières plus ou moins solides, soit de matières plus
ou moins fluides, soit de matières gazeuses ou aériformes. Voilà
pourquoi, à mesure que la cavité du sac embryonnaire grandit,
il y afflue, par tous les méats intercellulaires, un fluide plus ou
moins liquide, pouvant même entraîner des granules en voie
d'organisation, d'ailleurs si fins, si mous, qu'ils peuvent alors se
retrouver dans la cavité où se continue le travail d'organisation
commencé au dehors ; de sorte que le sac embryonnaire doit contenir et contient, en effet, une matière organique granuleuse qui le
remplit et qui paraît provenir d'une sécrétion de la membrane qui
le constitue. Si donc, pendant l'agrandissement de la cavité, le
liquide de la fovilla, et même quelques granules très-déliés et
très-mous en voie d'organisation, se trouvent dans le voisinage
du sac, et à plus forte raison s'ils le touchent, ils seront entraînés, comme *aspirés* ou *humés*, et bientôt se retrouveront dans le

liquide qui emplit le sac et au sein duquel se formeront les vésicules embryonnaires. Mais si l'on admet que la vésicule embryonnaire est déjà formée avant la fécondation, comme cela a lieu dans la Capucine, pendant que ces vésicules se développent elles-mêmes, il est impossible qu'un phénomène *d'aspiration* analogue ne se produise pas, et, dans ce cas, on voit aisément que les molécules génératrices de la fovilla peuvent y pénétrer sans qu'il soit besoin que le tube pollinique les touche immédiatement.

2° D'un autre côté, d'après ce que nous avons dit des mouvements communiqués moléculairement de proche en proche, par les 4 principaux agents que nous avons signalés et auxquels nous en ajouterons 2 autres : savoir, le vide produit, et peut-être aussi un mouvement vital particulier auquel sont probablement dus les courants de matière granuleuse que M. Hofmeister a décrits, et dont les plus marqués et les plus prolongés s'observent dans le sac embryonnaire du *Merendera caucasica* et l'*Arum maculatum* ; d'après ces mouvements, disons-nous, on comprend aisément alors que si une ou plusieurs *molécules génératrices* se trouvent dans le liquide amniotique, ils s'y promèneront, ou plutôt, entraînés vers la vésicule par suite du vide produit dans son intérieur, ils arriveront au contact et pourront à leur tour être aspirés et pénétrer dans son intérieur. Il n'est même pas besoin de faire intervenir ici le phénomène d'endosmose, quoique pourtant, agissant sur des parties liquides, on puisse soutenir, avec quelque apparence de raison, que ce phénomène est pour beaucoup dans le passage du fluide fécondateur dans la vésicule embryonnaire. Mais ce qui nous oblige à lui accorder moins de valeur, ce sont les expériences très-ingénieuses et très-concluantes de M. Graham sur la *dyalise*, desquelles il résulte qu'il n'y a que les corps *Cristalloïdes* qui passent par voie d'endosmose, tandis que les *Colloïdes* ne sauraient traverser les membranes. Or, on ne saurait admettre que les molécules génératrices ne sont que des matières cristalloïdes, et c'est bien plutôt le contraire qu'il faudrait soutenir. Donc le vide produit au sein de ces membranes, d'ailleurs celluleuses, est essentiellement la cause du passage des molécules génératrices contenues dans le boyau pollinique, d'abord dans le liquide du sac amniotique, puis dans le liquide protoplasmatique de la vésicule embryonnaire. Il y a, au reste, des faits observés qui sont en faveur de cette opinion : c'est le mouvement d'aspiration que l'on a remarqué dans le stigmate des Orchidées, et en particulier dans le *Vanilla aromatica*. En effet, quand on opère une fécondation artificielle sur cette espèce, on peut observer qu'une masse pollinique placée à une petite distance du stigmate est entraînée et véritablement aspirée par cet organe.

C'est à la production de ce vide qu'il est permis d'attribuer une grande partie de l'élongation du tube pollinique qui, une fois produit par endomose et engagé dans le tissu conducteur, cheminera, aspiré par le vide produit, dans la cavité du sac embryonnaire et devra ainsi parcourir un très-long trajet pour arriver d'abord dans l'ovaire, puis aux ovules. Or, le phénomène d'aspiration que nous avons décrit pour les sacs et les vésicules embryonnaires, se reproduit ici sur une plus grande échelle, car le vide produit pour attirer le tube pollinique dans l'ovaire est relativement considérable, comparé à celui de chacun des nombreux ovules que renferment parfois les ovaires. Si l'ovaire est lent à se former et si le trajet que doit parcourir le tube est très-long, comme dans le *Colchicum autumnale,* le tube pollinique commencera à se former en automne, mais il n'opérera la fécondation qu'à la fin de l'hiver qui suit (Hofmeister), époque à laquelle l'ovaire reprend son activité vitale. Quelquefois la lenteur du tube à arriver au sommet du sac ne paraît reconnaître pour cause que le très-long temps que l'ovule met à se former. Ainsi, chez les Conifères, où le pollen tombe directement sur l'ovule, le tube pollinique qui se forme par suite de l'action d'une sécrétion particulière que produisent, selon M. Schacht, le tégument et le nucelle, le tube pollinique n'en met pas moins un an à s'allonger et à opérer la fécondation (*Juniperus, Pinus,* etc.). M. Eugène Fournier fait observer avec raison que cette lenteur de l'imprégnation après l'arrivée de la substance fécondante dans les organes femelles rappelle, bien que de très-loin, ce qui se passe dans le règne animal chez certains mollusques et insectes, chez lesquels les spermatozoïdes sont laissés en dépôt dans un organe spécial (1) pour en descendre ultérieurement et féconder les

(1) C'est la *poche copulatrice*, nommée par Dumas *vésicule d'Audouin,*

ovules à leur passage dans le canal vaginal (*loc. cit.*, p. 84). Est-ce qu'il se formerait dans les ovules un phènomène d'aspiration analogue à celui que nous venons de décrire?

Quoi qu'il en soit, c'est encore à ce phénomène d'aspiration qu'il faut attribuer les divisions ou les ramifications si curieuses que les observateurs ont reconnues à certains tubes polliniques. Ces ramifications sont rares dans le tissu conducteur, tandis qu'elles sont assez fréquentes dans le canal micropylaire. Meyer paraît être le premier botaniste qui ait observé ces ramifications. Depuis lors, on les a retrouvées dans plusieurs végétaux tels que le *Viola tricolor*, le *Crocus vernus*, l'*Œnothera muricata*, les *Thuya*, les *Araucaria* (Schacht); le *Leucoium vernum*, le *Crinum capense* (Hofmeister) et plusieurs Crucifères, selon M. Gelesnow. Les ramifications de l'*Hippeastrum aulicum* varient de forme et de longueur et arrivent même jusqu'à s'anastomoser, et celles du *Pothos longifolia* s'enchevêtrent tellement qu'elles représentent, jusqu'à un certain point, les filaments d'un *Micelium*. Or, nous ne connaissons raisonnablement que les phénomènes d'aspiration dont nous venons de parler qui puissent expliquer ces ramifications, lesquelles se composent de façon à faire douter de l'existence de la membrane endhyménine là où se forment les ramifications.

3° Il est bien reconnu aujourd'hui que non-seulement le tissu cellulaire, aussi bien celui qui doit former les fibres et les vaisseaux que celui qui doit constituer les membranes, a toujours commencé par être dans un état fluide ou mucilagineux, mais encore que la membrane de la vésicule embryonnaire est au début toujours dans un état de fluidité qui la rend *diffluente*, même alors qu'elle paraît le mieux formée. Tous les auteurs paraissent d'accord sur ce point. Or, si cette membrane est si molle, diffluente au point de disparaître dans le liquide des préparations anatomiques, nous ne voyons aucune raison qui fasse que cette membrane s'oppose au passage d'une molécule de la fovilla alors même que celle-ci serait déjà bien organisée et solide; car une fois qu'elle a traversé la membrane de la vésicule semi-fluide, il est de toute évidence que les bords de l'ouverture peuvent se rapprocher

parce que c'est, en effet, ce célèbre anatomiste qu le premier l'a fait connaître dans les insectes.

et se souder de façon à ne laisser aucune trace de ce passage. Ne voyons-nous pas tous les jours dans les Champignons, dont cependant les cellules sont autrement solides, le tissu cellulaire se développer autour d'une tige qui fait obstacle, se rejoindre de l'autre côté de cette tige de façon à constituer un tout continu absolument comme si l'obstacle n'avait pas existé? Il y a mieux, c'est que si l'on a la précaution d'enlever cet obstacle qui laisse une ouverture très-appréciable, et si l'opération se fait d'assez bonne heure, le tissu cellulaire se reforme sur les bords du trou et peu à peu s'avance vers le centre, le ferme complétement, et au bout d'un certain temps, si l'on examine le champignon, on a la plus grande peine à retrouver l'endroit où se trouvait l'ouverture, tant l'obturation est complète. Ainsi doit se passer, souvent, le phénomène en vertu duquel les molécules de la fovilla arrivent dans l'intérieur des vésicules embryonnaires bien que s'échappant du tube pollinique à des distances relativement très-grandes.

4° Enfin, il est encore un quatrième point de vue philosophique qui, pour certains esprits, ne peut pas être complétement sans importance, c'est celui qui résulte d'un certain ordre de faits qui sont d'une extrême généralité et que nous devons examiner ici, car tout ce qui peut éclairer les mystères de la génération nous paraît être d'une utilité incontestable. Or, dans les générations des bourgeons ordinaires ou adventifs, des bourgeons-infrondescence ou inflorescence, des bourgeons adhérents ou libres, quel est le caractère dominant que nous constatons? C'est bien évidemment un axe ayant ses fibres-racines, ou ce qui doit les former, dirigés vers l'axe de l'individu qui forme ces bourgeons; en un mot, *une continuité de tissus entre l'individu-père et le nouvel individu*, indiquant d'une manière sûre que la nouvelle individualité est bien un produit de l'axe qui les porte; cela est incontestable. Par conséquent, ici, la direction des parties radiculaires est un caractère de première valeur, puisqu'il est constant et qu'il indique bien que le bourgeon a tenu à *l'individu-père* (1) par sa partie radiculaire. Mais ce bourgeon a tout aussi bien eu son origine dans des éléments primitifs, fluides d'abord, puis phytogéniques, c'est-à-dire formés de cellules naissantes, que l'embryon qui

(1) Nous verrons, p. 430, pourquoi nous employons cette dénomination.

plus tard constituera la graine, puisque deux individus provenant, l'un d'un bourgeon *bouturé* ou *marcotté*, et l'autre d'une graine soumise à la germination, pourvu que le bourgeon et la graine proviennent de la même plante, puisque, disons-nous, ces deux individus seront toujours identiques. Donc, ces deux individus sont les mêmes dans leur essence et doivent avoir une seule et même origine : le phytogène à l'état naissant.

Si maintenant nous appliquons les observations précédentes, non plus à un bourgeon mais à une graine, quelle est la différence que nous constatons? La voici : c'est que le corps radiculaire de la graine n'est plus dirigé vers l'*individu-mère*, mais, au contraire, est dirigé en sens contraire, c'est-à-dire vers le micropile, comme si cette radicule indiquait, par sa direction, que *l'embryon n'a jamais eu de connexion intime avec l'individu-mère*, et qu'au contraire, forcée de quitter l'*individu-père*, pour trouver autre part des éléments de nutrition que celui-ci ne pouvait plus lui fournir, sa partie radiculaire semble encore dirigée vers lui, comme une preuve que les éléments primitifs de l'embryon sont réellement fournis par l'individu-père. Voilà pourquoi, si l'individu-père est affecté de certains caractères particuliers, il faudra, pour les conserver, prendre les individualités *sans mélange* sur l'individu qui les porte, et c'est ce qui se pratique d'ordinaire par les procédés connus sous les noms de *greffe, bouture* et *marcottes*.

Si l'on a bien saisi notre pensée, il va, ce nous semble, être très-facile de comprendre le phénomène de la fécondation ou, pour être plus dans nos idées, la formation de l'embryon. Mais pour cela, il va nous falloir contredire bien des idées reçues et renverser une théorie bien généralement admise. Nous donnerions beaucoup pour ne pas en arriver à cette sorte de coup d'État scientifique, et pour faire cadrer la logique des faits avec les idées acceptées ; mais alors même que nous voudrions nous prêter à une pareille complaisance, nous ne pourrions le faire qu'en sortant de la voie de logique que la conscience nous prescrit de suivre. Voici les bases essentielles de notre raisonnement.

L'organe mâle forme le germe de l'embryon, ce qui avait été admis déjà par plusieurs éminents naturalistes dont les noms sont trop connus pour qu'il soit utile de les rappeler ici ; mais

nous en différons en ce que nous émettons comme idée principale contraire aux croyances actuelles, que l'organe femelle, pas
plus celui des animaux que celui des végétaux, ne forme le germe.
L'organe femelle reste organe femelle dans les deux règnes, l'*organe passif* destiné, comme l'admettait naguère encore M. Schlei-
der, à recevoir le germe, le protéger et le nourrir jusqu'à son
entier développement; c'est-à-dire jusqu'au moment où il pourra
se suffire à lui-même et vivre d'une vie propre et indépendante.
L'étamine reste toujours l'organe mâle, et celui-ci, dans les deux
règnes *organe actif*, est toujours destiné à fournir le *germe*,
c'est-à-dire le *globule initial*, la *molécule vivante* ou *génératrice*
qui doit être le point de départ de l'embryon. Cherchons à discuter ces deux points principaux de ce que l'on nomme la fécondation pour prouver que ce n'est point par esprit d'opposition que
nous émettons ces nouvelles idées. Trois méthodes peuvent être
suivies : l'une que l'on pourrait appeler *philosophique*, l'autre
expérimentale, et la troisième *logique*, comme étant une sorte
d'analyse des faits dont la conséquence conduit aux deux propositions sus-énoncées. Nous allons les examiner en les abrégeant le
plus qu'il nous sera possible.

A. *Méthode philosophique.*

Au point de vue philosophique, on peut dire que deux grands
principes se partagent la nature; ce sont le *principe actif* et
le *principe passif* : Dieu et le chaos; l'intelligence et la matière;
le mouvement et l'inertie, et dans un ordre d'idées plus matériel,
la machine et la matière qui en sort ouvragée. Le premier est toujours celui qui communique le mouvement aux corps inertes, lesquels ne paraissent être en état d'activité qu'à cause du premier
principe qui les fait agir. D'après cette loi, si le mâle recherche la
femelle, il est principe actif et la femelle principe passif; si l'étamine,
si le pollen se dirigent vers l'ovaire, ils sont principes actifs et l'o-
vaire ou l'ovule, principes passifs; si la graine se dirige vers la terre
pour y germer et y vivre, elle est principe actif, quand la terre
n'est que le principe passif : c'est une loi générale absolue pour
l'exécution de laquelle tous les moyens sont bons, que ce soient
les vents, les animaux, l'eau, la pesanteur, l'époque du rut ou

les passions qui sollicitent les premiers vers les seconds ; et si quelquefois on observe ou l'on croit observer le contraire, c'est une exception à la loi, c'est par une bizarrerie de la nature dont les faits doivent être classés parmi les monstruosités dont parfois elle se montre si prodigue.

Mais, dans la question qui nous occupe, si l'étamine ou organe mâle se dirige vers l'ovaire, si le boyau pollinique se dirige vers l'ovule, si les molécules de la fovilla se dirigent vers la vésicule embryonnaire, l'action de se diriger en fait des principes essentiellement actifs, tandis que l'ovaire, l'ovule, la vésicule embryonnaire qui attendent le moment où ils seront utiles sont essentiellement les principes passifs de ce que l'on est convenu d'appeler la fécondation. Le mouvement, dans cette sorte d'analyse, est donc départi à l'organe mâle et non à l'organe femelle : par conséquent, le premier est actif et le second purement passif. Faut-il donc admettre que dès que la molécule active a pénétré dans la vésicule les deux principes ont changé de rôle, c'est-à-dire que la molécule cesse son rôle de principe actif et qu'au contraire la vésicule ou son contenu cesse son rôle de principe passif pour devenir seul actif ? Penser ainsi serait contraire à la logique, ou si par hasard quelques faits particuliers se présentaient dans ces conditions d'interversion, ce ne pourrait être que d'une manière anormale et le phénomène serait une monstruosité.

D'ailleurs, qui peut se vanter d'avoir compris comment, si le germe, principe actif, était formé par l'organe femelle, ce prétendu germe peut recevoir de l'action du fluide mâle ce mouvement vital sans lequel il reste constamment inerte ? C'est vainement qu'on invoque des mots pour exprimer ce fait : les verbes *exciter*, *stimuler* ne disent rien de réel dans les conditions où on les emploie pour signifier le mouvement en vertu duquel un germe devient un embryon. Faudrait-il supposer que l'organe mâle apporte au germe la nourriture qui est indispensable à son premier développement ? D'abord ce serait intervertir les rôles des deux organes, et sur ce point personne, que nous sachions, n'en a eu l'idée ; d'ailleurs tous les faits sont contraires à cette supposition, car on sait que l'œuf végétal ou animal contient les éléments de nutrition de l'embryon, et personne n'a cherché à contester cette vérité. Donc, dans l'hypothèse du germe formé dans l'organe femelle, puisque le germe est placé au milieu d'une nourriture appropriée et abondante, pourquoi ce germe ne se développe-t-il pas? Mais on vient dire alors que c'est l'organe mâle qui produit le principe *excitateur* ou *stimulant;* mais en quoi et comment un germe peut-il être excité ou stimulé? et, comme nous venons de le dire, que signifient dans ce sens ces expressions? Est-il besoin d'une communication de mouvement? si ce mouvement est un mouvement vital, ce qui est vraisemblable, pourquoi l'organe femelle, vigoureusement constitué, ne peut-il communiquer ce mouvement vital, tandis que ce serait cet être microscopique, plus que microscopique peut-être, qui viendrait lui imprimer ce mouvement? Évidemment, notre raison doit se refuser à une pareille interprétation. Nous ne pouvons admettre non plus que cette molécule mâle y détermine un mouvement plus ou moins analogue à ces mouvements imperceptibles de trépidation tels que pourraient en fournir soit la lumière, soit l'électricité, car on aurait beau employer ces agents pour déterminer la formation de l'embryon ou le réveil du prétendu germe de l'œuf végétal ou animal, rien n'y ferait. D'où vient donc que généralement on a dit que l'œuf contenait le germe? Nous avons beau chercher, il nous est impossible de découvrir une raison plausible à cette idée généralement acceptée.

Si nous cherchons, en effet, quel est, dans l'œuf, le point où doit se développer l'embryon, on voit que c'est dans la *cicatricule* ou la *vésicule de Purkinje;* mais faut-il admettre avec Purkinje et Baer qu'elle est le véritable germe femelle? ou bien est-ce que le germe est constitué par la *tache germinative* ainsi que le pense Wagner? S'il en était ainsi, il faudrait la retrouver dans les œufs de tous les animaux, et c'est ce qui n'est pas. Ce que l'on sait de mieux, c'est que la cicatricule est l'origine du *blastoderme* ou *vésicule blastodermique*, qui renferme le germe de tout ce qui doit provenir de l'œuf et être, en même temps, le point de départ de toutes les évolutions de l'embryon et de ses annexes. Or, le blastoderme est le même dans les œufs fécondés et dans ceux qui ne l'ont point été, et c'est de son développement que, d'un accord unanime, procède l'embryon (1), et comme on ne peut nier

____

(1) *Dict. des dict. de médecine,* supplément, 1re partie, p. 313, col. 2.

que la cicatricule ne soit en présence d'une suffisante quantité de matière nutritive, on devrait au moins trouver étonnant, si le blastoderme ou la cicatricule étaient ou contenaient le germe, que ce germe ne pût se développer.

En effet, quoi que l'on fasse, l'incubation ne montre en aucune façon l'existence d'un germe ; car Audouin a ouvert plus de 500 œufs non fécondés et couvés pendant un temps plus ou moins long, et dans tous, la cicatricule n'avait pas subi la moindre évolution (1). De son côté, M. Coste a reconnu que des femelles d'oiseaux et de mammifères qui vivaient séparées des mâles ayant été ouvertes 10 à 12 heures seulement après que leurs œufs tombés spontanément des ovaires étaient entrés dans le canal vecteur ; cet habile observateur, disons-nous, a constaté que déjà ces œufs, que la fécondation n'avait point influencés, présentaient des signes si évidents de décomposition, que la cicatricule et le vitellus en étaient sensiblement déformés (2).

Nous avons aussi placé dans les meilleures conditions d'éclosion au moins un millier d'œufs de truite non fécondés, et au bout de quelques jours ces œufs étaient devenus opaques, puis s'étaient recouverts d'une sorte de moisissure, signe évident que pas un n'était capable d'éclosion.

Si le germe est l'embryon rudimentaire (3), on voit, par ce qui vient d'être dit, qu'il ne saurait être formé par l'œuf. Quelques auteurs ont donné le nom de germe à l'œuf lui-même (4). Serait-ce là la raison qui a conduit à admettre que l'œuf formait le germe ? ou plutôt, ne serait-ce pas par une sorte d'habitude longuement contractée, provenant de ce que l'œuf fécondé contient l'embryon, que l'on a conservé l'idée que l'œuf devait former le germe ? Ou bien encore n'est-ce point l'axiome d'Harvey *omne vivum ex ovo* qui a contribué à perpétuer l'idée que le germe se formait dans l'œuf ? Quelle que soit la raison qui a produit cette habitude, elle n'en est pas moins établie, et l'on sait combien généralement la force de l'habitude est puissante, même sur les meil-

---

(1) *Dict. class. d'hist. nat.*, t. XII, p. 105, col. 2.
(2) *Acad. des sciences*, séance du 20 mai 1850.
(3) **Virey**, *Nouv. Dict. d'hist. nat.*, Déterville, 1803, t. XI, p. 411.
(4) *Dict. des Dict. de médecine*, etc., supplément, 1re partie, art. *Génération*, p. 305, 1re colonne.

leurs esprits ! Mais les faits nombreux, nets, précis, qui éclairent aujourd'hui la question ne nous permettent plus de croire à ce que hier encore on regardait comme une vérité, et nous ne pouvons admettre que l'œuf soit autre chose qu'un organe destiné à recevoir le germe, à le nourrir et le protéger jusqu'au moment où il sera apte à se nourrir lui-même et à lutter contre les circonstances extérieures souvent fâcheuses.

A la vérité, on pourrait être moins exclusif et soutenir que la fécondation est l'acte au moyen duquel l'*élément générateur mâle* s'unit et se mélange intimement à l'*élément générateur femelle*, et que de ce mélange résulte un tout duquel procédera le germe et par suite l'embryon, et c'est l'opinion qui paraît être le plus généralement admise aujourd'hui ; mais cette manière de voir ne nous semble pas avoir été suffisamment analysée et est évidemment en désaccord avec les faits consignés parmi ceux qui servent de base à la méthode expérimentale. C'est ce que nous chercherons à démontrer, surtout quand nous parlerons de *l'hybridité* (Voyez, plus loin, cet article).

A ces considérations philosophiques se rapportent quelques observations botaniques que nous trouvons consignées dans un mémoire du docteur Clos, auquel nous empruntons quelques-unes des conclusions.

« 1° La floraison est plus hâtive pour les pieds mâles que pour les pieds femelles. » Cela est nécessaire, car si le contraire avait lieu, l'organe femelle, trop avancé en âge, ne serait plus apte à recevoir le germe et probablement à *l'aspirer* pendant le vide produit dans le sac ou dans la vésicule embryonnaire, par le développement des parois de ces organes.

« 2° Soit dans les inflorescences androgynes, soit dans les inflorescences de sexe différent, les fleurs mâles sont en plus grand nombre que les fleurs femelles ; les fleurs mâles sont pédonculées et les femelles sessiles, ou bien les premières sont portées sur des pédoncules plus longs que les secondes ; aussi est-ce un caractère à peu près général de l'inflorescence mâle d'être plus lâche, plus étalée que l'inflorescence femelle. »

Le grand nombre de fleurs mâles semble indiquer leur très-grande importance dans l'acte de la fécondation, puisque la nature a voulu suppléer par la quantité aux chances aléatoires que lès granules polliniques ont de tomber sur le stigmate des fleurs femelles ; et si les pédoncules des fleurs mâles sont plus longs, n'est-ce pas pour offrir une plus grande flexibilité à ce support et permettre aux moindres vents de secouer efficacement les organes mâles et favoriser ainsi la sortie du pollen des loges de l'anthère ?

« 3° Lorsqu'une des fleurs unisexuées est dépourvue de périanthe, ou n'a pour enveloppe florale qu'un seul verticille d'organes, *la fleur mâle est toujours la mieux partagée*, comme si les fonctions si importantes dévolues aux fleurs femelles étaient, pour elles, une compensation suffisante. » Ces précautions sont nécessaires pour protéger les germes de toute influence fâcheuse de la part des agents extérieurs, et l'importance d'un organe est généralement en raison des précautions que la nature prend pour le préserver de tout accident.

4° Enfin, si « la présence du nectaire paraît plus intimement liée à l'existence des organes mâles qu'à celle des organes femelles(1), » n'est-ce pas une précaution de plus que la nature prend en ayant soin de placer auprès des germes une nourriture plus délicate, plus appropriée à leur jeune âge ?

Comme on le voit, ces observations ont leur importance au point de vue de la méthode philosophique que nous examinons ici.

B. *Méthode expérimentale.*

Pour traiter convenablement cette question, il nous paraît nécessaire de choisir nos exemples dans les deux règnes, car ce que l'un ne peut nous fournir de renseignements, l'autre, au contraire, peut les produire en abondance et dans un état de clarté qui ne laisse que peu de doute à l'esprit.

Nous prions donc nos lecteurs de ne voir dans cet article, qui peut ne ressembler qu'à une grande digression, autre chose qu'un moyen d'analyse propre à rechercher la vérité.

Nous avons dit, p. 404, que pour conserver les caractères de

---

(1) *Dissertation sur l'influence qu'exerce dans les plantes la différence des sexes sur le reste de l'organisation*, etc., par le docteur Clos (Mém. acad. scienc. de Toulouse, 1854).

l'individu père, il fallait prendre les individualités *sans mélange* sur l'individu qui les porte comme on le fait au moyen de la greffe, de la bouture ou de la marcotte. Ceci nécessite de notre part une explication. Nous ne prétendons pas dire que l'individu-mère ne fournisse rien à l'embryon, car au contraire, celle-ci lui préparant une nourriture complétement élaborée par elle, il est impossible que le jeune embryon ne participe pas *plus ou moins* des caractères de la mère; mais pour comprendre cela, nous sommes obligé d'invoquer une théorie dont nous recommandons l'examen pratique à tous les hommes exempts de préjugés et véritablement amis de la science, théorie qui jusqu'à ce jour ne nous a pas fait défaut. Remarquons bien ici, que nous ne voulons pas dire que l'on ne constatera pas quelques exceptions à la théorie que nous allons faire connaître, car dans la nature nous croyons que tous les phénomènes d'interversion sont admissibles, et encore, le plus souvent, sera-t-il possible de les interpréter dans un sens favorable à cette théorie.

Le germe de l'embryon est toujours fourni par le père ou par l'organe mâle. La nourriture de cet embryon est presque toujours préparée par la mère qui le reçoit, c'est-à-dire par l'organe femelle. Le germe est dans un état de vitalité plus ou moins grand; de même que la nourriture fournie par la mère est produite en quantité plus ou moins prononcée. De l'état de vitalité et de la quantité de nourriture absorbée par l'embryon résultera un être qui tiendra tantôt plus du père, tantôt plus de la mère. Voilà les deux grandes distinctions extrêmes à faire, entre lesquelles il y aura des intermédiaires très-nombreux qui sont la cause des erreurs possibles. Pour simplifier le discours, appelons A l'être actif ou le germe, et P l'être passif ou l'ovule.

Ce point établi, on admettra sans doute que A, composé du nombre de cellules capable de se multiplier sous l'influence de la nutrition, pourra représenter un ensemble de cellules et, plus tard, d'organes capables de constituer entièrement l'embryon. Mais il pourra arriver aussi dans beaucoup de cas, que cet être chétif A, aura besoin, pour être complété, du concours des cellules P, et ceci nous paraît incontestable, puisque l'élément P concourt essentiellement à la nutrition du nouvel être. En conséquence, de la prépondérance de A sur P, ou de P sur A, il doit résulter des différences dans les produits et ces différences seront précisément la cause des ressemblances. Si l'élément A domine, le produit devra se rapprocher plus du père, tandis que si l'élément P devient propondérant, le produit tiendra plus de la mère. Examinons les faits dans leur application en prenant les 2 extrêmes de la production; savoir, le cas où le produit ressemble au père et le cas où il ressemble à la mère. L'espèce humaine va nous en donner une preuve non équivoque.

D'une manière générale et toujours en nous tenant dans les deux extrêmes sus-mentionnés, on sait que les enfants mâles ressemblent plus à la mère qu'au père et que les enfants femelles ressemblent plus au père. C'est un fait incontestable. Or, nous disons qu'il est dès lors facile, d'après ce principe, *de prédire presque exactement quel sera le sexe de l'enfant que la mère porte.* En effet, pour cela, il suffit de s'assurer de l'état d'appétit de la mère pendant la grossesse, mais surtout pendant le temps où le sexe se prépare et se prononce dans le fœtus. L'observation prouve que c'est pendant le troisième mois que la préparation du sexe se fait et dans le quatrième mois qu'il se prononce (1). Comme le produit mâle dans l'espèce humaine est relativement plus développé et l'on pourrait dire dans un état de vitalité plus grand que le produit femelle, la mère doit fournir relativement plus d'éléments nutritifs dans le premier cas que dans le second; par conséquent, les éléments fournis par la mère prédominent les éléments fournis par le père, et comme ces éléments de la mère sont essentiellement nutritifs, on voit qu'ils doivent particulièrement fournir les appareils de la nutrition, c'est-à-dire l'appareil digestif et le système circulatoire selon l'opinion de Rolando, Prévost et Dumas. Par conséquent, puisque la mère fournit relativement plus que le père dans les conditions de masculinité, il devra se former un produit ressemblant plus à la mère qu'au père. Au contraire, si pendant la grossesse la mère n'a pas son appétit habituel, si surtout l'assimilation est faible, particulièrement pendant le troisième et le quatrième mois, le produit femelle, dans l'espèce humaine, étant relativement moins développé et dans un état de vitalité moins grand, la mère doit fournir

____

(1) *Dict. des dict. de médecine,* art. *Fœtus,* t. IV, p. 208.

relativement moins d'éléments nutritifs; par conséquent les éléments paternels prédominent et le produit femelle doit ressembler davantage au père. Or, tous ces faits sont parfaitement exacts, surtout au point de vue du rapport de la nourriture et de la sexualité, et nous le répétons, nous invitons toutes les personnes qui veulent suivre avec soin ces phénomènes à faire l'application de cette théorie et elles verront que presque toujours elles prédiront à coup sûr le sexe de l'enfant à venir.

Toutefois, il est des circonstances où l'élément mâle est toujours prédominant et où par conséquent la femelle, tout en fournissant les éléments de nutrition, n'influe que peu ou point sur la ressemblance. Citons plusieurs exemples qui sont à l'appui de ce que nous venons d'avancer.

1° Cuvier a rapporté qu'un zèbre femelle couvert par un âne de forte taille, tout noir, a mis bas une mule femelle, zèbrée d'abord comme la mère, mais qui peu à peu avait pris *la plupart des caractères de forme et de couleur du père*. Ainsi, tant que le jeune animal a été sous l'influence plus ou moins prolongée des éléments nutritifs de la mère, il en a conservé quelques-uns des caractères extérieurs; mais sous l'influence de sa nutrition propre, les caractères paternels sont devenus prédominants et la plupart des caractères de forme et de couleur propres au père ont remplacé ceux de la mère. Le père semble donc avoir essentiellement fourni le germe de l'embryon.

2° L'observation suivante, due à Isid. Geoffroy Saint-Hilaire, va nous en fournir une preuve nouvelle. Une chienne du mont Saint-Bernard est couverte par un chien de Terre-Neuve, à peu près de sa taille, puis par un chien de chasse plus petit. Le produit a été onze petits. Cinq de ces produits étaient le double plus grands que les autres et étaient semblables au Terre-Neuve, quoique tous mâles; tandis que les six autres, quoique femelles, étaient pareils au chien de chasse. Comme on le voit ici, il serait difficile de trouver dans les produits l'influence génésique de la femelle, autre que celle qui a fourni à l'embryon la nourriture propre au développement du germe. Par conséquent le germe a dû être uniquement formé et fourni par le père.

3° Le croisement des chiens en général donne lieu à des observations analogues. Un chien Boule-Dogue que l'on unit à une chienne Terrier, donne des produits qui ont la forme du père ; tandis qu'au contraire, si l'on allie un chien Terrier avec une chienne Boule-Dogue, les produits prennent la forme du Terrier. Le docteur Lhéritier dit avoir vu le produit d'un croisement entre un chien Terrier et une chienne Lévrier. Tous les chiens présentaient d'une façon remarquable la forme du père (1). Enfin, on sait qu'une petite chienne qui a été couverte par un chien de forte taille périt souvent pendant la parturition, parce que le produit est en rapport de taille avec le père.

4° Le croisement des Chats nous a présenté des phénomènes très-analogues. Une Chatte Angora, à pattes courtes et à museau court, unie à un Chat ordinaire à pattes et à museau longs, a donné trois petits ayant tous les pattes et le museau allongés du père. De ces trois Chats, l'un tenait autant du père que de la mère pour la robe, et était femelle ; le second, femelle aussi, avait plutôt le pelage du père, tandis que le troisième, qui était mâle, avait la robe de la mère et était Angora.

5° Si l'on croise un Bélier sans cornes avec une Brebis pourvue de cornes on obtient des agneaux qui tous sont privés de cornes. Si l'on fait le contraire, tous les agneaux sont pourvus de cornes. Il a donc fallu que le mâle transmit le squelette qui nous paraît être essentiellement le résultat du développement du germe. Cette observation a permis aux éleveurs des comtés de Dorset, de Wilt et de Norfolk, qui possèdent un grand nombre de Moutons à cornes, d'obtenir des individus sans cornes, en unissant des brebis avec le bélier Ryeland sans cornes. Dans le Devonshire on obtient à volonté des individus sans cornes en alliant le Taureau sans cornes de Galloway avec la Vache cornée, et réciproquement, on obtient des produits cornés en croisant un Taureau corné avec la Vache sans cornes de Galloway.

6° On sait que chez le Cheval c'est l'étalon qui paraît généralement fournir la forme, et c'est ce qui résulte des observations faites par M. Knight sur des métis qu'il a élevés. D'ailleurs tout le monde connaît l'habitude où l'on est de choisir, au lieu de la femelle, le parent mâle dont, dans le produit, on recherche la forme et les autres qualités.

(1) *Des lois de la ressemblance dans leur application au perfectionnement des races*, Paris, broch. in-8°, p. 10.

7° Chez les Oiseaux on obtient encore des résultats sensiblement identiques à ceux que nous venons de faire connaître. Un
Chardonneret et une Serine de Canarie donnent un mulet qui
a toute la forme du squelette du mâle. Ainsi ce mulet a le bec
du Chardonneret; son cou est plus fin et ses jambes sont plus
longues que chez la Serine. Un Bouvreuil et une Serine ont
donné quatre petits qui ne purent vivre. La largeur de leur bec
et la couleur noirâtre de leur duvet démontraient qu'ils ressem-
blaient beaucoup plus à leur père qu'à leur mère. Selon Lhéritier, dans le produit du croisement entre le Canard musqué et le
Canard domestique les caractères du père sont toujours plus
saillants que ceux de la femelle; et Vieillot, auquel on doit un
article complet sur les Serins, dit positivement que si l'on pouvait accoupler le Serin mâle avec une femelle *Chardonneret*,
Linotte ou autre, on aurait des mulets plus beaux, qui chante-
raient mieux, parce que le mâle *race* plus que la femelle (1).

8° Il y a déjà longtemps qu'en Angleterre on élève, dans des
cages tenues sous l'eau, des mulets produits par la Truite et le
Saumon. Les expériences qu'a faites M. Antoni Carlisle prouvent
que les produits résultant de la fécondation des œufs de Saumon
par la Truite mâle ont la forme et le volume du père.

On pourrait sans doute multiplier beaucoup ces exemples,
mais ces détails seraient évidemment complétement étrangers à
notre livre, et il est malheureux que la nature végétale ne nous
offre pas toujours des exemples de phénomènes aussi précis et
conséquemment aussi concluants.

Examinons quelques-uns des faits contradictoires qui ont été
observés, et nous verrons que ces observations sont loin de fournir
des documents capables d'éclairer la question aussi bien que
ceux que nous venons de fournir pour les animaux; et soit que
les expériences n'aient pas été faites avec tous les soins désira-
bles, soit que la nature végétale se prête moins bien à ce genre
de recherches, ou peut-être qu'il se forme des phénomènes secondaires qui masquent le résultat cherché; soit enfin que ces expériences n'aient pas toujours été faites en vue de la génèse de
l'embryon; toujours est-il que ce que l'on sait à ce sujet n'est

(1) *Nouv. Dict. d'hist. nat. appliq. aux arts*, 1803, t. **XX**, p. 390.

pas toujours d'accord avec les observations faites sur les animaux.

En effet, selon MM. Gærtner, Knight et Wiegman (1) plusieurs des hybrides qu'ils ont observés paraissent tendre à revenir au type maternel et jamais au type paternel. Cependant M. Wiegman admet que dans certains genres (*Nicotiana, Avena*), on peut, par des séries successives de fécondation, ramener les hybrides, soit au type paternel, soit au type maternel ; mais ici, rien n'est suffisamment précis pour qu'il soit permis de tirer une conclusion générale favorable à une théorie embryogénique.

M. Naudin, à qui l'on doit une étude approfondie de la question des hybrides, nous a fait connaître des expériences qui ne sont pas plus concluantes, peut-être parce qu'ayant une opinion arrêtée sur la théorie épigénésique, son attention ne s'est pas suffisamment arrêtée sur des observations qui eussent pu faire pencher la balance en faveur de la doctrine opposée. Pour M. Naudin, l'hybride participe toujours des caractères du père et de la mère ; mais il a établi comme un fait certain que dans les hybrides fertiles, les caractères mixtes disparaissent plus ou moins rapidement ; et sous ce rapport, il paraît y avoir de grandes inégalités d'hybride à hybride. Ainsi, par exemple, les caractères mixtes feraient défaut dès la première génération dans le produit du *Datura stramonium* fécondée par le *Datura Ceratocaula*. Le plus ordinairement la disparition de ces caractères commence à la seconde génération et est quelquefois totale, comme l'a observé M. Naudin dans l'hybride des *Datura Stramonium* et *Tatula*, qui retourne à cette dernière espèce. Mais plus souvent, quand l'hybride conserve une grande fertilité, il ne revient aux types de ses ascendants que partiellement, peu à peu et à travers mille irrégularités, comme on peut l'observer sur les hybrides des *Petunia violacea* et *nyctaginiflora*, et des *Linaria vulgaris* et *purpurea*. On observe alors que sur un certain nombre d'hybrides de même génération, quelques-uns sont retournés aux types spécifiques du père ou de la mère, quand les autres ne font que s'en rapprocher plus ou moins.

____

(1) *Sur la production des hybrides*, Mémoire allemand couronné par l'Académie de Berlin, 1828.

Ainsi, comme on le voit, rien de net et de tranché dans ces observations, cependant très-importantes, de M. Naudin, qui conduisent naturellement à la théorie de l'épigénèse, mais qui n'on plus aucun rapport avec les observations au contraire si nettes que nous avons rapportées plus haut.

Néanmoins, il est une série d'observations ou d'expériences faites par d'autres auteurs et par nous-même, et qui présentent un cachet de certitude que n'offrent pas les résultats obtenus par les auteurs précités.

Les expériences tentées par MM. Wilmorin (Louis) et Grœnland ont, en effet, un caractère de netteté qui n'est pas à négliger dans la discussion. Ces botanistes, en fécondant l'*Ægilops ventricosa* par le pollen d'une variété barbue du *Triticum sativum*, ont obtenu un hybride dont l'épi s'éloigne de la mère et, au contraire, se rapproche du père (1). Un grand nombre de fécondations opérées sur l'*Ægilops ovata* par le pollen de différentes espèces ou variétés de *Triticum* ont produit des hybrides qui se rapprochaient beaucoup du père par le port (2). Enfin, dans une troisième publication, M. Grœnland annonce qu'en fécondant les *Ægilops ovata* et *ventricosa* par plusieurs espèces de *Triticum* il a vu que les hybrides finissaient par s'éteindre et presque toujours en retournant au père, rarement en conservant leur forme hybride (*Bull. soc. bot. France.* t. VIII, 1861, p. 613).

D'un autre côté, en rappelant les expériences de M. Grœnland, M. Decaisne a confirmé ce fait que les hybridations entre l'*Ægylops ovata* et plusieurs variétés de blé ont donné lieu à une première génération de plantes plus ou moins fertiles, intermédiaires d'aspect aux Froments et aux *Ægylops*, mais dont les graines semées à l'automne de 1856 ont produit, dès 1857, des plantes d'un tout autre caractère que leurs mères et qui ne semblent pas devoir différer des Froments (*Bull. soc. bot. France*, t. VI, p. 220) ; ce qui concorde parfaitement avec nos expériences, bien antérieures, sur les *Phaseolus*, et dans lesquelles nous avons vu les produits retourner immédiatement aux caractères paternels (*Bull. soc. bot. France*, t. II, 1855, p. 748). Comme on le voit, ces ex-

---

(1) *Bull. soc. bot. France*, t. III, p. 696 (1856).
(2) *Ibid.*, t. V, p. 364 (1858).

périences donnent des résultats conformes à ceux obtenus avec les animaux.

De son côté, M. Regel, en fécondant artificiellement l'*Ægilops ovata* par le *Tritium vulgare*, a obtenu un hybride (*Ægilops triticoides*) dont l'épi ressemble beaucoup plus à celui du Froment qu'à celui de l'*Ægilops*. Comme dans tous les cas que j'ai observés jusqu'à ce jour, dit-il, dans lesquels un hybride s'est produit entre deux genres, ici l'hybride ressemble complétement au père pour les caractères qui distinguent le genre. Dès lors les graines de l'*Ægilops ovata*, obtenues par une fécondation croisée avec le froment, ont produit un vrai *Triticum* (1).

Selon M. Gay, le *Rosa Hardii* serait un hybride du *Rosa clinophylla* spontanément et accidentellement fécondée par le *Rosa berberifolia*. Cet hybride tiendrait de sa mère par sa racine non traçante, sa taille, ses tiges dressées, non ascendantes, ou couchées et ses feuilles pennatiséquées. Le reste, c'est-à-dire la surface glabre, les aiguillons comme ternés, les petites folioles et les pétales jaunes tachés de brun à la base, proviendrait du père (2).

Un autre genre d'expérience a été fourni par M. Ed. Regel ; cet observateur a cherché à reconnaître s'il y a des hybrides fertiles à la fois par le pollen et par le pistil. Ayant fécondé l'un par l'autre les *Platycentrum xanthinum* et *rubrovenium* Kl. (*Begonia xanthina* et *rubrovenia*), il a obtenu l'hybride connu sous le nom de *Begonia xanthina marmorea*, lequel est fertile à la fois par le pollen et par le pistil ; mais en fécondant l'hybride par le *Begonia xanthina*, les plantes obtenues par suite de cette fécondation étaient pour la plupart retournées au père ; quelques-unes seulement sont restées intermédiaires entre celui-ci et l'hybride, d'où il conclut que l'influence de l'hybride a été souvent à peu près nulle (3). Ajoutons que M. Naudin a aussi reconnu qu'un hybride de *Petunia violacea* et de *Petunia nyctaginiflora* pouvait produire des graines fertiles par la fécondation de l'une

<hr>

(1) *Bull. soc. bot. France*, t. **IV**, p. 529 (1857).
(2) *Ibid.*, p. 676.
(3) *Bericht über den Versuch der Befruchtung von Platycentrum rubrovenium und Xanthinum mit einander.* (*Gartenflora*, janvier et février 1858, p. 26-29.) — *Bull. soc. bot. France*, t. **V**, p. 654.

de ces deux espèces, mais qu'il ne paraît pas pouvoir se féconder lui-même (1).

Déjà en 1849 et 1850, en cherchant à produire des variétés de Balsamines, de Reines-Marguerites et de *Dahlia*, nous avions cru observer que quelques variétés obtenues retournaient à un type qu'avec les idées admises plus généralement nous croyions être la mère ; tandis qu'avec les observations de Wiegman ce pouvait tout aussi bien être le père. Dans le but d'éclairer la question, nous avons planté dans un même massif des Dahlias à fleurs blanches et à fleurs rouges, et les graines récoltées et semées à part, en mars 1851, n'ont donné de fleurs qu'en 1852. Or, parmi les plants obtenus de semences récoltées sur les *Dahlias* à fleurs blanches quelques-uns donnèrent des fleurs plutôt rouges que blanches et réciproquement, les plants provenant des graines récoltées sur les pieds à fleurs rouges donnèrent des fleurs plus spécialement blanches. Quelque chose de semblable se reproduisit sur les variétés blanche et violette des Balsamines et des Reines-Marguerites, mais le peu de netteté des résultats obtenus, probablement à cause de la difficulté d'avoir des graines *franches*, nous obligea à chercher deux variétés dont les semences étaient plus faciles à affranchir et nous les avons trouvées dans le *Phaseolus coccineus* Lin. ou *multiflorus* Willd, dont les deux variétés blanche et écarlate, cultivées à part pendant plusieurs années, ont toujours montré une fidélité remarquable de couleurs dans les fleurs et les semences. Nous sommes donc autorisé à penser que le caractère de coloration de la corolle et de la graine offre une assez grande fixité pour que nous puissions accorder quelque confiance aux résultats que nous avons obtenus.

Or, en semant ensemble et par portions égales, dans une même plate-bande, ou dans un même trou, ou bien encore séparément dans deux plates-bandes voisines, des semences de la variété écarlate et de la variété blanche, de manière à permettre des fécondations réciproques dont nous avons fait connaître le curieux mécanisme autre part (2), nous avons obtenu des résultats inattendus.

(1) *Bull. soc. bot. France*, t. V, p. 151 (1859).
(2) *Faits pour servir à l'histoire générale de la fécondation*, etc., broch. in-8°, 1859, p. 14. — Voyez aussi *Bull. soc. bot. France*, t. II, p. 748, 760, et t. III, p. 409.

En effet, en récoltant toutes les semences et mettant à part les blanches et les violettes, nous avons pu les semer l'année suivante chacune séparément, et dès cette même année nous avons pu constater que parmi les semis de graines blanches nous avions un grand nombre de pieds à fleurs écarlates et à semences violettes, tandis que parmi les semis de graines violettes nous obtenions des pieds à fleurs blanches et à semences blanches, et cela sans mélange de couleurs dans les fleurs. Chaque année, depuis lors, nous avons répété ces expériences en les variant de plusieurs façons, et nous avons toujours obtenu les mêmes résultats, qui ne laissent aujourd'hui aucun doute dans notre esprit. Il y a mieux, c'est qu'en examinant la plante aussitôt après sa germination, on peut distinguer aisément les pieds qui donneront des fleurs et des semences blanches de ceux qui donneront des fleurs écarlates et des semences violettes. En effet, les Haricots violets germent en donnant des cotylédons, une tige et des feuilles d'une couleur plus brune que les Haricots blancs. Si donc on plante à part les pieds bruns et très-séparément les pieds d'un vert pâle, on peut être assuré, d'abord, de n'avoir que des fleurs écarlates et des semences violettes avec les premiers, et seulement des fleurs et des semences blanches avec les seconds; et en second lieu, si l'on sème séparément les semences blanches et les semences violettes de cette récolte, on a la certitude de n'avoir plus aucun mélange parmi les produits de la germination ; *la semence est redevenue franche* et l'on peut faire avec elle tous les essais que nous venons de rapporter et acquérir ainsi la certitude que les faits se passent bien comme nous venons de le dire. Quelles conséquences devons-nous tirer de ces expériences? Les voici :

Si des graines de Haricots blancs récoltées à côté d'une planche de Haricots écarlates donnent des individus ne portant que des fleurs écarlates et des graines violettes, il est clair que ce ne peut être que le pollen du Haricot écarlate qui, en fécondant le Haricot blanc, a fourni le germe devant plus tard donner une plante à fleurs écarlates et à graines violettes. Réciproquement, si des semences de Haricots violets récoltées à côté d'une planche de Haricots blancs produisent des individus à fleurs et à semences blanches, il est évident que ce ne peut être que le pollen du Haricot blanc qui, en fécondant la plante à fleurs écarlates, a fourni le germe devant plus tard donner une plante à fleurs et à semences blanches.

Remarquons en même temps, que le *testa* qui est fourni par la mère a tous les caractères de coloration qui est propre à sa nature et qu'il n'y a que l'embryon qui révèle les caractères du père, puisque des semences blanches donnent par le croisement des fleurs écarlates et des semences violettes, et que des semences violettes, dans les mêmes conditions, donnent des fleurs et des semences blanches, et que d'ailleurs la coloration générale de la plante est en rapport avec les fleurs et les semences à venir. Il en résulte que ce n'est point au type maternel que retourne le produit, mais bien au type paternel, et en cela nos expériences sont tout à fait d'accord avec les résultats obtenus sur les animaux que nous avons cités.

Mais si dans les animaux ou dans les expériences précitées on a pu quelquefois retrouver dans le produit des caractères appartenant à la mère, c'est parce que l'on a pris, au lieu de variétés, des espèces plus ou moins éloignées et dont l'organe femelle n produisant pas la nourriture absolument semblable à celle qu'exigeait le germe, celui-ci se développait mal, et dans ce cas, des molécules organiques fournies par l'organe femelle étaient obligées, pour parfaire l'embryon, de se substituer à celles du germe qui ne se développaient pas (voyez plus loin cette idée mieux développée à l'article *hybridité*). En cherchant au contraire des variétés voisines ayant des caractères suffisamment tranchés, quoique présentant une organisation générale aussi semblable que possible, nous remplissions plusieurs buts. D'abord le germe devait trouver dans l'organe femelle une nourriture mieux appropriée à sa nature, et conséquemment, il devait mieux se développer sans altération de son caractère essentiel ; ensuite on pouvait obtenir des produits plus certainement fertiles ; enfin on devait non-seulement perdre moins de temps pour arriver à une conclusion, en ce que le retour à l'un des ascendants paraissait devoir se faire moins attendre, mais encore le résultat obtenu nous semblait devoir être beaucoup plus net et la conclusion à tirer plus facile.

Il y a déjà longtemps que M. Herbert avait annoncé comme étant une règle générale pour les Amaryllidées hybrides, que les plantes provenant de fécondations croisées ressemblent à leur mère par le feuillage, la tige ou autres organes de la végétation, et à leur père par la fleur et les organes de la reproduction ; et De Candolle fait observer que cette règle s'observe assez bien, par exemple, dans le *Centaurea hybrida* d'Allioni, dans l'hybride du *Galium mollugo* fécondé par le *G. verum*. Il en est de même de l'*Amaryllis carnarvonia* D. C. provenant de l'*Amaryllis vittata* fécondé par l'*A. reginæ*. D'un autre côté M. Fries-Morel assure que les hybrides des *Dianthus* ressemblent à leur mère par la forme, et à leur père par la couleur.

Cependant M. Sageret, à qui l'on doit des considérations importantes sur la production des hybrides (1), fait observer que les hybrides sont souvent moins remarquables par un état intermédiaire aux deux parents que parce qu'ils ont certains de leurs organes rappelant plus ou moins ceux du père et d'autres rappelant ceux de la mère. Par exemple, un hybride de Chou et de Raifort portait à la fois des siliques de Chou et des siliques de Raifort. De deux hybrides produits par le *Cucumis chate* fécondé par le Melon Cantaloup brodé, la première avait les graines blanches, la peau lisse et sans côte comme sa mère, la saveur du péricarpe douce comme son père, et seulement la couleur de la chair intermédiaire entre le jaune et le blanc ; la deuxième avait les graines blanches et la saveur du péricarpe acide comme sa mère, la chair jaune, la peau du fruit brodée et les côtes prononcées comme son père.

On sait aussi que M. Knight, en fécondant un Amandier avec du pollen de Pêcher, a obtenu un arbre qui a porté des fruits charnus, mais dont les uns s'ouvraient au sommet comme le brou d'amande, tandis que les autres restaient clos comme la pêche (2).

Les résultats obtenus par M. Lecoq sont encore plus contraires à ceux que nous avons observés chez les animaux ; car non-seulement ce savant a obtenu, en opérant sur les *Mirabilis*, des hybrides entre espèces, exactement intermédiaires aux deux parents et par l'infrondescence et par la fleur ; mais encore il a observé

(1) *Ann. sc. nat.*, t. VIII, p. 294 (1826).
(2) *Considérations sur la production des hybrides*, etc. (*Ann. sc. nat.*, 1re série, t. VIII, p. 294.

ce singulier résultat que les hybrides d'hybrides varient infiniment et s'éloignent quelquefois beaucoup de leurs types. C'est ainsi qu'il a obtenu des *Mirabilis* à fleurs étoilées et d'autres à fleurs de Liseron, des *Mirabilis* à fleurs étroites ou à fleurs fasciculées qui s'éloignaient beaucoup de leurs ascendants. Enfin, il a pu s'assurer que ces plantes ne sont pas stériles, puisqu'il en a obtenu des graines fertiles et que, en croisant ces hybrides avec leurs propres parents, on obtient des individus d'une grande fertilité.

Cependant, à côté de ces faits, il y en a un qui mérite de fixer notre attention à cause du résultat qui se rapproche de ceux que nous considérons comme les plus concluants. M. Lecoq, en fécondant le *Mirabilis Jalapa* par le *M. longiflora,* a pu obtenir un hybride qui a l'odeur du *Mirabilis longiflora* et dont l'aspect général rappelle beaucoup plus le père que la mère (1). Il est regrettable que l'opération inverse, tentée d'abord par Kœlreuter, puis par M. Lecoq, n'ait pas pu réussir, parce qu'elle eût peut-être servi de contrôle à la première et apporté un peu de lumière dans ce point encore très-obscur de physiologie végétale. En effet, s'il était possible d'obtenir un hybride intermédiaire aux deux parents en fécondant le *Mirabilis longiflora* par le *M. Jalapa,* on pourrait voir en quoi consistent les différences des deux hybrides intermédiaires obtenus; mais on sait que pendant huit années de suite Kœlreuter a essayé de féconder le *M. Longiflora* par le *M. Jalapa* sans aucun résultat.

En 1826, M. Adam, de Vitry, a obtenu un hybride, sans contredit le plus intéressant à connaître, par la fécondation croisée du *Cytisus Laburnum* et du *C. purpureus.* Ce singulier végétal, qui a reçu le nom de celui qui l'a découvert, porte à la fois des grappes de fleurs rose-chamois, des grappes de fleurs jaunes et des grappes de fleurs rouge violacé. En un mot, le *Cytisus Adami* présente quelquefois sur le même rameau des fleurs propres à

---

(1) *Bull. soc. bot. France,* t. IX, p. 225 (1862). Il est probable que M. Lecoq n'avait pas connaissance des hybrides de ces deux espèces, que Lepelletier de Saint-Fargeau a décrites dans les *Annales du Museum,* t. VIII, p. 480, sans avoir lui-même connaissance des expériences de M. S. Ch. E..., de la Société des Amis scrutateurs de la nature de Berlin, sur la fécondation du *Mirabili jalapa* par le *M. longiflora.* (*Journal de Physique,* t. XIV, p. 343.)

l'hybride et des fleurs propres au *C. Laburnum* et au *Cytisus purpureus.*

Tous ces faits, quoique en apparence contraditoires, peuvent cependant, dans notre théorie phytogénique, recevoir une explication convenable, ainsi que nous chercherons à le démontrer. Mais si complexes que soient les faits observés, il en est un qui ne peut manquer de nous frapper, c'est que, comme chez les animaux, toutes les fois que l'on a pu, d'une manière nette et précise, constater le retour vers l'un des ascendants, on a vu que c'était plutôt vers le type paternel que vers le type maternel que ce retour avait lieu. D'un autre côté, les observations de MM. Herbert, De Candolle, J. Gay, Regel, Grœnland, Vilmorin, et les nôtres, conduisent à une idée très-analogue à celle de Rolando, Prévost et Dumas, relativement à la part que prend la mère dans la formation de l'Embryon; car si d'après ces derniers auteurs la mère fournit les appareils de la nutrition chez les animaux, ce qui nous paraît très-probable (p. 412), nous voyons aussi la mère, chez les végétaux, produire les organes analogues, qui sont les racines, les tiges et les feuilles, c'est-à-dire l'infrondescence, tandis que l'inflorescence semblerait être plutôt une provenance du père. Sous ce rapport, l'identité des résultats est si parfaite que les déductions que l'on tire des observations faites sur un des règnes viennent contrôler et confirmer celles que l'on a tirées des observations faites sur l'autre règne.

C. *Méthode logique.*

Dans les êtres organisés, animaux ou végétaux, la localisation des fonctions ou la division du travail physiologique est en raison de la complication de leur structure et la preuve d'une position relative plus élevée dans l'échelle de la création.

Chez les êtres les plus simples, végétaux (*Protococcus*) ou animaux (*Monade*), tout se borne à une simple cellule vivante qui se nourrit, respire, se meut sans qu'on y rencontre aucun autre organe qu'une simple membrane par laquelle s'accomplit l'absorption des matières qui doivent les nourrir ou de l'air qui doit les faire respirer. Le travail physiologique ne reconnaît aucune division, et c'est sous ce rapport que ces êtres ont été regardés comme *inférieurs* ou moins parfaits.

Dans toutes les grandes fonctions de la *vie végétale*, qui appartient aussi bien aux animaux qu'aux végétaux, on peut établir une échelle de comparaison qui démontre que ces fonctions sont de plus en plus complexes; ou exigent des appareils de plus en plus distincts et de plus en plus compliqués, à mesure que les êtres s'élèvent dans l'échelle, et cela pourtant sans que ces distinctions ou ces complications marchent toutes parallèlement dans un même individu; car il en est qui sont plus complets sous le rapport de certaines fonctions que d'autres qui, à leur tour, le sont plus sous le rapport d'autres fonctions. S'il nous était possible de tracer ici le parallèle des fonctions de la nutrition, de la respiration ou de la circulation dans les animaux, on verrait que chacune de ces grandes fonctions de la vie animale va se compliquant de plus en plus à mesure que, partant des êtres les plus inférieurs, nous marchons vers les animaux les plus élevés dans l'ordre de la création. Mais ce qu'il y a de remarquable dans cette complication de structure, c'est que très-souvent ce perfectionnement ne s'obtient uniquement que par une simple modification des parties déjà créées. Or, ce qui se passe dans les fonctions dont nous venons de parler, se reproduit avec la même progression dans les fonctions de la reproduction; et comme nous devons examiner avec quelques détails ce travail physiologique, la marche que l'on verra prendre à la nature pour arriver au but désiré, donnera une idée générale de la manière dont elle s'y prend pour passer du simple au composé.

La plus complète des divisions du travail organique ou de la localisation des fonctions de la reproduction est évidemment la création individuelle de deux sexes séparés, puisque les deux sexes sont indispensables au phénomène de la fécondation, et sous ce rapport il est incontestable que les végétaux, comme les animaux, se montrent souvent individuellement d'un seul sexe. On a donné le nom de *dioïques* aux êtres ainsi conformés; mais tandis que les animaux sont essentiellement dioïques, au contraire, les végétaux ne le sont plutôt que par exception.

Bien souvent aussi les animaux, comme les végétaux, réunissent sur un seul individu les deux sexes ou organes qui serviront à la reproduction; les sexes sont encore séparés, mais il y a néanmoins création spéciale d'un organisme mâle et d'un organisme femelle; on les nomme *monoïques*. Chez les animaux, il y a certains individus qui, bien que portant les deux sexes, ne sont cependant pas aptes à se féconder eux-mêmes, et la fécondation ne saurait se faire sans un accouplement avec un autre individu; tels sont les Hirudinées, les Escargots, les Lombrics, etc. On a donné le nom d'*androgynes* aux individus de cette catégorie; ils sont le trait d'union entre les dioïques et les *hermaphrodites*.

Il semblerait que chez beaucoup de végétaux l'on doive admettre aussi une sorte d'*androgynisme*, car De Candolle a fait depuis longtemps remarquer que dans plusieurs Synanthérées, Campanulacées et Dipsacées, et dans toutes celles que Ch. Conr. Sprengel place dans sa *dichogamie* (classe où les deux sexes ne se développent pas en même temps), l'ovaire d'une fleur devait nécessairement être fécondé par le pollen d'autres fleurs (1). M. Lecoq a aussi cherché à prouver qu'il en devait être ainsi, par exemple dans le Seigle ou le *Phleum;* il a reconnu que les étamines des fleurs inférieures de l'épi restent pendantes, de façon que la fécondation est très-difficile; mais les étamines, pendantes aussi, des fleurs immédiatement placées au-dessus, sont dans des conditions propres à féconder l'ovaire des fleurs inférieures (2). M. Eug. Fournier a fait une observation analogue sur l'épi du *Veronica spicata* (3). Selon M. Weddel, les inflorescences du *Cynomorium coccineum* offrent quelque chose d'analogue, puisque, selon cet observateur, les anthères d'une inflorescence ne seraient mûres que lorsque le pistil des fleurs femelles est depuis longtemps flétri et que l'embryon est déjà en pleine voie de développement (4). Or, si l'on considère que chaque fleur peut être regardée comme une individualité, on saisira l'analogie qu'il y a entre la fécondation des animaux androgynes et celle que nous venons de présenter chez les végétaux.

Les animaux hermaphrodites ont des sexes séparés bien conformés, portés sur un même individu, et peuvent se féconder eux-mêmes, comme on le voit chez les Mollusques bivalves (Patelles, Oscabrions, Actinies, Ascidies agrégées, etc.), qui, fixés pour tou-

(1) *Physiol. vég.*, p. 552.
(2) *De la fécondation natur. et artific. végét.*, etc., 2ᵉ édit., Paris, 1862.
(3) *De la fécondation dans les Phanérogames*, Paris, 1863.
(4) *Mém. sur le* Cynomorium coccineum. (*Archiv. du Museum*, t. X.)

jours à des corps solides, ne sauraient se rechercher l'un l'autre ; ou même chez des espèces mobiles (Oursins, Astéries, Holothuries, Salpas, Biphores, etc.). Mais tandis que chez les animaux hermaphrodites il existe deux appareils souvent distincts et plus ou moins séparés, dans les végétaux le plus souvent ces deux organismes sont renfermés dans les mêmes enveloppes, et quelquefois même ils ne font ensemble qu'un seul et même corps, comme dans les fleurs *gynandres*. On observe quelque chose d'analogue chez les Echinodermes, car dans leurs ovaires, qui sont faciles à reconnaître par la masse d'œufs qui les constitue, Tiedemann y décrit des vaisseaux spermatiques adhérents aux ovaires et que Cuvier et de Blainville ont admis aussi. Selon Delle Chiaje, dans les Actinies il existe aussi une sorte de vaisseau spermatique intimement uni avec l'oviducte. Il y a donc là aussi une sorte de *gynandrie*.

En poursuivant ce parallèle entre les animaux et les végétaux, on observe que, de même que dans les espèces inférieures de ces derniers on ne trouve plus qu'un seul organisme propre à la reproduction, de même chez quelques animaux inférieurs un seul organisme semble suffire à cette importante fonction, et comme chez les végétaux ces êtres portent le nom d'*Agames*, il est rationnel de donner la même dénomination aux animaux qui leur correspondent. Arrêtons-nous un moment sur ces animaux agames et cherchons à voir ce qu'a de vrai cette manière de penser.

Chez les animaux de cette catégorie, il a été jusqu'alors impossible de reconnaître les deux sexes, et l'animal paraît se produire par voie de *gemmation*, à la manière des végétaux ; c'est-à-dire que d'un point quelconque de sa surface, on voit apparaître un bourgeon qui peu à peu se développe, puis se détache de l'individu qui l'a formé pour vivre d'une vie indépendante quand le nouvel individu est capable de se nourrir lui-même. Mais à cet égard il y a deux modes de formation qui semblent indiquer deux degrés dans l'ordre de la création de ces êtres inférieurs, savoir : la *gemmation interne* et la *gemmation externe*.

1° La gemmation interne est toujours un état plus avancé de complication dans la structure des animaux ; car elle suppose que les bourgeons ont eu besoin d'une certaine protection pour que leur développement fût assuré, et, en effet, protégés par le corps même de l'individu producteur, on comprend que certaines circonstances extérieures puissent ne pas s'opposer à leur évolution. Or, un assez grand nombre d'animaux paraissent, jusqu'à ce jour, n'avoir pas un autre mode de formation ; tels sont, par exemple, les Pandorines, les Volvoces, les Acéphalocystes, etc., qui se montrent à l'intérieur remplis d'individus de forme vésiculaire semblable en tout à la vésicule qui leur a donné naissance ; et il y a mieux, c'est que les plus grosses de ces vésicules renferment souvent elles-mêmes d'autres individus vésiculaires dans lesquels on en trouve d'autres plus petits. Ces petites vésicules paraissent bien être un bourgeonnement interne, car dans l'Acéphalocyste granuleuse de Laennec on les voit adhérer à la surface interne de la vésicule productrice. Celle-ci, lorsque sa famille est capable de vivre d'une vie indépendante, finit par mourir et les jeunes individus changent alors leur vie comme *intra-utérine* pour vivre isolément et se répandre plus ou moins selon leur nature vagabonde, comme dans les *Volvox*. On sait que Spallanzani, qui a suivi cette formation successive jusqu'à la treizième génération, a cru que c'était là une preuve de l'*emboîtement et de la pré-existence des germes,* bien que pourtant il n'ait pu constater leur existence simultanée l'un dans l'autre au delà de la troisième génération, et O. F. Muller n'a pu apercevoir que la quatrième. Quelques animaux plus élevés dans la série des êtres paraissent même ne posséder qu'un seul organe que l'on regarde comme féminin. Ainsi, dans les Polypes ou radiaires agrégés, selon Cavolini et Cuvier, il n'y aurait pour ovaires que des grappes d'œufs adhérentes aux replis longitudinaux de la cavité gastrique et sans organes masculins. Or, selon M. Milne Edwards, d'après les observations faites sur les Alcyonides et les Alcyons, il n'y aurait là qu'une gemmation interne. Enfin, chez les Méduses que MM. Milne Edwards et Ehrenberg ont étudiées avec le plus grand soin, on ne trouve non plus que des organes femelles : des ovaires et des oviductes.

2° Il est des animaux pour la reproduction desquels la nature montre que les précautions précédentes sont inutiles, et, en effet, on voit que la production des gemmes ou bourgeons est toujours externe. Le plus souvent, comme dans les Polypes, sur leur pédicule, aux points où la partie creuse ou gastrique se continue avec la partie pleine, on voit apparaître un bourgeon globuleux qui grossit en peu de jours. Le point opposé à celui de l'adhérence se couronne bientôt de petits mamelons, dont l'allongement constitue les tentacules entourant la bouche. Quand le jeune animal est devenu apte à saisir lui-même sa nourriture, il se sépare de l'individu producteur pour vivre de sa vie indépendante. Quelquefois pourtant, l'adhérence subsiste encore alors même que les jeunes individus ont reproduit à leur tour, si bien qu'il se forme un groupe d'individus dont l'ensemble simule une sorte de bouquet plus ou moins ramifié, mais dont tôt ou tard les individus se séparent, et ainsi se forme la multiplication de l'espèce. Or, nous savons que les végétaux présentent communément ce mode de multiplication. Mais de même qu'à ce mode de reproduction il se joint celui de la génération sexuelle, de même aussi chez certains animaux ces deux modes de multiplication se trouvent réunis, et l'on en a des exemples dans les Sertulaires, les Alcyonides et les Alcyons (Milne Edwards), les Catenicelles et les Flustres (Spallanzani, Grant), les Plumatelles et les Cristatelles (Raspail).

Enfin, d'autres animaux de structure plus simple ne présentent même plus ce mode de multiplication par voie de gemmation, et c'est uniquement par une sorte de division *spontanée* ou par *scission* que leur corps se sépare en deux ou plusieurs fragments, dont chacun continue de vivre et se complète pour former bientôt un individu en tout semblable au premier. Il en est de même de certains végétaux inférieurs appartenant aux Conferves. Dans ce cas, les cellules s'allongent et deviennent tubuleuses ; arrivées à une certaine longueur, on y voit se former un ou plusieurs étranglements, sortes de plis transversaux qui, marchant de la circonférence vers le centre, finissent par former des cloisons complètes. Un peu plus tard, ces cloisons se dédoublent et l'on a alors deux ou plusieurs cellules résultant de la division d'une cellule unique.

Comme on le voit par le parallèle que nous venons d'établir, les végétaux se multiplient exactement comme les animaux et par des moyens tout à fait identiques.

Tant qu'il nous a été permis de distinguer les deux sexes, il ne nous est resté rien de douteux sur le rôle de chacun d'eux, pas plus que sur le nom à leur donner, et nous sommes d'accord avec tous les auteurs pour reconnaître que l'embryon se développe dans un organisme particulier que l'on est convenu d'appeler *œuf*. Pareillement, on désigne sous le nom d'organe femelle celui qui engendre l'œuf, et l'individu qui le produit est considéré comme la *mère*. Par contre, on nomme organe mâle celui qui produit ce fluide indispensable à la fécondation, et l'individu qui le porte est regardé comme le *père*.

Mais lorsqu'il n'y a plus qu'un seul individu portant un seul organe pour opérer cette multiplication, on reste embarrassé en face de l'appellation à lui donner. Est-ce un père? est-ce une mère? Jusqu'à ce jour la question n'a été tranchée qu'en ce sens que l'on a toujours donné le nom d'*individu-mère* à l'individu producteur, et, s'il ne s'agissait que d'une convention à établir, il importerait peu qu'on le nommât père ou mère. Mais, comme il nous semble qu'il y a un point important à discuter ici, et que de cette discussion peuvent naître des idées nouvelles, nous avons cru devoir entrer dans ces détails, quelle que soit leur puérilité apparente.

Et d'abord, l'axiome d'Harvey « *omne vivum ex ovo* » est-il une vérité incontestable? Et ne lui a-t-on pas donné le nom d'axiome que parce qu'un axiome est une vérité qui ne se démontre pas? Mais si c'est une vérité pourquoi donc peut-il y avoir du doute dans cette proposition générale? Pourquoi donc Burdach et Valentin ont-ils été obligés de donner au mot œuf une extension qui certainement n'existait pas avant eux? Pourquoi donc Carus a-t-il été obligé d'admettre que l'œuf et le gemme ou bourgeon sont une seule et même chose? ce qui, pour nous, est d'une vérité incontestable (1). Est-ce que, poussant la recherche de la partie essentielle de l'œuf, qui peut être plus ou moins composé, on est arrivé à y reconnaître un *germe* dont l'évolution doit produire l'embryon? Si cela était, ainsi que nous l'avons vu p. 407, l'organe mâle serait complétement inutile, car notre esprit comprend qu'avec un germe et une nourriture appropriée, suffisante, nous ayons tous les éléments nécessaires à la création d'un jeune individu. Mais, il faut bien le dire, ce prétendu germe

(1) *Anatomie compar.*, 1835, t. II, p. 436.

n'existe pas, et par conséquent le mot œuf n'a véritablement pas la généralisation et surtout la signification exacte qu'on a voulu lui donner. Ah ! s'il était démontré que l'œuf contînt l'élément primordial de l'embryon, comme dans les animaux et les végétaux inférieurs on retrouve cet élément primordial sur les individus qui n'ont pas de sexes ou qui n'en ont qu'un, alors on pourrait soutenir que les quatre mots d'Harvey sont une vérité et leur généralisation en ferait un axiome. Mais rien de tout cela n'est démontré, et nous allons voir qu'au contraire la logique des faits est plutôt en faveur de l'idée qui veut que ce soit le *père* qui forme le germe, et que, par conséquent, l'individu, qui reproduit par un seul sexe est plutôt *mâle* que *femelle*, c'est-à-dire un père au lieu d'une mère. Il y a souvent dans nos habitudes de voir les choses sous un certain point de vue des causes d'erreurs auxquelles les meilleurs esprits échappent difficilement. Ainsi, par exemple, c'est l'œuf qui produit l'oiseau, voilà un fait qui a frappé de tout temps l'esprit de l'homme ; puis chez les poissons et les insectes on a vu des œufs, et l'on a dit, l'œuf produit aussi les insectes et les poissons ; c'était logique. Ensuite, cherchant dans des classes inférieures, on a vu des corps plus ou moins analogues aux œufs, et l'on a dit, encore avec raison, c'est dans ces corps que se forme l'embryon. Enfin, guidés par un esprit de philosophie logique, les savants ont recherché l'œuf chez les animaux supérieurs et y ont trouvé des phénomènes qui ne permettent plus de douter qu'en effet les mammifères femelles produisent des œufs comme les autres animaux. Évidemment, il n'en fallait pas tant pour donner raison au principe d'Harvey, au point de vue où l'on se trouvait placé. Mais entre cette suite d'observations et la vérité, c'est-à-dire la preuve que l'œuf forme le germe ou même participe à sa création, il pouvait y avoir une très-grande distance, distance d'autant plus grande qu'il était possible que le contraire fût précisément la vérité. Et, en effet, dès que l'on dirige son attention sur le rôle que remplit l'un ou l'autre organe dans l'acte de la fécondation, on ne peut s'empêcher de reconnaître que l'organe mâle, dans cet instant si court qui constitue l'imprégnation, n'en laisse pas moins, dans le produit, des traces non équivoques de son influence, tandis que souvent l'organe femelle, dans le temps relativement très-long de la gestation, imprime à peine au produit quelques caractères de ressemblance maternelle.

Pour notre part, il nous est difficile d'admettre que, dans l'acte de la fécondation, les deux sexes fournissent chacun les éléments du germe, alors que celui-ci, pour se développer en embryon, emprunterait à l'organe femelle, pendant longtemps, des matériaux de nutrition, et cela sans un autre résultat qu'une ressemblance souvent incertaine avec la mère, tandis que l'action instantanée du fluide mâle sur l'organe femelle non-seulement donnerait lieu à un produit ressemblant au père autant qu'à la mère, mais ayant surtout la plus grande tendance à retourner .complétement au type paternel.

Évidemment, cette observation est digne d'être prise en considération dans l'hypothèse à établir sur la genèse de l'embryon.

Si jusqu'à ce jour on a été si indécis sur le rôle exact des deux sexes, c'est qu'il nous semble que l'on n'a pas suffisamment tenu compte des exemples si concluants de faits qui tous se lient d'une manière directe à la fécondation, savoir : que tous les jeunes individus retournent au type paternel plutôt qu'au type maternel; car nous en avons fourni des preuves pour les deux grandes divisions des êtres, et au contraire, nous eussions été fort embarassé pour signaler des exemples aussi clairs, aussi précis de jeunes individus retournant exactement au type maternel. La seule chose que l'on constate, c'est que le produit possède quelquefois un état intermédiaire aux deux parents ; mais nous avons dit et nous l'expliquerons bien mieux encore plus loin (1), comment, logiquement, cet état intermédiaire pouvait naître de la prépondérance de la nutrition dans le développement du germe, et nous avons vu d'ailleurs que le retour au type paternel était constaté par des observateurs certainement dignes de foi.

Donc, pour nous, le bourgeon ou gemme des Polypes ou autres animaux inférieurs, celui des végétaux, est un *germe* tout aussi bien que celui qui se développe dans l'œuf après la fécondation ; mais ces bourgeons ne sont pas des œufs dans l'acception ordinaire de ce mot. Pouvant vivre et se développer sur le seul indi-

(1) Voir l'article *Croisement et hybridité.*

vidu qui lui a donné naissance et puisant dans son organisme les éléments de nutrition qui lui sont nécessaires, la nature n'avait pas besoin de créer pour le développement de ce germe ou bourgeon, *un œuf,* c'est-à-dire *un organe destiné à le recevoir, le nourrir et lui permettre de se développer jusqu'au moment où il peut se suffire à lui-même.*

Les espèces de la classe des spongiaires ont un mode de reproduction dont Laurent nous a donné la description et qui est très-utile à connaître. Il y a certaines époques de l'année où l'on voit se former dans la substance poreuse qui constitue l'Éponge des corpuscules ovoïdes ou sphériques qui tombent dans les canaux dont elle est parcourue en tous sens et qui, entraînés en dehors par les courants dont l'Éponge est sans cesse traversée, constituent les espèces de larves ou corps reproducteurs doués de la faculté locomotrice qui leur permet de nager et de changer ainsi de place. Ce mouvement est obtenu à l'aide de cils vibratiles dont leur corps est garni. Dans cet état ils ressemblent assez à des animaux infusoires, et surtout aux larves de divers polypes au moment où ils sortent de l'œuf (Milne Edwards). Peu de temps après, les jeunes individus se fixent à des corps solides, et tout en grandissant deviennent immobiles et ne donnent plus aucun signe de vie ; pendant leur croissance ils perdent leur forme première pour prendre celle que nous leur connaissons. Or, dans ces exemples, il est impossible de soutenir que la larve en question est de près ou de loin comparable à un œuf. C'est le germe de l'animal réduit à sa plus simple expression, pour le développement duquel aucune protection n'était nécessaire.

Mais ce mode de reproduction est précisément analogue à celui que M. Unger a découvert dans les *Vaucheria.* Cet habile observateur a reconnu le premier que dans cette plante la génération s'accomplissait sans le secours des deux sexes et simplement au moyen de *Zoospores* qui naissent dans une cellule, *sans fécondation préalable.* Ceux-ci s'en échappent et, grâce à des cils vibratiles dont ils sont pourvus, se meuvent quelquefois dans l'eau, puis se déposent au fond du liquide, où ils germent et se développent. Ce mode de reproduction a été constaté depuis par MM. A. Braun, Thuret, Pringsheim, Cohn et de Bary, et par conséquent cette reproduction sans fécondation est un fait aujourd'hui acquis à la science. Mais parce que nous ne voyons qu'un seul individu participer à ce mode de reproduction, devons-nous en conclure que l'individu ne saurait être ni mâle, ni femelle ? Notre esprit se refuse à une pareille interprétation et nous aimons mieux croire que l'individu est ou mâle ou femelle, père ou mère. Mais comment arriver à reconnaître le sexe de cet individu ? Là est la question fondamentale de toute la reproduction, car s'il est démontré que l'individu est femelle, il est de toute logique de dire que la femelle fournit le germe, puisqu'il est évident que cet individu femelle a formé le germe ; au contraire, s'il était démontré que cet individu fût mâle, par la même raison le germe serait toujours produit par l'organe mâle, quel que fût d'ailleurs le degré qu'il occuperait dans l'échelle des êtres. Mais quel est le *criterium* qui pourra nous diriger dans cette importante recherche ? C'est évidemment l'organogénie des parties essentielles qui doivent présider à la fécondation, et comme l'organogénie de l'organe femelle et des parties qui y sont contenues est entièrement différente de l'organogénie de l'organe mâle et des parties qu'il renferme, il va nous être possible de reconnaître, à coup sûr, si l'individu producteur unique est mâle ou femelle.

Or, nous avons vu page 312, que la formation des *Sporanges, Archégones, Apothécions, Scutelles, Urnes, Capsules* ou *Thèques* des Agames avait précisément un mode de formation organogénique très-analogue à celle de l'anthère, et surtout que l'organogénie des spores était absolument semblable à l'organogénie du pollen. Par conséquent, nous croyons qu'il est rationnel et logique de regarder comme organe mâle l'organe producteur des spores, puisque nous admettons depuis un temps immémorial que l'anthère qui produit le pollen, est l'organe mâle des phanérogames (1). Donc, les individus producteurs sans le secours de la fécondation sont des individus mâles et par conséquent des *individus-pères*. Mais nous avons vu que ces individus-pères formaient les germes ou les éléments de l'embryon ; conséquemment, sous peine d'être illogique, nous devons regarder le pollen

____

(1) Hérodote, qui vivait dans le ve siècle avant J.-C., dit que les Babyloniens reconnaissaient des Dattiers mâles et des Dattiers femelles, et qu'ils pratiquaient sur ceux-ci une sorte de caprification comme on le fait pour le Figuier. (Lib. I, § 193.)

comme producteur du germe, puisque son analogue, le spore, est bien évidemment aussi le producteur du germe de l'individu agame. Ajoutons qu'il n'est pas nécessaire que l'extrémité du tube pollinique forme la vésicule embryonnaire pour comprendre que le germe est toujours un produit de l'organe mâle, puisque cet organe forme les germes par myriades et qu'un seul suffit à la fécondation d'un ovule.

On comprendra maintenant pourquoi, tant que l'on ne nous aura pas démontré le rôle exact du père dans la fécondation, puisqu'il ne peut servir à nourrir ce germe que l'on prétend exister dans l'ovule formé par la mère ; ou tant que l'on ne nous dira pas de quelle nature est ce *stimulus* que l'on dit être déterminé par le fluide masculin sur le prétendu germe féminin, on comprendra pourquoi nous insistons pour attribuer au père un certain rôle non contestable dans l'acte de la fécondation ; et comme dans beaucoup de cas l'influence maternelle n'est que très-limitée et que le phénomène des ressemblances *complètes* ou *mixtes* s'explique tout aussi bien par l'hypothèse de l'influence de la nutrition, ce rôle est pour nous essentiel, et c'est le père qui produit cet *élément primitif*, ce *groupe originel de cellules naissantes* ou, pour les végétaux, ce *phytogène initial* qui devra constituer l'embryon. C'est sur cette donnée que nous devons maintenant asseoir la théorie de la formation de l'embryon, c'est-à-dire de la fécondation, en nous bornant à ce qui se passe dans la formation de l'embryon végétal chez les Phanérogames.

Résumé théorique de la formation de l'Embryon végétal.

Nous savons maintenant que le pollen, mis au contact de la matière visqueuse du stigmate, se gonfle par endosmose et émet un ou plusieurs tubes polliniques dans lesquels se trouve la fovilla contenant des corpuscules, ou plutôt des *molécules génératrices* formées ou en voie de formation. Ces tubes pénètrent peu à peu dans le style à travers le tissu conducteur, traversent l'ouverture micropylaire et, attirés par le vide qui se produit dans le sac embryonnaire, pénètrent le tissu du nucelle, qui est composé de plusieurs couches d'utricules entre lesquelles l'extrémité du tube peut s'insinuer par une sorte de *filtration forcée*, et arriver enfin, plus ou moins lentement, à se mettre en contact avec le sommet du sac embryonnaire. Mais, arrivé à ce point, comment le contenu du tube pénètre-t-il dans la cavité? Sur ce point, il existe encore beaucoup d'obscurité.

Le plus souvent il s'établit un intime contact entre l'extrémité du tube pollinique et le sommet du sac embryonnaire, et ce contact est quelquefois favorisé par une contraction du micropyle s'exerçant sur le tube, comme on le voit dans les Véroniques (Tulasne); mais souvent, ainsi que l'a observé M. Tulasne, sur les *Dianthus*, le tube se moule sur le sac en se coudant et prenant la forme d'un pied humain, ou en se bifurquant et se plaçant à cheval sur le sommet du sac, comme pour rendre le contact encore plus intime. Il arrive même quelquefois, ainsi que nous l'avons déjà dit p. 397, que le tube pollinique refoule la paroi du sac et s'en trouve coiffé comme d'un capuchon.

Dans le *Crinum capense*, le *Crocus vernus* et l'*Hippeastrum aulicum*, on reconnaît que la membrane du tube pollinique s'est alors épaissie, surtout vers les parties inférieures des points de contact. Toutefois, au centre même de cet épaississement, M. Hofmeister a signalé un point où la paroi est beaucoup plus mince et par où, sans doute, peut avoir lieu le passage plus facile de la fovilla dans le sac embryonnaire. Quelques auteurs avaient même cru à une perforation, mais MM. Hofmeister et Tulasne ne l'ont jamais aperçue. Il est très-possible que le passage du fluide pollinique dans le sac soit dû à cette *filtration forcée* dont nous venons de parler, laquelle serait déterminée par le vide produit dans la cavité du sac pendant le développement de ses parois. Il est d'ailleurs évident que la cavité qui se forme se trouve pleine d'un liquide contenant des molécules organisées, et ce liquide ne peut provenir que des tissus environnant la cavité; par conséquent, si le liquide de la fovilla se trouve au contact du sac embryonnaire pendant la formation de la cavité, il doit nécessairement être attiré par le vide produit en même temps que les autres fluides qui baignent les tissus de l'ovaire. Selon M. Schacht, dans les Conifères, les tubes polliniques une fois arrivés au sac embryonnaire, ne se borneraient pas à un contact plus ou moins intime, mais ils pénétreraient dans l'intérieur du sac en rampant entre les cellules qui en constituent les parois et arriveraient à la partie supérieure des *corpuscules*, c'est-à-dire des vésicules embryonnaires. Celles-ci portent une rosette de quatre cellules au milieu desquelles se glisse le tube pollinique, ainsi que l'ont parfaitement reconnu MM. Hofmeister et Schacht, *fig.* 27 et 27 *bis*, a. Ainsi nous assistons véritablement, ici, à l'arrivée du tube, non-seulement dans l'intérieur du sac, mais même en quelque sorte à son arrivée dans l'intérieur de la vésicule embryonnaire b, *fig.* 27. Ce fait était intéressant à connaître, parce qu'il est la forme la plus simple qu'emploie la nature pour arriver au résultat final : la fécondation. En effet, bientôt après le passage du tube au centre de la rosette, un amas de protoplasma se forme au sommet de la vésicule et à la base du tube pollinique, constituant ce que l'on nomme *cellule embryonnaire*. Cette cellule, une fois fécondée, se détache du sommet de la vésicule, et bientôt se retrouve à sa partie inférieure, f, *fig.* 27. C'est alors qu'a lieu le travail de la segmentation qui doit organiser l'embryon. Des cloisons verticales et horizontales se forment au sein de la masse protoplasmatique qui la divise en 4 rangées superposées, composées chacune de 4 cellules. La rangée inférieure, dont 2 seulement sont reproduites, *fig.* 27 *bis*, c, va, par la multiplication des cellules, constituer l'embryon, tandis que la rangée b, qui est immédiatement au-dessus par son développement, formera le suspenseur de l'embryon, lequel, en s'allongeant considérablement, donnera lieu à ces flexuosités si curieuses que l'on a observées dans les Conifères et les Cycadées.

Mais l'extrémité du tube pollinique ne paraît pas toujours se mettre en un contact aussi voisin de l'intérieur de la vésicule, et, d'ailleurs, comment ce fluide passe-t-il à travers la membrane endhémine qui le contient ? A la vérité, MM. Hofmeister et Radlkofer pensent que ce passage a lieu par endosmose, et nous avons, p. 400, expliqué pourquoi nous ne pouvions croire à ce phénomène. Resterait l'opinion de M. Schacht, qui considère le *Fadenapparat* comme formé de tubes capillaires au moyen desquels se ferait la communication. Mais cet appareil filamenteux ne paraît pas exister toujours, et, de plus, il faudrait encore admettre, soit la rupture de l'endhyménine, soit une action endosmotique, et nous venons de dire qu'elle nous paraissait impossible.

Peut-être les observations que nous venons de faire résou-
draient-elles une partie de la question, si, plus multipliées, on
arrivait à constater que ce que nous avons vu n'est point une
erreur. En étudiant l'ovale anatrope de la Capucine (*Tropæolum
majus*), nous avons reconnu que la vésicule embryonnaire est
déjà bien apparente avant même que les étamines soient parfaitement développées. Elle se présente alors sous la forme d'une
poire régulièrement faite, dont la partie rétrécie est dirigée vers
le sommet de l'ovaire. Sa partie arrondie contient un liquide qui
présente une grande quantité de granules de couleur jaune verdâtre. Il existe alors, entre ses contours et les parois du sac, une
assez grande vacuole, dans laquelle on ne distingue rien. Les
parois du sac sont, au contraire, intimement unies avec celles
du nucelle, et paraissent ne faire qu'un. A la partie supérieure,
on aperçoit 3 corps ovalaires, se dessinant en noir, se touchant
tous par une des extrémités de leur grand axe et disposés en
triangle. Ces corps nous paraissent constituer la rosette, qui, ici,
ne serait formée que de 3 cellules; mais tout autour de ces cellules, et descendant en rayonnant jusqu'au sommet du renflement de la vésicule embryonnaire, on constate la présence d'un
assez grand nombre de linéaments, qui simulent assez bien des
plis, mais qui pourraient bien n'être que des nervures très-déliées
de la membrane constituant la vésicule et analogues à celles que
montrent si bien les grandes utricules de la partie charnue de
l'orange : c'est le *Fadenapparat* de M. Schacht.

Comme on le voit, la vésicule embryonnaire se montre composée de la même façon que dans les Conifères, et c'est vraisemblablement entre les cellules de la rosette que se glisse l'extrémité du tube pollinique. Or, en comprimant ces cellules entre
deux verres, nous les avons vues s'ouvrir longitudinalement
comme le ferait une anthère, si bien qu'après la compression la
couleur noire des cellules avait disparu, et il ne restait plus à
leur place que 3 lignes plus brunes, indiquant comme 3 fentes
disposées en étoile. Malheureusement, ces recherches tardives
et le froid gelant toutes nos Capucines, nous n'avons pu poursuivre nos recherches sur ce sujet, mais on peut se demander si ces lignes ne seraient point des ouvertures communiquant avec l'intérieur de la vésicule embryonnaire, et par

lesquelles, par conséquent, s'effectuerait le passage facile de la fovilla dans l'intérieur de la vésicule embryonnaire. Resterait encore la membrane endhyménine que la fovilla serait obligée de traverser. Mais si l'on observe que cette membrane, rendue très-mince par son élongation, peut offrir quelque solution de continuité, quelque rupture par où pourrait s'échapper un germe ou une molécule génératrice, on sera tenté de regarder le passage comme extrêmement probable, passage qui serait surtout favorisé par l'espèce de *succion* déterminée par le vide dont nous avons déjà parlé (p. 399).

Quoi qu'il en soit, que l'on regarde la fécondation comme étant le moment où le fluide pollinique se mélange avec le liquide contenu dans la vésicule, ou qu'on admette qu'il n'y a qu'un germe fluide, semi-fluide ou solide qui pénètre dans la vésicule, il est certain que personne ne met en doute ce passage, qui reste néanmoins le point mystérieux du phénomène de la fécondation; mais ils nous semble que la difficulté même de reconnaître exactement le point par où se fait ce passage est plus favorable à l'idée d'un seul germe qu'à l'idée de tout le contenu du boyau pollinique. Un pertuis microscopique suffit dans le premier cas, surtout si ce germe est fluide, et ne saurait satisfaire à l'idée du passage de toute la fovilla dans laquelle se trouvent des granules souvent d'une assez forte dimension.

Dans tous les cas, quelle que soit la théorie que l'on adopte, dès que la fécondation est accomplie, ou dès que le germe a pénétré dans la vésicule, on voit la boule de protoplasma s'entourer d'une membrane de cellulose qui en fait une cellule indépendante et qui tombe au bas de la vésicule, en même temps qu'elle se sépare du *Fadenapparat* avec lequel elle était intimement unie. Bientôt après, la vésicule embryonnaire s'allonge par la base et se divise en deux ou plusieurs parties par la formation de cloisons horizontales. La division inférieure est celle qui se forme ordinairement la première et constitue une cellule dans laquelle va se développer le tissu cellulaire qui devra constituer l'embryon. C'est donc dans cette cellule *germinifère* que se trouve porté le germe pollinique ou *phytogène initial*. Les divisions supérieures en se développant constitueront le *suspenseur*, ainsi nommé parce qu'il sert à unir l'embryon avec la voûte du sac embryonnaire.

La cellule germinifère se renfle peu à peu, prend une forme ovoïde ou globuleuse et est alors pleine d'un liquide contenant une grande quantité de granules. Bientôt après on voit se former des utricules qui toutes contiennent un nucléus ou noyau ; d'abord au nombre de deux, ces utricules se multiplient par voie de segmentation et arrivent à se trouver agglomérées en grand nombre dans la cellule germinifère. Il en résulte une masse de tissu cellulaire constituant l'embryon réduit à son premier état de développement. Le phytogène initial ou germe s'est développé, a grossi, mais il reste dans un état pour ainsi dire rudimentaire, car il n'y a encore aucune distinction des parties qui devront constituer les cotylédons, la radicule, la tigelle et la gemmule. C'est l'embryon des Acotylédones ou *spore*. Dans un état plus voisin de l'exastosie qui formera le protophytogène conduisant plus tard à la formation de l'embryon des Phanérogames, où les parties constituant l'embryon sont bien développées, on a un état de l'embryon intermédiare aux embryons acotylédonés et cotylédonés, et qui paraît être celui de quelques Orchidées et même des Dicotylédones que nous avons indiqués p. 391.

Cependant, le plus ordinairement, chez les Phanérogames, ce phytogène se compose ; les exastosies circulaire et centripète se prononcent davantage ; le protophytogène se forme, et tandis que ses phytogènes périphériques vont vivre en commun, formant un seul cotylédon enveloppant (Monocotylédones) ou deux ou plusieurs cotylédons (Dicotylédones), son phytogène central, en vertu des exastosies centripète et circulaire, se composera à son tour en un protophytogène dont les phytogènes périphériques vivant aussi en commun formeront une seule feuille (Monocotylédones), ou deux ou plusieurs feuilles (Dicotylédones) séparées du ou des cotylédons par un très-petit mérithalle dont nous avons, autre part, donné la phytogénie.

En effet, on voit la masse celluleuse de l'embryon s'allonger et s'organiser, c'est-à-dire donner lieu à des parties qui n'existaient point encore. L'extrémité supérieure correspondant au suspenseur s'allonge en un petit corps conique qui finit par prendre la forme de la radicule, son extrémité opposée présente deux petites proéminences qui vont grandissant et s'épaississant et qui finissent enfin par constituer les deux cotylédons des Dicotylédones. Quand il ne se forme qu'une seule proéminence, celle-ci est latérale et elle grandit en ne formant qu'un seul corps enveloppant et présentant sur le côté une petite fente unique souvent difficile à bien distinguer. Ce corps est le cotylédon des Monocotylédones. Mais pendant que ces phénomènes se produisent, le petit mamelon ou phytogène qui est au centre des deux cotylédons des Dicotylédones ou du seul cotylédon des Monocotylédones, s'organise à son tour pour produire, ainsi que nous l'avons dit, la tigelle et la gemmule par un procédé d'exastosies circulaire et centripète analogue à celui que nous avons décrit bien des fois déjà.

On voit donc que le ou les cotylédons sont les organes appendiculaires du premier protophytogène de l'embryon et que les feuilles primordiales sont les organes appendiculaires du deuxième protophytogène de l'embryon, et ainsi de suite.

Dans cet état l'embryon des phanérogames est ordinairement constitué. Mais nous n'avons pas donné encore le mode de formation phytogénique de la radicule, partie tout aussi importante de l'embryon que les cotylédons et la plumule.

Il est de toute évidence que dans la très-grande pluralité des végétaux, il y a deux parties qui se développent en sens inverse l'une de l'autre, savoir : la tige et ses branches dont la génération est ascendante, et la racine et ses branches dont la génération est descendante. Or, en mécanique, il existe un principe bien établi et qui consiste en ce que, *il n'y a point d'action sans réaction.* On pourrait soutenir, malgré tous les travaux qui ont été publiés contre cette manière de voir, que la partie descendante ou racine des végétaux est le résultat de la *réaction* déterminée par la partie ascendante ou tige qui en serait l'*action,* ou réciproquement, car il faudrait savoir au juste quelle est dans ces deux parties celle qui est véritablement la première qui se forme. Mais comme nous reviendrons sur cette question au chapitre x, nous nous bornerons, ici, à l'examiner purement et simplement au point de vue phytogénique.

On a reconnu depuis longtemps ce curieux phénomène, que si l'on plante un arbre en le renversant, c'est-à-dire, en enterrant sa tête et laissant ses racines à l'air, les bourgeons caulinaires se développent en radicelles, tandis que les bourgeons radicellaires se développent en branches portant des feuilles et plus tard des fleurs et des fruits. Nous n'avons point eu l'occasion de répéter cette expérience, mais nous savons fort bien que les tiges placées dans une terre légèrement humide ne tardent pas à donner des racines et, réciproquement, nous savons que des racines sont capables de produire des bourgeons-infrondescences, par conséquent nous croyons que l'expérience bien faite doit, dans quelques cas au moins, donner les résultats avancés par divers auteurs.

Enfin nous savons encore que les racines ont un mode d'évolution exactement identique à celui des axes et des feuilles *formées* (p. 158), avec cette différence néanmoins que l'élongation de la racine ne paraît pas être proportionnelle dans sa longueur comme l'est celle du mérithalle, peut-être parce que ce qui, dans la racine, correspond au mérithalle est ordinairement très-limité. Mais enfin l'élongation générale de la racine, comme celle de la tige, se fait toujours par le sommet ou par son extrémité libre.

En conséquence de ces observations, il est impossible de ne pas reconnaître dans les racines, dans les branches, rameaux, ramuscules, etc., des centres vitaux ou phytogènes analogues à ceux qui font les bourgeons et plus tard les branches, rameaux, ramuscules, etc., des tiges. Donc la racine est le résultat du développement de phytogènes qui se multiplient indéfiniment comme dans la tige, avec cette seule différence que les exastosies circulaires et centripètes n'y sont pas indiquées et se rapprochent en cela du développement de certains axes qui n'ont réellement pas d'organes appendiculaires comme la plupart des épines des *Gleditschia,* ou les tiges à peine écailleuses des *Cassytha* ou des *Cuscuta,* ou bien encore celles des *Stapelia*.

En remontant à l'origine de la racine, c'est-à-dire à la radicule de l'embryon, nous voyons en effet un petit mamelon conique se former; c'est un amas de tissu cellulaire et par conséquent, c'est un phytogène. Il a donc fallu que la petite masse celluleuse de l'embryon, à un moment donné, se dédoublât pour donner lieu à deux centres vitaux ou phytogènes superposés : l'un formant le corps conique sans exastosie ou la radicule, l'autre subissant l'influence des exastosies et formant les cotylédons et la gemmule; mais tandis qu'il est possible de compter le nombre des phytogènes qui se forment successivement et passent à l'état de protophyto-

gène, pour former une tige d'une grandeur donnée, il est tout
à fait impossible de savoir le nombre des phytogènes qui se forment successivement pour constituer une racine d'une grandeur
déterminée.

Mais s'il en est ainsi, on voit que le mérithalle qui porte les cotylédons et qui est le premier de tous ceux qui se forment par la suite,
doit se confondre avec la radicule, si bien, peut-être, que dans le
principe ce mérithalle et la radicule ne font qu'un (p. 251).

Dès que la fécondation a eu lieu, c'est-à-dire aussitôt que le
germe ou phytogène initial a pénétré dans la vésicule embryonnaire, il s'est développé et nourri aux dépens du liquide
qui y est contenu et a bientôt occupé entièrement la cavité de la
vésicule. Si le phénomène d'évolution du germe s'arrête là, par
arrêt provisoire d'accroissement, le liquide contenu dans l'intérieur du sac embryonnaire s'organise à son tour en un tissu cellulaire de consistance et de nature variables, enveloppant souvent
de toutes parts le germe développé en embryon. C'est à ce tissu
cellulaire que l'on a donné le nom d'*albumen* ou d'*endosperme*.

Cependant, assez souvent, le phytogène initial, désormais
connu sous le nom d'embryon, ne s'arrête pas à ce premier état
de développement; dans ce cas, la membrane de la vésicule est
résorbée et l'embryon continue à croître et à se nourrir encore
aux dépens du liquide contenu dans le sac embryonnaire, et finit
dans beaucoup d'espèces par occuper entièrement toute la cavité
du sac. Souvent, alors, on observe que le tissu du nucelle s'est
lui-même développé en un tissu utriculaire de consistance et de
nature variables et formant autour de l'embryon très-développé un
corps qui a la plus grande analogie avec l'endosperme et qu'il serait bon, dans l'analyse, de distinguer, mais non sous la dénomination de *périsperme* comme l'ont proposé quelques auteurs, puisque cette expression serait rigoureusement mieux appliquée à
l'arille qui se forme autour de la graine, celle-ci étant précisément le corps composé de l'embryon, de l'endosperme et des
téguments de la graine (testa et membrane interne). Nous l'avons
déjà dit ailleurs, une bonne nomenclature est une chose bien
essentielle aux progrès de la botanique, surtout pour aplanir les
difficultés que cette science présente aux commençants. En conséquence, il nous semble plus rationnel de conserver le nom

d'*albumen*, créé d'abord par Gærtner, auquel nous ajoutons la qualification d'*amniotique,* pour désigner le tissu utriculaire qui se forme dans le sac embryonnaire, nom qui rappelle le rôle qu'il doit remplir dans le développement du fœtus végétal, et de désigner sous le nom d'*albumen nucellien* le tissu cellulaire, très-analogue au précédent, mais qui tire son origine du nucelle. Dans quelques familles telles que les Crucifères, Rosacées, Térébinthacées, etc., l'embryon se développe de façon à absorber tous les éléments qui dans d'autres auraient donné lieu à un albumen amniotique et à un albumen nucellien; tandis que quelquefois (Nymphéacées, Pipéracées, Cabombées) non-seulement l'albumen nucellien existe, mais encore on voit à l'une de ses extrémités un petit albumen amniotique. Il est presque inutile d'ajouter qu'entre ces deux extrêmes tous les arrêts provisoires d'accroissements peuvent se rencontrer.

L'albumen étant destiné à la nourriture de l'embryon, pendant la germination, il va sans dire que l'on n'y reconnaît aucune apparence de vaisseaux. Cependant les cellules qui le constituent peuvent offrir une consistance et une composition très-variables. Ainsi les utricules peuvent contenir une grande quantité de fécule (Graminées); on le dit alors *farineux*. Quelquefois il est *charnu*, c'est-à-dire que les utricules sont à parois épaisses et renferment de l'huile ; il est dit *huileux* (Coco, Ricin). Enfin, les utricules qui le composent peuvent être formées par des parois très-épaisses, dures, coriaces, très-résistantes; dans ce cas l'albumen est *corné* et l'on en a des exemples dans le Dattier, l'Iris, le Café et le *Phytelephas*, où sa belle couleur blanche unie à une grande dureté lui a fait donner le nom d'*Ivoire végétal*.

Nous avons dit plus haut que l'albumen enveloppait souvent de toutes parts l'embryon; cependant il est un grand nombre de végétaux où l'embryon n'est qu'appliqué sur lui et même quelquefois il est recourbée en forme d'anneau embrassant l'albumen. On a distingué ces trois états par les dénominations suivantes : *intraire*, dans le premier cas (Ricin, *Ranunculus, Berberis, Oxalis*, etc.); *extraire*, dans le second (Graminées, Dattier, etc.); *périphérique,* dans le troisième (Belle de nuit, etc.). Il est évident que ce dernier état correspond à une graine, ou tout au moins à un embryon campylotrope.

§ III. — *Parthénogénie.*

Personne aujourd'hui ne nie la fécondation chez les végétaux phanérogames, et même il y a des botanistes qui, s'attachant à vouloir généraliser ce phénomène jusque chez les Agames les plus inférieurs, s'évertuent à chercher des organes qui certainement n'y existent pas. Il est rationnel d'admettre, en effet, que les végétaux comme les animaux peuvent, dans les espèces tout à fait inférieures, se reproduire sans aucune espèce de fécondation; qu'il en est qui se reproduisent à la fois par gemmation et fécondation, et qu'il est enfin des animaux qui se reproduisent seulement par fécondation. La seule différence que l'on observe à cet égard entre les végétaux et les animaux, est que *la reproduction par fécondation est plus générale chez les animaux,* tandis qu'au contraire *la reproduction sans fécondation est plus fréquente chez les végétaux.* Chez les premiers, on trouve des ordres entiers d'espèces qui ne peuvent se reproduire que par la fécondation, tandis qu'il est rare de trouver des végétaux qui, avec la fécondation, n'emploient pas la gemmation pour se reproduire.

Quoi qu'il en soit, malgré la manière générale dont ces idées sont reçues et adoptées par les naturalistes, il y en a eu (Camerarius, Spallanzani, Bernhardi) qui ont nié la fécondation, et, de nos jours encore, il est quelques auteurs qui, sans la nier, affirment que l'on obtient des graines fertiles sans le concours de la fécondation.

Spallanzani est un de ceux qui se sont le plus attachés à détruire les idées que l'on se formait sur cette importante fonction. Cet observateur, dont le nom est devenu célèbre, a vu quelquefois les plantes femelles séparées de leurs mâles et produire des graines fertiles, et par conséquent sans fécondation. C'est ainsi qu'il dit avoir élevé des Basilics privés d'étamines, des Chanvres et des Épinards femelles loin de toutes plantes portant étamines, et avoir obtenu des graines fertiles. Pour répondre aux objections qu'on lui faisait que probablement il y avait quelques fleurs mâles mêlées aux femelles et difficiles à saisir au moment de leur floraison, ce qui est fréquent dans ces plantes, il fit des expériences sur le Melon d'eau, dont les fleurs sont assez volumineuses pour ne point échapper à l'observation. Il dit encore avoir obtenu des graines fertiles de plantes femelles isolées. Enfin, on lui fit observer que le vent pouvait avoir apporté de loin du pollen de cette plante. Pour lever cette nouvelle difficulté, il a fait venir des Melons d'eau dans une serre de manière à avoir les fleurs en hiver, à l'époque où, dans toute la Lombardie, il n'y avait aucun mâle vivant de cette espèce, et il a assuré avoir obtenu le même résultat.

En 1827, M. Lecoq a défendu et appuyé les expériences de Spallanzani d'après des idées qui lui sont propres. En se bornant aux plantes sauvages ou cultivées en grand dans la France, ce savant a remarqué que le nombre des plantes à sexe séparé, où, par conséquent, la fécondation est moins assurée, est beaucoup moins grand parmi les espèces qui ne peuvent fructifier qu'une fois, que celles où ce phénomène peut se renouveler plusieurs fois. Dans le premier cas, on comprend que si la fécondation manquait, l'espèce courrait le risque d'être détruite, pendant que, dans le second, les graines pourraient se reproduire une autre année. Partant de ce principe, M. Lecoq a comparé l'effet de la castration dans ces diverses classes, et il a trouvé que, parmi les espèces susceptibles de fleurir plusieurs fois comme le *Lychnis dioïca*, les graines des femelles isolées ont toujours été stériles, tandis que parmi les espèces qui ne fleurissent qu'une fois, telles que l'Épinard, le Chanvre, la Mercuriale et la Trinie, les graines des individus femelles ont été fertiles (1).

De son côté, M. Alex. Braun a cité : 1° le *Cœlebogyne ilicifolia*, observé par John Smith, et qui, cultivé dans les serres de Kew, donne tous les ans des graines capables de reproduire la plante; 2° le *Chara crinata*, dont les individus femelles se rencontrent fréquemment en fructifications, bien que l'on n'ait encore rencontré qu'un seul échantillon mâle qui se trouve dans un herbier de Montpellier.

Le fait du *Cœlebogyne*, fructifiant sans fécondation, a été observé pareillement par Rob. Brown et M. Radkofer, observation qui a été faite aussi par M. Baillon (2). Cette croyance de la formation d'un embryon sans fécondation paraît être partagée par MM. Duchartre et Weddell. A la vérité, il ne serait pas impossible

(1) *Recherches sur la reproduction des végétaux*, Clermont, 1827, in-4°.
(2) *Bull. Soc. bot. France*, t. III, p. 660.

que la fécondation ait pu se faire par le pollen d'autres espèces très-voisines (Payer), mais comme le fait judicieusement observer M. de Schœnefeld, sans doute les produits de ces fécondations seraient des hybrides faciles à reconnaître (1).

On doit à M. Naudin (2) de nouvelles observations sur ce mode insolite de reproduction. Ce savant a repris les expériences de Spallanzani et de Bernhardi, pour lesquelles il a choisi des pieds femelles de Chanvre, de Mercuriale et de Bryone, qu'il a cru suffisamment abrités, ayant été placés soit dans une chambre close à un troisième étage ou dans une serre qui, il est vrai, *n'a pas été toujours exactement close*, mais que sa disposition et son élévation au-dessus du niveau du sol ont semblé avoir mis suffisamment à l'abri de l'accès du pollen des rares pieds mâles qui pouvaient se trouver dans le jardin. Les plantes femelles, examinées avec soin, n'ont pas offert la moindre fleur mâle, et pourtant il a obtenu de ces plantes un certain nombre de graines parfaitement embryonnées. (Rapporté par M. Decaisne.)

Nous sommes loin de penser que les expériences de M. Naudin soient parfaitement concluantes, car il ne nous paraît pas avoir suffisamment soustrait ses plantes à l'influence pollinique des pieds mâles qui peuvent avoir existé dans les environs. C'est, sans doute, à la prévoyance de la contestation qui pouvait être faite à ces expériences que MM. Decaisne et Naudin ont dû l'idée de reprendre les mêmes expériences sur des Mercuriales et des Chanvres femelles qu'ils ont séquestrés avec le plus grand soin, et qui n'en ont pas moins parfaitement fructifié. (Rapporté par M. Duchartre, *Bull. Soc. bot. France*, t. III, p. 659.)

M. Weddell, s'appuyant sur ce que M. Rob. Brown n'a vu dans le *Raflesia Arnoldi* ni tissu conducteur, ni véritable stigmate, quoique portant des ovules tous munis d'embryon, en conclut qu'il faut admettre soit l'action d'un seul grain de pollen sur tous les ovules, soit le développement d'ovules sans fécondation. Malgré tout notre bon vouloir, nous avouons ne pas parfaitement comprendre pourquoi il faut n'admettre l'action que d'un seul grain de pollen sur tous les ovules, car il est évident que, bien que le stigmate et le tissu conducteur n'aient pas été recon-

(1) *Bull. Soc. bot. France*, t. III, p. 658 à 660.
(2) *Ibid*, t. II, p. 754.

nus par le célèbre Rob. Brown, du moment qu'un seul grain de pollen peut agir, il peut y en avoir plusieurs qui agissent de la même façon, et quoique l'on puisse s'appuyer sur ce que le stigmate et le tissu conducteur n'ont pas été reconnus dans le *Rafflesia,* ce n'est pas une raison suffisante pour nier l'action du pollen ; nous aimerions autant conclure, comme conséquence, à un développement d'ovules sans fécondation, parce que le pollen des *Rafflesia* est complétement visqueux.

A l'aide de considérations philosophiques présentées dans un Mémoire lu à l'Institut et à la Société botanique de France (1), M. Lecoq a cherché à prouver de nouveau que sans une pareille formation de graines sans fécondation toutes les plantes dioïques annuelles seraient exposées à une disparition prochaine, puisque quelquefois, comme cela a lieu pour le chanvre, les mâles fleurissent en moyenne quinze jours avant les fleurs femelles.

Toutefois, on peut objecter que la cause d'insuccès dans la fécondation est moins grande quand les fleurs mâles s'épanouissent les premières que si l'inverse avait lieu, parce que le pollen pouvant conserver dans certaines circonstances sa faculté prolifique, on conçoit que, bien que hors des anthères avant la floraison des organes femelles, il y en a toujours quelques grains répandus çà et là et attachés aux feuilles environnantes, ce qui peut laisser supposer que l'air, dans ses mouvements, peut en porter sur les stigmates.

C'est ainsi, par exemple, que nous n'avons jamais osé nous prononcer en faveur de cette opinion, quoique ayant vu un pied femelle de *Bryona dioïca* porter de nombreuses graines fertiles, quoique des recherches minutieuses ne nous eussent fait trouver ni fleurs mâles, ni aucun pied mâle dans les jardins environnants. Mais comme la plante vivait en plein air, et que les grains de pollen, très-faciles à transporter, pouvaient venir de loin, il est évident qu'une observation de ce genre est à peu près sans valeur.

Il n'en est pas de même de la reproduction sans fécondation chez les animaux. Ici les vents ne sauraient en aucune façon concourir à leur fécondation, et bien que, selon quelques auteurs, on ne puisse pas conclure *à priori* du règne animal au règne vé-

(1) *Bull. Soc. bot. France,* t. III, p. 653.

gétal, cependant nous sommes assez disposé à croire le contraire; en voici la raison :

Nous avons vu, en principe, que, chez les animaux, la reproduction se faisait essentiellement par voie de fécondation, tandis que, chez les végétaux, la reproduction se fait bien plus souvent par voie de gemmation externe. Or, que serait-il arrivé en présence de l'idée de reproduction sans fécondation, en ne supposant d'ailleurs aucun exemple, soit dans les animaux, soit dans les végétaux? A coup sûr, s'il était possible, dans ces conditions, de formuler une opinion, on dirait, d'après le principe indiqué, qu'il est plus logique d'admettre ce mode de formation chez les végétaux que chez les animaux. Mais si, de plus, on vient à découvrir par l'observation que les animaux sont susceptibles d'une pareille formation, *a fortiori* devra-t-on l'admettre chez les végétaux. On a, en effet, constaté depuis longtemps un semblable mode de reproduction chez les Pucerons, et l'observation qui a consacré ce fait a été poussée jusqu'à la onzième génération par Spallanzani; mais alors on a pu croire que la fécondation s'étendait jusqu'à cette limite, et l'on ne faisait pas attention qu'il était difficile d'expliquer comment cette sorte de pénétration pouvait avoir lieu sur des organes qui étaient encore à naître ou à former. D'ailleurs, si l'on admettait encore ce mode d'imprégnation ultime, il n'y aurait pas plus de difficulté à l'admettre chez les végétaux, dont on pourrait bien plutôt admettre cette sorte d'emboîtement des germes dont parle Bonnet, surtout si l'observation a fait reconnaître dans plusieurs Palmiers les rudiments des régimes qui ne doivent paraître successivement que un, deux, trois, quatre, cinq, six et sept ans après (1). Malgré cela, notre esprit s'accommode mieux à l'idée d'une reproduction sans fécondation, mais accidentelle, surtout chez les végétaux, parce que nous pouvons théoriquement l'expliquer par l'évolution anormale du phytogène central du protophytogène qui produit le nucelle, lequel, dans son état normal, donne lieu à un ou plusieurs sacs embryonnaires dans lesquels se formera la vésicule embryonnaire, et par suite l'embryon.

Quoi qu'il en soit, le phénomène qui nous occupe et qui n'est, à

______

(1) De Candolle, *Physiologie*, p. 467.

notre avis, qu'une gemmation interne, a été désigné sous le nom de *Parthénogenèse* par M. Siebold, qui s'est occupé de ce phénomène chez les animaux. Cet auteur cite plusieurs autres exemples de ce genre observés avec soin chez les Psychés, les Abeilles et les Vers-à-Soie. Enfin, M. Lecoq a élevé une chenille femelle d'un *Bombyx Caja*, dont le papillon lui a donné, sans le concours du mâle, des œufs qui ont produit des larves (1). Or, nous ne saurions admettre que ce qui est possible à cet égard dans les animaux ne le serait pas dans les végétaux. C'est assez nous prononcer en faveur de ce mode de reproduction, qui, nous le répétons, nous paraît susceptible d'une explication simple et rationnelle.

En effet, de même que nous avons vu le phytogène central du protophytogène-carpelle se développer en une petite fleur, suivant l'observation de M. Duchartre (p. 384), de même le phytogène central du protophytogène-nucelle pourrait se développer d'une manière insolite en un bourgeon qui, se trouvant dans des conditions nouvelles, pourrait revêtir les caractères de la graine, et faire ainsi croire à une fécondation qui, en réalité, ici, ne serait pas absolument utile pour la reproduction de l'espèce.

Pour toutes ces raisons, nous nous croyons fondé à admettre la parthénogénie, et il est possible que l'on arrive à la constatation de son existence au moyen du caractère particulier que nous avons indiqué p. 403 (4°), quoique l'absence de ce caractère ne doive point être une preuve certaine que le phénomène parthénogénique n'existe pas. D'ailleurs, les expériences faites sur la possibilité de reproduction par graines sans fécondation sont trop nombreuses pour que le résultat puisse en être contesté (Lecoq).

§ IV. — *Croisement et Hybridité.*

On est dans l'habitude de désigner sous le nom de *croisement* ou d'*hybridité* l'acte en vertu duquel le germe de l'organe mâle d'une plante est reçu et nourri par l'organe femelle d'une autre plante congénère dans lequel il se développe en un embryon capable de constituer une graine fertile ; mais il s'en faut que ces deux dénominations expriment une seule et même chose, et c'est ce que nous allons chercher à démontrer.

(1) *Bull. Soc. bot. France*, t. III, p. 656.

En effet, 1° il peut y avoir *croisement* entre espèces de même nom sans que pour cela il s'ensuive nécessairement la création d'un hybride. C'est ce qui arrive tous les jours dans certains végétaux dont le pollen d'une fleur va féconder l'ovaire d'une autre fleur, pendant que l'ovaire de la première fleur est fécondée par un pollen étranger à cette fleur. Selon M. Darwin, cette sorte de fécondation croisée, qui paraît être le but de la nature, est plus efficace que la fécondation par les étamines mêmes de la fleur fécondée (1), et cette manière de penser est, jusqu'à un certain point, partagée par M. Bentham : donc il doit y avoir une différence à établir entre l'hybridité et le croisement. 2° D'un autre côté, on a souvent confondu les mots *hybrides*, *métis* et *mulets*. Cependant l'expression de mulet emporte généralement l'idée d'infécondité que n'offrent pas nécessairement les mots hybride ou métis.

Dans ces derniers temps, quelques auteurs, avec Gallesio et M. L. Villemorin, ont assigné l'expression de *métis* aux produits de la fécondation entre hybrides ou variétés, réservant le nom d'*hybrides* aux produits des croisements entre deux espèces distinctes ; mais M. Lecoq a fait judicieusement observer que dans l'application cette distinction est très-difficile à pratiquer : d'abord, parce qu'il est parfois impossible de distinguer une espèce d'une variété ; ensuite, parce qu'il existe des hybrides de métis, des métis d'hybrides et des hybrides d'hybrides. « Je demande, ajoute M. Lecoq, si, par exemple, en compulsant l'état civil des *Fuchsia* et des *Pelargonium,* on pourrait séparer les métis des hybrides (2)? » Ajoutons que tous les jours on confond les hybrides avec les variétés, et que si l'on voulait s'astreindre à désigner tous ces produits par un nom spécial, on se perdrait dans une nomenclature sans fin, qui heureusement n'est pas utile.

Ce qu'il est beaucoup plus facile d'établir, c'est que les espèces sont souvent, et les hybrides, les métis ou les mulets toujours le résultat d'une fécondation croisée. Par conséquent, le terme *croisement* doit avoir une signification générale que nous lui conserverons. Mais, comme dans ces différents croisements on

(1) *De l'origine des espèces, ou des lois du progrès chez les êtres organisés,* traduit par mademoiselle Royer. Paris, 1862.
(2) *Bull. Soc. bot. France,* t. IX, p. 219 (1862).

constate deux sortes de phénomènes bien tranchés, savoir : celui
où le produit est fertile et celui où il ne l'est pas, nous croyons
que l'on pourrait se baser sur cette connaissance pour établir certaines distinctions ; ou bien encore, profitant des connaissances
acquises sur les croisements et surtout en opérant un grand
nombre de fécondations artificielles, il se pourrait que l'on eût
intérêt à distinguer les produits des principaux croisements. Ainsi,
par exemple, cela étant, quand le croisement a lieu entre espèces
semblables, le produit qui serait un individu semblable pourrait
prendre le nom d'*Idose* (de εἶδος, espèce) ; si le croisement se fait
entre variétés d'une même espèce, le produit pourrait être désigné sous le nom de *Pécile* (de ποικιλία, variété) ; le produit résultant de la fécondation croisée de deux espèces congénères gar-
derait le nom d'*Hybride ;* le produit de la fécondation croisée de
deux hybrides, celui de *Métis ;* et enfin, le produit de deux espèces ayant peu d'affinités pourrait garder le nom de *Mulet.* De
cette façon, le croisement donnerait lieu aux cinq types suivants,
savoir : l'*idose,* le *pécile,* l'*hybride,* le *métis* et le *mulet,* lesquels
sont vraisemblablement placés dans l'ordre décroissant de leur
fertilité. Il est évident que l'idose étant l'espèce, sa fécondité est
indéfinie ; que le mulet étant, au contraire, produit par deux
espèces ayant peu d'affinités, celui-ci, comme le prouve l'expérience, sera rarement fertile ; tandis que le pécile, l'hybride et le
métis pourront l'être à des degrés divers, mais intermédiaires
entre la fécondité de l'idose et l'infécondité des mulets. On a depuis longtemps remarqué que dans les conditions de croisement,
l'embryon, en se développant par suite de la germination, parti-
cipait souvent des caractères du père et de la mère, et nous avons
donné des exemples qui confirmaient ces observations.

On a aussi reconnu que l'obtention de graines fertiles n'était
possible qu'autant que le croisement s'effectuait entre espèces voisines ayant entre elles un certain degré d'affinité ; ou entre variétés,
et, au contraire, que les espèces éloignées ne donnaient lieu qu'à
des graines stériles ; enfin, que la fécondation entre espèces de
genres différents ne s'effectuait que très-rarement, et à plus forte
raison entre espèces de familles dissemblables.

Nous avons cherché à démontrer que l'embryon résultait du
développement d'un germe créé par le père, mais, suivant l'opi-

nion qui paraît être le plus généralement admise, ne pourrait-il pas se faire que le germe résultât du *mélange intime* du *fluide* ou *élément générateur mâle* avec le *fluide* ou *élément générateur femelle?* C'est cette question que nous devons examiner ici avec quelques détails.

Si le germe résultait de deux fluides ou éléments générateurs *mélangés intimement,* on devrait obtenir dans les produits hybrides un mélange intime de caractères dans toutes les parties du nouvel individu, tellement qu'il serait impossible de trouver des caractères séparés qui seraient tantôt analogues à ceux du père et tantôt analogues à ceux de la mère. On concevrait que le produit dût avoir une forme, une couleur générale, des odeurs et des saveurs intermédiaires à celles des deux parents. Au contraire, on constate, dans les animaux, les formes générales du père, et en dehors de ces formes, quelques-uns des attributs de la mère, et cela d'une façon tranchée ; de telle sorte que ces nouveaux caractères, distincts, sont ou ceux du père ou ceux de la mère sans mélange intime. Pour les végétaux, on s'accorde généralement à reconnaître que les infrondescences ont la livrée de la mère, tandis que les parties de l'inflorescence ont plutôt les caractères du père. Jamais, par exemple, de la fécondation d'une espèce à fleurs jaunes par une autre espèce à fleurs bleues, ou réciproquement, on n'a obtenu un produit qui eût des fleurs vertes, ce qui, à notre avis, devrait avoir lieu si le mélange des fluides fécondateurs était aussi intime qu'on le suppose ; il en serait de même de tous les autres caractères, et l'on sait, au contraire, que, si le croisement se fait, on pourra avoir des fleurs offrant des parties jaunes et des parties bleues, lesquelles parties, distinctes, sont comme autant d'individualités vivant en commun pour constituer un organe et accomplir une fonction particulière. Il semble que, dans l'embryon, les individualités phytogéniques ou protophytogéniques vivent plus ou moins en commun, chacune conservant les caractères propres aux deux parents qui en ont fourni les éléments ; et voilà bien pourquoi on ne rencontre aucune fusion intime des formes, des couleurs, des odeurs ou des saveurs qui sont propres à chacun des parents de l'hybride. Il est donc évident que le mélange des deux éléments générateurs, comme on les désigne, n'est pas aussi parfait qu'on le dit. Mais si ce mélange intime ne se fait pas, où serait donc la nécessité de l'union de deux fluides ou éléments générateurs pour constituer le germe ou embryon initial? Supposons, au contraire, chez les végétaux, un phytogène initial composé d'un certain nombre de cellules se multipliant à l'infini et s'unissant entre elles pour constituer d'abord un protophytogène, ensuite tous les éléments simples des végétaux (tissu cellulaire, tissu fibreux, tissu vasculaire), alors il va nous être possible, en conservant l'individualité de chacun des phytogènes qui entrent dans la composition des parties, d'expliquer raisonnablement tous les phénomènes qu'accusent les résultats obtenus par l'expérimentation.

Pour faire comprendre les idées que nous allons émettre, nous devons commencer par bien fixer les termes dont nous serons obligé de nous servir. Nous nommerons *cellules identiques* celles qui, dans un phytogène, peuvent se substituer les unes aux autres sans déranger la forme et les autres propriétés du phytogène; telles sont celles que peuvent fournir l'individu mâle ou l'individu femelle de la *même espèce*. Pour les mêmes raisons, nous nommons *phytogènes identiques* ceux qui peuvent se substituer les uns aux autres dans un protophytogène. Enfin, les *protophytogènes identiques* sont ceux qui entrent dans la composition d'une branche infrondescente ou d'une branche inflorescente d'une espèce *franche*.

Nous donnerons le nom de *cellules similaires* à celles qui, dans un phytogène, peuvent se substituer à d'autres sans déranger la forme du phytogène, mais quelques-unes de ses propriétés seront modifiées; telles sont celles que fourniraient deux variétés voisines, par exemple, celles de l'*Impatiens Balsamina* (variété blanche), et celle de la même espèce (variété violette). Pour les mêmes raisons, nous aurons des *phytogènes* et des *protophytogènes similaires*.

Enfin, nous désignerons sous le nom de *cellules analogues* celles qui, dans un phytogène, peuvent se substituer à d'autres sans modifier la forme du phytogène, mais peuvent altérer plus ou moins profondément les propriétés de ce phytogène; telles sont les cellules que fourniraient deux espèces plus ou moins différentes, d'un même genre ou de deux genres très-voisins : par exemple, celle du *Lilium candidum* et celle du *L. cro-*

ceum, ou bien encore celles du *Triticum vulgare* et celles de l'*Ægylops ovata*. On peut également reconnaître des *phytogènes* et des *protophytogènes analogues.*

Ces différents points établis, voici alors ce qui pourra avoir lieu :

1° Admettons un germe ou phytogène initial arrivant dans la vésicule embryonnaire d'un ovule préparé exprès pour élaborer la nourriture qui doit le développer ; par exemple, dans l'ovaire d'un individu *identique* à celui qui a fourni le germe ; alors, les meilleures conditions de développement se trouveront réunis, et l'embryon qui en résultera, développé normalement, présentera un ensemble de phytogènes identiques à ceux qui entrent dans la composition du père ou de la mère, et l'individu nouveau aura tous les caractères propres à l'espèce de laquelle il est issu. Ici, tous les phytogènes composant l'embryon se seront normalement développés, et étant identiques, leur évolution ultérieure donnera lieu à des individualités identiques entre elles et identiques aussi à celles du père et de la mère ; et si les individualités du père et de la mère sont identiques elles-mêmes, le produit ne pourra avoir que les caractères propres des parents et constituer un individu complétement identique à l'espèce qui l'a produit.

Admettons même, ce qui pourrait avoir lieu, qu'une ou plusieurs des cellules, ou qu'un ou plusieurs des phytogènes d'un protophytogène ne puissent se développer et soient remplacés par des cellules ou des phytogènes produits par l'organe femelle d'une espèce identique ; comme l'organe femelle ne peut fournir que des cellules et des phytogènes identiques, l'embryon conservera les caractères propres à l'espèce franche. Mais il est vraisemblable, ainsi que semblent le prouver nos expériences sur les *Phaseolus* (p. 419), que, le plus souvent, le phytogène initial de l'embryon trouvant dans l'ovule de la mère *naturelle* une nourriture préparée uniquement en vue de son évolution, le germe se développera avec le moins de chance possible d'avortements de ses parties constitutives ; et d'ailleurs nous venons de voir que, cela arrivât-il, la partie manquante pourrait être immédiatement remplacée par une partie tout à fait identique. Nous assistons ainsi à la création d'un individu constituant une *véritable espèce* ou *idose*.

2° Supposons maintenant un germe ou phytogène initial arrivant dans la vésicule embryonnaire d'un ovule appartenant à un individu qui n'est plus *identique*, mais qui est *similaire*, ainsi que cela arrive pour la fécondation entre variétés bien distinctes; comme la nourriture destinée à développer ce germe n'est pas exactement semblable à celle qu'aurait préparée l'ovule d'un individu identique, le germe ne se développera pas dans des conditions normales; quelques-unes des cellules et même des phytogènes de l'embryon pourront ne pas se développer, et comme le phytogène ou le protophytogène a besoin d'être complet pour que l'embryon se forme, l'organe femelle fournira des cellules ou des phytogènes qui, étant similaires, pourront se substituer aux cellules ou phytogènes manquants et, par leur multiplication en commun, arriveront à former un embryon complexe qui, dans les diverses individualités qui le composeront, offrira tantôt les caractères paternels et tantôt les caractères de la mère. C'est dans ce cas que nous aurons un *véritable Pécile*.

Toutefois, il se peut que deux variétés soient si voisines l'une de l'autre que la *similarité* se rapproche beaucoup de l'*identité*, et dans ce cas, le germe trouvant dans l'ovule une nourriture presque semblable à celle que lui aurait fournie sa mère normale, se développera lui-même normalement et donnera lieu à un embryon qui, n'empruntant rien à la mère que son enveloppe protectrice, donnera, par son évolution, immédiatement un individu semblable au père. Tel est le cas des individus obtenus par la fécondation réciproque des deux variétés du *Phaseolus multiflorus* dont les résultats ont été rapportés p. 421. Ici, quoiqu'il y ait eu croisement, on ne peut réellement pas dire qu'il y ait eu pécilité ou hybridité, et c'est plutôt une fécondation analogue à celle qui se passe entre un homme brun et une femme blonde ou réciproquement; mais cette expérience est, à notre avis, la plus propre à fournir la preuve que l'organe mâle est réellement le seul qui fournisse le germe de l'embryon, car dans toutes nos expériences nous n'avons constaté aucun mélange dans la fleur provenant de la fécondation réciproque. Cependant, il se pourrait très-bien que quelques cellules, quelques phytogènes vinssent à manquer et à être remplacés par des cellules ou des phytogènes fournis par la mère, et dans ce cas, nous aurions sans doute un individu chez lequel quelques individualités trahiraient la participation de l'organe femelle à la formation de l'embryon. Mais nous n'avons aucune preuve certaine de ce fait.

3° Si la fécondation se fait entre espèces d'un même genre ou de deux genres très-voisins (*Triticum* et *Ægylops*), alors, ne trouvant plus pour se développer une nourriture exactement appropriée à sa nature, le germe ne se développera plus normalement; plusieurs de ses cellules ou de ses phytogènes s'atrophieront et devront être remplacés, dans le protophytogène-embryon, par des cellules ou des phytogènes formés par l'organe femelle ; mais comme ces cellules ou ces phytogènes seront *analogues* à ceux du germe, ils pourront se substituer à ceux qui ne se sont pas développés, et le protophytogène embryonnaire sera plus hétérogène que dans l'exemple précédent. Dans ce cas, les phytogènes, quoique de nature différente, pourront néanmoins encore vivre en commun et constituer un individu composé offrant des individualités rendues distinctes et évidentes par des formes, des colorations, etc., séparées, non fondues, quoique vivant en commun les unes avec les autres pour former les organes de l'individu. C'est alors que l'on aura véritablement un *hybride* bien différent de l'hybride obtenu par la fécondation réciproque de deux variétés voisines.

On peut dès lors, ce nous semble, comprendre pourquoi toutes ces cellules ou ces phytogènes de natures seulement *analogues*, vivant anormalement en commun avec les autres, n'ont plus leur évolution naturelle; pourquoi, quand arrive le moment où doivent se former les germes, ces ultimes formations phytogéniques, celles-ci ne sont plus que faibles, languissantes ou incomplétement formées et à peine propres à former de nouveaux embryons. C'est surtout quand la fécondation se fait entre espèces éloignées que ce phénomène d'épuisement a lieu et que l'individu ne peut arriver à produire des semences fertiles, soit que le germe fourni par le pollen n'ait pas pu se bien former, soit que l'organe femelle, trop épuisé, ne puisse plus fournir les éléments de nutrition capables de permettre au germe de se développer. Mais si le germe de l'hybride, si imparfait qu'il soit, est reçu par un organe femelle capable de lui fournir des éléments semblables, alors ce germe pourra encore se développer et donner lieu à un embryon, c'est-à-dire à une graine fertile. Voilà, selon nous, pourquoi des fécondations réciproques entre hybrides semblables et surtout entre un hybride et un parent pourront arriver à produire quelquefois des graines fertiles.

Enfin, on comprendra de cette façon pourquoi des germes reçus par des ovules d'espèces, de genres et à plus forte raison de familles très-éloignés n'ont pas la moindre chance de se développer. C'est que les cellules et les phytogènes ne sont même plus analogues et les éléments de nutrition sont très-différents de ceux qui sont nécessaires au développement du germe initial; les cellules ou les phytogènes étant *dissemblables*, ne peuvent plus se substituer à ceux qui viendraient à manquer, et si cela avait lieu, il y aurait défaut d'harmonie dans la forme du proto-phytogène-embryon, peut-être défaut de contiguïté entre toutes les individualités constituant l'ensemble, et de là des perturbations dans le mouvement vital qui produit les éléments de l'embryon; d'ailleurs, il se passe là un phénomène de même ordre que celui qui consisterait à vouloir nourrir un jeune animal avec des aliments que sa nature repousse.

On peut comprendre aussi, à l'aide de ces idées, pourquoi, avec des cellules, des phytogènes ou des protophytogènes *identiques*, *similaires* ou *analogues*, la greffe de deux individus distincts pourra s'effectuer; tandis que si les cellules, phytogènes ou protophytogènes, sont *dissemblables*, cette greffe sera au moins très-difficile, sinon tout à fait impossible.

Il est un autre phénomène végétal qui nous semble avoir été confondu avec l'hybridation et qui nous paraît en être complétement distinct. Nous avons vu, page 379, que plusieurs sacs embryonnaires pouvaient se développer dans un nucelle et que même plusieurs vésicules embryonnaires pouvaient aussi se rencontrer dans un même sac embryonnaire. Or, ne peut-il pas arriver que les vésicules de chaque sac contenues dans un même nucelle soient fécondées séparément par des pollens différents, ou que les vésicules d'un seul et même sac reçoivent à la fois chacune le germe de 2 ou plusieurs espèces voisines? Si cela avait lieu, on pourrait obtenir des produits différents de ceux que nous venons d'étudier sous le nom d'hybrides.

1° Admettons que, dans le Gui, où, comme nous l'avons vu, il existe de 3 à 5 sacs embryonnaires, une ou plusieurs vésicules reçoivent le germe du *Viscum album* et les autres celui du *Viscum purpureum* ou tout autre ; alors, les 2 ou plusieurs germes se développant ensemble, pourront donner lieu à 2 ou plusieurs embryons contenus dans un seul nucelle, et il pourra arriver qu'il y ait ou non soudure ou greffe entre les embryons. Si la première condition est remplie, chacun des embryons, quoique vivant en commun avec les autres, pourra conserver son individualité relative tout en se divisant et en se subdivisant à l'infini dans le végétal, enchevêtrant ses rameaux avec ceux des autres, et de là naîtra un individu *complexe* portant sur ses branches tantôt une individualité, tantôt une autre, et tantôt les deux ou plusieurs individualités plus ou moins unies nonseulement dans un seul bourgeon ou dans une seule fleur, mais aussi dans une même feuille, ou dans un même pétale, car maintenant nous savons qu'une feuille ou un pétale résultent du développement de plusieurs individualités ou phytogènes évoluant dans un même plan.

2° Ce que nous venons de dire pouvoir se passer dans les sacs embryonnaires d'un même nucelle peut se présenter aussi dans les vésicules embryonnaires d'un même sac, et comme les germes se développent alors dans un espace plus circonscrit et que les embryons qui en résultent arrivent au contact dans un état de développement moins avancé, il est présumable que la soudure ou la greffe supposée tout à l'heure s'effectuera plus certainement, et qu'ainsi nous aurons un individu complexe analogue à celui dont nous venons de parler et chez lequel les nombreuses individualités pourront se conserver plus ou moins intactes, ou se mêler plus ou moins, pour former les organes de la végétation de l'individu. C'est de cette façon peut-être que l'on pourrait rationnellement expliquer la formation de ce singulier végétal que tout le monde connaît aujourd'hui sous le nom de *Cytisus Adami*, et celle non moins curieuse du *Citrus* que les Italiens désignent sous le nom de *Bizarria* (*Citrus Bigaradia bizarria*, Riss. et Poit.), et qui est connu en France sous celui d'*Oranger hermaphrodite*. On sait que ce végétal peut porter à la fois sur la même branche des Bigarades de différentes formes, des Cédrats, des Oranges, des Limons, etc., et, ce qui est plus remarquable encore, des fruits offrant quelquefois les caractères de 2 espèces.

Ainsi les fruits sont parfois Cédrat dans une de leurs moitiés et Orange dans l'autre, ou se composent de côtes ou carpelles alternatifs de Cédrat et d'Orange, ce qui prouve bien que les individualités végétales peuvent se mélanger en conservant leurs caractères propres sans se fondre intimement. Or, ce fait coïncide avec l'observation que le genre *Citrus* est polyembryonnaire.

Il est probable que beaucoup d'espèces polyembryonnaires seraient susceptibles de donner lieu à des individus plus ou moins analogues, et il y a longtemps déjà que l'on connaît cette particularité que présentent certaines graines de contenir plusieurs embryons. Ainsi Duhamel a écrit : « Il y a une cause de monstruosité qui est commune au règne végétal et au règne animal (1), c'est la réunion de deux embryons en tout ou en partie (*Physiq. arb.*, t. I, p. 306). » MM. Khnigt et Sageret ont constaté que les graines d'un même fruit peuvent recevoir des fécondations différentes. M. Salisbury a affirmé à de Candolle avoir reconnu le même résultat dans un *Metrosideros*, et M. Sageret admet que 2 pollens différents peuvent agir sur le même ovule. Ce soupçon lui vient de certaines ressemblances qu'il a observées entre le Melon commun, le Melon-Serpent et le Chaté, fécondés les uns par les autres.

Turpin a figuré dans son *Iconographie végétale*, Tabl. XXXI, *fig.* 13, une semence d'Oranger avec 5 embryons, et *fig.* 14, d'*Ardisia coriacea*, dans laquelle on reconnaît 2 embryons. Celle de Citronnier offre souvent deux embryons, et celle de Pamplemousse 8 et même 10. Rob. Brown a fait voir que les semences de l'*Abies excelsa*, du Mélèse, du *Pinus strobus*, etc., renfermaient plusieurs embryons. Dupetit-Thouars a aussi trouvé 2 embryons dans la semence de l'*Evonymus latifolius*, et de 2 à 4 dans l'*Euphorbia rosea*. Richard en a trouvé 4 dans la semence de l'*Allium fragrans*, et nous-même en avons trouvé 2 et 3 dans les *Allium cepa* et *Porrum*, et le *Tulipa gesneriana* (2). M. Alphonse de Candolle a aussi trouvé deux embryons soudés suivant

____

(1) On sait, en effet, que plusieurs physiologistes ont constaté l'existence de 2 et 3 ovules, et par conséquent d'autant de *vitellus*, dans une même vésicule de de Graaf.

(2) *Bull. Soc. bot. France*, t. II, p. 764.

toute leur longueur dans l'*Euphorbia helioscopia,* ainsi que dans le *Lepidium sativum* et le *Sinapis ramosa* (1).

§ V. — *Atavisme.*

Les observations et les résultats si nets que nous avons constatés dans les expériences déjà nombreuses que nous venons de rapporter, n'ont pas seulement pour objet de démontrer la création probable du germe par l'organe mâle et l'influence des éléments nutritifs fournis par l'organe femelle dans le développement de l'embryon, mais ils peuvent encore expliquer rationnellement un autre phénomène qui jusqu'à ce jour est à peu près resté dans l'ombre au milieu des questions que l'on a essayé d'élucider et qui se rattachent à la fécondation, probablement parce qu'il a paru se rattacher à des causes encore plus obscures que la fécondation : nous voulons parler de l'*atavisme.* Ce phénomène a été ainsi nommé par MM. Duchesne et Sageret, parce que les individus animaux, non-seulement ressemblent à l'un ou l'autre de leurs parents, mais encore à leurs aïeux, alors même que les individus intermédiaires n'accusent aucune ressemblance. On sait, en effet, que dans l'espèce humaine, on voit fréquemment des enfants ressembler à l'un de leurs grands-parents, ou même à l'un de leurs bisaïeuls ou bisaïeules, et le même fait s'est présenté dans ceux des animaux dont on a eu intérêt à suivre la filiation (2). Or, ce que nous avons dit de l'influence prépondérante de la nutrition sur le germe ou du germe sur la nutritrition, va, ce nous semble, donner la clé du phénomène de l'atavisme et du *principe des ressemblances.*

1° Pour plus de clarté dans l'exposition de ce principe, admettons les phénomènes les plus nets de ressemblance des enfants et choisis dans les extrêmes, c'est-à-dire dans le cas où la mère nourrit relativement beaucoup l'embryon, et dans celui où elle le nourrit relativement très-peu. Nous avons dit, p. 412, que, dans la première hypothèse, le germe étant abondamment nourri et empruntant beaucoup à la mère, arrivait le plus souvent à être du sexe masculin, et que le fils ressemblait à la mère ; au con-

---

(1) D. C., *Organ. vég.,* pl. LIII, *fig.* 1, et pl. LIV, *fig.* 1.
(2) D. C., *Physiol. vég.,* p. 757.

traire, le germe n'empruntant à la mère, relativement, que peu des éléments nutritifs, l'enfant était du sexe féminin, et, le germe étant prédominant, devait ressembler davantage au père. C'est un fait incontestable examiné dans les cas extrêmes où nous nous plaçons.

2° Faisons sur les produits le même raisonnement, et appelons P, le premier père; M, la première mère, et P′, P″, etc., M′, M″, etc., les descendants de P et de M. Nous venons de dire, d'après l'influence de la nutrition, que P′ = M et M′ = P (2). Donc, par la même influence, à la seconde génération P″ = P ou M′, et M″ = M ou P′. En d'autres termes, le fils ressemblant à la mère, son enfant femelle ressemblera à son père, et par conséquent à sa grand'mère paternelle, et, la fille, ressemblant au père, son enfant mâle ressemblera à sa mère, et par conséquent à son grand-père maternel. Voilà le principe exposé dans sa plus grande simplicité, et dégagé de toutes les modifications qui pourraient résulter d'une sorte de partage égal entre les influences des germes et de la nutrition, partage d'influences qui font que, assez souvent, le contraire paraît exister, c'est-à-dire que la fille peut ressembler à la mère. Mais ces exemples sont beaucoup moins fréquents, au moins dans les familles où nous avons pu les observer, que les premiers exemples que nous avons cités comme base du principe des ressemblances. Malheureusement, ces observations n'ont pu encore être assez multipliées, au point de vue scientifique, pour que les conséquences du principe des ressemblances puissent être admises comme une vérité acquise à la science; mais, dans l'état d'obscurité où se trouve cette importante question, nous avons cru devoir poser ce premier jalon, afin d'indiquer une voie nouvelle à suivre dans les expériences ou les observations qui pourraient être faites désormais sur ce sujet intéressant :

Il est fort possible aussi qu'il faille tenir compte de l'énergie vitale des races; car il nous semble que, bien que nous ne puissions en connaître la cause efficiente, il y a des types qui *font race* plus les uns que les autres, ou, en d'autres termes, qui influent plus ou moins sur les ressemblances. Parmi les faits que

(2) = signifie ici *ressemble à*.

nous allons citer et que l'on nous pardonnera, espérons-le, quoique très-étrangers à un livre de botanique, on en trouvera quelques preuves.

1° M. O., homme vigoureux à tempérament sanguin, marié jeune à jeune femme de complexion délicate. 3 enfants mâles : l'aîné ressemblant au père ; le second ressemble encore au père, mais tient de la mère pour la taille et le tempérament (théorie du germe créé par le père) ; le troisième ne vit que 2 ans et demi.

2° M. Th... N..., homme fort, vigoureux, sanguin, marié à jeune femme de 19 ans (10 ans plus jeune), de constitution délicate. 2 enfants : fille et garçon, ressemblant au père (théorie du germe créé par le père).

3° M. P..., gendre du précédent, homme très-grand, très-fort, marié à jeune femme ayant 16 ans de moins que lui, grande, mais de santé délicate, comme sa mère. 2 enfants : fille et garçon ressemblant au père (théorie du germe créé par le père).

4° M. Ch. M..., homme très-fort, tempérament lymphatico-sanguin, marié à jeune fille ayant 7 ans de moins (18 ans). 2 enfants : le premier, garçon ressemblant au père (théorie des germes paternels) ; le second, venu 6 ans après, fille ressemblant à la mère, mais alors la mère, ayant 6 ans de plus, était devenue une femme faite, énergique, tandis que son mari était devenu obèse.

5° M. P... (Lag...), homme petit, sec et nerveux (29 ans), marié à une jeune fille de 18 ans, mais grande et de forte constitution. 4 enfants : l'aîné, garçon ressemblant au père (théorie des germes paternels) ; le second, fille ressemblant plutôt à la mère (influence de la nutrition plus grande) ; le troisième, garçon ressemblant à la mère, et le quatrième, fille ressemblant au père. Le principe des ressemblances se confirme par les 2 derniers enfants, au moment où l'énergie vitale du père a diminué, et au contraire où celle de la mère a augmenté.

6° M. H. B..., homme petit mais sec, nerveux, bilieux (32 ans), marié à jeune femme de 10 ans de moins. 3 enfants : l'aîné, garçon ressemblant à son père (théorie des germes paternels) ; le second, fille ressemblant à sa mère (influence de la nutrition plus grande) ; le troisième, fille ressemblant à sa grand'mère par son père (principe des ressemblances confirmé, atavisme).

7° M. Ch..., homme de force moyenne, marié à jeune femme de 9 ans de moins, grande et forte. 2 enfants : fille (M.) et garçon (V.) ressemblant à la mère (influence de la nutrition plus grande). M..., fille du précédent, grande et forte, donne un fils ressemblant à sa mère, et par conséquent à sa grand'mère ; V..., son frère, produit une fille ressemblant à son père, et par conséquent encore à sa grand'mère : donc, le cousin et la cousine se ressemblent (principe en partie confirmé et atavisme). Mais on peut remarquer que la femme Ch..., très-grande, très-forte, et probablement d'une énergie vitale plus grande, par l'influence des éléments de nutrition, a plutôt *fait race* que le mari.

8° M. R..., homme fort, de tempérament lymphatico-sanguin (34 ans), marié à jeune fille de 18 ans. 2 filles, ressemblant au père (théorie et principe confirmés). La même femme, veuve et remariée à M. J. B... (10 ans de plus). Un garçon, ressemblant à la mère (principe confirmé).

9° M. Ch. B..., homme de force moyenne, sanguin, marié à jeune femme (12 ans de moins). 2 enfants : le premier, fils ressemblant à la mère ; le second, fille ressemblant au père (principe confirmé).

10° M. J. Bel., homme de petite taille, nerveux (32 ans), marié à jeune femme de 10 ans plus jeune. 2 enfants : l'aîné, fille ressemblant au père (morte à 3 ans 1/2) ; le second, garçon ressem- à la mère (principe confirmé).

11° M. H. D..., homme grand, mais lymphatique, marié à jeune femme de 10 ans de moins. 2 enfants : le premier, garçon ressemblant au grand-père, par sa mère ; le deuxième, fille ressemblant plutôt au père, mais ici le principe des ressemblances n'est pas nettement confirmé, car on peut découvrir chez la fille une certaine influence maternelle. C'est que probablement l'énergie vitale du père était faible. Dans tous les cas, l'atavisme est des plus marqués.

12° M. Bast. M..., homme de force moyenne, sec, nerveux, marié à femme de 2 ans plus âgée que lui. 2 filles ressemblant au père (principe confirmé).

13° M. S..., capitaine d'infanterie, homme de force moyenne, sanguin, marié à la fille aînée du précédent. 2 filles aussi ressemblant au père, lequel ressemblait à sa mère (principe confirmé et atavisme).

14° M. le général de V... 2 garçons jumeaux, ressemblant à leur mère (principe confirmé).

15° M. C..., homme de force moyenne, lymphatico-sanguin, marié à jeune femme de bonne constitution. 2 filles jumelles, ressemblant au père (principe confirmé).

Comme on le voit, dans ces observations on peut constater trois cas bien tranchés, savoir : 1° celui où l'enfant ressemble au père et où, par conséquent, il est permis de croire que le père a fourni le germe, ce qui est conforme à la théorie des germes paternels; 2° celui où l'enfant mâle ressemble à la mère, ce qui s'explique par l'influence prépondérante de la nutrition, et ce qui s'accorde avec le principe des ressemblances; 3° celui où l'enfant femelle ressemble encore à la mère, ce que nous attribuons non-seulement à l'influence d'une nourriture prépondérante, mais peut-être à une action vitale plus énergique de la part de la mère qui lui permet de faire race, et probablement à une sorte de puissance plastique dont seraient douées les molécules nutritives formées par l'organe femelle, puissance sous laquelle s'évanouiraient la forme et la ressemblance appartenant au germe paternel. Nous le répétons, la théorie des germes créés par le père se trouve ici nettement indiquée, mais elle est surtout plus claire dans la fécondation réciproque obtenue sur les *Phaseolus multiflorus :* variétés blanche et écarlate, où le croisement réciproque se contrôle parfaitement l'un par l'autre, et, à notre avis, il n'y a pas d'expériences qui soient de nature à mieux décider la question de la fécondation relativement à la procréation du germe.

Malheureusement, il est fâcheux que toutes les tentatives d'hybridation végétale n'aient pas été faites dans le but de s'assurer par des fécondations réciproques quelle est la part exacte que prend l'individu mâle ou l'individu femelle dans la constitution de l'embryon. Il nous semble que les personnes qui ont à leur disposition des cultures d'individus dioïques, comme la plupart des Conifères, pourraient, en choisissant des espèces voisines, mais ayant des caractères bien tranchés, et en opérant des fécondations réciproques, par exemple en fécondant A par B et B par A, arriver à avoir des produits dans lesquels il pourrait être possible de reconnaître assez certainement quelle est la part qui revient à chaque parent. Il nous paraît évident, en effet, que le produit de A par B ne doit pas être exactement le même que le produit de B par A, et il est fort possible que le premier ait l'infrondescence de A et l'inflorescence de B; tandis, au contraire, que le second aurait l'infrondescence de B et l'inflorescence de A. Or, si cette vue v nait à se confirmer, nous rentrerions clairement dans la théorie des germes créés par le père, et l'on aurait la preuve que la mère ne fournit que les organes de la nutrition, pendant que le père fournirait les organes de la reproduction, ce qui serait, jusqu'à un certain point, conforme aux opinions de Rolando, Prévost et Dumas, pour les animaux, et aux observations des botanistes qui ont cru reconnaître que les hybrides tenaient surtout de leur mère par le feuillage et du père par la fleur (p. 421-424).

Article III. — Épanouissement des Bourgeons.

Maintenant que nous avons fait connaître la manière dont se forment tous les organes végétaux, aussi bien ceux de la reproduction que ceux de la nutrition, nous devons faire l'étude de la manière d'être de ces organes déjà formés, mais qui, groupés et très-rapprochés les uns des autres dans le bourgeon, y affectent des arrangements ou positions très-différentes, positions qui, peu à peu, disparaissent pendant l'*épanouissement*. Nous donnons ce nom d'une manière générale au phénomène mécanique qui consiste à écarter les uns des autres et à étaler les organes appendiculaires qui composent le bourgeon. On a donné les noms de *préfoliaison* ou *vernation* à la disposition des feuilles dans le bourgeon-feuille, de même que l'on a désigné sous le nom de *préfloraison* ou *estivation* l'arrangement des organes floraux dans le bourgeon-fleur. Le moment où les parties enveloppantes de la fleur commencent à s'étaler pour constituer son épanouissement a reçu le nom d'*anthèse* (du grec ἄνθεω, fleurir); mais le moment où a lieu le même phénomène pour les feuilles n'a reçu aucun nom. Si ce nom était nécessaire, nous proposerions pour lui le nom de *phyllèse*, en forçant la contraction dans le mot *phyllophyèse* (du grec φυλλοφυέω, pousser des feuilles), qui, trop long, serait moins euphonique.

Dans ce même article, nous chercherons à établir la cause mécanique qui produit l'épanouissement, de sorte que nous le diviserons en 3 sections, savoir : 1° la vernation et la phyllèse ; 2° l'estivation et l'anthèse ; 3° la théorie mécanique de l'épanouissement.

§ I. — *Vernation ou préfoliaison.*

La vernation ou préfoliaison est donc la manière d'être ou la disposition des jeunes feuilles dans le bourgeon avant son épanouissement ou sa *phyllèse*. Quelques auteurs ont aussi donné le nom de *gemmation* à cette disposition, mais comme ce mot est aussi donné à la formation des bourgeons, on ne l'emploie plus guère que dans la première acception.

Quoi qu'il en soit, les jeunes feuilles présentent souvent un limbe ayant un certain développement, quoiqu'enfermées encore dans le bourgeon ; mais elles y sont en général roulées, ou plissées de manière à se prêter à la forme ovoïde du bourgeon et à y occuper le moins de place possible. Pour cela, la nature a varié de diverses façons les formes qu'elles prennent. On peut considérer les feuilles, soit par rapport à la forme que chaque feuille affecte, soit par rapport à leur disposition relativement aux autres feuilles.

A. La considération de chaque feuille en particulier présente neuf dispositions principales ; ainsi :

1° Elle peut être pliée dans sa longueur, appliquant ainsi une de ses moitiés sur l'autre, la nervure moyenne conservant sa direction normale ; c'est la vernation *condupliquée* (Chêne, Oranger, etc.).

2° Au contraire, quelquefois cette plicature se fait de haut en bas, c'est-à-dire que le sommet du limbe se rapproche de la base ; on nomme cette vernation *réclinée* (Tulipier).

3° Si elle présente des plis longitudinaux à la manière d'un éventail, on la dit *plissée* (Érable, *Tigridia*, etc.).

4° Lorsque leur limbe s'enroule *longitudinalement*, c'est-à-dire que leur nervure médiane restant droite, leur limbe s'enroule sur lui-même à la manière d'un cornet, on a la vernation *convolutée* (Abricotier, *Canna*, etc.).

5° Quand, au contraire, cette convolution se fait *transversa-*

lement, c'est-à-dire que le limbe s'enroule sur la nervure médiane de haut en bas, comme une crosse d'évêque, la vernation est *circinnée* (Fougères, Pilulaire, etc.).

6° Les deux bords de leur limbe peuvent être roulés en dedans ou en dessus, comme on le voit dans la Violette, le Poirier, etc. : alors on a la vernation *involutée*.

7° Au contraire, les deux bords du limbe peuvent être roulés en dehors ou en dessous ; dans ce cas, on a la vernation *révolutée* du Romarin.

8° On pourrait encore regarder comme ayant une vernation particulière certaines feuilles qui, très-larges, mais étroitement enfermées par les feuilles extérieures, prennent une forme chiffonnée ou frisée, comme on le voit dans le chou. Ce serait une sorte de vernation *chiffonnée*.

9° Enfin, quelquefois la jeune feuille se présente dans le bourgeon sans plicature ni enroulement, comme on le voit dans le Lilas ; on pourrait dire alors que la vernation est *appliquée*.

B. Leurs rapports entre elles dans le même bourgeon permet d'observer plusieurs modifications.

1° Si elles sont planes ou légèrement concaves, c'est-à-dire dressées et opposées, elles peuvent se toucher par leurs bords sans se recouvrir (*vernation valvaire*).

2° Lorsqu'elles se recouvrent seulement dans une partie de leur hauteur, et le plus souvent aussi par leurs bords selon une disposition hélicoïdale qu'elles conservent, elles constituent la *vernation imbriquée* ou *hélicoïdale*.

3° Quand, pliées sur elles-mêmes, elles sont opposées et se touchent seulement par leurs bords ou par leurs faces voisines, on a la *vernation indupliquée*.

4° Quelquefois une feuille condupliquée en embrasse complétement une autre, condupliquée aussi, qui en embrasse une troisième de même disposition et chevauchant les unes sur les autres, d'où le nom d'*équitante* donné à cette forme de la vernation.

5° Il peut arriver que deux feuilles condupliquées reçoivent réciproquement dans leur pli la moitié de la feuille opposée, auquel cas on a donné le nom de *vernation demi-équitante*.

A quelle cause phytogénique peut-on rapporter les divers

modes de dispositions? A cet égard, nous n'avons aucune donnée précise, car les organogénistes ne paraissent pas avoir encore dirigé leur attention sur ce point. Cependant on peut *a priori* s'en faire une idée approchée pour quelques cas :

a. Ainsi, lorsque tous les phytogènes périphériques entrent dans la constitution d'une *seule* feuille, comme dans beaucoup de Monocotylédones, si la feuille s'élargit beaucoup, et si elle n'est pas peltée, il y a nécessité pour elle de se disposer en cornet et d'avoir une vernation convolutée. En effet, ses deux bords, aux points où l'exastosie circulaire se prononce, n'offrant que peu d'épaisseur, quoique d'une certaine rigidité, doivent glisser l'un sur l'autre, d'autant mieux que les bords de la base de la feuille se présentent obliquement l'un à l'autre. Dès que l'un des bords s'est placé au-dessous ou en dedans de l'autre, la disposition est nécessairement commandée par l'accroissement successif en largeur de la feuille. Ajoutons cependant que comme la disposition est toujours la même, c'est-à-dire que c'est toujours le même bord qui devient l'interne (*Canna*), ou que c'est toujours alternativement tantôt le bord droit qui est interne, tantôt le bord gauche (Graminées), et cela d'une manière constante, il faut admettre dans ce phénomène de position régulière l'influence d'une prédisposition organique, tenant probablement à un défaut de simultanéité parfaite dans toute la série circulaire des phytogènes périphériques, d'où résulterait une légère tendance à la disposition hélicoïdale des phytogènes circulaires.

b. Supposons une feuille condupliquée; sa forme peut être expliquée de deux façons mécaniques, et il est probable que ces deux mécanismes sont employés par la nature.

1° Ou bien, par une sorte de *Campylotropie*, la face externe se développant relativement plus que la face interne de la feuille, celle-ci doit se recourber de façon à ce que la face la plus développée soit enveloppante; c'est ce qui nous a paru se passer dans la formation des feuilles du *Tilleul* et de l'Oranger.

2° Ou bien encore le phytogène-limbe a, *fig.* 5, C, peut *s'exastosier sur un seul côté*, à la manière des feuilles de Monocotylédones, et donner lieu à deux côtés qui, s'appliquant l'un sur l'autre, ne sont que les deux demi-limbes de la feuille, que la croissance ultérieure développera en un limbe plan; c'est de cette façon que nous ont paru se former les folioles condupliquées du *Sambucus nigra* et celles du *Robinia pseudo-Acacia*.

Il ne faut pas confondre ces deux causes de dispositions avec celle qui résulterait du développement d'un organe originellement plan, mais dont les bords, se trouvant emprisonnés dans une enceinte circulaire résistante, seraient forcés de subir une courbure ressemblant à une sorte de Campylotropie. C'est ce qui nous a paru se passer dans le Figuier.

c. Le phénomène campylotropique que nous avons supposé déterminer la disposition vernale de la feuille d'Oranger s'était produit longitudinalement dans le sens de la nervure médiane ; mais supposons un phénomène campylotropique se produisant transversalement dans un sens perpendiculaire à la nervure principale, nous aurons alors la disposition de la feuille réclinée du Tulipier.

d. Enfin, c'est évidemment par une sorte de campylotropie due à un plus grand développement relatif des faces externes de la fronde des Fougères que se produit la vernation circinale que nous leur connaissons, laquelle se reproduit même sur les folioles ou frondules de ces végétaux. Mais lorsque la face interne de ces feuilles vient à se développer relativement plus, alors commence le phénomène de l'épanouissement des feuilles ou *phyllèse*.

§ II. — *Estivation ou préfloraison.*

Les bourgeons-fleurs, de même que les bourgeons-feuilles, renferment des organes appendiculaires déjà très-développés ; mais disposés le plus souvent en verticilles de parties simultanément développées et, partant, de même grandeur, on doit s'attendre à trouver des dispositions et un épanouissement assez différents de ceux que nous avons vus se produire dans les bourgeons-feuilles. En effet, l'épanouissement des feuilles ou phyllèse, se fait pour ainsi dire successivement et n'est pas aussi instantané que l'anthèse ou épanouissement des fleurs. Quant aux différences de disposition, nous allons les passer toutes en revue. Or, c'est cette disposition ou arrangement des parties de la fleur dans le bourgeon-fleur, qui a reçu le nom général d'*estivation* ou de *préfloraison ;* tandis que l'on désigne sous celui d'*anthèse* ou de *flo-*

raison le moment où la fleur commence à s'ouvrir jusqu'au moment où elle est pleinement épanouie.

La préfloraison peut présenter un certain nombre de formes diverses dont la cause pourrait bien être due à l'ordre suivant lequel se fait l'apparition et par suite l'évolution des parties de chaque verticille floral. Or, l'organogénie que nous avons faite du calice et de la corolle nous a démontré que, d'une manière générale, les parties du premier organisme (calice) n'apparaissaient pas toutes à la fois, tandis que les parties du second organisme (corolle) se montraient le plus souvent simultanément. Il en résulte une disposition essentiellement différente dans ces deux ordres de verticilles, disposition qui peut encore varier pour chacun de ces ordres.

1° Quand les diverses parties constituant un verticille n'apparaissent que les unes après les autres, alors elles prennent la disposition générale des feuilles sur l'axe, c'est-à-dire qu'elles apparaissent suivant une ligne hélicoïdale; et comme les tours de l'hélice sont sensiblement dans un même plan, on peut dire avec tous les auteurs que la disposition ou que la préfloraison est en *spirale*, et c'est celle que l'on observe le plus souvent dans les calices. Cependant on peut y observer trois modifications qui méritent d'être signalées.

a. Il peut arriver que les premières parties apparues grandissent assez pour envelopper complétement celles qui se développent après, de telle sorte qne toutes ces parties sont emboîtées les unes dans les autres, comme on le voit dans le calice du *Magnolia;* alors on dit la préfloraison *convolutive*.

b. Mais il arrive aussi que les parties les premières formées, qui, dans ce cas, sont assez nombreuses, recouvrent en partie seulement, suivant leur hauteur et à la manière des tuiles d'un toit, les nouvelles formées; alors on a une préfloraison *imbriquée* dont le calice des *Camellia* nous offre un précieux exemple.

c. Le plus ordinairement, les parties, au nombre de cinq, ne se recouvrent que dans une portion de leurs bords latéraux. Dans cette circonstance, les deux pièces formées les premières, et qui sont les plus extérieures, sont *presque* opposées et recouvrent par leurs bords les secondes formées; les deux plus intérieures, *presque* opposées aussi, sont recouvertes par leurs deux côtés ; enfin la cinquième est toujours placée entre l'une des deux premières, qui la recouvre par un de ses bords, et l'une des deux secondes, qui la recouvre pareillement ; si bien qu'en faisant passer une courbe par le plan de chacune des parties on a sensiblement décrit une spirale formée de cinq parties disposées sur deux spires complètes. On a donné à cette préfloraison le nom de *quinconciale*. Cette disposition est celle qu'affectent les calices des *Rosa*, des *Cistus*, etc.

Nous avons dit bien des fois déjà que l'alternance naissait du déplacement de deux organes originellement opposés : l'organogénie vient à l'appui de cette idée. En effet, si nous faisons l'étude du développement du calice des *Rosa*, nous reconnaissons, avec Payer, que les sépales sont au nombre de 5 et apparaissent successivement dans l'ordre quinconcial. Les sépales 1 et 3 se forment les premiers ; les sépales 4 et 5 sont latéraux et le sépale 2 est le dernier formé. Libres à l'origine, ils semblent, plus tard, connés à leur base, parce que le bord du réceptacle sur lequel ils sont nés se relève et forme une coupe assez profonde (Payer).

L'organogénie du calice des *Cistus* est plus convaincante encore. Il se compose aussi de 5 sépales disposés en préfloraison quinconciale et la fleur est accompagnée de deux bractées latérales *opposées*. « Si l'on cherche la position des sépales par rapport à ces bractées, on remarque, dit Payer, que les sépales 1 et 2 alternent avec elles, tandis que les sépales 3 et 5 d'une part, et le sépale 4 de l'autre, leur sont superposés. Le calice des *Cistus* peut donc être considéré comme composé de 2 paires de sépales dont l'inférieure alterne avec la dernière paire de bractées, et dont la supérieure, en croix avec l'inférieure, a un sépale dédoublé en 2 autres qui forment les sépales 3 et 5. »

Nous ne partageons pas entièrement l'opinion du savant organogéniste relativement à ce dédoublement, car nous croyons que les mamelons sépaloïdes, phytogéniquement au nombre de 6, ont deux périodes d'apparition : dans la première, 2 seulement au lieu de 3, par avortement de l'un d'eux, sont antérieurs et les 3 autres se montrent dans la deuxième période. Voilà pourquoi on pourra rencontrer anormalement le nombre 6, qui est le nombre type des parties verticillaires de la fleur.

Cette manière de considérer les choses est puissamment appuyée par l'organogénie des *Geum*. En effet, bien que, dans le texte de son bel ouvrage (p. 501), Payer donne une organogénie du calice semblable à celle des *Cistus*, il reconnaît cependant, dans l'explication des figures de la planche 100, dont la *fig.* 2 représente l'organogénie du calice, qu'au-dessus des 2 bractées secondaires latérales b, il se forme 3 sépales s^1, s^2, s^3, qui, sur la figure, indiquent la première période de formation du cycle calicinal. Ce n'est donc qu'à la deuxième période que se forment les deux autres sépales. De sorte que l'on est conduit à cette idée que dans la formation des calices où les mamelons apparaissent en 2 époques, quelquefois 3 parties se développent dans la première époque et deux dans la seconde (*Geum*), et réciproquement, d'autres fois 2 se développent dans la première époque et trois dans la seconde (*Cistus*). Or, nous avons dit autre part (p. 87), en parlant des feuilles, qu'elles étaient toutes phytogéniquement opposées ou verticillées, que leur disposition hélicoïdale résultait d'un phénomène de *diastasie* (éloignement), et que la disposition quinconciale reconnaissait pour origine un verticille de 2 feuilles et un verticille de 3, ce qui est d'accord avec l'étude organogénique que nous venons de faire ici.

Bien que les formes de la préfloraison que nous venons de décrire soient particulières aux calices, cependant on rencontre des corolles qui présentent les mêmes dispositions; ainsi les pétales des *Magnolia*, du *Nymphœa alba*, etc., continuent la disposition hélicoïdale commencée par le calice; ainsi les *Rosa*, les *Rubus*, les *Fragaria*, etc., ont une corolle à préfloraison quinconciale, et rien que cette disposition nous ferait supposer que l'apparition des parties de la corolle n'est pas parfaitement simultanée. Il en est peut-être de même de la corolle des Légumineuses papilionacées, dont les diverses parties ne s'arrangent pas comme elles le devraient si elles apparaissent toutes aussi simultanément qu'on l'a supposé. Dans ces corolles l'étendard recouvre les ailes, et celles-ci, à leur tour, recouvrent la carène, constituant une préfloraison qui a été nommée *vexillaire*. A la vérité, le défaut d'uniformité de développement des parties peut suffire à l'explication du phénomène. Enfin, on trouve encore une autre forme de préfloraison dans les corolles irrégulières à deux lèvres, comme dans les Labiées et les Scrofularinées, car, dans le bouton, la lèvre supérieure, plus grande, recouvre l'inférieure, qui est, elle, de haut en bas repliée en dedans : c'est la préfloraison *cochléaire* de quelques auteurs.

2° Lorsque les parties d'un verticille floral apparaissent toutes à la fois et lorsque le développement de ces parties se fait d'une manière sensiblement uniforme, alors aussi il y a uniformité dans l'arrangement de toutes les parties.

a. Si les parties d'un même verticille sont placées les unes à côté des autres sans se recouvrir, on dit que la préfloraison est *valvaire*; c'est celle de la corolle des *Campanula, Asclepias, Galium, Asperula,* etc. Mais cette disposition admet 3 modifications, savoir : ou bien les bords sont simplement juxtaposés, ce qui constitue la préfloraison *valvaire* proprement dite (*Galium*); ou bien encore les bords, plus ou moins accolés, peuvent ressortir de manière à former une côte saillante en dehors, et alors la préfloraison est *réduplicative* (Ombellifères); ou bien enfin ces mêmes bords peuvent être repliés à l'intérieur en formant une côte proéminente à l'intérieur : la préfloraison est alors *induplicative* (*Syringa vulgaris,* Campanules, etc). Observons que cette préfloraison, ainsi que la suivante, sont celles qui s'éloignent le plus de la disposition hélicoïdale ou spirale, et sont l'indice d'un parfait verticillisme.

b. Lorsque les parties sont relativement larges et présentent une certaine rigidité, il arrive qu'en se développant simultanément, leurs bords glissent les uns sur les autres d'une manière régulière, de telle façon que chaque partie recouvre, d'un côté, la partie voisine, tandis que son autre côté est recouvert par une autre partie. Il en résulte une préfloraison qui, à cause de son apparence, est dite *tordue,* comme on le voit dans les *Nerium,* les *Linum,* les *Malva,* etc.

c. Quand les pétales se développent beaucoup, qu'ils sont très-minces et ont une grandeur exagérée par rapport à la chambre que leur forme le calice encore fermé, alors ils se replient irrégulièrement dans tous les sens, comme le ferait une mince feuille de papier froissée et roulée en boule, et, dans ce cas, ils constituent la *préfloraison chiffonnée,* telle qu'on la trouve dans les Pavots.

Quoique les préfloraisons valvaire et tordue que nous venons d'étudier, surtout cette dernière, soient particulières aux corolles, cependant il y a un grand nombre de calices qui présentent la préfloraison valvaire : tels sont ceux des *Malva*, des *Clematis*, etc. Cette disposition pourrait faire croire que les parties du verticille calicinal naissent à peu près simultanément. Toutefois, comme les sépales se dilatent moins en largeur et sont d'ordinaire plus rigides que les pétales, ces deux causes peuvent parfaitement rendre compte du phénomène. Il n'en est pas ainsi de la préfloraison tordue, que l'on ne retrouve guère que dans les corolles ; néanmoins, lorsque les sépales revêtent les propriétés des pétales, alors ils présentent parfois cette forme de préfloraison ; c'est ainsi que les deux verticilles floraux et alternes des *Anemone* présentent chacun une préfloraison tordue.

Le plus ordinairement l'anthèse tendant à écarter les parties de chaque verticille, celles-ci cessent de se recouvrir ou même de se toucher, et alors les relations de position que nous venons de signaler s'effacent au point qu'il est impossible de les reconnaître. La préfloraison ne fait donc qu'accuser ces rapports de position, ce qui permet de les déterminer plus exactement. Cependant il y a un grand nombre de fleurs où elles persistent malgré le maximum d'épanouissement qu'elles peuvent offrir. C'est généralement lorsque les parties très-développées en largeur ne peuvent pas entièrement être contenues dans l'aire du cercle qui résulte de leur entier épanouissement ; c'est pourquoi la disposition quinconciale se reconnaît encore dans les corolles des Rosacées et la disposition tordue dans celles de beaucoup de Malvacées, même lorsque ces corolles sont le plus étalées possible.

§ III. — *Théorie mécanique de l'épanouissement.*

Le mécanisme qui préside aux *préfoliaisons* et *foliaisons* étant le même que celui qui détermine les *préfloraisons* et les *floraisons*, en l'étudiant dans le bourgeon-fleur il sera facile de voir qu'appliqué aux bourgeons infronlescents, le phénomène de l'épanouissement doit se produire de la même façon.

Dutrochet paraît être le seul physiologiste qui, jusqu'à ce jour, ait cherché à donner une explication de l'épanouissement des fleurs. Pour ce savant observateur, la nervure qui se trouve

sur chacun des pétales soudés dont se compose une corolle gamopétale est le siége de ces mouvements; ce sont des organes qui
auraient la propriété de se courber en deux sens opposés qui produiraient, selon le sens, l'ouverture ou la fermeture de la corolle.
L'examen microscopique fait voir que ces nervures sont composées : 1° à leur côté externe, d'une couche mince de tissu cellulaire, dont les cellules, rangées en séries longitudinales, sont
d'autant plus petites qu'elles sont plus extérieures: quand ces
cellules se gonflent, leur tissu se courbe de manière à diriger sa
concavité en dehors, et à amener par conséquent l'épanouissement de la fleur; 2° au côté interne, de fibres transparentes fines
et entremêlées de globules disposés en séries longitudinales. Ce
tissu fibreux est situé entre un plan de trachées d'une part, et un
plan de cellules superficielles remplies d'air, c'est-à-dire entre
deux plans d'organes pneumatiques. En plongeant dans l'eau
une tranche mince de tissu cellulaire extérieur et une autre de
tissu fibreux intérieur, il les a vues se courber en deux sens divers, c'est-à-dire que le premier a tourné sa concavité en dehors,
et le second en dedans de la corolle.

D'après ces idées, l'incurvation en dehors, qui produit l'ouverture de la corolle, est occasionnée par la turgidité du tissu cellulaire extérieur, qui, par endosmose, absorbe l'humidité atmosphérique. Quant à l'incurvation en dedans, celle qui détermine
l'occlusion de la corolle, elle n'est pas due à la déplétion du tissu
cellulaire extérieur, comme on aurait pu le penser d'après son
action dans le mouvement contraire. Dutrochet l'attribue à l'absorption de l'oxygène. Cette opinion est fondée sur les expériences suivantes : Quand on plonge une fleur non épanouie dans de
l'eau aérée, elle ne tarde pas à s'y ouvrir, par suite de l'absorption du liquide opérée par le tissu cellulaire extérieur des nervures. Mais au bout de quelques heures la fleur se ferme, parce
que le tissu fibreux intérieur des nervures absorbe l'oxygène de
l'air. Une fleur épanouie, plongée dans de l'eau privée d'air, ne
s'y ferme pas, même au bout de plusieurs jours, parce qu'elle n'y
trouve pas l'oxygène nécessaire pour déterminer l'incurvation en
dedans du tissu fibreux des nervures (1).

(1) *Comptes rendus de l'Acad. des sc.*, 1836, 2e semestre, n° 20, p. 564.

Nous ne saurions admettre la théorie de l'illustre académicien que nous venons de nommer, 1° parce qu'elle ne donne pas la théorie de la formation du bouton floral ; 2° parce que ce n'est pas dans la nervure seulement que se passe le phénomène d'incurvation, mais bien dans toute la surface du pétale ; 3° parce qu'il est obligé de faire intervenir dans son explication une cause pour l'incurvation en dehors différente de celle qui produit l'incurvation en dedans ; 4° parce qu'elle ne repose sur aucun principe de physique bien démontré ; 5° enfin, parce que l'expérience de ses deux tranches plongées dans l'eau ne conduit à aucune conclusion certaine, attendu que l'on obtient exactement le même phénomène avec deux tranches opposées de la tige ou de la nervure des feuilles d'*Antirrhinum majus*, par exemple, dans lesquelles on ne peut raisonnablement soupçonner aucune tendance à l'ouverture ou à la fermeture, et puisque ces feuilles, naissant sous une forme plane, n'ont pas besoin de deux systèmes opposés devant produire une occlusion ou un épanouissement.

C'est pour ces raisons diverses que nous croyons devoir présenter la théorie que nous avons créée sur ce curieux phénomène, théorie qui nous paraît avoir sur celle de Dutrochet l'avantage d'être appuyée sur un principe de physique aujourd'hui incontestable et sur des phénomènes de physiologie végétale que l'on ne peut révoquer en doute. De plus on verra qu'un seul et même principe est invoqué pour expliquer l'incurvation dans les deux sens.

Nous avons supposé que dans le mouvement d'*inconvolution* (1) il se passe quelque chose d'analogue à ce qui a lieu quand on chauffe deux plaques métalliques différemment dilatables par la chaleur et soudées face à face. Celle qui se dilate le plus occupant une surface plus grande que celle qui se dilate le moins, et la soudure s'opposant à toute espèce de glissement d'un métal sur l'autre, les deux métaux sont obligés de prendre une forme telle que le plus dilatable doit nécessairement envelopper et contenir le moins dilatable. Or, une courbe satisfait complétement à cette condition. Tout le monde connaît l'instrument si sensible

____

(1) Ch. Fd., *Faits pour servir à l'histoire générale de la fécond.*, etc. Broch. in-8°, 1859, p. 5.

appelé *thermomètre de Bréguet*, et qui est construit d'après ce principe.

Ce fait établi, supposons un verticille d'étamines pétaloïdes parfaitement unies avec le verticille extérieur : calice des Monocotylédones ou corolle des Dicotylédones. Dans l'état ordinaire des choses, le calice ou la corolle étant un verticille d'organes plus extérieurs que le verticille staminal, il est clair qu'il est le premier formé et qu'il doit avoir pris un plus grand développement que le verticille intérieur. Mais puisque nous admettons qu'il y a union complète entre les deux verticilles comme entre les deux lames métalliques différemment dilatables, il est évident que le plus extérieur formera une surface plus grande que la surface que produira le verticille intérieur; par conséquent ces deux surfaces seront deux courbes dont *le centre de courbure sera sur un point compris dans la ligne qui continue l'axe* portant la fleur; et tant que cet état de choses durera, le phénomène conservera le nom de *préfloraison* ou *estivation*. Mais dès que le verticille extérieur aura fini sa croissance, la surface courbe qu'il décrit restera stationnaire, tandis que le verticille intérieur continuera sa croissance. Dans ce cas, bientôt la surface interne = la surface externe, et les deux systèmes ayant la même grandeur, n'offriront plus qu'une lame plane dans un ou plusieurs de ses sens; c'est alors que commencera l'*anthèse*, c'est-à-dire l'épanouissement. Enfin la croissance du verticille interne continuant toujours, la surface courbe, qui d'abord était la plus petite, devient la plus grande, et dans ce cas il se forme deux surfaces courbes en sens contraire, et le centre de courbure des parties de la corolle ou du calice n'est plus sur une ligne qui continue l'axe, mais bien *sur une ligne circulaire qui entourerait la fleur*; c'est ce que l'on nomme *pleine floraison*.

Si l'on a bien suivi la marche du phénomène, on comprendra qu'il est complétement semblable à celui de deux systèmes opposés (*figure* 34, A), de deux lames métalliques différemment dilatables, mais qui, à une température donnée, sont d'égale grandeur : les côtés + étant formés par le métal le plus dilatable ; les côtés — par le métal le moins dilatable.

Ceci posé, il est évident que si on élève la température de plusieurs degrés, soit de dix degrés, les deux systèmes tendront à s'incurver, d'après ce que nous avons dit, et à prendre la forme de la *figure* B, dans laquelle la prédominance de grandeur de métal + sur celle du métal — sera peu sensible; la courbe décrite sera d'un grand rayon, et par conséquent la forme qu'affecteront les deux systèmes de lames sera un ovoïde plus ou moins allongé; mais à mesure que la température s'élèvera, la forme que prendront les deux systèmes se rapprochera de plus en plus de la *figure* C, parce qu'en effet, dans ce cas, la différence entre le cercle enveloppé et le cercle enveloppant sera d'autant plus grande que le rayon de la courbe sera plus petit.

Si, au contraire, au lieu d'élever la température, nous venions à l'abaisser, un phénomène inverse se produirait : le métal + étant par contre plus condensable que le métal, — ce dernier aurait une prédominance de grandeur qui le ferait devenir à son tour enveloppant; et par conséquent, pour satisfaire à cette nouvelle condition, les deux systèmes de lames seraient obligés d'affecter la forme indiquée par la figure D.

Comme on le voit, les deux systèmes opposés de plaques métalliques différemment dilatables, exposées à des températures variables, se conduisent exactement comme le système supposé de deux verticilles soudés, dont le plus extérieur grandit d'abord plus que l'autre, puis s'arrête, tandis que le plus intérieur, continuant sa croissance, égale, puis dépasse la grandeur du verticille externe, pour produire un phénomène complétement opposé à celui qui s'était produit tout d'abord.

Or, cette supposition que nous venons de faire se trouve réalisée dans les enveloppes florales, et ce qui est vrai pour le système supposé est vrai aussi pour le système réel. En effet, chaque sépale ou chaque pétale doit être regardé comme formé de deux couches parallèles de tissu fibreux, vasculaire ou cellulaire, dont l'une est interne et l'autre externe. Cette condition de position relative est précisément celle qui détermine le phénomène, puisque la couche la plus extérieure accomplit d'ordinaire toute sa croissance avant la couche la plus intérieure, ainsi que l'on est en droit de le supposer, d'après ce qui se passe dans les corolles gamopétales. En effet, dans ces corolles les étamines sont toujours unies avec elles, souvent d'une manière si intime qu'il est quelquefois impossible de distinguer la base du filet du reste de la corolle audessous du point d'où l'étamine émerge. Or, dans cette partie où tout est si bien confondu, nous sommes bien forcés d'admettre la couche qui appartient au filet et celle qui appartient à la corolle; mais celle qui appartient à la corolle a une croissance indépendante de celle qui appartient au filet staminal, puisque la corolle a très-souvent fini son évolution quand l'étamine continue sa croissance, dont la terminaison est accusée par la déhiscence des loges de l'anthère et l'émission du pollen, et cette émission ne peut avoir lieu que par le débandement des cellules fibreuses des loges de l'anthère, ce qui y indique encore un mouvement d'évolution. Donc il faut reconnaître ici deux couches à croissance distincte, et de là à admettre l'indépendance de croissance dans les deux couches d'un sépale ou d'un pétale, d'un calice ou d'une corolle, il n'y a réellement qu'un pas : d'ailleurs, la description anatomique de la corolle indiquée par Dutrochet, l'anatomie des feuilles dont les sépales et les pétales ne sont que des modifications, et les recherches microscopiques que nous donnons plus loin sur les sépales d'*Iris germanica*, nous semblent autoriser pleinement cette manière de voir.

Pour peu que l'on applique ces idées à la préfloraison et à la floraison, on comprendra aisément les particularités qui accompagnent certaines estivations. Par exemple, si les deux couches des sépales ou des pétales grandissent à peu près simultanément, et si surtout elles se développent beaucoup plus en hauteur qu'en largeur, elles resteront à peu près de même grandeur, et le bouton de la fleur aura une forme oblongue plus ou moins rapprochée de B, *fig.* 34, considérée comme représentant une coupe longitudinale du bouton. Si, au contraire, la face extérieure de ces parties grandit plus tôt que la face interne, et si surtout la croissance se fait aussi bien en largeur qu'en hauteur, le bouton de la fleur prendra une forme arrondie plus ou moins analogue à celle de la *figure* C, regardée comme représentant une coupe longitudinale du bouton. Enfin, si, la couche externe des sépales ou des pétales grandissant toujours plus tôt que la couche interne, le développement est relativement plus prononcé en largeur qu'en hauteur, et surtout si ces cou-

ches ont une certaine épaisseur, on aura un bouton floral orbi-
culaire, plutôt déprimé et dont la coupe longitudinale sera à peu
près semblable à celle que représente la *figure* E. Mais comme ces
parties, quand elles sont libres, se recouvrent les unes les autres, ou
se roulent à l'intérieur ou se chiffonnent, et, quand elles sont
accolées par leurs bords, se plissent ou se contournent en hélice,
il en résulte que cette dernière forme de bouton floral disparaît
pour en donner une plus ou moins analogue à celle des *figures*
B et C, dans lesquelles néanmoins on reconnaît aisément les modifications que nous venons d'indiquer.

On pourrait peut-être objecter que, si l'on conçoit que deux
verticilles distincts ont une croissance non simultanée, il peut paraître plus difficile d'admettre que les sépales ou les pétales, qui
n'ont que peu d'épaisseur, puissent se prêter à une semblable
différence quant à l'évolution des deux parties que nous indiquons ; mais à cela nous répondrons que du moment que l'on
constate la présence de deux faces, l'une inférieure et l'autre
supérieure, ou l'une externe et l'autre interne, il y a évidemment
deux systèmes qui peuvent, dans certaines circonstances, agir
indépendamment l'un de l'autre, et par conséquent avoir une
croissance distincte comme si ces deux systèmes avaient été primitivement séparés ; que si l'on prend, par exemple, une feuille de
papier aussi mince qu'on le voudra, et par conséquent ayant moins
d'épaisseur que les parties de la plupart des calices ou des corolles, par cela même qu'il y a deux faces, nous en déduisons la
présence de deux couches dont l'une peut, suivant les circonstances, avoir de l'influence sur l'autre : c'est ainsi que si la
feuille est légèrement humectée sur une seule face, cette face
devient immédiatement plus grande ou enveloppante, ce qui
force la feuille de papier à se rouler suivant la loi que nous avons
indiquée.

D'ailleurs l'examen anatomique des parties du calice, comme
celui de la corolle, ne laisse aucun doute à cet égard. En effet,
dans le but de nous assurer si cette théorie était bien l'exacte re-
présentation des faits, nous avons dû faire quelques recherches
microscopiques, et voilà les résultats auxquels nous sommes
arrivés en étudiant la cause de l'inconvolution des *Iris*, particulièrement sur les sépales de l'*Iris germanica*, où ce phé-

nomène est extrêmement prononcé. Des coupes minces et longitudinales faites intérieurement et extérieurement sur la nervure médiane des sépales ont démontré qu'en effet le phénomène était exactement, assimilable à celui de deux plaques différemment dilatables qui subissent un changement de température.

La tranche interne ne laisse voir au microscope qu'un tissu cellulaire qui nous a paru être le même avant comme après l'inconvolution. Au contraire, des tranches externes examinées avant et après ce mouvement présentent dans leur constitution des changements assez remarquables.

Avant l'inconvolution le tissu est formé de cellules à peu près oblongues ou elliptiques, tandis qu'après, les mêmes cellules sont allongées et ont pris la forme de cylindres un peu amincis aux deux extrémités. La différence dans la longueur est d'un tiers environ.

Ces observations, faites sur les sépales externes, qui seuls s'appliquent directement sur les stigmates, seraient suffisantes ; mais comme les sépales internes accomplissent le même mouvement, nous avons cherché s'il y existait aussi les mêmes différences anatomiques ou s'ils n'étaient qu'entraînés dans le mouvement des sépales extérieurs, et nous avons trouvé qu'à part une légère modification dans la forme des cellules, le phénomène d'inconvolution était bien dû à la même cause, c'est-à-dire à l'allongement des cellules de la couche externe, tandis que le tissu cellulaire de la couche interne ne paraît pas varier de grandeur.

Nous avons été obligé, pour rendre notre idée plus nette, de supposer dans la théorie un arrêt *provisoire* d'accroissement ; mais, quoique ce phénomène soit vrai dans une foule d'autres cas, cependant il serait exagéré de l'admettre dans la floraison , puisque nous voyons fort souvent les sépales et les pétales grandir avant comme après l'anthèse, en conservant une forme à peu près constante. Toutefois on comprend aisément que tous les phénomènes resteront les mêmes, pourvu que l'on suppose la prédominance de développement d'une des faces sur l'autre, et c'est indubitablement ce qui a lieu dans la majorité des cas.

Maintenant, comme application directe de ce mécanisme à l'évolution et à l'épanouissement d'un bouton floral d'*Iris germa-*

nica, nous disons que chaque sépale est formé de deux couches de tissu, l'une interne et l'autre externe. Cette dernière, pendant tout le temps de l'évolution du bouton, conserve une prédominance relative de développement sur la couche interne. De plus, le développement longitudinal, quoique un peu plus prononcé que le latéral, devrait donner un bouton approchant plus ou moins de la forme sphérique ; mais comme les sépales se recouvrent sur les côtés, il en résulte que le bouton reste très-allongé. Enfin le moment arrive où le développement de la couche interne de chaque sépale se prononce relativement plus que celui de la couche externe, et alors les sépales, qui convergeaient par le haut et se recouvraient sur les côtés, tendent à s'écarter pour constituer la floraison ; et cet état de choses continue dans les trois sépales extérieurs jusqu'à ce qu'ils soient fortement réfléchis, tandis que dans les sépales internes la croissance de la couche intérieure ne devient jamais plus prononcée que celle de la couche extérieure, ce qui fait que les sépales conservent une position dressée ou même un peu infléchie. Mais bientôt la couche extérieure des sépales, dont l'accroissement a, pour ainsi dire, subi un *arrêt provisoire*, ou tout au moins s'est ralenti, reprend un nouveau mouvement d'accroissement par l'allongement des cellules ; la surface externe redevient par cela même plus grande que l'interne, et comme elles sont liées ensemble, il faut de toute nécessité qu'elle devienne enveloppante. De là le phénomène d'inconvolution.

Malheureusement, le temps nous a jusqu'à présent toujours manqué ; sans cela, nous aurions examiné sous ce point de vue la floraison ou l'inconvolution d'autres fleurs d'Iridées, ce que nous nous proposons de faire plus tard ; mais nous pouvons tout d'abord supposer que si ce phénomène d'inconvolution se fait ici par l'allongement des cellules déjà formées, il ne serait point impossible qu'il y eût des cas où il pourrait être dû à la formation de cellules nouvelles. Cette augmentation de nombre devrait nécessairement déterminer l'agrandissement de la couche et par conséquent la rendre enveloppante.

CHAPITRE VII

Quand on jette un coup d'œil sur l'ensemble d'un végétal, quel que soit le soin que l'on mette à cet examen, on n'arrive jamais qu'à y reconnaître deux sortes d'organes généraux parfaitement distincts : les uns, affectant la forme de tubes cylindriques ou prismatiques ; les autres, celle de membranes plus ou moins étendues et de formes très-diverses. On a donné aux premiers les noms de *tiges, rameaux, axes* ou *organes axiles*, etc., et aux autres ceux de *feuilles, stipules, bractées, sépales, pétales, appendices* ou *organes appendiculaires*, etc.

Aux axes se rapporte tout organe susceptible d'un développement central et en quelque sorte indéfini, *dans une seule dimension*, tandis que le développement dans les autres dimensions est relativement insignifiant. Ainsi les mérithalles ou entre-nœuds des tiges qui se succèdent constituent essentiellement l'organe axile ou l'axe. Dans un axe on peut toujours supposer que du centre, c'est-à-dire du sommet, sortiront des éléments nouveaux capables de continuer l'axe, et, abstraction faite des organes plans ou membraneux qui se développent sur l'organe axile, c'est dans ce sens que l'on peut dire que les bourgeons, bulbes, bulbilles, cayeux, bourgeons-inflorescence, bourgeons-fleurs, ovaires, graines, etc., sont des axes ou des organes de *nature axile*.

Les organes appendiculaires comprennent les organes qui, *une fois formés*, grandissent sans ajouter aucun élément nouveau à leur composition, qui ont toujours un développement limité, mais surtout dont l'*évolution* se fait *dans deux des dimensions* de l'étendue, le développement dans la troisième dimension étant relativement insignifiant : tels sont les cotylédons, feuilles, stipules, sépales, pétales, etc.; et, abstraction faite des granules polliniques, des ovules et des placentaires, on est convenu de regarder les étamines et les carpelles comme étant des appendices ou des organes de *nature appendiculaire*. En un mot, les axes sont, d'une manière générale, les supports des organes appendiculaires, si bien qu'il est presque aussi difficile de rencontrer des axes sans organes appendiculaires que des appendices sans organes axiles; et leur ensemble devrait être désigné par le nom d'*axophylle*.

Cependant, comme nos études phytogéniques nous ont conduit à reconnaître qu'il pouvait y avoir, indépendamment des axes et des appendices, des organes qui étaient aussi bien l'un et l'autre et qui, par conséquent, pouvaient être regardés comme intermédiaires, pour fixer les idées nous conserverons le nom d'*axophylles* aux organes qui sont à la fois axes et feuilles. Ainsi, quand un protophytogène se développe en s'allongeant sans que les exastosies centripètes et circulaires aient forcé les organes appendiculaires à se séparer de l'axe, on a un axe complexe qui est pour nous un axophylle. Telles sont les tiges des *Stapelia*, des *Cereus*, des *Rhipsalis cassytha*, *floccosa*, *funalis*, *fasciculata*, etc.; les articles quelquefois cylindriques des *Hariota salicornoïdes* et *Saglionis* (1); telles sont encore les mérithalles sur lesquels les feuilles sont décurrentes (2).

Dans ce chapitre nous aurons à examiner la question sous deux points de vue principaux; savoir : 1° étudier en les comparant les deux ordres d'organes afin de chercher à savoir au juste ce que l'on doit entendre par axe ou par organe appendiculaire; 2° rechercher quelle est l'origine des uns et des autres organes.

ARTICLE PREMIER. — *Étude comparative des organes axiles et des organes appendiculaires.*

Cette distinction des organes végétaux en axiles et en appendiculaires, si facile à faire en apparence, offre cependant, dans l'application, des difficultés assez grandes pour que les plus sa-

(1) *Essai de Phytomorphie*, t. II, p. 124 et 125.
(2) *Ibid.*, p. 104 et 105.

vants botanistes ne soient pas toujours d'accord sur la nature de telle ou telle partie du végétal, particulièrement en ce qui concerne les vrilles, les ovaires infères et les placentaires, et véritablement il est assez difficile qu'il n'y ait pas quelquefois doute et confusion. Que doit-on entendre, rigoureusement, sous les noms d'organes axiles et appendiculaires? Pour répondre à cette question il nous paraît indispensable d'entreprendre à ce sujet une discussion générale qui aura pour but de nous conduire à la solution du problème que nous venons de poser.

Dans les idées actuelles, il n'est pas rare de voir attribuer le nom d'organes appendiculaires à des organes cylindriques ou prismatiques, et réciproquement le nom d'organes axiles à ceux qui ont une forme aplatie à la manière des organes appendiculaires, quoique, phytogéniquement, ils aient un mode de production contraire à la dénomination qu'on leur donne. Ainsi les vrilles, les filaments des étamines, les styles, etc., sont autant de parties organiques qui ont souvent la forme des organes axiles et que les botanistes regardent comme étant appendiculaires; tandis que certains organes plans, comme quelques placentaires et quelques autres ressemblant exactement à des feuilles (*Ruscus, Xylophylla,* etc.), sont regardés comme autant d'axes.

Pour arriver au but que nous nous proposons, il est utile de rappeler notre manière de considérer les feuilles pour les mettre en parallèle avec les axes, qui, eux aussi, ont pour origine des éléments tout à fait identiques, ainsi que nous chercherons à le démontrer dans l'article suivant.

1° Le phytogène étant sphérique et sa composition se faisant de façon que le protophytogène qui en résulte conserve lui-même la forme sphérique, si l'on admet qu'il se produit successivement une suite de protophytogènes grandissant dans un seul sens (ce qui forme le mérithalle), se superposant les uns aux autres et ne produisant que des mérithalles surajoutés; c'est-à-dire que, par défaut d'exastosie centripète, aucun organe appendiculaire ou feuille ne se forme; il est de toute évidence que l'on aura la formation d'un organe cylindrique ou prismatique qui ne sera autre que la tige ou axe de la plante. C'est le cas de certaines épines des *Gleditschia,* qui s'allongent souvent beaucoup sans donner la moindre feuille, ou des axes de *Stapelia,* de certains

Rhipsalis et *Hariota*, dont le caractère est de n'en produire aucune (1).

Mais l'observation journalière montre qu'un protophytogène *seul*, en se développant, peut émettre autour de lui des organes appendiculaires tout en conservant la forme d'un tube cylindrique ou prismatique (mérithalle), ce qui fait des tiges munies de feuilles. Le véritable caractère du phytogène ou du protophytogène *se développant seul* est donc, abstraction faite des organes appendiculaires, de donner lieu à un organe allongé, véritable tube creux ou plein, cylindrique ou prismatique (2).

Si au lieu de tout cela on suppose 2, 3 ou un plus grand nombre de phytogènes unis ou accolés en un seul plan et vivant en commun, émettant ou non des organes appendiculaires, on a la formation d'un organe multiple que nous avons déjà étudié sous le nom de *fascie, tige fasciée* ou mieux sous celui d'*épipédochorise*. Mais nous avons vu que l'épipédochorise pouvait être *protophytogénique*, c'est-à-dire formée par des protophytogènes, ou être *phytogénique*, c'est-à-dire formée par des phytogènes. Dans le premier cas, nous avons une fascie anormale ou axe fascié, et dans le second, une feuille, ou *fascie foliaire*.

Or, les fascies anormales ont leurs représentants normaux dans les tiges de certaines Cactées, dans les tiges foliiformes des *Xylophylla* et des *Ruscus*, ainsi que dans les tiges inflorescentes du *Celosia cristata*. D'un autre côté, il est impossible de ne pas saisir l'analogie qui existe entre la tige fasciée des *Xylophylla* et des *Ruscus* et les feuilles en général, et cette analogie est telle que les anciens botanistes ont pris pour des feuilles ce que les botanistes modernes regardent comme des tiges.

Pour nous, tout en admettant que les tiges fasciées dont nous venons de parler ne sont point de vraies feuilles pour les raisons que nous ferons connaître, cependant en considérant la feuille de *Gincko biloba*, qui, elle, est bien regardée comme une vraie feuille, nous trouvons qu'il y a plus de différence entre elle et les autres feuilles qu'il n'y en a, par exemple, entre la feuille du *Buxus sempervirens* et la tige fasciée non florifère du *Ruscus*

(1) *Essai de Phytomorphie*, t. II, p. 125.
(2) *Ibid.*, t. I, p. 312, prop. 2 et coroll.

aculeatus. Mais en observant attentivement la composition de la feuille du *Gincko* et en la comparant à celle des feuilles subulées de la plupart des Conifères, il est difficile de ne pas admettre que dans ces dernières on a la preuve du développement solitaire d'un phytogène, tandis que dans la feuille du *Gincko*, on aurait la preuve du développement en commun, avec multiplication ultérieure, d'un certain nombre de phytogènes constituant une épipédochorise phytogénique ou fascie foliaire. Il se produit ici un phénomène analogue à celui qui a lieu dans les plaques écailleuses des Pangolins et que les zoologistes regardent comme résultant de l'accolement d'un certain nombre de poils.

Parmi ces épipédochorises anormales il en est qui restent complétement simples, sans aucune trace de division, et les protophytogènes marchent ensemble dans leur développement en conservant un parallélisme parfait; tandis qu'au contraire, d'autres se divisent, puis se subdivisent de façon à former des branches tantôt fasciées, tantôt redevenues normales, c'est-à-dire ayant repris la forme cylindrique ou prismatique que nous avons reconnue à la tige résultant du développement d'un protophytogène *unique.* Ce qu'il y a de remarquable, c'est que la séparation de ces axes protophytogéniques, quand elle a lieu, se fait le plus souvent par les côtés de l'épipédochorise et très-rarement sur l'une de ses faces; de sorte que toutes les branches ainsi séparées les unes des autres restent presque toujours dans un même plan (1).

2° Si, au lieu d'un *protophytogène*, nous supposons *un phytogène seul* se développant à la manière du protophytogène seul, il en résultera toujours un organe le plus ordinairement cylindrique, grêle, sans organes appendiculaires, souvent très-allongé et, pour cette raison, sujet à de fréquents enroulements. C'est à cet organe rigoureusement *axiforme* par son mode de formation que l'on a donné le nom de *vrille, cirre* ou *main.* Quelquefois le *phytogène-vrille*, mieux nourri que d'ordinaire, au lieu de rester simple, peut se composer sphériquement et devenir protophytogène, et dans ce cas, à la place d'une vrille, donner lieu à

____

(1) *Essai de Phytomorphie,* t. I, p. 397, pl. IX et X, *fig.* 54, 55, 55 *bis*, 56, 57, 58 et 61.

une tige garnie de ses organes appendiculaires. *L'axe phylogénique* est devenu un véritable *axe protophylogénique* (Vigne, Passiflores, *Cucurbita*, etc.).

Supposons maintenant une série de 3, 5, 7, etc., phytogènes
simples, unis ou accolés ensemble et se développant à la manière
des épipédochorises indivises, et nous aurons la production d'une
feuille plus ou moins analogue, quant au mode de formation, à
celle du *Gincko biloba*. Ici les phytogènes simples ne se sont
nullement écartés, de sorte que la feuille contient peu de tissu
cellulaire entre les faisceaux fibro-vasculaires qui constituent les
nervures. Mais admettons, au contraire, que dans leur développement les phytogènes se soient plus ou moins écartés, quoique
dirigés parallèlement les uns aux autres ; que cet écartement ait
eu lieu simultanément pour tous les *axes phylogéniques*, et qu'il
se soit produit un tissu cellulaire assez abondant pour combler les
intervalles laissés entre les nervures ou axes phytogéniques ; dans
ce cas, nous aurons l'image de la formation d'une feuille ordinaire de Monocotylédone à nervures parallèles.

Enfin, supposons que les axes phytogéniques ne s'écartent plus
les uns des autres que successivement, mais en suivant une
marche régulière, opposée ou alterne, suivant la prédisposition organique de la plante, et, de plus, que cet écartement se répète plusieurs fois sur les axes de plus en plus divisés, alors nous
aurons la nervation normale des feuilles de Dicotylédones et celle
des Acotylédones. Si le tissu cellulaire se forme en assez grande
abondance, tous les intervalles compris entre ces axes seront
remplis, et nous aurons l'idée de la formation d'une feuille *simple*. Si le tissu ne se forme pas assez abondamment, il pourra ne
recouvrir latéralement qu'une partie des axes phytogéniques
secondaires ou tertiaires, et alors la feuille ne sera plus que *lobée,
partite, séquée* ou *composée*. Mais il peut arriver que le tissu
cellulaire ne se forme qu'en assez petite quantité pour recouvrir
seulement les axes phytogéniques ; dans ce cas, nous avons
affaire à une feuille réduite à ses nervures, comme l'est celle du
Rumia microcarpa ou la feuille submergée du *Ranunculus
aquatilis*, etc. ; mais alors la feuille ne présente plus dans ses
nervures que des ramifications, et les anastomoses qu'elles offrent
d'ordinaire dans les feuilles de Dicotylédones disparaissent com-

plétement, excepté dans les feuilles dites *cancellées* (*Hydro-geton fenestralis*, ou mieux *Ouvirandra madagascariensis* Du Petit. Th., *Claudea elegans*).

D'après ce que nous venons de dire, on voit que nous assimilons la feuille à une épipédochorise anomale ou fascie, si ce n'est que dans le premier cas les nervures ne sont que des axes *phyto-géniques*, tandis que dans l'épipédochorise anomale les axes sont *protophytogéniques* ; d'où il suit que ces axes peuvent produire des organes appendiculaires, lesquels se réduisent, dans les *axes phytogéniques*, à une production latérale de tissu cellulaire.

La feuille nous paraît être si bien une épipédochorise particulière due au développement et à l'union sur un même plan de plusieurs phytogènes, que si, par hasard, un phytogène vient à se développer seul en se détachant de la feuille del aquelle il devait faire partie, on le voit parfois prendre l'apparence d'un axe. Ainsi la feuille des Cucurbitacées en général, et en particulier du *Cucurbita pepo*, est ordinairement accompagnée d'une vrille ; mais les premières feuilles formées après la germination ne sont jamais pourvues de vrilles latérales. Or, Payer a vu que les feuilles inférieures qui sont sans vrilles latérales recevaient trois faisceaux de fibres (3 phytogènes développés) dans leur composition ; tandis que celles qui étaient accompagnées de vrilles ne recevaient dans leur composition que 2 faisceaux fibreux (2 phytogènes développés), le troisième faisceau ou phytogène développé seul ayant constitué la vrille. Dans ce cas, la vrille est bien un axe, car non-seulement nous l'avons trouvée transformée en un vrai bourgeon, mais encore nous avons trouvé très-souvent des ramifications de la vrille non plus étalées dans un même plan, mais disposés hélicoïdalement ou même quelquefois verticillés par 3, comme dans le *Cucurbita pepo*, ce qui est le propre de quelques tiges. Ce qu'il y a de remarquable, c'est que la vrille n'est pas toujours située à la même place par rapport à la feuille, et que tantôt à droite, tantôt à gauche, elle est formée dans un cas par le phytogène de droite, et dans l'autre par le phytogène de gauche. On remarquera encore que ces trois faisceaux qui viennent former les feuilles inférieures sont bien le résultat du développement des 3 phytogènes circulaires constituant la feuille *fig.* 9, tandis que les deux faisceaux qui entrent dans la composition des feuilles supérieures peuvent résulter de l'évolution de 2 phytogènes circulaires, comme l'indique la feuille Ap, *fig.* 10; car on trouve parfois des feuilles complétement opposées et munies chacune de leur vrille latérale, dont le mode de formation a été donné autre part (1).

Ainsi, non-seulement la feuille, par l'union de 2 ou de 3 phytogènes circulaires originels, est déjà l'analogue d'une épipédochorise, mais encore il est facile de voir que ces phytogènes, au nombre de 2 ou 3 dans le principe, vont augmentant beaucoup de nombre, puisque, d'après ce que nous venons de dire, chaque nervure représente un *phytogène*, absolument comme chacune des branches redevenues normales de la fascie des auteurs, représente un protophytogène. Donc il y a multiplication de phytogènes, et comme cette multiplication se fait ou est toujours censée se faire dans un même plan, on voit que logiquement nous avons un mode de formation semblable à celui qui fait l'épipédochorise protophytogénique ou fascie normale.

En résumé, un phytogène, selon les conditions où il se trouve placé, peut, en se développant, donner naissance à des organes bien différents en apparence, mais dont l'origine est certainement commune, et peut se classer sous deux chefs principaux, savoir :

1° Phytogènes dont l'évolution donne lieu à des organes cylindriques ou prismatiques (axes).

2° Phytogènes dont l'évolution peut donner lieu à des organes aplatis ou plans (épipédochorises, feuilles, etc.).

A. Aux premiers appartiennent les mérithalles (état normal et type des végétaux), lesquels sont quelquefois d'une longueur démesurée, comme les pédoncules floraux du *Valisneria spiralis* et la tige du *Cyperus papyrus* ; les axes sans feuilles des *Stapelia*, de certains *Rhipsalis* et *Hariota* ; les vrilles en général, qu'elles proviennent d'un phytogène latéral de la feuille (Cucurbitacées), ou d'un pétiole prolongé (*Pisum*), ou de plusieurs phytogènes fondus en un seul (*Strophanthus, Flagellaria indica, Methonica*

---

(1) *Essai de Phytomorphie*, t. I, p. 84, *fig.* 34, 35, 36 et 37. — Quand nous parlons des phytogènes circulaires d'un protophytogène, nous sous-entendons que les phytogènes qui les surmontent doivent toujours être compris dans l'assemblage, particulièrement quand il s'agit de la formation des feuilles.

gloriosa), ou de pédoncules avortés (Vigne), ou d'un bourgeon (*Passiflora*) ; les feuilles réduites à leurs nervures (*Lathyrus Aphaca, Rumia microcarpa, Ranunculus aquatilis,* etc.), ou de génération longitudinale simple (feuilles de Conifères, etc.) ; les épines, que celles-ci proviennent d'un bourgeon (*Prunus spinosa, Gleditschia ferox*), ou d'une nervure médiane (*Astragalus massiliensis*), ou des nervures médianes et latérales (*Berberis*), ou des stipules (*Robinia pseudo-Acacia*) ; les aiguillons, et probablement certains poils.

A l'égard des piquants, des épines et des poils, il n'est pas sans intérêt d'entrer dans quelques explications à leur égard. Dans l'épine et l'aiguillon il y a une distinction, facile à faire, résultant du mode d'exsertion des deux sortes d'organes, mais il n'en est pas ainsi des aiguillons et des poils. En effet, les *Rubus* nous offrent des exemples dans lesquels les poils se transforment en aiguillons ou réciproquement. Ainsi, dans le *Rubus fruticosus*, on trouve de véritables aiguillons ; mais dans le *Rubus glandulosus*, on trouve tous les intermédiaires possibles entre l'aiguillon et le poil simple, et ces organes se trouvent précisément tous placés dans des circonstances identiques. Voici cependant quelques détails tendant à établir quelques différences. Ainsi, le phytogène qui produit l'épine est un phytogène *interphytogénique* qui, placé plus profondément dans le tissu cellulaire et par conséquent pouvant être mieux nourri, se composera en un protophytogène capable de donner un axe plus ou moins avorté, enclavé dans l'axe qui lui a donné naissance, et pour cette raison difficile à détacher sans déchirures. Les aiguillons ou les poils, au contraire, sont formés par des phytogènes qui ne se composent jamais, et qui sont formés dans les méats *extra-phytogéniques* (p. 64), ou par des cellules superficielles, d'où résulte d'une part une nourriture moins abondante, et de l'autre la formation d'un axe simplement articulé sur l'axe-mère, et par conséquent facile à détacher sans déchirures. Dans le premier cas, il y a nécessairement formation de faisceaux fibro-vasculaires dus aux développements des phytogènes vivant en commun ; ici, point de faisceaux, et au contraire développement simple de cellules, ce qui explique très-bien les phénomènes d'adhérence ou de non-adhérence que nous venons de rappeler. En consultant

la *figure* 10, on verra, en effet, que le phytogène interphytogénique P′ est plus profondément enfoncé dans le tissu cellulaire
représenté par le protophytogène général et donnant lieu aux organes appendiculaires Ap, que les phytogènes extra-phytogéniques p‴ p″ p′ p. Or, ce sont ces derniers qui seuls sont destinés à produire les aiguillons ou les poils. On peut y reconnaître
des grosseurs et des compositions variables : ainsi, par exemple,
p‴, pourra être le phytogène qui produira les aiguillons comme
étant plus gros et mieux nourri que p″ p′ ou p, et ceux-ci seuls
pourront donner lieu à la production des poils plus ou moins
composés. Ajoutons qu'en considérant les feuilles comme des
épipédochorises et leurs nervures comme des axes, nous trouvons une analogie de formation entre toutes les épines, qu'elles
représentent un rameau, des nervures, ou des stipules, puisque,
tous, ils ont pour origine un phytogène.

B. A la seconde série, c'est-à-dire à la classe des organes aplatis ou épipédochorises appartiennent d'abord toutes les fascies ou
épipédochorises protophytogéniques, et les feuilles ou épipédochorises phytogéniques, parmi lesquelles viennent se ranger les sépales, les pétales et autres organes appendiculaires plans.

L'analogie que nous avons cherché à établir entre les épipédochorises protophytogéniques et les épipédochorises phytogéniques
se trouve encore fortement appuyée par les considérations
suivantes :

Il est hors de contestation que les frondes des Acotylédones
sont extrêmement analogues aux feuilles, et par leur mode de
formation et par leur structure ; pour nous, au point de vue phytogénique, ils ont la même composition : ce sont des épipédochorises phytogéniques.

Les épipédochorises phytogéniques d'Acotylédones (frondes)
portent normalement, *sur leurs faces*, les organes de la reproduction, et ces organes de la reproduction ne sont autre chose
que des bourgeons réduits à l'état de phytogènes simples. D'un
autre côté, les épipédochorises phytogéniques de Phanérogames
(feuilles) sont capables, dans bien des circonstances, de porter
aussi *sur leurs faces* non plus des fructifications, mais des
bourgeons qui ne restent plus à l'état de phytogènes simples, puisqu'ils se composent au point de former des bulbilles, ou une in-

frondescence souvent assez avancée pour constituer un jeune individu ; mais nous savons aussi que les frondes des Fougères sont capables de pareilles productions. Enfin, les épipédochorises protophytogéniques portent aussi un grand nombre de bourgeons *sur leurs faces*, mais ces bourgeons ne restent plus seulement à l'état de phytogènes simples, ni de bulbilles, ni d'infrondescence, c'est ordinairement à l'état de bourgeon-fleur, c'est-à-dire dans l'état le plus avancé qu'il puisse atteindre dans la végétation, celui de phytogène-fleur se composant successivement en protophytogènes pour arriver à donner une reproduction par graine. Or, dans toutes ces épipédochorises, nous constatons un résultat final identique, celui d'une reproduction, mais au moyen de phytogènes dans des états divers de développements commençant aux frondes des Acotylédones qui produisent des phytogènes simples (spores), passant par les feuilles des Phanérogames qui émettent des phytogènes-infrondescences (bulbilles), et arrivant aux fascies qui donnent des phytogènes plus avancés encore dans leur évolution, puisqu'ils forment des inflorescences ou des fleurs, puis des graines. On voit, par cette manière de raisonner, que nous arrivons, comme tous les botanistes, à devoir considérer les rameaux fasciés des *Ruscus*, des *Xylophylla* et de certains *Cactus*, comme des épipédochorises protophytogéniques, puisque ces rameaux ne donnent ordinairement que des phytogènes-fleurs, c'est-à-dire un organisme composé d'une succession de protophytogènes.

Il est donc bien évident que les organes peuvent avoir des natures complétement étrangères à leurs formes ; d'où il résulte que certains axes, comme les vrilles des Cucurbitacées, sont de nature appendiculaire, et que certains organes appendiciformes peuvent être d'une nature axile (*Ruscus*, Cactées phyllomorphes, etc.). En conséquence, il nous paraît indispensable de déterminer au juste ce que l'on doit entendre par nature axile et nature appendiculaire.

Dans un protophytogène, tous les phytogènes périphériques circulaires et supérieurs devant donner par exastosie circulaire et centripète des organes appendiculaires, il est évident que si un seul de ces phytogènes vient à vivre seul et à former un tube cylindrique ou prismatique plus ou moins allongé, il constituera évidemment un axe de *nature appendiculaire* : tels sont, à notre avis, les vrilles des Cucurbitacées, des *Smilax*, des *Lathyrus*, les épines stipulaires des *Robinia*, etc. Mais supposons que, comme dans les Cactées phyllomorphes, nous voyions les phytogènes périphériques former 2 feuilles opposées qui, par défaut d'exastosie centripète, seront unies entre elles par leur face supérieure, emprisonnant ainsi le mérithalle qui doit former la paire de feuilles supérieure; alors nous aurons un organe appendiciforme qui sera évidemment de *nature axile* au centre, et de *nature appendiculaire* sur ses angles; en un mot, l'ensemble sera un *axophylle*. C'est ce qui a lieu très-vraisemblablement pour les Cactées phyllomorphes (1), pour les *Ruscus* et peut-être aussi les *Xylophylla*, quoiqu'il y ait ici association de plusieurs protophytogènes constituant, dans leur vie en commun, la tige fasciée ou épipédochorise affectant la forme d'un appendice.

Toutes les fois donc que l'étude phytogénique fera reconnaître *qu'un organe ou un système d'organes est formé uniquement par un ou plusieurs phytogènes périphériques d'un protophytogène* c et s, *fig.* 11, A, *on sera toujours assuré que l'on a affaire à un organe de nature appendiculaire, quelle qu'en soit la forme.* Ainsi, le nucelle, la primine, la secondine, etc., sont pour nous des organes de nature appendiculaire, par la raison que l'on peut toujours supposer au centre de ces organes un phytogène central pouvant évoluer ultérieurement à la manière des bourgeons.

Au contraire, toutes les fois que l'étude phytogénique pourra faire reconnaître *la formation possible d'un mérithalle*, si court qu'il soit, constitué par les phytogènes inférieurs i, *fig.* 11, A, et *émettant latéralement des organes formés par des phytogènes périphériques, on pourra regarder le corps*, abstraction faite des organes appendiculaires, *comme de nature axile, quelle qu'en soit la forme*. Ainsi une fleur, considérée dans la portion qui unit toutes ses enveloppes, est formée par une succession de mérithalles très-courts qui en font un axe; et lorsque le phytogène le plus central se transforme en un petit axe ou se divise en plusieurs branches qui portent les ovules, il se forme un ou plusieurs corps qui sont évidemment de nature axile, car au centre de ces

—

(1) *Essai de Phytomorphie*, t. II, p. 113.

branches on ne peut plus supposer de phytogène central, puisque c'est le plus ordinairement par 3 que se forment ces branches par une sorte de cyclochorise triplasique qui résulte de la multiplication par 3 du phytogène central (*Phytomorph.*, t. I, p. 314). Pareillement, un ovule, considéré dans la partie qui unit les enveloppes, est un organe axile, car il représente plusieurs mérithalles très-courts, et nous avons vu que les enveloppes elles-mêmes, étant constituées par les phytogènes périphériques, en sont les organes appendiculaires.

Toutefois, il arrive fréquemment qu'un des phytogènes périphériques, suffisamment nourri, peut se transformer en protophytogène, et par conséquent peut évoluer en un véritable axe formant une tige ordinaire, et c'est un cas qui se présente assez souvent dans certaines Cucurbitacées où la vrille (axe appendiculaire) arrive à former une véritable tige portant feuilles et fleurs. Il est probable que la vrille de la Vigne est aussi un axe appendiculaire qui bien souvent, d'une manière normale, se transforme en un véritable axe inflorescent, et même anormalement en axe infrondescent.

Afin d'avoir la preuve complète que des organes de nature appendiculaire peuvent prendre la forme axile, tandis que certains axes peuvent revêtir la forme appendiculaire, il nous faut traiter ce sujet avec tout le soin nécessaire, et par conséquent entrer dans d'assez longs détails sur les contradictions diverses auxquelles ont donné lieu certains organes, ce qui nous montrera une fois de plus que, quelles que soient les définitions que nous cherchions à donner des choses qui se ressemblent le plus, il y en a toujours quelques-unes qui échappent à nos définitions.

La définition la plus rigoureuse que l'on puisse donner de la feuille prise comme type de l'organe appendiculaire, tel qu'on le conçoit aujourd'hui, serait sans contredit celle-ci :

La feuille est un organe appendiculaire, simple ou composé, dont l'évolution se fait plutôt selon un même plan et qui, une fois la génération de ses éléments terminée, ne fait que s'accroître sans que la végétation y puisse ajouter un élément nouveau.

Il est évident que cette définition s'applique à la pluralité des feuilles et aussi à toutes ses modifications physiologiques (stipules, sépales, etc.). Or il y a un certain nombre d'organes dont la manière d'être répond à cette définition et qui pourtant sont regardés comme n'appartenant pas à la classe des organes appendiculaires.

D'un autre côté, il y aussi de véritables feuilles, par conséquent des organes appendiculaires dont les éléments (folioles ou nervures) ne sauraient être regardés comme appartenant tous à un même plan et qui, par conséquent, se trouvent en dehors de la définition. Il en est d'autres qui nécessairement doivent être regardés comme des organes appendiculaires et qui, cependant, dans quelques conditions, après leur génération complète, continuent à former d'autres éléments phytogéniques, ce qui les fait encore échapper à la définition. Or, il convient de démontrer que ces feuilles, dans ces cas particuliers, ont quelques rapports avec les axes, et c'est par ces comparaisons que nous ferons mieux sentir les analogies qui existent entre les axes et les organes appendiculaires.

A. Si l'on examine les rameaux foliiformes des *Ruscus*, il est peu de personnes, d'après la définition, qui ne soient portées à les regarder comme des feuilles, et à part la singularité que présentent certains de ces organes, laquelle est de porter les fleurs, il est difficile d'avoir une autre opinion, puisque d'ailleurs on rencontre en même temps des bourgeons distincts qui produisent des rameaux ayant tous les caractères des axes et bien différents des organes en question. Mais on tire une raison importante en faveur de l'opinion qui veut que cette prétendue feuille soit bien un rameau, de ce fait que dans quelques *Ruscus*, le *R. hypophyllum*, par exemple, ce rameau foliiforme porte, indépendamment des fleurs, une véritable feuille florale, dont la présence confirme la nature (D. C.).

Au contraire, si l'on considère la manière d'être des prétendues feuilles des *Xylophylla*, ou les tiges phyllomorphes de certaines Cactées (*Cereus, Rhipsalis, Epiphyllum, Phyllanthus*, etc.), on reconnaît que ce sont de vraies tiges, en s'en rapportant à la définition précédente. Toutefois il ne s'agit pas ici de décider si ces organes sont ou ne sont pas des feuilles; mais, au contraire, nous devons démontrer leur analogie avec les feuilles, puisque nous regardons les feuilles comme des axes épipédochorisés, mais que leur position ainsi que leur phytogénie font voir être de nature appendiculaire.

Les rameaux foliiformes des *Ruscus* soutiennent parfaitement l'analogie avec les feuilles, car les raisons sur lesquelles on s'appuie peuvent être parfaitement réfutées.

1° On a dit que cette prétendue feuille était à l'aisselle d'une feuille véritable et qu'en vertu d'un balancement organique la feuille avait avorté, tandis que le rameau axillaire s'était dilaté.

Nous pensons que s'il est des cas bien évidents où il faut admettre un effet du balancement organique, il en est d'autres où l'on pourrait abuser de ce principe, et en particulier pour le cas dont il s'agit ici :

a. D'abord, dans la très-grande majorité des faits nous voyons non-seulement des bourgeons et des axes foliifères ou florifères, quelquefois au nombre de 2, 3 et même plus, se développer très-énergiquement à l'aisselle des feuilles sans que pour cela ces feuilles cessent de se dilater et de prendre dans quelques espèces des proportions gigantesques. D'un autre côté, si l'on suit la germination du *Ruscus aculeatus* on voit que sur le côté de la graine il se produit deux axes, l'un descendant qui forme la racine, et l'autre ascendant qui forme la tige. Au-dessus du collet, c'est-à-dire au point où la graine est attachée, on reconnaît une première gaine ou écaille que l'on peut, si l'on veut, regarder comme le cotylédon ; mais au-dessus de ce cotylédon on trouve 2 ou 3 autres écailles très-analogues à celles que l'on voit à la base des rameaux foliiformes. Cependant, ici on ne rencontre pas la moindre trace de ces prétendus rameaux que l'on suppose déterminer l'atrophie de la feuille. Donc, si les écailles qui sont à la base des rameaux aplatis des Ruscus sont des feuilles avortées ou atrophiées, cette atrophie ne saurait être attribuée au développement de ces rameaux, et par conséquent cette raison ne saurait donner gain de cause à l'hypothèse qui veut que ces prétendues feuilles soient des rameaux aplatis.

b. On peut encore répondre que ce que l'on regarde comme la vraie feuille n'est autre chose qu'une stipule *externe* dégénérée, car c'est le propre des stipules d'avorter plus ou moins complétement : elle serait le contraire de la stipule *axillaire*. Ces sortes de stipules sont en effet plus communes qu'on ne le pense d'or-

dinaire. D'abord, il y a la stipule externe non douteuse de beaucoup d'*Astragalus* et en particulier de l'*Astragalus Onobrychis* (1).
Ensuite, si nous examinons avec soin un bourgeon de Tilleul ou
de Noisetier, nous le voyons formé, chez le premier, de plusieurs
écailles, ordinairement deux, à la suite desquelles se trouvent
deux stipules membraneuses enveloppant une feuille pliée en
deux. Si on enlève avec soin ces deux stipules on voit qu'elles
sont sur un plan plus extérieur que la feuille. Dans le Noisetier
c'est la même chose, si ce n'est qu'au lieu de deux écailles, c'est
d'ordinaire 4 écailles qu'il y a dans le bourgeon avant les deux
stipules qui doivent envelopper la feuille. Ces stipules sont tellement extérieures que 1° elles sont à une époque beaucoup plus
développées que les feuilles, ce qui semble indiquer une formation antérieure; 2° à mesure que la feuille se développe elle
pousse à l'extérieur la stipule, qui ne tarde pas à tomber, absolument comme le bourgeon en se développant contribue à la chute
des feuilles (Vaucher). Enfin, de Candolle a figuré (2) un rameau
de *Capparis quadriflora* dans lequel les stipules épineuses sont
manifestement extérieures. Ce dernier phénomène est surtout
très-évident dans le développement de la stipule des *Ficus*, que
presque tous les botanistes regardent comme axillaire. En effet,
si nous prenons en mars ou avril un bourgeon de *Ficus carica*
au moment où il commence son évolution, voilà ce que nous
trouvons : d'abord une première écaille plus extérieure sous laquelle on découvre la plus grande partie de la feuille, puis une
seconde écaille sous laquelle il n'y a pas de feuille. Ces deux
écailles et la feuille étant enlevées, on voit deux autres écailles
disposées comme les premières; c'est-à-dire que sous l'une d'elles,
la plus développée et la plus extérieure en apparence, on trouve
encore une petite feuille en grande partie découverte, et sous
l'autre on ne voit pas plus de feuille que sous la seconde écaille
du système précédent. En continuant toujours ainsi, on ne fait
que répéter ce genre d'observation. Or, si l'on appelle stipule les
2 écailles dont l'une enveloppe presque totalement la feuille, il
faut nommer aussi stipule les 2 premières écailles, dont la première enveloppe aussi presque totalement la première feuille; et

(1) Aug. Saint-Hilaire, *Leçons de bot.*, p. 193, *fig.* 104.
(2) *Organog. vég.*, pl. XXXII, *fig.* 10.

puisque ces deux stipules sont enveloppantes et que d'ailleurs on voit la première feuille s'exsérer bien au-dessus du plan des deux stipules, il n'est pas juste de dire que les stipules des *Ficus* sont axillaires, et l'on s'est ainsi laissé tromper par l'apparence, qui, en effet, quand on ne remonte pas à l'origine des choses, serait en faveur de l'idée de stipules axillaires. Ce qui contribue surtout à continuer cette erreur, c'est la manière dont se fait l'évolution du mérithalle supérieur à la feuille, évolution qui se prononce particulièrement à son sommet, comme nous l'avons démontré autre part (1), et qui laisse les stipules ou leurs cicatrices bien au bas du mérithalle de manière à faire croire à une formation axillaire. Évidemment, ou cette manière de voir est l'exacte vérité, ou il faut admettre que les stipules qui recouvrent la première feuille sont formées à la fin de l'année par la dernière feuille et qu'elles ont persisté tout l'hiver pour protéger le développement ultérieur du bourgeon. Mais cette hypothèse tombe devant ce fait que, lorsque l'on force des bourgeons à se former par suite de l'ablation de tous ceux qui existaient sur la tige, jamais on ne commence à voir la feuille se former la première, tandis qu'au contraire ce sont des écailles qui, peu à peu, passent à l'état de stipules, mais sous l'une desquelles écailles apparaît la première feuille. Pour ces raisons nous admettons que les stipules des *Ficus* sont essentiellement des stipules externes et tout à fait assimilables à celles des *Astragalus*, et plus ou moins analogues par conséquent à ce que l'on considère comme une feuille avortée chez les *Ruscus;* et pourtant l'idée ne nous viendra jamais de prendre les feuilles des *Astragalus*, des *Ficus*, des Noisetiers et des Tilleuls pour des rameaux élargis comme dans l'hypothèse applicable aux *Ruscus;* mais dans l'hypothèse plus générale que les feuilles sont des axes épipédochorisés on voit que les uns et les autres viennent s'y ranger sans aucune difficulté.

2° On a dit encore que cette prétendue feuille était un rameau parce qu'il portait des fleurs, caractère qui ne saurait appartenir qu'aux branches (2); à cette raison que le rameau des *Ruscus* ne

(1) *Études sur le développement des mérithalles ou entre-nœuds des tiges.* (*Compt. rend. de l'Inst.*, juillet, septembre et novembre 1854, et *Bull. Soc. bot. France*, septembre, décembre 1854 et janvier 1855.

(2) Aug. Saint-Hilaire, *Leçons de bot.*, p. 226.

saurait être une feuille, attendu qu'il porte une fleur, nous répondrons que ce pourrait tout aussi bien être une feuille florifère par
suite d'un défaut d'exastosie entre le pédoncule floral et la nervure
médiane de la feuille florifère. Nous voyons en effet dans le *Thesium ebracteatum* une fleur axillaire qui, au lieu de se développer
librement, contracte par son pédoncule une adhérence ou défaut
d'exastosie, dans une partie de sa longueur, avec le pétiole. Ici,
la fleur paraît naître de l'extrémité inférieure du limbe de la
feuille. Mais chez le *Tilia europœa* la fleur paraît sortir du milieu
de la feuille transformée en bractée; et dans le *Polycardia phyl-
lanthoïdes* le défaut d'exastosie se prononce jusqu'au sommet de
la nervure médiane (1).

Ainsi, ce caractère de la fleur portée par le rameau fascié ne
nous semble pas constituer une raison suffisante pour assurer que
le rameau foliiforme des *Ruscus* n'est point une feuille. Hâtons-
nous de dire pourtant que cet organe nous paraît être plus voisin
d'un rameau que d'une feuille, 1° parce que l'analogie qui existe
entre les feuilles des *Asparagus* et celles des *Ruscus* est des plus
évidentes; 2° parce que dans le *Ruscus hypoglossum* le rameau
foliiforme porte, outre les fleurs, une véritable feuille florale et que
l'analogie entre les rameaux florifères de cette espèce et ceux du
R. aculeatus est frappante, car on trouve aussi parfois une écaille
bractéale à la base de la fleur du *Ruscus aculeatus;* 3° enfin parce
que, dans le cas où ce défaut d'exastosie aurait lieu, c'est toujours
à la face supérieure de la feuille que devrait se montrer la fleur. Or,
non-seulement il arrive souvent que la fleur se trouve sur la face
inférieure, mais aussi parfois on rencontre sur le même organe
et à la fois une fleur sur la face supérieure et une autre fleur
opposée sur la face inférieure.

B. La question de savoir si les rameaux foliiformes des *Xylophylla* sont des feuilles nous semble aussi difficile à juger exactement, car tous les botanistes, jusqu'à de Jussieu, les avaient
regardés comme des feuilles portant dans leurs crénelures les
organes de la fructification. C'est à de Jussieu que l'on doit l'idée
première que ces feuilles n'étaient autres que des rameaux dilatés, probablement à cause de ce principe que les bourgeons **ne**

(1) Lam., *Ill.*, pl. CXXXII.

pouvaient naître que sur des rameaux. Or, en étudiant l'Herbier de Commerson, il retrouva une plante de Madagascar qui paraît se rapprocher des *Xylophylla* et dont les feuilles, au lieu de fleurs, produisent dans leurs dentelures d'autres feuilles, qui pour cette raison furent regardées comme des rameaux prolifères. Mais aujourd'hui que l'on sait qu'un très-grand nombre de feuilles sont capables de donner des bourgeons infrondescents, on peut se demander, d'après la définition et en ne s'en rapportant qu'à ce fait, si les tiges fasciées des *Xylophylla* ne seraient pas tout aussi bien des feuilles.

Toutefois, comme dans certaines espèces, ainsi que l'a observé Rumphius, particulièrement sur le *Xylophylla longifolia*, il n'est pas rare de voir ces feuilles en produire d'autres, tandis que les anciennes deviennent des rameaux; il est présumable qu'il faut continuer à regarder les prétendues feuilles des *Xylophylla* comme des rameaux, à la vérité fort analogues aux vraies feuilles des *Bryophyllum*, *Malaxis paludosa*, etc. (1).

C. Les auteurs anciens ont aussi varié d'opinion sur la manière de considérer les feuilles des *Phyllanthus* et problablement des *Cicca*, qui ont ensemble de très-grands rapports. Selon les uns, les rameaux articulés des *Phyllanthus* ne seraient que des feuilles pennées, mais dont les fleurs naîtraient à l'aisselle des folioles ; les autres, au contraire, regardent les folioles comme des feuilles, et le rachis comme un rameau (*rami pinnæformes* de Martius). C'est aujourd'hui l'opinion généralement adoptée.

En faveur de cette opinion, il faut signaler la présence des fleurs à l'aisselle des prétendues folioles ; mais le meilleur caractère, à notre avis, celui sur lequel on doit surtout insister, consiste dans l'élongation presque indéfinie du rachis, dans lequel on voit un mérithalle succéder à d'autres mérithalles, absolument comme dans l'évolution d'un axe (*Phyllanthus grandifolius*, *Niruri*, etc.). D'ailleurs, la désarticulation que l'on observe ici se montre également sur d'autres axes végétaux, et De Candolle fait observer, avec raison, qu'un phénomène analogue a lieu dans le Jujubier.

« On voit, dit-il, sur les vieux troncs de Jujubiers des espèces

_____

(1) *Essai de Phytomorphie*, t. I, p. 463.

d'exostoses, d'où sortent plusieurs branches simples ; celles de
ces branches qui portent un grand nombre de fleurs se désarticulent et tombent après la floraison, absolument comme des pétioles communs de feuilles ailées ; tandis que celles qui ne fleurissent pas se prolongent, persistent sur l'arbre, et finissent par
en former les vraies branches permanentes (1). »

Cependant, ce qui pourrait donner raison à la première manière de voir, c'est non-seulement l'articulation des axes florifères ; non-seulement la disposition des feuilles sur l'axe articulé, car cette disposition est distique ($\frac{2}{1}$), et bien différente de ce
qu'elle est sur l'axe primaire, où l'on retrouve souvent la disposition quinconciale ($\frac{.}{2}$) ; non-seulement encore le limbe des feuilles qui se trouve être dans le même plan que le rachis, mais
aussi l'exemple des feuilles des *Cardamine macrophylla, pratensis* et *latifolia* (*Phytom. loc. cit.*) qui, bien qu'étant de véritables feuilles, n'en portent pas moins, souvent, des phytogènes qui deviennent de vrais bourgeons capables de reproduire
l'espèce.

Ainsi, comme on le voit, les tiges des *Phyllanthus* et quelques
rameaux de Jujubiers soutiennent jusqu'à un certain point la
comparaison avec les feuilles composées, et tendent encore à
appuyer les analogies qui existent entre les tiges et les feuilles.

D. Quant aux Cactées phyllomorphes, nous avons suffisamment
fait voir, autre part (2), que ce n'étaient que des tiges qui, par
défaut d'exastosie centripète, étaient restées recouvertes de leurs
organes appendiculaires.

Il résulte de tous les rapprochements que nous venons de faire
que, entre la feuille possédant tous les caractères indiqués par la
définition et les vraies tiges, il existe des organes intermédiaires
dans lesquels les uns tiennent plus des feuilles que des tiges (*Ruscus, Xylophylla*); d'autres, autant des feuilles que des tiges (Cactées phyllomorphes) ; d'autres enfin, qui tiennent plus des tiges
que des feuilles (*Phyllanthus*). Rappelons ici ce que nous avons
déjà dit, c'est que les tiges foliiformes des *Ruscus* et des *Xylophylla*
peuvent être regardées comme des *feuilles protophytogéniques,*

<hr>

(1) *Organog. vég.*, t. II, p. 233.
(2) *Essai de Phytomorphie*, t. II. p. 113.

et l'on aura la raison des bourgeons qu'elles peuvent naturellement produire ; tandis que la feuille ordinaire n'étant qu'une
feuille phytogénique, celle-ci doit plus rarement donner lieu à
des bourgeons, puisque dans la première les phytogènes se sont
composés protophytogènes, alors que dans les secondes les phytogènes sont restés *simples*. Pour être exact, peut-être faudrait-il
désigner ces organes sous le nom de *feuilles de nature axile*, et
au contraire désigner certains organes que nous allons examiner
sous celui d'*axes de nature appendiculaire*.

E. En effet, il y a une certaine analogie de forme entre certains
axes et les vrilles, et nous verrons qu'il y a des vrilles qui sont de
nature véritablement *axile*, et d'autres de *nature* véritablement
appendiculaire ; et c'est ce qui a donné lieu à bien des controverses qui ne sont pas encore éteintes. Un seul exemple suffira
pour fixer les idées à cet égard.

On a cru longtemps que chacune des vrilles des Cucurbitacées,
à cause de leur position à côté des feuilles, devait être regardée comme un stipule, et cette opinion était fondée sur des
analogies irrécusables : donc la vrille est de nature appendiculaire. Cependant on a élevé des doutes sur la nature de ces vrilles
en objectant qu'elles sont souvent continues avec une côte qui
s'élève de la tige, et parce que c'est la seule famille où l'on rencontre des stipules unilatérales : conséquemment, dans cette manière de voir, elles sont de nature axile. Mais ces objections sont
levées par l'exemple du Châtaigner, dont les rejets présentent,
au-dessous de leurs stipules, des côtes extrêmement sensibles,
ainsi que chez divers *Astragalus,* et par l'exemple de l'*Ervum
monanthos,* dont l'une des 2 stipules est élargie et profondément divisée, tandis que l'autre est étroite, linéaire et acérée.
D'ailleurs, on trouve quelquefois une vrille de chaque côté des
feuilles de quelques Cucurbitacées.

De ces doutes sont sorties toutes les opinions qui vont
suivre :

1° Les vrilles sont des stipules latérales (De Candolle, Aug.
Saint-Hilaire, Stocks, Payer).

2° Ce sont des racines adventives qui naissent souvent à la
base du pétiole ou à l'origine des mérithalles (première opinion
de Seringe).

3° Elles sont un dédoublement de la feuille et un organe analogue à la vrille du *Lathyrus aphaca* (Clos).

4° Elles sont le résultat de la transformation d'une des feuilles qui sont géminées dans les Cucurbitacées (Gasparrini, Braun, deuxième opinion de Seringe).

5° Les vrilles sont des prolongements dégénérés de la tige et déjetés latéralement par l'un des trois bourgeons qui sont rangés en ligne droite entre la feuille et la vrille, lequel bourgeon prend un accroissement démesuré (Fabre).

6° Elles sont une production axillaire : soit le rameau axillaire lui-même (Naudin); soit une ramification ou un pédoncule produit par le rameau axillaire (Tassi); soit une feuille ou une bractée de ce rameau (Naudin).

7° Ce sont des organes spéciaux qui ne sont ni feuilles, ni rameaux (Chatin).

8° Les vrilles participent de la nature foliaire, et appartiennent au rameau axillaire ; elles sont à peu près les analogues des vrilles des Passiflores (Lestiboudois, Guillard).

9° La vrille du Melon est un bourgeon qui, au lieu de se dégager de l'axe à l'aisselle de la feuille où il est né, ne s'en dégage que deux feuilles plus haut, sous forme de rameau nu et roulé en hélice (Le Maout).

M. Lestiboudois résume ainsi la discussion des divers auteurs concernant la nature des vrilles (1) :

« A l'appui de chacune de ces manières de voir, on a pu invoquer des analogies très-plausibles et faites pour entraîner l'opinion.

« On a cru la vrille une racine adventive, parce que, au côté de la feuille qui manque de vrille, précisément au point correspondant, on voit souvent sortir une racine.

« On l'a regardée comme une feuille caulinaire géminée, parce qu'elle naît au côté extérieur du pétiole et qu'elle se change parfois en feuilles (2).

(1) *De la vrille des cucurbitacées (Bull. Soc. bot. France*, t. IV, p. 744)
(2) M. Naudin a fait une observation de ce genre. Nous-même avons en effet trouvé deux feuilles géminées dans le *Bryona dioica*, ce qui nous avait conduit d'abord à adopter cette manière de voir. Mais nous verrons plus loin que nous l'avons abandonnée.

« On l'a considérée comme représentant la feuille cirriforme du *Lathyrus aphaca*, parce que celle-ci est accompagnée de deux productions foliacées (stipules foliiformes), et que si l'une de ces deux productions avortait, on aurait la disposition des Cucurbitacées.

« On a pensé qu'elle était le prolongement de la tige arrêtée dans son développement par l'accroissement d'un bourgeon axillaire, parce qu'on est habitué à considérer la vrille de la Vigne comme ainsi formée, et qu'on aurait une disposition analogue si dans les Cucurbitacées on prenait la vrille comme le prolongement de l'axe, le pédoncule axillaire comme le bourgeon médian de l'aisselle, le rameau axillaire et le mérithalle qui prend la place de la tige comme deux divisions du rameau axillaire.

« On a pu surtout prendre la vrille pour une stipule parce que plusieurs plantes, comme les *Smilax,* ont des stipules cirriformes. Elle paraît de plus formée par les fibres foliaires. M. Payer, avec la sagacité qui le distingue, a noté que les tiges des Cucurbitacées ont généralement 5 côtes; que trois de ces côtes se rendent aux feuilles inférieures, qui n'ont pas de vrilles; que deux seulement se rendent aux feuilles qui ont une vrille, et que la troisième côte se rend à la vrille, qui semble ainsi une dépendance de la feuille, une véritable stipule.

« L'opinion qui considére la vrille comme une production axillaire, soit feuille ou bractée, soit pédoncule ou rameau, cite en sa faveur des faits qui ne sont pas sans valeur; la vrille se développe en feuille ou en rameau, comme les autres dépendances du bourgeon axillaire. Je citerai aussi, à l'appui de cette opinion, un fait qui viendrait montrer directement qu'elle appartient au rameau axillaire. Parfois la vrille sort véritablement à la base de ce dernier, et peut même être emportée fort haut par la croissance de ce rameau.

« Enfin, on a dû être conduit à déclarer que la vrille des Cucurbitacées est un organe spécial, par l'insuffisance des preuves sur lesquelles on étayait les divers systèmes préconisés. »

Ainsi qu'on peut le voir, la question est des plus complexes. En effet, une première question se présente : la vrille est-elle un organe axile ou un organe appendiculaire? A. Si c'est un organe axile, 1° est-ce un organe axile descendant (racine adventive)? 2° est-ce un organe axile ascendant? dans ce dernier cas 3° est-elle un prolongement dégénéré de la tige déjetée latéralement? 4° est-elle un rameau axillaire? 5° est-elle un pédoncule ou axe secondaire de ce rameau axillaire? 6° n'est-elle qu'un rameau axillaire qui, soudé à la tige, ne s'en dégage que 2 feuilles plus haut? B. Si la vrille est un organe appendiculaire, 7° est-elle une stipule latérale? 8° est-elle un dédoublement de la feuille? 9° est-elle une provenance de l'une de 2 feuilles géminées? 10° est-elle la feuille ou la bractée d'un rameau axillaire? 11° est-elle un organe mixte, rameau par sa base et feuille par sa partie supérieure? 12° enfin est-elle un organe spécial qui ne serait ni feuille ni rameau?

Il y a donc 12 manières de considérer la nature des vrilles des Cucurbitacées, et chose remarquable c'est que les opinions à l'égard de la nature axile ou appendiculaire de la vrille sont exactement partagées.

Depuis longtemps nous nous sommes occupé de l'étude des vrilles en général, mais surtout en particulier de la vrille des Cucurbitacées. Un premier examen attentif des formes qu'elles présentent nous les avait fait regarder comme de nature axile, par conséquent comme des rameaux dégénérés, quand le hasard nous offrit sur le *Bryonia dioica* l'exemple d'une de ces vrilles qui s'était complétement transformée en feuille. Dès lors, persuadé, à cette époque, que les organes axiles et les organes appendiculaires ne se transformaient jamais les uns dans les autres (1), et n'ayant point étudié ces phénomènes au point de vue de notre théorie phytogénique, nous avions cru trouver dans ce fait une preuve manifeste de la nature appendiculaire des vrilles.

Cependant une foule de considérations militaient en faveur de l'idée d'un organe axile, ainsi que nous l'avons vu; mais deux considérations puissantes, que personne encore ne semble avoir fait valoir, ont dû surtout nous faire revenir à notre première opinion.

1° Dans les vrilles de Cucurbitacées à plusieurs branches (*Cucurbita maxima, pepo, digitata; Luffa cylindrica,* etc.), on reconnaît aisément que toutes ces branches ne sont pas sur un même

______

(1) Dans la section suivante nous citerons des exemples qui rendront extrêmement probables ces diverses transformations.

plan, comme le sont les nervures de la feuille, et que souvent même le verticillisme de ces branches est des plus évidents. Dans le *Luffa cylindrica*, nous avons trouvé 4 branches, dont 3 véritablement disposées en un verticille du milieu duquel s'élevait une quatrième branche centrale. Dans les *Cucurbita maxima* et *pepo*, nous avons rencontré assez souvent des vrilles dont les branches étaient plusieurs fois verticillées par 3. Or, il est impossible de soutenir que les branches sont les nervures d'une feuille, car nous ne connaissons aucune feuille dont les nervures affectent cette dernière disposition. Voilà donc un premier raisonnement qui conduit à l'idée d'organe axile.

2° Nous avons dit plus haut, dans notre définition, que toute feuille *formée ne fait que s'accroître sans que la végétation y puisse ajouter aucune autre partie nouvelle;* c'est-à-dire *aucun autre élément.* Or, l'étude du développement de la vrille des Cucurbitacées en fait un tout autre organe qu'une feuille, puisque dans les *Cucurbita pepo* et *maxima,* quand la vrille doit être à branches verticillées plusieurs fois, ou sur plusieurs plans, on reconnaît nettement que du milieu d'autres branches naissent de véritables bourgeons qui, plus tard, donneront lieu à des branches nouvelles. Par conséquent, sous ce point de vue encore, nous arrivons à l'idée d'organe axile.

Mais, à côté de cela, nous avons des exemples incontestés de vrilles transformées en feuilles, et M. Naudin a vu, sur le Patisson et la Coloquinte, Pomme hâtive (*Apple early egg*), tous les passages de la feuille parfaite à la vrille. Il serait donc difficile de se prononcer sur la véritable nature de cet organe, si nous ne faisions voir, d'une part, qu'il y a des axes qui se transforment en feuilles et des feuilles qui se transforment en axes (voir la Section suivante), et de l'autre comment, phytogéniquement, peut avoir lieu cette transformation. Mais comme la transformation en feuilles est la grande exception, et qu'au contraire leur forme normale est le rameau cirriforme, on peut être déjà conduit à penser que la vrille des Cucurbitacées est un organe axile *ascendant,* et que seulement dans des circonstances rares elle se transforme en feuille.

Puisque le résumé si net et si précis de M. Lestiboudois nous prouve que chacune des opinions émises sur la nature des vrilles des Cucurbitacées est basée sur des raisons qui ne sont pas sans valeur, et puisque, au milieu de ce conflit d'opinions, on ne peut être suffisamment fixé sur la manière dont on doit considérer ces organes, essayons de voir si la théorie phytogénique ne pourrait pas jeter quelque jour sur cette importante question.

Nous constaterons d'abord, avec M. le professeur Clos, que la vrille des Cucurbitacées n'est pas sans analogie avec celle des *Lathyrus aphaca*, et avec MM. Lestiboudois et Guillard qu'elle ressemble à peu près à celle des Passiflores; ensuite, établissons comme réel, avec Payer, qu'elle procède d'une des 3 côtes dont 2 se rendent dans la feuille; et enfin, qu'elle est tout à fait assimilable à la vrille des *Smilax*.

Ceci établi, nous savons que la vrille des Passiflores est le résultat du développement d'un bourgeon axillaire transformé, et que tout bourgeon axillaire est produit par un phytogène interphytogénique. D'un autre côté, nous savons maintenant que la plupart des feuilles de Dicotylédones, et particulièrement celle des Cucurbitacées, est une épipédochorise ayant originellement 3 phytogènes circulaires pour point de départ. Si dans les feuilles inférieures il n'y a aucune exastosie circulaire, les 3 phytogènes entreront dans la constitution de la feuille; mais si l'exastosie circulaire se prononce entre un des phytogènes circulaires et les 2 autres *fig. 4 bis*, A, celui qui sera *seul* vivra dans des conditions analogues à celles du phytogène interphytogénique qui a produit la vrille des Passiflores, et dès lors l'organe sera naturellement le même; mais tandis que chez ces dernières plantes le phytogène appartient au système axile, au contraire chez les Cucurbitacées le phytogène appartenant aux phytogènes périphériques du protophytogène, il est du domaine du système appendiculaire; d'où il résulte que ces 2 sortes de vrilles, celles des Passiflores et celles des Cucurbitacées, quoiqu'en apparence identiques par leur évolution, sont différentes par leur nature, et que l'une est un axe de *nature axile*, tandis que l'autre est aussi bien un axe, mais de *nature appendiculaire*.

Les 2 vrilles latérales des *Smilax* sont également le résultat du développement de 2 phytogènes circulaires isolés et qui, par cette raison, forme une sorte d'axe de nature appendiculaire; et comme ces vrilles occupent la place des stipules, il était rationnel de les regarder comme analogues à ces organes, suivant l'opinion des auteurs précités.

Mais, puisque c'est un axe résultant du développement d'un phytogène vivant *isolément*, on comprendra que si exceptionnellement il est suffisamment nourri, ce phytogène pourra se composer en un protophytogène capable de donner lieu à une vraie tige munie de ses feuilles et de ses mérithalles, à peu près comme le ferait le phytogène interphytogénique évoluant à l'aisselle d'une des feuilles.

D'un autre côté, puisque c'est un des phytogènes périphériques, et par conséquent appartenant au système appendiculaire, on comprendra aisément comment parfois il puisse donner naissance à une feuille. Pour l'explication de ce fait, 2 hypothèses se présentent :

1° Ou bien ce phytogène, originellement isolé, peut se diplasier ou même se triplasier selon un seul plan, et, par son évolution ultérieure, donner lieu à l'épipédochorise, qui ne sera autre qu'une feuille.

2° Ou bien encore on peut admettre que le phytogène se compose en un protophytogène donnant lieu à une seule feuille, et, dans ce cas, les autres phytogènes avorteraient de bonne heure. Cette manière de voir serait assez conforme avec les observations de M. Naudin que nous avons rapportées plus haut, et c'est aussi celle que nous sommes le plus disposé à admettre, parce qu'elle conserve à la feuille son caractère quasi-axile, que nous venons de reconnaître à la vrille. Dans ce cas, le pétiole ne serait autre qu'un mérithalle, ou tout au moins se confondrait entièrement avec lui; mais nous avons dit, d'ailleurs, que le pétiole pouvait, dans beaucoup de cas, être assimilé à un mérithalle.

Si nous sommes parvenu à nous faire bien comprendre, on devra, ce nous semble, trouver que cette explication concilie la plupart des opinions, même de ceux qui regardent les vrilles comme des axes, mais en tenant compte des restrictions que nous avons faites sur leur nature appendiculaire.

F. Nous avons dit, dans la définition de la feuille prise comme type de l'organe appendiculaire, que la *génération* des éléments foliaires se faisait le plus souvent selon un même plan dans lequel se trouve compris le pétiole, et c'est là en effet un caractère différentiel des tiges ou axes chez lesquels la génération des éléments se fait en général suivant des plans divers qui tous convergent au centre de l'axe principal et en font un organe symétrique par rapport à une ligne (1). Mais il arrive assez souvent que cette disposition des éléments suivant un même plan ne se rencontre pas dans les feuilles, et sous ce rapport encore les caractères tirés de cette disposition ne sont pas toujours exacts.

1° En effet, il suffit de jeter un coup d'œil sur les feuilles pluri-composées de beaucoup d'Ombellifères pour reconnaître qu'il serait impossible de concevoir tous les éléments de la feuille développés dans un même plan (*Ferula, Angelica, Fœniculum, Rumia microcarpa*, etc.). La feuille longitudinalement quadri-composée de l'*Achillea millefolium* (2) prouve encore que les éléments foliolaires se disposent suivant un plan presque perpendiculaire au rachis. Il en est ainsi d'un grand nombre d'autres feuilles.

Dans certains *Santolina* (*viridis, incana, squarrosa*, etc.), les éléments foliaires sont longitudinalement disposés sur 4 rangs ou quelquefois sur 6 autour du rachis, comme on peut l'observer sur le *Santolina chamæcyparissus;* de telle sorte qu'une feuille isolée représenterait assez exactement une petite tige portant de petites feuilles disposées *autour* de l'axe.

2° Toutes les feuilles peltées font évidemment exception à la définition, puisque leur limbe est sensiblement perpendiculaire au pétiole. On dirait presque que la feuille est une tige simple terminée par des feuilles connées ou perfoliées mais dont le phytogène central aurait avorté absolument, comme cela arrive encore assez fréquemment chez le Haricot, dont nous avons figuré et décrit un exemple (3). Cette manière de voir trouve un attrait de plus dans les espèces de *Nymphœa* de l'Afrique, où Gaudichaud a vu souvent se former au sommet du pétiole un véritable bourgeon dont il attribue la présence à la piqûre d'un insecte coléoptère (p. 143).

Certains *Lupinus* portent aussi au sommet de leur pétiole un certain nombre de folioles, qui sont à la feuille peltée ce que sont

(1) *Essai de Phytomorphie*, t. I, p. 85, 86, pl. **III**, *fig.* 38.
(2) *Ibid.*, t. II, pl. X, *fig.* 71, 72.
(3) *Ibid.*, t. I, p. 558, pl. **XI**, *fig.* 71.

les folioles aux feuilles simples, appartenant aux deux générations longitudinale et latérale. Or, dans les *Lupinus polyphyllus* et *nootkatensis*, il n'est pas rare de trouver ces folioles formant comme 2 et 3 verticilles contractés et offrant sous ce rapport quelque ressemblance avec le sommet des axes de certains *Cyperus*.

3° Enfin dans le *Begonia manicata*, la feuille, de génération latérale, présente sur son long pétiole des appendices rougeâtres qui sont évidemment au pétiole ce que sont les organes appendiculaires à certaines tiges. Nous leur avons vu prendre quelquefois un très-grand développement et former plusieurs collerettes superposées absolument comme le feraient autour d'une tige plusieurs feuilles perfoliées.

On voit donc, par ces exemples, que si les nervures des feuilles affectent généralement une disposition différente des axes secondaires sur les axes primaires, il en est qui se comportent à peu près comme les branches des tiges.

4° Maintenant, si nous jetons nos regards sur certaines tiges, nous reconnaîtrons aisément que les axes secondaires, tertiaires, etc., de certains végétaux se comportent exactement comme le veut la loi générale de la disposition des nervures dans les feuilles qui rentrent le mieux dans notre définition.

a. En effet, de même que dans certaines feuilles de génération longitudinale, les nervures secondaires ou tertiaires sont toutes opposées deux à deux et dans le même plan que le pétiole; de même aussi il est des espèces dont les axes secondaires, tertiaires, etc., s'opposent deux à deux et restent *tous* dans un même plan; tels sont en particulier les *Zygophyllum fabago*, *Tribulus terrestris*, *Porliera hygrometrica*, *Guajacum sanctum*; quelques *Euphorbia* (*hypericifolia*, *chamœsyce*, etc.), etc.

b. Mais il est des feuilles, de génération longitudinale, dont les nervures secondaires, tertiaires, etc , tout en étant dans le même plan que le pétiole, se disposent alternativement. Or, ce phénomène se rencontre encore dans un assez grand nombre de végétaux dont les axes secondaires, tertiaires, etc., se forment alternativement tout en se plaçant rigoureusement dans un même plan. C'est ainsi que cela a lieu dans les *Smilax aspera*, *rotundifolia*, etc., parmi les Monocotylédones, et dans les *Hedera* et

beaucoup de Conifères (*Thuia*, *Taxodium*, etc.) parmi les Dicotylédones.

Enfin si dans les feuilles de Monocotylédones les nervures qui
représentent les axes de la feuille sont d'ordinaire presque parallèles, c'est-à-dire s'écartent peu, tandis que dans les Dicotylédones ces mêmes axes sont plutôt divergents et ramifiés, il ne
faut voir dans cette disposition qu'un état de divergence analogue
à celui qui fait que les axes secondaires, tertiaires, etc., des tiges
sont plus ou moins dressés ou étalés selon les espèces, avec cette
différence que dans les feuilles les axes ou nervures sont le plus
souvent tous dans un même plan, tandis que dans les tiges les axes
sont disposés hélicoïdalement ou dans des plans verticaux qui se
disposeraient tout autour de la tige principale, sauf les exceptions
que nous venons de signaler.

G. Il est encore un caractère différentiel qui distingue ordinairement les tiges des organes appendiculaires : c'est la présence
presque constante d'un étui médullaire et d'une moelle dans les
premières, et que l'on n'est pas habitué à reconnaître dans
feuilles ; et encore cette différence ne s'observe-t-elle que dans les
Dicotylédones. Mais, sous ce point de vue aussi, il y a des points
de rapprochement à faire et qui sont encore en faveur de l'analogie à établir entre les organes axiles et les organes appendiculaires.

1° Ainsi, bien que les racines dans les Dicotylédones, et qui
sont des axes, présentent ordinairement une moelle, cependant,
non-seulement elle est très-petite, mais encore, excepté dans les
fibres radicales des Monocotylédones, on n'y constate point la présence des trachées déroulables qui sont si particulières au canal
médullaire, et il y a même quelques plantes dont les racines manquent complétement de moelle (*Cicuta virosa*).

2° Si l'on cherche à comparer la constitution de la vrille des
Passiflores, qui est certainement de nature axile, avec celle de la
vrille des *Lathyrus*, qui est évidemment de nature appendiculaire, on trouve que chez toutes les deux il y a un canal médullaire des plus apparents, et, par conséquent, que ces deux organes
sont très-analogues. Les vrilles de la Vigne et des *Cissus* présen-
sentent également une moelle que l'on ne saurait mettre en doute,
et cependant, si les vrilles des *Vitis* et des *Cissus* ont été regar-

dées jusqu'à ce jour comme des axes, nous avons vu qu'il y avait autant de raisons pour croire que, comme celles des Cucurbitacées, elles sont de nature appendiculaire que pour croire le contraire. Toutefois, nous avons vu aussi que, phytogéniquement, ce sont des organes qui révêtent parfois les caractères des organes axiles.

3° D'un autre côté, il y a un grand nombre de feuilles qui présentent, surtout dans leur pétiole, une moelle bien évidente; telles sont les feuilles du *Staphylea pinnata*, celles de la Vigne, des *Ficus*, etc. Anatomiquement, sous ce point de vue, on trouve bien peu de différence entre une tranche mince prise transversalement sur un très-jeune mérithalle du *Staphylea pinnata* et celle prise sur un pétiole de la même plante, et il y en a peut-être moins encore entre celles que l'on peut prendre sur le pétiole de l'*Hydrocleys Commersoni* et sur son pédoncule.

En comparant une coupe horizontale faite sur une jeune tige et sur le pétiole commun ou rachis du *Robinia pseudo-Acacia*, on reconnaît aisément que tous les deux sont pourvus d'une véritable moelle, et, n'était la plus grande épaisseur des faisceaux fibrovasculaires qui entourent la moelle de la tige et la forme *trigonale* de la moelle foliaire indiquant nettement l'existence originelle des 3 phytogènes primitifs qui ont servi à faire la feuille, il serait difficile de dire quelle est la tranche qui appartient à l'axe et celle qui vient de la feuille. Cet exemple est très-propre à démontrer que 3 phytogènes périphériques ont vécu en commun tout en gardant cependant chacun une partie de leur individualité, indiquée par les 3 angles rentrants qui s'aperçoivent sur la moelle, et 'on peut poursuivre cette forme sur toute la longueur du rachis.

D'ailleurs, si dans quelques feuilles on ne distingue pas aussi nettement un canal médullaire ou une moelle, il est certain que l'on y constate au moins tous les vaisseaux et tous les éléments organiques qui constituent les tiges. Or, on sait que les *trachées déroulables*, qui sont les vaisseaux caractéristiques du canal médullaire, indépendamment de tous les autres vaisseaux que l'on rencontre dans les tiges, se retrouvent précisément aussi dans les pétioles, dans les nervures des feuilles, dans les filets des étamines et les enveloppes florales; tandis que certaines tiges n'ont pas montré de trachées aux observateurs qui les ont cherchées : telles sont le *Cytisus Laburnum* et la Vigne, selon Agardh, et les *Cuscuta* et *Cassytha*, d'après M. Decaisne.

H. Chez les Dicotylédones, il y a un caractère distinctif qu'il est bon de signaler ici : c'est la présence, dans les tiges, des rayons médullaires qui partant du canal médullaire vont se rendre à l'écorce en traversant le corps ligneux. On ne rencontre rien de pareil dans les pétioles, parce qu'en effet, d'abord, ce ne sont pas les feuilles, qui d'ordinaire sont chargées de donner naissance aux bourgeons, qui produiront les branches; ensuite, si les rayons médullaires ne sont que du tissu utriculaire émanant de la moelle pour se rendre à l'écorce, d'où le nom de *médulle* ou *moelle externe*, et que le développement des fibres et des vaisseaux aurait aplati dans le sens de l'axe, il est évident qu'ils existent dans les pétioles; mais, en raison de l'existence éphémère des feuilles, ce tissu n'a pas eu le temps de revêtir les caractères de celui qui, chaque année, dans les tiges ligneuses, a subi des pressions toujours croissantes. Ce serait d'ailleurs vainement que l'on chercherait dans la vrille des *Passiflora*, qui est de nature axile, des rayons médullaires semblables à ceux de la tige des Dicotylédones; et si on les y admet, ce n'est qu'à l'état imparfait, comme ils peuvent l'être dans les pétioles.

D'un autre côté, bien que jusqu'à un certain point on puisse faire des rapprochements entre la moelle des Dicotylénones et le tissu itrucilaire qui compose presque toute l'épaisseur de la tige des Monocotylédones, il est certain que ces tiges sont dépourvues des rayons médullaires et que conséquemment la présence de ce tissu n'est pas nécessaire pour conduire à la nature axile d'un organe.

I. Enfin, nous pourrions en dire autant des couches concentriques qui composent les axes des Dicotylédones; mais comme ces couches ne sont propres qu'aux tiges des Dicotylédones, et que d'ailleurs elles ne se font remarquer que sur les tiges ligneuses qui vivent dans les climats froids ou tempérés, puisque dans ceux des pays chauds où la végétation est à peu près constante ces couches sont beaucoup moins accusées, il s'ensuit qu'elles ne sont point un caractère propre à faire distinguer les organes axiles des organes appendiculaires.

On voit aussi que, quelle que soit la manière dont on envisage la question relative à la distinction des organes axiles et des organes appendiculaires, quelle que soit la définition que l'on cherche à donner soit de l'axe, soit de l'appendice, on est constamment en présence d'exceptions qui font que le caractère qui peut être généralement applicable à l'un de ces organes est exceptionnellement applicable à l'autre ; c'est ce qui nous semble prouver le mieux que ces deux sortes d'organes ne sont que des modifications d'un seul et même élément originel, et que par conséquent il est juste de regarder les feuilles comme des épipédochorises d'axes arrêtés à leur état de composition le plus simple, c'est-à-dire à l'état de phytogène. Cherchons maintenant, dans l'origine de ces organes, si nous ne trouverions point de nouvelles preuves en faveur de cette manière de voir.

ARTICLE II. — *Similitude d'origine des organes axiles et appendiculaires.*

Ce que nous venons d'exposer dans l'article précédent doit déjà nous porter à supposer que les deux ordres d'organes que nous venons d'étudier ont, sinon une commune origine, du moins une origine très-analogue. Les faits que nous allons passer en revue maintenant vont très-probablement confirmer cette première supposition.

Il y a déjà longtemps que les zootomistes, singulièrement frappés de certaines analogies de conformation qu'ils ont observées entre les organes mâles et les organes femelles chez certains animaux, ont soupçonné que ces organes étaient originellement identiques et que leur différence pourrait bien n'être due qu'à des modifications survenues pendant leur développement ultérieur. Depuis longtemps aussi on sait que dans les végétaux dioïques ou même dans les phytogènes-fleurs des végétaux monoïques, à leur naissance, rien n'indique que tel individu ou tel phytogène sera plutôt mâle que femelle. Enfin, on sait encore que les transformations ou métamorphoses des parties florales les unes dans les autres ont porté les botanistes à supposer entre elles une très-grande analogie d'origine (1).

____

(1) Voir le chapitre des *Métamorphoses* (*Essai de Phytomorphie*, t. II).

Mais l'idée générale admise sur la possibilité de ces transformations se bornait à croire que les organes appendiculaires seuls étaient capables de ces changements de formes et nullement que des organes axiles et appendiculaires, deux natures si différentes, pussent subir des métamorphoses réciproques. Aussi voyons-nous les meilleurs esprits chercher à expliquer comment l'étamine (*organe mâle*), de nature appendiculaire, peut se transformer en un ovaire (*appareil femelle*) qui, dans son ensemble, abstraction faite des feuilles carpelliennes, est de nature axile.

a. Cependant une observation de Linné, qui déjà date de loin, aurait pu faire naître l'idée que les organes appendiculaires pouvaient quelquefois se transformer en organes axiles, puisque ce célèbre naturaliste avait remarqué que les feuilles inférieures du *Polygonum Bistorta* s'étaient, au printemps, métamorphosées en autant de bulbilles, dont chacun avait donné naissance à de petites feuilles (1).

D'un autre côté, MM. Vieillard et Panchet ont constaté qu'à la place de la fronde de certaines Fougères de Taïti, il se développe un bourgeon écailleux tenant au stipe par un support étranglé et très-court. Ces bourgeons, toujours placés au sommet du stipe, en se développant, finissent par former une véritable ramification très-différente de celle qui est due à un dédoublement, ainsi que cela paraît avoir lieu pour l'*Alsophila Perrotetiana* (p. 246).

b. De son côté, De Candolle a fait connaître un fait qui paraît se rapporter à cet ordre de phénomènes. L'illustre botaniste de Genève a indiqué dans son *Mémoire sur les fleurs doubles* que chacune des étamines de certaines monstruosités de Primevère, au lieu de se métamorphoser en un pétale unique, se transforme en une houppe de pétales réunis par la base (2). Mais pour nous chaque houppe est l'expression d'une petite fleur qui a son analogue, dans la formation des fleurs, dans la fleur de l'*Althœa rosea*, dont nous avons donné la description p. 261. Or, une fleur est un bourgeon développé, et chaque bourgeon, pris dans son ensemble et abstraction faite de ses organes appendiculaires, est un organe axile.

(1) *Flor. lapp.*, p. 116.
(2) *Mém. soc. d'Arcueil*, vol. III, p. 397.

Cependant, comme ce genre de métamorphose n'a pas encore été bien étudié et que cette étude se rapporte au sujet que nous traitons ici, nous allons lui donner une extension qui aurait paru mieux convenir au chapitre des métamorphoses (*Phytomorphie*).

La première observation de ce genre nous a été fournie en 1851 par le *Brassica Napus*, sur l'inflorescence duquel, à côté d'autres anomalies, nous avons constaté ce fait curieux de la transformation des 6 étamines en 6 fleurs complètes, jaunes, portant, elles, des étamines tétradynames et une silique normale (1). Or, à cette époque, nous n'avions aucune raison de douter de la nature appendiculaire de l'étamine, et voilà que nous la voyons se transformer en un axe muni de ses organes appendiculaires. Il était donc possible de concevoir la transformation d'un phytogène de nature appendiculaire en un phytogène de nature axile.

D'un autre côté cette plante, qui présentait plus d'un genre de métamorphoses, offrait aussi cette curieuse modification : la silique de la fleur prolifère, au lieu de graines, portait des fleurs en tout semblables aux fleurs normales, quoique plus petites. Toutes ces petites fleurs occupaient la base interne de la silique, tandis que la partie supérieure était atrophiée. Dans d'autres monstruosités, au lieu de fleurs c'était un petit bourgeon infrondescent qui s'était développé à la place des ovules. Que le phytogène ovule donne lieu à un bourgeon infrondescent ou à un bourgeon-fleur, rien de bien étonnant, puisque le phytogène initial est le même pour tous les organes axiles ; mais que l'étamine, regardée comme un organe appendiculaire, se transforme en un organe axile, c'est là un point important qui n'avait pas encore été admis.

Éclairé par ce premier fait, nous avons poursuivi ces sortes de recherches avec une grande persévérance, et nous avons trouvé quelques autres preuves de ces métamorphoses.

En 1834, nous pouvions observer la transformation de l'une des inflorescences secondaires de la cime du *Sambucus nigra* se développant en feuilles. Dans l'inflorescence générale, les axes secondaires, au nombre de 4, sont d'ordinaire verticillés autour d'un 5e central. Dans notre anomalie nous avons trouvé 2 des axes secondaires verticillés séparés des deux autres ; mais des deux in-

(1) *Note sur divers. transform. des verticil. flor.* du Brassica Napus (*Compt. rend. Acad. sc.*, octobre 1851).

férieurs l'un s'était développé en inflorescence partielle, tandis que son opposé était exactement remplacé par une feuille. Si l'on admettait que l'inflorescence partielle opposée à la feuille pût quelquefois subir la même métamorphose, on serait tenté de croire à l'avortement des deux axes floraux, alors qu'ils se seraient changés en feuilles. Or, il n'est pas rare de rencontrer des cimes à 3 rayons placés dans un même plan (1).

En 1855, nous avons été assez heureux pour rencontrer le même phénomène sur une autre cime de Sureau ; mais ici l'inflorescence était normale, si ce n'est que l'une des 4 inflorescences latérales était remplacée par une feuille.

Dans le *Lythrum Salicaria*, nous avons encore rencontré un fait analogue à celui du *Brassica Napus*. En 1856 nous avons rencontré plusieurs fleurs composées de 6 sépales, 6 pétales, et à la place des 6 étamines, 6 petites fleurs complètes. Quant au gynécée, il avait totalement avorté.

Il est très-probable que c'est un phénomène analogue qui s'est présenté à notre observation dans le *Nicotiana rustica*. Du fond d'un calice commun à 5 divisions se dressaient 5 fleurs complètes, plus petites, mais semblables à des fleurs normales. Il n'y avait ni corolle ni gynécée. Il semble que le développement anormal des étamines, en affamant la corolle et le gynécée, les ait fait avorter ; car il n'était pas douteux que ce fussent bien les étamines qui s'étaient ainsi transformées, puisque les 5 fleurs étaient exactement opposées aux 5 divisions calicinales (2).

Ces phénomènes sont vraisemblablement de la même nature que celui que M. Choisy a observé dans le jardin botanique de Genève et que De Candolle a rappporté (3). « C'est une monstruosité de Rose, où, *à la place des étamines*, sur le bord interne du torus, s'était développé un verticille de bourgeons floraux irrégulièrement conformés, mais reconnaissables. » Il est possible qu'un certain nombre de monstruosités classées parmi les *prolifications axillaires* de Moquin-Tandon puissent être dues à des transformations analogues à celles que nous venons de rap-

---

(1) *Etude sur le développement des mérithalles*, 2ᵉ partie (*Bull. Soc. bot. France*, t. I, p. 241).

(2) Ch. Fd., *Monog. du Tabac*, Paris, 1857, p. 127.

(3) *Organog. vég.*, t. I, p. 553.

peler, mais nous n'en sommes pas assez sûr pour les rapporter ici.

c. On peut voir au chapitre des Métamorphoses (*Phytomorphie*) que les pièces florales peuvent se transformer en carpelles ; mais comme un carpelle n'est rigoureusement qu'un organe appendiculaire, cette transformation ne saurait être invoquée, dans la plupart des cas, pour soutenir la thèse de la similitude d'origine des organes axiles et appendiculaires et leur transformation les uns dans les autres.

Pour saisir exactement le sens de cette idée, il faut se rendre bien compte de la manière dont se forme un carpelle, et ce que nous en avons dit en décrivant leur organogénie (*voir* chap. VI, art. II, p. 316) démontre assez que chaque carpelle est originellement constitué par des phytogènes circulaires qui, en grandissant, forment un organe appendiculaire qui finit par se fermer et ainsi donner lieu à une cavité close. En effet, bien que chaque carpelle, par exemple celui de l'*Aquilegia vulgaris*, se présente après son développement, comme s'il avait été formé par toute une série circulaire de phytogènes d'un protophytogène, cependant son étude organogénique nous démontre qu'il n'entre dans sa constitution qu'une partie des phytogènes circulaires d'un protophytogène latéral, et que par conséquent chaque carpelle, au lieu de former une cyclochorise (1), ne constitue réellement qu'une épipédochorise qui, par une sorte de campylotropie, a réuni ses 2 bords, lesquels se sont *soudés* pour en faire une cavité close. Il y a plusieurs exastosies circulaires entre tous les phytogènes circulaires, ce qui a suffi pour faire disparaître la cyclochorise et naître l'épipédochorise.

Mais si, au lieu d'un carpelle unique, l'organe se développe en un pistil formé d'une série circulaire de carpelles représentant un axophylle développé, alors on sera bien forcé de reconnaître la métamorphose d'un organe appendiculaire en organe axile, puisque l'ensemble des carpelles représente un verticille de feuilles modifiées, lequel verticille implique nécessairement l'idée d'un axe.

En effet, supposons que tous ces carpelles, par défaut d'exas-

____

(1) *Essai de Phytomorphie*, t. I, p. 347.

tosie circulaire, restent unis par leurs bords comme on le voit dans les *Papaver* : alors, de ce que tous ces phytogènes circulaires ont vécu ensemble et même se sont circulairement multipliés, nous avons non-seulement une sorte de cyclochorise phytogénique, qui est à la cyclochorise protophytogénique du Pois (1) ce que la vrille est à la tige, mais encore un axe dans ce que l'on est convenu d'appeler le réceptable ou partie de laquelle naissent tous les carpelles. Or, le genre *Papaver* nous offre une série d'espèces chez lesquelles la transformation des étamines en pistils n'est pas douteuse.

Ainsi Turpin a vu que dans le *Papaver bracteatum* un certain nombre d'étamines, les plus rapprochées de l'axe floral, se changent quelquefois en pistils. Dupetit-Thouars a reconnu le même phénomène sur le *P. orientale*, M. Defrance sur le *P. somniferum*, et Rob. Brown sur le *P. nudicaule*. Dans cette sorte de métamorphose on a admis que le filet devenait l'ovaire, tandis que l'anthère se crispe de manière à imiter le stigmate (Turpin); mais souvent le filet conserve sa forme habituelle, tandis que les anthères paraissent seules subir la métamorphose, et quelquefois la transformation se porte à la fois sur le filet et sur l'anthère. Phytogéniquement, la théorie de cette transformation est exactement la même que celle qui sert à expliquer la formation de la capsule ordinaire du Pavot ; la seule différence consiste en ce que le phytogène-étamine, au lieu d'être *central* et de subir l'influence staminale, est circulaire et subit l'influence carpellienne. Dans le cas normal, l'axophylle ou tête de Pavot est de nature axile, tandis que l'axophylle anomale est de nature appendiculaire, puisqu'il a été formé par un phytogène circulaire qui aurait dû donner lieu à un appendice.

Dunal et Campdera ont fait connaître des fleurs de *Rumex crispus* ayant 7 ovaires au lieu de 1, les 6 surnuméraires occupant la place des 6 étamines (2). Or, on sait que l'ovaire des *Rumex* est un axophylle, c'est-à-dire qu'il représente l'extrémité de l'axe floral ou le phytogène central ultime de la fleur. Conséquemment, chaque ovaire représente un axophylle; d'où il suit

(1) *Essai de Phythomorphie*, t. I, p. 319.
(2) *Monog. Rumex*, p. 50.

que là encore nous voyons l'étamine (organe appendiculaire) se transformer en axophylle, c'est-à-dire en un axe muni de ses appendices.

Nous pourrions multiplier ces exemples, mais ils nous paraissent suffire pour établir la possibilité de transformation d'un organe d'une certaine nature en un organe d'une autre nature. D'ailleurs nous en signalons un grand nombre d'autres exemples dans notre chapitre des *Métamorphoses* (*Phytomorphie*, t. II)

d. En abordant un autre ordre d'idées, nous trouvons encore la preuve de la transformation des organes appendiculaires en organes axiles et réciproquement, et ce phénomène alors est beaucoup plus commun que ceux que nous venons d'examiner, puisqu'il constitue pour certains végétaux un état véritablement normal.

Par exemple, en examinant la manière d'être des feuilles et des inflorescences du *Lycopersicum esculentum* (var. grosse rouge), on voit aisément que cette plante est chargée de grandes feuilles penniséquées, le plus souvent alternes vers la base, mais souvent opposées vers le haut, et que, presque toujours, on trouve alternativement une inflorescence opposée à une feuille, puis 2 feuilles opposées. Or, comment doit-on considérer l'opposition aux feuilles de cette inflorescence?

1° Avec quelques botanistes, on peut dire que l'axe floral provient d'un bourgeon axillaire d'une feuille inférieure, lequel bourgeon se serait greffé avec l'axe principal et aurait grandi avec lui jusqu'à la hauteur d'une feuille. Mais l'examen attentif des faits conduit à repousser cette manière de voir; car toutes les inflorescences sont sur une seule et même ligne verticale, et, par conséquent, placées les unes au-dessus des autres : donc, elles ne proviennent pas d'un bourgeon axillaire qu'un défaut d'exastosie unirait à la tige dans une certaine longueur.

2° Les bourgeons des Solanées étant souvent extra-axillaires, on peut encore admettre que les inflorescences peuvent ainsi, par défaut d'exastosie, comme dans la supposition précédente, arriver à former une opposition aux feuilles. Mais d'abord, dans cette espèce, les bourgeons sont réellement axillaires; ensuite, en admettant une extra-axillarité, les inflorescences devraient occuper deux lignes verticales; et enfin, on ne devrait pas trouver alternativement 2 feuilles opposées et une inflorescence opposée à une feuille. Évidemment, dans cette dernière supposition, on devrait trouver alternativement 2 feuilles opposées et 2 inflorescences opposées, d'après les lois de la symétrie végétale (1). Or, c'est ce qui n'a pas lieu : donc, il est impossible que l'inflorescence opposée à une feuille provienne d'un bourgeon extra-axillaire.

3° On pourrait, avec quelque apparence de raison, soutenir qu'il se passe ici un phénomène semblable à celui que, sans preuves suffisantes, l'on a depuis longtemps admis pour expliquer certaines inflorescences oppositifoliées : telles sont celles des *Vitis, Cissus, Phytolacca*, etc. Dans cette supposition, l'inflorescence serait terminale ; alors, à l'aisselle de la dernière feuille il se formerait un bourgeon dont le prompt développement rejetterait sur le côté l'axe floral ou la vrille, que l'on regarde comme terminant la tige, et ainsi s'expliquerait l'opposition à une feuille d'un organe axile.

Nous regardons cette explication comme très-difficile à admettre, au moins dans quelques cas. En effet, si l'on suit avec soin l'organogénie des tiges, non de la Vigne, qui, à cause de la multitude de poils qui recouvrent les parties naissantes, ne se prêteraient que très-difficilement à cette observation, mais celles du *Cissus quinquefolia*, qui sont glabres, on reconnaît facilement que, dès le jeune âge, l'axe floral ou la vrille est toujours opposée à la feuille, alors même que cette dernière est déjà assez développée quand, au contraire, la vrille n'apparaît que comme un petit mamelon : au delà on voit, comme continuant l'axe, une petite masse de tissu cellulaire où il est difficile de découvrir autre chose. C'est donc par supposition que cette opinion a été émise, et, sans doute, pour éluder la difficulté d'expliquer un phénomène que l'on a cru incompatible avec les idées reçues, mais qui n'est repoussé par aucune raison bien plausible.

A la vérité, il y a quelques cas où il est difficile de ne pas admettre cette sorte d'évolution d'un bourgeon axillaire rejetant sur le côté le mérithalle terminal, ce qui en fait un axe oppositifolié. Par exemple, dans les *Phytolacca (esculenta, decandra)*, on

---

(1) *Essai de Phytomorphie*, t. I, p. 57.

voit, en effet, une inflorescence terminale bien développée quand
le bourgeon latéral, au contraire, l'est fort peu, ce qui est très-
différent de ce que l'on observe dans les *Vitis, Cissus, Lycopersicum esculentum,* etc.

Puisque, comme nous l'avons dit, la tige de cette dernière
plante offre alternativement des feuilles opposées et des inflorescences oppositifoliées, il est évident que, si l'on admet le phénomène pour une inflorescence, il faut l'admettre pour la feuille ;
c'est-à-dire que si véritablement l'axe se terminait, dans un cas,
par une inflorescence, conséquemment, il devrait, dans l'autre,
se terminer par une feuille, et ce serait alors le bourgeon qui,
repoussant la feuille, la rendrait opposée à l'autre. De sorte que
l'on ne peut sortir de ce dilemme que par une conséquence favorable à notre opinion : ou c'est le bourgeon axillaire qui déjette
latéralement l'inflorescence ou la vrille terminale et la rend oppositifoliée, et dans ce cas il agirait de la même façon sur l'une
des 2 feuilles opposées qui, elle aussi, aurait été terminale dans
le principe ; ou bien les feuilles naissent réellement opposées, et
les inflorescences sont aussi réellement oppositifoliées. Dans l'un
comme dans l'autre cas, on ne peut se refuser à admettre que la
feuille se transforme en axe ou l'axe en feuille : donc, il y a identité ou similitude d'origine entre la feuille et l'axe.

D'ailleurs, si l'on conservait quelques doutes sur la question
de savoir exactement si ce n'est point le bourgeon axillaire qui
détermine l'oppositifoliation de la feuille ou de l'inflorescence, il
suffirait d'examiner les 2 feuilles opposées pour reconnaître qu'é-
tant, en général, d'égales dimensions, il a fallu qu'elles naquis-
sent ensemble, et que, par conséquent, elles sont bien réellement
opposées.

Enfin, pour lever le plus léger doute qui pourrait encore rester
dans l'esprit de quelques personnes, ajoutons que parfois la
feuille naît là où, par avance, on devait prédire une inflorescence,
et que, réciproquement, on trouve une inflorescence là où l'on
devait supposer une feuille.

La Tomate n'est pas la seule plante sur laquelle on puisse faire
un pareil raisonnement. En effet, chez les *Pelargonium inquinans, zonale,* etc., on voit fréquemment des feuilles opposées et
des fleurs oppositifoliées. Ici, il est tout à fait impossible de dire

que la fleur termine la tige et qu'elle ne devient opposée à la feuille que par le développement d'un bourgeon axillaire ; car, dans le *Pelargonium radula*, D. C., on peut voir que les feuilles sont opposées et portent des fleurs axillaires, suivant la *loi d'évolution alternative* que nous avons établie autre part (1), tandis que l'axe se continue comme à l'ordinaire, et l'on peut observer cependant que le bourgeon terminal est très-petit relativement au bourgeon floral. D'ailleurs, on voit sur les tiges non encore florifères un bourgeon terminal continuant l'axe. Des observations analogues peuvent très-facilement être faites sur le *Pelargonium papilionaceus*.

Il résulte de ces observations que si les axes peuvent, naturellement et sans développement de bourgeon axillaire, être opposés aux feuilles, ils sont produits par un des phytogènes périphériques d'un protophytogène, et, par conséquent, de nature appendiculaire : donc, ils pourront parfois se transformer en feuilles, comme nous en avons eu des exemples dans les *Sambucus*, *Lycopersicum*, *Pelargonium*, etc., et, réciproquement, les feuilles modifiées ou non pourront être quelquefois transformées en axes (Bistorte, Fougères, p. 517). Donc, il est juste de dire que les organes appendiculaires et les organes axiles ont une commune origine qui se trahit par des transformations insolites les uns dans les autres.

L'étude organogénique des feuilles vient donner une probabilité de plus en faveur de l'origine commune des axes et des organes appendiculaires, puisque nous savons que ces derniers commencent tous par une petite masse de tissu cellulaire qui, se détachant de la masse celluleuse constituant le bourgeon central, prend un développement qui lui est propre, et, par conséquent, est douée d'une vie particulière (2). Or, nous avons vu que la manière d'être de cette petite masse cellulaire est précisément celle du phytogène (p. 57) : conséquemment, ce sera encore un ou plusieurs phytogènes qui seront le point de départ de notre feuille, et ce que nous disons de la feuille peut se dire en même temps de tout autre organe appendiculaire (sépale, pétale, etc.).

(1) *Lois suivant lesquelles se fait le développement de certains bourgeons*, etc. (*Bull. Soc. bot. France*, juillet 1855).
(2) *Essai de Phytomorphie*, chap. I.

Mais si la feuille et l'axe ont une origine identique, c'est-à-dire qu'ils procèdent d'un ou de plusieurs phytogènes, on ne doit pas être étonné de voir accidentellement la feuille se transformer en un axe semblable à celui duquel elle émane, et, réciproquement, des axes prendre l'apparence d'un organe appendiculaire. Toutefois, ces cas doivent être assez rares, par cette raison que la position centrale ou latérale d'un phytogène suffit pour déterminer en lui une manière d'être bien différente, et qui fait que dans le premier cas c'est un organe axile et dans le second un organe appendiculaire. Cependant nous ne doutons pas que des recherches faites dans ce sens ne multiplient beaucoup la liste de ces métamorphoses, ce qui rendrait un véritable service à la théorie phytogénique. Déjà, en partant de ces idées, nous avons été conduit à la découverte de feuilles véritablement axiles. En effet, le *Ptelea trifoliata* présente entre autres comme caractère spécifique une feuille composée de 3 folioles, mais il n'est pas rare de voir cette feuille se compliquer par l'addition d'une ou même de 2 folioles surnuméraires. Or, en cherchant avec persévérance, nous avons été assez heureux pour trouver sur ce *Ptelea* une feuille qui ne nous paraît laisser aucun doute sur sa forme axile ; car nous y voyons d'abord un pétiole de 10 centimètres environ, portant à son extrémité 3 folioles de 10 à 12 centimètres et présentant les caractères des folioles normales ; mais du centre de ces 3 folioles, qui allaient un peu en rayonnant autour du pétiole, s'élève un second pétiole n'ayant, lui, que 2 centimètres de longueur et portant à son extrémité 3 petites folioles de la même longueur environ que le pétiole ou mérithalle qui les porte et dont 2 sont unies dans une certaine partie de leur longueur (1). La longueur du second pétiole exclut évidemment l'idée de dédoublement ; et d'ailleurs, d'une part, dans les dédoublements les différences de grandeurs que l'on observe ne sont jamais aussi grandes, et, de l'autre, les petites folioles avaient en quelque sorte obéi à la loi d'alternance, puisque, dans leur état de fraîcheur, elles avaient leur face supérieure regardant la face supérieure des grandes.

Pareillement, les *Phaseolus* nous ont présenté un phénomène semblable, si ce n'est que le petit pétiole, continuant le pétiole

____

(1) *Essai de Phytomorphie*, t. I, pl. XIII, *fig.* 94.

principal, ne portait qu'une ou 2 petites folioles au lieu de 3. Enfin, le *Tamus communis* nous a offert aussi une petite feuille surmontant la feuille normale et portée aussi sur un petit pétiole (1).

Si l'on rapproche ces exemples de celui que nous ont offert les feuilles du *Nymphœa* d'Afrique, que Gaudichaud nous a fait connaître, on voit que l'on ne peut se refuser à admettre une certaine analogie entre les pétioles et les axes, et nous avons, autre part, démontré que les uns et les autres avaient une origine commune : les premiers étant constitués par les 3 phytogènes supérieurs, les seconds par les 3 phytogènes inférieurs d'un protophytogène (2).

De ce qui précède on doit conclure, ce nous semble, que les feuilles ont pour origine un ou plusieurs phytogènes, et qu'elles peuvent être regardées comme des axes modifiés, mais de nature appendiculaire. Cette façon de les considérer nous paraît donner une explication satisfaisante de la manière d'être des organes dont nous nous sommes occupé (*Ruscus, Xylophylla, Cactus, Phyllanthus*, etc.), et qui ont à la fois des caractères appartenant à la feuille et des caractères appartenant à la tige.

(1) *Essai de Phytomorphie*, t. I, pl. XIII, *fig.* 93 et 92.
(2) *Ibid.*, t. II, p. 141.

CHAPITRE VIII

Dans ce chapitre nous passons en revue les phénomènes végétaux dont les causes physiologiques ou mécaniques nous sont
complétement inconnues, et dont, par conséquent, il nous est
difficile de donner une explication satisfaisante ; c'est pour cela
que nous avons préféré désigner ces causes sous le nom *d'influences physiologiques,* dénomination qui ne nous paraît entraîner avec elle aucune chance d'erreur.

Parmi les plus importantes de ces causes nous signalerons :
1° les *prédispositions organiques ;* 2° la *loi d'alternance ;* 3° les
arréts provisoires d'accroissement ; 4° le *défaut de simultanéité
dans le développement des éléments organiques* ou *phytogènes ;*
5° les *influences foliifiantes et florifiantes ;* 6° la *formation des
couleurs* ou *chromatosie ;* 7° la *formation des odeurs* ou *osmosie,*
et 8°, la *formation des saveurs* ou *chymosie.* Nous allons aussi
brièvement que possible passer en revue les principaux phénomènes qui résultent de ces influences.

ARTICLE PREMIER. — *Prédispositions organiques.*

Nous avons eu plusieurs fois l'occasion de nous servir de cette
manière d'exprimer une idée que nous devons étudier ici avec
plus d'étendue que nous n'avons pu encore le faire, car il importe
d'en faire connaître exactement toute la valeur.

Le mode de formation et d'évolution des êtres vivants varie extrêmement, et l'on sait en général que plus les animaux d'un certain ordre sont jeunes, plus ils se ressemblent et plus, au contraire, par l'âge, ils sont différents. Cette ressemblance est souvent

telle que dans l'origine ils ne peuvent être distingués. C'est ainsi que les Lernées et les Cyclopes, si différents de formes dans leur état adulte, se ressemblent tellement à l'état de larve qu'il est souvent difficile de les distinguer. Il en est de même des Grenouilles qui naissent avec tous les caractères essentiels aux Poissons et qui en diffèrent tant quand ils sont adultes. Il est probable que cela a lieu pour tous les animaux sans exception, et sous ce rapport il y a un exact rapprochement à faire entre les animaux et les végétaux. Quelques exemples suffiront pour nous convaincre de cette vérité.

ANIMAUX. Dans l'état actuel de nos connaissances et dans l'incertitude où nous sommes de connaître exactement la part que prennent dans l'acte de l'imprégnation le fluide spermatique et la matière fluide de l'œuf, nous sommes obligé de séparer l'examen de ces deux matières.

1° Tous les œufs des animaux, à leur origine, commencent par une sorte d'utricule animale ou vésicule dans laquelle on ne peut reconnaître aucune différence, qu'elle doive produire plus tard un Polype, un Annélide, un Mollusque, un Poisson, un Reptile, un Oiseau ou un Mammifère.

2° Tous les zoospermes commencent par n'être aussi qu'une vésicule qui, au microscope, se montre avoir la même composition que l'œuf naissant de la femelle. Les embryologistes s'accordent pour la comparer à certains animaux les plus inférieurs appartenant aux Monadaires (Serres, *Cours d'ovologie*). Dans cet état de simplicité, ils sont sphériques et constituent le premier période du zoosperme de tous les animaux. C'est l'état *céphaloïde* ou *ovuloïde*, suivant les classifications de MM. Czmark et Van Beneden, et cet état est permanent pour les zoospermes des Crustacées et des Poissons osseux. Arrivé dans l'épididyme, le zoosperme passe au deuxième période; il s'allonge considérablement par la formation d'une longue queue et ressemble plus ou moins à un Vibrion, de là le nom de *vibrioïde* (Van Beneden), qui correspond aux *uroïdes* de Czmark, et dans cet état plus parfait, il forme le zoosperme permanent dans les Mollusques, les Poissons cartilagineux, les Reptiles et les Oiseaux. Enfin, dans la troisième période, le zoosperme, arrivé dans les vésicules séminales, présente une tête volumineuse et une longue extrémité caudale, et cet état le plus parfait constitue la forme *céphaluroïde* (Czmark) ou *cercoïde* (Van Beneden), et c'est lui qui reste permanent dans les Insectes, les Mammifères et l'Homme.

Il résulte de ce court aperçu que l'ovule et le zoosperme, pris tout à fait à leur origine et auxquels alors on a donné le nom d'*ovonigène*, ont une unité de composition remarquable, et qu'examinés à ce moment de leur formation, il serait impossible de dire si l'ovonigène est féminin ou masculin, et encore moins quelle espèce d'animal l'a produit.

3° Si maintenant nous passons à l'ovule fécondé, on voit qu'il n'est d'abord uniquement formé que par du mucilage, quel que soit l'animal auquel appartient cet ovule. Un peu plus tard on voit s'y former un petit nuage et l'on peut bientôt distinguer un *petit gâteau* ou *disque* dans lequel se résume pour ainsi dire l'embryon; c'est pour cela qu'on le nomme *disque prolifère* ou *proligère*. Il est alors impossible de dire si l'animal sera un Insecte, un Mollusque, un Poisson, un Oiseau ou un Mammifère.

Si l'on pousse plus loin l'observation, on aperçoit qu'au centre du disque il se forme une ligne droite ou *ligne primitive*, que Baer avait cru formée par un léger renflement, mais qui forme, selon MM. Coste, Delpech et la plupart des ovologistes, une gouttière dite *gouttière primitive* et que tous les observateurs s'accordent pour regarder comme étant le rudiment de la moelle épinière. Cette gouttière est déjà un moyen de reconnaître si l'œuf appartient à un Mammifère, un Oiseau, un Reptile ou un Poisson; car rien de pareil ne se manifeste dans l'œuf des Insectes, des Mollusques ou des Zoophytes. Il y a donc déjà un cachet particulier qui les distingue, et comme c'est suivant cette gouttière que se forment les vertèbres, on voit que tous les vertébrés sont en quelque sorte moulés sur un même plan, et c'est là un *caractère dominateur* de tout le groupe d'animaux chez lesquels cette ligne primitive se forme. Or, ne pouvant remonter plus loin par l'observation microscopique, comment concevoir que cette ligne se formera dans quelques œufs et non dans les autres sans admettre le principe de la *prédisposition organique*, qui fait que toujours un œuf de vertébré se développera de façon à former cette gouttière primitive, tandis que jamais elle ne se formera dans l'œuf des autres animaux?

Mais si ce que nous venons de dire s'observe à l'origine dans les œufs des quatre grandes divisions primordiales, et nul doute que pris à leur naissance tous les œufs se ressemblent, à plus forte raison ces œufs, pendant leur évolution, restent-ils plus longtemps semblables lorsqu'ils proviennent d'individus différents mais pris dans une même classe; et la similitude de leur développement est d'autant plus longtemps continuée que l'observation se porte sur les œufs des individus d'un même ordre, d'une même famille, d'un même genre, d'une même espèce, jusqu'à ce qu'enfin, arrivé aux œufs d'individus entièrement identiques, on observe dans tous une évolution invariable qui fait que toutes les phases de cette évolution restent toujours parfaitement identiques jusqu'à la fin.

Végétaux. Des phénomènes tout à fait semblables peuvent être saisis chez les végétaux, et cela sur trois ordres de faits bien différents en apparence.

1° Si l'on observe la composition du contenu des utricules polliniques, on peut dire que jusqu'à ce jour il a été impossible d'y reconnaître aucune différence caractéristique, soit que le contenu ait été pris dans l'utricule pollinique d'une Monocotylédone ou dans celle d'une Dicotylédone. On peut même pousser plus loin l'observation et constater que non-seulement les utricules polliniques de ces deux grandes divisions végétales ont un même mode de formation, mais encore que la plus grande analogie de formation utriculaire s'observe entre les utricules polliniques et les utricules qui dans les Acotylédones doivent former les spores; de sorte que celles-ci peuvent être regardées comme des utricules polliniques pouvant directement former un nouveau végétal.

2° En considérant l'ovule pris exactement à sa naissance dans les végétaux Monocotylédonés et dans les végétaux Dicotylédonés, il est de toute impossibilité de constater la moindre différence, et cependant, plus tard, il s'établira des dissemblances tellement grandes, qu'arrivés à l'état de graines il sera très-facile de les reconnaître par la moindre inspection.

3° Si maintenant nous examinons un bourgeon à l'état naissant, même à l'aide du meilleur microscope, nous ne découvrirons aucun signe caractéristique entre celui d'une Dicotylédone ou celui d'une Monocotylédone; mais à mesure que ce bourgeon se

développera, peu à peu des différences s'établiront si nettement,
qu'il nous sera bientôt possible de reconnaître que non-seulement le bourgeon est celui d'une Monocotylédone ou d'une Dicotylédone, mais même celui d'une famille, d'un genre et même
enfin celui de l'espèce, quand par son parfait développement il sera
parvenu à produire ses feuilles et ses fleurs. Alors, en effet, les
éléments organiques des bourgeons de chaque groupe se seront
développés, associés de façons variables en vertu des prédispositions organiques spéciales pour chaque groupe, et ce n'est véritablement que lorsque nous n'aurons affaire qu'aux bourgeons
naissants d'une même espèce que nous verrons l'évolution se
continuer toujours d'une manière identique pour donner lieu aux
formes qui caractérisent si particulièrement les individualités
d'une même espèce.

Or, pour que ces utricules polliniques, ces ovules, ces bourgeons, si identiques dans le principe, soient arrivés à produire
celui-ci une Monocotylédone ou une Dicotylédone, celui-là une
Acotylédone, cet autre une plante de telle famille ou un individu
de telle espèce, il a bien fallu qu'il existât un arrangement moléculaire ou élémentaire, ou, si l'on aime mieux, une influence
particulière qui a déterminé ces différences maintenant si visibles;
et c'est cet arrangement ou cette influence que nous désignons
par l'expression de *prédispositions organiques*, parce qu'en effet
rien ne se laisse comprendre au-delà de l'analyse de l'œuf naissant des animaux ou de l'ovule et des bourgeons des végétaux, si
ce n'est une prédisposition organique des éléments à produire tel
animal ou tel végétal plutôt que tel autre.

Ainsi, lorsque l'ovule ou le bourgeon naissants d'une Labiée,
d'une Caryophyllée ou d'une Rubiacée indigène donnent toujours
d'une manière certaine une infrondescence à feuilles opposées
ou verticillées, tandis que l'ovule ou le bourgeon naissants d'une
Graminée ou d'une Iridée produisent toujours une infrondescence à
feuilles toujours alternes; lorsque certaines plantes donnent toujours des feuilles d'abord opposées, puis alternes (Chanvre, To-
pinambour, etc.), tandis que certaines autres font souvent le
contraire (Tomate); quand, dans les Cucurbitacées, les premières
feuilles qui se produisent après la germination sont toujours formées par 3 des phytogènes circulaires d'un protophytogène alors

que les autres ne sont formées que de 2 des phytogènes circulaires, le troisième s'individualisant pour donner lieu à la vrille
latérale si caractéristique de ces végétaux, il faut bien qu'une prédisposition organique ait commandé ces modifications si incontestables et pourtant impossibles à prévoir dans le phytogène
naissant qui a précédé toutes ces formations.

Jetons un coup d'œil sur le phytogène naissant de la fleur d'une
Rosacée, sur celle d'une Papilionacée ou sur celle d'une Orchi-
dée, et certainement il nous sera impossible de prédire la forme
de la fleur et de dire à quel embranchement végétal elle doit appartenir; et néanmoins, plus tard, il sera impossible de ne pas
saisir les différences caractéristiques et importantes que le développement y fait naître, et si une prédisposition organique ne pré-
sidait pas aux changements qui surviennent pendant l'évolution,
on comprendrait difficilement que ce qui était si semblable dans
le principe ne continuât pas à l'être pendant tous les périodes de
cette évolution.

Nous pourrions considérablement multiplier ces exemples;
mais ce que nous venons de dire doit, ce nous semble, suffire pour
faire comprendre le principe de la prédisposition organique ainsi
que le sens dans lequel ce terme doit être compris, et nous verrons que cette influence est la base des autres influences que nous
devons étudier dans ce chapitre.

ARTICLE II. — *Défaut de simultanéité dans le développement
des éléments organiques ou phytogènes.*

Le développement des organes végétaux présente deux modes
très-distincts, selon qu'on l'étudie dans les organes appendiculaires ou dans les organes que l'on nomme bourgeons ou *axophylles*.

1° *Organes appendiculaires.* Dans le chapitre intitulé : *Du Phytogène*, p. 57, nous avons cherché à démontrer que, dans un
phytogène composé ou *protophytogène*, les phytogènes ou centres vitaux qui le composaient prenaient d'ordinaire un mouvement simultané d'évolution, d'où il résulte que, si cette évolution
se continue, les éléments végétaux qui se forment autour de l'axe
doivent nécessairement être opposés ou verticillés. Voilà pour-

quoi en général les cotylédons, et, dans un grand nombre de cas, les feuilles primordiales et souvent même les feuilles qui suivent, conservent encore le verticillisme ou l'opposition alors même que plus tard les feuilles devraient être alternes (*Phaseolus, Calendula officinalis, Lunaria annua*, etc.).

Quand la prédisposition organique est telle que ce verticillisme ou cette opposition se maintient constamment pendant toute la durée de la vie du végétal, on a alors des organes toujours opposés ou verticillés, et les Labiées, les Caryophyllées, les Rubiacées nous en offrent de parfaits exemples. C'est qu'alors les éléments ou phytogènes qui entrent dans la composition de ces organes, nés en même temps dans le protophytogène, ont continué de se développer simultanément. Or, dans tout végétal les centres vitaux ou phytogènes d'un même protophytogène naissent à la même époque, mais il s'en faut qu'ils se développent tous en même temps, et cette particularité constitue précisément *le défaut de simultanéité de développement des phytogènes* que nous voulons étudier ici.

Quelquefois, de 6 des phytogènes circulaires qui doivent entrer dans la constitution des organes appendiculaires, 2 opposés de ces 6 phytogènes se développent les premiers, et ce n'est qu'après que les 2 phytogènes qui se trouvent de chaque côté des 2 premiers phytogènes développés se développent à leur tour; et voilà pourquoi on aperçoit de chaque côté de l'axe un mamelon qui s'élargit et qui va se rejoindre avec le mamelon également élargi qui se trouvait opposé. Nous en avons signalé de nombreux exemples en parlant de l'organogénie des carpelles. Lorsqu'il se forme 3 carpelles, un pareil phénomène se présente, mais la composition originelle peut être un peu différente, ainsi que nous avons eu le soin de le faire observer autre part (p. 343).

Mais le défaut de simultanéité le plus remarquable est celui où chacun des groupes des phytogènes circulaires qui doivent former l'organe appendiculaire, au lieu de continuer son évolution en même temps que son opposé ou ceux qui auraient dû former avec lui un verticille, se développe séparément et forme un organe appendiculaire qui reste placé sur l'axe au-dessous de ceux qui se développent par la suite. C'est qu'en effet, pendant que ce premier organe appendiculaire se développe, le mérithalle, ou plutôt le côté du mérithalle qui supporte l'organe non encore développé, s'allonge proportionnellement plus, et l'organe appendiculaire qui, dans le principe, devait être opposé au premier formé se trouve porté plus haut, de façon à constituer deux organes appendiculaires alternes. Ce défaut de simultanéité peut se prononcer de la même manière sur des groupes de phytogènes qui, dans le principe, auraient dû former des organes appendiculaires verticillés, mais qui, par le fait de ce défaut de simultanéité dans leur développement, se sont disposés selon une alternance un peu plus compliquée que la première. On pourrait en dire autant de tous les organes verticillés par un nombre supérieur à 3.

En effet, supposons le protophytogène *fig.* 25, formé de 6 phytogènes circulaires 1, 2, 3, 4, 5, 6 et d'un phytogène central. Si le phytogène 1 se développe le premier, le phytogène 2 le second, le phytogène 3 le troisième, et ainsi de suite, de ce défaut de simultanéité de développement dans les 6 phytogènes circulaires résultera une disposition dans laquelle les 6 parties occuperont l'étendue d'une courbe hélicoïdale. Mais, pendant le temps que ces parties auront mis à se développer, le phytogène central se composera, à son tour, pour former un second protophytogène, et ses 6 phytogènes circulaires 7, 8, 9, 10, 11, 12, en vertu d'une prédisposition organique spéciale à la plante, subiront l'influence du défaut de simultanéité de développement dans le premier sens de ce défaut, et les nouvelles parties formées continueront l'hélice commencée pendant le développement des parties du premier protophytogène; c'est-à-dire que le phytogène circulaire 7 se développera après le phytogène circulaire 6, le phytogène 8 après le phytogène 7, et ainsi de suite. Voilà comment des parties originellement verticillées pourraient arriver à former des parties disposées en hélice autour d'un même axe. Or, bien que, le plus souvent, l'évolution ne se fasse pas exactement ainsi, comme nous allons le voir, cependant c'est très-vraisemblablement ce qui arrive à beaucoup de fleurs dont les parties sont verticillées et chez lesquelles on observe un défaut de simultanéité de développement, d'où résulte une sorte de disposition en hélice apparente seulement dans certains calices ou certaines corolles, particulièrement quand le nombre des parties est indéfini (*Cactus, Nymphæa alba, Calycanthus,* etc.); car, lorsque les pétales ou même les sépales sont réellement verticillés, il y a simultanéité dans le développement des parties constituant chaque verticille. Ceci paraît être une règle absolue. Il en est absolument de même des étamines et des carpelles qui apparaissent simultanément dans le cas de verticillisme, et dont le défaut de simultanéité s'observe dans le cas contraire (*Calycanthus floribundus*, etc., pour les étamines, et *Myosurus minimus*, etc., pour les carpelles).

Toutefois, s'il est quelques cas où le développement des parties peut se faire successivement, comme nous venons de le dire, il est certain que dans beaucoup de fleurs les sépales forment leurs parties d'après un autre ordre, et qui paraît être très-semblable à celui qui préside au développement des autres organes appendiculaires. Ainsi, les calices des *Rosa*, des *Mespilus*, etc., dont la disposition est évidemment quinconciale, ont dû se produire à peu près comme les organes appendiculaires opposés, avec défaut de simultanéité dans le développement des sépales; c'est-à-dire que le sépale 2 a dû se développer *un peu* à l'opposé et après le sépale 1 ; le sépale 3 un peu à l'opposé et après le sépale 2, par conséquent à côté du sépale 1 ; et ainsi de suite, de façon à former un cycle de 5 parties placé sur deux tours d'hélice très-contractés, car les 5 parties paraissent sensiblement exsérées sur une même ligne circulaire et placées à égales distances les unes des autres. Si le défaut de simultanéité se continuait dans la production des éléments de la corolle, il semblerait que le premier pétale formé devrait être placé juste au-dessus du premier sépale, le second pétale sur le deuxième sépale, et ainsi de suite, formant un nouveau cycle de pétales exactement superposé au calice. Or c'est ce qui n'arrive presque jamais, puisque d'ordinaire les parties de la corolle sont alternes avec les parties calicinales. C'est que le défaut de simultanéité, déjà très-amoindri dans la formation des parties calicinales, disparaît totalement dans la production des pétales, et qu'en vertu de la loi d'alternance, les nouvelles parties, développées ensemble, se disposent alternativement avec les premières. Il en est de même des étamines qui, nombreuses et disposées en verticilles, se développent successivement de haut en bas, par rapport aux divers verticilles, mais dont toutes celles qui composent un même verticille se développent simultanément ; on en peut dire autant des carpelles, dont le développement est ordinairement simultané, comme nous le montre leur organogénie. D'une manière générale, on reconnaît qu'à partir de la corolle toutes les pièces d'un même verticille floral se développent simultanément, et ce n'est que par exception que le contraire a lieu.

Cependant, les *Eschscholtzia* et quelques autres Papavéracées présentent une exception importante qu'il convient d'indiquer ici. En effet, les étamines paraissent former 4 à 6 verticilles de 6 étamines chacun. Or, les 6 étamines de chaque verticille n'apparaissent pas toutes en même temps. En faisant l'organogénie de ces fleurs, on constate que, par exemple, dans le verticille le plus rapproché de la corolle, on voit poindre simultanément 4 étamines alternes avec les pétales, et ce n'est que plus tard que l'on voit poindre les 2 autres étamines, qui sont alors superposées aux 2 pétales intérieurs. Il en est de même des autres verticilles. De ce défaut de simultanéité, Payer en a conclu que le prétendu verticille de 6 étamines n'était réellement que le résultat de 2 verticilles, de 2 étamines chacun, mais dont les 2 premières étamines se seraient dédoublées, tandis que les 2 autres seraient restées simples, et comme ce phénomène se reproduit pour chaque verticille apparent, au lieu de 4 verticilles ce serait 8 verticilles qu'il faudrait reconnaître dans les *Eschscholtzia*. Mais si l'on remarque qu'il faut admettre, dans cette hypothèse, un dédoublement pour tous les verticilles impairs et une évolution normale pour tous les verticilles pairs, peut-être trouvera-t-on que le verticillisme par 6 avec défaut de simultanéité est plus simple à admettre, et, dans ce cas, que les 6 phytogènes-étamines se sont mécaniquement produits en même temps. Un *arrêt provisoire d'accroissement* a empêché 2 étamines de se développer en même temps que les autres, et cela est d'autant plus probable que les 6 étamines paraissent réellement appartenir à un seul et même verticille. Toutefois, comme la nature végétale se montre extrêmement variée dans ses modes de production, l'hypothèse de Payer n'a rien qui répugne au raisonnement.

2° *Bourgeons ou organes axiles.* a. Dans la majorité des cas, lorsque les bourgeons se produisent à l'aisselle des feuilles; l'ordre de leur apparition se fait suivant l'ordre d'évolution des mérithalles ou des feuilles qui les terminent, c'est-à-dire que leur évolution commence par la base et se continue en marchant vers le sommet. Cependant, l'inverse se remarque encore assez souvent, et ce sont alors les bourgeons du sommet de l'axe qui se développent les premiers, et l'évolution des autres se continue en marchant vers la base (*Delphinium elatum*, etc.). Dans le premier cas l'évolution des bourgeons est *centripète* ou *indéfinie*, et dans le second, elle est nécessairement *centrifuge* ou *définie* (1).

Quelquefois il arrive que les bourgeons appartenant à 2 feuilles opposées ne se développent pas simultanément, et alors ceux qui se développent les premiers se disposent autour de l'axe en constituant une hélice de la forme $\frac{1}{4}$; ce n'est que plus tard que les bourgeons opposés prennent leur évolution et rétablissent l'état normal du développement des bourgeons (*Galium*, *Silene rubella*, *bipartita*, *repens*; *Lychnis dioica*; *Spergula nodosa*, etc.). Dans quelques végétaux, cependant, l'un des 2 bourgeons avorte complétement, et il en résulte des dispositions que nous étudierons en parlant de la loi d'alternance.

b. Les ovules, qui ne sont aussi que des bourgeons d'un autre ordre, paraissent subir la loi générale de l'évolution des bourgeons. Ainsi, lorsqu'ils naissent sur des placentaires pariétaux, comme dans les *Viola*, l'ordre de leur apparition va de la base au sommet ou est *centripète*, tandis que lorsqu'ils naissent sur des placentaires centraux (Primulacées) ou axiles (*Mesembryanthemum*), ils apparaissent successivement du sommet à la base et, par conséquent, leur évolution est *centrifuge*. Dans quelques végétaux les ovules offrent un mode d'évolution particulier. Ainsi, dans l'*Elodes ægyptiaca*, l'*Hermannia denudata*, le *Drosera rotundifolia*, les *Citrus*, etc., c'est à la partie moyenne de la hauteur des placentaires que se montrent les premiers ovules, et leur apparition successive se fait en marchant vers les deux extrémités du placentaire, de sorte que les plus jeunes sont à l'extrême base et à l'extrême sommet de cet organe. Payer a cru devoir regarder comme une règle générale ce mode d'évolution, en admettant que dans ces cas les placentaires sont *axiles à la base et pariétaux au sommet*.

Dans le *Capparis spinosa* l'ordre d'évolution des ovules est

Essai de Phytomorphie, t. I, p. 403 et suivantes.

plus singulier encore. En effet, l'organogénie montre que de chaque côté et à mi-hauteur des lames placentariennes naissent les premiers ovules, et que l'apparition des autres ovules se fait de chaque côté des premiers et marche en sens contraire, en haut et en bas, vers les deux extrémités du placentaire ; mais, en même temps, comme ces ovules occupent plusieurs séries longitudinales, on observe que c'est la série la plus intérieure qui se montre la première, et la série la plus voisine des parois de l'ovaire qui se montre la dernière. Nous avons essayé de donner l'explication physiologique de ce singulier phénomène en parlant du placentaire (p. 366).

Comme on le voit, il est bien établi qu'il y a des défauts de simultanéité de développement dans les organes végétaux, alors même que l'on constaterait que, phytogéniquement, les éléments auraient pris naissance en même temps, comme cela n'est pas douteux pour les phytogènes circulaires d'un même protophytogène ou pour les phytogènes interphytogéniques des feuilles opposées ou verticillées ; et ce défaut de simultanéité est certainement subordonné au principe de la prédisposition organique, puisque ces modes différents d'évolution s'accomplissent cependant toujours d'une manière tout à fait semblable pour chaque végétal où on l'observe.

ARTICLE III. — *Loi d'alternance.*

Dans tous les livres modernes de botanique, on se sert des mots *alternance*, *alterne*, pour exprimer une certaine disposition des parties autour d'un centre, ligne ou point, et de l'expression *loi d'alternance* pour désigner le principe ou l'influence occulte qui prédispose les parties à prendre très-souvent cette sorte d'arrangement, loi générale qui n'est pas douteuse, qui se voit presque dans toutes les parties végétales, qui se sent plutôt qu'elle n'a été suffisamment démontrée. Cependant, comme quelques auteurs ont confondu l'alternance avec la symétrie (1), et comme il ne nous semble pas que l'on ait généralement bien tracé les caractères et les propriétés de la loi d'alternance, nous avons cru devoir essayer de combler cette lacune et chercher à mettre un peu

(1) *Essai de Phytomorphie*, t. 1, p. 57 et suivantes.

d'ordre dans l'étude de cette question. C'est en démontrant cette loi que nous croyons arriver au but que nous nous proposons.

Jusqu'à ce jour, on a donné le nom d'*alternes* aux parties qui sont disposées d'un et d'autre côté d'un axe, mais sur un même plan. Cependant, par extension et d'une manière plus générale, on s'en sert pour exprimer la disposition des parties qui ne sont ni opposées, ni verticillées autour de l'axe. Enfin, lorsque cette expression est appliquée aux parties florales elle veut dire le contraire de superposées ; c'est-à-dire qu'elles sont placées alternativement et non l'une au-dessus de l'autre. Mœnch l'a exprimée en grec par le mot *allagos* (d'ἀλλάσσω, changer), d'où le mot *allagostemon*, pour désigner les étamines qui sont alternativement attachées aux pétales et au réceptacle.

On a distingué l'alternance *distique*, qui indique des parties situées exactement d'un et d'autre côté d'un axe, dans un même plan, mais disposées de façon qu'il y en a alternativement une d'un côté et une de l'autre, si bien qu'en faisant marcher une courbe hélicoïdale passant par toutes les parties, la troisième tombe sur la première, la deuxième sur la quatrième, la cinquième sur la troisième, etc.; en un mot, toutes les impaires sur les parties impaires, et les paires sur les parties paires ; ce que l'on exprime d'une manière simple et commode par la forme $\frac{1}{2}$. Telles sont les feuilles d'Orme, de Tilleul, de Noisetier, etc.

Sous le nom d'alternance *tristique*, on désigne une disposition dans laquelle, la courbe hélicoïdale passant par toutes les parties, la quatrième vient se placer verticalement au-dessus de la première, la cinquième au-dessus de la deuxième, la sixième au-dessus de la troisième, et ainsi de suite, de sorte que les parties sont disposées suivant 3 lignes parallèles à l'axe. Sa forme est exprimée par la notation $\frac{1}{3}$, et l'on en voit des exemples dans certains *Carex*, *Aloe*, etc.

Par la dénomination d'alterne *quinconciale*, on désigne la disposition suivant laquelle, la courbe hélicoïdale passant par toutes les parties, après deux hélicules la sixième partie se pose sur la première, la septième sur la seconde, et ainsi de suite. On l'exprime par la forme $\frac{2}{5}$. On en voit des exemples dans la disposition des feuilles autour de l'axe de nos arbres fruitiers (Poiriers, Pommiers, Cerisiers, etc.).

Enfin, sous le nom d'alternance *éparse* on désigne la disposition des parties qui, avant les observations de Bonnet en 1779 et les beaux travaux de MM. Schimper, Alexandre Braun et Bravais frères, avaient été regardées comme distribuées sans ordre sur la tige. De tous ces travaux il résulte que l'on peut considérer les parties comme décrivant autour de l'axe une ou plusieurs hélices, et il est facile alors de reconnaître que, après plusieurs hélicules, il est une de ces parties qui revient périodiquement se poser sur la première prise comme base de l'observation ; de telle sorte que l'on trouve, successivement et en suivant l'ordre de complication de cette disposition, d'abord une forme dans laquelle une neuvième partie se place sur la première après 3 hélicules $\left(\frac{3}{8}\right)$; puis une autre où une quatorzième partie se pose sur la première après 5 hélicules $\left(\frac{5}{13}\right)$, etc. Ces nouvelles dispositions n'ont reçu aucune dénomination, et l'on se contente de les exprimer par des formes fractionnaires donnant la série *non interrompue* suivante :

$$\frac{1}{2} \quad \frac{1}{3} \quad \frac{2}{5} \quad \frac{3}{8} \quad \frac{5}{13} \quad \frac{8}{21} \quad \frac{13}{34} \quad \frac{21}{55} \quad \frac{34}{89} \quad \text{etc.}$$

Il est aisé de voir que ces formes peuvent s'obtenir ou même être prévues d'avance, en additionnant les 2 numérateurs et les 2 dénominateurs qui précèdent la série, puisque

$$\frac{1}{2} + \frac{1}{3} = \frac{2}{5} \quad \text{et que pareillement} \quad \frac{1}{3} + \frac{2}{5} = \frac{3}{8} \quad \text{etc.}$$

On peut aussi observer qu'en additionnant le dénominateur d'une forme avec le numérateur de la forme suivante, on obtient le numérateur d'une troisième forme, non pas celle qui vient immédiatement après, mais celle qui suit ; ainsi :

$$\text{Numérat...} \quad \frac{1}{2} + \frac{1}{3} = \frac{3}{8} \quad \text{pareillement} \quad \frac{3}{8} + \frac{5}{13} = \frac{13}{34} \quad \text{Dénominat.}$$

On peut reconnaître également qu'en additionnant le dénominateur d'une forme avec le numérateur de la forme suivante, on obtient le dénominateur de cette dernière forme. En effet :

$$\text{Numérat...} \quad \frac{1}{2} + \frac{1}{3} = \frac{1}{3} \quad \text{on a aussi} \quad \frac{3}{8} + \frac{5}{13} = \frac{5}{13} \quad \text{Dénominat.}$$

Enfin, on trouve encore qu'en additionnant les deux numérateurs de deux formes consécutives de la série on obtient le dénominateur de la première forme; ainsi :

$$\text{Numérat...} \quad \frac{1}{2} + \frac{1}{3} = \frac{1}{2} \quad \text{pareillement} \quad \frac{3}{8} + \frac{5}{13} = \frac{3}{8}$$
$$\text{Dénominat.}$$

et, conséquemment, que chaque dénominateur d'une forme devient le numérateur de la *seconde* forme suivante. Ainsi, on a les deux séries *interrompues* suivantes :

$$1^o \quad \frac{1}{2} \quad \frac{2}{5} \quad \frac{5}{13} \quad \frac{13}{34} \quad \frac{34}{89} \quad \text{etc.}$$

$$2^o \quad \frac{1}{3} \quad \frac{3}{8} \quad \frac{8}{21} \quad \frac{21}{55} \quad \text{etc.}$$

Si nous sommes entrés dans ces détails de considérations, c'est parce qu'il semblerait que, quelle que fût la manière dont on opère, on doive arriver à représenter un des nombres de la forme fractionnaire. Cependant, il n'en est pas toujours ainsi, puisque, si l'on additionne le numérateur d'une forme de la série non interrompue avec le dénominateur de la forme qui suit, on trouve des nombres qui ne sont plus aucuns de ceux qui composent les nombres fractionnaires de la série. Pourquoi cette exception? Est-ce que ces nombres ne se retrouveraient pas dans la nature? Nullement; car M. Alex. Braun a déjà cité des dispositions de feuilles exprimées par une des formes suivantes :

$$\frac{1}{4} \quad \frac{2}{7} \quad \frac{3}{11} \quad \frac{5}{18}$$

et il est très-probable que l'étude encore nouvelle de la *phyllotaxie* conduira, par la suite, à la découverte de nouvelles formes dans lesquelles on reconnaîtra la série suivante, où le dénominateur est obtenu en additionnant le numérateur d'une forme de la série non interrompue avec le dénominateur de la forme qui suit.

$$\frac{1}{4} \quad \frac{2}{6} \quad \frac{3}{10} \quad \frac{5}{16} \quad \frac{8}{26} \quad \frac{13}{42} \quad \text{etc.}$$

Dans le développement des bourgeons, suivant la *loi d'évolution hélicoïdale antérieure* que nous avons fait connaître (1), on rencontre la disposition $\frac{1}{4}$, car un seul des bourgeons axillaires des feuilles opposées décussées se développe dans les *Gypsophylla*

(1) *Compt. rend. Acad. des sciences*, septembre 1855, p. 476, et *Bull. soc. bot. France*, t. II, p. 532.

scorzoneræfolia, altissima ; Vaccaria parviflora, etc., et chacun des bourgeons développés occupe, sur une courbe hélicoïdale passant par tous ces bourgeons, une position telle que le cinquième se pose exactement au-dessus du premier bourgeon; le sixième au-dessus du second, et ainsi de suite.

Or, en considérant les feuilles opposées décussées comme disposées suivant une double hélice, on arrive à reconnaître que ces feuilles sont aussi disposées suivant la forme $\frac{1}{4}$; c'est-à-dire que la cinquième feuille vient se poser en ligne droite sur la première.

Cette forme présente une modification assez générale que nous devons signaler ici. Dans le *Scrissa fœtida,* d'ordinaire, l'un des 2 bourgeons opposés avorte, et, si l'on examine l'ensemble de ceux qui se développent, on voit qu'au lieu de former une hélice autour de l'axe, ils forment une sorte de *zigzag* assez remarquable. Ce développement est tel, qu'il n'a lieu que sur la moitié du cylindre caulinaire, de façon que le troisième bourgeon tombe sur le premier, le quatrième sur le deuxième, comme dans la forme alterne distique, avec cette différence, qu'il y a une moitié longitudinale de la tige qui porte des feuilles sans bourgeons en voie de croissance. Mais, si l'on considère comme disposées suivant une double hélice toutes les feuilles, on observe alors que l'un des bourgeons développés vient se poser en ligne droite, après une hélicule, sur un autre, et, en les comptant, on trouve que c'est le cinquième qui se place sur le premier pris comme base de l'observation, laissant ainsi 3 bourgeons développés non compris dans la courbe hélicoïdale. En faisant la même opération sur les feuilles dont les bourgeons axillaires ont avorté, on trouve également que le cinquième bourgeon avorté se place sur le premier, laissant aussi 3 bourgeons avortés qui ne se trouvent pas compris dans la courbe hélicoïdale. Il résulte de cette disposition que l'on peut fendre l'axe dans sa longueur en deux parties égales, l'une portant tous les bourgeons développés, l'autre tous les bourgeons avortés. Ce singulier phénomène se retrouve chez beaucoup d'autres végétaux (*Petunia, Cuphea,* etc.), et, comme dans cette disposition tous les bourgeons de même nom ne se trouvent pas compris dans la même hélicule, et que l'on y constate une certaine irrégularité, nous avons donné le nom de *loi d'évolution alternative* à celle qui préside à cet arrangement (1).

Si l'on regarde les feuilles verticillées par 3 comme disposées suivant 3 hélices marchant parallèlement, pourvu que l'on fasse passer l'hélice par chacune des feuilles de chaque verticille qui sont immédiatement alternes avec celles du verticille précédent, on arrive à trouver qu'après une hélicule la septième vient se poser en ligne droite sur une première, prise comme base de l'observation, d'où la forme $\frac{1}{7}$, qui ne se trouve point dans les notations précédentes.

Enfin, nous avons signalé autre part soit la forme insolite $\frac{2}{5}$ que l'on rencontre encore assez souvent dans les *Rosa, Campanula, Heliotropium peruvianum, Rubus, Betula, Helianthus*, etc., soit la forme $\frac{3}{9}$ comme dans l'*Helianthus tuberosus;* mais ces formes peuvent être regardées comme une déviation de la forme précédente, déviation due au déplacement des parties constituantes de 2 ou de 3 verticilles par 3.

En effet, nous avons démontré : 1° que dans les *Ficus* et les *Colutea*, les feuilles alternes quinconciales, par *plésiasmie* (rapprochement), revêtent souvent les caractères de l'opposition décussée; d'où il suit que la première forme disparaît complétement, pour prendre une disposition doublement hélicoïdale dont la forme devient $\frac{1}{4}$; 2° en faisant sur les *Syringa vulgaris, Phlox, Ligustrum, Veronica*, etc., l'observation inverse, on reconnaît que, par déplacement, la forme $\frac{1}{7}$ de l'opposition décussée passe nettement à la disposition quinconciale; 3° enfin, sur l'*Helianthus tuberosus*, quand les feuilles sont opposées le déplacement des parties les conduit à la disposition quinconciale, et lorsque les feuilles sont verticillées par 3 elles donnent plutôt la disposition suivant la forme $\frac{3}{8}$, et quelquefois suivant la forme $\frac{3}{9}$ (2). D'où il suit que l'*on peut raisonnablement regarder la disposition hélicoïdale comme résultant de la* diastasie (éloignement) *des parties originellement opposées* ou *verticillées* (p. 86, 7°).

Il est une dernière forme que l'on n'a pas signalée, et qui cependant pourrait bien exister dans la nature; c'est celle que re-

(1) *Lois suivant lesquelles se fait l'évolution des bourgeons*, etc. (*Compt. rend. Acad. des sciences*, septembre 1855, p. 476. — *Bull. soc. bot. France*, t. II, p. 532.)

(2) *Recherches sur le nombre type constit. les cycles hélicoïdaux*, etc. (*Compt. rend. Acad. des sciences*, janvier 1861.)

présente la notation $\frac{1}{1}$, dans laquelle, après une hélicule, la deuxième partie viendrait se placer directement au-dessus de la première, la troisième au-dessus de la seconde, si bien que toutes les parties seraient placées les unes au-dessus des autres. C'est, en effet, ce que l'on peut observer dans la disposition des fleurs de certaines inflorescences dites *unilatérales*, composant les *cimes scorpioïdes*; mais, comme nous ne sommes pas bien sûr de son mode de formation et qu'il se pourrait que cette disposition ne fût que le résultat du développement d'axes successivement d'ordre plus élevé, nous ne saurions nous prononcer exactement sur ce point. D'ailleurs, nous ferons observer que cette disposition n'est rigoureusement plus du domaine de la loi d'alternance.

L'alternance se fait remarquer encore dans les feuilles dites *opposées* et les feuilles *verticillées*; car, dans la majorité des cas, deux paires de feuilles ou les feuilles de 2 verticilles alternent toujours avec les feuilles qui précèdent ou qui suivent. Cette disposition nous paraît devoir être considérée comme la disposition originelle des feuilles sur la tige, qu'un phénomène de *diastasie* (éloignement) aurait déplacées d'une façon régulière, pour en faire les différents *cycles* hélicoïdaux que nous venons de décrire. Il en résulte que chaque cycle peut être regardé comme l'association d'un ou de plusieurs verticilles, avec déplacement des parties (p. 87).

Nous venons de dire que les parties se disposaient autour de l'axe suivant une courbe hélicoïdale. C'est, en effet, ce qui a lieu lorsqu'elles sont écartées et peu nombreuses; mais lorsqu'elles sont très-rapprochées et très-multipliées sur l'axe, on reconnaît alors qu'elles forment plusieurs hélices marchant dans le même sens. Lorsque, comme dans les cônes de Pins, les parties se touchent toutes, non-seulement on constate l'existence de plusieurs hélices marchant parallèlement dans un sens, mais on en trouve d'autres qui marchent parallèlement aussi, mais dans un sens opposé; on leur donne le nom d'*hélices secondaires* : celles qui vont de droite à gauche se nomment *sinistrorses*, pour les distinguer de celles qui marchent de gauche à droite et que l'on désigne sous le nom de *dextrorses* (1). Or, ces deux sortes d'hé-

(1) Pour déterminer le sens de ces hélices, l'observateur doit toujours se supposer au centre de la courbe hélicoïdale.

lices ne passent que par un certain nombre des parties qui se développent autour de l'axe, et ce sont elles qui sont les plus faciles à reconnaître. Cependant, avec un peu d'attention, on peut aisément constater qu'elles ne dérivent toutes que d'une seule et même hélice, que l'on nomme, pour cette raison, *génératrice* ou *primitive*, dont les hélicules sont très-rapprochées les unes des autres et dans laquelle toutes les parties sont comprises. Enfin, indépendamment de ces trois sortes d'hélices, on constate que les parties arrivent à se poser périodiquement les unes au-dessus des autres, constituant une série rectiligne plus ou moins parallèle à l'axe, dont chacune des parties est représentée par un des nombres de l'hélice génératrice, et dont la différence est toujours la même entre chaque nombre, quelle que soit d'ailleurs la série rectiligne que l'on envisage. Au reste, et c'est ce qu'il y a de remarquable dans ces séries, soit que l'on prenne une hélicule sinistrorse ou une hélicule dextrorse, la différence qui existe entre chacun des nombres d'une série est toujours la même, et, de plus, toutes les séries dans un même sens présentent aussi les mêmes différences.

Ainsi, supposons que nous ayons numéroté toutes les écailles d'un cône de Pin, *fig.* 28, on peut remarquer que les écailles 1, 14, 27, 40, etc., forment une série d'écailles constituant une courbe hélicoïdale dans un sens et dont la différence entre chaque nombre est 13 ; tandis que les écailles 1, 9, 17, 25, etc., forment une autre courbe hélicoïdale, marchant en sens contraire et dont la différence entre chaque nombre est de 8. On peut également observer que, dans toutes les courbes sinistrorses, les nombres 1, 14, 27, etc., ou 9, 22, 35, etc., présentent la même différence, qui est 13, et que, dans toutes les courbes dextrorses, les nombres 1, 9, 17, etc., ou 6, 14, 22, etc., offrent également la même différence, qui est 8. Enfin, comme après 8 hélicules une vingt-deuxième écaille vient se placer au-dessus de l'écaille 1, et qu'après 8 autres hélicules une quarante-troisième écaille se place au-dessus de l'écaille 22, il s'ensuit une série rectiligne d'écailles ayant toutes une même différence, et cette différence est précisément celle qui résulte de l'addition des deux différences observées sur les hélices sinistrorses et dextrorses. Ainsi on a $8 + 13 = 21$, différence que l'on observe entre les écailles des séries rectilignes.

Pour se rendre compte de la raison qui fait que les séries rectilignes sont formées de parties dont les numéros ont entre eux
une différence égale à la différence des numéros d'une hélice
dans un sens, additionnés de la différence de l'autre hélice marchant en sens contraire, et pour, en même temps, en avoir la
preuve, il suffit de prendre une des dispositions les plus simples :
la disposition *alterne tristique*, par exemple, représentée théoriquement par la *fig.* 30, A. En effet, si l'on suppose toutes ces
parties, qui sont disposées naturellement sur un axe cylindrique,
étalées sur un même plan, on voit que les séries rectilignes 1, 4,
7, etc.; 3, 6, 9, etc.; 2, 5, 8, etc., procèdent par une différence
= 3. Mais on peut reconnaître qu'une des hélices, indiquée par
des ponctuations et marchant dans un sens, procède par la différence = 1, et passe successivement par les numéros 1, 2, 3,
4, 5, etc.; tandis que l'autre hélice, indiquée par des lignes brisées et marchant en sens contraire, passe par les numéros 1, 3,
5, 7, 9, etc., et procède par la différence = 2. Or, 1 + 2 = 3,
chiffre qui est précisément celui d'après lequel procède chaque
série rectiligne. On peut remarquer en même temps, d'abord, que
les parties sont alternes entre elles, et ensuite qu'ici l'une des
hélices obliques est devenue la génératrice, puisqu'elle passe par
toutes les parties numérotées.

Supposons maintenant la disposition *quinconciale* étalée sur un
même plan, *fig.* 30, B, on voit que les séries rectilignes 1, 6,
11, etc.; 4, 9, 14, etc.; 2, 7, 12, etc., etc., procèdent toutes par
une différence = 5. Nous trouvons la génératrice 1, 2, 3, 4, etc.,
comprenant toutes les parties, mais ici se distinguant des 2 secondaires : l'une représentée par les lignes ponctuées 1, 4, 7,
10, etc., et procédant par une différence = 3 ; l'autre indiquée
par les lignes brisées 3, 5, 7, etc., et procédant par une différence = 2. Or, 2 + 3 = la somme des deux différences, ou 5,
différences d'après lesquelles procèdent toutes les séries rectilignes.

On a donné le nom de *cycle* à l'ensemble de toutes les feuilles
et de tous les tours d'hélices qui sont compris entre deux feuilles
qui se superposent, et, comme toutes les autres feuilles comprises
entre ces 2 extrêmes ne se superposent plus et sont disposées autour de l'axe d'une manière égale, en les supposant toutes pla-

cées sur un même cercle circulaire, c'est-à-dire verticillées, l'axe de toutes ces feuilles converge vers le centre de la tige et forme entre eux des angles internes égaux que l'on nomme *angles de divergence*, a, *fig.* 33, B. Par conséquent, l'ouverture de ces angles est représentée par la portion d'une circonférence et peut être exprimée par des nombres. Par exemple, 2 feuilles opposées, *fig.* 33, A, divisent le cercle en 2 parties égales ; il en est de même des feuilles alternes distiques supposées rendues à l'opposition par rapprochement ; 3 feuilles verticillées, *fig.* 33, B, divisent le cercle en 3 parties égales, aussi bien que 3 feuilles rapprochées de la disposition alterne tristique, etc.; d'où il suit que, si l'on exprime par un chiffre le nombre des parties qui divisent ainsi la circonférence, et par un autre chiffre le nombre des hélicules qui composent chaque cycle, on aura les éléments nécessaires à la construction des formes dont, plus haut, nous avons donné les séries. Donc, si nous avons sous les yeux la forme $\frac{2}{5}$, le chiffre supérieur nous indique que 2 hélicules composent le cycle entier, et qu'entre 2 feuilles qui se superposent exactement on en peut compter 5, la sixième recouvrant la première.

Mais toutes ces dispositions ne sont réellement que la conséquence d'une particularité plus générale de la loi d'alternance, et que l'on retrouve même en dehors des études botaniques. Quelques exemples suffiront à prouver ce que nous avançons :

1° Si nous prenons une certaine quantité de corps sphériques, comme des grains de plomb, par exemple, et si nous cherchons à en emplir un cylindre en verre, nous reconnaîtrons aussitôt que, pour que les grains de plomb soient tous dans un état d'*équilibre stable*, il faut, de toute nécessité, qu'ils se disposent suivant des séries alternantes analogues à celles que présentent les piles de boulets, et dont la *fig.* 13, D, donne une idée.

2° Cette disposition de séries alternantes se rencontre dans la manière dont les alvéoles ou cellules d'Abeilles ou de Guêpes sont rangées dans leurs gâteaux, et c'est aussi la disposition qu'affecte l'ordre d'après lequel les œufs de certains Papillons sont pondus, particulièrement dans ces colliers d'œufs qui entourent les rameaux des arbres.

3° Cette disposition est encore celle que paraissent prendre le plus souvent les cellules végétales, qu'elles soient sphériques ou plus ou moins allongées, comme dans les cellules dites *fibreuses*.

4° Enfin, c'est la disposition particulière que prennent les phytogènes, à mesure qu'ils se multiplient, pour composer un protophytogène ou un phytogène de plus en plus composé (*fig.* 9, 10, 11).

Ceci posé, pour en revenir à la constitution des cycles hélicoïdaux et aux diverses séries que forment les parties qui les composent, supposons une suite de globules attachés les uns aux autres et décrivant autour d'une axe un certain nombre d'hélicules, mais de façon qu'à chaque hélicule les globules d'une série alternent avec ceux de la série précédente. On sera bien certain, de cette façon, que l'ensemble de tous ces globules est formé par une hélice à tours très-rapprochés. Nous aurons ainsi une première série comprenant tous les globules ou toutes les parties constituant l'hélice, et dans ce corps hélicoïdal artificiel nous aurons l'analogue de l'*hélice primaire* ou *génératrice* naturelle du cône de Pin. Or, il est impossible d'empêcher que les parties constituant cette hélice génératrice ne soient disposées suivant des hélices secondaires dextrorses ou sinistrorses, et que la série rectiligne ne se produise aussi ; mais, par cela même que les parties sont disposées hélicoïdalement, il arrive que la série rectiligne est elle-même un peu oblique et représente l'élément d'une hélicule très-allongée. Pour que cette série se trouvât exactement parallèle à l'axe, il aurait fallu que toutes les parties fussent *verticillées* et non *hélicoïdées*.

Si, maintenant, nous jetons un coup d'œil sur la *fig.* 29, qui représente la projection d'une série d'hélicules rentrées les unes dans les autres, à la manière des spires d'une spirale, nous aurons la preuve des faits que nous venons d'avancer. Dans cette figure, les courbes ponctuées représentent l'*hélice génératrice* passant par toutes les parties numérotées, et les lignes pleines, indiquant les éléments hélicoïdaux, sont dextrorses en 8 ou sinistrorses en 7, et ne passent que par certaines parties numérotées ; mais, tandis que les numéros des premières procèdent par différence de 8, les sinistrorses procèdent par différence de 7. Enfin, les 3 rayons A, 15, représentent les séries rectilignes, dont la différence entre les numéros d'ordre est de $15 = 7 + 8$ (p. 547).

En représentant les parties disposées théoriquement comme

elles le sont dans le cône du Pin, et en admettant une disposition hélicoïdale de ces parties, *fig.* 31, A, on reconnaît aisément : 1° les éléments de la génératrice dans les séries horizontales dont les numéros se suivent ; 2° les éléments des secondaires dans les séries obliques, mais ayant 9 pour différence dans les séries gauches, et 10 pour différence dans les séries droites. D'un autre côté, on voit, à la simple inspection de la figure, que les séries rectilignes sont encore obliques, puisque les mêmes parties, au lieu de former un parallélogramme rectangle, *fig.* 31, B, comme ce serait le cas pour les parties réellement verticillées, donnent lieu à un parallélogramme obliquangle, *fig.* 31, A.

Il résulte de cette observation que plus la série rectiligne est parallèle à l'axe, plus la contraction des hélicules est grande et plus les parties se rapprochent de la disposition en verticille, et réciproquement.

En comparant la disposition des parties des *fig.* 31, A et B, avec celles du cône du Pin, nous reconnaissons que les séries horizontales sont sensiblement les mêmes dans toutes ces figures ; mais il nous reste à constater des différences dont nous devons maintenant donner l'explication.

En effet, dans les figures théoriques nous trouvons des séries non interrompues de numéros d'ordre, tandis que dans le cône du Pin, *fig.* 28, ces mêmes séries ne se suivent pas : ainsi, au lieu des chiffres 1, 2, 3, etc., ou 19, 20, 21, etc., que l'on observe dans la figure théorique A, nous constatons les nombres 1, 6, etc., ou 17, 22, 27, 32, etc.; en d'autres termes, au lieu d'une différence de 1, nous trouvons une différence de 5 entre chacune des parties de la série horizontale. C'est que dans le premier cas toutes les parties sont supposées formées dans l'ordre de leur position, tandis que dans le cône du Pin ces parties ne se sont point formées dans l'ordre de leur position apparente, et indiquent, par ce seul fait, que l'hélice génératrice est réellement complexe et résulte de la contraction de plusieurs hélicules en une seule. Or nous avons dit, p. 87, que chaque cycle hélicoïdal pouvait être regardé comme le résultat de plusieurs parties opposées ou verticillées, et cette disposition naturelle des écailles du cône vient confirmer cette manière de voir, puisque les séries horizontales sont très-voisines du verticillisme et que les numéros d'ordre de ces séries sont interrompus par une différence de 5 parties. Mais nous savons, en effet, qu'entre le numéro 1 d'une série et le numéro 22, qui lui est immédiatement superposé, il n'y a que 2 séries horizontales, c'est-à-dire 2 hélicules *apparentes*, mais qu'en réalité, d'après la forme $\frac{8}{21}$, qui est celle du cône de Pin, il y a 8 tours d'hélice ou 8 hélicules. Par conséquent, ces 8 hélicules paraissent s'être véritablement contractées en 2 seulement, et c'est pour cela que l'apparence ne répond pas exactement à la réalité. Or nous avons dit que la forme $\frac{8}{21}$ correspondait à 3 verticilles de 2 feuilles et à 5 verticilles de 3 feuilles ($6 + 15 = 21$) : donc il faut de toute nécessité que ces 8 verticilles ou ces 8 hélicules se soient fondus en 2 verticilles ou 2 hélicules; car sans cela nous n'aurions ni les séries horizontales 17, 22, 27, 32, etc., ni la superposition de la vingt-deuxième partie à la première, et si nous voulions admettre soit 4 verticilles de 2 parties et 4 verticilles de 3, ou 3 verticilles de 3 et 5 verticilles de 2, nécessaires à la constitution des 8 tours hélicoïdaux, nous n'aurions plus que 20 parties dans chaque cycle pour la première supposition, ou que 19 parties dans chaque cycle pour la deuxième supposition, et le numéro d'ordre 22 ne se superposerait plus au numéro 1. Donc, deux séries horizontales consécutives du cône de Pin, de la forme $\frac{8}{21}$, sont exactement constituées par 3 verticilles de 2 feuilles et par 5 verticilles de 3 feuilles modifiées (1). D'où il résulte, en somme, que le numéro 2 doit se former non à la suite du numéro 1, mais presque à l'opposé, et ainsi des autres numéros; et que, par conséquent, ces numéros ne doivent point se former suivant l'ordre de leur position apparente, mais plutôt comme on les voit se former dans le cycle $\frac{5}{13}$, représenté *fig.* 32, où les numéros indiquent l'ordre de la formation des parties.

Enfin, il résulte encore, d'après ce que nous venons de dire, que les hélicules sont tellement contractées qu'elles disposent toutes les parties presque en verticilles, puisque les séries rectilignes 1, 22, 43, 64, etc., sont presque parallèles à l'axe du cône.

Quoi qu'il en soit, bien que les axes, comme les feuilles, dans

(1) Page 87. Voyez aussi *Recherches sur le nombre type des parties constituant les divers cycles hélicoïdaux*, etc. (*Compt. rend. Acad. des sciences,* janvier 1861.)

leur évolution et leur disposition autour de l'axe principal, soie t soumis à la loi d'alternance, on a coutume de désigner l'étude de cette disposition sous le nom de *phyllotaxie*, qu'il serait beaucoup mieux de désigner sous celui d'*organotaxie*, puisque tous les organes, les plus simples comme les plus composés, obéissent à la même loi.

La loi d'alternance donne lieu à des phénomènes généralement peu connus. Ainsi, par exemple, si l'on se place en face de la fente d'une gaîne de Graminée, on peut observer que l'un des côtés de la gaîne recouvre l'autre, et d'ordinaire, quand c'est le côté gauche qui recouvre ainsi le côté droit dans une feuille, on est assuré que c'est le contraire, c'est-à-dire le côté droit qui recouvre le côté gauche dans la feuille qui suit ou qui précède la feuille prise comme point de départ à l'observation ; de sorte qu'il y a encore une alternance régulière dérivant évidemment de la loi qui nous occupe.

Cette observation nous parait propre à démontrer l'indépendance de tous les phytogènes centraux des protophytogènes successifs qui se forment pour constituer, par leur superposition, la tige des Graminées ; car si tous les mérithalles étaient en exacte dépendance, il nous semble que lorsqu'une gaîne se serait développée dans un sens, la gaîne suivante devrait se développer dans le même sens ; en un mot, que ce devrait être toujours le même côté qui devrait recouvrir l'autre, continuant ainsi une sorte de spirale commençant à la première gaîne et finissant à la dernière. Mais nous avons vu, au contraire, que par le fait du recouvrement alternatif des côtés de chaque gaîne, la spirale ou plutôt la spire d'une gaîne est dans un sens et la spire de la gaîne qui précède ou qui suit dans un autre sens. Par conséquent les mérithalles sont indépendants les uns des autres et constituent autant d'individualités distinctes.

On trouve encore une variété de la loi d'alternance dans l'observation que nous avons faite sur les vrilles des Cucurbitacées. En effet, sur un axe de *Bryonia dioica,* on peut observer que les vrilles sont presque toujours situées du même côté par rapport aux feuilles de cet axe. Or, ce qu'il y a de remarquable, c'est que sur l'axe secondaire qui se développe sur l'axe précédent, la vrille se forme précisément de l'autre côté de la feuille ; de sorte que si la vrille est à droite de la feuille sur l'axe primaire, elle se développe à gauche sur l'axe secondaire pour se reproduire à droite sur l'axe tertiaire et ainsi de suite. Il y a donc là encore une disposition des vrilles appartenant à la grande loi d'alternance. Mais nous avons dit que la vrille n'était autre que le résultat de l'évolution d'un des phytogènes originels qui devaient former la feuille, et comme nous voyons ce phytogène se séparer de la feuille, tantôt à droite, tantôt à gauche, selon que l'axe est primaire, secondaire, tertiaire, etc., on doit s'attendre à le voir quelquefois sur le même axe offrir cette particularité ; et c'est en effet ce qui se présente assez fréquemment, quoique la loi que nous venons d'indiquer soit le plus habituellement suivie. On a donné le nom d'*homodrome* aux hélices qui marchent dans le même sens sur l'axe et les rameaux secondaires, tertiaires, etc., etc.; celui d'*hétérodrome* à celles qui ont une direction dans l'axe primaire et une marche opposée dans l'axe secondaire.

Article IV. — *Arrêts provisoires d'accroissement.*

Il y a longtemps déjà que des phénomènes de l'ordre de ceux que nous étudions ici sont connus dans la science ; mais nous ne sachions pas qu'on les ait étudiés ni d'une manière générale, ni d'une manière particulière, et même nous croyons que, ces phénomènes entrevus, on n'en a jamais saisi la véritable cause. Ainsi, tout le monde sait qu'après l'apparition du nucelle d'un ovule, on voit extérieurement se former une ou deux enveloppes qui viennent plus tard recouvrir totalement ce nucelle et former la primine et la secondine. Si, comme nous l'avons dit p. 495, ces deux membranes sont de nature appendiculaire, il est de toute évidence que leur naissance organophytogénique a dû précéder celle du nucelle, ou tout au moins elles ont dû naître en même temps que lui, car on n'a pas d'exemples de feuilles supérieures se développant sur un même axe avant les feuilles inférieures, et, pour qu'ils ne se soient développés que plus tard, il a bien fallu que les centres vitaux ou phytogènes qui les constituent aient subi un arrêt *provisoire* d'accroissement, puisque formés les premiers ou en même temps que le nucelle, on voit celui-ci se développer bien avant que les enveloppes ne se montrent. Au reste, les quelques exemples que nous allons signaler appuieront cette manière de voir et en même temps prouveront que la loi des *arrêts provisoires d'accroissement* est non-seulement une vérité botanique, mais présente un certain caractère de généralité qui devra conduire les observateurs à chercher à augmenter le nombre de ces exemples, et ces arrêts provisoires seront d'autant plus faciles à constater que nous les verrons s'exercer sur des organes déjà bien développés et dont l'arrêt en question ne sera pas douteux. Il ne sera néanmoins que *provisoire*, car plus ou moins longtemps après on verra l'organe grossir ou grandir de nouveau jusqu'à ce qu'il ait atteint sa croissance normale.

C'est en faisant nos études sur certains points de la fécondation qu'il nous a été donné d'étudier la loi des *arrêts provisoires d'accroissement* et d'en saisir toute la généralité (1).

Calicules et calices. Dans les Rosacées, selon Payer, le calicule se développe toujours après le calice, qu'on l'observe dans la section des Bénoites (*Geum urbanum*), ou dans la section des Potentilles (*Fragaria collina*), ou dans la section des Aigremoines (*Agrimonia eupatoria* et *Aremonia agrimonioides*). Or, dans nos idées, ce calicule est l'expression du développement des phytogènes périphériques du premier protophytogène floral, et s'ils ne se sont développés qu'après les phytogènes qui devaient constituer les sépales, c'est qu'ils sont restés quelque temps en arrêt provisoire d'accroissement, sans cela on ne comprendrait pas que le phytogène-calice eût pu se former ; d'ailleurs, les parties du calicule sont des organes appendiculaires ou feuilles modifiées, et nous venons de dire que jamais une feuille supérieure ne naît sur le même axe avant une feuille inférieure.

A la vérité, pour échapper à cette difficulté, Payer a été obligé d'adopter la théorie d'Aug. Saint-Hilaire, laquelle consiste à ne voir dans les pièces du calicule que des stipules appartenant aux divisions calicinales ; mais au moyen de la théorie très-générale des arrêts provisoires d'accroissement, on peut tout aussi bien expliquer la formation ultérieure d'un verticille inférieur d'organes appendiculaires, surtout d'après les considérations que nous avons fait valoir en parlant des enveloppes de l'ovule (p. 372.)

(1) *Faits pour servir à l'histoire générale de la fécondation chez les végétaux.* Broch. in-8°, Paris, 1859.

Il y a longtemps que l'on sait que le calice monophylle du *Physalis alkekengi* s'arrète dans sa croissance pendant tout le temps de la floraison et de la fécondation, pour ne la reprendre que plus tard, à mesure que le fruit approche de la maturité. C'est probablement encore par un phénomène analogue que le calice de certaines Synanthérées, après la maturité de la graine, se développe en une aigrette qui atteint plusieurs fois la longueur qu'il avait au moment de la floraison et de la fécondation (Pissenlit, etc.).

COROLLE ET PÉRIANTHE. Quand on ouvre un bouton-fleur de *Viola tricolor hortensis*, on trouve toujours le style plus long que les étamines, et la fécondation aurait la plus grande peine à s'opérer si la corolle n'avait arrêté provisoirement son accroissement pour le reprendre plus tard, quand les anthères se sont ouvertes. Alors le pollen se trouve en contact avec la gorge de la corolle, dont trois pétales sont à cet endroit garnis de *poils collecteurs* destinés à retenir le pollen. Mais bientôt, pour s'épanouir, la corolle reprend son évolution, le tube grandit, et en s'allongeant il glisse le long du style et va porter sur le stigmate le pollen qui s'y était attaché.

Quelque chose d'analogue se passe dans le *Funkia subcordata*. Quand la fleur s'ouvre, le style, beaucoup plus long que les étamines, ne pourrait recevoir l'action du pollen, mais le périanthe reste provisoirement sans accroissement jusqu'à ce que les étamines aient émis leur pollen, qui tombe sur les extrémités des sépales. C'est alors que le périanthe reprend sa croissance pour porter ses extrémités au niveau du stigmate. Dans cet état, la fleur se flétrit, les sépales se rapprochent les uns des autres en enveloppant souvent le style, et le stigmate se trouve ainsi immédiatement en contact avec le pollen 1).

Dans les Dicotylédones, les pétales naissent toujours avant l'androcée et le gynécée; mais très-souvent la corolle, par arrêt provisoire d'accroissement ou, tout au moins, par un développement plus lent, reste très-petite quand les organes sexuels ont déjà acquis leurs dimensions ordinaires (*Papaver, Eschscholtzia*, etc.). Mais c'est surtout dans le *Lythrum salicaria* que ce

(1) Ch. Fd. *Faits pour servir à l'histoire générale de la fécondation chez les végétaux.* Broch. in-8°, p. 8 et 9.

phénomène est remarquable, puisque quelques auteurs ont prétendu que les pétales ne naissaient que bien après les étamines; mais Payer a mis hors de doute leur apparition antérieure (1).

ANDROCÉE. Dans quelques Papilionacées (*Coronilla varia, Cytisus nigricans, Spartium junceum*, etc., et surtout dans le *Nolana prostrata*) on trouve dans le bouton-fleur, avant son épanouissement, un style qui paraît avoir terminé sa croissance quand les étamines ne sont encore qu'à l'état d'anthères sessiles; mais lorsque la fleur approche du moment où elle va s'ouvrir, les filets s'allongent, à leur tour, de manière à porter les anthères à peu près au niveau du stigmate.

GYNÉCÉE. Comme le gynécée constitue le dernier verticille floral, il est difficile de prendre pour point de comparaison du développement des carpelles d'autres organes plus intérieurs; mais il est néanmoins aisé de reconnaître un arrêt provisoire d'accroissement dans les carpelles composant certains fruits. On sait, en effet, que certains de nos fruits à noyaux grossissent jusqu'à un certain point, puis restent stationnaires pendant quelque temps. Alors, sans grossir sensiblement, on les voit changer de couleur, en général passer du vert à une teinte blanchâtre, qui est le moment qui précède la maturation, et c'est à partir de ce moment que le fruit reprend son accroissement en marchant vers la maturité où il a acquis le volume qu'il doit avoir (Cerise, Abricot, Pêche).

Mais cet arrêt provisoire d'accroissement se fait surtout remarquer dans le fruit agrégé ou composé de la figue. En effet, le réceptacle (*cyclochorise*) qui le compose en grande partie grossit jusqu'à un certain point pendant les deux premiers mois de son évolution, puis on le voit rester stationnaire, par arrêt provisoire d'accroissement, pendant environ six semaines. Durant ce repos apparent, la floraison et la fécondation s'accomplissent dans l'intérieur du réceptacle, qui, après ce temps et tout à coup, grossit de nouveau et mûrit en moins d'une quinzaine de jours.

Il y a aussi arrêt provisoire d'accroissement dans certains styles, qui au moment de la fécondation paraissent avoir acquis tout leur développement, mais qui un peu plus tard reprennent

(1) *Organog. comp. de la fleur*, p. 478 et 713.

leur croissance pour former les productions plumeuses qui surmontent les carpelles de plusieurs *Clematis,* des *Anemone pulsatilla, pratensis, alpina,* etc.

Enfin, on sait qu'il y a dans les graines deux grandes distinctions à faire selon qu'elles contiennent ou ne contiennent pas d'albumen ou endosperme. Or, si nous nous rappelons bien la cause de la présence ou de la disparition de ce corps, nous reconnaîtrons que celles qui sont pourvues d'un endosperme sont dans un état de développement moins avancé que celles qui en sont dépourvues. Mais quand vient le moment de la germination, le développement des premières se continue, l'albumen se ramollit par l'action de la chaleur et de l'humidité ; sa nature chimique change aux dépens de l'eau et de l'oxygène de l'air, et l'embryon qui est en contact avec lui s'assimile peu à peu les nouvelles matières formées, si bien qu'il finit par absorber tout l'albumen ainsi transformé, et de cette façon grossit dans la même proportion et finit par remplir tout l'intérieur de la graine, où il n'occupait d'abord qu'une place plus ou moins limitée. C'est alors que tout l'albumen a disparu et que la graine se trouve arrivée ainsi, par la germination, à l'état d'une graine mûre qui pendant la végétation a vu son embryon peu à peu absorber l'albumen. Mais, comme la graine endospermée est restée plus ou moins longtemps séparée de la plante-mère et qu'au moment de la germination elle reprend, pour le continuer, le phénomène où il s'était arrêté, on peut l'assimiler à ceux que nous étudions ici, car il y a véritablement arrêt provisoire de développement ou d'accroissement dans les jeunes embryons.

Axes. Les axes sont eux-mêmes susceptibles de subir la loi des arrêts provisoires d'accroissement, car Deleuze, le premier, a remarqué que dans le *Rhus cotinus* les pédoncules et les pédicelles sont courts et parfaitement glabres au moment de la floraison, mais que peu après ils s'allongent, divergent beaucoup et forment de très-élégants panaches, surtout ceux des fleurs stériles qui se chargent d'une très-grande quantité de poils hérissés.

Dans un grand nombre de plantes, il n'est pas rare de voir la fleur ou une inflorescence se former et se développer sur des axes qui restent très-courts jusqu'au moment où la fleur va s'épanouir. Alors seulement l'axe s'allonge et acquiert en très-peu de temps sa hauteur normale. Le phénomène est facile à observer dans le *Taraxacum dens leonis*.

Enfin, dans presque tous les végétaux, un grand nombre de bourgeons, quoique formés, demeurent dans un état d'arrêt provisoire d'accroissement, et peut-être en peut-on dire autant des bourgeons latents, protophytogènes organisés pour former les bourgeons, mais qui n'attendent plus que les conditions favorables à leur évolution.

Si ces arrêts provisoires sont vrais pour les organes visibles, ils doivent se reproduire aussi pour les organes naissants, et nous en avons donné des preuves à l'article intitulé : *Défaut de simultanéité dans le développement des phytogènes*. (*Voyez* p. 538.)

ARTICLE V. — *Influences foliifiantes et florifiantes.*

Les phénomènes que nous avons à étudier ici sont tellement manifestes, et par conséquent irrécusables, que tout d'abord l'on serait tenté de croire à l'inutilité d'un pareil article. Cependant ces deux ordres de phénomènes sont quelquefois si différents et d'autres fois si voisins, que l'on ne saurait véritablement dire quelle cause il faut invoquer pour en donner une explication satisfaisante.

En observant que la plante, dans son jeune âge, est toujours plus ou moins disposée à produire des feuilles, tandis qu'au contraire, quand elle est adulte, elle donne plus facilement des fleurs; en se rappelant que parmi les procédés pratiques employés (greffe, arcure, incision annulaire, ligature, mutilation des racines, etc.) pour faire passer plus facilement les phytogènes infrondescents à l'état de phytogènes inflorescents, on détruit la vitalité des bourgeons, tandis qu'au contraire le bouturage et le marcottage semblent produire un effet opposé ; en considérant que l'énergie vitale ou une abondance de nourriture tend plutôt à faire évoluer les phytogènes en bourgeons infrondescents, on est tenté de croire que c'est un excès de nourriture qui produit les infrondescences, et qu'au contraire c'est un défaut de nourriture ou une sorte d'épuisement qui fait que les phytogènes se transforment en inflorescence. Mais comme il est des circonstances où les causes que nous venons de signaler ne semblent pas se présenter d'une manière aussi nette, nous aimons mieux, pour ne rien admettre de trop absolu, attribuer ces transformations à des influences occultes que nous désignons sous les noms d'*influences foliifiantes* et *florifiantes.*

1° En effet, si nous examinons les phytogènes qui se produisent à l'aisselle d'une feuille de Pêcher (ordinairement celle de l'année précédente), nous remarquons ce singulier phénomène : le plus souvent 3 bourgeons latéralement placés se forment à l'aisselle de la feuille. Or, quelquefois ces trois bourgeons sont tous floraux ; le plus souvent le bourgeon moyen est infrondescent et les deux latéraux sont floraux ; dans quelques cas toutes les positions variables peuvent s'observer ; ainsi, il peut y avoir 2 bourgeons infrondescents et un seul floral, soit à droite soit à gauche, ou même 2 infrondescents peuvent être latéraux et celui du milieu seul floral, ou enfin les 3 bourgeons peuvent être infrondescents, mais ce cas est plus rare. On a ainsi la preuve, d'abord, que les phytogènes-fleurs et les phytogènes infrondescents sont originellement identiques, et ensuite, qu'il serait impossible de dire que les 3 bourgeons axillaires ne profitent pas d'une égale nourriture. Toutefois, comme d'ordinaire c'est celui du milieu qui est infrondescent, on peut soutenir que c'est par excès de nourriture qu'il le devient ; mais lorsque l'inverse se produit on est plus embarrassé pour se prononcer, et c'est alors que l'on peut sans trop de risques admettre l'intervention des influences.

2° D'un autre côté, il n'est pas rare de trouver, dans les plantes à feuilles opposées, à l'aisselle d'une feuille une inflorescence et à l'opposé une infrondescence. C'est ce qui a lieu particulièrement dans le *Jasminum officinale*, les *Lythrum*, les *Hyperium*, etc., dont nous avons déjà fourni la description (1). Puisque les feuilles sont opposées, on n'est pas exactement sûr que dans un cas il y a excès de nourriture et dans l'autre défaut.

3° Quand à la place d'une fleur on voit se développer une inflorescence, comme cela a fréquemment lieu dans les Ombellifères ou dans certaines Synanthérées offrant des répétitions anomales d'inflorescences dans les inflorescences (2), il est de toute évidence que c'est par excès de nourriture que la fleur se trans-

(1) *Essai de Phytomorphie,* t. I, p. 429.
(2) *Ibid.,* p. 382.

forme en inflorescence, et souvent alors il n'y a nulle trace d'infrondescence. On ne découvre dans ce fait qu'une influence florifiante et nulle influence foliifiante.

4° Il y a mieux, c'est que sur le même axe continué on voit apparaître alternativement des inflorescences et des infrondescences. Ainsi, le *Bromelia Ananas* porte un axe terminé par une inflorescence ; mais au sommet de cette inflorescence se développe une touffe ou rosette de feuilles que l'on nomme *couronne*, laquelle, cultivée avec soin, devient un nouvel individu capable de donner une inflorescence surmontée d'une infrondescence, et ainsi de suite. Cette succession d'inflorescence et d'infrondescence se retrouve plusieurs fois répétée dans certains *Pinus* et un certain nombre d'autres végétaux dont nous avons déjà parlé (1). Sur le *Pinus caramanica*, nous l'avons vue se reproduire quatre fois, et il est probable qu'elle peut se répéter un plus grand nombre de fois. Or, quoique l'on puisse admettre ici des alternatives d'excès et de défauts de nourriture, elles n'en sont pas moins difficiles à comprendre, et peut-être aimera-t-on tout autant admettre la théorie des influences.

5° Enfin, il n'est pas rare de rencontrer des infrondescences au milieu même des fleurs d'une inflorescence. Ainsi, dans les *Allium* vivipares (*A. Porrum, cepa,* etc.), on trouve fréquemment, à la place de fleurs, des bulbilles qui ne sont autres que des infrondescences, et nous avons signalé un assez grand nombre d'autres exemples de bulbilles se développant ainsi au milieu des fleurs d'une inflorescence (2). A côté de ce fait si nous plaçons celui qui consiste dans la transformation d'une des fleurs du sertule de l'*Allium* en un autre petit sertule (3), il faudra reconnaître avec la théorie des excès de nourriture deux phénomènes très-distincts qui doivent singulièrement parler en faveur de la théorie des influences.

6° Si maintenant nous nous pénétrons bien des exemples assez nombreux des répétitions d'organismes végétaux, soit ceux de la nutrition (4), soit ceux de la reproduction que nous avons décrits (5),

(1) *Essai de Phytomorphie*, t. I, p. 423.
(2) *Ibid.*, p. 435 et 436.
(3) *Ibid*, p. 398.
(4) *Ibid.*, p. 499.
(5) *Ibid.*, p. 516.

nous serons conduits à penser que les influences dont nous parlons ne se bornent pas à la production des feuilles ou des fleurs, mais qu'il y a des influences spéciales qui font que les divers verticilles d'une même fleur peuvent se répéter un plus ou moins grand nombre de fois et reproduire plusieurs calices, plusieurs corolles ou plusieurs verticilles d'étamines ou de carpelles là où il aurait dû n'en exister qu'un seul. C'est très-probablement cette influence et des époques physiologiques de formations très-voisines qui font que, dans les Monocotylédones, les caractères du verticille extérieur du périanthe sont très-souvent ceux du verticille intérieur (1). Ainsi, nous aurions encore des *influences sépaloïdes, pétaloïdes, staminales* et *carpelliennes*, et ces influences sont encore plus voisines les unes des autres que ne le sont les influences foliifiantes et florifiantes; aussi n'est-il pas rare de voir les divers organismes de la reproduction se transformer aisément les uns dans les autres.

ARTICLE VI. — *Chromatosie végétale.*

Quand on prend un phytogène naissant, surtout si l'on a eu le soin de le produire à une complète obscurité, on le trouve constitué par des cellules dont les parois sont complétement incolores et renfermant des matières elles-mêmes incolores. Mais lorsque cette petite masse de tissu cellulaire vient à se développer au contact de la lumière, on voit peu à peu ces matières se colorer et prendre, en général, une teinte verte qui est celle que l'on connaît aux feuilles. On a donné le nom de *chlorophylle* à la matière colorante verte qui se forme dans ces conditions.

Cependant les végétaux offrent aux regards, dans leurs tiges et même dans leurs feuilles, aux diverses époques de l'année, mais particulièrement dans leurs fleurs, des couleurs extrêmement variées et qui sont elles-mêmes le résultat d'une action particulière de la lumière et, probablement, de l'oxygène sur les matières contenues dans les cellules. C'est à cette action combinée de la lumière et de l'oxygène, et surtout de l'influence particulière du végétal, que nous donnons le nom de *chromatosie* (du grec χρῶμα, ατος, suc colorant); et c'est parce que longtemps on a cru que

____

(1) *Essai de Phytomorphie*, t. I, p. 521.

c'était le chlorophylle qui, sous des influences diverses, prenait différentes colorations, que De Candolle, avec Macaire, a préféré le nom de *chromule* à celui de chlorophylle. Mais il est à peu près certain aujourd'hui que ce n'est pas toujours à la chlorophylle que sont dues les différentes matières colorantes qui se rencontrent dans les organes végétaux.

La lumière est tellement essentielle à la production des couleurs, principalement de la couleur verte des végétaux, que lorsqu'on fait végéter une plante à l'obscurité complète on n'obtient jamais cette couleur, et, au contraire, on obtient des couleurs blanches, jaunes, bleues ou rouges. On nomme *étiolement* le phénomène en vertu duquel les plantes placées ainsi à l'obscurité végètent, mais sans produire la couleur verte, et les plantes sont dites *étiolées*. L'étiolement était déjà connu d'Aristote, qui a cru, bien à tort, que les racines étaient pâles à cause de leur position dans la terre. C'est Jean Ray qui le premier a bien distingué l'étiolement ; Ch. Bonnet a constaté qu'il était dû à l'obscurité, et Meese et Senebier en ont déterminé la cause et les circonstances. Ce phénomène est particulièrement dû à ce que les plantes ne décomposent que peu ou point d'acide carbonique, de sorte que l'analyse ne démontre dans la plante étiolée que la quantité de carbone qui existait dans le tubercule (Pomme de terre) ou dans la graine (Haricot), et ce carbone paraît être comme délayé dans une très-grande quantité d'eau : aussi les tiges sont-elles grêles, très-allongées, flexibles, d'un blanc plus ou moins soyeux et souvent jaunâtre.

A. Si l'on fait végéter des Navets à l'obscurité, on peut s'assurer que la plante peut arriver ainsi jusqu'à la floraison, et ses fleurs sont conformées comme si elles étaient venues dans un milieu convenable, avec cette différence pourtant que toutes les parties de la plante, feuilles et fleurs, ont une teinte jaune uniforme, mais très-pâle. Il est probable que cette couleur jaune est la même que celle qui se forme dans la fleur venue normalement, mais qui, très-délayée dans l'eau, a été affaiblie au point que nous venons d'indiquer.

Lorsque l'on fait étioler certains végétaux que l'on destine à l'usage de la table, comme la Barbe de capucin (*Cichorium intibus*), le Céleri, la Scarole, etc., on peut observer que la couleur est blanche si l'obscurité est profonde, et jaune au contraire si la lumière a pu pénétrer suffisamment et influencer la coloration. Dans tous les cas cette couleur jaune paraît précéder la couleur verte de la feuille.

B. Quelques plantes, au lieu de produire des pousses blanches ou jaunes, bien que venues à l'obscurité, donnent, au contraire, à la place de la couleur verte due à la chlorophylle, une couleur rouge très-remarquable. Les Betteraves rouges venues à l'obscurité produisent des feuilles de couleur rouge éclatante, que M. Germain de Saint-Pierre, avec M. le docteur Gübler, attribue au suc contenu dans les racines et que les feuilles auraient absorbé (1), et cette opinion est partagée par M. Lecoq, qui a vu l'étiolement produire sur les feuilles de Betterave des couleurs jaunes, orangées, roses, rouges ou même écarlate, selon que la racine présentait l'une ou l'autre de ces couleurs (2).

Cependant il paraîtrait qu'une autre cause peut déterminer ces colorations; car si l'on fait croître à l'obscurité un oignon du *Muscari comosum*, on voit ses feuilles se développer avec une couleur rouge très-intense, et cependant l'oignon est blanc dans ses parties souterraines et centrales. D'ailleurs, la couleur rouge des feuilles précédant leur virescence est un fait qui est assez commun pour avoir été observé par tout le monde. Citons néanmoins quelques faits.

1° Le Vaciet, dont nous venons de parler, présente sur un seul pied, quand il est suffisamment enfoncé en terre, tout au bas de ses feuilles un étiolement complet et les parties sont tout à fait blanches; en remontant le haut de la feuille on voit la couleur blanche passer au jaune par des nuances insensibles, puis, plus haut encore, au rougeâtre, et enfin au vert. On reconnaît alors aisément que les rayons lumineux ont produit une coloration d'autant plus prononcée que leur intensité était plus grande, et dans ce cas le *summum* d'intensité correspondrait à la couleur verte.

2° Le turion de l'*Asparagus officinalis*, quand il est produit profondément en terre, est toujours d'un blanc assez pur; en ap-

(1) *Bull. Soc. bot. France*, t. II, p. 744.
(2) *Ibid.*, t. III, p. 534.

prochant de la surface de la terre, déjà une coloration rouge assez prononcée se produit pour passer au rouge verdâtre, puis au vert; les feuilles écailleuses de la base conservent longtemps la couleur rouge de la jeune pousse. Cette coloration rouge ne saurait être empruntée à la racine, qui est plutôt blanchâtre.

3° Les feuilles et les jeunes pousses du *Dielytra spectabilis* sont assez blanches sous la terre ; elles sont d'une couleur rouge-brun en arrivant à la surface et la conservent quelque temps avant de prendre la couleur verte des feuilles. Cette coloration rouge ne peut être non plus empruntée à la racine, qui est d'un blanc jaunâtre.

4° Lorsque le noyau de l'Abricotier vient de germer, ses cotylédones hypogés sont à l'extérieur revêtus d'un léger épiderme rouge dans lequel se montrent des cellules contenant un liquide d'un beau rouge carmin que l'on ne peut admettre avoir été fourni par la radicule. Les noyaux de Prunier et de Cerisier présentent aussi une semblable particularité.

5° Les jeunes pousses de quelques variétés de Vigne, particulièrement le Chasselas de Fontainebleau, celles du *Jasminum officinale* et de beaucoup d'autres végétaux offrent des feuilles véritablement rouges avant de passer au vert, et cette couleur est bien propre à la feuille et non empruntée à la tige. Cette coloration est surtout remarquable dans les jeunes pousses des Abricotiers.

Nous pourrions notablement augmenter la liste de ces exemples, qui paraissent nous prouver que la couleur rouge est un des effets de l'étiolement ou de l'action d'une lumière insuffisante, et qu'elle prend naissance dans des conditions analogues à celles qui font la couleur jaune ou même la couleur blanche des plantes étiolées.

C. Les couleurs blanche, jaune et rouge ne sont pas les seules couleurs précédant la coloration verte des végétaux, et il n'est pas absolument rare de rencontrer une coloration bleue ou violacée que l'on pourrait regarder aussi comme un autre état d'étiolement. Malheureusement, nous n'avons présents à la mémoire que peu d'exemples de ce nouvel état, encore trop peu étudié.

1° Ainsi, certaines pousses d'Asperges, au lieu de produire, comme nous l'avons vu, la coloration rouge précédant la couleur verte, offrent au contraire une teinte générale violacée qui prouve que la couleur bleue, comme étiolement, est aussi naturelle que les couleurs dont nous venons de parler; mais peu à peu cette teinte disparaît et fait place à une couleur verte qui est celle de la plante plus avancée en âge.

Comme cette coloration se manifeste sur des plants tout à fait analogues à ceux qui ont donné la coloration rouge, on serait tenté de penser que la différence entre les deux couleurs tient à des circonstances très-voisines, où peut-être la lumière n'est pas seule en cause et où il est possible qu'une influence physiologique entre pour une certaine part.

2° La couleur bleue se remarque sur les tuniques extérieures de certains oignons de Jacinthe, et ce fait est même assez constant pour que les fleuristes reconnaissent à ce caractère ceux de ces oignons qui devront donner de fleurs bleues, tandis, au contraire, que ceux qui doivent produire des fleurs rouges ou roses présentent des tuniques externes d'un rouge quelquefois assez foncé. Toutefois, ce caractère n'est peut-être pas aussi certain qu'on pourrait le penser, car nous avons vu parfois les tuniques les plus extérieures bleues quand celles de dessous étaient rouges, et réciproquement celles de dessus roses et celles de dessous plutôt bleuâtres. Ce fait semblerait indiquer que les influences physiologiques qui font le rouge et le bleu sont dues à des variations très-légères de l'action de la lumière ou à des influences très-voisines.

3° Tout le monde sait que les pommes de terre placées à l'obscurité donnent lieu à des tiges grêles, blanches et nacrées, et portant à leur sommet, quand l'obscurité n'est pas absolue, un petit bouquet de feuilles violettes, couleur que l'on remarque aussi quand, ces tubercules plantés, leurs tiges se montrent à la surface de la terre.

4° Quand on fait germer le *Phaseolus coccineus*, les deux feuilles primordiales qui sortent de terre sont d'une couleur violacée nuancée de rouge, et ce n'est que plus tard que la couleur verte vient remplacer la couleur violacée.

5° Certaines sauges sont remarquables par des bractées d'une belle couleur bleue-violette, qui peu à peu passent au vert.

6° Enfin, l'embryon du *Salpiglossis sinuata* présente une couleur bleu-indigo remarquable, qui n'est aussi, probablement, qu'une sorte d'étiolement.

Ces exemples ne sont certainement pas les seuls que nous puissions citer, mais ils suffisent, ce nous semble, pour établir ce fait capital : c'est que préalablement à la formation de la couleur verte des végétaux on peut constater la production de 4 couleurs, savoir : la blanche, la jaune, la rouge et la bleue ou la violette; et comme la couleur blanche n'est pas, à proprement parler, une couleur simple, puisque physiquement elle est la résultante des 7 couleurs primitives du spectre ou de l'arc-en-ciel, nous pouvons donc reconnaître 3 *couleurs fondamentales* auxquelles la végétation emprunterait toutes les autres couleurs que les végétaux présentent.

Il y a certains végétaux qui, pendant leur développement, paraissent s'arrêter à une seule couleur sans jamais arriver à la couleur verte. Ainsi, certains Champignons ou Lichens restent blancs pendant toute leur vie; certaines Orobanches, le *Cuscuta chinensis*, etc., sont d'un blanc jaunâtre; quelques Lichens ont une couleur jaune plus ou moins intense pendant toute la durée de leur existence. L'*Orobanche cœrulea*, une variété du *Brassica cymosa*, etc., ont une couleur bleuâtre ou violette qu'ils conservent; tandis que d'autres, comme certains Lichens, une variété du *Brassica oleracea capitata*, etc., ont une teinte rouge foncé qu'ils ne perdent plus; quelques espèces, comme le *Fagus purpurea*, qui ont des feuilles d'un rouge sanguin quand elles sont jeunes, ne font que passer au rouge pourpre en vieillissant, sans jamais arriver au vert. Les *Perilla nankinensis*, *Desmochœta atropurpurea* sont d'une teinte pourpre noire où le vert ne se laisse même pas soupçonner. Enfin, l'*Amaranthus tricolor* présente cette singulière particularité que ses feuilles offrent les 3 couleurs violette, rouge et jaune, mais arrivant parfois au vert. Ainsi, les plus jeunes sont rouges et jaunes au sommet; plus âgées, elles sont rouges à la base, violettes au milieu et vertes au sommet; les plus anciennes sont vertes, mais violettes à la base.

Les 3 couleurs fondamentales nous paraissent ressortir des considérations suivantes, qui sont depuis longtemps connues. En effet, dans un *Mémoire sur les couleurs des fleurs* (Tubingue, 1825), MM. Schubler et Funk ont démontré que l'on pouvait diviser les fleurs en deux grandes séries : celles qui ont le *jaune* pour type et qui peuvent passer au rouge, mais jamais au bleu, et celles qui ont le *bleu* pour type et qui peuvent passer au rouge, mais jamais au jaune. Malgré d'assez nombreuses exceptions à cette règle, la division n'en est pas moins généralement admise, et la première est appelée *série oxydée* ou *positive,* la seconde série *désoxydée* ou *négative.* Mais on leur préfère les dénominations de *xanthiques* et de *cyaniques,* proposées par De Candolle et qui expriment le fait dégagé de toute hypothèse. Or le jaune et le bleu sont bien deux couleurs fondamentales, puisqu'elles servent de types aux 2 séries, et puisque la couleur rouge se retrouve dans les 2 séries, elle est à plus forte raison une troisième couleur fondamentale des végétaux.

Il suffit maintenant de considérer qu'avec ces trois couleurs fondamentales on peut obtenir non-seulement toutes les couleurs du spectre, mais aussi tous les tons ou toutes les nuances, pour comprendre la théorie des couleurs végétales (au point de vue de leur combinaison, bien entendu). En effet, si nous plaçons triangulairement et à distances égales les trois couleurs fondamentales : rouge, R ; jaune, J ; bleu, B, *fig.* 26, et si nous décrivons une circonférence passant par les 3 points représentant les 3 couleurs fondamentales, nous aurons inscrit le triangle équilatéral formé par les droites allant d'une couleur fondamentale à une autre, et chacun des côtés du triangle sera la corde d'un des 3 arcs de la circonférence. Du milieu de chaque corde si l'on abaisse une perpendiculaire sur chacun de ces arcs, nous aurons la résultante du mélange, en proportions égales, des 2 couleurs fondamentales voisines, savoir : en O, la couleur orange résultant du mélange des deux fondamentales rouge et jaune ; en V, la couleur verte formée par la combinaison du jaune et du bleu ; enfin, en V', la couleur violette produite par l'action du bleu sur le rouge (1).

En unissant entre eux les points correspondant aux 6 couleurs

(1) Dans l'union des rayons rouges et des rayons bleus du spectre solaire, les physiciens ne reconnaissent pas l'exacte couleur violette du spectre ; mais tous les peintres, tous les coloristes sont d'accord pour admettre que le violet ne peut naître que du mélange du rouge et du bleu. Il est probable que c'est ainsi que se forme la couleur violette des végétaux.

qui résultent de ces 3 *couleurs secondaires*, ajoutées aux 3 fondamentales, on obtient un hexagone dont chacun des côtés devient la corde d'un des 6 arcs de la circonférence. Si, maintenant, du milieu de chacune de ces 6 cordes nous abaissons une perpendiculaire sur chacun de ces nouveaux arcs, nous obtiendrons la résultante du mélange, par parties égales, de deux couleurs voisines, une fondamentale et une secondaire; d'où les *couleurs tertiaires* suivantes : rouge orangé, r. o. = R. O.; jaune orangé, j. o. = O. J.; jaune vert, j. v. = J. V.; bleu verdâtre, b. v. = V. B.; bleu violet, b. v'. = B. V'.; et rouge violet, v'. r. = V'. R. (*fig.* 26).

On pourrait obtenir des *nuances* intermédiaires en multipliant les côtés du polygone inscrit et opérant, pour les trouver, de la même façon que nous l'avons fait pour trouver les secondaires et les tertiaires. Le *ton* de chaque nuance pourrait ensuite varier par une plus ou moins grande proportion de couleur blanche, ou, ce qui revient au même, selon que la même quantité de matière colorante serait répartie dans une plus ou moins grande quantité de tissu végétal, que nous savons être originellement incolore. Or, c'est à peu près cette donnée qui a été suivie, d'abord, par de Mirbel pour créer ses tableaux chromatiques, comprenant 83 teintes auxquelles peuvent se rapporter toutes les couleurs des plantes, et ensuite par M. Chevreul, dans la construction de son *cercle chromatique*.

En effet, M. Chevreul construit son cercle chromatique en faisant partir 72 rayons d'un point central, et en traçant 21 circonférences concentriques, d'où résultent 1512 surfaces. Les trois couleurs *fondamentales*, rouge, bleue et jaune, sont placées à égales distances sur 3 des cases de la plus grande circonférence. C'est au milieu de chacune de ces trois couleurs que se placent les couleurs résultant du mélange des couleurs fondamentales, c'est-à-dire les *secondaires*, verte, orange, violette, et ainsi de suite pour la formation des autres *nuances primitives*. Quant aux 21 divisions circulaires, elles séparent en ligne droite, suivant les rayons, les différents *tons* résultant du mélange de la couleur blanche avec les couleurs primitives, si bien que les 72 cases triangulaires du centre, tout à fait blanches, se foncent de plus en plus en la nuance de la circonférence vers laquelle on se dirige, ou réciproquement, les nuances pâlissent de plus en plus en partant de la circonférence et se dirigeant vers le centre (1). En retranchant les 72 cases appartenant à la couleur blanche, on voit que l'on obtient ainsi 1,440 couleurs différentes par la nuance et le ton.

Au lieu d'un plan circulaire, si l'on suppose une sphère, portant à son équateur une ceinture de nuances primitives, à l'un de ses pôles la couleur blanche, à l'autre la couleur noire, et divisant d'ailleurs chaque hémisphère à peu près comme l'a fait M. Chevreul, on a la *mappemonde des couleurs* de M. Lecoq, dans laquelle, dit ce savant, « l'hémisphère supérieur a le blanc pur au pôle, et cette masse de blanc est reliée par des teintes insensiblement plus colorées aux tons normaux de chacune des nuances qui sont situées sur l'équateur. Le pôle opposé est noir, et la masse noire qui s'y trouve concentrée se rattache par des tons de moins en moins obscurs à la zône normale de l'équateur (2). »

Nous admettons que les couleurs rouge, jaune et bleue sont des couleurs fondamentales, par cette simple raison qu'avec elles on forme toutes les autres couleurs ; tandis qu'il est tout à fait impossible d'obtenir, *dans la pratique,* les couleurs fondamentales en unissant 2 à 2 les couleurs secondaires ; par exemple, on n'obtiendrait point de rouge en unissant le violet avec l'orangé ; ni du jaune au moyen du vert et de l'orangé ; ni du bleu en prenant du vert et du violet.

Enfin, la disposition triangulaire des 3 couleurs fondamentales, puis la disposition circulaire des 6 couleurs résultant de l'addition des 3 couleurs secondaires aux 3 fondamentales, ont leur raison d'être en ce que non-seulement par leur mélange on obtient toutes les nuances intermédiaires, mais aussi parce que cette construction géométrique permet de trouver aussitôt la *complémentaire* d'une couleur donnée, qui se trouve précisément être celle qui est placée à l'extrémité d'une droite passant par le centre de la figure. Ainsi la droite RV indique que le vert est la couleur complémentaire du rouge, et réciproquement ; que le violet est la complémentaire du jaune, et réciproquement ; que l'orangé est la complémentaire du bleu, et réciproquement.

(1) Chevreul. *Du contraste simultané des couleurs.*
(2) *Études de Géographie botanique.*

Quelques observations critiques pourraient être faites sur l'adoption de la couleur bleue comme couleur fondamentale, si l'on ne s'en rapportait qu'aux couleurs bleuâtres ou violacées que nous ont présentées les jeunes pousses de l'Asperge ou de la Pomme de terre et les écailles extérieures des Jacinthes bleues ; mais, outre que la couleur bleue est la couleur type de la série cyanique, nous penchons pour le bleu comme troisième couleur fondamentale : 1° parce que, comme nous venons de le dire, pratiquement on ne fait pas de bleu avec du violet et du vert ; 2° parce que cette couleur est l'expression du carbone très-divisé dans le végétal, lequel carbone est, dans cet état, de couleur bleue et peut former avec le jaune une couleur verte ; 3° enfin, parce que c'est elle qui, combinée à la couleur jaune, constitue, d'après M. Frémy, la couleur verte de la chlorophylle.

Nous avons eu l'idée d'étudier avec le prisme quelques couleurs végétales, afin de les décomposer et de voir si elles ne seraient point elles-mêmes complexes, et c'est, en effet, ce qu'il est facile de reconnaître. Voici comment nous avons opéré : les pétales ou les feuilles ont été coupées en lanières de $\frac{1}{2}$ millimètre de largeur, que nous avons collées sur une feuille de *papier blanc;* puis nous les avons regardées les unes après les autres dans leurs plus petites dimensions ; c'est-à-dire les lanières étant parallèles aux arêtes du prisme. Or, parmi les plus importantes de nos observations, voici quelques-uns des résultats que nous avons obtenus.

FLEURS JAUNES.	*Kerria japonica*..........	bleu? à peine, rouge pâle et jaune q.e.
	Taraxacum dens leonis...	bleu? violet, rouge pâle, jaune $+$
	Cytisus laburnum.........	bleu? rouge pâle, jaune $+$
FEUILLES ÉTIOLÉES.	*Brassica napus*...........	bleu insensible, rouge pâle, jaune $+$
	Brassica oleracea........	bleu? rouge pâle, jaune $+$
	Zeste d'orange	bleu? rouge pâle et jaune q.e.
FLEURS ROUGES.	*Pelargonium inquinans* ..	bleu, rouge $+$ jaune très-peu.
	Rose....................	bleu, rouge $+$ jaune peu.
	Cuphea cordata, miniata.	bleu, rouge $+$ jaune peu.
	Dielytra spectabilis......	bleu, rouge $+$ jaune très-peu.
	Hyacinthus orientalis....	bleu, rouge $+$ jaune très-peu.
FEUILLES ROUGES (jeunes pousses).	*Jasminum officinale*......	bleu, rouge $+$ jaune peu.
	Vigne (Chasselas)........	bleu, rouge $+$ jaune peu.

FLEURS BLEUES	*Vinca minor*.............	bleu + rouge, jaune peu.
ou	*Hyacinthus orientalis*....	bleu + rouge, jaune peu.
VIOLETTES.	*Viola tricolor (hortensis)*.	bleu + rouge, jaune peu.
	Viola odorata...........	bleu, rouge q.e, jaune peu.
	Iris pumila.............	bleu, rouge q.e, jaune peu.
FEUILLES	*Solanum tuberosum*......	bleu + rouge, jaune peu.
VIOLETTES	*Asparagus officinalis*.....	bleu + rouge, jaune peu.
(jeunes	*Phaseolus coccineus*......	bleu, rouge + jaune peu.
pousses).		
FLEURS	*Staphylea pinnata*.......	bleu, rose très-pâli, jaune (excessi-
BLANCHES.		vement peu de chaque).
	Pommier, Poirier, Cerisier.	— —
TIGES	*Brassica napus*..........	— —
ÉTIOLÉES.		
FEUILLES	*Triticum sativum*........	bleu + jaune, rouge.
VERTES.	*Hemerocallis fulva*.......	— —
	Iris germanica...........	— —
	Polemonium cœruleum...	— —
	Persica vulgaris.........	— —
	Lathyrus latifolium......	— —
FEUILLES	*Aquilegia vulgaris*.......	bleu, rouge, jaune +
CHLOROSÉES.		

De l'ensemble de toutes ces observations on tire plusieurs conséquences importantes, savoir :

1° Toutes les couleurs végétales contiennent, en proportion variables, les trois couleurs fondamentales, bleue, rouge et jaune, et
c'est la couleur fondamentale dominante qui donne le nom à la
couleur de l'organe.

2° Si le jaune et le rouge dominent le bleu, ce que nous avons
exprimé par le signe q.e, on a une couleur orangée (*Kerria japonica*, orange); si c'est le bleu et le rouge qui dominent le jaune,
on a la couleur violette de l'*Iris pumila* ou du *Viola odorata*;
enfin, si c'est le bleu et le jaune qui dominent le rouge, on a une
couleur verte, qui est celle des feuilles. En un mot, quand deux
couleurs dominent la troisième, on a toujours une couleur secondaire intermédiaire aux deux couleurs qui se suivent dans le
cercle chromatique, *fig.* 26; mais ces couleurs secondaires sont
plus ou moins influencées par la présence de la troisième couleur.

On sent très-bien que la détermination des quantités respectives
des couleurs fondamentales observées au moyen du prisme ne
peut être qu'approximative, et que les quantités +, — ou = ne
peuvent pas être mathématiques, car nous n'avons pas encore le
moyen de les mesurer exactement.

3° Les fleurs, même les plus blanches, sont toutes formées des 3 couleurs fondamentales, mais dans ce dernier cas en si faible proportion que c'est à peine si on les distingue bien nettement. Cependant il ne reste aucun doute à cet égard.

4° Dans les fleurs, on peut remarquer que lorsque le bleu domine le jaune doit s'effacer, et réciproquement, quand le jaune domine, c'est le bleu qui s'efface, conséquence naturelle de la formation des couleurs secondaires ; car si les couleurs jaune et bleue étaient en égales proportions, on aurait la couleur verte des feuilles. Mais de ce que, dans les espèces d'un même genre de plantes, les organismes de la reproduction sont formés sur un même plan, il doit en résulter une tendance à la formation d'une des 2 couleurs bleue ou jaune de préférence à l'autre, et voilà pourquoi en général une des 2 couleurs trouvées dans un genre exclut l'autre, puisque si ces 2 couleurs étaient compatibles dans un même genre il y aurait des espèces qui pourraient les renfermer en égale quantité, et, dans ce cas, nous aurions des fleurs vertes. Les deux séries *xanthique* et *cyanique* ont donc une raison d'être forcée. Néanmoins, si dans la nature elle est, en général, assez bien observée, comme les 3 couleurs fondamentales nous paraissent être facilement transmuables, il ne nous semble pas impossible que la culture puisse être assez efficace pour faire naître des variétés à fleurs bleues dans les espèces de la série xantique, et réciproquement, des variétés à fleurs jaunes dans les espèces de la série cyanique.

5° Puisque la couleur rouge se retrouve dans les feuilles, soit dans leur état de semi-étiolement, soit surtout dans le spectre qu'elles donnent, il s'ensuit qu'indépendamment des deux couleurs jaune et bleue retirées de la chlorophylle, par M. Frémy, l'analyse chimique devrait y faire retrouver une couleur rouge, quoique en faible quantité. Cependant, comme la formation de la chlorophylle paraît être indépendante de la formation de la couleur rouge, on comprend que, lorsque celle-ci devient prépondérante dans la feuille adulte, elle lui donne une couleur rouge bien prononcée (*Coleus Werscherfeldtii*). Il en serait peut-être de même de la couleur bleue qui, pouvant aussi se former indépendamment de la chlorophylle, donnerait à certaines feuilles (*Coleus scutellarioides*) une couleur violacée plus ou moins prononcée.

6° Ce qu'il faut constater surtout, c'est que, tandis que dans le spectre solaire les rayons jaunes se trouvent placés entre les rayons rouges et les rayons bleus, ici, au contraire, nous trouvons les rayons rouges intermédiaires aux rayons jaunes et aux rayons bleus. De sorte que, les 3 couleurs fondamentales étant disposées circulairement, si l'on devait couper le cercle de ces couleurs pour les placer, en le redressant, sur une même ligne, il faudrait le couper entre le rouge et le bleu pour reproduire le spectre solaire, et entre le jaune et le bleu pour avoir le spectre *interverti*. Mais aussitôt naît l'idée d'une troisième combinaison ; c'est celle qui résulterait de la section du cercle entre le rouge et le jaune, ce qui donnerait lieu à un spectre nouveau, dans lequel le bleu serait placé entre le jaune et le rouge. Peut-être cette combinaison existe-t-elle, et il serait à coup sûr très-intéressant de la trouver.

Or, cette combinaison, que nous n'avons pu produire en nous servant du prisme, peut-être sera-t-on disposé à la voir dans les phénomènes chimiques que nous ferons connaître en parlant des couleurs bleues des fleurs, et pour l'explication desquels il faut nécessairement, dans le spectre que nous nommerons *par réaction chimique*, placer le bleu entre le rouge et le jaune.

Quoi qu'il en soit, les trois couleurs constantes que nous obtenons ainsi sont singulièrement en faveur de l'opinion du professeur Brewster, qui pense que les sept couleurs du spectre doivent être réduites à trois couleurs simples : la rouge, la jaune et la bleue.

Ajoutons que, dès que l'on examine les mêmes couleurs sur des fonds noirs, on retombe dans les conditions du spectre solaire, et la couleur jaune est intermédiaire aux deux autres. Nous avons dès lors été conduit à penser qu'il se formait deux spectres : un au-dessus de la lanière colorée et l'autre au-dessous, et que c'était à leur existence que l'on devait l'apparence du *spectre interverti;* mais l'analyse des deux spectres ne paraît pas permettre d'en déduire le spectre interverti. Restait l'hypothèse du phénomène des contrastes ; mais, puisque le spectre reste le même, quelle que soit la couleur que l'on examine, on voit qu'ils ne sont pour rien dans la formation du nouveau spectre. Dans tous les cas, comme les couleurs se détachent mieux sur un fond blanc, nous avons cru devoir les placer ainsi pour mieux les étudier.

7° Il résulte de la disposition des couleurs fondamentales dans le spectre interverti que, parmi les nuances ou couleurs secondaires, tertiaires, etc., qui résultent du mélange des couleurs fondamentales, le vert ne doit pas se montrer, puisque les deux couleurs qui auraient dû le former sont toujours séparées par la couleur rouge.

Quel est le rôle de la végétation dans la production des couleurs? Il y a déjà longtemps que l'on s'est occupé de cette importante question, sans que l'on soit arrivé à des explications satisfaisantes. Les chimistes, parmi les hommes qui s'en sont occupés, sont encore ceux qui lui ont fait faire le plus de progrès. Néanmoins on est très-éloigné de comprendre comment a lieu leur production. Pour montrer à quel point les théories chimiques peuvent elles-mêmes être impuissantes à donner la solution du problème, il nous suffira de présenter les observations suivantes :

1° Dans l'étiolement la couleur blanche précède la couleur verte, et, par contre, dans les fleurs la couleur verte précède la couleur blanche.

2° Dans beaucoup de végétaux la couleur rouge précède la couleur verte; mais, à son tour, cette couleur précède la couleur rouge ou rose de certaines fleurs, et la couleur rouge de certaines feuilles automnales.

3° Un certain nombre de végétaux présentent une couleur violette ou bleuâtre qui, plus tard, est remplacée par la verte; mais, dans les fleurs, on voit la couleur bleue ou violette être précédée par la couleur verte.

4° Enfin, dans les phénomènes d'étiolement on voit la couleur jaune être plus tard remplacée par la verte, et réciproquement, la verte précéder la jaune dans les fleurs et dans les feuilles automnales d'un certain nombre de végétaux.

Les anthères elles-mêmes, vertes d'abord, arrivent à prendre une coloration jaune, bleue ou rouge; mais c'est la couleur jaune qu'elles ont le plus habituellement.

Ajoutons que les couleurs fondamentales, rouge, jaune ou bleue, qui se forment dans les corolles, prennent souvent naissance dans l'intérieur d'un calice bien clos, épais et fortement coloré en vert, ce qui semble indiquer que la lumière solaire *directe* n'est pas indispensable à la formation de ces couleurs. Cette observation

est d'ailleurs concordante avec celles que nous avons indiquées
en parlant de ces couleurs, provenant d'une sorte d'étiolement.

Ainsi, très-souvent la couleur verte semble être un produit de
la végétation, tandis que d'autres fois ce sont les autres couleurs
qui semblent être le résultat d'une végétation plus avancée. Si la
marche de la végétation était uniforme; si toujours un organe,
pour ses changements de couleurs, procédait dans l'ordre suivant :
blanc, vert et jaune, ou rouge, soit qu'il s'agit de colorer une
fleur, soit que cette coloration s'appliquât aux feuilles automnales,
on pourrait jusqu'à un certain point, avec M. Macaire Princeps,
admettre des phénomènes d'oxygénation, surtout si, comme l'a
observé ce savant, peu avant le moment où la feuille doit changer
de couleur cet organe cesse d'exhaler du gaz oxygène à la lumière solaire sans cesser d'en absorber la nuit; d'où il suivrait
que sa chromule s'oxygénerait pour produire un premier degré
d'oxydation constituant la couleur jaune, puis un deuxième degré
d'oxydation qui serait la couleur rouge (1). D'un autre côté,
MM. Schubler et Funk ont remarqué que les couleurs rouges sont
plus fréquentes dans les feuilles contenant quelques acides, et que
les bractées, les calices, les corolles, les organes sexuels doivent
aussi leurs variétés de couleurs à la quantité plus ou moins
grande d'oxygène qu'ils ont absorbée (2). On sait aussi que les
couleurs bleues ou violettes virent au rouge par l'addition d'un
acide, tandis que les couleurs rouges passent au bleu ou violet
par l'action des alcalis; mais ces expériences ne suffisent pas pour
établir d'une manière générale que la coloration bleue des organes est toujours due à une sorte de désoxydation, tandis que les
couleurs jaune et rouge seraient dues à des matières identiques
plus oxydées. Ainsi, avec cette hypothèse nous ne nous explique-
rions pas bien comment dans un cas les colorations jaunes,
rouges ou violettes précèdent la couleur verte, tandis que dans
l'autre ce serait la couleur verte qui précéderait les couleurs
jaunes, rouges ou violettes. Par exemple, dans le *Lantana camara*,
nous voyons chaque bouton-fleur posséder une couleur *aurore*,
qui devient *jaune* au moment de l'épanouissement, pour redeve-
nir *aurore* peu de temps après.

(1) *Color. automnale des fleurs. (Mém. soc. phys. de Genève*, t. IV.)
(2) *Unters. uber die Farben der Bluthen.* Tubinge, 1825.

A la vérité, M. Ed. Morren, qui s'est beaucoup occupé de la coloration des feuilles, donne une théorie qui pourrait expliquer ces diverses colorations. Il admet 3 principes colorants : la *chloro-phylle*, qui donne le vert, la *xanthophylle*, qui produit la couleur jaune, et l'*érythrophylle*, à laquelle serait due la rouge. Les rapports et la succession de ces diverses couleurs rendraient compte des nombreuses variations que l'on observe. « En résumé, dit-il à la fin de son mémoire, l'érythrophylle apparaît dans les feuilles en automne, en hiver et au printemps, c'est-à-dire avant ou après la période active de leur vie. Au printemps, l'organe tout entier est rouge, et la chlorophylle se forme à mesure que l'érythrophylle disparaît ; en automne, au contraire, à la chlorophylle qui périt succède l'érythrophylle ; en hiver ces deux matières coexistent (1). »

Cependant les recherches de M. Martens conduisent à des conclusions qui se rapprochent des résultats obtenus par Macaire. Nous les rapportons textuellement. « Il me paraît résulter, dit-il :

« 1° Que toutes les plantes élaborent dans les cellules de leur parenchyme sous-épidermique un suc jaunâtre, pâle, qui tend à prendre une couleur jaune de plus en plus foncée par l'oxygénation, surtout sous l'influence des alcalis et de la lumière ;

« 2° Que le principe extractif colorant contenu dans ce suc peut, en se modifiant diversement par l'acte de la végétation ou en s'associant à des substances grasses qui le rendent insoluble, produire les diverses couleurs jaunes des feuilles et des fleurs, couleurs qui peuvent passer au rouge dans les plantes sous l'influence prolongée de la lumière et de l'oxygène ;

« 3° Que le même principe extractif que nous avons appelé *xanthéine* (anthoxanthine soluble) coexiste généralement dans les plantes avec d'autres matières colorantes, et notamment avec le principe bleu ou l'anthocyane, qui, ne pouvant guère être obtenu à l'état isolé, tend, par cela même, à verdir par les alcalis qui jaunissent la xanthéine ;

« 4° Que les couleurs de la série cyanique sont généralement accompagnées, dans les fleurs, de couleurs xanthiques, et que celles-ci, à raison de l'altérabilité du principe bleu ou de son dé-

____

(1) *Notice sur les changements de couleurs des feuilles pendant l'automne, l'hiver et le printemps.* Broch. in-8°, Gand, 1858.

faut de production, se rencontrent souvent isolément dans les plantes et y prédominent généralement (1). »

Ajoutons que, l'année précédente, M. Filhol avait déjà indiqué la présence d'un principe colorable en jaune par les alcalis coexistant avec la couleur rouge dans les fleurs rouges et roses. Ce chimiste a vu que l'infusion alcoolique de fleurs *rouge foncé* de la Verveine (probablement le *Verbena chamædrifolia*) mis en contact avec de l'hydrate d'alumine sec pulvérisé, celui-ci se colore en jaune léger, tandis que le liquide qui surnage prend une belle couleur rouge sous l'influence des acides et une belle couleur bleue, sans le moindre mélange de vert, sous l'influence des bases ; d'où il conclut à l'existence de deux matières distinctes : l'une, bleue, devenant rouge par l'action des acides, tandis que l'autre devient jaune sous l'influence des alcalis. C'est au mélange de ces deux matières qu'est due la couleur verte que prend la teinture alcoolique de ces fleurs quand on la traite par l'ammoniaque (*Compt. rend. Acad. sc.*, t. XXXIX, p. 194, juillet 1854). Un peu plus loin : « On peut indiquer d'avance, dit-il, les teintes que prendront les fleurs roses ou rouges quand on les exposera à l'action des vapeurs ammoniacales. Il est clair, en effet, que la couleur verte tirera d'autant plus sur le jaune que le rose sera plus pâle, et qu'elle tendra d'autant plus à devenir bleue que la fleur sera plus foncée. »

De nouvelles recherches, entreprises plus tard (1860 et 1863) par M. Chatin, semblent conduire à des résultats semblables. Ainsi, selon ce botaniste, il existerait dans les tissus en voie de formation et parenchymateux un suc acide tenant en solution une matière qui compte parmi ses propriétés :

a. D'être incolore dans les tissus vivants ;

b. De brunir, sous l'influence de l'oxygène atmosphérique, dans les plantes mortes ;

c. De donner de l'acide carbonique en même temps qu'elle se colore ;

d. D'être préservée de l'action de l'air par les acides minéraux et par la plupart des acides végétaux ;

____

(1) *Bull. de l'Acad. roy. de Belgique*, séance du 3 février 1855, et *Bull. Soc. bot. France*, t. II, p. 189.

e. De brunir et de former très-rapidement du gaz carbonique au contact de l'air et des alcalis ;

f. D'être, par son altération, la cause de la *coloration en brun* des feuilles d'automne et des feuilles mortes ;

g. D'entrer comme élément dans les phénomènes complexes de coloration en *jaune* et en *rouge* de quelques feuilles d'automne (1).

Dans un autre mémoire, au nombre des propositions qui en ressortent, cet auteur dit :

8° Les feuilles de certains arbres (*Malus*, etc.) se colorent vers la fin de l'été en jaune, puis en rouge ; mais jamais d'abord en rouge, plus tard en jaune.

Les feuilles jaunes, soumises à l'action successive de l'éther ammoniacal et de l'air, passent au rouge en absorbant de l'oxygène.

L'acide sulfureux et d'autres corps désoxydants, mis en contact avec les feuilles rouges, les ramènent au jaune.

9° Les feuilles jaunes sont donc, dans les espèces pouvant offrir la coloration rouge, le premier degré d'oxydation des feuilles rouges. Nous avons été conduit aussi à regarder les fruits jaunes de diverses plantes (*Rubus*, *Ribes*, *Prunus*, *Malus*) comme des arrêts de développement, ou mieux d'oxydation, des fruits rouges qui produisent d'autres variétés des mêmes espèces (2).

Les opinions que nous venons de reproduire sur la coloration rouge ne sont pas celles de M. Édouard Morren, qui a des idées très-contraires qu'il résume de la manière suivante :

« La coloration rouge des feuilles dépend d'une matière rouge liquide qui colore le suc cellulaire : l'*érythrophylle*.

« L'érythrophylle se forme directement, et aucune observation n'autorise l'opinion qui consiste à la considérer comme une modification de la chlorophylle.

« Elle existe dans les tissus et dans les cellules qui n'ont jamais renfermé de chlorophylle.

« Elle se forme dans l'obscurité et dans les plantes étiolées.

« Elle est soluble dans l'eau et l'alcool et possède les réactions d'un acide faible.

(1) *Bull. Soc. bot. France*, t. VII, p. 882-887.
(2) Filhol et Chatin, *Sur les principes immédiats et les matières colorantes des végétaux*, t. X, p. 317.

« La couleur bleue de certaines feuilles et de la plupart des fleurs provient d'un liquide bleu, l'*anthocyane*.

« Celle-ci a beaucoup de rapports avec l'érythrophylle. Elle se trouve dans des sucs à réaction neutre, tandis que l'érythrophylle existe dans des organes dont le suc est acide.

« Tous les acides, même ceux qui ne sont pas oxygénés, ont la propriété de rougir les dissolutions d'anthocyane.

« Dans cette réaction, le rouge vient de ce que l'érythrophylle est mise en liberté.

« D'un autre côté, certaines combinaisons d'érythrophylle sont bleues.

« En un mot, on peut considérer l'érythrophylle comme un acide faible, et l'anthocyane comme une combinaison de cet acide, analogue au bleu du tournesol.

« Les feuilles rouges des plantes respirent comme toutes les surfaces vertes, puisque, outre l'érythrophylle, leurs tissus renferment de la chlorophylle.

« La germination et la floraison déterminent des conditions physiologiques générales, favorables à la formation de l'érythrophylle (1). »

Comme on le voit, l'étude de la coloration des végétaux laisse encore beaucoup à désirer au point de vue de la théorie. Cependant il existe des faits acquis, qu'il est bon de mettre en relief et qui pourront peut-être, un jour, conduire à une explication rationnelle de la formation des couleurs si variées que l'on observe dans les végétaux. Nous allons passer en revue celles qui se présentent avec des caractères tellement tranchés qu'elles ne peuvent être le sujet d'aucun doute.

1° *Couleurs bleues.*

Les couleurs franchement bleues ne se rencontrent que dans le tissu délicat des pétales. Certains fruits présentent aussi une coloration bleuâtre; il en est de même des feuilles ou de la plante entière indiquées p. 566; mais jamais on n'y constate le bleu pur que l'on remarque dans certaines fleurs. Néanmoins, quelle que

(1) *Dissertation sur les feuilles vertes et colorées, au point de vue des rapports de la chlorophylle et de l'érythrophylle*, in-8°, Gand, 1858, p. 201.

soit la provenance de cette couleur, on sait depuis longtemps
qu'elle offre partout la même particularité, celle de se colorer en
rouge par les acides, caractère qui n'appartient pas à l'acide phyllocyanique. Il est donc permis de penser que ces colorations bleues
doivent cette propriété à un produit immédiat nommé, par Mar-
quart, *anthocyane,* et que de son union à d'autres matières colorantes résultent les nuances très-variées de bleu que l'on observe dans les divers organes végétaux. De leur côté, MM. Fremy
et Cloëz ont donné le nom de *cyanine* à la matière colorante
bleue des fleurs, ne reconnaissant qu'un seul et même produit
fournissant la couleur bleue (1).

Les couleurs bleues dont nous parlons ici n'ont aucune ressemblance avec l'indigotine, que l'action des acides ne fait pas
virer au rouge (Chevreul). Elle aurait plutôt quelque analogie avec
le bleu de tournesol, et c'est pour cette raison que M. Ed. Morren
a cru pouvoir dire que l'anthocyane n'était, comme dans le tournesol, que la combinaison d'un acide faible, l'*érythrophylle*, avec
une base ; un acide mettrait l'érythrophylle en liberté, et de là
la coloration rouge. Cependant MM. Fremy et Cloëz ont admis
une théorie contraire, fondée sur ce fait que les fleurs roses ou
rouges ont une réaction acide, tandis que les fleurs bleues ont
une réaction neutre. Dans ce cas, ce serait l'action de l'acide sur la
matière bleue qui la ferait virer au rouge, et nullement parce qu'un
acide rouge serait mis en liberté. Néanmoins, comme les matières
colorantes sont regardées par presque tous les chimistes comme
jouant le rôle d'acide, il se pourrait que l'opinion de M. Ed. Morren dût prévaloir ; mais, en dehors de cette considération, nous
ne connaissons aucune expérience capable d'appuyer une des
deux opinions plutôt que l'autre.

Toutefois, il nous reste quelques doutes sur la couleur bleue
ou *anthocyane,* considérée par M. Ed. Morren comme résultant
toujours de la combinaison d'une des matières rouges, l'érythrophylle, avec une substance basique et qui, par conséquent,
n'existerait pas comme matière colorante propre. En effet, cette
matière colorante bleue, que le spectre indique d'une manière si
nette, ne saurait-elle être qu'un produit de combinaison, et

(1) *Notes sur les matières colorantes des fleurs.* (*Journal de pharmacie,*
t. **XX**, avril 1854.)

n'est-il pas possible qu'elle existe réellement à l'état de liberté comme les autres couleurs? C'est ce que nous ne saurions présentement dire avec certitude.

Cependant les réactions indiquées par Schubler, et que nous allons rapporter, nous paraissent être en faveur de l'idée d'une matière colorante *bleue propre*. D'un autre côté, quand on traite la solution acide de certaines fleurs rouges (voir plus loin) par le bicarbonate de soude, on n'obtient que du bleu pur ou du bleu plus ou moins violacé, à cause de la présence d'une plus ou moins forte proportion d'*anthérythrin*, mais jamais une couleur verte, quelle que soit la quantité de bicarbonate ajoutée. Au contraire, si l'on prend, dans les mêmes conditions, la couleur bleue de la Violette (*Viola odorata*), quelle que soit la faible quantité de bicarbonate de soude que l'on ajoute à la dissolution colorée en rouge, on la voit aussitôt virer au vert, circonstance qui en fait une couleur différente de l'érythrophylle supposée à l'état d'anthocyane.

Voici une expérience très-propre, ce nous semble, à démontrer la différence qui existe entre l'érythrophylle bleuie par les alcalis et la couleur *bleue propre*. Si l'on prépare deux papiers *rouges* : l'un fait avec la liqueur acide des baies de Sureau et l'autre préparé avec la liqueur acide des pétales de la Violette, on n'a plus qu'à exposer ces papiers à la vapeur de l'ammoniaque pour constater la différence que présentent les deux matières colorantes. En effet, le premier papier prend une belle couleur bleue sans passer au vert par un excès de vapeurs ammoniacales, tandis que le papier de violette passe aussitôt au vert, sans préalablement passer au bleu. D'un autre côté, si l'on ajoute à la liqueur acide de sureau une petite quantité de solution d'alun et si l'on précipite l'alumine avec un peu d'ammoniaque, on obtient une belle laque bleue violette; tandis que la liqueur acide de violette ne donne jamais qu'une laque verte, quelle que soit la faible quantité d'ammoniaque ajoutée. C'est à cette dernière couleur bleue que pourrait être appliqué le nom de cyanine proposé par MM. Fremy et Cloëz ; mais, comme ce nom a été donné à deux substances qui nous paraissent distinctes, que cette couleur bleue est particulière aux fleurs et qu'il y a avantage, dans la nomenclature, à donner des désinences analogues à toutes les couleurs des fleurs, nous lui préférerions le nom *d'anthocyanin*. De plus, comme il nous paraît évident que l'érythrophylle devient bleue par les alcalis et que la coloration bleue peut, de cette façon, avoir deux origines, s'il était démontré que de cette union pût résulter une couleur bleue *naturelle*, suivant l'opinion de M. Ed. Morren, que nous partageons, il serait mieux, sans doute, de lui donner le nom d'*érythrocyane*, nom qui indiquerait mieux sa nature et sa composition.

Les feuilles, comme les pétales, paraissent colorées soit par l'une, soit par l'autre des deux couleurs bleues. Ainsi les feuilles du *Ruellia sabiniana* contiennent de l'anthocyanin, tandis que celles du *Perilla nankinensis* renferment de l'érythrocyane. Aussi la liqueur acide des premières verdit-elle aussitôt sous l'influence du bicarbonate de soude ; tandis que celle des secondes reste bleue, quelle que soit la quantité du réactif ajouté.

Toutefois, comme la substance que nous désignerons plus loin sous le nom d'*antholeucin* se retrouve dans presque toutes les parties végétales, on pourrait soutenir que, sous l'influence des alcalis, cette substance passant au jaune et se combinant à la couleur bleue de la Violette, la couleur verte doit aussitôt prendre naissance. Mais il nous semble alors, ou que la couleur bleue des autres fleurs devrait immédiatement verdir, ou que celle de la Violette est différente, ou bien encore que l'antholeucin ne se retrouve que dans quelques fleurs bleues, et non dans les autres. Les réactions suivantes nous paraissent encore appuyer l'opinion de deux couleurs bleues différentes, car on ne saurait les obtenir avec toutes les fleurs bleues, et l'on peut alors aussi bien soutenir que la couleur jaune formée provient plutôt de l'action des alcalis sur la couleur bleue que sur l'antholeucin.

L'action des alcalis, moins générale que celle des acides, est cependant encore très-remarquable. En effet, quelques couleurs bleues verdissent au contact des alcalis, tandis que d'autres jaunissent ; mais ces couleurs factices disparaissent sous l'action des acides, qui font revivre la couleur bleue primitive. Selon Schubler, la couleur bleue des fleurs des *Linum usitatissimum*, *Delphinium Ajacis*, *Hemerocallis cœrulea*, prise à l'état de teinture et *jaunie* par un alcali, donne successivement lieu, par l'addition ménagée d'un acide, à une couleur d'abord *verte* (composée de bleu et de jaune); puis *bleue*, quand l'alcali est neutralisé; ensuite *violette* (composée de rouge et de bleu), puis enfin *rouge*. En versant avec les mêmes précautions l'alcali dans la liqueur *rougie*, on obtient successivement la série inverse des couleurs, c'est-à-dire la *violette*, la *bleue*, la *verte* et la *jaune*.

Or, il y a dans ces changements de couleurs une curieuse remarque à faire; c'est que si l'on superpose les trois couleurs fondamentales comme on les observe dans ce que nous avons désigné sous le nom de *spectre par réaction chimique*, p. 573, on a la raison de ces colorations diverses, tandis qu'elles ne sauraient toutes se produire dans le cas où les trois couleurs fondamentales seraient disposées suivant l'ordre des spectres solaire ou interverti. En effet, représentons graphiquement la disposition des trois couleurs fondamentales et associons-les ainsi qu'il suit :

On voit alors que le spectre chimique seul, par l'union des couleurs voisines, produit la succession des couleurs indiquées ; tandis que les spectres solaire et interverti donnent, le premier de l'orangé au lieu de violet, et le second de l'orangé au lieu de vert.

Quant à la couleur bleue du tournesol, elle est très-différente des autres couleurs bleues, car elle est incapable de verdir ou de jaunir sous l'influence des alcalis. D'ailleurs, sa composition paraît être fort complexe, puisque l'on y a trouvé jusqu'à quatre produits différents, savoir:

1° L'*azolitmine*, $C^{18}H^{10}O^{10}Az$, qui constitue la plus grande partie du tournesol;

2° La *spaniolitmine*, $C^{18}H^7O^{16}$;

3° L'*érythroléine*, $C^{28}H^{22}O^4$;

4° L'*érythrolitmine*, $C^{28}H^{23}O^{18}$.

Lesquelles substances sont encore très-peu étudiées. Ces trois dernières sont rouges; elles bleuissent sous l'influence des alcalis, mais reprennent leur couleur dès qu'on les remet en contact avec des acides. Peut-être l'azolitmine, qui contient de l'azote, jouit-elle de propriétés basiques, tandis que les trois autres corps paraissent jouer le rôle d'acides faibles. Mais comme ces substances sont peu connues, qu'elles peuvent être le résultat de réactions qui se passent pendant la fabrication du tournesol et que d'ailleurs cette couleur est différente des couleurs bleues des fleurs, nous nous bornerons à ce que nous venons d'en dire.

2° *Couleurs rouges.*

On peut dire que les couleurs rouges des fleurs ont été peu étudiées jusqu'à ce jour. Les matières colorantes des pétales colorés en rouge foncé ont, dit-on, de l'analogie avec l'hématine en ce qu'elles sont colorées en bleu par les alcalis et en jaune ou en rouge clair par les acides. Selon Berzélius, les pétales du *Papaver Rhœas* passent au vert par l'action de la potasse; mais les carbonates sodique et ammonique, dit-on, ne les altèrent pas (1). D'après M. Filhol, si l'on verse de l'ammoniaque dans une solution acide de matière colorante du Coquelicot, celle-ci devient d'un beau violet-pensée sans le moindre mélange de couleur verte ; mais si, au lieu de verser l'ammoniaque dans le liquide préalablement acidulé, on l'ajoute directement à l'infusion des fleurs, on la voit prendre une teinte d'un rouge verdâtre assez terne. Le même chimiste dit que les fleurs du *Pelargonium zonale* deviennent aussi d'un beau violet sous l'influence de l'ammoniaque, et que celles du *Pelargonium inquinans* prennent une teinte d'un bleu pur, toujours sans le moindre mélange de vert. Il dit encore que les fleurs de la Verveine rouge foncé des jardins, traitées par l'alcool, communiquent à ce liquide une teinte rouge violacée que l'addition d'ammoniaque transforme en une teinte lie de vin un peu verdâtre; que les pétales de l'*Anemone hortensis* se comportent de la même façon ; enfin, que les fleurs de Pivoine rouge deviennent d'un bleu pur sous l'influence de l'ammoniaque.

M. Filhol est convaincu que les fleurs roses renferment un mé-

(1) *Traité de chimie,* traduction de M. Esslinger, 1832, t. VI, p. 30.

lange de deux sucs, dont l'un est incolore dans les liqueurs acides, tandis que l'autre est rouge ; que le premier devient jaune
par les alcalis, quand le second devient bleu, d'où résulte la
teinte verte que l'on observe. Voilà pourquoi des fleurs roses ou
rouges exposées à l'action des vapeurs ammoniacales prendront
une couleur verte tirant d'autant plus sur le jaune que la rose
sera plus pâle, et qu'elle tendra d'autant plus à devenir bleue que
la fleur sera plus foncée (1).

La matière rouge des fleurs paraît être identique avec celle qui
colore les feuilles et à laquelle Berzélius, pour cette raison, a
donné le nom d'*érythrophylle*. Mais nous allons voir qu'il est
très-probable qu'il existe au moins une autre matière colorante
rouge que les alcalis ne bleuissent pas.

Pour peu que l'on cherche à étudier sous le point de vue chimique les diverses colorations que présentent les parties végétales, on reconnaît bientôt que l'esprit se perd dans les variétés de
teintes que les divers réactifs y produisent ; de sorte qu'il nous a
semblé que pour entreprendre l'étude de la chromatosie, qui
porte sur des colorations si diverses, il fallait s'astreindre à suivre
une seule et même méthode, *celle des comparaisons*, en employant, toujours et pour toutes les parties colorées, les mêmes
moyens d'actions. De cette façon, il nous paraissait probable que
l'on saisirait mieux les différences qui résulteraient de ces moyens
d'action, et que peut-être on serait ainsi conduit à des conséquences plus nettes qu'en employant tantôt une manière d'agir,
tantôt une autre. La suite des travaux que nous avons entrepris
feront voir si notre manière de voir se trouve justifiée.

Or la méthode que nous avons suivie consiste à traiter à
froid toutes les parties colorées des plantes par de l'acide chlorhydrique dilué dans 9 dixièmes d'eau distillée, ce qui permet
de conserver longtemps le principe colorant sans altération sensible ; puis, à traiter la dissolution acide, parfaitement claire,
par des alcalis plus ou moins énergiques qui ont toujours été les
mêmes, savoir : le bicarbonate de soude, l'ammoniaque, la soude
et la potasse. Dans nos expériences, nous avons toujours eu soin

(1) *Observ. sur la matière colorante des fleurs.* (*Compt. rend. de l'Acad.
des sc.*, t. XXXIX, p. 194.

de placer en regard les uns des autres tous les phénomènes obtenus dans des conditions identiques, de manière à lire aussitôt la différence que la même couleur offrait dans ces diverses réactions. Ce n'est pas tout : autant que possible, nous avons aussi comparé les séries de ces réactions provenant de couleurs différentes en dissolution, mais sensiblement les mêmes à l'œil, pour saisir les différences que donnaient les couleurs les plus semblables en apparence. C'est en suivant cette méthode que nous sommes arrivé à reconnaître que souvent les liqueurs les plus semblables en apparence donnaient des réactions extrêmement différentes, en même temps que les fleurs prenaient souvent des colorations fort variables. Jusqu'à ce jour, nos expériences ont particulièrement porté sur des fleurs à colorations bien accusées, savoir : la *blanche*, la *jaune*, la *rouge*, la *bleue* et la *verte*. Pour en venir de suite à la couleur rouge, qui nous occupe dans ce paragraphe, nous allons donner les résultats que nous avons obtenus, tout en regrettant qu'il ne soit pas encore possible de désigner plus absolument, par des noms très-exacts, les variétés infinies de coloration que donnent ces seuls réactifs employés; mais, à l'aide de la théorie des couleurs fondamentales servant à produire les autres couleurs, on peut, néanmoins, aisément comprendre pourquoi et comment ces nuances peuvent prendre naissance.

Pour simplifier l'exposition des réactions que nous avons obtenues, nous désignerons seulement par le nom de la partie analysée ainsi, la *teinture acide* que nous avons soumise à l'action des alcalis, que nous présenterons dans l'ordre suivant : 1° bicarbonate de soude à saturation; 2° ammoniaque à 22°; 3° soude caustique en solution, au dixième; 4° potasse caustique en solution au dixième. Pour ne pas les répéter, nous nous servirons uniquement de leur numéro d'ordre. Enfin, toujours pour simplifier le discours, nous emploierons le signe $+$, qui voudra désigner l'augmentation du réactif dans la liqueur qui ordinairement donne des nuances très-caractéristiques. Cette manière d'exposition sera la même pour les teintures acides de feuilles ou de fleurs blanches et jaunes, car pour les bleues nous ne pouvons guère, présentement, rien ajouter à ce que nous avons dit dans le paragraphe qui les concerne. Voici quelques-uns des résultats obtenus :

A. Matières colorantes rouges qui sont capables d'un bleu pur :

Capucine pourpre. 1° Beau bleu assez persistant, + violet, + rien, assez stable ;

2° Beau bleu avec nuance violette, + violet jaune brun ;

3° Beau bleu verdâtre, + verdit, puis jaunit ;

4° — + —

Dahlia pourpre. 1° Beau bleu, persistant assez, + bleu vert, + même couleur ;

2° Violet rouge gorge de pigeon, + verdit, + jaunit ;

3° Vert avec ton rougeâtre, + vert jaune, + jaunit ;

4° Vert un peu plus rougeâtre, + — + —

Sureau (baies). 1° Beau bleu un peu violacé, + beau violet assez persistant ;

2° Beau violet, + grand excès, peu changé d'abord, mais verdit, puis jaunit ;

3° Violet rougeâtre, + vert assez stable quoique en grand excès, mais jaunit peu à peu ;

4° — + — —

Coleus Werscherfeldtii (feuilles). 1° Beau bleu, + beau bleu ;

2° Bleu très-légèrement verdâtre, + excès ajouté peu à peu, vert de plus en plus jaunâtre ;

3° Vert, + vert jaunâtre, + jaune verdâtre, + jaune ;

4° — + — + —

Artichauts (feuilles bractéales intérieures rouges). 1° Bleu, + violet rougeâtre, + jaune ;

2° Mauve, + violet rougeâtre, + même couleur ;

3° — + violet verdâtre, + vert, + vert jaunâtre, + même couleur ;

4° — + — + vert ton rouge.

B. Matières colorantes rouges capables d'un bleu un peu violacé :

Canna gigantea. 1° Bleu un peu violacé ;

2° Violet rouge, + ne verdit pas ;

3° — + vert ;

4° — + —

Papaver Rhœas. 1° Bleu un peu violacé, + rien, mais rougit peu à peu ;

2° Violet rouge, $+$ rougit un peu, $+$ rien, mais rougit peu à peu ;

3° Violet jaunâtre, $+$ rougit un peu, mais ton jaunâtre, puis ton vert ;

4° $-$ $+$ $-$

C. Matières colorantes rouges capables d'un violet rougeâtre :

Pæonia officinalis. 1° Violet rougeâtre, $+$ gorge de pigeon, $+$ rien ;

2° Violet rougeâtre, $+$ pâlit, $+$ violet verdâtre, $+$ jaune rougeâtre ;

3° $-$ $+$ verdâtre persistant, $+$ jaune ;

4° $-$ $+$ $-$ $+$ $-$

D. Matières colorantes rouges capables d'un rouge violacé :

Dahlia rouge. 1° Rouge violet, $+$ rouge violet plus étendu ;

2° Rouge brun vin de Malaga, $+$ orangé, mais reprend sa couleur malaga, $+$ rien ;

3° Rouge brun malaga, $+$ jaune orangé, mais reprend son ton malaga, $+$ rien ;

4° $-$ $+$ $-$ $+$ $-$

Phaseolus coccineus. 1° Rouge violet, $+$ rien ;

2° Rouge violet, $+$ rien ;

3° $-$ $+$ jaunit ;

4° $-$ $+$ $-$

Matthiola incana (Var. rouge violette). 1° Rouge violet, $+$ rien ;

2° Rouge violet verdâtre, $+$ ton plus vert, $+$ rien, mais jaunit promptement ;

3° Rouge verdâtre, jaunissant promptement ;

4° $-$ $-$

Cissus quinquefolius (feuilles automnales). 1° Rouge violacé, $+$ rouge violet jaunâtre, $+$ ton un peu verdâtre seulement ;

2° Rouge foncé verdâtre, $+$ rouge jaune verdâtre ;

3° $-$ $+$ $-$ mais ton plus vert ;

4° $-$ $+$ $-$ $-$

En répétant ces expériences sur beaucoup d'autres matières colorantes de fleurs rouges, nous ne sommes jamais arrivé qu'à produire les diverses nuances que nous venons de ranger dans ces quatre catégories.

Or, une chose qui domine tous ces faits consiste en ce que, à part les couleurs rouges qui donnent du bleu pur (A), on constate toujours la formation de la couleur plus ou moins violette, ce qui indique dans la réaction la présence d'une plus ou moins grande quantité d'une matière colorante rouge que l'alcali ne fait pas passer au bleu; donc, par le fait seul de la coloration en bleu violacé (B), en violet rougeâtre (C) ou en rouge-violet (D), on doit conclure à l'existence de deux couleurs existant ensemble dans les parties qui ont produit ces colorations : une couleur rouge et une couleur bleue, couleurs présentement très-distinctes quant aux réactions qu'elles offrent en présence des alcalis. On ne peut donc pas appliquer à ces colorations la théorie de M. Ed. Morren, puisqu'il n'y aurait qu'une partie de l'érythrophylle capable de devenir bleue en se combinant aux bases; et s'il est vrai que l'érythrophylle en se combinant ainsi forme des combinaisons bleues, il est vrai aussi qu'il y a, dans le cas dont il s'agit, une matière colorante rouge qui se combine aux bases sans changer de couleur ou qui échappe à leur action, et que pour cette raison on pourrait désigner sous le nom d'acide *anthérythrinique*, ou mieux sous celui d'*anthérythrin*, qui ne laisse pas préjuger sa propriété acide.

Nous avons cherché à obtenir ce corps à l'état isolé, mais jusqu'à présent nous n'avons pu y parvenir, et cela se conçoit aisément si l'on remarque que les quantités de ces matières colorantes sont en proportion extrêmement petites dans les fleurs, même les plus foncées en apparence. Cependant, quand on traite par de l'acide chlorhydrique dilué le calice blanc d'une variété de *Fuchsia* dont la corolle est rose foncé, on dissout un corps qui paraît incolore dans le liquide acide, mais qui se colore en rouge dès qu'on y ajoute un alcali faible, comme le bicarbonate de soude. Cette matière colorante rouge se précipite, mais elle peut se redissoudre *incolore*, dans l'eau acidulée, pour reprendre sa coloration rouge *insoluble* sous l'influence des alcalis. Si ce corps était l'analogue de l'anthérythrin, ce dont nous doutons, avec une certaine quantité de ces calices on pourrait l'obtenir isolé. Quoi qu'il en soit, nous avons été assez heureux pour saisir un phénomène qui n'est

pas sans importance dans la théorie de la formation des couleurs
végétales et qui peut servir à prouver que l'une des matières colorantes rouges (érythrophylle ou anthérythrin), ou peut-être les
deux, ont des rapports intimes avec la matière colorante bleue.

Nous avons reconnu que les matières colorantes des fleurs se
dissolvent généralement bien dans une dissolution saturée d'alun,
sans changer de couleur (la blanche exceptée), et que les couleurs
dissoutes dans ce liquide s'y conservent fort longtemps sans altération. Si donc on vient à faire évaporer une dissolution de matière
colorante rouge, de Pivoine par exemple, l'alun cristallise en
abandonnant la matière colorante, que l'on peut dissoudre dans
l'alcool et obtenir à l'état sec par une évaporation spontanée.
Pendant cette évaporation le liquide se fonce un peu, ce que nous
avons attribué à la concentration des liqueurs ; mais cette coloration peut avoir une autre cause, car la matière séchée sur les
parois de la capsule, abandonnée à l'air, n'a pas tardé à se foncer
et à prendre une teinte réellement bleue. Rapprochant ce fait de
celui que nous connaissons de certaines fleurs rouges (*Lathyrus
latifolius, Pulmonaria officinalis*, etc.) qui en se desséchant ou
se fanant prennent une coloration bleuâtre, nous avons pu
croire que l'*anthérythrin* ou l'*érythrophylle* pouvaient, peut-
être par oxygénation, se transformer en anthocyanin.

MM. Fremy et Cloëz ont établi que cette coloration bleue des
fleurs roses ou rouges, dans cette circonstance, était due à un
dégagement d'acide carbonique qui, par sa présence, influençait
la couleur bleue. Cependant, il se pourrait qu'une autre cause
présidât à cette coloration : car si l'on met sur du papier quelques
gouttes de la liqueur acide du *Fuchsia* dont nous avons parlé plus
haut, la liqueur s'évapore, et le lendemain c'est à peine si l'on
retrouve les traces de cette liqueur ; mais deux ou trois jours
après on reconnaît l'endroit où ces gouttes étaient tombées, par
une coloration bleue très-manifeste.

Indépendamment de ces couleurs bleue et rouge trouvées
par la réaction chimique, on voit qu'il existe dans les couleurs
rouges, concurremment avec la bleue, une couleur jaune qui
n'a pas eu le temps de se produire par oxygénation, puisqu'il y a
des matières colorantes rouges (*Coleus Werscherfeldtii*, Dahlia
pourpre) qui passent au vert aussitôt qu'on les a mises en pré-

sence d'un alcali (potasse ou soude). Ainsi se trouve démontrée, dans les matières colorantes rouges, la coexistence des trois couleurs fondamentales indiquées par le spectre, savoir : la rouge, la bleue et la jaune.

3° *Couleurs jaunes.*

La couleur jaune des fleurs a été jusqu'à ce jour la moins étudiée, et ce que l'on en sait se borne encore à l'hypothèse de M. Martens, que nous avons rapportée p. 576, ou à la supposition de Macaire que la chromule, sous l'influence de l'oxygène, produit un premier degré d'oxydation, lequel constitue la couleur jaune, opinion qui paraît être confirmée par les observations de M. Chatin (p. 578). Toutefois, ce qu'il y a de certain c'est que toutes les matières colorantes jaunes des fleurs et des feuilles sont loin d'être identiques, et l'on observe dans les réactions chimiques beaucoup plus de variations de couleurs que celles qu'offrent les couleurs rouges des fleurs ou des feuilles, et, à plus forte raison. que les couleurs bleues.

En effet, si l'on soumet les fleurs jaunes à la même méthode d'études comparatives que les fleurs rouges, on constate desdi fférences bien plus grandes. Pour faire saisir ces différences, nous allons exposer ici le résultat de quelques-unes de nos expériences.

A. Sous l'influence de l'acide chlorhydrique dilué ($\frac{1}{10}$ d'acide), on observe tout d'abord quatre sortes de phénomènes :

1° La couleur jaune de la fleur n'est pas sensiblement altérée (Souci, Potiron, etc.) ;

2° La couleur jaune de la fleur se fonce un peu en rouge (Capucine) ;

3° La couleur jaune de la fleur prend une coloration verte (Bouton d'or, *Helianthus petiolaris*, etc.) ;

4° La couleur jaune de la fleur prend une couleur rouge-orangé qui se dissout entièrement dans la liqueur (Dahlia jaune).

B. D'un autre côté, le liquide acide ne dissout point le principe colorant jaune des fleurs. En effet, excepté celui du Dahlia jaune, qui, modifié, se dissout dans le liquide chlorhydrique et lui donne une couleur rouge-orangé :

1° Ce liquide reste complétement incolore (Potiron, Souci, *Helianthus annuus*, etc.) ;

2° Ou il prend une légère teinte ambrée (*Helianthus tuberosus, petiolaris*);

3° Ou il prend une légère teinte rosée (Capucine, etc.).

Quand on traite le liquide acide par les alcalis, de la même manière que celui des fleurs rouges, on obtient des réactions que nous classerons en trois catégories ; savoir :

A. Liqueur acide capable d'une couleur jaune.

Tropæolum majus (parties jaunes de la variété jaune).

1° Bicarbonate de soude : insensible.

2° Ammoniaque : nuance jaune.

3° Potasse au 10ᵉ : jaune plus foncé, peut-être un peu verdâtre.

4° Soude au 10ᵉ :　　　　　　—

Calendula officinalis (demi-fleurons).

1° Bicarbonate : coloration jaune.

2° Ammoniaque : jaune un peu orangé.

3° Potasse : jaune plutôt très-peu verdâtre.

4° Soude :　　　　　　—

Cucurbita pepo (parties jaunes de la corolle).

1° Bicarbonate : coloration jaune.

2° Ammoniaque : jaune plus foncé, peut-être un peu orangé.

3° Potasse : jaune analogue, peut-être un peu verdâtre.

4° Soude :　　　　　　—

B. Liqueur acide capable d'un jaune rougeâtre.

Helianthus annuus (demi-fleurons).

1° Bicarbonate : coloration rose.

2° Ammoniaque : jaune rougeâtre brun.

3° Potasse : jaune rougeâtre brun, un peu plus rouge.

4° Soude :　　　　—　　　　peut-être un peu plus jaune.

Helianthus petiolaris (demi-fleurons).

1° Bicarbonate : coloration rose.

2° Ammoniaque ; jaune rougeâtre brun.

3° Potasse : jaune rougeâtre, un excès : jaune.

4° Soude :　　　　　　—

C. Liqueur acide capable d'un rouge-orangé foncé.

Helianthus tuberosus (demi-fleurons).

1° Bicarbonate : jaune-rouge, un peu vin de Malaga.

2° Ammoniaque : rouge-orangé foncé.

3° Potasse :   —

4° Soude :   —

Dahlia jaune (demi-fleurons).

1° Bicarbonate : rouge-orangé un peu foncé.

2° Ammoniaque : rouge-orangé très-foncé.

3° Potasse :   —

4° Soude :   —

Les liqueurs alcalines de ces dernières réactions prennent en vingt-quatre heures une coloration plus foncée encore, se rapprochant du rouge sanguin, surtout avec les alcalis caustiques.

Si maintenant nous traitons de la même manière une feuille jaune automnale, celle du Tremble, par exemple, nous reconnaissons que la matière colorante n'est en aucune façon comparable à celle des fleurs que nous venons d'étudier. En effet, au bout de quelque temps, sous l'influence de l'acide chlorhydrique dilué au même degré, les feuilles brunissent et la liqueur se colore fortement en jaune rougeâtre. Cette liqueur, traitée par les alcalis, donne :

1° Avec le bicarbonate de soude, un précipité blanc sale, un peu jaunâtre, et la liqueur qui surnage est jaune rougeâtre et brunit beaucoup du jour au lendemain ;

2° Avec l'ammoniaque, une couleur jaune rougeâtre avec un ton légèrement verdâtre, et un précipité blanc sale, un peu jaunâtre ; avec un excès d'alcali la liqueur brunit au bout de quelques heures ;

3° Avec la potasse, une couleur jaune rougeâtre, un peu plus verdâtre qu'avec l'ammoniaque, et le précipité est plus jaunâtre ;

4° Avec la soude, la réaction est la même qu'avec la potasse.

Enfin, tandis qu'avec le bicarbonate et l'ammoniaque la liqueur brunit beaucoup du jour au lendemain, les couleurs jaunes des fleurs, dans les mêmes conditions, donnent une liqueur qui brunit relativement peu, ou même pas du tout. C'est qu'il y a dans la feuille jaunie une matière brune très-analogue à celle que produit l'antholeucin abandonné à l'air et dont nous parlerons dans l'article suivant, lequel antholeucin, altéré par oxygénation, produit la couleur connue sous le nom de *feuille morte*.

Comme on le voit, il est impossible que l'on puisse assimiler la

38

matière colorante des feuilles automnales à celle des fleurs jaunes. Cette dernière, à l'exception de la chlorophylle, paraît être la plus insoluble de toutes les matières colorantes que nous venons d'étudier. D'ailleurs, la couleur jaune des feuilles automnales est loin d'avoir le brillant des autres couleurs jaunes des fleurs, et, n'était la différence de solubilité, on serait plutôt tenté d'assimiler ces dernières couleurs à la couleur jaune que donnent les fleurs blanches que l'on traite par les alcalis, car cette coloration est souvent tellement vive qu'il serait tout d'abord difficile de distinguer la couleur artificielle de la couleur naturelle.

Nous avons dit que la matière colorante jaune des fleurs ne se dissolvait pas dans la liqueur chlorhydrique, et qu'en général les fleurs conservaient la même couleur, seulement un peu atténuée ou exaltée. Après le traitement par l'acide chlorhydrique et un lavage suffisamment prolongé à l'eau distillée, si l'on traite les fleurs par de l'alcool éthéré (à parties égales), la matière colorante se dissout alors parfaitement, et par une évaporation ménagée on obtient la matière colorante, qui reste d'un très-beau jaune orangé (Souci), ou d'un jaune rouge (Capucine), ou d'un jaune d'or (*Helianthus tuberosus*), ou d'un jaune avec un léger ton verdâtre (*Helianthus petiolaris*), ou d'un jaune verdâtre très-prononcé (Potiron). En multipliant l'action de l'alcool éthéré sur les fleurs, on finit par les avoir complétement incolores, et il est facile alors d'étudier nettement la structure de leurs cellules. C'est à cette matière colorante jaune insoluble dans l'eau, mais soluble dans l'alcool et l'éther, qu'il conviendrait de donner le nom de *xanthine* proposé par MM. Fremy et Cloëz ; mais comme ce nom a d'abord été donné par Runge à la couleur jaune de la garance, que M. Kuhlman l'a conservé pour désigner cette couleur jaune qu'il a obtenue à l'état de pureté ; que, d'ailleurs, la xanthine de la garance est très soluble dans l'eau et passe au jaune orangé sous l'influence des acides, propriétés que nous n'avons point reconnues à la matière colorante jaune des fleurs précitées, nous proposerons de désigner cette matière colorante sous le nom d'*anthoxanthin*.

La matière colorante jaune des fleurs est soluble dans les dissolutions alcalines, et quand on vient à saturer l'alcali avec un peu d'acide chlorhydrique la couleur jaune se précipite sous forme de flocons jaune rougeâtre (Capucine), ou plus souvent altérée sous forme de flocons blanc jaunâtre ou blanc sale (Souci, Potiron, *Helianthus tuberosus*, etc.). La propriété qu'elle possède de se dissoudre dans l'alcool, l'éther et les dissolutions alcalines, en donnant un liquide jaune, en fait un produit qui se rapproche de la *lutéoline*.

Malheureusement, la très-petite quantité des matières colorantes jaunes que nous avions à notre disposition ne nous a pas permis de les étudier sous ce point de vue. Dans tous les cas, on ne peut les assimiler au *quercitrin*, puisque à aucune époque de l'action des alcalis les matières colorantes jaunes des fleurs que nous avons étudiées ne passent au vert, propriété caractéristique du quercitrin. On ne peut non plus les rapprocher de l'antholeucin combiné à un alcali, puisque l'acide chlorhydrique dilué est sans action sur elles.

Néanmoins, la diversité de couleurs que l'on obtient après l'évaporation de l'alcool éthéré prouve que la matière colorante jaune n'est pas parfaitement pure, et qu'elle contient soit un peu de matière colorante rouge (Souci, Capucine), soit un peu de matière colorante verte (Potiron), laquelle est très-vraisemblablement de la chlorophylle, car il est difficile de priver entièrement la corolle de Potiron d'une certaine quantité des parties vertes qu'elle présente.

Enfin, il résulte encore des essais qui précèdent que l'on peut constater au moins trois principes différents des couleurs jaunes, savoir :

1° Celui qui ne se dissout pas dans l'eau acidulée, mais qui, très-soluble dans l'alcool éthéré, présente dans la plupart des fleurs jaunes une certaine analogie de propriétés et auquel on pourrait donner le nom d'*anthoxanthin*, comme étant le principe le plus commun des fleurs jaunes ;

2° Celui des feuilles automnales du Tremble, qui brunit fortement sous l'action du liquide acide et plus encore sous celle des alcalis.

3° Celui du Dahlia jaune, qui se dissout dans la liqueur acide après s'être coloré en rouge orangé, que les alcalis font passer au rouge orangé foncé et que MM. Fremy et Cloëz ont désigné sous le nom de *xanthéine*. Toutefois nous ferons observer que ce n'est pas à cette substance que la plupart des fleurs jaunes doivent leur couleur jaune, mais bien plutôt à l'anthoxanthin. La xanthéine nous paraît être plutôt un état particulier, exagéré, de l'antholeucin, état commençant à la coloration jaune par les alcalis et arrivant au jaune orangé brun des fleurs blanches de la dernière série (C) indiquée plus loin.

4° *Couleurs blanches.*

Ainsi que nous l'avons dit, il n'y a réellement pas de fleurs absolument blanches, puisque, examinées à travers un prisme de cristal, elles laissent toujours reconnaître l'existence des trois couleurs fondamentales disposées dans l'ordre que nous avons indiqué.

La couleur blanche des fleurs paraît être due à l'interposition de l'air entre les cellules incolores; car dès que l'on soumet les sépales blancs du *Lilium candidum*, par exemple, à l'influence du vide produit par la machine pneumatique, on les voit peu à peu perdre leur blancheur éclatante et finir par devenir transparentes.

Mais si la couleur blanche est due à cette interposition de l'air, et cela n'est pas douteux, puisque dans la préparation de cet ancien médicament nommé *pénide* ou *alphénic* on voit le sucre cuit à la plume, et qui est d'un jaune pâle, acquérir une grande blancheur par l'agitation, l'étirage et la torsion, on peut se demander s'il n'existerait pas dans les fleurs blanches un principe ou un produit immédiat capable, sous l'influence des sels alcalins ou des oxydes que renferment le sol, de prendre des couleurs variables. On sait combien la même espèce est capable de changer sa couleur rouge ou bleue en une couleur blanche. « *Colore in floribus nihil inconstantius est;* rubri et cœrulei *flores inter omnes facillime et sæpissime in* album *transeunt* (1), » d'où est venue la maxime botanique bien connue : *Nimium ne crede colori,* surtout comme caractère spécifique.

Or nous avons reconnu, il y a déjà plusieurs années, que certains sels comme l'alun, mais surtout les alcalis, ont la propriété de communiquer aux fleurs blanches une couleur jaune quelque-

(1) Linn., *Philos. bot.*, 266.

fois faible (*Funkia subcordata*), mais d'autres fois très-intense (*Viburnum opulus sterilis*), avec cette différence qu'au contact des alcalis très-étendus d'eau (ammoniaque, potasse, soude) cette coloration jaune se fonce de plus en plus en passant à l'orangé, au lilas, et enfin au brun ; tandis qu'avec l'alun la couleur jaune est permanente et se conserve près d'une année dans le liquide aluné.

En appliquant aux fleurs blanches la méthode d'études comparatives que nous avons employée pour les fleurs rouges et jaunes, nous avons trouvé des différences très-marquées dans les réactions observées. En voici les principaux résultats.

Quand on traite les fleurs blanches par de l'acide chlorhydrique étendu de 9 dixièmes d'eau, la plupart ne paraissent subir aucun changement de couleur, et la liqueur acide reste incolore. Cependant il en est qui prennent une teinte jaune soufre, en même temps que la liqueur devient elle-même légèrement jaune (Dahlia blanc) ; d'autres prennent une nuance plus ou moins légèrement rosée (*Althea rosea*, *Petunia nyctaginiflora*, etc.), et d'autres un léger ton verdâtre (*Althea rosea*, variété très-voisine de la précédente). D'un autre côté, quand on vient à traiter la liqueur acide par les alcalis susmentionnés, on obtient des colorations que l'on pourrait classer en 4 catégories différentes :

A. Liqueur acide capable d'un beau jaune.

Funkia subcordata. Liqueur parfaitement incolore.

1° Bicarbonate de soude : coloration jaune avec un petit ton vert ;

2° Ammoniaque : beau jaune un peu verdâtre ;

3° et 4° Potasse ou soude :   —

Brassica napus (feuilles étiolées). Liqueur acide incolore.

1° Bicarbonate : coloration jaune ;

2° Ammoniaque :   —

3° et 4° Potasse et soude : —

Echinopsis Eryesii. Liqueur acide incolore.

1° Bicarbonate : belle coloration jaune ;

2° Ammoniaque :   —

Lilium candidum. Liqueur acide incolore.

1° Bicarbonate : jaune verdâtre ;

2° Ammoniaque : jaune très-beau.

Yucca gloriosa. Liqueur acide incolore.

1° Bicarbonate : jaune clair un peu rosé, brunit très-peu en 24 heures ;

2° Ammoniaque : jaune plus franc, brunit légèrement en 24 heures ;

3° Potasse :   —   avec léger ton verdâtre, très-peu plus brun le lendemain ;

4° Soude :   —   — reste doré.

Les filets staminaux de la même fleur, traités à part, ont donné les mêmes réactions, mais bien moins intenses, comme si leur peu de développement en largeur était la cause de la faible production du corps colorable.

B. Liqueur acide capable d'un jaune orangé.

Matthiola annua. Liqueur acide sans couleur.
1° Bicarbonate : ton rosé, + verdâtre, + jaune;
2° Ammoniaque : ton verdâtre, + jaune orangé;
3° Potasse : ton rosé, + jaune orangé;
4° Soude : jaune d'or.

> Le lendemain les liqueurs avaient bruni très-peu.

Althea rosea. Liqueur acide avec ton rosé ou verdâtre, selon la variété.

1° Bicarbonate : jaune avec léger ton verdâtre;
2° Ammoniaque : jaune plus foncé, orangé brunâtre;
3° Potasse : jaune orangé;

> Brunissent beaucoup en 24 heures.

4° Soude : jaune orangé, + doré, reste plus doré 24 heures après.

C. Liqueur acide capable d'un rouge orangé brun.

Petunia nyctaginiflora (parties blanches de la corolle). Liqueur acide un peu rosée.

1° Bicarbonate : vert léger, + vert jaune, + jaune verdâtre, + jaune orangé brun;

2° Ammoniaque : jaune brun sans apparence de vert ;

3° Potasse : jaune orangé, + jaune brun qui redevient orangé un peu brun ;

4° Soude :   —   — plus jaune.

Clematis florida. Liqueur acide un peu rosée.

1° Bicarbonate : jaune un peu verdâtre, + jaune orangé ;

2° Ammoniaque : jaune orangé brun, comme vieux malaga.

Daucus carota (Rachis étiolé, blanc). Liqueur acide incolore.

1° Bicarbonate : rouge violacé, + rougeâtre, vert clair le lendemain ;

2° Ammoniaque : jaune rougeâtre ;

3° Potasse : jaune rougeâtre ton violacé, + rougeâtre, + jaune ;

4° Soude : jaune d'or.

Les folioles étiolées d'un beau jaune, par les mêmes réactifs, donnent à très-peu près les mêmes réactions.

Dahlia. Liqueur acide jaune, avec léger ton verdâtre.

1° Bicarbonate : jaune brun ;

2° Ammoniaque : jaune orangé brun ; } Le lendemain les liqueurs ont bruni beaucoup, elles se ressemblent.

3° Potasse : rouge orangé brun ;

4° Soude : — } Presque sans changement en 24 heures.

D. Liqueur acide capable d'un rouge brun.

Chrysanthemum vulgare. Liqueur acide incolore.

1° Bicarbonate : teinte violacée, + rouge brun, vert clair le lendemain ;

2° Ammoniaque : jaune brun, + brun café ;

3° Potasse : rouge brun, sans passer au jaune ;

4° Soude : jaune brun.

Le *Clematis florida,* que nous avons placé dans la précédente division, pourrait se placer ici par sa réaction avec l'ammoniaque, ainsi que les feuilles de carottes étiolées, par leur réaction avec le bicarbonate de soude.

La plupart des fleurs blanches, traitées par une dissolution concentrée d'alun, prennent, nous l'avons dit, une belle couleur jaune, et la liqueur elle-même se teint en une couleur jaune analogue. Si l'on évapore la liqueur alunée ainsi colorée, la couleur jaune ne subit aucune altération, et l'on peut la dessécher aisément avec ses propriétés ; mais si on abandonne quelque temps cette couleur jaune au contact de l'air et de la lumière, on la voit passer, peu à peu, à une couleur verte quelquefois assez intense. D'un autre côté, si la dissolution alunée colorée en jaune est traitée par l'ammoniaque, on obtient une très-belle laque jaune qui se précipite et qui, desséchée au contact de l'air et de la lumière, prend un ton verdâtre manifeste, quoique jamais d'une intensité égale à la couleur verte que l'on obtient avec la couleur jaune isolée, ou simplement mélangée à l'alun.

Or il est un point qu'il faut constater ici, c'est la tendance de cette matière colorante jaune à passer au vert. En le rapprochant du fait que nous avons signalé en parlant des couleurs rouges, particulièrement celle de la Pivoine, qui dans les mêmes circonstances a une tendance à devenir bleue ou tout au moins violette, on pourrait partir de là pour baser une théorie de la formation des couleurs que présentent les plantes; mais, dans l'état de nos expériences, une semblable théorie serait prématurée, et nous aimons mieux signaler le fait purement et simplement, sans en tirer, aujourd'hui du moins, d'autres conséquences. Comme notre projet est de continuer ces recherches intéressantes à plus d'un titre, peut-être un jour serons-nous plus heureux et connaîtrons-nous enfin quelques-uns des secrets que la nature emploie pour nous donner des couleurs aussi variées que celles que nous offrent les végétaux.

Enfin, pour être juste, nous devons dire que, bien que nous n'ayons connu les recherches de M. Filhol que très-longtemps après avoir obtenu les résultats que nous venons de faire connaître, cependant nous reconnaissons que plusieurs années avant nous ce chimiste avait annoncé que les fleurs blanches jaunissaient sous l'influence de l'ammoniaque (1); c'est une découverte dont il est juste de lui attribuer la priorité. Seulement, tout en généralisant le fait de l'action de l'ammoniaque sur les fleurs blanches, il ne l'avait point généralisé au point de vue de quelques sels et des autres alcalis; et, d'un autre côté, il l'avait trop généralisé, puisque certaines fleurs blanches prennent des nuances plus foncées que le jaune, ou donnent des réactions assez variables pour indiquer dans quelques-unes du bleu, dans d'autres du rouge, couleurs que nous ont donné à constater toutes les fleurs blanches examinées à travers un prisme.

(1) *Observ. sur la matière colorante des fleurs.*

La matière particulière à laquelle les fleurs blanches doivent la propriété de se colorer en jaune ou en d'autres nuances, dans lesquelles on peut presque toujours admettre la présence du jaune, est très-soluble dans les eaux acidulées, ainsi que dans l'eau et dans l'alcool. L'éther ne paraît pas la dissoudre, mais pendant l'action de l'éther sur les fleurs il se fait un départ soit de l'eau contenue dans ce véhicule, soit des sucs aqueux, contenus dans les fleurs fraîches, et le liquide aqueux plus dense et plus ou moins éthéré, qui se rassemble au fond du flacon, est riche en la matière colorable en jaune. Si l'on cherche à isoler cette matière on ne peut y parvenir, car elle est déliquescente, et quand on fait l'évaporation soit à l'aide de la chaleur, soit spontanément, on la voit brunir et donner lieu à un *apothème* qui se précipite. Le liquide brun qui surnage possède encore la propriété de jaunir par les alcalis, mais la couleur jaune que l'on obtient alors n'a plus la pureté de celle que l'on obtenait avant l'action de l'air, ou avant qu'on eût cherché à la concentrer par l'évaporation.

Si dans une liqueur jaunie par un alcali on ajoute quelques gouttes d'un acide, aussitôt on voit la couleur jaune s'éteindre pour reparaître de nouveau par l'addition d'un alcali ; mais alors les colorations sont d'autant moins pures, que ces réactions se sont répétées plus souvent ; ce qui tient à la formation d'une matière brune résultant sans doute de l'altération de cette matière colorable en jaune.

A cause de ces réactions, M. Filhol s'est demandé si cette substance ne serait pas de la *lutéoline*, qui, elle aussi, possède la propriété de jaunir par les alcalis et de perdre une partie de sa couleur sous l'action des acides ; mais comme la lutéoline peut être obtenue à l'état solide sous forme de cristaux jaunes plus ou moins foncés ; qu'elle est soluble dans l'alcool et l'éther, qu'elle colore en jaune, pendant que notre matière est incolore à l'état neutre et insoluble dans l'éther, nous devons, quant à présent du moins, la regarder comme constituant un corps particulier pour lequel nous proposerons le nom d'*antholeucin*, du grec ἄνθος, fleur, et λευκὸς, blanc, à cause de sa présence dans toutes les fleurs blanches.

Jusqu'à ce jour on a admis que les matières colorantes pouvaient être regardées comme des acides faibles, capables de se combiner aux bases et de former des sortes de sels dont la couleur serait souvent différente de celle de l'acide ; c'est ainsi que l'on considère le bleu de tournesol comme résultant de la combinaison de matières colorantes rouges, p. 583, avec une base, et que M. Ed. Morren regarde les couleurs bleues des fleurs comme constituées par la combinaison d'un acide faible de couleur rouge, l'érythrophylle, avec une base. Or, cette voie théorique admise, rien ne paraît s'opposer à ce qu'elle soit également appliquée aux expériences que nous avons rapportées, mais non aux fleurs jaunes, car une difficulté se présente : c'est que dans cette hypothèse les acides, en mettant à nu l'antholeucin, supposé combiné à des bases salifiables dans les fleurs jaunes, devraient au moins les décolorer ; or c'est ce qui n'est pas.

Cependant, en comparant les réactions des fleurs jaunes avec celles des fleurs blanches, on trouve une certaine analogie qui peut faire croire que la couleur jaune pourrait être le produit d'une transformation de l'antholeucin en un corps particulier capable de se modifier, de façon à conduire à l'explication de ces matières colorantes jaunes très-nombreuses que la chimie organique nous a fait connaître, et dont les couleurs jaunes des fleurs ne sont peut-être que de légères modifications.

5° *Couleur verte.*

A part un nombre de végétaux relativement petit, on sait que tous présentent des organes qui sont généralement colorés en vert de nuances très-diverses. Il y a longtemps que l'on sait que la matière à laquelle est due cette coloration verte est une substance nommée d'abord *fécule verte*, puis *matière verte* par les chimistes ; ensuite *chloronite* (Desvaux), *viridine* (De Candolle) ou *chlorophylle* (Pelletier et Caventou) et enfin *chromule*. Cette substance se forme dans l'intérieur des cellules, particulièrement celles des feuilles ou celles de l'épiderme : nous en avons déjà dit un mot, p. 20 ; mais nous devons y revenir ici, pour faire connaître les observations qui ont été faites sur la manière dont elle paraît se former.

Nous avons dit, page 20, que la chlorophylle se présentait dans les cellules végétales sous deux aspects différents : 1° sous forme de *masse gélatineuse*, informe ; 2° sous forme de granules ou petits grains distincts. C'est Wahlembert le premier qui fit cette observation et désigna l'état amorphe sous le nom de *matière verte gélatineuse*, et l'état granuleux, sous celui de *fécule verte* (1). Link admit cette distinction, mais il pensait que la chlorophylle était originellement à l'état de globules (2). Au contraire, Treviranus observa que dans les jeunes cellules des Conferves on n'aperçoit, à chaque articulation, d'abord que de la chlorophylle gélatineuse en grande quantité et fort peu de granules, tandis que plus tard la matière gélatineuse diminue en raison du grand nombre de granules, et qu'enfin, lorsque les granules de chlorophylle ont atteint tout leur développement, il ne reste plus trace de chlorophylle gélatineuse (3).

On doit à M. Quckett une observation importante qui consiste en ce fait que, dans les plantes qu'il a examinées, les granules de chlorophylle prennent naissance d'une cellule nucléaire, ainsi que l'on peut s'en assurer sur la cuticule d'une très-jeune fronde de *Scolopendrium vulgare* ; mais, ajoute-t-il, la première origine de la chlorophylle est si bien confondue avec la formation de la cellule elle-même qu'il n'est pas possible, par la dissection, d'arriver à connaître au juste le lieu de sa formation (4).

En 1851. M. Hofmeister, en étudiant l'*Anthoceros levis*, a remarqué qu'il y avait une certaine relation entre le nucléus et la formation de la chlorophylle. En effet, il a constaté à la surface du nucléus de très-jeunes cellules de cette espèce l'apparition d'une matière colorante formée par de nombreuses particules colorées et infiniment petites, qui dans les cellules plus âgées paraissent enveloppées par une vésicule entourant le nucléus. Il a reconnu aussi qu'une mucosité verdâtre, homogène, entourait le nucléus des cellules situées à la base de la feuille des *Fissidens*. Au moment où les cellules vont se diviser, cette mucosité se divise en deux

(1) *De sedibus materiarum immediatis in plantis*, 1806, p. 69.
(2) *Grundl. d. Anatom. v. Phys. d. Pflanz.* Gott., 1817, p. 36. — *Élém. Phil. bot.*, § 54.
(3) *Beit. z. Pflanz.-Physiol.*, p. 78 et 83. — *Physiol. der Gewachse.* Bonn, 1835, t. II, § 364.
(4) *On the development of starch and chlorophylle.* (*Ann. and Mag. of nat. history*, t. XVIII, 1846, p. 193.)

masses sphériques qui renferment chacune un des deux nucléus résultant de la division du premier. Dans les cellules plus âgées le nucléus disparaît, tandis que le nombre des vésicules de chlorophylle s'élève de 2, 4, 6, etc. (1).

Dans des recherches intéressantes (1857), M. Arthur Gris est venu confirmer à la fois les observations de Treviranus et les relations qui, selon MM. Quekett et Hofmeister, paraissent exister entre le nucléus et la chlorophylle. Cet auteur a reconnu que dans les plus jeunes feuilles du *Sempervium tectorum* la matière verte tantôt forme une sorte de gelée tout autour du nucléus, tantôt circule autour de lui entraînée par le courant cellulaire, en ayant l'apparence de granulations plus ou moins ténues. Dans une feuille de 1 cent. 1/2 de longueur, la chlorophylle est déjà globuleuse, mais les globules n'ont que le quart d'un centième de millimètre et renferment 2 à 3 granules. Dans les feuilles plus âgées, le diamètre des globules augmente successivement dans les rapports des nombres 2, 3, 4, 5, 6, et les granules de nature amylacée, devenus plus nombreux, ont grossi au point d'avoir en diamètre les deux tiers environ d'un centième de millimètre. On observe quelque chose d'analogue dans le *Vanilla planifolia* : la chlorophylle, d'abord informe, puis globuleuse, enveloppe le nucléus, mais les globules renfermant aussi des granulations, s'éloignent du nucléus en se multipliant. Les très-jeunes feuilles d'*Aucuba japonica* montrent un nucléus entièrement couvert d'une gelée verte, lisse. Un peu plus tard, cette gelée se mamelonne autour du nucléus, les mamelons formés s'isolent peu à peu, se dégagent de la masse verte qui les baigne, d'où résultent des grains libres qui sont presque toujours disposés en cercle autour du nucléus. Les écailles des bourgeons dans le *Ribes*, le Lilas, le Marronnier d'Inde, etc., ont offert le même phénomène. En général, les noyaux amylacés (chlorophores) que l'on trouve dans les grains de chlorophylle sont postérieurs à la transformation de la gelée en globules, ainsi que l'a constaté M. A. Gris sur la Pomme de terre, l'Hortensia, le Magnolia. De tous ces faits l'auteur croit qu'il est difficile de ne pas accorder au nucléus un

(1) *Vergleichende Untersuchungen der Keimung, Enfaltung, und Fruchtbildung hoeherer Kryptogamen*, etc. Leipzig, 1851.

rôle important dans le développement et la nutrition de la matière verte (1).

Enfin, contrairement à l'opinion de De Candolle, qui admettait que pendant l'étiolement la chlorophylle ne se détruisait pas, mais se trouvait répartie dans une plus grande quantité de tissu incolore qui se formait sous l'influence de l'obscurité, M. A. Gris a constaté la disparition graduelle de la chlorophylle et même du chlorophore ; d'où il résulte que les organes verts se décolorent à l'obscurité et que l'étiolement ne se borne pas seulement aux tissus nouveaux formés en l'absence de la lumière.

Quoiqu'étant essentiellement un produit végétal, la chlorophylle a été retrouvée dans le règne animal, particulièrement dans les animaux inférieurs, tels que l'*Hydra viridis*, l'*Hypostomum, viride*, le *Typhloplana viridata*, etc. (2). Selon M. Max Schultze, les caractères chimiques de la chlorophylle animale sont les mêmes que ceux de la chlorophylle végétale, d'où il résulte qu'à l'obscurité les animaux verts (*Vortex viridis*) s'étiolent (3), ce qui s'accorde avec les observations de M. Aug. Morren, qui a vu l'*Enchelis pulvisculus* dégager des quantités considérables d'oxygène sous l'influence de la lumière (4).

Quand on soumet les feuilles vertes à l'action de l'acide chlorhydrique dilué et qu'ensuite on étudie comparativement les réactions que les alcalis font naître dans la liqueur acide, on obtient des résultats qui se rapprochent de ceux que nous avons obtenus avec les liqueurs acides des fleurs jaunes ou des fleurs blanches, avec cette différence qu'il nous a semblé qu'il y avait moins de variations dans les colorations obtenues, au moins sur les feuilles que nous avons examinées ; mais nous devons dire que cette partie de notre travail est encore incomplète, sous ce point de vue. Quoi qu'il en soit, voici ce que l'on observe :

Sous l'influence de l'acide, les feuilles pâlissent beaucoup et

(1) *Des rapports du nucléus avec la chlorophylle. (Bull. Soc. bot. France,* t. IV, p. 154. — *Rech. microscop. chloroph. (Ann. sc. nat.,* série 4, t. VII, p. 179.)

(2) Th. de Siebold, *Plantes et animaux unicellulaires. (Ann. sc. nat.,* série 3, t. XII, p. 141.)

(3) *Compt. rend. Acad. sciences,* t. XXXIV, p. 683-685.

(4) *Rech. sur l'infl. lum.* Paris, 1836. — *Rech. sur la rubéfact. des eaux,* par Ch. et Aug. Morren, 1841.

passent en peu de temps au jaune verdâtre, tandis que la liqueur acide reste à peu près incolore (Poireau, Céleri, *Hemerocallis fulva*, Buis, etc.), ou prend une teinte un peu ambrée (Epinards), ou se colore en rose plus ou moins prononcé (Oseille, Lierre, Carotte, *Lamium purpureum*, etc.).

Cette liqueur acide, traitée par les alcalis, se comporte de deux façons assez tranchées, savoir : 1° ou bien, sous l'influence du bicarbonate de soude ou de l'ammoniaque, elle prend une couleur jaune plus ou moins intense (Epinards, Poireau, Buis, Colza, Betterave blanche, etc.); 2° ou bien elle se colore en rouge-brun, quelquefois plus ou moins orangé (Oseille, Lierre, Carotte, *Hemerocallis fulva*, Céleri, etc.). De sorte que ces réactions indiquent un principe analogue à celui que nous avons trouvé dans les fleurs précitées. Il y a cependant cette différence à constater, c'est que tandis que la matière colorante des fleurs donne souvent des rouges orangés, plus ou moins foncés, sous l'influence de la potasse ou de la soude, avec les feuilles nous n'avons obtenu qu'une couleur jaune, quelquefois un peu orangée (Lierre, *Lamium purpereum*, Betterave rouge); mais on remarquera que ce sont précisément celles qui contenaient un principe colorant rouge dissous dans la liqueur acide. Enfin, le plus souvent la matière colorante qui se développe sous l'influence des alcalis se précipite, et la feuille de l'épinard surtout est remarquable par l'abondance de la matière colorante d'un beau jaune qui se précipite quand on verse de la potasse ou de la soude dans la liqueur acide. Nous le répétons, cette étude n'étant pas achevée, nous devons borner là l'exposé du résultat de nos recherches.

Pendant longtemps on avait considéré la chlorophylle comme un produit immédiat simple, mais les expériences de M. Fremy avaient démontré déjà que cette couleur verte devait être considérée comme l'union de deux couleurs : une bleue (*phyllocyanine*) et une jaune (*phylloxanthine*), qu'il était possible de séparer.

Les nouvelles recherches du savant académicien que nous venons de citer tendent à confirmer l'idée, déjà ancienne, que la chlorophylle est de la nature des corps gras. En effet, cet habile chimiste a reconnu que les bases alcalines (potasse, soude) mises en ébullition avec la chlorophylle la dédoublent en même temps que les corps gras qui l'accompagnent, d'où résulte une sorte de savon vert duquel il est possible de retirer les deux matières colorantes pures. Dans cette réaction, la matière colorante bleue serait l'acide gras qui se combine à la base pour former le savon, d'où le nom d'acide *phyllocyanique ;* tandis que la *phylloxanthine*, principe jaune, neutre, cristallisable, serait à cet acide ce que la glycérine est aux corps gras en général. Chimiquement la chlorophylle pourrait être regardée comme un *phyllocyanate de phylloxanthine.*

Les deux couleurs élémentaires de la chlorophylle paraissent être très-distinctes des couleurs bleues et jaunes que l'on retrouve dans les fleurs, puisque l'acide phyllocyanique conserve sa couleur bleue sous l'influence des acides et que la phylloxanthine prend une magnifique teinte bleue en présence de l'acide sulfurique concentré, tandis que la substance jaune des fleurs se colore en rouge dans les mêmes circonstances (1).

En résumé, on peut admettre dans la composition des matières capables de colorer les organes appendiculaires plusieurs substances très-distinctes :

1° Une matière soluble incolore, mais se colorant en jaune plus ou moins foncé par l'action des alcalis, et brunissant beaucoup sous l'influence de l'air et de la lumière ; c'est l'*antholeucin.*

2° Une matière jaune, insoluble dans l'eau acidulée et presque toujours accompagnée d'antholeucin ; c'est l'*anthoxanthin.*

3° Une matière colorante jaune soluble dans l'acide chlorhydrique dilué, après s'être colorée en rouge, et que les alcalis font passer au rouge orangé foncé ; c'est la *xanthéine*, particulière à la fleur jaune du Dahlia.

4° Une matière colorante rouge, capable de bleuir sous l'influence des alcalis et peut-être de former une couleur bleue naturelle (*érythrocyane*) ; c'est l'*érythrophylle.*

5° Une matière colorante rouge, capable de résister à l'influence des alcalis ; c'est l'*anthérythrin.*

6° Une matière colorante bleue, passant immédiatement au vert par l'action du bicarbonate de soude, et à plus forte raison des alcalis libres ; c'est l'*anthocyanin.*

(1) Fremy, *Recherches chimiques sur la matière verte des feuilles.* (*Compt. rend. Acad. sc.*, t. LXI, p. 188-192 (1865).

7° Une matière verte composée d'un corps bleu (*acide phyllo-cyanique*) et d'une substance jaune (*phylloxanthine*); c'est la *chlorophylle*.

Ce sont ces matières colorantes *principales* qui paraissent suffire, par leurs combinaisons, aux acides ou aux substances alcalines, et par leur mélange en proportions diverses, à l'explication de la plupart des couleurs que présentent les organes appendiculaires végétaux.

Toutes ces substances ne seraient-elles, comme l'a admis M. Hope (1), que le résultat d'une modification qu'éprouverait une seule matière incolore : le *chromogène?* C'est une question à laquelle il ne nous semble pas possible de répondre aujourd'hui. Cependant nous en doutons, d'après nos plus nouvelles expériences.

En effet, selon M. Hope, le chromogène serait constitué par deux principes pouvant exister séparément : l'un, capable de rougir sous l'influence des acides (l'*érythrogène*); l'autre, pouvant prendre des colorations jaunes ou vertes, et qu'il nomme *xanthogène*. Or nous avons vu que si l'antholeucin, qui semblerait se rapporter au xanthogène de M. Hope, jaunit par les alcalis, il y aurait aussi un antholeucin (celui des sépales blancs du *Fuchsia*, cité p. 589) qui rougirait sous l'influence de ces mêmes alcalis; ce qui en ferait un corps différent, et comme ce corps ne rougit point dans l'acide chlorhydrique étendu de 9 dixièmes d'eau, on ne peut non plus l'assimiler à l'érythrogène. Nous avons vu, d'ailleurs, que la dissolution acide, mise par gouttes sur du papier, se dessèche d'abord sans paraître laisser aucune coloration, et que peu à peu cette substance se colore en un bleu assez intense, que ne présente pas l'antholeucin colorable en jaune par les alcalis. D'un autre côté, cette matière colorée en bleu présente cette singulière propriété : c'est qu'en contact avec les acides, elle se décolore et *ne rougit point;* tandis que traitée par les alcalis, elle *perd sa couleur bleue*, pour prendre *une coloration rouge très-manifeste*. Il serait curieux, d'après ce fait, de rechercher s'il n'existerait point des couleurs bleues naturelles qui se

(1) *Observ. sur les mat. col. des feuilles et des fleurs.* (Instit., 15 février 1837.)

décolorassent sous l'influence des acides, et qui, au contraire, rougissent sous celle des alcalis.

Quoi qu'il en soit, on voit ainsi que l'étude des couleurs végétales est loin d'être complète, et qu'elle présente un champ de recherches chimiques et physiologiques des plus vastes à parcourir.

ARTICLE VII. — *Osmosie végétale.*

Quand on fait l'anatomie d'une partie quelconque de plantes prises dans les diverses classes du règne végétal, on n'arrive jamais qu'à y reconnaître des cellules, des fibres et des vaisseaux qui ont la plus grande analogie entre eux.

Il y a déjà longtemps que Grew a émis l'idée qu'il était plus que propable que toutes les couleurs (excepté la blanche qui est commune au contenant et au contenu), toutes les odeurs et toutes les saveurs perceptibles dans les plantes, immédiatement et sans décomposition de leurs principes essentiels, ne devaient être attribuées ni à leurs parties organiques, ni aux organes contenants, mais bien à des produits contenus dans ceux-ci (1).

Tout porte à croire que les vaisseaux et peut-être les fibres ne sont créés que pour remplir des fonctions de nutrition, et rien encore ne peut faire supposer qu'une trachée, qu'un lactifère ou qu'un vaisseau aérifère puissent être des organes où se forment les produits aromatiques qui sont le sujet de nos études actuelles. Il paraît donc probable que ces produits sont le résultat d'une fonction particulière dévolue au tissu cellulaire des plantes; car nous retrouverons des odeurs ou des aromes chez les végétaux les plus inférieurs, dits *cellulaires,* comme nous les retrouvons dans les utricules simples qui constituent le pollen, où, bien évidemment, nous ne rencontrons plus ni vaisseaux, ni même de fibres. Mais si c'est dans les cellules que se forment tous ces produits odorants dont on connaît les nombreuses variétés, comme, à l'examen microscopique, il ne nous est donné de reconnaître dans les cellules aucun organe spécial de la formation des odeurs, nous devons supposer que c'est sous une influence physiologique en-

____

(1) *The Anatomy of plants.* Londres, 1862, in-folio, p. 12.

core inconnue qu'elles se produisent, et c'est cette influence que nous désignons sous le nom d'*osmosie* (du grec ἰσμὸς, odeur).

Si les phénomènes qui produisent les couleurs sont obscurs et complexes, on peut à plus forte raison en dire autant de la production des odeurs; car jusqu'à ce jour il a été impossible d'avancer une idée probable sur la cause physiologique de la formation des odeurs.

On peut regarder le produit odorant des végétaux comme le résultat d'une excrétion, p. 51; si bien que lorsqu'il se forme en abondance, il est contenu dans des réservoirs particuliers, soit *accidentels*, comme dans les Conifères; soit dans des cellules sphériques (*glandes vésiculaires*) qui se retrouvent dans les écorces, les feuilles ou les fruits (Myrte, Oranger); soit dans des tubes courts, ainsi que M. Ramond les a observés dans l'écorce du fruit des Ombellifères; soit même dans des tubes *solitaires* au milieu d'un amas de tissu cellulaire (*Térébinthacées*) : ce sont ces tubes que de Mirbel a nommés *vaisseaux propres solitaires*, et Grew, *turpentine-vessels*. Mais il arrive souvent que le produit aromatique est en si petite quantité dans le végétal qu'il n'est besoin d'aucun organe particulier pour le recevoir, et le plus souvent sa volatilité est telle qu'il se dégage à mesure qu'il se forme, si bien que sa présence ne saurait nuire aux progrès ultérieurs de la végétation.

Quand le principe odorant est très-fugace et se répand facilement dans l'air à mesure qu'il se forme, il est difficile à obtenir isolé; il est probablement dû alors à une huile essentielle très-volatile qui n'est fixée dans le végétal ni par des organes particuliers, ni par des combinaisons avec d'autres corps qui le retiennent; c'est pourquoi on a tant de peine à l'isoler : c'est alors qu'on lui a donné le nom d'*arome* ou celui d'*esprit recteur*. Quand, moins volatil ou combiné à certain corps, ou quand il se forme en abondance et se rassemble dans des réservoirs particuliers, il peut être facile à obtenir isolé, on peut alors aisément étudier ses propriétés physiques ou chimiques. On lui donne dans ce cas le nom d'*essence*, ou celui d'*huile essentielle*, lorsqu'il peut entièrement se volatiliser et passer à la distillation sans altération (essences de lavande, de thym, de rose, etc.). Quelquefois les principes odorants se trouvent combinés ou intimement mélangés à des corps gras (essence de citron, d'orange, etc.), ou à des matières gommo-résineuses (assa-fœtida, galbanum, etc.), ou à des résines (Térébenthines), etc. Dans ces divers cas, il est possible de les isoler par la distillation. Ajoutons que l'on a donné le nom de *baumes* à des substances résineuses contenant une huile essentielle capable de former peu à peu, avec le temps et par oxygénation, de l'acide benzoïque (baume du Pérou, de tolu, etc.).

L'étude des odeurs peut être faite sous trois points de vue bien différents :

1° *Physique*, c'est-à-dire la manière dont le principe odorant agit sur le nerf olfactif pour lui faire éprouver des sensations si diverses, selon la nature du principe odorant. Mais, comme les physiciens ne nous ont à peu près rien appris sur cette sorte de mouvement moléculaire qui porte au cerveau ces différentes impressions, nous n'aurons pas à nous en occuper ici.

2° *Chimique*, c'est-à-dire l'étude de la composition et des diverses propriétés des substances odorantes; mais ce sujet est à peu près étranger au but que nous nous proposons.

3° *Physiologique*, c'est-à-dire le mécanisme en vertu duquel une plante peut faire, avec des éléments inodores, des produits dont l'action sur l'odorat est quelquefois si puissante. Malheureusement encore, nos études sont incapables de donner la solution d'un semblable problème, et nous devons nous borner à rappeler les faibles connaissances que l'on a sur cette question, qui mériterait d'être un peu plus étudiée qu'elle ne l'a été jusqu'à ce jour; ce qui tient certainement à la faiblesse des moyens que nous avons à notre disposition pour explorer un pareil sujet.

On a remarqué depuis longtemps qu'il y a des plantes qui produisent leurs odeurs par intermittences, tandis qu'il en est d'autres qui les forment constamment. Ainsi, celle de la fleur de l'Oranger est à peu de chose près la même à tous les moments de sa floraison, pendant que toutes les corolles à couleur tristes (*Pelargonium triste*, *Hesperis tristis*, *Gladiolus tristis*, etc.) sont presque complétement inodores tout le jour et exhalent une odeur ambroisienne au coucher du soleil (De Candolle). Il en est à peu près de même des fleurs de l'*OEnothera suaveolens*, du *Genista juncea*, etc., qui sont peu odorantes pendant le jour et qui le sont beaucoup plus quand vient le soir. De Candolle fait observer que si la chaleur était la cause du phénomène, comme pour les huiles volatiles non soumises à l'action vitale, l'arome devrait avoir été épuisé par la chaleur du jour et ne pas commencer à cette époque. « Il y a ici, dit-il, quelque chose de lié à la vie végétale, mais qui nous est mal connu (1). » Au contraire, il en est qui semblent se former plus abondamment pendant le moment où le soleil est le plus ardent ; c'est ainsi que les Orangers, les Cistes, les Myrtes, les Labiées, etc., embaument l'air en raison de l'intensité de la chaleur. Cependant, en général, la grande ardeur du soleil a pour effet de diminuer l'odeur des fleurs, probablement lorsque la production ne correspond pas à la perte que leur fait éprouver cet agent, ou parce qu'il faut une certaine quantité d'humidité à la plante pour produire son odeur, humidité qu'elle ne possède pas en quantité suffisante pendant l'action désséchante d'un fort soleil. L'influence solaire, dans quelques cas, ne semble donc pas donner lieu à une production d'odeur proportionnelle à son intensité ; car si les expériences de Recluz sur le *Cacalia septentrionalis* semblent indiquer que les rayons solaires sont indispensables à la production de l'odeur aromatique de cette plante, puisqu'on est en quelque sorte maître de la faire cesser ou reparaître en interceptant ou en rétablissant l'action des rayons (2), Senebier a reconnu, au contraire, qu'une Jonquille qui fleurit à l'obscurité complète n'en laisse pas moins exhaler son parfum comme à l'ordinaire.

L'influence de l'humidité dans la production des odeurs semble en quelque sorte démontrée par le fait reconnu du développement habituel de l'arome des fleurs au moment de la rosée ; mais on peut dire alors que la production est plus grande que l'exhalaison et que c'est pour cette raison que les fleurs sont plus odorantes ; ou bien encore, que l'eau dont la plante est gorgée, en s'exhalant, favorise la volatilisation du principe odorant, absolument comme certains corps qui ne sont volatils qu'à l'aide de la vapeur d'eau (acide borique).

Néanmoins, malgré les exemples que nous venons de fournir et qui ne sont que des exceptions aux règles générales de la production des produits odorants, on peut poser en principe que la

(1) *Phys. végét.*, p. 934.
(2) *Journ. pharm.*, 1827, p. 216.

chaleur, la lumière et peut-être l'humidité sont liées d'une manière assez directe à la formation des odeurs :

1° La chaleur, parce que l'observation a démontré que les mêmes plantes venues dans les pays chauds sont plus aromatiques que récoltées dans des pays plus septentrionaux; 2° la lumière, puisque le phénomène de l'étiolement a précisément pour but d'atténuer la formation des matières odorantes, qui rendraient certains végétaux trop sapides et par conséquent d'une alimentation difficile ou peu agréable; 3° l'humidité, car nous avons vu que l'arome paraît moins se développer pendant la grande chaleur du jour et qu'au contraire l'humidité de la nuit est favorable à la production des odeurs.

Nous avons vu, p. 572, que l'influence physiologique qui produit les couleurs avait encore quelquefois pour cause une structure analogue dans les organismes de la reproduction, puisque dans les espèces d'un même genre on ne trouvait pour type que la couleur jaune vif ou que la couleur franchement bleue. Mais dans la production des odeurs, nous trouvons non-seulement dans les espèces du même genre, mais même dans les nombreuses variétés de la même espèce des odeurs extrêmement variables, et il suffit de citer, parmi les espèces, le *Chenopodium vulvaria*, dont l'odeur de poisson pourri et vraiment repoussante est loin de ressembler à l'odeur, très-agréable quoique forte, des *Chenopodium botrys* et *ambroisioides*; et parmi les variétés, les *Pelargonium* ou les Fraises, pour démontrer que les espèces ou les variétés les plus voisines offrent souvent des odeurs extrêmement différentes.

Si, en effet, l'on peut dire que les odeurs diverses des Fraises semblent offrir un certain lien de parenté dans l'analogie des sensations qu'elles produisent, rien de pareil ne saurait se faire supposer entre l'odeur du *Pelargonium zonale,* dont l'odeur de poisson est loin de ressembler à celle de la rose que possède le *P. capitatum,* ou à celle de térébenthine qu'offre le *P. terebenthinaceum.*

Il y a mieux : c'est que, selon Cavanilles, cette dernière espèce donnerait deux autres variétés offrant l'une une odeur de citron, et l'autre une odeur de rose. Cette constitution organique du végétal est tellement peu en rapport avec la production des odeurs que les mêmes influences y font naître des effets pour ainsi dire opposés. C'est au moins ce qui paraît avoir été constaté dans les *Cestrum diurnum* et *nocturnum*, ainsi nommés parce que l'un est plus odorant le jour que la nuit, et l'autre, au contraire, plus odorant la nuit que le jour.

Toutefois, peut-être y a-t-il peu de différence entre deux matières odorantes en apparence très-éloignées. Evidemment, par exemple, la rose, le citron, et la térébenthine se distinguent facilement à l'odorat, mais la chimie nous montre que les radicaux des deux dernières odeurs sont des hydrogènes carbonés très-voisins quant à leur composition, puisque l'essence de térébenthine a pour formule $(C^{20}H^{16})$, et l'essence de citron $(C^{10}H^8)$, c'est-à-dire la même formule avec un état de groupement moléculaire un peu différent. Quant au radical de l'odeur de la rose, sa composition chimique n'est pas assez connue pour que nous puissions essayer de la rapprocher de celle du citron ou de la térébenthine.

D'un autre côté, les parfumeurs savent très-bien que le mélange des substances odorantes simples donne bien souvent lieu à des odeurs complexes qui se rapprochent plus ou moins, quant aux sensations produites, de certaines odeurs simples, et ils savent encore qu'une très-petite quantité de certaines odeurs insupportables par leur nature ou désagréables par leur puissance, mêlées à d'autres odeurs ou très-étendues, deviennent des odeurs très-agréables.

On peut donc affirmer que l'on ne sait véritablement que fort peu de chose relativement au rôle physiologique de la plante dans la formation des odeurs, et bien que la chimie nous ait fait connaître la composition de plusieurs odeurs, elle est elle-même impuissante à nous faire connaître des différences que notre odorat sait cependant bien faire. Ainsi, par exemple, elle nous apprend que les essences de citron, de copahu, de cubèbe, d'élémi ont une seule et même composition $C^{10}H^8$; que les essences de térébenthine, de sabine et de néroli ont pour formule $C^{20}H^{16}$; et cependant, quelle différence notre odorat sait y trouver!

Malheureusement, à son tour, ce sens serait capable de nous faire tomber dans une grave erreur, si nous voulions juger de la nature des odeurs par la nature des sensations qu'elles nous font éprouver, ainsi que le prouve l'odeur alliacée de l'arsenic brûlant, qui ne peut en aucune façon se rapprocher de la composition chimique de l'essence à laquelle l'ail doit son odeur. Que l'organe se laisse tromper par des produits différents, mais de composition chimique analogue, cela se conçoit jusqu'à un certain point. Ainsi, le camphre, qui a pour composition $C^{20}H^{16} + O^2$, peut bien agir sur les nerfs olfactifs d'une façon analogue à ce que l'on a désigné sous le nom de *camphre artificiel* de térébenthine, de citron, de copahu ou de cubèbe, puisque dans la composition de ces camphres on retrouve le même radicale $C^{20}H^{16}$ ou son égal $C^{10}H^8$, combiné avec de l'acide chlorhydrique au lieu de l'être avec de l'oxygène (qui pourrait bien, lui, n'être que la combinaison de deux corps simples, l'*ozone* et l'*antozone*, selon M. Shœnbein, combinaison analogue à l'acide chlorbydrique); mais qu'il se laisse tromper par l'essence de mirbane ou l'huile essentielle d'amande amère, ou par l'acide cyanhydrique, c'est, à coup sûr, une erreur bien grande, car ces substances n'ont rien d'analogue dans leur composition, puisque l'acide cyanhydrique a pour formule C^2AzH; l'huile d'amandes amères, $C^{14}H^5O^2 + H$, et l'essence de mirbane, $C^{12}H^5AzO^4$. Hâtons-nous d'ajouter, pourtant, que souvent un organe olfactif bien exercé arrive à distinguer encore des odeurs qui ont entre elles les plus grandes analogies, surtout quand on les sent comparativement avec attention ; ainsi, quoique l'essence de mirbane ait l'odeur d'amande amère, on y distingue aisément une faible odeur de cannelle qui ne se retrouve ni dans l'acide cyanhydrique, ni dans l'essence d'amande amère; ainsi, l'eau distillée de laurier-cerise et le kirsch de bonne qualité ont des odeurs bien différentes de celles des substances que nous venons de citer, quoiqu'ayant à un haut degré l'odeur d'amandes amères. Ces observations semblent donc nous prouver que les odeurs sont, pour ainsi dire, variables à l'infini, et qu'il serait impossible de les faire dériver toutes d'un petit nombre, ainsi que nous pouvons le faire pour les couleurs.

Cependant, à côté de cette variabilité excessive d'odeurs, il nous est impossible de ne pas reconnaître que ces odeurs, pour être très-nombreuses, n'en sont pas moins limitées ; mais leur étude laisse tant à désirer que nous ne saurions aujourd'hui ni assigner un nombre aux odeurs distinctes, ni même le supposer. Mais il est probable que, mieux étudiées, on parviendra à distinguer les odeurs simples des odeurs complexes et à reconnaître que beaucoup d'entre celles que nous sommes disposés à regarder comme des odeurs simples ne sont que des odeurs composées. Ce qui semblerait favoriser cette manière de voir, c'est la mise en pratique, par les parfumeurs, du mélange de certaines odeurs pour simuler l'odeur qu'ils ont en vue de reproduire. C'est ainsi qu'en mélangeant dans des proportions convenables les odeurs de fleurs d'Acacia, de Jasmin, de Réséda et de graines d'Ambrette ils forment une odeur complexe qui se rapproche, jusqu'à un certain point, de l'odeur de la Violette; qu'en mélangeant de même les odeurs de fleurs d'Oranger, de Tubéreuse, de Seringat, de Réséda, de Rose et d'Ambre ils obtiennent une odeur composée qui n'est pas sans analogie avec celle de la Jacinthe.

D'un autre côté, on sait fort bien que les mêmes produits aromatiques, ou du moins ceux qui affectent à peu près de la même façon le sens de l'odorat, se retrouvent dans les organes végétaux les plus divers et dans les plantes les plus éloignées par leurs caractères spécifiques. Ainsi l'odeur de la violette se rencontre dans les fleurs du *Paulownia imperialis* (Dicotylédone), dans la tige souterraine des *Iris florentina* et *germanica* (Monocotylédones) et dans le *Cantharellus cibarius* (Acotylédone). Aussi la présence de ces produits dans les végétaux ne peut-elle en aucune façon servir à la caractéristique des espèces.

Il semble donc, malgré une plus grande variété apparente, que les odeurs, comme les couleurs, soient limitées à un certain nombre qui est encore à déterminer, et il se pourrait bien que le mélange de plusieurs odeurs *fondamentales* servît de base à la constitution de toutes les autres. Une étude de ce genre serait certainement digne du plus grand intérêt; mais que de recherches à faire! que de soins à prendre! que de temps à employer pour arriver à la solution complète d'une pareille question! La vie d'un homme semble être à peine suffisante pour accomplir une pareille tâche; mais pour la faire il faut la commencer, et ce qu'un seul peut ne pas faire, plusieurs successivement peuvent l'effectuer.

Or, dans notre opinion, ce commencement consiste à rassembler toutes les odeurs les mieux connues, à les grouper d'après leur ressemblance, puis à classer les groupes d'après leur plus grande analogie, analogie que peut-être la chimie ou la physique viendront justifier ou expliquer un jour. C'est pour cela que nous croyons devoir donner un léger aperçu des types d'odeurs d'après lesquelles elles doivent être groupées, reconnaissant d'avance l'imperfection que pourra présenter un semblable groupement au point de vue des analogies; car l'organe olfactif, plus ou moins parfait, peut faire que tel organe perçoive certaines particularités d'odeur qui passeraient inaperçues par d'autres; mais, pour diminuer autant que possible les chances d'erreur, nous nous bornerons simplement à les présenter ici par ordre alphabétique.

ABSINTHE. *Artemisia Absinthium, Pontica*, etc. Un sous-type de cette odeur serait celle de la Tanaisie, qui ressemble par son odeur à l'*Artemisia annua*.

ACHE. *Apium graveolens*, Opopanax, *Phellandrium aquaticum* (semence).

AIL. *Allium* en général, *Erysimum Alliaria, Ferula Assa-fœtida* et *Persica* (gomme-résine), *Petiveria alliacea*, etc.

AMANDES AMÈRES. *Amygdalus communis*, var. *amara* (semences), semences des *Cerasus, Prunus, Persica* et de la plupart des *Armeniaca;* feuilles des *Prunus Lauro-Cerasus, Virginiana*, etc.; fleurs du Pêcher, du *Prunus Mahaleb*, de l'Aubépine, etc.; semences de la plupart des Pomacées.

ANGÉLIQUE. *Angelica archangelica, Imperatoria Ostruthium* (racines), Tacamaque sublime (résine).

ANIS. *Pimpinella Anisum*, Illicium anisatum (fruits et bois), floridanum, parviflorum (semences), *Myrrhis odorata, Artemisia Dracunculus, Diosma hirsuta, Balsamodendrum gileadense* et *Opobalsamum* (résine), *Mesua ferrea* (bois), *Boletus suaveolens, Agaricus cochleatus*, etc.

BOUC ou HIRCIQUE. *Orchis hircina* (fleurs), *Convallaria polygonatum* (rhizome), *Colchicum autumnale* (bulbes récents), Salep récent.

CAMPHRE. *Laurus Camphora, Dryobalanops Camphora, Litsæa chinensis* (fruits), *Melaleuca Leucadendron* (feuilles), *Cyperus esculentus* (rhizomes), *Inula Helenium* (racines), *Amomum Cardamomum* (fruits), etc.

CANNELLE. *Laurus Cinnamomum, Cassia.*

CAROTTE. *Daucus Carotta, Athamautha Meum* (racine), etc.

CITRON. *Citrus medica* (fruit), *Melissa officinalis* (tiges et feuilles), *Artemisia Abrotanum, Erithalis fruticosa* (bois), *Icica viridiflora* (résine), *Juglans nigra* (brou), *Dictamnus albus* (feuilles très-légèrement froissées), etc.

PUNAISE. *Coriandrum sativum* (semences fraiches), *Betonica officinalis* (tiges).

FENOUIL. *Fœniculum vulgare*, *Pistacia terebinthus* (suc résineux, *Icica Icicariba* (résine).

FENUGREC. *Trigonella fœnum græcum* (semences), *Calophyllum Tacamahaca* (Baume vert), *Melilotus cerulæa*.

GIROFLE. *Caryophyllus aromaticus*, *Myrtus Pimenta*, *Caryophylla* (sem. bois), *Evodia Raventsara* (fruit), *Malabathrum* (feuilles), Benoite (racine), *Dianthus caryophyllus* (fleur), *Matthiola annua* (fleurs), etc.

JONQUILLE. *Narcissus Junquilla*, *Jasminum odoratissimum*.

JACINTHE. *Hyacinthus orientalis*, *Liquidambar styraciflua* (résine).

JASMIN. *Jasminum officinale* (fleurs), *Cestrum Parqui* (fleurs).

MENTHE. Beaucoup d'espèces du genre *Mentha*, *Balsamita suaveolens?*

MIELLÉE. *Heliotropium grandiflorum*, *europæum* (fleurs), *Galium verum* (fleurs), *Primula officinalis* (fleurs), etc.

MUSC. *Hibiscus Abelmoschus* (semences), *Adoxa moschatellina*, *Mimulus moschatus* (fleurs), *Mesua ferrea* (fleurs), *Malva moschata* (fleurs), *Pelargonium moschatum*, *Muscari moschatum* (fleurs), etc.

MUSCADE. *Myristica moschata* (semence), écorce de *Pichurim* (Murray), *Myrtus communis* (feuilles froissées).

MYRRHE, *Balsamodendron Myrrha* (gomme-résine), *Litsæa Myrrha*.

ORANGER (fleurs). *Citrus Aurantium*, *Robinia pseudo-Acacia*, *Pittosporum Tobira*, *Echinopsis Eyriesii*, *Seringat* (fleurs), *Spirea Filipendula* (fleurs et racines), *Eriostemon* (feuilles, fleurs, fruits), etc.

RÉSÉDA. *Reseda odorata* (fleurs), *Cheiranthus Cheiri* (fleurs), *Armeniaca vulgaris* (fruit mûr).

RHUBARBE. *Rheum undulatum*, *palmatum*, *compactum*, *australe*, *Rhaponticum* (racines); *Rumex alpinus* (racines); *Populus balsamifera* (bourgeons), etc.

Rose. *Rosa* (fleurs), *Pelargonium capitatum, Amyris balsamifera* (bois), *Convolvulus scoparius* (bois), *Santalum malabaricum* Lour. (Bois), *Andropogon Schœnanthus*, etc.

Sassafras. *Laurus Sassafras* (bois, écorce), *Laurus Culilawan* (écorce), *Ocotea Pichurim* (semence), écorce de Massoy, *Ocotea Cymbarum*. L'odeur des Sassafras se retrouve aussi dans les *Naghas* de la famille des Guttifères (Fée), *Piper methysticum* (racines), *Nigella sativa* (semences), etc.

Tilleul. *Tilia europœa* (fleurs), *Vitis* (fleurs), *Convallaria maïalis* (fleurs), *Lonicera Caprifolium* (fleurs), etc.

Tunka (fève). *Dipterix odorata* (semence), *Melilotus officinalis* (fleurs), *Asperula odorata* (feuilles sèches), *Angrœcum fragrans* (feuilles), *Eupatorium Aya-pana* (feuilles), *Ligusticum levisticum* (racines), etc.

Valériane. *Valeriana officinalis, Phu, dioica, celtica* (racines), *Pogostemon Patchouly, Aristolochia Serpentaria* (racines), etc.

Vanille. *Epidendrum Vanilla* (capsule), *Heliotropium peruvianum* (fleurs), *Sterculia nobilis* (fleurs), *Nardosmia fragrans* (fleurs), *Craniolaria fragrans* (fleurs), *Guajacum officinale* (bois et résine), *Myroxylum peruiferum, Toluifera* (baumes), *Styrax officinale, Benzoin* (baumes), *Laurus Benzoin* (baies et écorces), *Populus nigra* (bourgeons).

Violette. *Viola odorata* (fleurs), *Paulownia imperialis* (fleurs), *Iris florentina, germanica* (rhizomes secs), *Kleinhovia hospita* (feuilles froissées), *Costus indicus* (racines), Bois de campêche, huile de palme, *Cantharellus cibarius*, etc.

On peut voir, par l'exposé de ces trente-trois types, que les mêmes odeurs sont répandues dans des parties végétales très-différentes aussi bien que dans les végétaux les plus éloignés dans les classifications. Cependant il en est qui semblent plus particulièrement être produites par des familles spéciales. Ainsi les Crucifères sont remarquables par l'huile essentielle sulfurée que renferment beaucoup de ces espèces et qui, sans être absolument identiques, ont néanmoins assez d'analogie pour qu'un odorat puisse les reconnaître sans les confondre. On pourrait, en conséquence, les faire toutes dériver de l'*essence de moutarde* prise comme type de ces odeurs. On s'accorde généra'ement à en rapprocher le principe odorant des *Tropœolum majus et minus*, mais nous leur trouvons une odeur *sui generis* que nous n'avons reconnue dans aucun des végétaux que nous avons étudiés sous ce rapport.

Les *Labiées* sont, comme les Crucifères, des plantes fournissant des essences qui ne sont pas sans analogies les unes avec les autres; ainsi, à part l'odeur caractéristique de la Menthe et l'odeur fétide de quelques espèces, les Labiées aromatiques pourraient former une sorte de gamme par les odeurs nuancées qu'elles possèdent. Elles donnent d'ailleurs, à la distillation, une huile essentielle jouissant de propriétés communes. Celle-ci est jaune, plus légère que l'eau, d'une odeur vive et pénétrante, d'une saveur piquante, et contient un *stearoptène* qui se dépose à la longue et que l'on connaissait sous le nom de *Camphre des Labiées*.

Il y a quelques genres de végétaux dont les espèces ont le privilége de donner lieu à un principe aromatique que l'on ne retrouve nulle autre part; c'est ainsi que nous avons vainement recherché l'odeur *sui generis* de la Tomate (*Lycopersicum esculentum*, *pyriforme*, *cerasiforme*) dans les autres plantes que nous avons étudiées; l'odeur de la *Tomate* est donc un type à ajouter à ceux qui précèdent.

Enfin, nous ne pourrions citer présentement que les *Crocus sativus* et *vernus* pour produire dans leurs stigmates l'odeur bien caractéristique et si connue du *Safran;* tandis qu'au contraire l'odeur *pollinique*, si remarquable dans les pollens du Châtaignier, de l'Épine-vinette et surtout dans le *Phallus impudicus*, est très-répandue dans les végétaux, car Desfontaine a remarqué que cette odeur se retrouve, quoiqu'à un moindre degré, dans tous les pollens que l'on réunit en assez grande quantité.

Il existe des séries d'odeurs dont les types sont plus difficiles à caractériser. Telles sont les odeurs dites *résineuses*, *térébinthacées*, *nauséeuses*, *vireuses* et *fétides*. En effet, sous le nom d'odeurs résineuses et térébinthacées, qui jusqu'à un certain point peuvent se confondre, on entend parler d'odeurs trèsvariables dont la *térébenthine* serait le type pour les unes et l'*encens*, si l'on veut, pour les autres. Mais, quand on se met à étudier une série de ces résines, douées précisément de l'odeur térébinthacée ou résineuse, on saisit des nuances très-nombreuses qui font que l'on ne sait pas où finirait la résineuse et où commencerait la térébinthacée, ou *vice versa,* et cependant il est certain que ces deux sortes d'odeurs sont très-distinctes.

L'odeur nauséabonde, quoique peut-être plus précise, est néanmoins encore fort variable, puisque l'Ipécacuanha, la Douce-Amère, la Pivoine officinale, la Chélidoine, l'Arghel, les baies récentes du *Rhamnus infectorius,* etc., sont plus ou moins nauséeuses, et cependant l'odorat sait en faire aisément la différence. Il en est de même des odeurs *vireuses,* qui s'appliquent à celles qui, sans être fétides, sont assez désagréables pour indiquer des qualités malfaisantes dans les végétaux qui les possèdent. Mais il est aisé de reconnaître que la Laitue vireuse, la Cynoglosse (racine), la Morelle, le Pavot, le *Datura stramonium,* le Tabac, la Jusquiame, etc., ont des odeurs vireuses distinctes et que l'on ne peut confondre quand on les étudie comparativement.

Enfin, les odeurs fétides sont peut-être encore plus variées et plus distinctes encore. A coup sûr, on ne confondra jamais l'odeur de la Vulvaire avec celle de la Scrofulaire noueuse ; celle des fleurs de l'Impériale avec celle de l'écorce de l'Angusture vraie ; celle du *Cestrum fœtidissimum* avec celle du *Ruta graveolens ;* celle des *Tagetes erecta et patula* avec celle de l'*Orchis hircina ;* etc.

Les études que nous venons de faire ne nous paraissent pas assez complètes pour entreprendre une classification des odeurs ; car, à coup sûr, il en est que nous n'avons pas rapportées dans cette nomenclature. Cependant il y a déjà longtemps que plusieurs auteurs ont fait connaître des classifications, mais que l'on sent aussitôt ne pas satisfaire complétement l'esprit. Les anciens philosophes, qui étaient à la fois physiciens et littérateurs, s'étaient beaucoup occupés de l'analyse des odeurs sur le sens de l'odorat, et Aristote avait établi une sorte de classification dans laquelle il distinguait le *Doux,* le *Gras,* l'*Acide,* l'*Austère,* l'*Acerbe* et le *Fétide,* classification dans laquelle il est aisé de voir que les saveurs sont confondues avec les odeurs et qui, malgré son imperfection, n'en a pas moins été conservée très-longtemps. C'est Linné, dont le talent de classification était remarquable et qui, étudiant les végétaux sous tous les points de vue et ayant reconnu l'impossibilité de classer les aromes d'après la division d'Aristote, a le premier proposé une classification plus méthodique dans laquelle il a établi sept classes d'odeurs, savoir :

1° Les *Ambrosiennes*, telles que le musc, le *Malva moschata*, l'*Asperula odorata*, etc.

2° Les *Fragrantes* ou *pénétrantes*, comme celles des fleurs du Tilleul, de la Tubéreuse, etc.

3° Les *Aromatiques*, par exemple, les feuilles de Laurier, les fleurs d'Œillet, les graines d'Ammi, etc.

4° Les *Alliacées*, comme celles des *Allium*, de l'Alliaire, du *Petiveria*, l'Assa-fœtida, le Scordium, etc.

5° Les *Puantes* ou *Hirciques*, analogues à celles du Bouc, telles que l'*Orchis hircina*, le *Chenopodium Vulvaria*, l'*Hieracium fœtidum*, etc.

Ces deux dernières sont plutôt des sous-classes que Linné a réunies sous le nom de *Gravéolentes*.

6° Les *Vénéneuses* (*Tetri*), telles sont celles des Tagetès, de l'Hyèble, du Chanvre, de l'*Anagyris fœtida*, du *Stachys fœtida*, etc.

7° Les *Nauséabondes*, qui disposent à vomir, comme le Tabac, les fleurs de Stapelia, la Douce-Amère, etc.

D'après H. B. de Saussure, il faudrait joindre à ces 7 classes :

8° Les *Piquantes*, telles que celles de la Moutarde ou des Crucifères.

9° Les *Muriatiques*, comme celles des *Fucus* frais.

10° Les *Balsamiques*, ou celles qui sont analogues aux *baumes*, c'est-à-dire aromatiques et acides (Benjoin, Storax, etc.).

11° Les *Hydrosulfureuses*, comme celle qui s'échappe des choux en demi-décomposition.

12° les *Camphrées*, telles que le Camphre, l'*Artemisia camphorata*, etc.

Lorry a divisé les odeurs en 5 classes, qui sont : 1° les *Camphrées* ; 2° les *Ethérées* ; 3° les *Vireuses ou Narcotiques* ; 4° les *Acides* ; 5° les *Alcalines*.

Virey a établi trois classes d'odeurs : les *Alimentaires*, les *Médicamenteuses* et les *Odeurs d'agrément*.

Dans un mémoire présenté à l'Institut, Desvaux a fait connaître une plus récente classification qu'il divise en sept genres, savoir :

1° *Odeur inerte* (ligneuse, herbacée, farineuse, mucilagineuse, crue, févaire, oléracée, oléanaire, fongacée, mellacée).

2° *Odeur anaromatique* (acerbe, vineuse, spermatique, nucléacée).

3° *Odeur suave* (anisée, musquée, orangée, pomacée, rosacée, vanillée, violacée, agréable).

4° *Odeur aromatique* (caryophyllacée, épicéo-aromatique, épicée).

5° *Odeur balsamique* (balsamoïde, balsamique, myrrhique).

6° *Odeur forte* (mélilotique, bitumineuse, citronée, camphrée, ambrosiaque, résineuse, acide, piquante, alliacée, âcre, forte, hircine, stercoraire, urinaire, putride, alliacéo-fétide, muriatique, vermifuge, vireuse, nauséabonde).

7° *Odeur fétide* (cimicine).

Il est impossible, après l'étude de ces classifications, de ne pas reconnaître qu'elles sont arbitraires et que rien n'indique le passage rationnel d'une division à une autre. On ne peut pas même dire qu'il existe entre deux divisions voisines le moindre lien de parenté. Cela tient sans doute à ce que l'étude *physique* ou plutôt l'action mécanique des odeurs sur l'appareil olfactif est aujourd'hui si peu connue que l'on ne saurait dire au juste de quelle nature est l'ébranlement qui produit la sensation que l'on nomme perception des odeurs. Est-ce purement et simplement une *action de contact?* Est-ce plutôt un mouvement *ondulatoire* ou *vibratoire?* Ne serait-ce pas un mouvement rotatoire des molécules matérielles sur le nerf olfactif? Ne serait-ce point encore une aptitude particulière de certains points du nerf à être sensibles à certaines particules matérielles plutôt qu'à certaines autres; d'où naîtraient des perceptions différentes selon la nature, la forme ou l'espèce de mouvement, ou le volume des particules matérielles odorantes ? C'est ce que nous serions assez disposé à croire; mais, à coup sûr, nous n'en savons rien, car, physiquement, nous ne pouvons pas produire et étudier la propagation d'une odeur comme nous pouvons étudier la formation et la propagation d'un son ou de la lumière. Enfin, nous avons vu que la chimie, quoiqu'en nous éclairant sur la constitution élémentaire de certains produits odorants, n'est pas plus en mesure de nous fournir des moyens d'expliquer la nature de la perception des diverses odeurs, puisque des substances identiques par leur composition (citron et térébenthine) ont une action si différente sur le sens de l'odorat ; tandis que d'autres de composition si dissemblable (arsenic et essence d'ail) ont sur le même organe une action très-analogue. Malgré cela, le célèbre chimiste Fourcroy a donné aussi une classification des odeurs peut-être plus rationnelle au point de vue de leurs propriétés physiques et chimiques, mais nullement capable de nous éclairer sur la question que nous signalons ici. Fourcroy a divisé les aromes en cinq classes, savoir :

1° les *extractives* ou *muqueuses*, que l'on obtient des plantes inodores par la distillation au bain-marie, sans addition d'eau ; mais si les plantes sont réellement inodores, on ne peut admettre cette division.

2° les *odeurs huileuses fugaces*, qui sont insolubles dans l'eau, mais dont l'huile peut se charger ; elles peuvent être détruites par l'oxygénation (odeur du Jasmin, de la Jonquille, etc.).

3° les *odeurs huileuses volatiles*, qui sont solubles dans l'eau et surtout dans l'alcool (essences de Lavande, de Romarin, etc.).

4° les *odeurs aromatiques et acides*, qui rougissent les couleurs bleues végétales ; telles sont les eaux et alcools aromatiques de Cannelle, de Benjoin, etc.

5° les *odeurs hydrosulfureuses*, qui précipitent en brun ou en noir les dissolutions métalliques, comme le font les eaux distillées des Choux ou des autres Crucifères.

Comme on le voit, l'osmosie en général est une question très-importante à étudier, et nous serions heureux si nous avions pu en faire naître l'envie ou fournir quelques idées à quelques intelligences actives, qui, décidées à lui sacrifier une partie de leur temps, ne manqueraient pas d'enrichir la science de travaux très-intéressants.

ARTICLE VIII. — *Chymosie végétale.*

Cette dénomination, que nous tirons du grec χυμὸς, saveur, est employée ici pour exprimer l'influence particulière qui fait que les végétaux forment dans leurs tissus ou dans leurs cellules des substances douées de saveurs différentes, c'est-à-dire produisant ces sensations que font éprouver à l'organe du goût les parties végétales que l'on met en contact avec lui.

Comme les odeurs, les saveurs peuvent être étudiées : 1° sous le point de vue *physique,* c'est-à-dire du mode d'action mécanique qui influence de telle ou telle manière les nerfs de la gustation ; 2° sous le point de vue *chimique,* c'est-à-dire de la composition des corps auxquels le végétal doit sa sapidité ; 3° sous le point de vue *physiologique,* c'est-à-dire du mécanisme qui fait que tel corps sapide se forme plutôt qu'un autre, bien qu'en apparence le végétal soit constitué d'organes élémentaires analogues dans tous les cas. En effet, si de deux végétaux anatomiquement constitués de la même façon l'un forme un produit sucré, tandis que l'autre donnera lieu à une substance amère, il faut bien reconnaître une influence occulte présidant à la création de produits si différents, et c'est cette influence que nous désignons sous le nom de *chymosie végétale.*

On peut dire que l'étude physique et physiologique des saveurs est aussi peu avancée que celle des odeurs, et la chimie seule nous a appris la composition de certains corps auxquels les végétaux doivent et leur sapidité et leurs propriétés.

Les substances n'ont d'action sur l'organe du goût qu'autant qu'elles sont douées de la propriété d'être solubles dans l'eau ; et quand, insolubles ou solubles, elles ne produisent sur l'organe de la gustation aucun sentiment particulier appréciable, on les dit *insipides,* comme le sont l'eau, la gomme, la fécule, etc., car la sensation que l'on éprouve alors n'est plus qu'une forme de la tactilité par l'organe du goût.

Les anciens philosophes ou naturalistes, qui s'occupaient de l'étude des sensations physiques plus que nous ne le faisons aujourd'hui et qui avaient systématiquement une prédilection pour le nombre sept, admettaient sept saveurs. Ainsi Aristote et Théophraste reconnaissaient les saveurs *douce, grasse, acide, âcre, austère, acerbe* et *amère.* Mais si l'on observe que la saveur grasse n'est autre qu'une impression tactile, et que les saveurs acerbe et austère sont des degrés divers de la même saveur, on sera conduit à réduire à cinq le nombre des saveurs reconnues par les anciens.

Dans sa *Clé de la nouvelle médecine*, David Abercrombius indique huit sortes de saveurs : l'*insipide*, le *doux*, le *gras*, le *salé*, l'*amer*, le *styptique*, l'*acide* et l'*âcre*. Mais l'insipide, pas plus que le gras, ne sont autres que des impressions tactiles, et par conséquent nous ne trouvons plus que six saveurs.

Linné n'a pas été plus heureux dans son énumération des saveurs. En effet, il établit onze saveurs différentes : la *sèche*, l'*aqueuse*, la *visqueuse*, la *grasse*, la *douce* ou *sucrée*, la *salée*, l'*amère*, la *styptique*, l'*acide*, l'*âcre* ou *caustique*, la *nauséeuse*. Or, il est facile de voir qu'il confond la sensation tactile avec la sensation gustative, puisque la sèche, l'aqueuse, la visqueuse, la grasse ne sont pas, à proprement parler, des saveurs. Quant à la saveur nauséeuse, nous la croyons plutôt une sensation olfactive que gustative, d'où il résulte que les saveurs de Linné doivent rationnellement être réduites à six.

Pour bien distinguer les saveurs, il importe de faire abstraction des odeurs qui interviennent dans l'appréciation que l'organe du goût peut faire d'une substance, et, dans ce cas, on reconnaît aisément qu'il n'y a qu'un nombre très-limité de saveurs et, chose remarquable, on peut s'assurer qu'il n'y a réellement que sept saveurs *fondamentales* ou *simples*, qui, combinées ou mélangées soit entre elles, soit avec des odeurs que nous savons être très-variées, forment toutes les sensations que l'on a l'habitude de désigner sous le nom de saveurs. Ainsi, la saveur de l'anis est à la fois composée d'une saveur sucrée due à une matière *mucososucrée* (Brandes et Reimann), d'un principe légèrement âcre qui produit la sensation chaude, et d'une huile volatile que perçoit l'organe de l'olfaction ; d'où il résulte que l'anis (*Pimpinella Anisum*) sera décrit comme ayant une *saveur aromatique, douceâtre, un peu chaude* et agréable. C'est en dégageant par l'analyse ces diverses impressions les unes des autres qu'on arrive à reconnaître les sept saveurs simples suivantes :

1° *Sucrée*, dont le sucre de canne est le type.

2° *Salée*, ayant pour type le sel marin (chlorure de sodium).

3° *Amère*, dont la strychnine est le type exagéré.

4° *Acide*, dont le type est l'acide citrique.

5° *Styptique*, ayant le sulfate de zinc pour type.

6° *Corrosive*, dont le *Rhus Toxicodendrum* peut servir de type.

7° *Métallique*, ayant pour type le bichlorure de mercure.

Maintenant, chacune de ces divisions peut présenter des subdivisions naturelles, dues probablement à des proportions diverses du principe sapide, ou à des degrés différents de solubilité de ce même principe. C'est ainsi que l'on pourrait établir les subdivisions suivantes :

1° SAVEUR SUCRÉE (sucre de Canne, de Betterave, de Carotte, d'Érable, etc.).

β. *Saveur Saccharoïde* (Glycoses, Mannite, Figues, Raisins, etc.).

γ. *S. Mielleuse* (Dattes, *Ceratonia siliqua* (fruit), Jujubes, etc.).

δ. *S. Douceâtre* (Amandes, Noix, Noisettes, Noix d'acajou (amande), etc.).

ε. *S. Glycyrrhizique* (*Glycyrrhiza glabra* et *echinata*, *Polypodium vulgare*, *Convallaria polygonatum*, *Abrus precatorius* (racines ou rhizomes), etc.).

η. *S. Pseudo-saccharoïde* (sels de plomb, chloroforme, iodoforme, etc.).

2° SAVEUR SALÉE (chlorures de sodium et de potassium, etc.).

β. *Saveur Saline* (sulfate de chaux, nitrate de potasse, phosphate de soude, etc.).

3° SAVEUR AMÈRE exagérée ou AMARULENTE (Strychnine, Brucine et leurs sels).

β. *Saveur Amère* (*Quassia amara*, Quinquina, etc.).

γ. *S. Amarescente* (*Myrtus Caryophyllata* (écorce), Salsepareille (rac.), etc.

Adanson avait déjà distingué dix degrés dans la saveur amère, en commençant par la racine du *Curcuma* comme le premier degré d'amertume, et finissant par la graine de *Clématite bleue* (rapporté par Desvaux, *Dict. raison. bot.*, par Gérardin, p. 504).

4° SAVEUR ACIDE (acides sulfurique dilué, Limons, Citrons, Cédrats, etc. (sucs), etc.).

β. *Saveur Acidule* (Tamarin (pulpe), Grenades (semences), *Boletus suaveolens*, etc.).

5° SAVEUR STYPTIQUE (sulfate de zinc, acide kramérique, *Zanthoxylum clave Herculis* (écorce), Grenadier (fleurs et écorce de fruit), Brou de noix, etc.).

β. *Saveur Astringente* (Ratanhia (racine), *Butea frondosa, Pterocarpus erinaceus, Acacia Catechu* (sucs), etc.).

γ. *S. Austère* (Squine (rac.), *Geoffroya inermis* (écorce), *Prunus spinosa* (fruit), *Eucalyptus resinifera* (suc), etc.).

δ. *S. Acerbe* (Scolopendre officinale, *Capparis spinosa* (boutons, fleurs et écorce), Thé (feuilles récentes), Coings, etc.).

ε. *S. Apre* (Bois de Gaïac, *Acacia vera* (gousses), etc.).

6° SAVEUR CORROSIVE (*Ranunculus sceleratus, Helleborus niger* (rac.), *Rhus toxicodendrum*).

β. *Saveur Caustique* (*Aconitum Lycoctonum*, suc des téguments de la semence des *Cassuvium orientale* et *occidentale*, etc.).

γ. *S. Brûlante* (Chélidoine, *Drymis Winteri* (écorce), *Agaricus muscarius* L., etc.).

δ. *S. Acre* (Colchique (bulbes), Fritillaire, *Arum Dracunculus* (rac.), *Anemone pulsatilla* et *pratensis, Sclerotium clavus*, etc.).

ε. *S. Piquante* (Gingembre, *Alpinia galanga* (rac.), *Amomum repens* (fruit), *Raphanus sativus* (rac.), etc.).

η. *S. Chaude* (zestes des Aurantiacées, Vanille, etc.).

7° SAVEUR MÉTALLIQUE (bichlorure de mercure, sels d'or, etc.).

Les saveurs fondamentales ou simples, en se combinant entre elles, peuvent donner des saveurs complexes dont beaucoup sont bien connues. Ainsi, la *sucrée* et l'*amère* se présentent dans le *Solanum dulcamara*; la *sucrée* et l'*acide* se retrouvent dans la plupart de nos fruits de table; la *sucrée* et l'*âcre*, dans l'Anis et le Fenouil; l'*amère* et l'*acide*, dans les fruits de l'Alkékenge; l'*amère* et la *chaude*, dans le Curcuma, etc.

Ce qui prouve le mieux la complexité des saveurs, c'est la durée des sensations que produisent certaines saveurs; ainsi, dans la cachou la saveur astringente se montre la première, persiste peu de temps, puis est remplacée par un goût sucré très-agréable; il en est de même de la racine d'*Acorus verus*, dont la saveur est aromatique, amère et chaude; mais selon Desvaux (*loc. cit.*), la saveur brûlante apparaît la première, puis l'aromatique, et enfin l'amertume; mais l'amertume passe aussitôt, l'aromatique dure environ 2 minutes et la chaleur 7 à 8 minutes.

Si, comme on le dit, les saveurs ne se font pas également sentir sur toutes les parties de la bouche, il faudrait admettre des formes particulières de la même saveur, ou peut-être que certaines parties sont affectées par des saveurs particulières et non par d'autres, tandis que quelques-unes agiraient d'une manière plus générale. Ainsi, par exemple, les feuilles de la Pâquerette, les racines de Mercuriale et de Jalap se feraient sentir sur la première partie de l'œsophage, tandis que les racines de l'Absinthe agiraient dans toute son étendue; d'un autre côté, on prétend que le *Solanum lethale* affecte le palais; l'élaterium, la racine de la langue; la Gentiane et la Coloquinte, le milieu; le sel, le sucre, le bout; l'Ellébore blanc et la Pyrèthre, les lèvres (Desvaux, *loc. cit.*).

Quoi qu'il en soit, précisément à cause du petit nombre des saveurs, celles-ci constituent un caractère d'une plus grande valeur que les couleurs et surtout que les odeurs. Aussi non-seulement la même espèce présentera-t-elle dans ses variétés les mêmes saveurs fondamentales, mais même souvent le genre entier sera-t-il caractérisé par des saveurs qui se retrouveront dans toutes les espèces, à moins d'exceptions particulières. Ainsi le genre *Strychnos* est caractérisé sous ce point de vue par une amertume insupportable, due à la présence de la Strychnine et de la Brucine. Quelquefois la même saveur, seulement plus ou moins intense, se retrouve dans une famille entière, et tous ses genres la recèlent à des degrés divers, comme si les organisations analogues devaient toujours donner des produits analogues. Ainsi les Euphorbiacées, si remarquables par leur constitution semblable qui en fait une famille des plus naturelles du règne végétal, ne sont pas moins remarquables au point de vue de la saveur âcre et brûlante du suc de presque toutes les espèces qui la composent, et confirment ainsi les lois de l'analogie. On en a la preuve dans les *Croton*, les *Jatropha*, les *Euphorbia*, l'*Hippomane Mancenilla*, et si quelques espèces semblent échapper à la loi, c'est plutôt par insuffisance du principe âcre et caustique, qui néanmoins s'y retrouve souvent encore.

Mais si une constitution identique détermine la formation de saveurs identiques, il n'en est plus de même lorsque la plante se trouve soumise à des influences particulières. C'est ainsi que la culture adoucit considérablement la saveur et rend comestibles certains végétaux qui, venus dans l'état de nature, seraient insupportables au goût. Tel est l'*Apium graveolens*, dont la culture a fait le *Céleri*, d'un usage aujourd'hui si répandu. Ce sont surtout les effets de la chaleur et de la lumière qui ont de l'influence sur le développement des produits *saporeux* des plantes. Ainsi, l'on sait que sous l'influence de ces deux agents la formation de la fécule, du sucre, de la gomme, des substances amères, astringentes et âcres est plus grande que lorsque les plantes vivent privées en partie de chaleur et surtout de lumière. Cette différence d'action explique très-bien comment il se fait que l'on est parvenu à utiliser des végétaux la plupart d'un goût insupportable, et quelquefois doués de propriétés toxiques. Ainsi certaines plantes placées dans une obscurité suffisante, ne décomposant pas l'acide carbonique, élaborent incomplétement leurs sucs ; ils *s'étiolent* ou *blanchissent*, selon l'expression des jardiniers ; leur saveur âcre ou amère, leur odeur trop fortement aromatique disparaissent en partie, et elles deviennent ainsi agréablement comestibles ; tels sont le Pissenlit, la Chicorée, le Cardon, le Céleri et même les feuilles de l'Artichaut, dont l'amertume excessive disparaît complétement, selon M. Chevet, quand ils ont été recouverts d'une couche de terre de 55 centimètres.

L'état de jeunesse des plantes ou de leurs pousses donne un résultat analogue, parce que les principes saporeux n'ont pas eu encore le temps de se développer suffisamment pour être désagréables ou dangereux à employer comme nourriture. Voilà pourquoi les jeunes plantes du *Solanum nigrum*, du *Taraxacum dens leonis*, les jeunes pousses de l'Asperge et du Houblon, d'ailleurs plus tendres, sont employées, tandis que plus âgées elles sont rejetées de l'usage culinaire. Aux environs de Montpellier on mange, sous le nom de *rauselles*, le Coquelicot pris dans de semblables conditions ; il en est de même des jeunes pousses de l'*Ornithogalum pyrenaicum*, sous le nom d'*aspergettes*, aux environs de Genève ; des jeunes pousses du *Molopospermum cicutarium*, nommées *couscouils* dans le Roussillon ; celles du *Clematis flammula* en Toscane, et même, selon Linné, celles de l'*Aco-*

nitum Napellus, qui, dans plusieurs pays de la Laponie, servent de nourriture populaire quand on les prend dans leur jeunesse. Au contraire, il y a des cas où l'on expose les plantes le plus possible sous l'action de la chaleur et de la lumière ; c'est lorsque l'on sait que le végétal contient des principes recherchés par l'homme et que ces agents pourront se développer en plus grande abondance, comme le sucre, les principes aromatiques. Voilà pourquoi dans le nord de la France nous plaçons en espaliers et en plein soleil la Vigne, les Pêchers ou autres arbres fruitiers délicats, et pourquoi l'on a soin d'enlever les feuilles autour des grappes de raisin, afin que le fruit, mieux frappé par les rayons solaires, élabore mieux ses sucs et y développe une plus grande quantité de sucre.

Nous ne pouvons quitter cet article sans établir un certain parallèle entre les corps qui produisent des impressions sur chacun de nos cinq sens.

Il est de toute évidence que la lumière décomposée par un prisme donne lieu à sept couleurs primitives, qui sont, en allant de la plus réfrangible à celle qui l'est le moins, représentées par le vers alexandrin suivant : *Violet, indigo, bleu, vert, jaune, orangé, rouge.* Ainsi, l'organe de la vue peut être impressionné par sept couleurs essentielles.

Il n'est pas moins évident que l'organe de l'ouïe ne parvient jamais à reconnaître dans la gamme naturelle que sept notes différentes, qui sont *do, ré, mi, fa, sol, la, si,* qui peuvent se répéter à des octaves supérieures ou inférieures, mais dans lesquelles répétitions on reconnaît toujours la même qualité d'impression. Il y a donc sous ce point de vue une sorte de parité dans la manière dont les corps impressionnent le sens de la vue et celui de l'ouïe.

On peut également reconnaître pour le tact ou le toucher sept impressions bien distinctes, qui sont naturellement données par les six *formes types* ou *primitives* que la minéralogie nous a fait connaître, auxquelles il faut ajouter la forme sphérique. On a alors : 1° la *sphère ;* 2° le *cube ;* 3° le *prisme droit à base carrée ;* 4° le *prisme droit à base rectangle ;* 5° le *prisme oblique à base rectangle ;* 6° le *prisme oblique à base de parallélogramme obliquangle ;* 7° le *rhomboëdre.* Or il est bien évident que l'organe du toucher, chez l'homme, est assez parfait pour distinguer la forme *sphérique* de la forme *cubique* ou celle-ci de la forme *prismatique*, quelle qu'en soit la modification typique, ou de la forme *rhomboëdrique*. Par conséquent, l'organe essentiel de la tactilité humaine, la main, peut recevoir sept impressions principales, et en cela marcher parallèlement avec la vue et l'ouïe.

S'il était admis que l'organe du goût ne reconnût également que sept saveurs primitives ou types, nous aurions un parallèle de plus à établir avec les trois premiers sens, et il ne resterait plus qu'à rechercher si l'organe de l'odorat échappe à ce parallèle, que l'on pourrait appeler la *loi des sensations septiformes*.

CHAPITRE IX

L'ovule, après son développement complet, constitue la *graine*.
Celle-ci est composée de deux parties très-distinctes, savoir :
l'*épisperme* ou tégument propre de la graine, et l'*amande,* dans
laquelle se trouve l'embryon plus ou moins développé déjà.

Nous avons vu que chez les Acotylédones l'embryon n'était
même pas formé dans les spores, sortes de graines de ces végétaux; que dans les Monocotylédones cet embryon était déjà
visible, surtout dans quelques espèces ; et que chez les Dicotylédones l'embryon était assez développé pour offrir à la simple
vue une radicule, deux cotylédons à la base interne, desquels on
distinguait encore les deux petites feuilles qui doivent se développer
après les cotylédons.

Mais dans cette graine tous les éléments constitutifs, toutes
les cellules sont dans un état de contraction qui rend le jeu des
cellules impossible; il en résulte un état de repos qui ne saurait ressembler en rien à la vie végétale, et qui n'est pas sans
analogie avec celui qui a lieu chez les Tardigrades et les Rotifères
desséchés. Cependant on peut dire que dans cet état la vie n'est
réellement que suspendue, car il suffit de placer cette graine
dans certaines conditions, que nous sommes toujours maîtres de
faire naître, pour que la graine se développe peu à peu en donnant
lieu à un végétal muni de sa racine, de sa tige, de ses feuilles et
ultérieurement de ses fleurs et de ses fruits. On est convenu de
donner le nom de *germination* à l'acte par lequel une graine

passe de l'état de repos apparent à celui de mouvement vital qui va peu à peu permettre aux divers organismes de se développer. Toutefois il y a des graines chez lesquelles cet état de repos ne paraît pas exister, puisque leur embryon ne cesse de se développer à partir du moment où il commence à se former jusqu'à celui où il devient une plante munie de tous ses organes ; par conséquent, on peut soutenir qu'ici il n'y a réellement point de germination. Or c'est ce qui arrive aux embryons des *Avicennia*, des *Conocarpus*, des *Rhizophora*, et particulièrement du *Sechium edule* (1), chez lesquels les graines germent dans le fruit même.

Les agents indispensables à la germination sont au moins au nombre de 4 ; ce sont l'*humidité* ou l'*eau*, la *chaleur*, l'*air* ou l'*oxygène*, et la *lumière*. A ces quatre agents il faut sans doute en ajouter un cinquième, l'*électricité*, car il n'est guère possible que des mouvements se produisent au sein des molécules matérielles de l'air, de l'eau ou des cellules du jeune végétal sans qu'aussitôt il y ait production d'électricité.

1° L'eau remplit plusieurs rôles dans l'acte de la germination. En effet, en pénétrant dans la substance de la graine, aussi bien entre les cellules que dans les cellules elles-mêmes, elle ramollit ses enveloppes et en favorise la rupture, elle écarte les cellules de l'embryon, qui, moins pressées et rendues plus sphériques, peuvent plus facilement glisser les unes sur les autres et accomplir les mouvements divers de la vie végétale. D'un autre côté, l'eau agit non-seulement comme agent de lubréfaction en facilitant le glissement dont il vient d'être question, mais encore comme agent de dissolution des matières qui devront servir à la nutrition du jeune végétal et, par suite, à la formation des *principes immédiats essentiels* (cellulose et sclérogène). C'est ainsi que, dès que la graine commence à se gonfler, elle dissout la dextrine, l'albumine et les autres principes solubles formés ou qui se produisent ultérieurement par la transformation de la fécule, et les fait pénétrer entre les cellules mêmes de l'embryon.

Senebier, ayant observé un dégagement d'hydrogène pendant l'action de l'eau sur des pois mis en germination, en avait conclu que l'eau était décomposée ; mais De Candolle ne croyait

(1) *Essai de Phytomorphie*, t. 1, p. 449.

pas à cette décomposition, puisque dans cette expérience les pois
n'ont pas germé. Cependant, de ce que le phénomène de la germination ne se borne pas au gonflement des graines par l'eau,
mais s'applique surtout à la production de cellules qui doivent
nécessairement se former pour accroître la radicule, la tigelle, les
cotylédons et les feuilles primordiales, il faut au moins admettre
que l'eau absorbée se trouve dans la graine germante sous deux
états : 1° *libre* ou simplement *interposée* pour produire le gonflement ; 2° *fixée* ou *combinée* pour donner naissance à la cellulose, substance formée de carbone et des éléments de l'eau
($C^{12}H^{10}O^{10}$), p. 52. Mais c'est surtout par sa combinaison avec
l'eau que la fécule de l'albumen ou des cotylédons peut se
transformer en sucre et devenir un corps soluble, puisque nous
avons vu (p. 52) que les divers sucres pouvaient être représentés
dans leur composition par une proportion de fécule et des proportions variables d'eau ; et c'est sans doute par erreur qu'un
ouvrage classique récent fait dépendre de l'absorption de l'oxygène la transformation de la fécule en dextrine et, par suite, en
sucre.

Cependant les expériences de MM. Edwards et Colin établissent
que pendant la germination des graines dans l'eau il y a formation d'une certaine proportion d'acide carbonique dont l'eau
aurait fourni l'oxygène, en même temps qu'il se produit de
l'acide acétique ou plutôt, selon M. Boussingault, de l'acide
lactique (1). D'un autre côté, un des premiers produits formés
pendant l'acte de la germination est la *diastase*, substance composée d'oxygène, d'hydrogène, de carbone et d'azote, et dont
l'action sur la fécule est si remarquable, car on sait que les
graines avant la germination n'en renferment que peu ou point
du tout (céréales, pommes de terre). Or il est probable que l'eau
est indispensable à la formation de ce singulier corps.

2° L'air, par son oxygène, est aussi indispensable à la germination que l'eau. C'est Senebier qui le premier a entrevu cette
propriété de l'oxygène, mais ce sont Gough, cité par Savi (2), et
Théod. de Saussure qui ont parfaitement démontré que les

(1) *Economie rurale*, t. I, p. 37.
(2) *Elem. di Botanica*, 8°, Pisa, 1820, p. 134.

graines qui sont complétement privées d'air ou d'oxygène ne manifestent aucun mouvement de germination, et c'est même sur cette propriété qu'est fondé le procédé de conservation des graines que l'on enfouit profondément en terre dans des cavités souterraines ou *silos*, dans lesquelles, privées d'humidité et d'air, elles se conservent fort longtemps sans éprouver la moindre altération chimique ou physiologique. Voilà pourquoi des semences profondément enterrées ne tardent pas à germer dès qu'une cause les rapproche de la superficie du sol, où elles se trouvent, dès lors, dans les conditions propres à recevoir l'action de l'air et de l'humidité, et par suite, à germer, alors même qu'elles auraient été depuis longtemps enfouies.

L'eau privée d'air, ou celle qui tient en dissolution de l'azote, de l'acide carbonique, et dans laquelle des graines sont complétement plongées, ne détermine point leur germination. Celle-ci ne se produit non plus ni dans le vide parfait, ni dans les gaz azote, ou hydrogène, ou acide carbonique; néanmoins les expériences de Senebier et d'Huber prouvent que la germination peut se faire dans ces gaz, pourvu que l'oxygène y entre pour $1/8$, et Lefébure a vu des germinations se faire dans des gaz ne contenant que $1/32$ d'oxygène, mais la germination était lente et plusieurs graines ne s'y sont pas développées. Le même auteur a constaté que la proportion la plus favorable à la germination était d'une partie d'oxygène pour trois parties d'azote, proportion se rapprochant de celle qui constitue l'air atmosphérique.

En même temps que l'oxygène est absorbé, Gough et Théodore de Saussure ont vu se produire une quantité d'acide carbonique correspondant à la perte en poids de la graine et égale au volume d'oxygène absorbé; d'où l'on a pu conclure que l'oxygène n'était point fixé, mais qu'il agissait en enlevant à la graine un excès de carbone; ce qui est probable, car en mûrissant celle-ci paraît fixer dans son tissu une assez grande quantité de carbone.

L'action de l'oxygène dans l'acte de la germination nous semble indirectement démontrée par l'accélération que le chlore y détermine. De Humboldt a observé que des graines plongées dans du chlore et retirées avant que la radicule ait paru au dehors germent plus promptement. Ainsi les graines de Cresson alénois, qui mettent 24 à 30 heures pour germer, ont pu le faire en 6 heures, et, par le même moyen, de vieilles graines, incapables de germer, ont pu recouvrer cette faculté. Or on sait que le chlore, sous l'influence de la chaleur ou de la lumière, possède la propriété de décomposer l'eau et de donner lieu à de l'hydrogène qui, s'unissant au chlore, forme de l'acide chlorhydrique, et à de l'oxygène qui, devenu libre, agit en favorisant l'acte de la germination. Ce n'est pas tout, l'acide chlorhydrique formé doit avoir pour effet de ramollir plus rapidement que l'eau les enveloppes de la graine, et les parties du jeune embryon doivent trouver alors moins de résistance et, par conséquent, avoir une évolution plus facile. Les expériences de M. Hutstein sur l'action accélératrice des acides sulfurique, chlorhydrique, phosphorique et oxalique très-dilués (1/400 à 1/800) sont conformes à cette manière de voir (1).

3° Les faits les plus journaliers démontrent de la manière la plus évidente que la chaleur est indispensable à la germination, mais que celle-ci ne se produit que dans des limites de température variables, selon les graines, et que l'extrême froid comme une chaleur extrême s'opposent à ce phénomène. Ainsi, M. Lefébure n'a pu faire germer les graines de rave qu'entre 5 et 38 degrés centigrades. Malheureusement, ces expériences ont été peu multipliées; mais on sait que, parmi les basses températures, l'Orge germe à celle de 5° environ, le blé à 6°, et il est vraisemblable que certaines graines germent encore à une température inférieure, quoique probablement jamais au-dessous de *zéro*, puisque l'eau, qui est indispensable à la germination, serait congelée. La germination, au contraire, peut encore se produire à des degrés de température beaucoup plus élevés que ceux que nous venons d'indiquer. En effet, on sait que le Maïs exige une température de 10 à 13° environ, et les expériences de germination faites dans un autre but par MM. Ramon de la Sagra et Alph. De Candolle prouvent que les températures moyennes de 18 à 25°, et même de 45 à 49° centigrades, ne s'opposent point à la germination de certaines graines. Mais il est possible qu'au-dessus de cette température la germination soit arrêtée. Il est certain qu'à la température de 75° la *diastase* produite pendant

____

(1) *Gartenflora,* mars 1855, p. 80.

la germination, perdant sa propriété de transformer l'amidon en dextrine et en glycose, et surtout à celle de 100°, non-seulement toute germination est impossible, mais que même moyennant une humidité suffisante la faculté germinatrice est à tout jamais éteinte, puisque, à cette température, tous les composés albuminoïdes sont complétement coagulés ou modifiés, les grains de fécule crevés et les cellules brisées. Quand, au contraire, les graines sont suffisamment sèches, elles peuvent supporter une assez forte chaleur sans que la graine perde la faculté de germer. C'est du moins, faute d'expériences positives sur les graines, ce que l'on peut déduire des expériences faites par le professeur Gavarret sur les Rotifères et les Tardigrades, desquelles il résulte que : dans l'*eau* l'altération des matières organiques a lieu pour ces animaux entre 50 et 51 degrés centigrades, et dans la *vapeur d'eau à saturation*, entre 80 et 82 degrés ; tandis que dans un espace *sec* et avec des animalcules *préalablement desséchés à froid* la désorganisation paraît ne se faire qu'entre 110 et 115 degrés ; au-dessous de ces températures, les animaux morts en apparence peuvent reprendre leur vitalité première quand on les humecte suffisamment (1). Ces faits expliquent suffisamment comment les Russes étaient dans l'usage de sécher au four les semences du Blé et du Lin avant de les semer, et il est fort possible que les graines puissent, *suffisamment séchées*, supporter une température *sèche* plus élevée encore que les animalcules dont nous venons de parler et néanmoins conserver la faculté de germer.

4° On a trop souvent écrit, d'après quelques expériences de Senebier et de Lefébure, que la lumière était sans influence sur les progrès de la germination, et que même elle était souvent nuisible. Celles de Boitard sur des graines d'Auricules (2) placées les unes sous une cloche de verre transparent, d'autres sous une cloche de verre dépoli et d'autres sous une cloche de verre entourée de chiffons noirs, desquelles il résulterait que sous cette dernière cloche les graines ont levé au bout de neuf jours, tandis que celles recouvertes par la cloche dépolie n'ont levé que le

(1) *Ann. sc. nat.*, Zoolog., 4ᵉ série, t. XI, cahier n° 5.
(2) *Journ. Soc. agron. prat.*, 1829, p. 316.

12e jour, et que le 15e jour il n'y en avait aucune de levée sous celle de verre transparent, ces expériences ne prouvent absolument rien; car, ainsi que De Candolle le fait observer, si l'expérience a été faite au soleil, la température de la cloche enveloppée de chiffons noirs devait être plus élevée que celle des deux autres; tandis que l'action directe du soleil à travers le verre transparent pouvait agir d'une manière fâcheuse sur la graine en la desséchant (1).

Les expériences de Théod. de Saussure sont d'ailleurs en contradiction avec celles que nous venons de rapporter. En faisant germer des graines sous des cloches d'égale capacité et placées dans les mêmes circonstances, l'une de ces cloches étant transparente et l'autre opaque, ce savant a reconnu que la germination et, par suite, la végétation étaient beaucoup plus promptes et beaucoup plus vigoureuses sous la cloche transparente. La lumière avait donc agi d'une façon favorable à la germination, et si dans quelques cas elle avait paru faire le contraire, cela tenait à la température plus élevée qu'elle produisait et qui déterminait la dessiccation des graines.

Dans ces expériences, qui ont eu pour but l'étude de l'action de la lumière sur la germination, on n'a pas pu suffisamment tenir compte de l'*intensité* de la lumière, et cela, malheureusement, parce que nous n'avons aucun instrument pratique capable de mesurer la lumière.

Un bon *photomètre*, d'un maniement facile, serait certainement un objet de première utilité pour des observations de ce genre. Il est impossible que la lumière, qui agit si efficacement dans tous les autres phénomènes de la végétation, n'agisse pas favorablement aussi dans l'acte de la germination, pourvu qu'elle soit modérée convenablement. Mais parce que des graines germeraient mieux à l'ombre qu'au soleil, ou recouvertes de terre qu'à sa surface, ce n'est pas une preuve que la lumière est absolument inutile, car à l'ombre il y a souvent une grande quantité de lumière, et les effets de la lumière, comme agent du mouvement, se font sentir encore sous une couche plus ou moins épaisse de terre. C'est uniquement une question d'intensité

(1) D. C., *Physiol. végét.*, p. 638.

relative qui en fait la différence, et de même que, selon les espèces, les graines exigent plus d'humidité ou plus de chaleur pour entrer en germination, de même il en est qui ont besoin de plus ou moins de lumière pour arriver au même ésultat. D'ailleurs, pour savoir au juste à quoi s'en tenir sur l'action de la lumière, il faudrait avoir fait les expériences avec de la lumière dégagée de sa chaleur, ce qui est facile au moyen du procédé que nous avons indiqué autre part (1). Or la lumière, même privée de son calorique, soit que l'on admette l'hypothèse de l'émission, soit que l'on admette la théorie des ondulations, n'en est pas moins le résultat d'un mouvement appliqué à un corps quelconque, qu'on le nomme *éther* ou autrement, et comme ce mouvement est incessant, quoique avec des variations très-grandes dans son intensité, il est impossible qu'il n'ait pas une action, puissante par sa continuité, sur la formation des êtres organisés; et peut-être même ce mouvement est-il la vraie cause déterminante des mouvements vitaux que l'on saisit si bien chez les végétaux et les animaux.

Si la lumière, comme agent moteur, a une certaine influence sur la germination, il est extrêmement probable que la plus ou moins grande obliquité de ses rayons doit exercer une certaine action sur quelques graines mises en germination; et, de même qu'il est des fleurs qui paraissent subir l'influence de cette obliquité soit pour se former, soit pour s'épanouir (2), de même il est certaines graines qui ne germent qu'à des époques fixes, précisément au moment où l'obliquité des rayons solaires est la même. C'est ce qui explique pourquoi Aug. Saint-Hilaire a pu écrire avec raison les lignes suivantes : « Il est à remarquer que diverses graines germent toujours dans la même saison, quoi-qu'en d'autres temps les circonstances semblent n'être pas moins favorables à leur développement. Des *influences atmosphéri-ques*, qui échappent à nos moyens d'observation, sont certaine-ment la cause de ce phénomène. » Si au lieu de dire influence atmosphérique il eût dit *influence solaire*, il eût été plus près de la vérité, car l'atmosphère n'offre sur le phénomène aucune

(1) *Essai de Phytomorphie*, t. I, p. 602.
(2) *Ibid.*, p. 559.

particularité appréciable, tandis que l'obliquité des rayons solaires est incontestable et présente une cause mécanique que l'on
ne saurait mettre en doute.

5° Si la lumière, comme agent de mouvement, agit sur la
germination, l'électricité, autre agent de mouvement, ne doit pas
être sans influence sur ce phénomène, aussi bien que sur tous
les autres phénomènes de la végétation. Or, les expériences de
Nollet, de Jalabert, de Davy et de M. Becquerel ne laissent aucun
doute à l'égard de cette influence. Ainsi, Nollet a reconnu que des
graines de moutarde électrisées ont germé avec une grande
rapidité, tandis que les mêmes graines, placées dans les mêmes
conditions, mais non électrisées, n'ont donné aucun signe de
développement dans le même espace de temps. Davy avait vu, de
son côté, que des graines électrisées négativement germaient avec
rapidité, et que les graines électrisées positivement ne se développaient pas. M. Becquerel, à qui l'on doit un grand nombre
d'expériences sur ce sujet, a confirmé les observations en se
servant de forces électriques extrêmement faibles (1).

Mécanisme de la germination. Les graines se présentent généralement avec deux caractères bien distincts; savoir : 1° celles qui
sont munies d'un albumen et qui, par conséquent, sont dans un
état d'arrêt provisoire de développement; 2° celles qui sont privées de cet albumen et qui peuvent être regardées comme étant
dans un état plus avancé de végétation (p. 557).

1° Lorsque la graine est encore pourvue de son albumen ou
endosperme, celui-ci, sous l'influence simultanée de l'humidité
et de la chaleur, se ramollit, ses éléments chimiques changent
de nature, et d'insolubles qu'ils étaient deviennent solubles, et sont
peu à peu absorbés par l'embryon qui se trouve toujours en contact avec lui par une plus ou moins grande partie de son contour,
si bien que l'albumen finit par disparaître entièrement. L'embryon,
ainsi nourri, grandit dans la même proportion à mesure que
l'albumen décroît, et finit par remplir toute la place qu'occupait
auparavant l'albumen. Dès que ce dernier a complétement disparu
l'embryon ne peut plus se développer qu'en rompant les téguments
de la graine, qui, ramollis, n'opposent plus qu'une résistance de

(1) *Arch. de Bot.*, t. I, p. 395.

moins en moins forte. C'est alors qu'a lieu le phénomène proprement dit de la germination, car la graine en est arrivée au
point de toutes les graines qui manifestent le phénomène en
question et qui a lieu de la manière suivante.

2° Quand la graine n'a pas d'albumen et qu'elle est, par conséquent, dans un état de développement plus avancé, il est évident que la germination doit en être considérablement abrégée,
puisque le travail de l'assimilation de l'albumen par l'embryon est
déjà terminé, quand on place la graine dans les conditions propres
à sa germination.

On peut, en général, remarquer que ce sont les cotylédons qui,
ayant plus particulièrement vécu aux dépens de l'albumen, se
sont relativement plus développés et qui forment la plus grande
partie de la masse embryonnaire. Dans ce cas, leur nature est analogue à celle de l'albumen. En effet, leur masse est charnue et
leurs cellules sont en général remplies de fécule (Haricot, Pois,
etc.) et contiennent souvent des gouttelettes d'huile (Amandes,
Coco, etc.). Ces cotylédons jouent à leur tour, par rapport aux
autres parties de l'embryon, le rôle de l'albumen, et, subissant
des modifications analogues, préparent ainsi la nourriture qui
doit servir au développement de la radicule et de la gemmule,
organes qui, désormais, constitueront la jeune plante ou
plantule.

Quoique les phénomènes de la germination soient très-com-
plexes; que l'on ne sache pas au juste les transformations que
subissent tous les principes constituants de la graine; que la
composition élémentaire des divers produits qui se forment dans
la graine, pendant la germination, ne soient pas tous exactement
connus; cependant, en rassemblant tous les faits chimiques et
physiologiques les mieux établis, il est au moins permis de retra-
cer les principaux phénomènes de cet acte important de la végétation.

Le premier effet appréciable dans toute germination consiste
dans l'absorption de l'eau par la graine, absorption qui paraît avoir
lieu par toute la périphérie de ses téguments, mais particulièrement
par son *hile* ou point d'attache à la plante-mère. Il en résulte un
gonflement quelquefois considérable et le ramollissement des enveloppes de la graine. Bientôt après, certains éléments de la graine,

vraisemblablement la matière azotée, albuminoïde, subit une modification particulière, et forme le corps singulier connu sous le nom de *diastase*, lequel déterminerait la transformation de la fécule en dextrine ou la combinaison de l'eau avec la fécule, d'où la formation de sucre ou de glycose qui, plus solubles que la fécule, seront plus facilement portés dans toutes les parties de l'embryon et serviront à sa nutrition et à son accroissement.

Dans ces conditions, les cellules végétales sont ramenées à l'état de ramollissement, de plénitude, de disposition physiologique où elles sont dans la plante en action vitale ; elles entrent en jeu, et par leur mécanisme des combinaisons nouvelles se forment. L'oxygène dissous et porté dans l'intérieur de la graine se combine à un excès de carbone pour donner lieu au dégagement d'acide carbonique que l'on a observé ; plus tard, sous l'influence du mécanisme végétal et peut-être de la lumière, une portion de la dextrine se transforme en cellulose ou ses variétés isomériques (1), dont la composition est la même que la dextrine, ou bien le sucre ou le glycose perd une partie de son eau de constitution et, réduit à l'état de cellulose qui se présente à l'état naissant, ses molécules se groupent sphériquement en une membrane qui peu à peu augmente de volume et arrive à constituer la cellule végétale telle que nous la connaissons : c'est comme une sorte de cristallisation d'une matière solide se faisant dans un liquide et qui, au lieu d'affecter des *formes géométriques rectilignes*, comme les matières minérales, affecte une forme également *géométrique*, mais *curviligne*.

Le phénomème physiologique le plus palpable de la germination consiste donc dans la formation et la multiplication du tissu cellulaire qui allonge la radicule, la tigelle et qui augmente le volume des cotylédons. Mais en même temps que les cellules se

---

(1) Il résulte de travaux récents dus à M. Frémy, que la matière incrustante (*sclérogène* ou *célustase*) n'existe pas, mais que les tissus végétaux sont constitués par quatre substances, savoir : la *cellulose* pure, soluble dans le réactif cupro-ammonique de Schweitzer, et la *paracellulose*, qui y est insoluble, toutes deux composant la trame du tissu cellulaire ; la *fibrose*, qui se trouve dans le tissu fibreux, et la *vasculose*, qui constitue les vaisseaux ligneux et les trachées. Ces substances, qui diffèrent entre elles par des caractères chimiques bien tranchés, ont la même composition élémentaire et formeraient quatre modifications d'un seul et même principe immédiat, la *cellulose*.

forment et dès qu'elles sont formées, les matières contenues dans leur intérieur subissent des modifications, ou des combinaisons nouvelles, d'où résultent des produits nouveaux. Ce sont la fécule d'une part, et des matières albuminoïdes dans lesquelles l'azote se montre, dont une d'entre elles a pu être confondue avec les matières amylacées, mais qui en diffère par sa composition chimique, par la structure cristalline de ses granules et par le rôle physiologique qu'elle paraît remplir dans la germination; c'est cette substance que M. Hartig, qui l'a découverte, a désignée sous le nom d'*aleurone*.

On a longtemps admis que la fécule prenait naissance par suite de la transformation du sucre, et, en effet, il suffirait de concevoir que, sous l'influence de la vie végétale, le sucre en perdant une certaine quantité d'eau pouvait repasser à l'état de fécule. Mais il était facile de s'apercevoir que l'on tombait dans une pétition de principe manifeste, car si le sucre provenait de la fécule, puis la fécule du sucre, comment ces deux substances pouvaient-elles donc se produire en abondance comme dans les *Saccharum* et dans les céréales ou les pommes de terre? On doit à M. Arthur Gris une expérience qui démontre de la manière la plus évidente que la fécule a une autre origine. Ce jeune botaniste a semé des graines de *Canna* dépouillées de leur albumen, et par conséquent privées de la plus grande partie de la fécule qu'elles contiennent; la germination a pu se faire, néanmoins, et montrer que les cotylédons se remplissaient d'une quantité de matière amylacée qui n'y existait pas avant la germination. Ce n'est donc point un transport de la fécule de l'albumen dans les cotylédons, et la fécule a dû se former *sur place*, à l'aide des matériaux contenus dans les cellules.

Plus tard, quand les parties qui se sont développées pendant la germination ont produit la plantule et que celle-ci se montre au-dessus du sol, en même temps que les phénomènes que nous venons de décrire continuent à se produire, les parties développées et l'intérieur des cellules étant pénétrées d'air et d'acide carbonique, sous la double influence de la vie ou mécanisme végétal et de la lumière, l'acide carbonique et l'azote de l'air réagissent sur une portion de la cellulose à l'état naissant contenue dans le liquide cellulaire, et la *chlorophylle*, matière

verte des végétaux, prend naissance en vertu de l'équation que
nous avons formulée page 55. Nous pensons que l'azote qui
entre dans la constitution de la chlorophylle provient de l'air,
parce que nous croyons que les matières albuminoïdes, d'ailleurs
en faible proportion, sont occupées à former la diastase, qui se
produit toujours dans les points où un phytogène se formera pour
donner naissance à un bourgeon qui, jeune embryon comme celui
de la graine, devra avoir à sa portée une nourriture appropriée à
son jeune âge. D'ailleurs, la formation de la chlorophylle par la
cellulose au moyen de la réaction que nous venons d'indiquer
nous paraît plus simple et plus naturelle, et bien que des expériences positives aient besoin d'être faites pour assurer que les
choses se passent bien ainsi, cependant, comme elle satisfait l'esprit, nous avons dû nous en contenter. Toutefois nous ne devons
pas omettre de faire connaître l'opinion de M. Mulder, d'après
laquelle la chlorophylle proviendrait de la transformation de la
fécule. Mais comme M. Hugo Von Mohl a démontré l'existence
de la chlorophylle dans les plantes privées de fécule ; l'existence
de chlorophylle en lame qui n'a pas été précédée par de la fécule ;
le grossissement des grains de chlorophylle bien que la fécule ait
disparu de leur intérieur ; et, chez quelques plantes, l'accroisse·
ment simultané des grains de fécule et de chlorophylle, il s'ensuit que l'on doit conclure que la chlorophylle ne saurait provenir
d'une transformation de la fécule (1).

C'est aussi l'opinion de M. Édouard Morren quand il dit que,
« en général, les grains de fécule semblent, dans les organes
développés à la lumière, être de formation postérieure à la chlorophylle (2). »

D'un autre côté, on pourrait combattre notre théorie de la
formation de la chlorophylle en disant, avec quelques auteurs,
que l'azote n'est apporté dans les plantes qu'à l'état de nitrate
d'ammoniaque ou de sels ammoniacaux, et que par conséquent
notre équation est fausse ; mais on peut constater que toutes les
plantes de grande culture indiquent dans la récolte une quantité d'azote plus forte que dans l'engrais qui a servi à les pro-

---

(1) *Ueber den Bau des Chlorophylls.* Botan. Zeitung, 9 et 16 février 1855.
(2) *Dissert. sur les feuilles vertes et colorées au point de vue des rapports
de la chlorophylle et de l'érythrophylle.* Gand, 1858.

duire. Ainsi, d'après des nombres consignés dans l'*Économie rurale* de M. Boussingault, on voit que les Pommes de terre, le Froment, le Trèfle, les Navets, l'Avoine présentent annuellement, par hectare, un excédant d'azote qui est de 9 kilog. 50 ; que le Hêtre, le Chêne, le Bouleau, le Tremble en présentent un de 33 k. 09 ; et que, dans une culture exclusive, les Topinambours ont offert annuellement un excédant de 43 kilog., et la Luzerne l'excédant énorme de 207 kilog. par hectare. Or M. Georges Ville part de ces faits pour en conclure que tout l'azote des plantes ne saurait provenir soit des nitrates, soit des sels ammoniacaux. Citons son raisonnement :

« Sans aucun doute, dit-il, dans certains cas, des quantités importantes de nitrate peuvent se produire dans le sol ; mais je n'en persiste pas moins à dire que la nitrification ne peut rendre compte de l'excédant d'azote des cultures. Pour que 207 kilog. d'azote eussent pénétré dans la Luzerne par cette voie, il aurait fallu qu'ils fussent engagés dans 798 kilog. d'acide nitrique qui, lui-même, pour être saturé, aurait dû être combiné à 700 kilog. de bases. Ces 700 kilog. de bases devraient se retrouver dans la récolte ; or celle-ci ne produit à la combustion que 693 kilog. de cendres, dans lesquelles les bases n'entrent que pour 323 kilog. Il y a donc au moins la moitié de l'excédant que l'hypothèse d'une nitrification ne peut expliquer (1). »

L'hypothèse de l'assimilation directe de l'azote de l'air n'est pas nouvelle, car Priestley et Ingenhouz l'admettaient ; mais quand Théod. de Saussure eut constaté la présence de l'ammoniaque dans l'air, on crut que c'était à cette combinaison qu'il fallait attribuer le passage de l'azote dans les plantes soit directement, soit dissous préalablement dans l'eau des pluies qui l'apporterait aux plantes par le sol ; mais la quantité d'ammoniaque (22 grammes pour 1,000,000 de kilog.) est si faible qu'il est impossible d'admettre que l'ammoniaque ait cette importance (Ville).

Si, maintenant, on observe que l'eau dissout 5/100 d'air (en volumes) et que, bien que cet air dissous soit différent de l'air

(1) *Résumé des conférences agricoles*, etc , par M. Georges Ville, recueillies par M. H. Joulie. Paris, 1865.

atmosphérique, il n'en est pas moins formé de 32 parties de gaz oxygène et de 68 de gaz azote, on doit se demander si le gaz azote ne peut pas être porté dans le végétal avec l'oxygène dissous dans l'eau. Or tout à porte croire que le gaz azote pénètre ainsi dans le végétal par les extrémités radiculaires ou spongioles. D'un autre côté, il nous est difficile de croire que les feuilles qui sont constamment plongées dans l'air atmosphérique n'absorbent pas, par ces organes, une certaine quantité d'azote. Quoiqu'il n'y ait pas à cet égard d'expériences très-concluantes, cependant il est certain que le gaz azote libre se trouve répandu dans tout le végétal. Ainsi, comme le dit de Candolle, lorsque l'on soumet une plante à l'action d'une machine pneumatique, on en retire un air dont les premières parties sont sensiblement composées comme l'air atmosphérique, tandis que les dernières parties sont plus fortement chargées d'azote (1). Ainsi l'azote à l'état libre se retrouve dans les végétaux, et la théorie donnée pour expliquer la formation de la chlorophylle peut être soutenue, représentée par la formule si simple que nous avons donnée.

A la vérité, M. Morot assigne à la chlorophylle une autre formule que celle de Mulder, que nous avons donnée p. 55, et au lieu d'être $C^{18}H^3AzO^8$, la chlorophylle du *Malva sylvestris* et celle du *Lolium perenne*, très-pure et privée des dernières traces de graisse, serait représentée par la formule $C^{18}H^{10}AzO^3$; d'où il résulte que la *cellulose naissante*, en présence de l'azote et de l'acide carbonique, toujours dans les mêmes proportions, donnerait encore lieu à de la chlorophylle et à de l'oxygène, seulement il n'y aurait pas formation d'eau, et la quantité d'oxygène dégagé serait plus grande. En effet, dans ce cas, on a :

$$C^{12}H^{10}O^{10} + Az + 6CO^2 = C^{18}H^{10}AzO^3 + 19O,$$

tandis que nous avions :

$$C^{12}H^{10}O^{10} + Az + 6CO^2 = C^{18}H^9AzO^8 + HO + 13O.$$

M. Morot a donné une réaction différente pour expliquer la formation de la chlorophylle. Il suppose que, sous l'influence de la lumière diffuse, l'amidon et l'ammoniaque peuvent donner naissance à de la chlorophylle, et que sa formation est accompa-

(1) De Cand., *Physiol. végét.*, p. 75.

gnée de production d'eau et d'oxygène, en vertu de l'égalité suivante :

$$3C^{12}H^{10}O^{10} + 2AzH^3 = 2C^{18}H^{10}AzO^3 + 16HO + 8O.$$

Mais nous ne saurions admettre cette théorie, pour plusieurs raisons : 1° Parce qu'il est inutile d'admettre la formation préalable de l'amidon, quand la cellulose, *à l'état naissant* et qui a la même composition, peut se prêter plus facilement aux réactions chimiques qui se passent dans les cellules.

2° Parce que les observations de M. Mohl combattent l idée de l'intervention de la fécule dans la formation de la chlorophylle (p. 645).

3° Parce que l'ammoniaque existant *à l'état de liberté* dans les feuilles n'est pas aussi exactement démontrée que l'azote libre, facile à retirer à l'aide du vide de la machine pneumatique.

4° Parce que, sous l'influence de la lumière, c'est bien plutôt l'acide carbonique qui est décomposé, et que l'équation de M. Morot n'indique aucun rapport entre la décomposition de l'acide carbonique et la formation de la chlorophylle.

5° Parce qu'enfin, comme tous les phénomènes se passent dans des cellules déjà pleines de liquide aqueux, il y aurait une source d'eau considérable qui ne nous semble pas en rapport avec les faits, puisque certaines feuilles très-riches en chlorophylle sont relativement très-sèches, tandis que ce sont précisément les plus jeunes feuilles et les moins riches en chlorophylle qui contiennent le plus d'eau.

M. Édouard Morren (*loc. cit.* p. 70), combattant aussi la théorie de M. Morot, émet l'idée que le corps gras qui accompagne la chlorophylle et dont la formule serait, d'après ce dernier chimiste, C^8H^7O, doit entrer, concurremment avec l'ammoniaque et l'acide carbonique, dans la réaction ayant pour but la formation de la chlorophylle, ainsi qu'il suit :

$$C^8H^7O + AzH^3 + 10CO^2 = C^{18}H^{10}AzO^3 + 18O.$$

En effet, cette réaction expliquerait aussi et le dégagement d'oxygène par les organes verts, et la relation qui existe entre la formation de ce gaz et la chlorophylle ; mais, pas plus que l'ammoniaque libre dans les cellules, la présence préalable de cette matière grasse n'a été démontrée exactement dans les cel-

lules à chlorophylle ; car, de ce que les plantes étiolées renferment
un corps gras et de l'amidon, il ne nous semble pas démontré
que ce corps gras, dans les circonstances ordinaires, doive se
produire pour ensuite contribuer à la formation de la chlorophylle.
En effet, il faut remarquer que dans le cas d'étiolement, pour
faire la graisse il se formerait de l'acide carbonique, pendant que
dans le cas où la chlorophylle se produit, c'est cet acide carbonique qui se décomposerait, et alors il faudrait admettre, quand
les plantes vivent à la lumière, dans les circonstances les plus
favorables à la production de la chlorophylle, que l'acide carbonique se produisît et se décomposât simultanément, ce qui est
une difficulté. Nous savons bien que l'on peut dire que pendant
la nuit, à l'obscurité, il se dégage de l'acide carbonique et que,
par conséquent, la graisse se forme, et que ce n'est que pendant
le jour que cette graisse concourt à la production de la chlorophylle; mais dans les pays, comme à Wardehuus (en Laponie),
par exemple, où l'on a un jour de six semaines, la végétation se
produit sans alternative de lumière et d'obscurité, et cependant
la chlorophylle ne s'en produit pas moins dans les quelques végétaux qui y vivent. Par conséquent, nous sommes forcé d'admettre, dans l'hypothèse, la difficulté signalée plus haut de la
production et de la décomposition simultanée de l'acide carbonique. D'un autre côté, dans la théorie de M. Éd. Morren, nous
sommes obligé de compliquer le phénomène de la production de
la chlorophylle. En effet, il faut que la cellulose à l'état naissant
prenne d'abord la modification moléculaire qui en fait de la fécule;
puis que, par une réaction analogue à celle-ci,

$$C^{12}H^{10}O^{10} + 2O = C^8H^7O + 4CO^2 + 3HO,$$

il se forme de la graisse qui, ensuite, en présence de l'ammoniaque et de l'acide carbonique, produira la chlorophylle et l'oxygène dégagé. Nous, au contraire, nous disons que l'azote et
l'acide carbonique, en présence de la cellulose à l'état naissant,
donnent immédiatement lieu à la chlorophylle et à de l'oxygène qui
se dégage ; et comme on ne peut mettre en doute l'existence, dans
le liquide cellulaire, d'un corps capable de se concréter en une
matière solide, qui n'est autre que la cellulose à l'état naissant,
nous croyons cette théorie plus simple et plus rationnelle.

C'est ce corps qui, d'abord fluide, se concrète pour former les modifications isomériques de la cellulose, auxquelles les divers tissus doivent leur solidité, et qui, dans des circonstances encore inconnues, mais probablement quand il se produit en abondance, se concrète en une autre modification isomérique aussi de la cellulose, et qui n'est autre que la fécule.

Ici se bornent les phénomènes connus de la germination et ceux qui la suivent de près; car ce n'est que lorsque la jeune plante est en pleine voie de végétation que peu à peu les produits immédiats se forment et constituent, au point de vue chimique, les caractères qui appartiennent en propre à chaque végétal. C'est alors une petite machine naturelle destinée à produire tel ou tel corps que l'on ne retrouve point dans tous les végétaux, et que seuls jusqu'à ce jour ils ont eu le privilége de former (p. 46).

Mais il est un phénomène plus général que nous ne pouvons passer sous silence et qui se trouve lié au mécanisme de la végétation, et dont le principal agent moteur nous paraît résider dans l'action de la lumière : nous voulons parler de la direction que prennent les tiges et les racines.

On sait que, pendant la germination, la tigelle et la gemmule tendent à se diriger vers le zénith, tandis que la radicule, au contraire, tend à se diriger vers le centre de la terre, et la force de cette tendance est telle que, malgré les obstacles que l'on cherche à opposer à ces deux directions, on reconnaît toujours la manifestation de cette tendance. Les expériences les plus variées, faites par des botanistes et des physiciens, n'ont pu encore faire connaître la cause de ces deux directions opposées. La raison de cette impuissance à expliquer ce singulier phénomène nous paraît tenir à ce que l'on n'a pas assez fait attention à l'action de la lumière comme cause déterminante de la direction des tiges. Or, personne n'ignore que les tiges se dirigent toujours vers la lumière, et dans notre *Phytomorphie* nous avons fait connaître des expériences qui prouvent que la lumière agit d'une manière analogue sur certains corps volatils et sur les plantes (1). Examinons les faits les plus concluants.

Les expériences de Duhamel sur la germination des graines

____

(1) *Essai de Phytomorphie*, t. I, p. 20.

entre deux éponges humectées et suspendues en l'air, ainsi que
celles de Knight sur la rotation plus ou moins rapide de roues
verticale ou horizontale pendant la germination, ne pouvant en
aucune façon expliquer les deux directions, on est obligé de s'en
tenir à celles de Tessier et à celles de Dutrochet, qui ont un lien
commun très-évident.

En effet, depuis longtemps Tessier avait remarqué que la tige
des plantes vivantes se dirigeait plutôt vers la lumière que vers
l'air. Voici son expérience. Les plantes ont été placées dans une
cave ayant deux sortes d'ouvertures ; d'un côté, des soupiraux
fermés par des vitrages laissaient passer la lumière et non l'air ;
de l'autre, des soupiraux ouvrant dans un vaste hangar, obscur,
donnaient passage à l'air et non à la lumière. Dans ces conditions, toutes les tiges se sont dirigées du côté des soupiraux
clos et éclairés, et nullement du côté des soupiraux ouverts et
aérés. Cette expérience, qui contredit l'opinion des anciens naturalistes et de la plupart des agriculteurs qui pensaient que les
plantes recherchaient l'air, prouve d'une manière irréfragable l'action directe et l'on peut dire mécanique de la lumière sur les
tiges. Ainsi les organes axiles *ascendants* obéissent à cette action
de la lumière qui les *attire* en vertu de mouvements moléculaires particuliers auxquels s'*adaptent parfaitement* les mouvements moléculaires des tissus de la tige et de ses organes appendiculaires. En est-il de même de l'organe axile descendant ?
Voici l'expérience qui prouve que non : elle est due à Dutrochet.

Ce célèbre observateur a fait sur la radicule du Gui (*Viscum
album*) des observations qui sont la contre-partie de celles de
Tessier. Il a collé plusieurs graines de cette plante sur les car-
reaux de vitre d'un appartement, les unes en dehors, les autres
en dedans, et il a reconnu qu'elles ne tardèrent pas à germer
et que les radicules de toutes se dirigeaient vers le fond plus
obscur de l'appartement. Il a retourné quelques-unes de ces graines en les plaçant en sens inverse de celui qu'elles avaient pris
pendant la germination, et les radicules n'ont point tardé à fuir
de nouveau la lumière pour se diriger vers l'intérieur de l'appartement. « Il est de toute évidence, dit-il, que dans ces diverses
expériences la tigelle du Gui se fléchit vers le côté le moins éclairé

et qu'elle n'obéit ici qu'à sa seule tendance à fuir la lumière ou
à se diriger dans le sens opposé à celui de son afflux. »

Dans ces expériences, Dutrochet ne parle point de la direction
de la plumule, parce que ce n'est qu'un an après la germination
qu'elle se développe, et que l'évolution ne se manifeste d'abord
que dans la portion de la tige comprise entre l'exsertion des cotylédons et l'origine de la radicule, c'est-à-dire la tigelle (1).

Quoi qu'il en soit, d'après ces expériences, on peut dire que si
les tiges sont attirées par les mouvements qui produisent la lumière, les racines au contraire semblent plutôt repoussées, les
mouvements moléculaires de ses tissus ne s'*adaptant pas* aux
mouvements de la lumière.

Toutefois, cette tendance des racines, en général, à fuir la lumière n'est pas aussi manifeste que la tendance des tiges à la
rechercher, car les plantes que l'on fait végéter dans des vases de
verre remplis d'eau développent des racines qui semblent se porter
dans toutes les directions. Cependant encore, on observe que
quand on fait des boutures, les premières radicelles ont toujours
une tendance à une direction opposée à celle des tiges, et s'il est
vrai qu'il y ait des radicelles qui tendent à prendre toutes les directions, c'est bien plutôt en raison de leur apparition secondaire
sur les côtés des radicelles primaires, exactement comme nous
voyons les axes secondaires ou tertiaires des tiges affecter des
directions non plus tout à fait ascendantes, mais plus ou moins
horizontales, directions qui sont précisément déterminées par leur
évolution sur les parties latérales de l'axe primaire ascendant.
Or, toutes les racines, même les racines adventives qui se forment
sur les points plus ou moins élevés d'un axe ascendant (*Clusia
rosea, Ficus elastica, Pandanus odoratissimus, etc.*), ont la plus
grande tendance à se diriger vers le centre de la terre, et par conséquent, à fuir la lumière.

Si, se basant sur ces expériences et regardant le végétal comme
un mécanisme en action, l'on se rappelle surtout que la mécanique rationnelle *ne reconnaît pas d'action sans réaction*, on
sera très-certainement conduit à admettre que des deux productions ascendante ou descendante l'une représente l'action,

____

(1) *Mémoires*, t. II, p. 66.

l'autre la réaction, et que nécessairement l'une se produisant, l'autre doit nécessairement s'ensuivre. Mais de ces deux productions quelle est celle qui doit être regardée comme l'action? quelle est, au contraire, celle qui serait alors considérée comme un résultat de la réaction? Voilà ce que nous ne saurions dire au juste. Cependant, en examinant avec soin tous les phénomènes connus on arrive à s'en faire une idée assez exacte.

Il est certain que, lorsque l'on suit les progrès de la germination, surtout ceux du *Viscum album*, on est tenté de croire que la radicule se développant la première, c'est alors la racine qui serait l'organisme de l'*action*, et la tigelle ne serait que l'organisme de la *réaction*. Si, au contraire, on observe les progrès de l'évolution des bourgeons, des bulbes ou bulbilles, des boutures ou des greffes, on est bientôt conduit à penser le contraire, car l'apparition des racines, des racines adventives ou des fibres-racines est toujours précédée de l'évolution des phytogènes qui doivent former les axes ascendants; par conséquent, ce sont les tiges et les branches qui seraient les organismes de l'action, et les racines qui seraient ceux de la réaction. Comment se fait-il donc que ces deux ordres de faits qui paraissent identiques donnent des résultats si diamétralement opposés? Cela tient, très-probablement, à ce que l'on prend la graine au moment de sa germination, tandis qu'il faut la prendre au moment de la formation de son embryon. Or, si l'on remonte à l'origine de la formation de l'embryon, on reconnaît, surtout dans les Dicotylédones, que les cotylédons se forment et grossissent les premiers, qu'ils sont, comme dans les exemples qui précèdent, organismes d'action, tandis que la radicule, qui ne se forme qu'après, n'est au contraire qu'un organisme de réaction; et comme ces deux mouvements *action* et *réaction* sont toujours en mouvement contraire, il faut bien, si la tige, comme action, tend à s'élever, que la radicule ou la racine, comme réaction, tende à descendre. Il est regrettable que nous ne puissions entrer dans les détails de mécanique expérimentale qui démontrent la vérité de ce principe, mais il est tellement connu que personne, nous le supposons, ne le mettra en doute. Donc, pour nous, la formation des feuilles, celle de la tige, son élongation, ses ramifications sont le résultat mécanique d'une action, et la production de la radicule, de la racine, son élongation et ses ramifications sont le résultat mécanique d'une réaction. Donc, puisque la tige est ascendante, la racine doit de toute nécessité être descendante.

On s'est bien souvent demandé quelle était la cause qui déterminait le mouvement vital dans un embryon, en apparence dans le repos le plus parfait, et, jusqu'à ce jour, on n'a pas pu en donner la véritable raison. Quelques physiologistes ont soutenu que cette vitalité trouvait sa cause dans l'action de l'oxygène, comme agent excitant sur les diverses parties de l'embryon, mais sans déterminer la manière dont cette excitation se produit. Au point de vue mécanique, il nous semble que le mouvement vital a pour causes plusieurs agents dont nous allons examiner le mode d'action :

1° Dès qu'une graine sèche se trouve en contact avec de l'eau ou un milieu humide, son hygroscopicité lui permet d'absorber des quantités plus ou moins grandes d'eau qui, dès lors, pénètre entre les cellules ou même dans les cellules qui la composent et en augmente proportionnellement le volume. Or, il est impossible que ce phénomène se produise sans que l'on constate un premier mouvement imprimé à toutes les cellules de la graine.

2° Peu de temps après, sous l'influence de l'humidité et de la chaleur des combinaisons diverses se forment, et il est aussi impossible de concevoir la combinaison de tous ces corps sans qu'aussitôt l'idée de mouvements moléculaires arrive à l'esprit.

3° En même temps que des produits gazeux qui se sont formés s'échappent dans l'atmosphère (acide carbonique ou oxygène), il se produit un vide qui tend aussitôt à être comblé par des liquides ou autres fluides ambiants, d'où résulte une autre cause de mouvements moléculaires.

4° La température de l'air et, par suite, celle du sol étant sans cesse variables, et cette variabilité se communiquant de proche en proche aux cellules et aux molécules matérielles qu'elles contiennent ou qui les constituent, on trouve ainsi une quatrième cause de mouvements moléculaires.

5° Enfin, l'action mécanique de la lumière, si légère qu'elle soit, quoique inappréciable pour nos organes autres que la vue, n'en est pas moins une source de mouvements qui se communiquent aussi à la graine, même jusqu'à une certaine profondeur sous la surface du sol, et de là une cinquième cause de mouvement communiqué à toutes les parties de la graine.

Or, ces cinq causes de mouvements, auxquelles peut-être on pourrait ajouter les actions mécaniques de l'électricité, sont certainement suffisantes pour expliquer les phénomènes vitaux qui accompagnent la germination ou l'évolution des parties végétales, phénomènes vitaux qui ne sont, après tout, que des mouvements exercés dans des groupes de molécules matérielles et s'accomplissant dans un sens exigé par l'organisation de ces êtres que l'on est convenu de désigner sous le nom de *Végétaux*.

CHAPITRE X

RÉSUMÉ APHORISTIQUE DE PHYTOGÉNIE.

I

Tout végétal a pour origine un *phytogène* ou *centre vital*.

Le phytogène est un amas de cellules à l'état naissant :

Les végétaux les plus simples (*Protococcus* ou *Globulina*) restent toute leur vie à l'état de phytogène et se reproduisent par la formation de nouveaux phytogènes qui se forment à l'intérieur de la cellule phytogénique.

Ils sont l'analogue du *spore*, qui, lui, est le phytogène duquel dériveront des végétaux plus composés (Acotylédones).

Mais le plus souvent, chez les végétaux plus élevés dans l'échelle de l'organisation végétale, le phytogène, par exastosie, se compose en un certain nombre de phytogènes, et l'ensemble prend le nom de *protophytogène*. Plus généralement, un végétal est *un assemblage de plusieurs individus se développant les uns sur les autres*. En conséquence, il se forme successivement, et par multiplications diverses, une multitude de phytogènes devenant protophytogènes, évoluant chacun d'une manière particulière aux espèces, etc.

Tout protophytogène se compose de phytogènes périphériques entourant toujours un *phytogène central*. Ce phytogène central se compose à son tour en un protophytogène ayant ses phytogènes périphériques et son phytogène central, qui se compose à son tour de la même façon, jusqu'à épuisement de la vie dans l'axe qui résulte du développement et de la superposition des phytogènes centraux successifs.

La composition du phytogène, pour devenir protophytogène, a lieu de deux façons principales : 1° il peut se composer *sphériquement*, et alors il se forme 12 phytogènes en enveloppant un 13ᵉ central ; dans ce cas, les phytogènes enveloppants sont dits *périphériques* ; 2° quelquefois la composition du phytogène, pour devenir protophytogène, ne se fait que suivant *un plan*, et alors les phytogènes enveloppant le phytogène central sont seulement *circulaires*. Dans tous les cas, cette composition est subordonnée au *principe des mouvements d'égales dimensions*, p. 58. Le premier de ces phénomènes se passe généralement dans les bourgeons infrondescents ; le second, plus particulièrement dans les bourgeons inflorescents, ou dans les feuilles qui doivent se composer de folioles ou de nervures plus ou moins nombreuses.

On peut concevoir un phytogène *seul*, grandissant, s'allongeant et donnant lieu à un organe prismatique ou cylindrique, formant un *axe simple* ou *phytogénique* (vrilles, nervures, feuilles subulées des Conifères, etc.). De même on peut concevoir un protophytogène ou phytogène composé *seul*, grandissant, s'allongeant en donnant lieu à un organe cylindrique ou prismatique, formant alors un *axe composé* ou *protophytogénique*, mais présentant deux modifications très-distinctes, savoir : 1° ou l'axe sera sans organes appendiculaires, et dans ce cas c'est par *défaut d'exastosie*, que les phytogènes périphériques resteront entièrement fondus avec l'axe (épines des Gleditschia ; tiges des *Stapelia*, *Rhipsalis*, *Hariota*, etc.), qui, alors, ne porteront pas de feuilles ; 2° ou bien les exastosies naturelles, *centripète* et *circulaire* ou *plane*, forceront les phytogènes périphériques à se séparer de l'axe et à vivre séparément sous formes d'*organes appendiculaires* (feuilles, sépales, pétales, etc.).

Un bourgeon naissant (infrondescent ou inflorescent) est un phytogène ; il consiste en un amas de cellules sphériques assez égales entre elles et ne présentant encore aucune division dans sa coupe tansversale ; un peu plus tard, on le voit peu à peu former des organes distincts qui accusent des groupements dans ses diverses parties, et ces groupements divers sont dus à une *force* ou *propriété* qui les oblige à se séparer. Comme dans cette séparation on reconnaît une sorte d'*individualisation* de chacune des parties, nous lui avons donné le nom d'*exastosie* ou d'*hécastosie*, p. 4.

Il y a trois modifications de l'exastosie : 1° la *centripète*, qui sépare concentriquement les parties autour de l'axe, comme on peut le remarquer dans l'Oignon ordinaire coupé transversalement ; 2° la *circulaire* ou *plane*, qui sépare circulairement et parallèlement à l'axe les différents organes appendiculaires qui, sans elle, feraient que ces organes formeraient une enveloppe non interrompue, une sorte de manchon à la tige ; 3° la *transversale*, qui fait que les axes de distance en distance, ou même la base des feuilles ou des folioles, peuvent se désarticuler plus ou moins facilement sans déchirures. Les bulbes solides ne présentent aucunes des exastosies (*Gladiolus*) ; les bulbes *à tuniques* n'offrent que l'exastosie centripète (Tulipe, *Allium cepa*, etc.) ; les bulbes *écailleux* offrent l'exemple des exastosies centripètes et circulaires (Lis) ; les tiges des *Begonia Evansiana*, de la Vigne, des *Equisetum*, les capsules dites *pyxides* ou même certains calices (*Eschscholtzia*), présentent l'exastosie transversale.

En général, il n'y a que le phytogène central d'un protophytogène qui jouit du privilége de se composer en un protophytogène, les phytogènes périphériques restent simples, et comme ce sont eux qui servent à former les organes appendiculaires, on peut dire que les axes sont des organes *protophytogéniques* et que les feuilles ou leurs modifications sont des organes seulement *phytogéniques*. Il y a néanmoins des exceptions qui ont été indiquées en leur lieu.

Les phytogènes sont sphériques, et quand ils se forment dans une masse continue de tissu cellulaire, comme les sphères ne peuvent se toucher que par des points, il reste entre eux des espaces pleins de tissu cellulaire qui, eux, peuvent devenir le siége de nouveaux centres vitaux ou phytogènes. Nous leur avons donné le nom de *phytogènes interphytogéniques*, et c'est à eux que l'on doit la production des bourgeons *proprement dits* et *adventifs*. Pareillement, en dehors des phytogènes ou centres vitaux périphériques qui se forment dans la masse de tissu cellulaire, de ce que les phytogènes sont sphériques, il s'ensuit qu'il y a des intervalles extérieurs où se trouve du tissu cellulaire qui n'entre pas dans la constitution des phytogènes périphériques. Ces intervalles extérieurs, comblés par du tissu cellulaire, peuvent aussi devenir le point où se développeront de nouveaux phytogènes *extraphytogéniques*, plus petits, moins bien nourris et auxquels on devra les productions connues sous le nom de piquants, poils, etc.

II

Dans quelques cas, la masse de tissu cellulaire ou phytogène se divise différemment et donne lieu à des phénomènes nouveaux. Avant de se transformer en protophytogène, il peut arriver que le phytogène subisse une première division en 2, 3, 4 ou un plus grand nombre de centres vitaux dont chacun, quoique vivant en commun, se composera en protophytogène, et de là des multiplications particulières connues sous le nom de *chorises*.

1° Si, avant de se composer en protophytogène, le phytogène subit la division en 2, 3, 4, 5, etc. phytogènes placés *sur un même plan*, et qu'ensuite chacun de ces phytogènes se compose en protophytogènes vivant accolés, toujours suivant un même plan, tout en produisant des feuilles et même des fleurs, on a une tige aplatie que nous nommons *épipédochorise* (*Celosia cristata*, etc.).

2° Si, au lieu de se produire suivant un plan, les centres vitaux ou phytogènes se produisent suivant un cercle et qu'ensuite chacun d'eux se compose en protophytogènes donnant lieu à des feuilles et des fleurs, tout en vivant accolés ensemble, on a la multiplication que nous avons nommée *cyclochorise* (Figue).

3° Si, enfin, les centres vitaux se multiplient considérablement suivant une sphère ou une portion de sphère, mais les phytogènes se développant tout en restant unis en une sorte de loupe, on a la modification que nous nommons *sphérochorise* (loupes, exostoses).

Mais il peut arriver que les exastosies fassent que chacun de ces protophytogènes, après avoir vécu en commun, se séparent, et alors les multiplications qui en résultent conservent le même nom, seulement on les dit avec *partition*. Les *fascies* sont souvent des épipédochorises avec partition ; le *Didiscus cœruleus* nous a offert un bel exemple de cyclochorise avec partition ; ce que l'on nomme *polycladie*, les inflorescences en tête du Platane et des Composées ne sont autres que des sphérochorises avec partition.

Si dans le principe tout était uni et si le développement des organes se fait sans désunion, il n'est donc pas juste de dire qu'ils sont *soudés*. Le nom impropre de *soudure* n'est relativement applicable qu'à un petit nombre de cas, et il est plus rationnel d'employer les vocables *exastosie* ou *hécastosie* pour exprimer le phénomène des séparations.

Les exastosies ou les défauts d'exastosie peuvent s'expliquer mécaniquement d'une manière très-simple. On peut supposer une force partant d'un centre vital et allant en rayonnant de manière que son maximum d'intensité, placé au centre, va rapidement en décroissant. Si la force rayonnante d'un centre vital tombe à 0 avant d'avoir rencontré la force rayonnante de l'autre centre vital allant à sa rencontre et tombant aussi à 0, il y a absence de mouvement vital, défaut de production de tissus ; et comme ce phénomène se passe sur des molécules matérielles infiniment petites, lorsque les parties où les forces se sont manifestées ont considérablement grossi, les points restés à 0 forment une ligne, ou une courbe, ou un plan de séparation entre les deux centres vitaux, et de là l'exastosie, qui est encore facilitée par divers moyens mécaniques que nous avons fait connaître. Quand, au contraire, la force rayonnante d'un centre vital ne peut tomber à 0 que dans la sphère d'action de l'autre centre vital, et réciproquement, dans ce cas il y a mouvement vital entre les deux centres vitaux, production de tissus et par conséquent défaut d'exastosie.

La composition du protophytogène ne peut se déduire que de l'ensemble de tous les phénomènes de la végétation ; car l'observation ne démontre point directement que le protophytogène se compose de 12 phytogènes périphériques en enveloppant un 13e. Mais la formation du phytogène central est visible dans toutes les productions de bourgeons infrondescents entourés de feuilles ou d'écailles, aussi bien que dans les bourgeons inflorescents où les phytogènes centraux successifs forment l'un après l'autre, d'abord le verticille calycinal, puis le verticille de pétales, puis les verticilles staminaux, et enfin le verticille de carpelles. Quant aux phytogènes périphériques ou circulaires, ils se déduisent rationnellement de la formation des organes appendiculaires (écailles, feuilles, sépales, pétales, etc.). Ainsi, dans les cas où les feuilles verticillées par 3 sont elles-mêmes trifoliolées, il est impossible de ne pas reconnaître l'existence originelle de 9 phytogènes périphériques, savoir : 6 phytogènes circulaires assemblés par paires, et chaque paire surmontée d'un 3e phytogène formant la foliole terminale. *fig.* 19, A et B. Quant aux trois autres phytogènes périphériques, ils sont inférieurs et entrent dans la constitution de l'axe ou mérithalle.

Quant il y a défaut d'exastosie, il ne paraît pas nécessaire d'admettre la formation préalable des phytogènes périphériques, et sous ce point de vue la composition du protophytogène paraît être plutôt théorique. Cependant, de ce que dans les feuilles trifoliolées et verticillées par trois on constate l'existence originelle de ces 9 phytogènes périphériques ; de ce qu'il est plus simple d'admettre des forces analogues dans les forces vitales réparties dans les divers organes végétaux ; de ce que les observations nous démontrent que les individualisations végétales sont pour ainsi dire indéfinies ; de ce qu'il est plus philosophique de ramener à un même principe toutes les actions vitales des végétaux ; de ce qu'enfin, dans certains phénomènes anormaux, on est forcé d'admettre, pour les expliquer, la formation insolite de phytogènes qui restaient dissimulés dans le phénomène normal, il nous semble plus logique d'admettre, en principe, la composition du protophytogène telle que nous l'avons indiquée et de faire intervenir l'action des forces centrales rayonnantes pour expliquer les exastosies ou les défauts d'exastosie. D'ailleurs, dans notre chapitre IV, nous avons fourni des observations *anatomiques, phytomorphiques* et *organogéniques* qui sont en faveur de la composition du protophytogène suivant le principe mécanique que nous avons établi.

III

Tout bourgeon infrondescent naissant est un phytogène.

Quant on suit l'évolution d'un bourgeon naissant, sur un axe vigoureux (Abricotier, Lilas, Sycomore, etc.), on reconnaît d'abord qu'il n'est formé que par une petite masse de tissu cellulaire homogène ; mais, peu à peu, on voit s'opérer une exastosie unilatérale (Abricotier), bilatérale (Lilas) qui, partant du sommet du bourgeon, descend d'un seul côté ou de chaque côté en même temps que l'exastosie centripète se prononce, et bientôt on s'aperçoit qu'il s'est formé une seule ou deux écailles opposées formées par les phytogènes périphériques d'un protophytogène, au centre desquelles est un phytogène central qui se composera à son tour pour donner, un peu plus tard, une ou deux autres écailles enveloppant un autre phytogène central qui se comportera de la même façon, et ainsi de suite. Or ces écailles sont des feuilles qui, protégeant le développement des phytogènes périphériques plus intérieurs, permettent à ceux-ci de se développer plus complétement, et de prendre bientôt l'apparence et la forme des feuilles que l'on connaît dans les espèces sur lesquelles on fait l'observation.

Quelquefois les phénomènes de l'exastosie que nous venons de reconnaître sur le bourgeon naissant semblent disparaître, et l'on serait tenté de croire qu'ils n'existent pas ; mais ils ne sont réellement que *dissimulés*, et, très-certainement, ce qui se passe dans le bourgeon que nous venons d'examiner doit se passer réellement aussi dans les cas où ils ne sont pas observables. Il suffit, pour les admettre, des considérations suivantes :

1° Quant les exastosies circulaire et centripète se prononcent sur un tissu solide, opaque et souvent coloré, comme dans les exemples précédents, il est impossible de nier leur existence ;

2° Mais elles sont plus difficiles à observer dans le phytogène central très-jeune enveloppé d'une série d'écailles, et il faut souvent avoir recours à la loupe pour les reconnaître, quoique le tissu soit encore solide et plus ou moins coloré.

3° Quand le phytogène central, suffisamment protégé et enveloppé par une certaine quantité de feuilles, peut faire son évolution au moment où il est encore très-jeune, mais où son tissu est mou et transparent, les exastosies peuvent avoir lieu comme ci-dessus sans que l'on puisse remarquer autre chose qu'une sorte de repli, comme l'a observé M. Naudin.

4° Enfin, si, poussant plus loin le raisonnement, nous admettons que tout à fait à sa naissance le phytogène central, mieux protégé encore, est à l'état fluide ou gélatineux et parfaitement transparent, il pourra se produire des phénomènes d'exastosie qui ne seront plus perceptibles, même à l'aide de nos moyens d'investigation les plus parfaits. Alors le phytogène central, en se développant, rejettera sur les côtés les phytogènes périphériques, qui, lorsqu'ils deviendront plus faciles à apercevoir à l'aide de nos instruments d'optique, n'apparaîtront plus que comme des mamelons évoluant sur les côtés de l'axe. C'est dans cet état que les organogénistes l'ont étudié et nullement sur le bourgeon naissant où le phénomène se montre mieux; mais il est plus philosophique de ramener à un seul principe l'évolution de tous les phytogènes centraux, et comme dans le bourgeon naissant il est aisé de voir comment se passent exactement les phénomènes de l'exastosie, c'est lui qui a dû servir de base à nos idées sur les exastosies.

Il y a quelques cas où tous les phytogènes périphériques vivent en commun sans montrer d'exastosie circulaire; il n'y a que l'exastosie centripète qui se prononce, et, alors tous ces phytogènes périphériques venant à croître ensemble avant que le phytogène central ait commencé son évolution, ils forment une sorte de sac, clos de toutes parts, dans lequel se trouve enfermé le phytogène central. C'est ce que l'on observe très-bien quand on fait l'organogénie de la spathe des *Allium*, du calice des *Eschscholtzia* et du nucelle. Ce n'est que plus tard que le phytogène central, après s'être développé de manière à faire l'inflorescence ou les verticilles floraux, presse intérieurement sur le sac, qui s'ouvre bilatéralement (*Allium*) ou transversalement (*Eschscholtzia*); mais dans les nucelles, il reste clos.

Chez les Monocotylédones il n'y a, en général, qu'une seule exastosie circulaire ; c'est pourquoi chaque protophytogène ne donne lieu qu'à un seul cotylédon ou à une seule feuille ; pourquoi ces feuilles sont le plus souvent engaînantes, et pourquoi elles sont presque toujours *phytogéniquement alternes*. Dans ce cas, tous les phytogènes périphériques d'un protophytogène vivent en commun pour ne former qu'*un seul organe appendiculaire*. Au contraire, dans les Dicotylédones il y a 2 ou 3 exastosies circulaires, ce qui fait que les cotylédons ou les feuilles sont opposés ou verticillés, à moins que, par déplacement, elles n'arrivent à être alternes, mais elles ne le sont presque jamais *phytogéniquement*, excepté dans quelques cas rares (Ombellifères). C'est qu'alors l'ensemble des phytogènes périphériques se sont partagés en deux ou trois groupes de phytogènes, chaque groupe constituant un organe appendiculaire.

Dans les Acotylédones, les exastosies paraissent être à peu près les mêmes que chez les Dicotylédones, avec cette différence que les feuilles ou frondes, sans être *phytogéniquement alternes*, comme dans les Monocotylédones, sont cependant généralement alternes, mais par déplacement.

La composition d'un protophytogène paraît se produire de quatre façons :

1° Un protophytogène peut se composer de 12 phytogènes périphériques et d'un 13e central ; alors il offre à considérer 3 séries transversales ou horizontales de phytogènes, savoir : 1° une série moyenne composée de 6 phytogènes circulaires et d'un 7e central ; 2° une série inférieure formée de 3 phytogènes ; 3° une série supérieure composée de 3 phytogènes. Les trois phytogènes inférieurs sont l'origine du mérithalle et par conséquent de la tige ; les 6 phytogènes circulaires sont spécialement destinés à la formation de la gaîne des Monocotylédones, ou des organes qui leur sont plus ou moins analogues dans les Dicotylédones, ou bien encore quelquefois des feuilles ou des folioles selon les espèces ; enfin, les 3 phytogènes supérieurs semblent destinés à former les lames foliacées des Monocotylédones ou les limbes des feuilles des Dicotylédones.

2° Dans la formation de l'embryon ou de certains bourgeons (Monocotylédones) le phytogène, d'abord sphérique, passe à l'état ovoïde ; et, comme le premier centre d'ébranlement qui devra commander les exastosies naissantes se fait au centre de figure de l'ovoïde (c, *fig.* 5, D), il s'ensuit une composition du phytogène en un protophytogène dans lequel on reconnaît, en plus des 12 phytogènes périphériques précédents, un *phytogène terminal supérieur* t, et un *phytogène* terminal inférieur r. Le phytogène terminal supérieur avorte souvent ou vit en commun avec les autres phytogènes périphériques pour former l'organe appendiculaire ; mais souvent aussi il se développe, et alors il se compose à la manière des phytogènes-limbes et forme ce que l'on nomme le limbe de la feuille. C'est lorsque les trois phytogènes de la série supérieure ss, *fig.* 5, D, se développent en commun pour former un pétiole indépendant de la gaîne formée par la série circulaire c′ c′, et surmonté d'un limbe très-distinct (*Arum*, etc.). Le phytogène terminal inférieur constitue, par son évolution, la radicule de l'embryon, véritable axe végétal, ou ce que l'on peut appeler la radicule du bourgeon, corps conique qui se trouve sous tous les bourgeons que l'on choisit pour la greffe et sans lequel l'opération ne réussirait pas.

3° Dans certains cas, comme pour les fleurs ou certaines feuilles, le protophytogène ne paraît être composé que de 10 phytogènes, 3 inférieurs et 6 circulaires entourant le 7ᵉ central ; c'està-dire que la série supérieure fait défaut. Dans ce cas, les 3 inférieurs servent toujours à faire le mérithalle ou pédoncule des fleurs, ou le pétiole ou mérithalle de la feuille qui alors est dite *peltée*. Quant aux 6 circulaires disposés suivant un plan *perpendiculaire au pétiole*, ils forment les organes appendiculaires des fleurs dont le nombre-type est 6, ou le limbe de la feuille peltée.

4° Dans les feuilles composées, de générations longitudinale ou latérale, le protophytogène paraît se former suivant un seul plan *parallèle au pétiole*, et alors il n'est plus composé que de 6 phytogènes circulaires entourant un phytogène central. Dans ce cas, les phytogènes circulaires servent à la génération des folioles (*fig.* 23).

Dans tous les cas, la composition des feuilles se fait toujours suivant le *Principe de la trisection*, sauf les cas où le principe est dissimulé. Mais il est toujours possible de retrouver le principe, à l'aide des moyens et des considérations que nous avons exposés autre part (1).

IV

Puisque nous avons admis que des *protophytogènes* vivant en commun, accolés plusieurs ensemble et suivant un plan, constituaient une *épipédochorise* ou *fascie*, nous pouvons également admettre que des *phytogènes* vivant en commun et accolés plusieurs ensemble, suivant un plan, forment aussi une épipédochorise ou *fascie*. C'est le même phénomène physiologique, si ce n'est que, dans le premier cas, les phytogènes initiaux ses ont composés pour former des tiges ou axes qui ont produit des feuilles et des fleurs ; tandis que, dans le second cas, les phytogènes ne se sont pas composés et se sont néanmoins allongés en axes ou nervures qui, au lieu de feuilles, n'ont produit que du parenchyme sous forme de lame et dont l'ensemble constitue l'organe appendiculaire (feuille, sépale, pétales, etc.). Ces organes ne sont donc également que des fascies de composition inférieure aux fascies monstrueuses des auteurs. Pour les distinguer, on peut appeler les premières : épipédochorises, fascies *protophytogéniques*, ou même *feuilles protophytogéniques* (*Ruscus*, *Xylophylla*, etc.) ; tandis que les organes appendiculaires peuvent être désignés sous le nom d'épipédochorises, de fascies *foliaires* ou *phytogéniques*.

Les feuilles sont d'autant mieux des fascies ou épipédochorises que, indépendamment de l'union en un seul plan de plusieurs phytogènes, il est rare que ces phytogènes ne se multiplient pas en grand nombre pour former les nervures que l'on observe, nervures qui sont, dans leur ordre, très-analogues aux axes. Ce qui prouve d'ailleurs que, dans l'origine, ces phytogènes qui servent à constituer les feuilles sont les analogues des phytogènes qui constituent les axes, mais seulement arrêtés dans leur évolu-

(1) *Essai de Phytomorphie*, t. II, p. 3.

tion protophytogénique, c'est que souvent, accidentellement, les phytogènes qui servent à la formation des feuilles, et même ceux qui servent à former les organes floraux, mieux nourris, se composent en protophytogènes capables de donner lieu à des axes ou tiges, et, par conséquent, à de nouveaux individus, puisque ces axes, bouturés ou marcottés, peuvent devenir des individus complets. C'est ce qui justifie le nom de *phytogène*, que nous avons donné à cette petite masse de tissu cellulaire qui apparaît sous forme de mamelon quand on fait l'organogénie des feuilles ou des autres organes végétaux.

Parmi les exemples les plus convaincants, nous citerons celui de la transformation de la vrille des *Cucurbita* en un vrai bourgeon infrondescent capable de former un individu complet. Or, dans les feuilles inférieures d'un jeune individu, on reconnaît que 3 phytogènes circulaires du protophytogène, accusés par 3 faisceaux de fibres, entrent dans sa composition, mais on n'y voit pas de vrille latérale; au contraire, dans les feuilles supérieures à côté desquelles on voit une vrille latérale, on constate que, dans l'origine, 2 phytogènes, accusés par 2 faisceaux fibreux, entrent seuls dans la composition de la feuille (p. 490).

On trouve des preuves de plus en faveur de l'idée des phytogènes servant à produire les feuilles dans les métamorphoses de feuilles en bulbilles (*Polygonum bistorta*) ou en ramifications, comme nous en avons cité des exemples p. 517.

V

Tout bourgeon naissant inflorescent, ou fleur, est un phytogène dont l'origine est la même que le phytogène naissant infrondescent, puisqu'on les voit souvent se transformer les uns dans les autres.

Nous avons dit que le protophytogène-fleur se composait autrement que le protophytogène-infrondescence, d'où résultent seulement 3 phytogènes inférieurs servant à former le pédoncule, et 6 phytogènes circulaires entourant un phytogène central. Quand les 6 phytogènes se développent, on a le nombre-*type* de la fleur; quand il y a avortement de l'un d'eux ou fusion de 2 en un seul organe, on a le nombre 5, qui, plus fréquent, est le nombre *normal* des Dicotylédones. La formation des sépales ou des pétales peut recevoir trois explications différentes :

1° Ou bien chaque phytogène circulaire, subissant l'influence de la chorise plane, se multiplie suivant un même plan, et de là la forme plane particulière à ces organes.

2° Ou bien les parties de la fleur peuvent être considérées comme le résultat de 2 feuilles opposées dont l'exastosie en excès aurait fait de chacune d'elles 3 parties.

3° Ou bien encore, chaque phytogène circulaire se compose en un protophytogène dont les 3 phytogènes circulaires extérieurs vivent en commun pour former la fascie pétaloïde ou sépaloïde (p. 259 et suivantes).

Toutes les parties florales partent d'un corps particulier qui a reçu le nom de *réceptacle*. Ce corps n'est point un organe particulier : ou il n'est que l'ensemble des mérithalles très-courts qui supportent les organes appendiculaires ; on le dit alors *propre* ou *simple* quand il ne porte qu'une seule fleur ; ou il est constitué par tous les mérithalles, vivant en commun, de toutes les fleurs qui se développent à sa surface (Composées). Il est dit alors *commun* ou *composé*.

L'étamine est le résultat du développement d'un phytogène circulaire qui se compose en un protophytogène dont les 3 phytogènes périphériques inférieurs forment le *filet,* tandis que les phytogènes périphériques circulaires et supérieurs, vivant en commun, formeraient l'*anthère,* et par chorise, ses loges, dont les parois seraient les analogues des organes appendiculaires.

Le mode de formation du pollen est le même que celui qui fait les organes reproducteurs des Cryptogames et même des Agames les plus inférieurs. Par conséquent, ce mode de formation se retrouvant dans tous les végétaux, depuis les plus inférieurs jusqu'aux plus élevés de l'échelle végétale ; il est le caractère *dominateur le plus puissant* de toute la végétation ; d'où il résulte, pour être logique : 1° que l'étamine étant regardée comme un organe mâle, il est juste de regarder comme organe masculin le *conceptacle* des Agames, qu'il se nomme *sporange, apothécion* ou *scutelle, urne* ou *archégone, capsule* ou *thèque*, quelle que soit l'analogie extérieure (bien moins importante que le caractère dominateur) que cet organe présente avec l'ovaire des Phanérogames (p. 313) ; 2° que, puisque dans les végétaux les plus inférieurs les spores renferment le germe qui doit produire l'embryon, il est de logique rigoureuse d'admettre que les granules polliniques renferment aussi le germe qui doit former l'embryon des Phanérogames (p. 390, *Germe* et *Embryon*), sans cela il y aurait deux principes dans l'origine du germe ou embryon, ce qui est contraire à la plus saine philosophie.

Les carpelles sont formés, en général, par les phytogènes périphériques d'un protophytogène qui se compose comme les protophytogènes infrondescents. Le plus souvent, deux phytogènes circulaires surmontés d'un phytogène supérieur forment ensemble un *triangle phytogénique* destiné à former le carpelle surmonté de son style et de son stigmate. Cette formation a généralement lieu de la manière suivante : les deux phytogènes circulaires entrent dans la composition du carpelle ; le phytogène supérieur se compose en un protophytogène dont les 3 inférieurs constituent le *style*, et les périphériques le *stigmate*. Dans cette hypothèse, le style est un axe de nature appendiculaire analogue au pétiole dont le stigmate serait l'organe appendiculaire, c'est-à-dire le limbe de la feuille qui peut lui être parallèle ou perpendiculaire, comme dans les feuilles peltées (*Zanichellia palustris*, etc.).

L'ovule naissant n'est qu'un phytogène tout à fait *analogue*, quant à sa composition actuelle, au phytogène interphytogénique qui, placé à l'aisselle d'une feuille, doit former le bourgeon infrondescent. Ce phytogène se compose de très-bonne heure, et quand le tissu est semi-fluide et transparent, en un protophytogène dont le phytogène central grossit beaucoup et rejette sur les côtés tous les phytogènes périphériques, avant que ceux-ci n'aient manifesté la moindre évolution. Ce phytogène central se compose à son tour en un deuxième protophytogène, dont le phytogène central grossira de même, en rejetant encore sur les côtés les phytogènes périphériques. Enfin, ce dernier phytogène central grossira, se composera, mais cette fois, les phytogènes périphériques vivant en commun et continuant à s'accroître, formeront bientôt une cavité, close de toutes parts, constituant le *nucelle* dans l'intérieur duquel se formera, par la suite, le *sac embryon-naire*, puis la *vésicule embryonnaire*, et où s'accompliront les phénomènes dits de la fécondation. Mais pendant que ces forma-tions auront lieu, les phytogènes périphériques du deuxième, puis du premier protophytogène, *arrêtés provisoirement* dans leur accroissement, reprenant leur évolution, apparaîtront d'abord sous forme d'un bourrelet, puis d'une cupule, puis enfin d'une membrane se moulant sur le nucelle et finissant par l'envelopper entièrement, excepté au sommet, où persistera une petite ouver-ture nommée *micropyle* et formée par les 2 sommets rétrécis mais non complétement clos des deux membranes. De Mirbel a nommé *endostome* l'ouverture de l'enveloppe interne, qu'il ap-pelle *secondine*, et *exostome* l'ouverture de l'enveloppe externe, qu'il désigne sous le nom de *primine*.

On voit que, phytogéniquement, la primine, la secondine et la *tercine* ou nucelle ne sont autres que les organes appendiculaires de mérithalles restés très-courts et constituant l'extrême base ou la partie véritablement axile de ces enveloppes.

VI

Nos investigations phytogéniques devraient se borner à la for-mation de la cellule pollinique et à la formation du nucelle, car au delà il est difficile de dire, même par à peu près, ce qui se passe. On pourrait sans doute soutenir encore que le pollen est un phytogène contenant à l'état fluide les éléments d'autres phy-togènes, ce qui nous semble assez admissible; de même que l'on pourrait dire que dans le nucelle se trouvent des éléments fluides capables de s'organiser en phytogènes, ce que semblerait prouver le phénomène de la parthénogénie, qui ne paraît pas douteux pour certains esprits éclairés ; mais comme il nous est difficile de suivre avec quelque précision les développements ultérieurs de l'em-bryon, soit qu'il provienne d'un germe fourni par l'organe mas-

culin, soit qu'il provienne de cellules formées par le liquide amniotique dans le cas de parthénogénie, nous croyons plus sage de
ne pas aller au-delà de la formation du pollen ou de la formation
du nucelle.

Toutefois, dès que l'embryon est né, c'est-à-dire aussitôt que le
germe a pénétré dans la vésicule embryonnaire, on voit la boule
de protoplasma s'entourer d'une membrane qui en fait une cellule
indépendante et qui tombe au fond de la vésicule. Bientôt après,
la vésicule embryonnaire s'allonge par la base et se divise en 2 ou
plusieurs parties par la formation de cloisons transversales. La
division inférieure est celle qui se forme ordinairement la première et constitue une cellule dans laquelle va se développer le
tissu cellulaire qui devra constituer l'embryon. C'est donc dans
cette cellule *germinifère* que se trouve porté le germe pollinique
ou *phytogène initial*. Les divisions supérieures forment le *suspenseur*, ainsi nommé parce qu'il sert à unir l'embryon avec la
voûte du sac embryonnaire.

La cellule germinifère grossit peu à peu, prend une forme
ovoïde ou globuleuse et se trouve bientôt constituée par une masse
de tissu cellulaire formant l'embryon réduit à son premier état
de développement. Le phytogène initial ou germe a donc grossi
par la multiplication des cellules qui le composent, mais il reste
parfois dans un état pour ainsi dire rudimentaire, car on ne distingue encore aucune des parties qui devront constituer plus tard
les cotylédons, la radicule, la tigelle et la gemmule (Orchidées,
Orobanchées, Monotropées, etc.). Dans cet état, il est l'analogue
du *spore* ou embryon des Acotylédones. Un peu plus tard, chez
la plupart des Phanérogames, ce phytogène se compose en un
protophytogène, les exastosies circulaire et centripète se prononcent, et tandis que ses phytogènes périphériques vont vivre en
commun, formant un seul cotylédon enveloppant (Monocotylédones), ou 2 ou plusieurs cotylédons (Dicotylédones), son phytogène central se composera à son tour en un protophytogène dont
les phytogènes périphériques, vivant aussi en commun, formeront
une seule feuille (Monocotylédones), ou 2 ou plusieurs feuilles
(Dicotylédones), séparés du ou des cotylédons par un très-petit
mérithalle dont nous avons donné la phytogénie.

Mais, tandis que les phytogènes périphériques se développent en s'épaississant et forment les cotylédons indiqués par une proéminence latérale (Monocotylédones), ou 2 ou plusieurs proéminences (Dicotylédones), son extrémité opposée correspondant au suspenseur s'allonge en un petit corps conique qui finit par prendre la forme de la *radicule*, qui se confond d'abord avec le premier mérithalle, au sommet duquel sont portés le ou les cotylédons.

VII

Toute radicule, toute branche radicellaire, toute racine adventive a pour origine un petit amas de tissu cellulaire, et, par conséquent, un phytogène.

Le mode de formation phytogénique des racines est absolument le même que celui des tiges, car ce sont des axes souterrains au lieu d'être des axes aériens.

1° Supposons, en effet, que la petite masse de tissu cellulaire naissant qui doit former l'embryon, après avoir pris la forme sphérique que nous attribuons au *phytogène naissant*, s'allonge et prenne la forme ovoïde. Dans ce cas, le protophytogène est composé de telle façon, qu'au lieu de 12 phytogènes périphériques en entourant un 13ᵉ (Dicotylédones), ou, par suite de la formation d'un *supérieur terminal*, de 13 en entourant un 14ᵉ (Monocotylédones, p. 97 et 111), il se forme un autre phytogène *terminal inférieur* situé sous les 3 phytogènes inférieurs destinés à la formation du mérithalle. C'est ce phytogène inférieur terminal (r, *fig.* 5, D) qui sera l'origine de la radicule, et par suite de la racine.

2° Quand on examine le mode de formation d'un phytogène interphytogénique ou axillaire, on le voit aussi affecter d'abord une forme sphérique, puis une forme ovoïde; dans le premier cas, il n'est pas encore composé et ne présente point de corps analogue à la radicule; mais quand il est arrivé à la forme ovoïde plus ou moins allongée, on peut y reconnaître les exastosies qui formeront les écailles ou autres organes appendiculaires, et à la base on constate la présence d'un petit corps conique qui représente exactement la radicule de la graine, corps qui a une très-grande importance dans les phénomènes de la greffe, puisque sans lui la greffe ne réussirait point.

3° Lorsque l'on place dans l'eau des rameaux de bois tendre, nouvellement cueillis (Saule, Laurier-Rose, Douce-Amère, etc.), on ne tarde pas à voir se former, principalement aux points où se trouvent les lenticelles, une petite fente au centre de laquelle on aperçoit une petite masse de tissu cellulaire, d'abord sphérique, mais qui s'allonge peu à peu et finit par revêtir la longueur et les caractères des racines : ce sont les *racines adventives*.

Donc, en remontant à l'origine de la racine, soit à la radicule des graines, soit à celle des bourgeons, soit à celle des racines adventives, on la voit toujours commencer par un petit mamelon arrondi, puis conique, sorte de radicule formée par un amas de tissu cellulaire, et, par conséquent, constituant un phytogène ; aussi n'est-il pas rare de voir les rameaux ou axes radicellaires produire des axes caulinaires chargés de feuilles (*Maclura, Pawlonia*, etc.).

EXPLICATION RAISONNÉE DES FIGURES

PLANCHE I.

Fig. 1. A, B, C. Expression graphique de la manière dont le mouvement produit seulement en a, sur une corde pincée, se communique aussitôt également et forme les concamérations b, ou b', a', b', ou b, a', b', a'', b'', a''', b'''.

Il en est de même du mouvement communiqué en v, par l'embouchure e dans les tuyaux D et E et dont l'onde n, v, n, commande des mouvements égaux, de chaque côté, en v' et v''.

Fig. 2. Pareillement, les plaques A et B donnent lieu à des concamérations égales indiquées par les courbes pleines et les courbes ponctuées n, a n; n, b, n, aussitôt que l'on a seulement déterminé un mouvement sur la portion n, a, n, de la plaque.

Fig. 3. Les membranes A et B, près desquelles on fait résonner un certain son, accusent des mouvements d'égales dimensions indiqués par la manière dont se disposent les poussières dont on les a saupoudrées. La *figure* B représente, à son centre A, un mouvement circulaire qui commande autour de lui 6 mouvements d'égales dimensions accusés par des courbes a' et dont l'ensemble a la plus grande analogie avec la manière dont se compose *typiquement* notre phytogène pour devenir protophytogène (fig. 4).

Observation. Ces figures démontrent donc d'une manière générale qu'*un corps d'une étendue donnée, doué de mouvement et agissant sur des molécules infiniment petites, mobiles, ayant entre elles un ou plusieurs points de contact, y détermine des mouvements d'une étendue égale*, ce que nous exprimons sous le nom de *principe des mouvements d'égales dimensions* (p. 58).

Fig. 4. Figure théorique exprimant la manière dont se disposent les *phytogènes* ou *centres vitaux* dans un *protophytogène* supposé plusieurs fois composé (p. 56 et suivantes).

Fig. 4 bis. A, B, C. Figures théoriques des diverses manières dont peuvent se grouper les phytogènes périphériques pour vivre en commun et donner lieu à la formation des organes appendiculaires.

Fig. 5. A. Coupe transversale d'un phytogène, ou bourgeon naissant au moment où il est sphérique et où son tissu est homogène. B, coupe longitudinale du même phytogène, quand il a pris une forme conique ou ovoïde. C, figure théorique de ce même phytogène au moment où les exastosies commençantes en ont fait un protophytogène dans lequel les phytogènes périphériques et le phytogène central commencent à se scinder; les premiers, pour former les organes appendiculaires, particulièrement des Monocotydones et le central, pour continuer l'axe (p. 97 et 111). D, figure théorique d'un protophytogène complet au moment où vont se former les parties composant le bourgeon. Il est supposé vu dans sa coupe longitudinale et médiane. En r, est le phytogène inférieur destiné à former la *radicule* du bourgeon; en i,i, les phytogènes inférieurs au nombre de 3 disposés en triangle *horizontal* et dont le développement produit le mérithale; en c',c', les phytogènes circulaires, au nombre de 6, ordinairement capables de former les parties engaînantes de l'organe appendiculaire (gaîne ou stipules); en s,s, les phytogènes supérieurs, au nombre de 3, disposés aussi en triangle *horizontal* et formant par leur évolution, chez les Monocotylédones, la lame de l'organe appendiculaire qui n'est alors qu'un pétiole dilaté ou le vrai pétiole surmonté d'un limbe formé par le développement du phytogène terminal, t; enfin en c, est le phytogène central qui, après s'être composé à son tour, est destiné à continuer l'axe en donnant lieu à la série d'organes que nous venons d'énumérer (p. 251 et 665).

PLANCHE II.

Les *figures* 6. A et B, 7A et B et 8 A sont destinées à montrer la cause mécanique qui fait les exastosies ou les défauts d'exastosies que les auteurs nomment *soudures*. En A, *fig.* 7, on voit que les 3 phytogènes M′ M M″ ne peuvent pas se séparer, parce que la *force rayonnante sphérique* de chacun d'eux pénètre dans la sphère d'action de sa voisine, et qu'ainsi il y a mouvement vital entre eux et par conséquent formation de tissus qui uniront les phytogènes les uns aux autres. Il en est de même du groupe de phytogène représenté en B, *fig.* 7.

Mais si les forces rayonnantes sphériques de 3 phytogènes *fig.* 8,A arrivent à 0 avant d'avoir rencontré la sphère d'action de son voisin, il est évident qu'entre ces deux centres vitaux il y aura absence de mouvement, par conséquent ligne de repos et défaut de formation de tissus, d'où la séparation ou l'exastosie (p. 94).

Fig. 8, B. Disposition et formation des phytogènes au sein d'une petite masse de tissu cellulaire, d'après le principe des mouvements d'égales dimensions. On peut remarquer que cette figure est assez analogue à celle que nous a donnée la membrane circulaire saupoudrée de sable *fig.* 3. B. (p. 96.)

Fig. 8. C. *Triangle phytogénique* formé par 3 phytogènes périphériques d'un protophytogène, et destiné à former une feuille de Dicotylédone.

Si les forces rayonnantes de ces centres vitaux pénètrent les sphères d'action des autres centres vitaux, la feuille sera simple. Dans le cas contraire, la feuille sera trifoliolée, chaque phytogène devenant l'origine de chaque foliole, d'où la réalisation du *principe de la trisection* ou de la *triplasie* (p. 115). Il faut observer qu'ici le triangle phytogénique n'est plus *horizontal*, comme c'est le cas pour les phytogènes inférieurs et supérieurs d'un protophytogène, mais qu'il est plutôt *vertical*.

Fig. 9. Expression graphique de la manière dont les 6 phytogènes circulaires de chaque protophytogène se disposent pour vivre en commun 3 par 3 et former les deux organes appendiculaires opposés, *normaux* des Dicotylédones.

Fig. 10. Expression graphique de la manière dont les 6 phytogènes circulaires de chaque protophytogène se disposent pour vivre en commun, 2 par 2, et former les trois organes appendiculaires verticillés, *types* des Dicotylédones.

Fig. 11. A. Expression graphique de la composition d'un protophytogène constitué par 6 phytogènes circulaires C, 3 phytogènes inférieurs i, et 3 supérieurs s, enveloppant un phytogène central qui plus tard se composera à son tour en un protophytogène tout à fait analogue. En B, nous avons l'expression graphique de la manière dont tous les phytogènes circulaires de chaque protophytogène, en vivant en commun, se disposent pour former l'unique organe appendiculaire qu'il produit chez les Monocotylédones (p. 111).

Fig. 12. Diverses sections transversales d'axes destinés à montrer que le nombre de faisceaux fibro-vasculaires est en rapport avec la composition d'un protophytogène (p. 177 et suivantes).

PLANCHE III.

Fig. 13. Expression graphique de la manière dont les forces rayonnantes se distribuent dans les phytogènes circulaires pour déterminer les exastosies. En A, les forces rayonnantes des phytogènes 2,2, sont les plus puissantes et pénètrent dans la sphère d'action des forces rayonnantes des phytogènes 1,1, lesquelles, moins puissantes, pénètrent cependant encore dans la sphère d'action des forces rayonnantes des phytogènes 0,0. Mais dans ces derniers phytogènes, les forces rayonnantes étant moindres, leur mouvement vital arrive à 0 avant leur rencontre en *e x*, et il en résulte une ligne de repos qui fait l'exastosie (p. 98). En B, pour les mêmes raisons, les forces rayonnantes des phytogènes 010, 0'1'0' se pénètrent réciproquement, excepté en 00', d'où résultent deux lignes de repos, *ex*, opposées et par conséquent deux exastosies (p. 100). En C, toujours pour les mêmes raisons, les phytogènes s'associent 2 par 2 et laissent trois lignes de repos, *ex*, qui commandent 3 exastosies (p. 100). Enfin en D, on peut saisir de suite que le raisonnement appliqué aux phytogènes circulaires est tout aussi applicable aux phytogènes périphériques superposés, d'où le défaut d'exastosie ou la vie en commun de tous les phytogènes g,g,g, p,p,l. (p. 101).

Fig. 14. Feuille de Vigne entière, présentant sur l'aile de l'un de ses lobes gauches une ouverture ovale au centre de laquelle s'est développée une feuille de Vigne en miniature (p. 108).

Fig. 15. Figure théorique des différents verticilles floraux dont les mérithalles sont tellement courts que ces verticilles forment comme des cercles ou comme des éléments d'hélice rentrés les uns dans les autres et tous compris dans un même plan (p. 275).

Fig. 15 *bis*. Exemple de tige de Vigne montrant en f, a, les places où les feuilles ont avorté, et en même temps l'on reconnaît qu'à la place des feuilles ou des vrilles avortées, v,a, il y a une gibbosité ou renflement indiquant un commencement d'évolution phytogénique (p. 272).

Fig. 16. Figures théoriques de la disposition des organes floraux sur le sommet de l'axe qui les porte et constituant ce que les botanistes nomment un *réceptacle*. En A, le réceptacle s'est développé sans aucune modification, il est *conique*, et en admettant que toutes les parties soient disposées hélicoïdalement, on aurait une *hélice directe*. On a alors un ovaire *supère*. En B, le contraire s'est produit, c'est-à-dire que par suite d'une *campylotropie circulaire*, les parties les plus nouvellement formées sont restées bien au-dessous des parties formées les premières, d'où est résulté un réceptacle creux et les parties disposées suivant une *hélice inverse*, si l'on admet la disposition hélicoïdale des parties. C'est dans ce cas que l'on dit l'ovaire *infère* (p. 274 et 275).

Fig. 17. Passage du fleuron *anomal* a, du *Calliopsis tinctoria* à l'état *normal* de ligule ou demi-fleuron f, ou inversement, le passage de la ligule (sorte de pétale) au fleuron ou corolle monophylle (p. 262).

Fig. 18. Expression graphique du passage du phytogène composé B, à l'état d'ombelle simple A, où il est aisé de voir que les 6 phytogènes circulaires, en se composant, ont formé chacun les éléments d'une fleur (p. 277).

Fig. 19. A. Développement suivant une seule ligne droite des 6 phytogènes circulaires c,c, surmontés respectivement des 3 phytogènes supérieurs, formant trois triangles phytogéniques verticaux dont chaque phytogène de l'un d'eux a sa signification dans la formation des organes représentés en B, où l'on voit, en a, la figure théorique conduisant à la formation de la feuille trilobée de l'Hépatique b, et par suite à la formation de l'un des trois carpelles du *Lavradia elegantissima,* c (p. 343). Pour l'explication de la *fig.* d, voir la page 353.

Fig. 20. Styles et stigmates de l'*Asimina triloba,* a; de l'*Hepatica triloba,* b; des *Bignonia,* c, et des *Iris,* d (p. 350).

PLANCHE IV.

Fig. 21. Développement du phytogène interphytogénique et organogénie de la feuille de l'*Iris pumila* (p. 123).

Fig. 22. Diagramme de bourgeons dont nous avons fait l'organogénie. En A, le diagramme du bourgeon tout formé du Tilleul; en B, celui du Saule; en C, celui du Noyer. Les points a représentent les axes qui portent directement les bourgeons (p. 129-132).

Fig. 23. Théorie phytogénique de la composition des feuilles. En A, la phytogénie probable des feuilles *longicomposées;* en B, la phytogénie probable des feuilles *latéricomposées* (p. 145).

Fig. 24. Organogénie du carpelle et de l'ovule du *Polygonum cymosum,* afin de montrer parallèlement le développement de l'ovule et celui de la feuille carpellaire (p. 371).

Fig. 25. Expression graphique de l'évolution *non simultanée* des phytogènes composant un protophytogène (p. 535).

Fig. 26. Disposition triangulaire des trois couleurs fondamentales, *rouge, bleue, jaune,* pour conduire théoriquement à la création d'un cercle chromatique de toutes les couleurs végétales (p. 567).

Fig. 27 et 27 *bis.* Ovule de Conifère après l'arrivée du tube pollinique au sommet de la vésicule embryonnaire. On voit, en a, deux des cellules de *rosette;* en b, l'extrémité du tube pollinique; en c, le *noyau embryogénique* ou *cellule embryonnaire;* en d, le sac embryonnaire; en e, la cavité de la vésicule embryonnaire; en f, la cellule embryonnaire détachée et tombée au fond de la vésicule (p. 396). Dans la *fig.* 27 *bis,* l'embryon, par suite du travail de la segmentation, s'est développé; des cloisons verticales et horizontales ont divisé la masse de protoplasma en 4 rangées superposées de 4 cellules chacune. Les 4 inférieures c, par leur multiplication, constitueront l'embryon, tandis que la rangée b formera le suspenseur (p. 437).

PLANCHE V.

Fig. 28. Cône de Pin, avec ses écailles numérotées pour montrer les diverses hélices que l'on peut découvrir dans leur disposition (p. 546).

Fig. 29. Projection théorique d'une série d'hélicules rentrées les unes dans les autres à la manière des spires d'une spirale et destinée à montrer comment de l'*hélice génératrice* se déduisent les hélices secondaires *dextrorses et sinistrorses,* ainsi que la *série rectiligne* (p. 549).

Fig. 30. A et B. Figures théoriques destinées à faire comprendre pourquoi l'hélice dextrorse procède par une *différence,* tandis que l'hélice sinistrorse procède par une autre *différence* et pourquoi les séries rectilignes sont formées de numéros dont la différence est égale aux deux différences observées sur les deux hélices dextrorses et sinistrorses. A, représente la disposition alterne tristique, et B la disposition quinconciale (p. 547).

Fig. 31. A et B. Figures théoriques destinées à prouver que plus la série rectiligne est parallèle à l'axe, plus la contraction des hélicules est grande et par conséquent plus les parties se rapprochent du verticillisme, et réciproquement (p. 550).

OBSERVATION. Ces figures sont obtenues en supposant l'écorce d'une tige détachée de l'axe et étalée.

Fig. 32. Exemple de disposition normale de feuilles d'après la forme 5/13 (p. 551).

Fig. 33. A et B. Figures explicatives de ce que l'on entend par *angle de divergence.* La fig. A représente l'angle de divergence des feuilles alternes distiques, et la fig. B l'angle de divergence de la disposition alterne tristique (p. 548).

Fig. 34. A,B,C,D,E. Figures théoriques destinées à faire comprendre le mécanisme de l'épanouissement des bourgeons, c'est-à-dire du phénomène de la *phyllèse* ou de l'*anthèse* (p. 475).

FIN.

TABLE

DES

NOMS DE FAMILLES, GENRES ET ESPÈCES

EMPLOYÉS DANS CET OUVRAGE

A

Abelmoschus, 204.
— moscheutos, 361.
Abies, 225, 250.
— excelsa, 460.
ABIÉTINÉES, 360.
Abrus precatorius, 627.
Abutilon, 319.
Acacia, 146.
— Cathecu, 628.
— dealbata, 106, 154.
— vera, 628.
Acer, 119, 120, 467.
— pseudo-Platanus, 75, 76, 204, 225, 226, 227, 662.
ACÉRINÉES, 77.
Achillea millefolium, 511.
Achras, 261.
Aconitum, 364, 365.
— lycoctonum, 628.
— Napellus, 631.
Acorus verus, 628.
Adianthum pedatum, 150.
Adoxa moschatellina, 618.
Ægilops, 417, 418, 457.
— ovata, 417, 418, 455.
— triticoides, 418.
— ventricosa, 417.
Æsculus, 204.
— Hippocastanum, 7, 254, 393, 604.
Agaricus cochleatus, 617.
— muscarius, 628.
Agrimonia, 554.
— Eupatoria, 554.
Allamanda verticillata, 85.
Allium, 15, 98, 99, 103, 112, 155, 388, 560, 617, 622, 663.
— cepa, 6, 187, 278, 377, 387, 460, 560, 658.
— fragrans, 460.

Allium pallens, 126.
— Porrum, 98, 278, 377, 460, 560, 606.
— sativum, 337.
— Scorodoprasum, 80.
Almeidea, 291.
— rubra, 292.
Aloe, 540.
Alpinia Galanga, 628.
Alsophila Perrotetiana, 245, 246, 517.
Alstrœmeria versicolor, 329, 375.
Althæa, 280.
— rosea, 15, 261, 262, 319, 383, 517, 597, 598.
Amarantus, 317, 351.
— bicolor, 107.
— tricolor, 107, 566.
AMARYLLIDÉES, 329, 330, 374, 375, 377, 421.
Amaryllis carnarvonia, 422.
— reginæ, 422.
— vittata, 422.
Ambora, 325, 326.
Amomum Cardamomum, 617.
— repens, 628.
— Zingiber, 628.
Ampeligonum chinense, 157, 186.
Amygdalus, 391, 422.
— communis, 617, 642.
Amyris balsamifera, 619.
Anagyris fœtida, 622.
Andropogon halepensis, 186.
— Schœnanthus, 619.
Anemiopsis californica, 91.
Anemone, 475.
— alpina, 557.
— hortensis, 584.
— pratensis, 557, 628.
— pulsatilla, 557, 628.
Angelica, 511.
— Archangelica, 617.
Angræcum fragrans, 619.

ANONACÉES, 82.
Anthemis Pyrethrum, 629.
Anthericum annuum, 238.
Anthoceros levis, 603.
ANTIRRHINÉES, 292, 364, 368.
Antirrhinum, 86.
— majus, 477.
Aphyteia, 392.
Apium graveolens, 238, 278, 562, 606, 617, 630.
— Petrose'inum, 159, 222.
APOCYNÉES, 346.
Aquilegia, 319, 355, 364, 365.
— vulgaris, 291, 354, 362, 520, 571.
Aralia, 101, 146.
— edulis, 185.
Araucaria, 402.
Arbutus, 348.
— Andrachne, 348.
Ardisia coriacea, 460.
Argemone, 295.
Areca, 248.
Aremonia agrimonioides, 554.
Aristolochia, 339.
— Clematitis, 92.
— Serpentaria, 619.
— Sipho, 178, 186, 198, 208.
ARISTOLOCHIÉES, 286, 335.
Armeniaca, 289, 467, 556, 564, 617, 662.
— vulgaris, 618.
Armeria, 317.
Arnica montana, 54.
AROÏDÉES, 68, 123, 260, 360, 377.
Artemisia Abrotanum, 617.
— Absinthium, 72, 617, 629.
— annua, 617.
— camphorata, 622.
— Dracunculus, 617.
— pontica, 617.
Artocarpus, 263.
Arum, 148, 665.
— Dracunculus, 628.
— maculatum, 400.
Arundo, 124, 235.
— Donax, 107, 160, 168.
ASCLÉPIADÉES, 364, 374.
Asclepias, 375, 474.
— syriaca, 374.
Asimina triloba, 350, 351.
Asparagus, 501.
— officinalis, 7, 563, 564, 571, 630.
Asperula, 83, 474.
— odorata, 138, 619, 622.
Asphodelus luteus, 378.
Asplenium proliferum, 246.
Aster, 347.
— chinensis, 419.
Astragalus, 499, 500, 504.
— massiliensis, 492.

Astragalus Onobrychis, 499.
Astrocarpus, 368.
— sesamoides, 291, 363.
— vulgare, 238.
Athamanta Meum, 617.
Atropa, 53.
Aucuba japonica, 604.
AURANTIACÉES, 179, 612, 628.
Avena, 416, 646.
Avicennia, 634.

B

BALANOPHORÉES, 380, 392.
BALISIERS, 123.
Balsamita suaveolens, 618.
Balsamodendrum gileadense, 617.
— Myrrha, 618.
— Opobalsamum, 617.
Bambusa, 64, 124.
Banksia verticillata, 85.
Bartonia, 331.
Bauhinia, 120.
Begonia, 166.
— Evansiana, 658.
— manicata, 512.
— xanthina, 418.
Bellis perennis, 629.
BERBÉRIDÉES, 284, 285, 295.
Berberis, 87, 287, 352, 368, 444, 492.
— vulgaris, 620.
Beta vulgaris, 563, 607.
Betonica officinalis, 618.
Betula, 88, 222, 223, 544, 646.
BÉTULINÉES, 374.
Bignonia, 347, 351.
— Catalpa, 86.
Bocagea viridis, 275.
Boletus suaveolens, 617, 627.
Bonapartea juncea, 379.
Bonplandia trifoliata, 621.
Borassus, 248.
BORRAGINÉES, 332, 374.
Borrago officinalis, 337.
Brassica, 422, 468, 622, 624.
— cheiranthos, 72, 315.
— cymosa, 566.
— Napus, 71, 309, 383, 384, 518, 562, 571, 597, 606, 646.
— oleracea, 15, 566, 570.
— Rapa, 637.
Bromelia Ananas, 560.
Broussonetia papyrifera, 15, 16.
Bryonia, 208, 447.
— dioica, 448, 505, 507, 552.
Bryophyllum, 196, 502.
— calycinum, 2, 162, 199, 365.
Bulliarda, 82.
Butea frondosa, 628.
BUTOMÉES, 356, 357, 366, 368.
Butomus umbellatus, 301, 356.

Burmanniacées 347, 351.
Buxus sempervirens, 230, 487, 606.
Byrsonima bicorniculata, 337.

C

Cabombées, 444.
Cacalia septentrionalis, 612.
Cactées, 16, 217, 328, 494, 495, 497, 503.
Cactus, 288, 295, 494, 527, 535.
Callanthe veratrifolia, 330.
Calendula officinalis, 272, 534, 591, 592, 594, 595.
Calliopsis tinctoria, 262.
Callistemon, 299.
Callistephus hortensis, 419.
Calophyllum Tacamahaca, 618.
Calycanthus, 288, 535.
   — floribundus, 536.
Camellia, 288, 295, 471.
Campanulacées, 426.
Campanula, 88, 322, 328, 331, 347, 474, 544.
   — medium, 15, 397.
   — Rapunculus, 322, 333.
Campelia zanonia, 188.
Canarina, 82.
Candolea, 299.
Canna, 378, 395, 397, 467, 469, 644.
   — gigantea, 587.
Cannabis sativa, 121, 227, 347, 445, 446, 447, 448, 532, 622.
Cantharellus cibarium, 616, 619.
Capparidées, 279, 362.
Capparis, 345.
   — spinosa, 88, 170, 362, 366, 538, 628.
Carapa guyanensis, 393.
Cardamine latifolia, 503.
   — macrophylla, 2, 3, 162, 199, 207, 365, 503.
   — pratensis, 503.
Cardiospermum Halicacabum, 291.
Carex, 123, 540.
Carica, 166.
Caryophyllées, 54, 85, 185, 186, 264, 278, 335, 353, 354, 368, 532, 534.
Caryophyllus aromaticus, 618.
Cassuvium occidentale, 628.
   — orientale, 628.
Cassytha, 338, 442, 515.
Castanea vulgaris, 204, 393, 504, 620.
Caylusea, 363, 368.
Celosia, 317.
   — cristata, 166, 487, 659.
Celtis, 192.
Centaurea hybrida, 422.
Cephaëlis Ipécacuanha, 621.
Cerastium biebersteinianum, 353, 361.
Cerasus, 13, 87, 292, 540, 556, 564, 571, 617.

Ceratonia siliqua, 627.
Ceratophyllum, 43.
Cercis, 119, 120.
Cereus, 6, 252, 353, 485, 497.
Cestrum diurnum, 614.
   — fœtidissimum, 621.
   — nocturnum, 614.
   — Parqui, 618.
Chamærops, 129, 154.
Champignons, 403, 566.
Chara, 23, 34, 241.
   — crinata, 446.
Cheiranthus Cheiri, 222, 376, 618.
Chelidonium, 295, 362.
   — majus, 35, 621, 628.
Chénopodées, 360.
Chenopodium, 317.
   — ambrosioides, 613.
   — Botrys, 613.
   — Vulvaria, 613, 621, 622.
Chlamidococcus pluvialis, 398.
Chondrilla, 263.
Chrysanthemum Leucanthemum, 599.
Cicca, 502.
Cichorium Intybus, 562, 630.
   — Endiva, 562.
Cicuta virosa, 254, 513.
Cinara Scolymus, 587, 630.
   — Cardunculus, 630.
Cinchona, 53, 204, 627.
Circea, 260.
   — lutetiana, 84.
Cissus, 127, 150, 164, 291, 513, 523, 524.
   — quinquefolia, 523, 588.
Cistus, 89, 472, 473, 612.
Citrus, 216, 298, 310, 378, 379, 396, 398, 459, 460, 538, 570, 627.
   — Aurantium, 121, 189, 467, 469, 610, 616, 618.
   — Bigaradia, 459.
   — medica, 617.
Claudea elegans, 163, 490.
Cleome spinosa, 291.
Clematis, 153, 201, 475, 557.
   — Flammula, 75, 76, 630.
   — florida, 599.
   — Vitalba, 186.
   — Viticella, 627.
Clusia rosea, 652.
Cneorum tricoccum, 291, 292.
Cobœa, 291, 336.
   — scandens, 340.
Cocos nucifera, 248, 444, 642.
Cœlebogyne, 376, 378, 446.
   — ilicifolia, 314, 446.
Cœnopteris fœnicula, 246.
   — thalictroides, 246.
Coffea, 374, 380, 444.
Coix lacryma, 168.
Colchicum, 338, 377.
   — autumnale, 401, 617, 628.

Coleus scutellarioides, 572.
— Werscherfeldtii, 572, 587, 590.
Colutea, 86, 544.
COMPOSÉES, 54, 222, 262, 266, 267, 270, 272, 319, 333, 352, 426, 555, 559, 668.
Convallaria maialis, 619.
— polygonatum, 617, 627.
CONIFÉRES, 42, 225, 227, 248, 250, 374, 394, 396, 436, 437, 438, 365, 488, 492, 513, 610.
CONFERVES, 23, 429, 603.
Conocarpus, 624.
CONVOLVULACÉES, 54.
Convolvulus scoparius, 619.
Coriandrum sativum, 618.
Coriaria, 318, 319, 352.
CORNÉES, 77.
Cornus, 76, 84.
— mas, 75, 76, 179.
Coronilla varia, 372, 556.
Cortusa Matthioli, 368, 384.
Corylus, 540.
— Avellana, 194, 499, 500.
Corypha, 248.
Costus indicus, 619.
Cotyledon, 82.
Craniolaria fragrans, 619.
Crassula, 81, 82.
Cratægus, 328.
— oxyacantha, 617.
Crinum, 388.
— capense, 402, 436.
Crocus sativus, 620.
— vernus, 377, 379, 394, 402, 436, 620.
Croton, 629.
Crucianella, 84.
CRUCIFÉRES, 49, 222, 278, 279, 292, 294, 335, 360, 376, 377, 402, 444, 619, 620, 622, 624.
Cucifera thebaica, 207.
Cucumis, 460.
— Chate, 422.
— Colocynthis, 508, 629.
— Melo, 422, 505.
CUCURBITACÉES, 69, 70, 76, 128, 164, 171, 184, 208, 302, 308, 337, 490, 491, 494, 495, 496, 504, 505, 506, 507, 508, 509, 514, 532.
Cucurbita, 72, 151, 208, 302, 489, 667.
— Citrullus, 445, 446.
— digitata, 507.
— maxima, 507, 508.
= Melopepo, 508.
— Pepo, 300, 302, 490, 508, 591, 592, 594, 595.
Cuphæa, 543.
— cordata, 570.
— miniata, 570.
Cupressus, 394.
Curcuma, 627.

Curcuma rotunda, 628.
Cuscuta, 338, 392, 442, 515.
— chinensis, 566.
CYCADÉES, 247, 248, 437.
Cycas, 248.
Cydonia, 87.
— vulgaris, 121, 628.
Cynanchum Arghel, 621.
Cynoglossum officinale, 621.
Cynomorium coccineum, 426.
CYPÉRACÉES, 169, 179, 360.
Cyperus, 542.
— esculentus, 617.
— Papyrus, 178, 234, 491.
Cystopteris bulbifera, 113.
Cytinus Hypocistis, 318.
Cytisus, 204.
— Adami, 423, 459.
— Laburnum, 87, 423, 424, 515, 570.
— nigricans, 372, 556.
— purpureus, 423, 424.

D

Dahlia, 26, 267, 419.
— variabilis, 587, 588, 590, 591, 593, 595, 597, 599, 607.
Daphne Laureola, 346.
Datura, 53.
— ceratocaula, 416.
— Stramonium, 416, 621.
— Tatula, 416.
Daucus Carota, 272, 599, 606, 617.
Davallia novæ zelandiæ, 114.
Delphinium, 364.
— Ajacis, 15, 582.
— elatum, 538.
Desmochæta atropurpurea, 566.
Dianthus, 422, 436.
— barbatus, 238.
— Caryophyllus, 185, 618, 622.
Dictamnus albus, 618.
Didiscus cœruleus, 15, 311, 660.
Dielytra spectabilis, 564, 570.
Diervilla japonica, 183.
Digitalis, 86.
— purpurea, 397.
Dioscorea, 84.
Diosma hirsuta, 617.
Diospyros, 192, 204.
— Ebenum, 230.
Diplazium Filix fœmina, 114.
— proliferum, 246.
Dipterix odorata, 619.
DIPSACÉES, 321, 333, 426.
Dorstenia, 326.
Dracæna, 207, 239.
— marginata, 238.
Dracunculus, 150.
Drosera anglica, 168.
— graminifolia, 168.

Drosera rotundifolia, 339, 538.
Drymaria divaricata, 361.
Drymis Winteri, 628.
Dryobalanops Camphora, 617.

E

Ebénacées, 82.
Ecbalium Elaterium, 90, 91, 629.
Echinocactus, 6, 15, 16.
Echinopsis, 6, 15, 16.
— Eyriesii, 597, 618.
Echium vulgare, 201.
Elæis, 248.
— guineensis, 619.
Elodes ægyptiaca, 538.
Emblica officinalis, 339.
Ephedra, 185.
Epidendrum Vanilla, 401, 619, 628
(voir *Vanilla*).
Epilobium, 84.
— spicatum, 328.
Epiphyllum, 497.
Equisetum, 6, 241, 242, 658.
Eriostemon, 618.
Ervum monanthos, 504.
Erysimum Alliaria, 617, 622.
Erythalis fruticosa, 230, 617.
Eschscholtzia, 98, 99, 103, 295, 296,
335, 362, 537, 555,
658, 663.
— crocea, 98, 296, 297.
Eucalyptus resinifera, 628.
Eugenia, 393.
Eupatorium Aya-pana, 619.
Euphorbiacées, 339, 629.
Euphorbia, 512, 629.
— Chamæsyce, 512.
— helioscopia, 461.
— hypericifolia, 512.
— rosea, 460.
Eupomatia laurina, 291.
Euryale, 332.
Evodia Raventsara, 618.
Evonymus verrucosa, 223.
— latifolius, 460.
Exocarpos, 376.

F

Fagus sylvatica, 222, 646.
— purpurea, 566.
Ferula, 511.
— Assafœtida, 617, 622.
— tingitana, 106, 147.
Ficus, 15, 86, 169, 223, 283, 325, 326,
327, 373, 374, 470, 499, 500,
514, 544, 556, 627, 659.
— carica, 499.
— elastica, 169, 652.
Fissidens, 603.
Flacourtianées, 357.

Flagellaria indica, 491.
Fœniculum, 164, 511.
— dulce, 628.
— vulgare, 164, 168, 186,
618.
Forestiérées, 77.
Fougères, 54, 243, 244, 245, 246, 247,
248, 256, 468, 470, 494, 517, 525.
Fragaria, 80, 289, 326, 473, 613.
— collina, 283, 554.
Fraxinus, 192.
Fritillaria imperialis, 378, 621, 628.
Fuchsia, 83, 84, 345, 451, 589, 590,
608.
Fucus, 622.
Fumariacées, 360.
Funkia cœrulea, 378.
— subcordata, 555, 597.

G

Galega officinalis, 173.
Galium, 83, 139, 266, 474, 538.
— aparine, 139.
— mollugo, 422.
— verum, 422, 618.
Galipea pentagyna, 292.
Gaultheria procumbens, 337.
Genista juncea, 611.
Gentiana lutea, 629.
Geoffroya inermis, 628.
Géraniacées, 397.
Geranium, 154.
Geum, 325, 326, 473, 554.
— urbanum, 324, 554, 618.
Gingko, 488.
— biloba, 162, 185, 487, 489.
Gladiolus, 6, 658.
— communis, 329, 355.
— psittacinus, 185.
— segetum, 378.
— tristis, 611.
Glaucium, 362.
Gleditschia, 107, 146, 252, 253, 338,
442, 486, 657.
— ferox, 492.
Globulina, 656.
Glyceria aquatica, 124.
Glycyrrhiza echinata, 627.
— glabra, 627.
Goodéniacées, 323, 331.
Gossypium, 280.
Graminées, 49, 68, 122, 123, 124, 168,
169, 175, 185, 186, 187, 235, 294,
332, 335, 339, 346, 360, 368, 377,
444, 469, 532, 552.
Guajacum officinale, 230, 619, 628.
— sanctum, 512.
Gynandropsis pentaphylla, 279.
Gypsophylla altissima, 543.
— scorzoneræfolia, 543.
— Struthium, 54.

H

Hæmatoxylum Campechianum, 619.
HALORAGÉES, 380.
Hariota, 252, 487, 491, 657.
— saglionis, 485.
— salicornioides, 485.
Hedera, 119, 120, 512.
— helix, 208, 606.
Helianthus, 88, 544.
— annuus, 263, 267, 272, 278, 591, 592.
— petiolaris, 591, 592, 594.
— tuberosus, 26, 85, 87, 121, 185, 532, 544, 592, 594, 595, 646.
Helicteres, 278.
— sacarolha, 291.
Heliotropium, 325.
— europæum, 618.
— grandiflorum, 618.
Helleborus, 150, 153.
— niger, 628.
— odorus, 295.
Helosciadium tenuifolium, 278.
Hemerocallis cœrulea, 582.
— fulva, 571, 606.
Hepatica triloba, 343, 350, 351.
HÉPATIQUES, 241, 312.
Heracleum barbatum, 323.
Hermannia denudata, 538.
Hesperis tristis, 611.
Hibbertia, 299.
Hibiscus, 349.
— Abelmoschus, 616, 618.
— palustris, 347.
— syriacus, 280.
Hieracium fœtidum, 622.
Hippeastrum aulicum, 379, 402, 436.
Hippocratea, 302.
— Riedelii, 291.
Hippomane Mancenilla, 629.
HIPPURIDÉES, 380.
Houttuynia, 304.
— cordata, 168.
Humulus, 172.
— lupulus, 630.
Hyacinthus, 155, 388.
— orientalis, 14, 222, 565, 570, 571, 616, 618.
Hydnora, 392.
Hydrangea Hortensia, 604.
Hydrocharis, 34.
Hydrocleys Commersoni, 514.
Hydrocotyle, 349.
Hydrogeton fenestralis, 163, 490.
Hymenocallis cœrulea, 378.
Hymenophyllum gigantea, 244.
Hyoscyamus niger, 621.
Hypericum, 559.
— calycinum, 135.

I

Icica Icicariba, 617, 618.
— viridiflora, 618.
Illicium anisatum, 617.
— floridanum, 617.
— parviflorum, 617.
Impatiens, 419.
— Balsamina, 454.
Imperatoria Ostruthium, 617.
Inula Helenium, 617.
Ipomea Jalapa, 54.
IRIDÉES, 123, 329, 330, 355, 368 379, 532.
Iris, 347, 351, 444, 480.
— florentina, 616, 619.
— germanica, 123, 124, 223, 480, 481, 482, 571, 616, 619.
— ochroleuca, 238.
— pumila, 123, 126, 571.
Isatis tinctoria, 376.

J

Jasminum, 158.
— odoratissimum, 608.
— officinale, 133, 145, 559, 564, 570, 616, 618, 624.
Jatropha, 629.
JUGLANDÉES, 374.
Juglans regia, 131, 198, 228, 254, 374, 381, 618, 628.
Juniperus, 394, 401.
Jussiæa diffusa, 250.

K

Kalanchoe, 82.
Kerria japonica, 16, 87, 386, 570, 571.
Kitaibelia, 280.
— vitifolia, 279, 280.
Kleinhovia hospita, 619.
Krameria triandra, 628.

L

LABIÉES, 75, 78, 85, 119, 180, 181, 259 260, 292, 332, 342, 374, 376, 473 522, 534, 612, 620.
Lactuca virosa, 621.
Lagerstrœmia, 289.
Laghetto lintearia, 226.
Lamium album, 75, 181.
— purpureum, 75, 181, 606.
Lampsana communis, 15.
Lantana Camara, 575.
Larix europæa, 460.
Lathyrus, 164, 495, 513.
— Aphaca, 173, 184, 492, 505, 506, 509.
— latifolius, 571, 590.

Laurus, 76, 119, 164, 301, 319.
— Benzoin, 619.
— Camphora, 76, 617.
— Cassia, 76, 617.
— Cinnamomum, 76, 617, 624.
— Culilaban, 76, 619.
— Malabathrum, 76, 618.
— nobilis, 622.
— Sassafras, 619.
Lavendula spica, 624.
Lavradia elegantissima, 343.
LÉGUMINEUSES, 259, 265, 278, 279, 294, 473.
Lemna, 249.
LENTIBULARIÉES, 335.
Lepidium sativum, 461, 636.
Leptandra siberica, 85.
— virginica, 85.
Leucoium vernum, 377, 402.
LICHENS, 566.
Ligusticum Levisticum, 619.
Ligustrum, 86, 544.
LILIACÉES, 187, 355, 368, 377, 379.
Lilium, 338.
— bulbiferum, 156.
— candidum, 6, 125, 207, 237, 238, 340, 362, 454, 596, 597.
— croceum, 454.
Linaria, 86.
— purpurea, 416.
— vulgaris, 416.
Linum, 474.
— usitatissimum, 227, 582, 638.
Lippia, 86.
Liquidambar styraciflua, 618.
Liviodendron tulipifera, 467, 470.
Litsæa chinensis, 617.
— Myrrha, 618.
LOASÉES, 324.
LOBÉLIACÉES, 259, 323, 331.
Lolium perenne, 647.
Lonicera, 76, 119, 198.
— Caprifolium, 79, 80, 154, 183, 619.
Lontarus, 248.
Loranthus, 376, 377, 380, 389.
Luffa, 302.
— amara, 70.
— cylindrica, 507.
Lunaria annua, 86, 121, 534.
Lupinus, 141, 144, 298, 511.
— nootkatensis? 512.
— polyphyllus, 512.
Lycium barbarum, 13.
Lychnis, 261, 262, 278.
— dioica, 446, 538.
Lycopersicum, 525.
— cerasiforme, 620.
— esculentum, 522, 524, 620.
— pyriforme, 620.

LYCOPODIACÉES, 241.
Lysimachia punctata, 85.
— verticillata, 85.
— vulgaris, 85.
LYTHRARIÉES, 82, 259. 283, 286, 595.
Lythrum, 85, 289, 559.
— Salicaria, 72, 85, 92, 309, 373, 383, 519, 555.

M

Macleya cordata, 90.
Maclura, 253, 673.
Magnolia, 289, 295, 471, 473, 604.
MAGNOLIACÉES, 82.
Malaxis paludosa, 502.
Malope, 279. 280.
— trifida, 279.
MALPIGHIACÉES, 82.
Malus, 80, 87, 228, 540, 571, 578.
MALVACÉES, 282, 283, 475.
Malva, 280, 347, 474, 475.
— moschata. 618, 622.
— rotundifolia, 319.
— sylvestris, 647.
Mangifera indica, 378.
Marchantia polymorpha, 26, 27.
MARSILÉACÉES, 241.
Matthiola annua, 598, 618.
— incana, 222, 588.
Meconopsis, 363.
Medicago sativa, 646.
Melaleuca, 386.
— hypericifolia, 310.
— Leucadendrum, 617.
Melanium, 349.
MÉLANTACÉES, 377.
Melianthus major, 168.
Melica altissima, 168.
Melilotus cœrulea, 618.
— officinalis, 619.
Melissa officinalis, 617.
Melocactus, 15, 16.
Menispermum, 287.
Mentha, 618, 620.
Menzelia, 324, 331.
Merendera caucasica, 379, 400.
Mercurialis, 446.
— annua, 181, 183, 447, 629.
Mesembryanthemum, 368, 538.
— cordifolium, 357.
— edule, 357.
— violaceum, 357.
Mespilus, 536.
Mesua ferrea, 617, 618.
Methonica gloriosa, 491.
Metrosideros, 460.
Microtea, 317, 351.
— maypurensis, 298.
Mimulus, 347, 351.
— moschatus, 618.
Mirabilis, 422, 423 (voir *Nyctago*).

Mirabilis Jalapa, 346, 423.
   — longiflora, 423.
Mithridatea, 15, 326.
Molospermum cicutarium, 630.
MONOTROPÉES, 392, 671.
MORINGÉES, 77.
Morus, 326.
MOUSSES, 241, 312.
Muscari comosum, 563.
   — moschatum, 618.
Myosotis, 325.
Myosurus minimus, 270, 387, 536.
Myricaria germanica, 361.
Myriophyllum, 43.
Myristica, 164.
   — moschata, 618.
Myroxylum peruiferum, 619.
   — toluifera, 619.
Myrrhis odorata, 617.
MYRSINÉES, 352, 359.
Myrtus, 612.
   — caryophyllata, 618, 627.
   — communis, 610, 618.
   — pimenta, 618.

N

Naghas, 619.
NAÏADÉES, 377.
Najas, 42, 397.
   — major, 379.
Narcissus, 92, 263, 268, 349.
   — Junquilla, 612, 618, 624.
   — odorus, 101.
   — papyraceus, 101.
   — poeticus, 89.
   — pseudo-Narcissus, 89, 261.
Nardosmia, 151.
   — fragrans, 619.
Nardus, 339.
Nasturtium officinale, 49.
Nelumbium, 155, 320, 349, 387.
   — speciosum, 143, 154.
Nepenthes, 336, 349.
   — distillatoria, 227.
Nephrodium cristatum, 114.
   — dilatatum, 114.
Nerium, 86, 166, 474.
   — Oleander, 136, 673.
NOSTOCHINÉES, 29.
Nothoscordum fragrans, 378.
Nicotiana, 383, 386, 416.
   — rustica, 309, 382, 519.
   — Tabacum, 259, 621, 622.
Nigella, 355.
   — arvensis, 355.
   — damascena, 355.
   — sativa, 619.
Nitraria, 298, 310.
Nolana, 382, 383, 386.
   — prostrata, 372, 382, 556.
Nuphar luteum, 222, 332, 349.

Nyctago, 334, 335, 349, 444 (voir *Mirabilis*).
Nymphæa, 42, 143, 144, 153, 222, 288, 295, 332, 511, 527.
   — alba, 473, 535.
NYMPHÉACÉES, 331, 348, 444.

O

OCHNACÉES, 332.
Ocimum, 342.
Ocotea Cymbarum, 619.
   — Picburim, 618, 619.
Œnothera biennis, 15.
   — muricata, 402.
   — suaveolens, 611.
ŒNOTHÉRÉES, 328.
OLACACÉES, 352.
Ombellifères, 118, 122, 169, 235, 272, 273, 278, 292, 323, 331, 474, 511, 559, 610, 664.
Onobrychis sativa, 395.
Onoclea, 113, 130.
   — sensibilis, 112.
Opercularia, 263.
   — aspera, 263, 383.
   — umbellata, 263, 383.
Opetiola myosuroides, 314.
Oplismenus colonus, 168.
   — crus galli, 167.
Opuntia, 328.
ORANGERS (voir *Aurantiacées*).
ORCHIDÉES, 329, 330, 377, 391, 392, 401, 440, 533, 671.
Orchis, 617.
   — hircina, 617, 621, 622.
Orobanche, 566.
   — cærulea, 566.
OROBANCHÉES, 392, 671.
Ornithogalum pyrenaicum, 630.
Ouvirandra madagascariensis, 490 (voir *Hydrogeton fenestralis*).
Oxalis, 444.

P

Palmella hyalina, 29.
PALMIERS, 68, 207, 232, 233, 236, 240, 244, 248, 255, 256, 449.
Pandanus, 311.
   — odoratissimus, 233, 250, 652.
PAPAVÉRACÉES, 295, 335, 362, 364, 368, 537.
Papaver, 74, 303, 309, 338, 348, 349, 351, 363, 365, 366, 474, 521, 555, 621.
   — bracteatum, 89, 521.
   — nudicaule, 521.
   — orientale, 521.
   — Rhœas, 584, 587, 630.
   — somniferum, 521.

Papilionacées, 533.
Parietaria, 317.
Parnassia, 261, 262.
Paspalum dilatatum, 168.
Passiflora, 120, 397, 489, 492, 509, 515.
Pastinaca Opopanax, 617.
Paulownia, 253, 673.
— imperialis, 616, 619.
Pavonia, 280.
— corymbosa, 280.
— cuneifolia, 280, 281.
— hastata, 280, 281, 285, 301.
— odorata, 280.
Pedicularis, 379.
Pekea, 392.
Pelargonium, 318, 451, 525, 613.
— capitatum, 613, 619.
— inquinans, 524, 570, 584.
— moschatum, 618.
— papilionaceus, 525.
— radula, 525.
— terebenthinaceum, 613.
— triste, 611.
— zonale, 524, 584, 613.
Penicillaria spicata, 187.
Perilla nankinensis, 566, 582.
Persica, 149, 292, 422, 556, 559, 617, 631.
— vulgaris, 571.
Personées, 376 (voir Scrofularinées)
Petasites, 151.
Petiveria, 622.
— alliacea, 617.
Petunia, 543.
— nyctaginiflora, 416, 418, 597, 598.
— violacea, 416, 418.
Phalaris nodosa, 168.
— truncata, 168.
Phallus impudicus, 620.
Phascolus, 121, 132, 143, 153, 154, 166, 172, 252, 375, 391, 417, 455, 511, 526, 534, 562, 642.
— multiflorus, 132, 185, 419, 420, 456, 465, 565, 571, 588.
— vulgaris, 142.
Phellandrium aquaticum, 617.
Philadelphées, 77.
Philadelphus coronarius, 84, 222, 616, 618.
Phleum, 426.
Phlox, 86, 544.
Phœnix dactylifera, 27, 236, 237, 444, 627.
Phyllantbus, 497, 502, 503, 527.
— grandifolius, 502.
— Niruri, 502.
Physalis Alkekengi, 555, 628.
Phytelephas, 444.
Phytolacca, 319, 352, 523.

Phytolacca decandra, 298, 523.
— esculenta, 523.
Pilularia, 468.
Pimpinella Anisum, 617, 626, 628.
Pinus, 225, 401, 545, 546, 549, 550, 551, 560.
— caramanica, 560.
— Strobus, 460.
Pipéracées, 444.
Piper methysticum, 619.
Pistacia Terebinthus, 618.
Pisum, 172, 491, 521, 642.
— sativum, 14, 164.
Pittosporum Tobira, 618.
Platanus, 15, 16, 169, 263, 278.
Platycentrum rubrovenium, 418.
— xanthinum, 418.
Platystemon, 89.
— californicum, 89.
Plumbago, 317.
Poa trivialis, 168.
Podocarpus, 374.
Podophyllum, 142, 285, 286.
— peltatum, 141, 142.
Pœonia Moutan, 292, 387.
— officinalis, 584, 588, 600, 621.
Pogostemon, 342.
— Patchouly, 619.
Polémoniacées, 340.
Polemonium cœruleum, 340, 571.
Polianthes Tuberosa, 616, 622.
Polycardia phyllanthoides, 501.
Polygalées, 352, 356, 368.
Polygonées, 82, 118, 122, 169, 186, 287.
Polygonum, 287, 317, 351.
— Bistorta, 517, 525, 667.
— cymosum, 371.
— orientale, 185, 186.
— tinctorium, 186.
Polypodium aureum, 243.
— dryopteris, 114.
— vulgare, 54, 243, 627.
Pomacées, 617.
Pontederia cordata, 168.
Populus balsamifera, 618.
— nigra, 619.
— Tremula, 593, 595, 646.
Poranthera ericifolia, 301.
Porliera hygrometrica, 512.
Portulacées, 335.
Potomageton, 42, 43.
— natans, 168, 222.
Potentilla, 128, 150, 554.
Poterium, 151.
Pothos longifolia, 402.
Prenanthes, 263.
Primulacées, 16, 317, 335, 352, 356, 359, 368, 384, 538.
Primula, 276.
— auricula, 638.
— glutinosa, 276.

Primula officinalis, 618.
— sinensis, 277.
Prinos, 82.
Prismatocarpus, 328.
Protococcus, 44, 424, 656.
Prunus, 342, 564, 578, 617.
— Lauro-cerasus, 617.
— Mahaleb, 617.
— virginiana, 617.
— spinosa, 492, 628.
Ptelea, 83, 143, 153, 526.
— trifoliata, 142, 526.
Pteris aquilina, 243.
Pterocarpus erinaceus, 628.
Pulmonaria officinalis, 590.
Punica, 368.
— granatum, 92, 358, 627, 628.
Pyrola, 301.
PYROLACÉES, 392.
Pyrus, 87, 223, 229, 283, 328, 468, 540, 571.
Pyxidanthera barbulata, 301.

Q

Quassia amara, 627.
Quercus, 1, 646.
— Robur, 204, 228, 467.
— Suber, 224.
Quillaia saponaria, 53.

R

Rafflesia, 304, 448.
— Arnoldi, 447.
RAFFLÉSIACÉES, 392.
Ranunculus, 261, 262, 289, 293, 338, 444.
— acris, 591.
— aquatilis, 489, 492.
— bulbosus, 3.
— sulcratus, 628.
Raphanus, 422.
— sativus, 628.
RENONCULACÉES, 16, 270.
RÉSÉDACÉES, 360.
Reseda odorata, 616, 618.
Rhamnus catharticus, 192.
— Frangula, 292.
— infectorius, 621.
Rheum, 287.
— australe, 618.
— compactum, 618.
— palmatum, 618.
— undulatum, 90, 347, 618.
— Rhaponticum, 618.
Ripsalis, 252, 487, 491, 497, 657.
— Cassytha, 485.
— fasciculata, 485.
— floccosa, 485.
— funalis, 485.
Rhizophora, 634.

Rhodiola, 82.
Rhus Cotinus, 557.
— Toxicodendrum, 627, 628.
Ribes, 87, 328, 578, 604.
— Grossularia, 328.
— nigrum, 328.
— rubrum, 328.
Ricinus, 16, 169, 311, 444.
Robinia, 128, 149, 495.
— pseudo-Acacia, 7, 17, 470, 492, 514, 616, 618.
Rochea, 196.
— falcata, 2, 3.
ROSACÉES, 54, 259, 265, 282, 283, 324, 328, 444, 475, 533, 554.
Rosa, 1, 88, 128, 145, 151, 152, 153, 158, 169, 204, 222, 303, 325, 326, 327, 383, 384, 472, 473, 519, 536, 544, 570, 616, 619.
— arvensis, 151.
— berberifolia, 418.
— canina, 185.
— centifolia, 152.
— clinophylla, 418.
— Hardii, 418.
— microphylla, 145.
Rosmarinus officinalis, 468, 624.
RUBIACÉES, 137, 138, 139, 172, 265, 266, 292, 374, 380, 532, 534.
Rubia, 84, 138.
— tinctorum, 138, 266.
Rubus, 88, 153, 326, 473, 492, 544, 578.
— fruticosus, 492.
— glandulosus, 492.
Ruellia sabiniana, 582.
Rumex, 287, 521.
— abyssinicus, 157, 186.
— acetosa, 122, 606.
— alpinus, 618.
— crispus, 521.
— montevidensis, 157, 185, 186, 187.
— pulcher, 90.
Rumia, 164.
— microcarpa, 13, 164, 489, 492, 511.
Ruscus, 13, 71, 162, 163, 164, 166, 486, 487, 494, 495, 497, 498, 500, 501, 503, 527, 666.
— aculeatus, 488, 498, 501.
— hypophyllum, 499, 501.
— racemosus, 238.
RUTACÉES, 292.
Ruta, 351.
— graveolens, 621.

S

Sabal, 129, 155.
— umbraculifera, 129.
Saccharum, 644.

Salix, 131, 132, 207, 213, 673.
Salpiglossis sinuata, 565.
Salvia, 259.
— splendens, 85.
Sambucus, 139, 525.
— Ebulus, 622.
— nigra, 76, 78, 152, 185, 186, 190, 191, 470, 518, 581, 587.
Sanguisorba, 151.
SANTALACÉES, 359, 376, 377.
Santalum, 380.
— malabaricum, 619.
Santolina, 511.
— Chamecyparissus, 511.
— incana, 511.
— squarrosa, 511.
— viridis, 511.
Saponaria officinalis, 54, 76.
Sarracenia, 349.
Satureia hortensia, 180, 181.
Saururus cernuus, 91.
Scabiosa succisa, 321.
Sclerotium clavus, 628.
Scirpus holoschœnus, 238.
Scolopendrium officinale, 603, 628.
Scrofularia, 291.
— nodosa, 621.
SCROFULARINÉES, 259, 260, 473 (voir Per-sonées).
Secale cereale, 426.
Sechium edule, 392, 634.
Sedum, 82.
— latifolium, 85.
— Sieboldtii, 85.
Sempervivum, 81.
— tectorum, 217, 604.
Serissa fœtida, 543.
Setaria persica, 168.
— viridis, 168.
Silene bipartita, 538.
— repens, 538.
— rubella, 538.
Sinapis nigra, 619, 622, 641.
— ramosa, 461.
Sison Ammi, 522.
Sium latifolium, 168.
Smilax, 164, 170, 495, 506, 509.
— aspera, 512.
— bona nox, 171.
— China, 628.
— mauritanica, 237, 238.
— perfoliata, 171.
— rotundifolia, 512.
— Sarsaparilla, 627.
SOLANÉES, 53, 197, 522.
Solanum, 13, 301.
— Dulcamara, 53, 621, 622, 628, 673.
— Lethale, 629.
— mammosum, 53.
— nigrum, 53, 621, 630.

Solanum tuberosum, 53, 562, 571, 604.
— verbascifolium, 53.
Sophora pendula, 166.
Sorbus, 87.
Sparganium ramosum, 160.
Sparmannia, 299.
— africana, 88.
Spartium junceum, 556.
Spergula, 85.
— arvensis, 85.
— nodosa, 538.
— pentandra, 85.
Spinacia oleracea, 445, 446, 606.
Spiranthera, 291.
Spirea Filipendula, 618.
Stachys fœtida, 622.
Stapelia, 442, 485, 486, 491, 622, 657.
Staphylea, 158, 169.
— pinnata, 75, 78, 79, 134, 172, 173, 182, 183, 184, 514, 571.
Sterculia nobilis, 619.
Strophanthus, 337, 491.
Struthiopteris germanica, 243.
Strychnos, 629.
— colubrina, 53.
— Ignatia, 53.
— innocua, 53.
— Nux vomica, 53.
— pseudo-Quina, 53.
— Tieute, 53.
STYRACINÉES, 82, 295.
Styrax Benzoin, 619, 622, 624.
— officinale, 93, 619, 622.
Sutherlandia frutescens, 395.
Swartzia, 393.
Swetenia mahagoni, 230.
SYNANTHÉRÉES (voir Composées).
Syringa, 83.
— vulgaris, 1, 84, 86, 121, 133, 225, 468, 474, 544, 604, 662.

T

Tagetes, 622.
— erecta, 262, 621.
— patula, 621.
Tamarindus indica, 627.
Tamus, 153.
— communis, 142, 527.
Tanacetum vulgare, 617.
Taraxacum dens leonis, 187, 268, 555, 558, 570, 630.
Taxodium, 513.
Taxus, 394.
TÉRÉBINTHACÉES, 225, 444, 610.
Testudinaria elephantipes, 207.
Tetrapoma barbareifolia, 361.
Tetratheca, 301.
Teucrium pyrenaicum, 85.
— Scordium, 622.
Thea, 628.

Théophrastées, 359.
Thesium, 380.
— ebracteatum, 501.
Thuia, 394, 402, 513.
Ticorea, 291.
Tigridia, 467.
Tilia, 15, 169, 172, 192, 196, 204, 499, 500, 540.
— europæa, 129, 469, 501, 619, 622.
Tillæa, 81.
Tillandsia usneoides, 397.
Tradescantia virginica, 35, 295.
— Zebrina, 124.
Tremandra, 319, 335.
Trémandrées, 352, 356, 368.
Trianthema monogyna, 72, 315, 361.
Tribulus terrestris, 512.
Trichomanes, 244.
Trifolium, 646.
Trigonella Fœnum græcum, 618.
Trinia, 446.
Tripsacum dactyloides, 187.
Triticées, 379.
Triticum, 335, 339, 346, 417, 418, 457.
— sativum, 417, 418, 455, 571, 638, 646.
Tropœolum, 141, 144, 373, 393, 400.
— majus, 13, 141, 144, 438, 587, 591, 592, 594, 595, 619.
— minus, 619.
Tulipa, 362.
— Gesneriana, 71, 377, 460, 658.
Tupa, 328.
— ignescens, 323.

U

Ulotrix zonata, 398.
Ulmus, 172, 196, 540.
— campestris, 121, 131.
Umbilicus, 155.
Urticées, 347, 360.
Urtica, 317, 334, 335, 368.
— membranacea, 90.
— nivea, 227.

V

Vaccaria parviflora, 543.
Vacciniées, 301.
Vaccinium Myrtillus, 337.
— uliginosum, 337.
Valentia, 84.
Valeriana celtica, 619.
— dioica, 619.
— officinalis, 619.
— Phu, 619.
Vallisneria, 34.
— spiralis, 491.

Vanilla aromatica, 401, 628.
— planifolia, 604 (voir Epidendrum).
Varechs, 28.
Vaucheria, 433.
Veratrum album, 629.
Verbena chamædrifolia, 577.
— stricta, 238.
Veronica, 86, 291, 375, 436, 544.
— Becabunga, 292.
— Cymbalaria, 374.
— hederæfolia, 374.
— spicata, 426.
Viburnées, 77.
Viburnum Opulus, 75, 76, 182, 597.
Victoria, 332.
— regia, 143, 154, 222.
Vinca minor, 571.
Viola, 349, 362, 538.
— odorata, 468. 571, 581, 616, 619.
— tricolor, 173, 372, 402, 555, 571.
Violariées, 356.
Viscaria, 278.
Viscum, 164, 376, 379, 389, 397, 458.
— album, 119, 381, 459, 651, 653.
— purpureum, 459.
Vitis, 6, 13, 108, 119, 120, 121, 127, 164, 178, 201, 208, 272, 489, 492, 496, 506, 513, 514, 515, 523, 524, 564, 570, 619, 627, 631, 658.
Vochysiées, 77.

X

Xylophylla, 13, 71, 164, 166, 486, 487, 494, 495, 497, 501, 502, 503, 527, 666.
— longifolia, 502.

Y

Yucca, 207.
— aloifolia, 107.
— americana, 107.
— gloriosa, 598.

Z

Zamia, 248.
— villosa, 248.
Zanichiella, 42.
— palustris, 347, 669.
Zanthoxylum fraxineum, 346.
— clava Herculis, 628.
Zea Mays, 339, 637.
Zizyphus, 102, 503.
— vulgaris, 502.
Zygophyllum, 120.
— Fabago, 512.

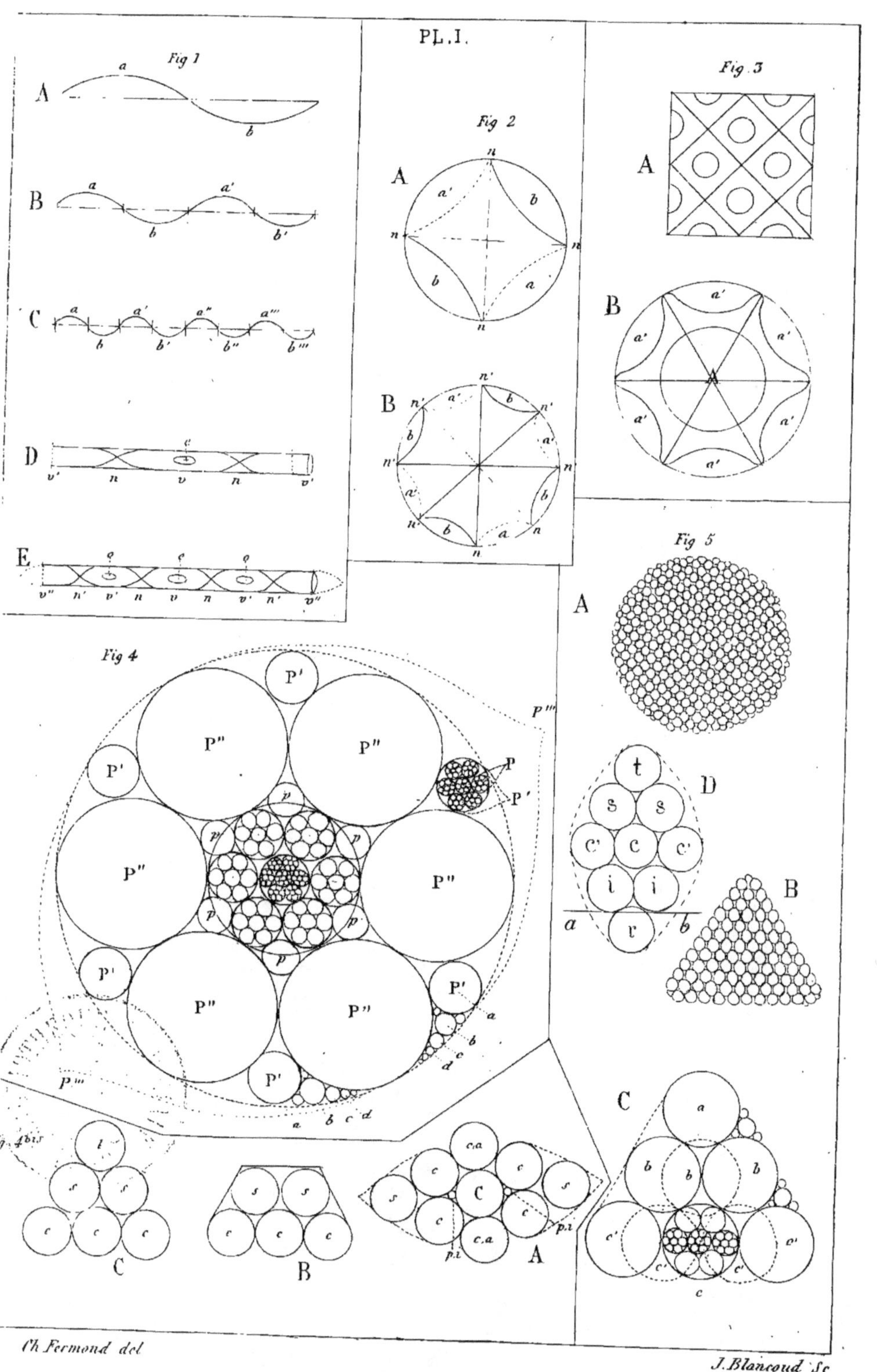

PL.I.
Fig 1
Fig 2
Fig 3
Fig 5
Fig 4
Ch Fermond del
J. Blancoud Sc

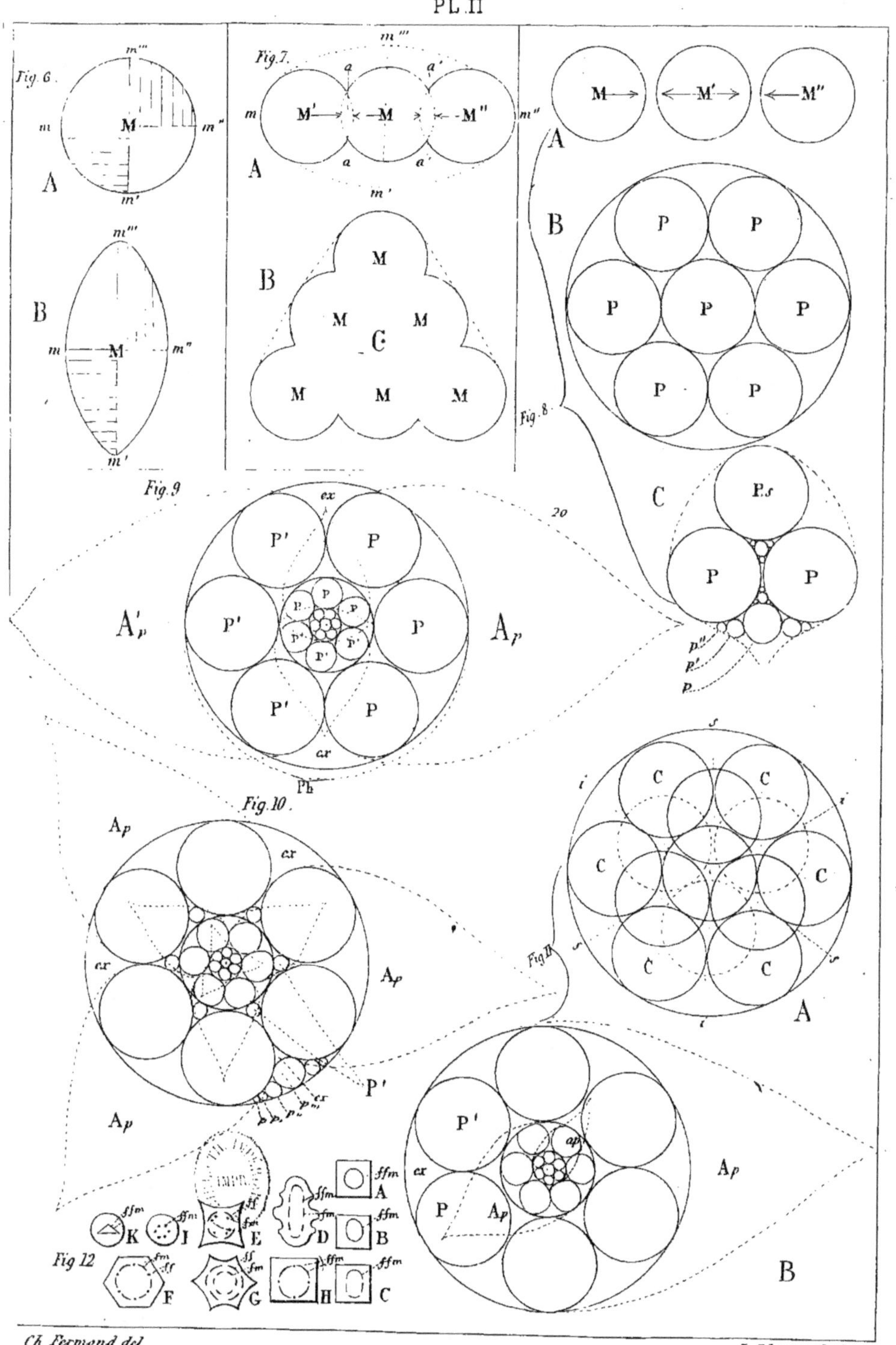
Fig. 6.
A
B
m
M
m'
m''
m'''
Fig. 7.
A
B
C
m
M'
M
M''
m''
m'''
a
a'
M
M
M
M
M
M
A
M
M'
M''
B
P
P
P
P
P
P
P
P
C
P.s
P
P
p''
P'
p
Fig. 8.
Fig. 9.
A'p
Ap
P'
P
P'
P
P'
P
P'
P
ex
cx
Ph
20
Fig. 10.
Ap
Ap
Ap
cx
cx
ex
P'
p p, P''
Fig. 11.
A
C
C
C
C
C
C
C
C
s
s
i
i
B
Ap
Ap
P'
P
ap
cx
Fig 12.
K
I
E
D
A
B
F
G
H
C
ffm
ffm
ff
ffm
fm
ffm
fm
ff
ffm
ff
fm
ff
ss
fm
ffm

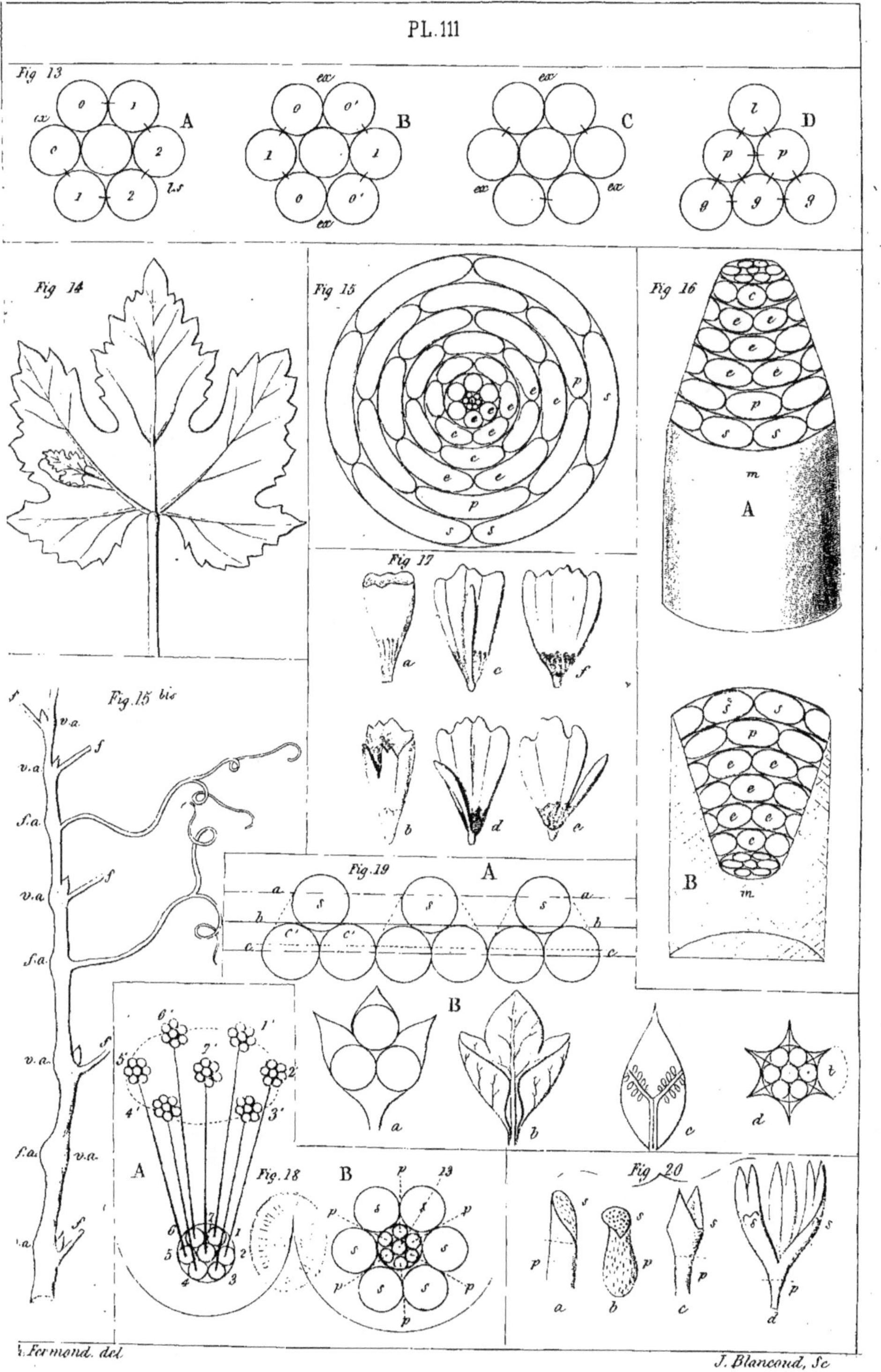

PL. 111
Fig 13
Fig 14
Fig 15
Fig 16
Fig 17
Fig.15 bis
Fig.19
Fig 18
Fig 20
Fermond. del.
J. Blancoud, Sc.

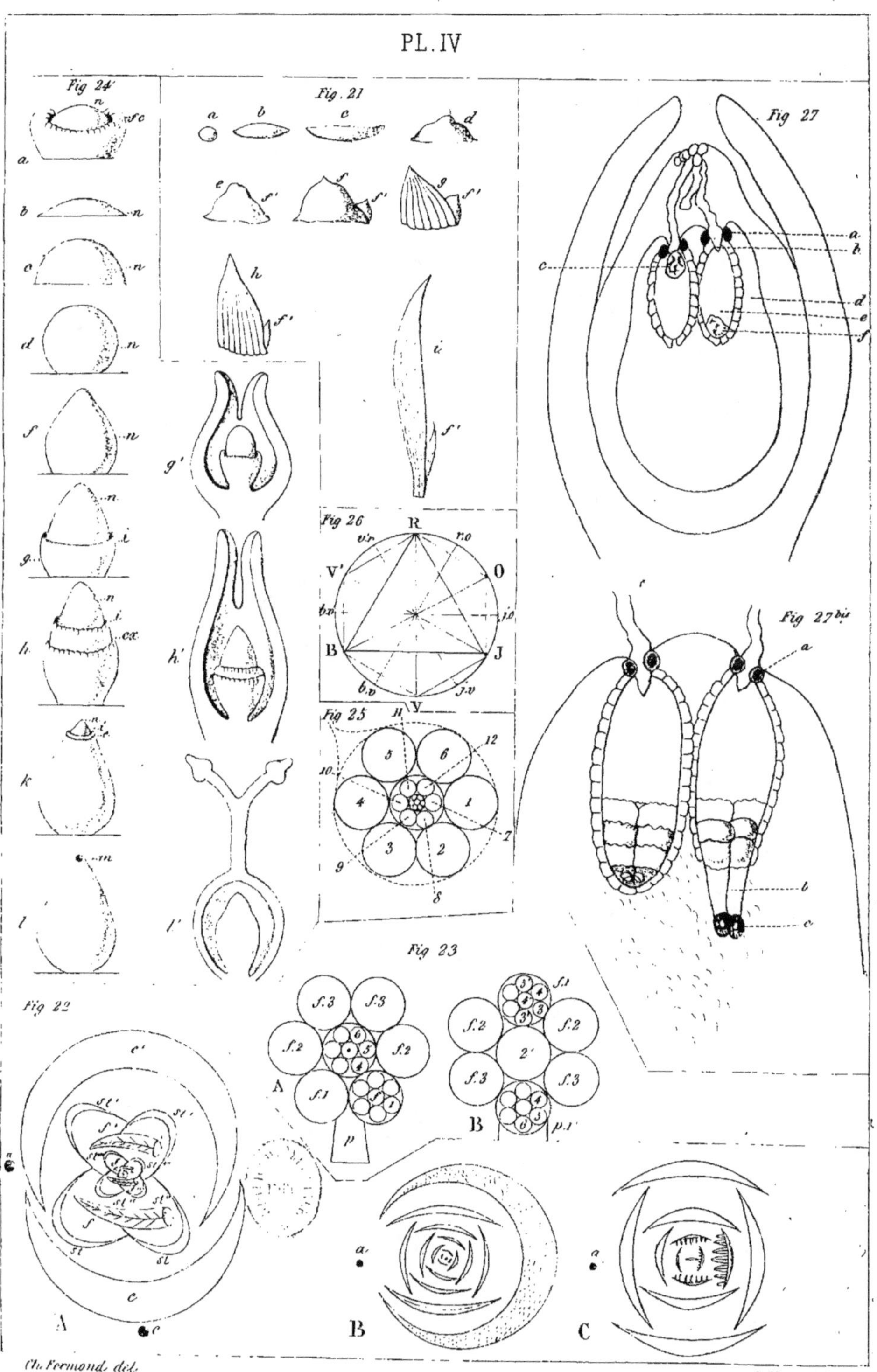

PL. IV
Fig 24
Fig. 21
Fig 27
Fig 26
Fig 25
Fig 23
Fig 22
Fig 27 bis
Ch. Fermond del.
J. Blancoud. Sc.

www.ingramcontent.com/pod-product-compliance
Lightning Source LLC
Chambersburg PA
CBHW061251030726
47595CB00001B/14